有机化学

王芹珠 杨增家 编

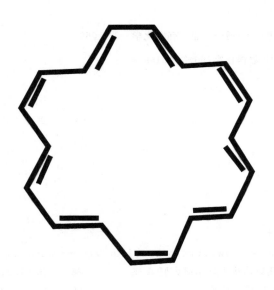

清华大学出版社
北 京

内 容 提 要

本书按照1995年重新修订的高等工科有机化学课程教学基本要求编写。同时,为了适应本科生报考研究生的需要,补充了一些重要的反应机理。

全书脂肪族和芳香族混编,难点和重要的理论问题分散在各章中介绍。全书共分17章,每章末均有习题。书末附部分习题的参考答案或提示。

本书可做化工类各专业有机化学课程的教材。

图书在版编目(CIP)数据

有机化学/王芹珠,杨增家编. —北京:清华大学出版社,1997.1(2025.1重印)
ISBN 978-7-302-02302-9

Ⅰ.有… Ⅱ.①王… ②杨… Ⅲ.有机化学 Ⅳ.062

中国版本图书馆 CIP 数据核字(96)第 16169 号

责任编辑:刘明华
责任印制:曹婉颖

出版发行:清华大学出版社
　　网　　　址:https://www.tup.com.cn,https://www.wqxuetang.com
　　地　　　址:北京清华大学学研大厦 A 座　　　邮　　编:100084
　　社 总 机:010-83470000　　　　　　邮　　购:010-62786544
　　投稿与读者服务:010-62776969,c-service@tup.tsinghua.edu.cn
　　质 量 反 馈:010-62772015,zhiliang@tup.tsinghua.edu.cn
印 装 者:三河市春园印刷有限公司
经　　销:全国新华书店
开　　本:185mm×260mm　　印　张:28.75　　字　数:681 千字
版　　次:1997 年 1 月第 1 版　　　　印　次:2025 年 1 月第 17 次印刷
定　　价:86.00 元

产品编号:002302-05/O

目　　录

前　言

有机化学既是一门基础理论课，又是一门实验和应用性很强的学科。随着社会的发展，越来越多的行业需要有机化学方面的知识。本书以较短的篇幅，简明扼要地介绍有机化学的基本理论，以适应化工、环境、材料、生物等专业的教学需要。

本书共分 17 章，按官能团体系，脂肪族和芳香族混编，特殊的性质分别介绍的方法编写。一些重要概念，例如电子效应、空间效应、结构对性质的影响等结合各章的内容多次介绍，以达到从不同角度理解这些基本概念的目的。

考虑到有机化合物命名的系统性和中学课本的教学内容，有机物的分类、命名和同分异构相对集中在第 2,7 两章中介绍。次序规则、最低系列原则在许多地方都加以讨论，以帮助学生掌握严格、准确的命名方法。

有机分子的光谱学已成为有机化学教学不可分割的内容。本书在第 3 章集中介绍了红外和核磁的基本原理，在以后各章中，具体介绍了各类化合物的光谱性质，便于学生逐渐熟悉和记忆谱图。

共振论在有机化学中的应用已相当广泛，本书也用共振论解释一些理论问题，目的是引导学生了解共振论，提高阅读文献资料和分析有机问题的能力。

本书第 1～2,4～8,10～12 章以及全部习题由王芹珠编写；第 3,9,13～17 章由杨增家编写，并互相审阅定稿。

本书承蒙徐述华教授审阅，提出了极其宝贵的意见，编者在此表示衷心感谢。

由于编者水平所限，书中错误和不妥之处，敬请读者批评指正。

编　者

1996 年 6 月 6 日

第1章 绪 论

1.1 有机化合物和有机化学

历史上,最初把来源于无生命的矿产物的化合物叫做无机化合物;来源于有生命的动、植物的化合物叫做有机化合物。因为最初得到的有机物质都是从生物体分离出来的。例如,1773 年首次从尿中取得纯的尿素;从葡萄汁中取得酒石酸;从柠檬汁内取得柠檬酸;从酸牛奶内取得乳酸。到 1805 年,由鸦片内取得第一个生物碱——吗啡等。所以,当时认为有机物质只能在生物的细胞内受一种特殊的力量——"生命力"的作用才能形成,人工合成有机物是不可能的。这种思想曾一度使人们放弃了用人工合成有机物的努力。

随着生产实践和科学研究的发展,彻底破除了对"生命力"的迷信。时至今日,可以毫不夸张地说,差不多所有的有机化合物都可以在实验室里人工制备。有机物和无机物之间并没有不可逾越的鸿沟。尽管如此,"有机化合物"这个名词还在沿用,并且研究这类化合物的科学已发展成为日新月异、内容丰富的有机化学。

大量的研究表明,有机化合物在元素组成上最突出的特点是都含有碳元素,因此,有机化合物可定义为是含碳的化合物。一氧化碳、二氧化碳及碳酸盐等,虽然也含有碳,但它们具有典型无机化合物的性质,一般不列入有机化合物中。元素分析结果还表明,有机化合物除了含有碳元素外,绝大多数都含有氢,另外还有氧、氮、卤素、硫、磷等元素。所以有机化合物又称为"碳氢化合物及其衍生物"。

综上所述,有机化学是研究碳氢化合物及其衍生物的化学。有机化合物数量极为庞大,目前已为人们制备或分离出的纯有机化合物已达 700 多万种,而且还在与日俱增,其数量远远大于其它所有元素形成的化合物数目的总和。仅此一条,就有必要把对这类化合物的研究作为单独的一门学科。再则,正如它的名称本身所表明的那样,有机化合物确实与生命活动息息相关,与整个生物界的生存和发展有着极为密切的关系,因此,有机化学是一门非常重要的学科。

人类对有机物的加工、利用可以追溯到远古时代,例如从甘蔗榨糖,粮食发酵制酒、制醋,用植物染色以及用动物油脂与草木灰共煮制肥皂等是在有历史记载以前就已为人们所知了。但作为一门科学,有机化学发展的历史还不到 200 年。

1828 年德国化学家 F. wöhler 第一次从无机化合物人工合成有机物——尿素,可视为有机合成化学的开端:

$$(NH_4)_2SO_4 + KOCN \xrightarrow{\triangle} 2NH_4OCN + K_2SO_4$$

氰酸铵

$$NH_4OCN \xrightarrow{\triangle} NH_3 + HO{-}C{\equiv}N \underset{重排}{\rightleftharpoons} NH_3 + O{=}C{=}NH$$

加成 ↓

$$H_2N{-}\underset{\underset{O}{\|}}{C}{-}NH_2$$

尿素

随后，1845 年 H. Kolbe 合成了醋酸，1854 年 M. Berthelot 合成了油脂化合物等。最终彻底否定了"生命力"的学说，开创了有机合成的新时代。以后，化学家们不断合成出新的有机化合物，包括成千上万种新药物和新型染料。尤其是进入本世纪以来，有机化学的发展非常迅速，20 年代和 40 年代分别出现了以煤焦油化学和石油化学为特征的合成有机化学高潮，为人类提供了不胜枚举的新产品、新材料。近年来许多具有生理功能的活性有机化合物相继合成出来，打开生命奥秘的大门已指日可待。

随着有机合成化学和有机分析的迅速发展，有机结构理论亦逐渐建立起来。1858 年，A. Kekulé 和 A. Couper 分别提出了碳的四价概念和碳碳可以相互结合成链的学说，为有机化学结构理论的建立奠定了基础。接着，1861 年 A. M. Butlerov 提出了化学结构的系统概念；1874 年 J. H. Vant Hoff 和 J. A. LeBel 同时提出了组成有机化合物分子的碳原子的四面体构型学说，建立了有机立体化学的基础，并阐明了旋光异构现象；1885 年，A. Von Baeyer 提出了环状化合物的张力学说，至此建立了有机化学经典结构理论。

进入本世纪 20 年代以来，随着量子力学的引入，近代分析方法和实验技术的不断发展及电子计算机的广泛应用，有机结构理论迅速发展，提出了价键理论、分子轨道理论和分子轨道对称守恒原理，揭示了化学键的微观本质，建立了现代结构理论的基础，使理论有机化学沿着微观和定量的方向迅速发展。

1.2 有机化合物的特性

由于有机化合物是含碳的化合物，碳元素位于周期表的第 2 周期第 Ⅳ 族，介于电负性很强的卤素和电负性很弱的碱金属之间，这就决定了有机化合物在结构和性能方面均有与典型的无机化合物不同之点，所以完全有必要把有机化学作为单独一门学科来研究。

1.2.1 有机化合物的结构特点

讨论分子结构就是讨论原子如何结合成分子，原子的连接顺序，分子的大小，立体形状以及电子在分子中的分布等。那么有机化合物分子中原子是怎样结合的呢？

1. 以共价键相结合

原子结合成分子主要是通过化学键。原子在结合成键的过程中都有一种趋势，就是使自己的外层电子（价电子）达到如同惰性气体那样的，充满 8 电子（或 2 电子）的稳定的电子层结构。根据成键时原子达到稳定电子层结构的方式不同，化学键主要分为离子键和共价键。

离子键是通过电子转移，达到稳定的电子层结构而形成离子，所形成的离子之间，由于静电相互吸引而成键。例如：

$$Na^{\times} + \cdot \ddot{\underset{\cdot\cdot}{Cl}} : \longrightarrow Na^{+} \ \overset{\cdot\cdot}{\underset{\cdot\cdot}{\times Cl}} :^{-}$$

共价键则是通过共享电子对，彼此都达到稳定的电子层结构，同时共享电子对与两个成键原子的原子核相互吸引而成键，例如：

$$\cdot \dot{C} \cdot + 4H^{\times} \longrightarrow H \overset{\overset{\displaystyle H}{\times}}{\underset{\underset{\displaystyle H}{\times}}{\cdot C \times}} H$$

有机化合物的主要元素碳难于得失电子形成离子键。碳原子彼此之间和碳原子与其它原子之间主要形成电子对共享的共价键。因此,在有机化合物分子中,原子之间大多是通过共价键相结合的,所以以共价键相结合是有机化合物基本的、共同的结构特征。

根据价键理论,共价键的形成是由于成键原子的原子轨道(电子云)相互重叠的结果。电子云重叠使成键两原子之间电子出现的几率增加,电子云密度增大,从而增加了对成键两原子的原子核的吸引力,减少了两核之间的排斥力,降低了体系的能量而结合成键。电子云重叠程度越大,则成键两原子之间的电子云密度也越大,所形成的共价键也越牢固。因为成键原子的原子轨道并不都是球形对称的,所以共价键具有明显的方向性。现以 H 和 Cl 形成共价键为例,如图 1-1 所示:(1)H 沿 x 轴向 Cl 接近,重叠最大,结合稳定;(2)H 沿另一方向接近 Cl,重叠较少,结合不稳定;(3)H 沿 y 轴向 Cl 接近,不能重叠,因而不能结合。

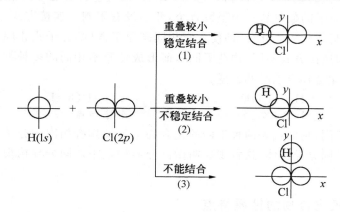

图 1-1　s 和 p 电子原子轨道的 3 种重叠情况

另外,成键原子的电子云重叠成键时,成键电子必须是自旋相反的未成对电子,这样才能相互接近而结合成键,因此,价键理论也叫电子配对法。一般,一个未成键电子若与某原子的另一个电子配对,就不再与第三个电子配对,所以原子核外未成对电子数,也就是该原子可能形成的共价键的数目。例如氢原子外层只有一个未成对电子,所以它只能与另一个氢原子或其它一价原子结合;氧原子只能与两个一价原子结合,等等,这就是共价键的饱和性。

共价键的饱和性和方向性决定了每一个有机分子都是由一定数目的几个元素的原子按特定的方式结合形成的,每一个有机分子都有特定的大小及立体形状。分子的立体形状与分子的物理、化学以至生理活性都有很密切的关系,所以,有机化合物中的立体化学是近代有机化学的重要研究课题之一。

关于共价键的本质和一般属性,如键长、键角、键能等,在无机化学中已详细论述,此处不再重复。常见共价键的键长、键能数据如表 1-1 所列。

表 1-1　常见共价键的键长与键能

键	键长/nm	键能/(kJ/mol)	键	键长/nm	键能/(kJ/mol)
C—H	0.109	414.4	C=C	0.134	606.7
C—N	0.147	284.5	C≡C	0.120	835.0
C—O	0.143	334.7	C=O	0.123	694.5
C—F	0.141	447.7	C≡N	0.127	748.9

键	键长/nm	键能/kJ/mol	键	键长/nm	键能/kJ/mol
C—Cl	0.177	326.4	C≡N	0.116	866.1
C—Br	0.194	284.5	O—H	0.096	462.8
C—I	0.213	213.4	N—H	0.104	391.0
C—C	0.154	347.3	S—H	0.135	347.3

2. 同分异构现象普遍存在

有机化合物的又一个结构特点是碳原子有强的结合力和同分异构现象普遍存在。

组成有机化合物的元素种类不多,可是有机化合物的数量大大超过无机化合物。这是由于组成有机化合物的碳原子不仅和其它原子结合,而且它自身还可以相互结合,一个有机化合物分子,含碳原子的数目从一个至数万个,几乎没有限制。连接方式亦多种多样,可以是链状的,也可以是环状的。此外,即使含有相同碳原子数(即分子式相同),亦可由于碳原子间的连接顺序和连接方式不同(构造不同),而形成性质不相同的多种物质。例如分子式为 C_2H_6O 的有机化合物有乙醇和乙醚:

CH₃CH₂OH   CH₃OCH₃

乙醇,沸点78.3℃   甲醚,沸点 −24.9℃

两者的化学性质不同,它们代表两种不同的化合物。凡是具有相同的分子式而构造与性质不同的化合物叫做同分异构体,这种现象叫做同分异构现象。同分异构现象在有机化学中是很普遍的。

1.2.2 有机化合物的性质特点

离子型化合物与共价化合物由于它们化学键的本质不同,所以在性质上有较大的区别。有机化合物的共同特性如下:

(1) 容易燃烧

除少数外,一般有机化合物都容易燃烧,而大多数无机化合物则不燃烧。

(2) 熔点低

有机化合物在室温下常为气体、液体或低熔点的固体。一般固体有机物的熔点也不超过 400℃,而无机化合物一般熔点较高。

(3) 难溶于水

水是一种极性很强,介电常数很大的液体,根据"相似相溶"原理,水对极性很强的物质是很理想的溶剂。因为有机化合物一般极性较小或完全没有极性,所以有机化合物大多难溶于水,而易溶于非极性或极性小的有机溶剂如苯、乙醚、乙醇、氯仿等。

(4) 反应速度慢,副反应多

有机化合物的反应速度较慢,通常需要加热或加催化剂,反应时间长,而很多无机化合物之间的反应瞬间即告完成。此外,由于有机化合物分子是由多个原子结合而成的复杂分子,所以当它和一个试剂发生反应时,分子的各部分可能都受影响,而不只局限于某一特定部位,因此除主反应外,常伴随着不同的副反应,得到的产物往往是混合物。这就给研究有机反应及制备纯的有机化合物带来了许多困难。

必须指出的是,上述有机化合物的共同性质是指多数有机化合物而言的,不是绝对的。某些有机化合物,例如四氯化碳不但不易燃烧,而且可用作灭火剂;糖和酒精易溶于水;有的有机反应速度很快,甚至以爆炸方式进行。

1.3 共价键的极性、极化和诱导效应

1.3.1 共价键的极性

不同元素的电负性(吸引电子的能力)不同。两个相同的原子因它们的电负性相同,形成的共价键,如 H—H、Cl—Cl,成键电子云在两原子核间对称分布,正电荷与负电荷中心相重合,这样的共价键没有极性;由两个不相同的原子形成的共价键,如 C—Cl,由于组成共价键的两个原子的电负性不同,成键电子对在电负性较强的原子周围出现的几率较大,正、负电荷中心不能重合,从而产生极性,即电负性较大的原子带有部分负电荷,用 $\delta-$ 表示,电负性较弱的原子带有部分正电荷,用 $\delta+$ 表示。例如 H—Cl 键的电子云偏向于氯原子,表示为 $H^{\delta+}—Cl^{\delta-}$。键的极性以键矩(偶极矩)来量度。键矩 μ 等于正、负电荷中心之间的距离 d 与其正或负电中心的电荷 e 的乘积:

$$\mu = ed$$

键矩是用来衡量键极性的物理量,为一矢量,有方向性,通常规定其方向由正到负,用 $\longmapsto$ 表示,写在键的旁边,如 H—Cl 的键矩可表示为:

$$\underset{\longmapsto}{H—Cl}$$

键矩的单位为 D,1D $= 3.335 \times 10^{-30}$ C·m。有机物中一些常见的共价键的键矩为 0.4~3.5D(见表 1-2)。键矩越大,键的极性越强。对于双原子分子,键矩就是分子的偶极矩;对于多原子分子,分子的极性是由各共价键的键矩的向量和决定的,也就是说,多原子分子的极性不只决定于键的极性,也决定于各键在空间分布的方向,即决定于分子的形状。例如四氯化碳分子中,C—Cl 键是极性键,键矩 $\mu=1.47$D,但由于分子呈正四面体,4 个 C—Cl 键对称地分布于碳原子周围,各键的极性正好抵消,故四氯化碳是非极性分子,$\mu=0$。在氯甲烷分子中,由于 C—Cl 键的极性没有被抵消,其分子偶极矩 $\mu=1.86$D,所以氯甲烷是极性分子,如图 1-2 所示。

表 1-2 一些共价键(或分子)的键矩

共价键	键矩/D	共价键	键矩/D	共价键	键矩/D
C—H	0.4	H—N	1.31	H—I	0.38
C—N	0.22	H—O	1.50	C=O	2.30
C—O	0.74	H—S	0.64	O=C=O	0.00
C—Cl	1.47	H—F	1.75	CH_3—Cl	1.86
C—Br	1.38	H—Cl	1.03	H_2O	1.84
C—I	1.19	H—Br	0.78		

1.3.2 共价键的极化

在外界电场(例如试剂电场)的诱导影响下,极性或非极性共价键的电子云分布会改变,原来没有极性的产生了极性,或原有的极性增大,这种现象叫做共价键的极化。例如,正常

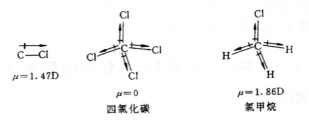

图 1-2　四氯化碳与氯甲烷的偶极矩

情况下,Cl—Cl 键无极性,$\mu=0$。但当外电场 E^+ 接近时,由于 E^+ 的诱导,引起正、负电荷中心分离,出现了键矩 μ:

$$Cl—Cl \longrightarrow Cl^{\delta+}—Cl^{\delta-} \ E^+$$
$$\mu=0 \qquad\qquad \mu>0$$

这种由于外界电场的影响使分子(或共价键)极化而产生的键矩叫做诱导键矩,它与极性共价键的键矩 μ 不同,在极性共价键中,μ 是由于成键原子电负性不同引起的,因此是永久的。而诱导键矩则是暂时的,它随着外界电场的消失而消失,所以叫瞬时键矩。

不同的共价键,对外界电场的影响有不同的感受能力,这种感受能力通常叫做可极化性。共价键的可极化性愈大,就愈容易受外界电场的影响而发生极化。键的可极化性与成键电子的流动性有关,亦即与成键原子的电负性及原子半径有关。成键原子的电负性愈大,原子半径愈小,则对外层电子束缚力愈大,电子流动性愈小,共价键的可极化性就小;反之,可极化性就大。

键的可极化性对分子的反应性能起重要作用。

例如,C—X 键的极性:C—F>C—Cl>C—Br>C—I

　　　　C—X 的可极化性:C—I>C—Br>C—Cl>C—F

　　　　C—X 的化学活性:C—I>C—Br>C—Cl>C—F

键的可极化性与化学活性有密切关系。

1.3.3　诱导效应

在多原子分子中,极性共价键中成键电子的偏转,不只局限于两成键原子之间,它可以通过静电诱导作用影响到分子中不直接相连的原子,使分子中电子云密度分布发生一定程度的改变。例如,当氯原子取代 α-碳上的一个氢原子后,由于氯的电负性大于碳,使碳氯键的电子对向氯偏移 $—C_\alpha^{\delta+}—Cl^{\delta-}$,于是氯原子带有部分负电荷($\delta-$),$C_\alpha$ 带有部分正电荷($\delta+$)。由于 $C_\alpha^{\delta+}$ 吸引 $C_\alpha—C_\beta$ 成键电子对,使 C_β 原子也带有部分正电荷,用 $\delta\delta+$ 表示;同理,由于 $C_\beta^{\delta\delta+}$ 吸引 $C_\beta—C_\gamma$ 键的成键电子,使 C_γ 带有更小的正电荷,表示为 $\delta\delta\delta+$。所以可表示为:

$$\overset{\delta\delta\delta+}{C_\gamma} \longrightarrow \overset{\delta\delta+}{C_\beta} \longrightarrow \overset{\delta+}{C_\alpha} \longrightarrow \overset{\delta-}{Cl}$$

这样,氯原子的吸电子效应就沿着分子链中单键传递下去,引起分子中电子密度沿同一方向转移。

由于成键原子的电负性不同引起的极性效应,通过静电诱导作用沿着分子链传递而影响到分子的其它部分,这种分子中原子间的相互影响叫做诱导效应。由于诱导效应的影响使分子的极性也发生变化,因此,可通过测定分子的偶极矩反映出来。

诱导效应在分子链传递中迅速减弱,一般经过三四个原子以后就可忽略不计了。

在有机化合物分子中,诱导效应的方向是以 C—H 键作为标准来衡量的,当 $-\overset{|}{\underset{|}{C}}-H$ 键中的氢原子被其它原子或原子团 X(或 Y)取代后,假定 X 的电负性大于 H 原子,则成键电子的电子云将向 X 偏移,即 X 具有吸电子性,称 X 为吸电子基(或亲电子基),由它所引起的诱导效应,叫做吸电子诱导效应,用$-I$表示;相反,假定 Y 的电负性小于氢原子,则当 Y 取代 H 原子后,键的电子云将向碳偏移,Y 具有斥电子性,因此把它叫做斥电子基(或给电子基),由 Y 引起的诱导效应叫做给电子诱导效应,一般用$+I$表示。如下所示:

$$-\overset{|}{\underset{|}{C}}-H \qquad 参考标准$$

$$-\overset{|}{\underset{|}{C}}\rightarrow X \qquad -I \text{ 效应}$$

$$-\overset{|}{\underset{|}{C}}\leftarrow Y \qquad +I \text{ 效应}$$

其电负性:X>H>Y。

具有$-I$效应原子或原子团的相对强度如下:

对同族元素:

$$-F > -Cl > -Br > -I$$

对同周期元素:

$$-F > -OR > -NR_2$$

具有$+I$效应的原子团主要是烷基,其相对强度如下:

$$(CH_3)_3C - > (CH_3)_2CH - > CH_3CH_2 - > CH_3 -$$

由诱导效应所引起的电子转移方向,可用画在 σ-键中央的箭头表示,以免与配价键、键矩符号相混淆,即:

$$-\overset{|}{\underset{|}{C}}_\gamma \rightarrow \overset{|}{\underset{|}{C}}_\beta \rightarrow \overset{|}{\underset{|}{C}}_\alpha \rightarrow Cl$$

上面所讲的是在静态分子中所表现出来的诱导效应,称为静态诱导效应,它与键的极性密切相关。但在化学反应中,分子的反应中心如果受到极性试剂的进攻,则键的电子云分布将受试剂电场的影响而变化。与键的极化类似,这种改变与外界电场强度及键的可极化性大小有关,并且只有在进行化学反应的瞬间才表现出来,这种诱导效应称为动态诱导效应。

1.4 有机反应中的酸碱概念

在无机化学中用得较多的是勃朗斯特(J. N. Brönsted)-劳尔(T. M. Lowry)酸碱概念,可表述为:任何含氢的分子或离子,能够释放质子的均称为酸;凡能接受质子(与质子结合的)的分子或离子均称为碱,例如:

$$\underset{\text{酸}}{HCl} \Longrightarrow H^+ + \underset{\text{共轭碱}}{Cl^-}$$

$$\underset{\text{碱}}{NH_3} + H^+ \Longrightarrow \underset{\text{共轭酸}}{NH_4^+}$$

酸释放出质子后形成的酸根,称为该酸的共轭碱,碱与质子结合后所形成的质子化物称为该碱的共轭酸。勃朗斯特-劳尔酸碱也称质子酸碱。根据这种酸碱概念,认为酸碱反应是将酸中的质子转移给碱,例如:

$$\underset{\text{较强酸}}{HCl} + \underset{\text{较强碱}}{H_2O} \Longrightarrow \underset{\text{较弱的共轭碱}}{Cl^-} + \underset{\text{较弱的共轭酸}}{H_3O^+}$$

$$\underset{\text{较强酸}}{H_2SO_4} + \underset{\text{较强碱}}{NH_3} \Longrightarrow \underset{\text{较弱的共轭碱}}{HSO_4^-} + \underset{\text{较弱的共轭酸}}{NH_4^+}$$

很多有机反应亦符合勃朗斯特-劳尔酸碱反应定义,例如:

$$\underset{\text{酸}}{H_2SO_4} + \underset{\text{碱}}{ROH} \Longrightarrow \underset{\underset{\text{共轭酸}}{H}}{R\overset{+}{O}H} + \underset{\text{共轭碱}}{HSO_4^-}$$

$$\underset{\underset{\text{酸}}{O}}{CH_3-\overset{\|}{C}-CH_3} + \underset{\text{碱}}{CH_3O^-} \Longrightarrow \underset{\text{共轭酸}}{CH_3OH} + \underset{\underset{\text{共轭碱}}{O}}{CH_3\overset{\|}{C}-\overset{-}{C}H_2}$$

一般强酸的共轭碱是弱碱,弱酸的共轭碱是强碱;反之亦然,例如:

$$\underset{\text{弱酸}}{CH_3COOH} \rightarrow \underset{\text{强碱}}{CH_3COO^-} + H^+$$

$$\underset{\text{强酸}}{H_2SO_4} \rightarrow \underset{\text{弱碱}}{HSO_4^-} + H^+$$

这是因为酸的强度取决于它释放出质子的倾向,碱的强度取决于其接受质子的倾向。硫酸和氢氯酸容易放出质子,是强酸,反过来,硫酸氢根(HSO_4^-)和氯离子(Cl^-)必然是弱碱,因为它们结合质子的倾向很小;醋酸放出质子的倾向较小,为弱酸,故醋酸根(CH_3COO^-)必定是强碱,因为它与质子结合得牢。

另外,对于给定的物种,酸碱性还随介质的不同而有所不同,例如:

$$\underset{\text{酸}}{CH_3COOH} + \underset{\text{碱}}{H_2O} \Longrightarrow H_3O^+ + CH_3COO^- \qquad (1)$$

$$\underset{\text{碱}}{CH_3COOH} + \underset{\text{酸}}{H_2SO_4} \Longrightarrow \underset{H}{CH_3\overset{+}{C}OOH} + HSO_4^- \qquad (2)$$

在反应(1)中,H_2O 的酸性比 CH_3COOH 弱,故 CH_3COOH 显酸性,而在反应(2)中,H_2SO_4 为强酸,酸性比 CH_3COOH 强,故 CH_3COOH 显示碱性,这种现象称为酸碱的相对性。

另一个常用的是 Lewis 酸碱概念,其定义是:凡是能够接受外来电子对的分子,离子或原子团称为酸,简称受体;凡是能够给出电子对的分子或离子或原子团称为碱,简称给体。

酸碱反应是酸从碱接受一对电子,得到一个加合物,例如:

$$H_3N: + BF_3 \longrightarrow H_3N^+ - BF_3^-$$
碱　　　酸　　　　　　加合物(酸碱配合物)

H_3N 分子中 N 原子上有未共用电子对,可以给予电子,所以是碱,而 BF_3 分子中,硼原子的外层只有 6 个电子,还有一个空轨道,因而可以接受一对电子以满足八隅体,所以是酸。又如 $AlCl_3$ 是 Lewis 酸,可以接受电子,Cl^- 是 Lewis 碱,可以供给电子:

$$AlCl_3 + :Cl^- \longrightarrow AlCl_4^-$$
酸　　　碱　　　酸碱配合物

常见的 Lewis 酸为正离子或金属离子,例如:Li^+,Ag^+,R^+,RC^+,Br^+,NO_2^+ 等;在化学反应中能从另一物质接受一对电子的原子或分子,例如:BF_3,$AlCl_3$,$SnCl_4$,$ZnCl_2$,$FeCl_3$ 等以及分子中的极性基团,如 $\overset{\displaystyle O}{\underset{\diagdown}{\diagup}}C=O$,$-C\equiv N$ 等也是 Lewis 酸,所以 Lewis 酸是亲电子试剂。

常见的 Lewis 碱主要有如下类型:具有孤电子对原子的化合物,如:$\ddot{N}H_3$,$R\ddot{N}H_2$,$R\ddot{O}H$,$R\ddot{O}R$,$R\ddot{S}H$ 等和负离子,如:X^-,OH^-,RO^-,SH^- 以及烯、芳香化合物等。Lewis 碱是亲核试剂。

质子酸碱和 Lewis 酸碱概念在有机化学中得到了广泛应用。应该指出的是,质子碱与 Lewis 碱是一致的,如 $\ddot{N}H_3$,HO^-,$CH_3CH_2O^-$,$(CH_3CH_2)_2\ddot{O}$ 等既是质子碱,也是 Lewis 碱,而质子酸不是 Lewis 酸,而是 Lewis 酸碱的加合物,例如:HCl,CH_3COOH 等是质子酸,而其中 H^+ 是 Lewis 酸,Cl^- 和 CH_3COO^- 是 Lewis 碱,所以,HCl,CH_3COOH 是 Lewis 酸碱配合物。

1.5　共价键的断裂方式和有机反应类型

在有机化合物分子中,主要以共价键相结合,在有机化学反应中,必然发生旧分子中共价键的断裂和新分子中共价键的形成,因此,研究发生化学反应时共价键的断裂方式对认识化学反应的本质十分必要。在有机反应中,由于分子结构不同和反应条件不同,共价键有两种不同的断裂方式。简要介绍如下。

1.5.1　共价键的均裂与游离基型反应

在共价键断裂时,一种断裂方式是,一对成键电子平均分给两个原子或基团:

$$A \overset{\curvearrowleft}{|} B \longrightarrow A\cdot + B\cdot$$

形成两个带单电子的原子或基团。这种断裂方式称为"均裂",由均裂生成的带有未配对电子的原子或基团,例如 $Cl\cdot$,$Br\cdot$,$HO\cdot$,$RO\cdot$,$H_3C\cdot$,$(CH_3)_3C\cdot$ 等,均称为游离基(或称自由基)。游离基的产生往往需要光和热。由于游离基有一个未配对的电子,因此能量很高,一般很活泼,是反应过程中生成的一种中间体,很容易和其它分子作用,夺取电子形成稳定的八隅体结构,故游离基称为活性中间体。这种由共价键均裂生成游离基而进行的反应称为游离基型反应。

1.5.2 共价键的异裂与离子型反应

共价键的另一断裂方式为:

$$A \mid : B \longrightarrow A^+ + : B^-$$

即当共价键断裂时,成键电子对完全转移给其中的一个原子或原子团。这种断裂方式称为"异裂"。异裂产生正、负离子,反应一般需要酸、碱催化或极性条件。异裂产生的离子一般也很不稳定,一旦生成立即与其它分子进行反应。离子是反应过程中生成的又一种活性中间体。这种由共价键的异裂,生成正、负离子而进行的反应,称为离子型反应。在离子型反应中,常把一种有机物叫底物,另一种物质叫试剂。根据反应的试剂,可把离子型反应分为亲电反应和亲核反应两类。分子通常既具有亲电中心,又具有亲核中心,但在极大多数情况下,其中一个反应中心的反应性能比较强。若试剂本身缺电子(如正离子或 Lewis 酸),则在反应时,进攻底物分子中电子云密度较大的反应中心,并接受一对电子形成共价键。这种在反应过程中接受外来电子对而成键的试剂,称为亲电试剂。由亲电试剂进攻而引起的反应称为亲电反应。若试剂具有孤对电子或为负离子,发生反应时,进攻底物分子中电子云密度较小的反应中心,供给一对电子而与底物分子中缺电子中心形成共价键。这种在反应过程中提供电子对而成键的试剂称为亲核试剂,由亲核试剂进攻而引起的反应称为亲核反应。

1.6 研究有机化合物的一般步骤

研究一个新的有机化合物,一般要经过下列步骤:

1.6.1 分离提纯

分离提纯方法很多,常用的有重结晶法、升华法、蒸馏法、色层分析法等。纯的有机化合物有固定的物理常数,例如熔点、沸点、相对密度和折射率等。也可用色谱法判断纯度。

1.6.2 实验式和分子式的确定

提纯后的有机化合物,就可以进行元素定性分析,确定由哪些元素组成,接着做元素定量分析,求出各元素的质量比,通过计算就能得出它的实验式。现在有机化合物的元素分析一般用元素分析仪测定。实验式是表示化合物分子中各元素原子的相对数目的最简单式子,不能确切表明分子真实的原子个数,因此,还必须进一步测定其相对分子质量,从而确定分子式。

例如,3.26g 样品燃烧后,得到 4.74g CO_2 和 1.92g H_2O,实验测得其相对分子质量为60,试计算这一化合物的实验式和分子式。

解:碳质量 $= 4.74 \times \dfrac{12}{44} = 1.29$(g)

碳的百分含量为:$\dfrac{1.29}{3.26} \times 100\% = 39.6\%$

$$氢质量 = 1.92 \times \frac{2}{18} = 0.213(g)$$

$$氢的百分含量为：\frac{0.213}{3.26} \times 100\% = 6.53\%$$

$$氧的百分含量为：100\% - (39.6\% + 6.53\%) = 53.87\%$$

	摩尔数	最小整数比（用最小的数去除各个数）
C	$\frac{39.6}{12} = 3.30$	$\frac{3.30}{3.30} = 1$
H	$\frac{6.53}{1} = 6.53$	$\frac{6.53}{3.30} = 1.98 \approx 2$
O	$\frac{53.87}{16} = 3.37$	$\frac{3.37}{3.30} = 1.02 \approx 1$

所以，C：H：O $= 1：2：1$

实验式为 CH_2O，式量为 30。因已知分子量为 60，所以分子式应为 $(CH_2O)_2$，即 $C_2H_4O_2$。而符合这一分子式的原子间的排列方式可能有多种，再经化学方法和现代物理方法测定，才能最后确定化合物的结构。

1.6.3　结构式的确定

确定一个化合物的结构是一件相当艰巨而有意义的工作。测定的方法有化学方法和物理方法。化学方法步骤繁杂且很困难。近年来，应用现代物理方法，能准确、迅速地确定有机化合物的结构。现代物理方法如：X 衍射、光谱、核磁共振谱和质谱等。其中最常用的是红外光谱和核磁共振谱，将在第 3 章详细讨论。

1.7　有机化合物的分类

有机化合物数量极其庞大，且众多的化合物在结构与性能关系上有明显的规律性，因此，从结构的观点对有机化合物加以分类，对于学习和研究有机化学是十分必要的。常用的分类方法主要有两种，按分子的碳架分类和官能团分类。

1.7.1　根据碳的骨架分类

有机化合物分子无例外地都含有碳。碳原子之间可以相互连接构成分子的骨架。这种骨架即所谓碳架。按照碳架可以把有机化合物分成下列 3 类：

1. 开链化合物

这类化合物中碳架为链状，不形成闭合的环，例如：

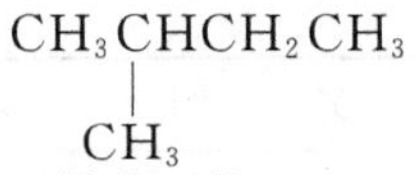

$$\underset{\underset{\text{2-甲基丁烷}}{|\atop CH_3}}{CH_3CHCH_2CH_3} \qquad \underset{\text{丙烯}}{CH_3CH = CH_2} \qquad \underset{\text{正丙醇}}{CH_3CH_2CH_2OH}$$

由于链状化合物最初是在油脂中发现的，所以开链化合物也叫脂肪族化合物。

2. 环状化合物

这类化合物分子中含有完全由碳原子组成的环。根据碳环的特点又可分为以下两类：

（1）脂环化合物

性质与脂肪族化合物相似,在结构上也可看作是开链化合物关环而成的,例如:

环戊烷　　　　　　环己烯

（2）芳香族化合物

分子中大多含有 6 个碳原子组成的苯环或具有性质与苯相似的碳环。它们在性质上与脂肪族化合物有较大区别,例如:

苯　　　　　萘　　　　　　　联苯

3. 杂环化合物

这类化合物分子中的环是由碳原子和其他元素的原子(主要是 S,N,O 等)组成的,例如:

呋喃　　　吡啶　　　噻吩

碳环和杂环化合物分子中,环上连有一个或多个不同长度的烷基侧链的,仍属于碳环或杂环类。

1.7.2　根据官能团分类

根据官能团分类意即将含有同样官能团的化合物归为一类。因为一般说来,含有同样官能团的化合物有基本相同的化学性质。几类比较重要的官能团及其典型化合物的相应的名称见表 1-3。

此外还可以根据有机化合物组成元素的不同而加以分类:

烃类(只含 C,H 两类元素)

卤代烃(含有卤素的有机化合物)

有机含氧化合物(包括醇、酚、醚、醛、酮、羧酸等)

有机含氮化合物(包括胺、硝基化合物、重氮及偶氮化合物等)

元素有机化合物指有机基团以碳原子直接与金属或非金属元素(H,O,N,Cl,Br,I 等除外)相连接的化合物。

本书将按官能团分类的体系对各类化合物进行讨论。

表 1-3　常见化合物的类别及官能团

有机化合物类别	官能团式子	官能团名称	实　　例	
烯　烃	$\diagdown C=C \diagup$	双键	$CH_2=CH_2$	乙烯
炔　烃	$-C\equiv C-$	叁键	$HC\equiv CH$	乙炔
卤代烃	$-X$	卤素	CH_3CH_2Cl	氯乙烷

有机化合物类别	官能团式子	官能团名称	实 例	
醇和酚	—OH	羟基	CH_3CH_2OH	乙醇
			C_6H_5OH	苯酚
醚	(C)—O—(—C)	醚键	$CH_3CH_2OCH_2CH_3$	乙醚
醛和酮	$-\overset{\|}{\underset{O}{C}}-$	羰基	CH_3COCH_3	丙酮
			$CH_3\overset{H}{\underset{}{C}}{=}O$	乙醛
羧 酸	—COOH	羧基	CH_3COOH	乙酸
酯	—COOR	酯基	$CH_3COOC_2H_5$	乙酸乙酯
酰 胺	$-CONH_2$	酰胺基	CH_3CONH_2	乙酰胺
酰 卤	$-\overset{\|}{\underset{O}{C}}-X$	酰卤基	CH_3COCl	乙酰氯
酸 酐	$-\overset{\|}{\underset{O}{C}}-O-\overset{\|}{\underset{O}{C}}-$	酸酐基	$(CH_3CO)_2O$	醋酸酐
硝基化合物	$-NO_2$	硝基	$C_6H_5NO_2$	硝基苯
胺	$-NH_2$	氨基	$C_6H_5NH_2$	苯胺
偶氮化合物	(C)—N=N—(C)	偶氮基	$C_6H_5N{=}NC_6H_5$	偶氮苯
重氮化合物	$-N_2X$	重氮基	$C_6H_5N{=}N-Cl$	氯化重氮苯
硫醇和硫酚	—SH	巯基	C_2H_5SH	乙硫醇
磺 酸	$-SO_3H$	磺酸基	$C_6H_5SO_3H$	苯磺酸

1.8　有机化合物构造式的写法

分子中原子相互连接的方式和次序叫做构造。表示分子构造的化学式叫做构造式。常用的表示法有以下几种：

1.8.1　电子式(Lewis 式)

用元素符号和电子符号来表示化合物构造的化学式叫做电子式,也叫 Lewis 式。书写电子式时,每一个原子最外层电子都必须表示出来。单键用一对电子表示,双键用两对电子表示,未成键电子也要表示出来,例如：

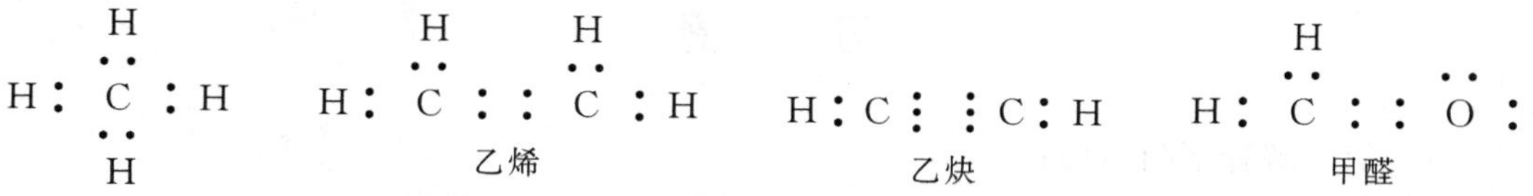

$$
\begin{array}{l}
\text{H}\\
\text{H}:\!\overset{\cdot\cdot}{\underset{\cdot\cdot}{C}}\!:\text{H}\\
\text{H}\\
\text{甲烷}
\end{array}
\qquad
\begin{array}{l}
\ \ \text{H}\quad\ \ \text{H}\\
\text{H}:\!\overset{\cdot\cdot}{C}\!::\!\overset{\cdot\cdot}{C}\!:\text{H}\\
\quad\ \ \text{乙烯}
\end{array}
\qquad
\begin{array}{l}
\text{H}:\!\overset{\cdot\cdot}{C}\!::\!\overset{\cdot\cdot}{C}\!:\text{H}\\
\qquad\text{乙炔}
\end{array}
\qquad
\begin{array}{l}
\quad\ \ \text{H}\\
\text{H}:\!\overset{\cdot\cdot}{C}\!::\!\overset{\cdot\cdot}{\underset{\cdot\cdot}{O}}\\
\quad\ \text{甲醛}
\end{array}
$$

1.8.2 蛛网式(Keküle 式)

蛛网式是用元素符号和价键符号表示化合物构造的化学式。书写时用一短线来表示一根共价键,各元素的原子必须满足各自的化合价,即碳 4 价,氧 2 价,氢 1 价等,例如

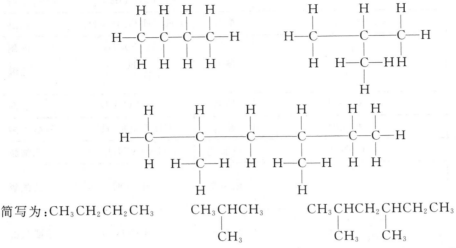

简写为:$CH_3CH_2CH_2CH_3$　　　CH_3CHCH_3　　　$CH_3CHCH_2CHCH_2CH_3$
　　　　　　　　　　　　　　　　 |　　　　　　　　 |　　　 |
　　　　　　　　　　　　　　　　 CH_3　　　　　　 CH_3　 CH_3

或　　　$CH_3(CH_2)_2CH_3$　　　$(CH_3)_2CHCH_3$　　　$(CH_3)_2CHCH_2CH(CH_3)CH_2CH_3$

简写时可省去价键符号,侧链可写在括号内,其规则是:除左端碳连有相同基团时,加括号写在所连碳前面外,其它碳原子所连的侧链均写在所连碳后面的括号内。

1.8.3 键线式

把碳、氢元素符号省略,只写出碳原子的锯齿形骨架。碳、氢以外的原子及原子团不能省略。例如:

蛛网式(简式)	键线式
$CH_3CH_2CH_2CH_2CH_2CH_3$	
CH_3　　　　CH_3 |　　　　　| $CH_3CHCH_2CH_2CHCH_2CH_3$	
$CH_3CH{=}CHCH_2CHCH_2CH_3$ 　　　　　　　　　| 　　　　　　　　　Cl	Cl
$CH_3CHCH_2CHCH_2CH_2CH_3$ 　　|　　　| 　　OH　　CH_3	OH

习　　题

1.1　简单解释下列名词:

(1)有机化合物;　　(2)共价键;　　(3)键长;　　(4)键角;

(5)键能;　　(6)构造式;　　(7)Lewis 酸、碱。

1.2 下列化合物中哪些是离子型的？哪些是非离子型的？写出每个化合物的电子式。

(1) $NaBr$；　　(2) $CHCl_3$；　　(3) CH_3OH；　　(4) $COCl_2$（光气）；

(5) N_2H_4（肼）；　　(6) NH_4Cl。

1.3 判断下列化合物有无偶极，并用箭头（┼──▶）表示其偶极方向。

(1) CO_2；　　(2) Br_2；　　(3) ICl；　　(4)

$$\underset{CH_3}{\overset{Cl}{}}C=\underset{CH_3}{\overset{Cl}{}}$$

；

(5) CH_3-O-CH_3；　　(6) $Cl-\bigcirc-Cl$ 。

1.4 下列化合物根据官能团分类各属于哪一类？并写出它们所含官能团的结构与名称。

(1) CH_3CH_2Br；　　(2) $CH_3CH_2\overset{O}{\overset{\|}{C}}-H$ ；　　(3) $CH_3CH_2CH_2\overset{O}{\overset{\|}{C}}-OH$ ；

(4) $CH_3CH_2\underset{OH}{CHCH_3}$ ；　　(5) $\bigcirc=O$ ；　　(6) $CH_3-\bigcirc$ ；

(7) $\triangle$ ；　　(8) $CH_3\underset{CH_3}{CHC}\equiv CCH_3$ ；

(9) $CH_3CH_2OCH_3$；　　(10) $CH_3CH_2CH_2NH_2$。

1.5 把下列式子改成键线式：

(1) $CH_3CH_2CH=CH-CH-CH_3 \quad CH_2OH$
$\qquad\qquad\qquad\qquad | \qquad\qquad\qquad |$
$\qquad\qquad\quad CH_2CH_2CH_2CHCH_2CH_3$ ；

(2) $CH_3(CH_2)_3CH_2OCH_2(CH_2)_3CH_3$ ；

(3)
$$\begin{array}{c} CH_3 \\ | \\ CH \\ CH_2 \quad CH-CH_2CH_3 \\ CH_2-CH_2 \end{array}$$
，　　(4) $\begin{array}{c} CH_2-CH_2 \\ CH_2 \qquad\qquad CHCH_2CH_2COCH_3 \\ CH_2-CH_2 \end{array}$ ；

(5) $CH_3\underset{CH_3}{CHCH_2}CH_2CH_2\underset{CH_3}{CHCH_2}CH_2CH_3$ ；　　(6) $HC\underset{CH=CH}{\overset{CH-CH}{}}C-CH(CH_3)_2$ ；

1.6 下列物种哪些是 Lewis 酸？哪些是 Lewis 碱？哪些是 Lewis 酸碱的加合物？

Li^+，　$C_6H_5O^-$，　H_3O^+，　$AlCl_3$，　$\ddot{N}H_3$，　BF_3，　$C_2H_5\ddot{O}C_2H_5$，　CH_3COOH，

CH_3OH，　NO_2^+ 。

1.7 指出下列反应式中各共轭酸碱对：

(1) $HCl+C_2H_5OH \Longrightarrow C_2H_5O^+H_2+Cl^-$

(2) $H_2SO_4+H_2O \Longrightarrow H_3O^++HSO_4^-$

(3) $NH_3+H_2O \Longrightarrow NH_4^++OH^-$

(4) $HF+NaHCO_3 \Longrightarrow NaF+H_2CO_3$

1.8 指出下列试剂中的亲电物种(直接接受电子对的离子或分子)。

(1) $NO_2^+ClO_4^-$; (2) $ClSO_3H$; (3) Cl_2+AlCl_3; (4) BF_3。

1.9 试推断下列化合物中哪些受色散力的约束,哪些有偶极吸引,哪些受氢键的约束。

(1) CH_3OH; (2) CH_3Cl; (3) $H_2C=O$; (4) $H_2C=CH_2$;

(5) $HC-OH$; (6) CH_3CH_3; (7) CH_3NH_2。
$\quad\ \ \overset{\parallel}{O}$

1.10 将下列共价键,按极性大小排列成序(用箭头表示电子偏移的方向)。

$H-O$; $H-N$; $H-Br$; $H-F$; $H-C$。

1.11 对于下列各分子式,假定每个原子(除氢以外)均为完整的八隅体,并且两个原子可以共享一对以上电子,试写出你能想到的所有异构体的构造式(以短横线表示每一对共享电子)。

(1) C_2H_7N; (2) C_4H_{10}; (3) C_3H_7Cl; (4) C_2H_4O。

1.12 一种醇经元素定量分析,得知含 C 70.4%,含 H 13.9%,试计算并写出其实验式。

1.13 燃烧一化合物样品 6.51mg,得到二氧化碳 20.47mg 和水 8.36mg,其分子量为 84。试计算这个化合物的(1)百分组成;(2)实验式;(3)分子式。

1.14 甲基橙是一种含氧酸的钠盐。它含碳 51.4%、氢 4.3%、氮 12.8%、硫 9.8% 和钠 7.0%,问甲基橙的实验式是什么?

第 2 章　脂肪烃的同分异构、命名和结构

2.1　烃　的　分　类

只有碳、氢两种元素组成的有机化合物叫做碳氢化合物,简称烃。按传统有机化学的分类,烃分为脂肪烃和芳香烃,脂肪烃又有链状与环状、饱和与不饱和之分:

$$
烃
\begin{cases}
脂肪烃
\begin{cases}
饱和烃
\begin{cases}
烷烃 \\
环烷烃
\end{cases} \\
不饱和烃
\begin{cases}
烯烃 \\
炔烃 \\
二烯烃
\end{cases}
\end{cases} \\
芳香烃
\end{cases}
$$

本章主要讨论脂肪烃。

2.2　脂肪烃的结构

2.2.1　碳的轨道杂化和烷、烯、炔的结构

早在 1874 年,荷兰化学家 J. H. Van't Hoff 和法国化学家 J. A. LeBel 提出了碳的四面体结构,到 20 世纪,又得到了实验的直接证实。实验测定甲烷(CH_4)分子是正四面体结构,4

个 C—H 键是等同的,键长为 0.109nm,键角($\angle$HCH)是 109.5°;乙烯 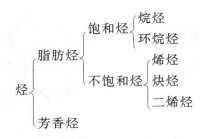 为

平面结构,所有键角接近 120°;而乙炔(H—C≡C—H)分子为线型结构。针对上述事实,1931 年 L. Pauling 和 J. C. Slater 提出了轨道杂化理论,给与了很好的解释。

1. sp^3 杂化和碳的四面体结构

碳原子的价电子是$(2s)^2(2p_x)^1(2p_y)^1$,其中 $2p$ 轨道的两个电子未配对。按照电子配对法规则,似乎接受两个电子便达到电子的稳定结构,然而甲烷等有机化合物中的碳原子一般都是四价。杂化轨道理论设想,碳原子在形成烷烃时,一个($2s$)电子激发到($2p_z$)轨道上,形成激发态的价电子是$(2s)^1(2p_x)^1(2p_y)^1(2p_z)^1$。但当碳原子以 4 个单键分别与其它 4 个原子成键时,并不是用它的一个 s 轨道和 3 个 p 轨道,而是用它的一个 s 轨道和 3 个 p 轨道杂化生成 4 个能量相等的 sp^3 杂化轨道,见图 2-1。

在 sp^3 杂化轨道中,s 轨道成分占 1/4,p 轨道成分占 3/4,所以 sp^3 杂化轨道的形状不同于 s 轨道和 p 轨道,为一头大一头小,轨道的对称轴经过碳原子核,见图 2-2。这样轨道的方向性更强了,可以与另一原子的轨道形成更强的共价键。

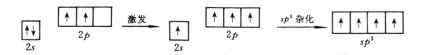

图 2-1 sp^3 杂化轨道的形成

碳原子的 4 个 sp^3 杂化轨道在空间以四面体形式排布,即碳原子位于四面体的中心,4 个 sp^3 杂化轨道大头一瓣指向四面体的 4 个顶角,轨道对称轴彼此间的夹角为 109.5°(图2-2)。只有这样,4 个轨道在空间的排布相距最远,价电子之间的斥力最小,体系最稳定。

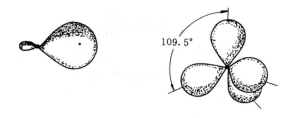

图 2-2 sp^3 杂化轨道的形状

由碳原子的 4 个 sp^3 杂化轨道与 4 个氢原子的 s 轨道相互重叠,形成 4 个相等的共价键而形成甲烷分子,如图 2-3 所示。

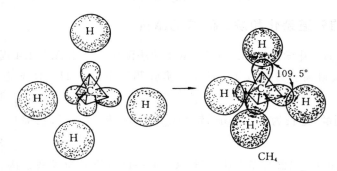

图 2-3 甲烷分子形成的示意图

乙烷分子中的 C—C 键是由两个 sp^3 杂化轨道轴向重叠形成的,如图 2-4。

从上述原子轨道重叠示意图中可以看出,C—H 或 C—C 键中成键原子轨道都是以键轴为对称轴而互相重叠的(称为头对头重叠),这样形成的 σ 键,成键电子云重叠程度最大,且呈圆柱形对称于两成键原子核的连线上,故原子核对其束缚力大,电子流动性小,可极化性小,因而化学上比较稳定,且成键原子可以绕键轴自由旋转而不影响电子云重叠程度,也就是不会破坏 σ 键,所以在烷烃分子中,碳链的立体形状并不是直线型的,而是曲折的。如正戊烷的碳键可以表示如下:

$$\underset{CH_3}{} \underset{CH_2}{} \underset{CH_2}{} \underset{CH_2}{} \underset{CH_3}{} \qquad (\wedge\wedge)$$

(a)

(b)　　　　　　　　　(c)

常用于表示化合物立体形象的模型主要有两种：一种是球棍模型如图 2-5 左；另一种为"比例模型"，也叫 Stuart 模型，如图 2-5 右。甲烷,乙烷的模型如图 2-5 和图 2-6 所示。

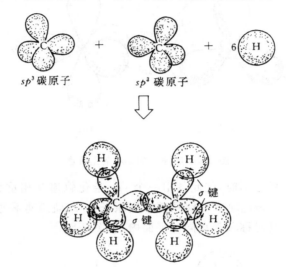

图 2-4　乙烷分子形成的示意图

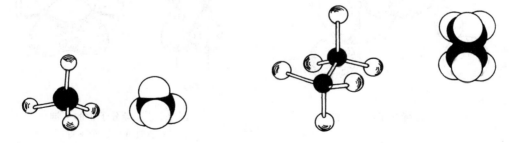

图 2-5　甲烷的球棒模型和比例模型　　　图 2-6　乙烷的球棍模型和比例模型

碳碳单键的键长为 0.154nm,键能为 347kJ/mol。

2. sp^2 杂化和乙烯的结构

杂化轨道理论认为当碳原子以双键和其它原子结合时,其外层的 4 个未成对电子,采取另一种杂化方式,即由一个 s 轨道和两个 p 轨道进行杂化,组成 3 个完全等同的 sp^2 杂化轨

道,余下一个 p 轨道不参与杂化:

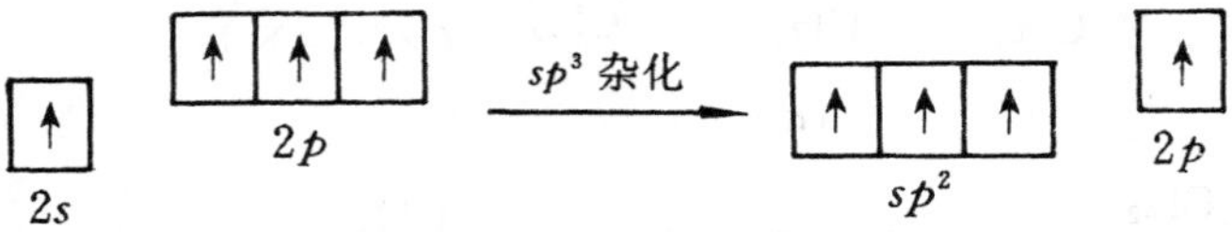

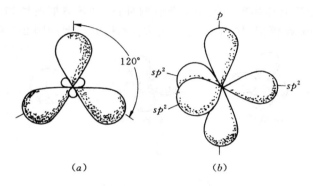

sp^2 杂化轨道相当于 $(1/3)s$ 和 $(2/3)p$ 轨道成分,形状与 sp^3 杂化轨道相似,但在核外的分布方向不同,3 个 sp^2 杂化轨道的对称轴在同一平面上,彼此间的夹角都是 120°,如图 2-7 (a),只有这样,3 个杂化轨道才能彼此相距最远,相互斥力最小。余下的一个 p 轨道保持原有的形状,其对称轴垂直于 3 个 sp^2 杂化轨道所在的平面,如图 2-7(b) 所示。

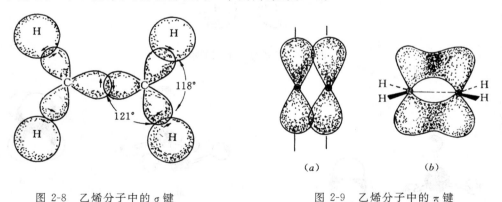

图 2-7　碳原子的 sp^2 杂化轨道

当两个碳原子结合成乙烯时,彼此各用一个 sp^2 杂化轨道互相重叠形成 C—C σ 键,两个碳原子又各以两个 sp^2 杂化轨道分别同两个氢原子的 $1s$ 轨道重叠形成两个 C—H σ 键。这样,共形成 5 个 σ 键,其对称轴都在同一平面内,如图 2-8。

图 2-8　乙烯分子中的 σ 键

图 2-9　乙烯分子中的 π 键
(a) p 轨道　　(b) π 键

两个碳原子未参加杂化的 p 轨道,其对称轴垂直于上述平面而彼此平行,从侧面相互重叠(称肩并肩重叠),构成共价键,称为 π 键。π 键的电子云分布在分子平面上下方,如图 2-9。

乙烯的分子模型如图 2-10 所示。

由上述可知,在乙烯分子中的碳碳双键是由 1 个 π 键和 1 个 σ 键组成的。π 键与 σ 键是

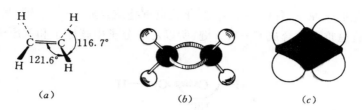

图 2-10　乙烯的分子模型

(a) 乙烯分子；　　(b) 球棍模型　　(c) 比例模型

不同的,其不同点如下:

（1）由于 π 键是由两个 p 轨道侧面重叠形成的,重叠程度不如 σ 键,比较容易断裂。C=C 的键能是 612kJ/mol,较两个单键键能之和($347 \times 2 = 694$kJ/mol)要低,因此,破坏 π 键只需 $612 - 347 = 265$(kJ/mol)的能量。

（2）π 电子云不像 σ 键电子云那样集中在两个成键原子核连线上,而是分散在原子所在平面的上下方,这样原子核对 π 电子的束缚力较小,所以 π 电子云具有较大的流动性,可极化性大,受外界试剂影响容易极化,因此烯烃表现出较大的化学活泼性。

（3）只有当两个未杂化的 p 轨道的对称轴相互平行时,才能达到最大程度的重叠而形成 π 键,π 键不能自由旋转。碳碳双键的键长为 0.134nm,比碳碳单键(0.154nm)短,说明碳碳双键的两个碳原子结合紧密。为了书写方便,一般用两条短线表示双键,即 C=C,但必须明确这两条短线的含义不同。

3. sp 杂化和乙炔的结构

乙炔(HC≡CH)分子中,每个碳原子只与两个原子(一个碳原子和一个氢原子)相连。两个碳原子之间形成叁键。叁键碳原子又与乙烯中碳原子有所不同,它采取 sp 杂化方式,即一个 s 轨道和一个 p 轨道杂化,组成两个等同的 sp 杂化轨道。sp 杂化轨道相当于(1/2)s 和(1/2)p 轨道成分:

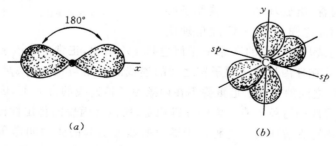

它们的形状仍与 sp^3,sp^2 杂化轨道相似,但空间分布却不相同,两个 sp 杂化轨道的对称轴在一条直线上,如图 2-11(a)所示。

(a)

(b)

图 2-11　sp 杂化碳原子

(a) 两个 sp 杂化轨道的分布；　　(b) 两个 p 轨道互相垂直

两个 sp 杂化的碳原子,各以一个 sp 杂化轨道重叠结合成 C—C σ 键,另一个 sp 杂化轨道各与氢的 $1s$ 轨道重叠结合成 C—H σ 键,所以乙炔分子中碳原子和氢原子都在一条直线上,键角为 $180°$:

$$H-C≡C-H$$
$$180°$$

每个碳原子上还有两个 p 轨道未参与杂化,它们的对称轴互相垂直,见图 2-11(b),两两相互平行重叠,形成两个相互垂直的 π 键。这样形成的两个 π 键的电子云,并不是 4 个分开的球形,而是围绕 C—C σ 键形成一个圆筒形,如图 2-12。

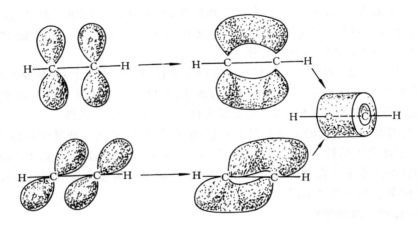

图 2-12　乙炔分子中 4 个 p 轨道组成的两个 π 键的电子云分布

碳碳叁键是由一个 σ 键和两个 π 键组成的。

实验证明乙炔为线型分子,碳碳叁键的键长比碳碳双键短,为 0.120nm,键能为 835 kJ/mol,即比碳碳双键和碳碳单键的键能都大。乙炔分子的立体模型如图 2-13。

4. 脂环烃的结构和环的稳定性

脂环烃的稳定性与环的大小有关,3 碳环最不稳定,4 碳环比 3 碳环稳定些,5 碳环较稳定,6 碳及 6 个碳以上至 30 多个碳组成的碳环都较稳定。

从环丙烷结构看,组成环的 3 个碳原子必然要在一个平面上,这样 C—C—C 键角理应

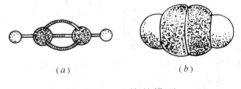

图 2-13　乙炔的模型
(a) 球棍模型;　(b) 比例模型

为 $60°$,而环烷中的碳与烷烃中的碳原子相似也是 sp^3 杂化,正常的 sp^3 杂化轨道之间的夹角应为 $109.5°$,因此在环丙烷中碳原子核之间的连线的夹角与正常的 sp^3 杂化轨道夹角之间的偏差,使 C—C 之间的 σ 键轨道重叠不在两碳原子核连线的方向上,因此没有达到最大程度的重叠,这样形成的键就没有正常的 σ 键稳定,所以环丙烷的稳定性比链状烷烃要差得多,通常认为分子内存在着张力。这种由于键角的偏差引起的张力叫做角张力。这是造成环丙烷分子不稳定的结构因素。如图 2-14 所示。其中虚线为碳原子核间连线,两条实线为碳的两个杂化轨道间的夹角(小于 $109.5°$)。常形象化地把这样形成的键叫做弯曲键,有部

分 π 键的性质。

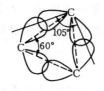

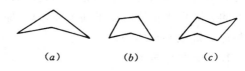

图 2-14　环丙烷中 sp^3 杂化轨道重叠示意图　　图 2-15　四至六元环的结构

　　经测定烷烃分子中 C—C 键的离解能为 347kJ/mol，而环丙烷的 C—C 键离解能是 230kJ/mol，环丙烷键能低，不稳定，因此环丙烷中 C—C 键易断裂而开环。

　　环丁烷的情况与环丙烷相似，分子中也存在张力，但比环丙烷稳定。三元以上的环，成环的原子可以不在一个平面内，因而降低了角张力。四至六元环的角张力变化如下：

　　环丁烷为蝶式，如图 2-15(a)。实测键角为 111.5°，角张力比环丙烷小一些。

　　环戊烷为信封式，见图 2-15(b)。实测键角接近 109.5°，角张力小。

　　环己烷实测键角为 109.5°，稳定的构象为椅式结构，如图 2-15(c)。6 碳环以上的脂环烃，C—C—C 键角都接近 109.5°。

2.2.2　1,3-丁二烯的结构和共轭体系

1. 1,3-丁二烯的结构

　　1,3-丁二烯的构造式一般表示为 $CH_2{=}CH{-}CH{=}CH_2$，分子中 4 个碳原子都是 sp^2 杂化，每个碳都以 sp^2 杂化轨道相互重叠，形成 3 个碳碳 σ 键，其它 sp^2 杂化轨道都与氢原子的 $1s$ 轨道重叠形成 6 个碳氢 σ 键。这些 σ 键共平面，即 4 个碳原子和 6 个氢原子处在同一平面上，所有键角都接近 120°。此外，每个碳原子还余下 1 个未参加杂化且与 σ 键所在平面垂直的 p 轨道。它们侧面相互重叠形成 π 键，如图 2-16 所示。

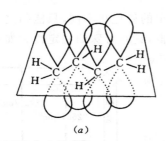

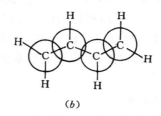

图 2-16　1,3-丁二烯分子中的 π 键和 σ 键

(a) π 键所在平面与纸面垂直；　　(b) σ 键在纸面上

　　在 1,3-丁二烯（$\overset{4}{C}H_2{=}\overset{3}{C}H{-}\overset{2}{C}H{=}\overset{1}{C}H_2$）分子中的碳碳单键的键长是 0.146nm，较乙烷分子中的碳碳单键的 0.154nm 要短。碳碳双键的键长是 0.137nm，较乙烯分子中的碳碳双键的 0.134nm 要长。这是因为在 1,3-丁二烯分子中，不仅 C_1 与 C_2 的 p 轨道从侧面重叠，C_3 与 C_4 的 p 轨道从侧面重叠，而且 C_2 与 C_3 之间也有一定程度的重叠，使 4 个碳原子的 p 轨道都"肩并肩"地两两互相重叠形成一个整体，因此，C_2 与 C_3 之间的电子云密度较一

般 C—C 单键有所增大,键长缩短,具有部分双键性质。 C=C 双键则相应被拉长,从而使单键和双键的键长发生了部分平均化。我们把这样的体系叫做共轭体系。凡是 3 个或 3 个以上的 σ 键直接相连的原子共平面,每个原子还有一个 p 轨道相互平行重叠形成的 π 键叫做共轭 π 键或共轭体系。

2. π-π 共轭体系

从上面 1,3-丁二烯分子结构中可以看出,共轭体系的 4 个 π 电子已经不是像乙烯分子中那样局限(常称做定域)在两个成键碳原子之间,而是离域在 4 个碳原子的 p 轨道所组成的分子轨道中运动,这样的键叫离域键(π 键)。由于电子离域而产生的分子中原子间相互影响的电子效应叫做共轭效应。这种由单双键相间形成的共轭体系,称为 π-π 共轭体系。共轭体系有下列特点:

(1)共平面性

形成共轭体系的各个 sp^2 杂化碳原子都在同一平面上,这是共轭体系的几何特点,这样才能使参加共轭的 p 轨道对称轴互相平行,而侧面相互重叠。如果这种共平面性受到破坏,便使 p 轨道的互相平行发生偏离,从而减少或完全不重叠,则共轭体系破坏,共轭效应消失。

(2)键长趋于平均化

由于电子云密度分布改变,共轭体系中的单双键键长发生了变化,使单键键长缩短,双键伸长,即趋于平均化,使单键具有了部分双键的性质。

(3)共轭体系能量降低

由于电子离域的结果,分子能量显著降低,稳定性明显增大。从两种不同类型的二烯分别加氢的氢化热数据,可以清楚地看出这一结果:

$$CH_2=CH-CH_2-CH=CH_2 \ +2H_2 \longrightarrow CH_3CH_2CH_2CH_2CH_3 \quad 氢化热\ 254kJ/mol$$
1,4-戊二烯,(孤立二烯)　　　　　　　　　　　　正戊烷

$$CH_3CH=CH-CH=CH_2 \ +2H_2 \longrightarrow CH_3CH_2CH_2CH_2CH_3 \quad 氢化热\ 226kJ/mol$$
1,3-戊二烯,(共轭二烯)　　　　　　　　　　　正戊烷

两个反应都加了 2mol H_2,产物也相同,但放出的氢化热不同,只能归之于反应物能量不同。可见共轭二烯烃比相应的孤立二烯烃能量低,具有特殊的稳定性。如图 2-17。这个能量的差值(254－226＝28(kJ/mol))一般称为离域能,也叫共轭能。离域能越大,体系能量越低,化合物越稳定。

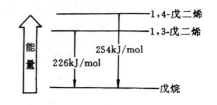

图 2-17 二烯烃及其能量

3. p-π 共轭体系

由于电子离域而产生的共轭效应,不仅存在于单、双键交替的共轭双键体系中,也存在于其它一些体系中,例如,在氯乙烯($CH_2=CHCl$)分子中,若从双键中 π 键较 σ 键易极化这一点来考虑,氯原子的电负性较强,产生了吸电子诱导效应,电子转移方向应该是:

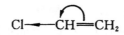

这样,氯乙烯的偶极矩似乎应该大于氯乙烷(CH_3CH_2Cl),但事实恰恰相反,氯乙烯的偶极矩 $\mu=1.44D$,而氯乙烷的偶极矩 $\mu=2.05D$。另外,在 $CH_2=CH-Cl$ 中 C—Cl 键长(0.169nm),比氯乙烷中 C—Cl 键键长(0.177nm)短,而在 $CH_2=CH-Cl$ 中 C=C 键长为0.138nm,比正常 C=C 键长(0.134nm)长。这是由于氯原子的未共用电子对所在的 p 轨道和构成双键的 π 轨道,侧面相互重叠,形成了共轭体系,使4个电子分布在3个原子(两个碳原子和1个氯原子)上,产生了电子的离域,如图2-18。这种离域的结果,氯原子上的未共用电子对向碳原子偏移:

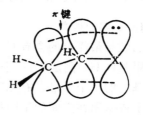

图2-18 氯乙烯分子中的 p-π 共轭

$$CH_2=CH-\ddot{C}l$$

因而氯乙烯分子的偶极矩比氯乙烷分子的偶极矩要小。这种共轭体系是由于氯原子的 p 轨道与两个 sp^2 杂化碳原子上的 p 轨道形成的 π 轨道发生共轭,称为 p-π 共轭,p-π 共轭的结果引起分子中键长的平均化(C—Cl 键长缩短,C=C 键长伸长)。事实证明,凡是与双键相连的原子上有 p 轨道,且对称轴与双键的 π 轨道平行时,均可形成 p-π 共轭体系,例如,$CH_2=CH_2\ddot{O}CH_3$ $CH_2=CH-\overset{\cdot}{C}H_2$ 等,这将在后面讨论。

4. σ-π 共轭(超共轭)体系

当碳氢 σ 键与碳碳双键直接相连时,这个 σ 键的成键电子也产生和前面的氯原子上未共用电子对相似的离域现象,称为超共轭体系,也叫 σ-π 共轭体系,如图2-19。

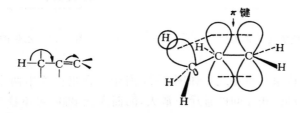

图 2-19 σ-π 共轭

虽然这种共轭效应和 π-π 共轭及 p-π 共轭效应相比较要弱得多,但它的效应的确存在。通过对1-丁烯和2-丁烯氢化热的测定可以看出:

$$CH_2=CH-CH_2-CH_3 + H_2 \longrightarrow CH_3CH_2CH_2CH_3 \qquad 氢化热 \quad 126.8kJ/mol$$
$$\text{正丁烷}$$
$$CH_3-CH=CH-CH_3 + H_2 \longrightarrow CH_3CH_2CH_2CH_3 \qquad 氢化热 \quad 119.6kJ/mol$$

2-丁烯的氢化热比1-丁烯小(126.8－119.6＝7.2(kJ/mol)),主要是由于2-丁烯有6个碳氢 σ 键与双键共轭(因为 σ 键可以自由旋转,所以,所有碳氢 σ 键均可参加 σ-π 共轭),而1-丁烯只有两个碳氢 σ 键与双键发生超共轭效应,因此2-丁烯相对比较稳定:

$$H-\overset{H}{\underset{H}{C}}-CH=CH-\overset{H}{\underset{H}{C}}-H \qquad CH_3-\overset{H}{\underset{H}{C}}-CH=CH_2$$

2.2.3 烷烃和环烷烃的构象

1. 乙烷的构象

乙烷是最简单的含有 C—C σ 键的化合物，由于 σ 键可以自由旋转，如果使乙烷分子中一个甲基(CH₃)固定，另一个甲基绕 C—C σ 键轴旋转，则一个甲基上的 3 个氢相对于另一个甲基上的 3 个氢可以有无数种不同的空间排列方式，这种由于围绕 σ 键旋转而产生分子中原子或基团在空间的不同排列方式叫做构象。

由于 C—C 键的旋转，乙烷可以有无数种构象，但从能量上来说只有一种构象的内能最低，因而稳定性也最大，这种构象就叫做优势构象。乙烷的优势构象是交叉式。如图 2-20 所示。表示构象可以用透视式，如图 2-20(a)和投影式(也叫 Newman 投影式)，如图 2-20 (b)。透视式比较直观，但书写不方便。投影式能较好的表达简单分子的构象。图 2-20(b) 是乙烷交叉式构象的投影式，图 2-21(b)是乙烷重叠式构象的投影式，其中圆圈表示碳原子，前面碳上的 3 个碳氢键相交于圆心。后面碳上的碳氢键交于圆周上。同碳原子上的 3 个碳氢键在投影式中互成 120°。

在交叉式中，两个碳原子上的氢原子间的距离最远，相互间的排斥力最小，因而内能最低。

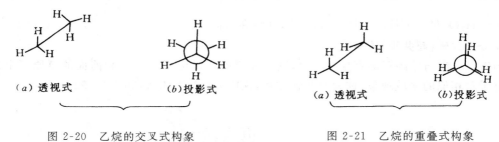

图 2-20　乙烷的交叉式构象　　　　　图 2-21　乙烷的重叠式构象

内能最高的一种构象是重叠式。如图 2-21 所示。在重叠式中两个碳原子上所连的氢原子两两相对，相距最近，相互间的排斥力最大，因而内能最高，最不稳定。其它构象的内能都介于这二者之间。

交叉式与重叠式的内能相差约为 12.5kJ/mol，这种能量差叫做能垒，从一种交叉式转变为另一种交叉式，必须经过重叠式，即必须克服 12.5kJ/mol 的能垒，所以，所谓单键的自由旋转，并不是完全自由的。在接近绝对零度的低温时，分子都以交叉式存在，而在室温时分子的热运动就可以越过能垒，使 σ 键自由旋转达到各种构象迅速互变。因此在室温时，可以把乙烷看作是交叉式、重叠式以及介于这二者之间的无数构象异构体的平衡混合物。

乙烷分子中碳碳键相对旋转时，分子内能变化如图 2-22。图中曲线上任何一个点代表一种构象。

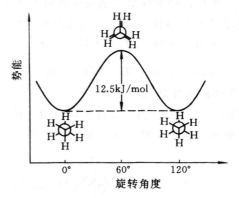

图 2-22　乙烷各种构象的内能变化

2. 正丁烷的构象

正丁烷可以看作是乙烷的二甲基衍生物,用如下投影法表示全重叠式的丁烷及其 4 个碳原子:

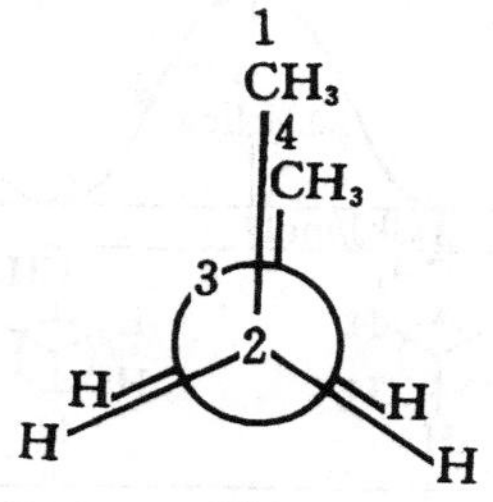

全重叠式

由全重叠式开始,固定 C_1 与 C_2,使 C_3 绕 C_2-C_3 的键轴作相对旋转,则每旋转 60°,可以得到一种有代表性的构象,旋转 360°复原。

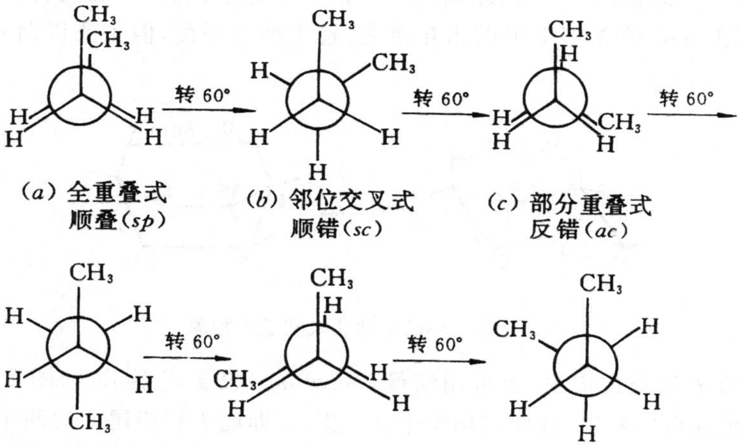

(a) 全重叠式　　　　(b) 邻位交叉式　　　　(c) 部分重叠式
　　顺叠(sp)　　　　　　顺错(sc)　　　　　　反错(ac)

(d) 对位交叉式　　　　(e) 部分重叠式　　　　(f) 邻位交叉式
　　反叠(ap)

在上述 6 种构象中,(b)与(f),(c)与(e)能量相同,所以实际上有代表性的构象为(a),(b),(c),(d)4 种。它们分别叫做全重叠式、邻位交叉式、部分重叠式及对位交叉式。由于甲基比氢原子大得多,所以丁烷的全重叠式构象的能量要比乙烷的全重叠式的能量高(图 2-23),丁烷的几种构象的内能高低顺序为:

全重叠式>部分重叠式>邻位交叉式>对位交叉式

但它们之间的能量差别是不大的,因此不能分离出构象异构体。

由于对位交叉式是最稳定的,所以 3 个碳以上的烷烃的碳链应以锯齿形为最稳定。

根据中国化学会 1980 年制定的有机化学命名原则,对位交叉式叫做反叠,部分重叠式叫做反错,邻位交叉式叫做顺错,全重叠式叫顺叠。

3. 环己烷的构象

环己烷是 6 个成环碳原子不共平面的无张力环。每个碳原子都是 sp^3 杂化,∠C—C—C 保持正常键角109.5°,因此环己烷很稳定。通过 σ 键的旋转和键角的扭转,环己烷有两种极

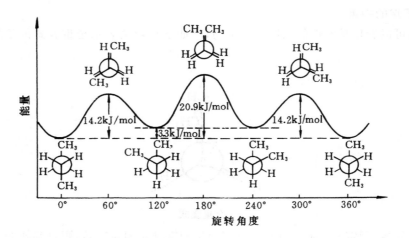

图 2-23　正丁烷各种构象的能量曲线图

限构象，一种叫椅式构象，另一种叫船式构象。根据热力学计算，环己烷椅式构象的能量比船式约低 29.7kJ/mol，在常温下可以相互转变，趋于动态平衡，但主要以椅式构象存在，见图 2-24。

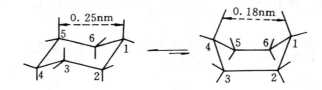

图 2-24　环己烷的椅式和船式构象

　　环己烷的椅式和船式构象，也可用纽曼（Newman）投影式表示，如图 2-25，2-26 所示。从图中纽曼投影式可以看出，在船式构象中，C_2 及 C_5 即船头和船尾上的两个碳氢键向内伸展，氢原子之间距离较近，相互之间的斥力较大，而在椅式构象中不存在这种情况。另外，从模型考察，椅式构象中，相邻碳原子上的碳氢键都处于交叉式；而在船式构象中，C_3—C_4 及 C_1—C_6 上的碳氢键都是重叠式，存在扭转张力，因而船式不如椅式稳定，所以环己烷及其衍生物在一般情况下都以椅式存在。

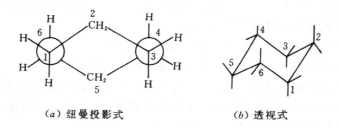

（a）纽曼投影式　　　　　　　　（b）透视式

图 2-25　环己烷椅式构象投影式

　　仔细观察环己烷的椅式构象，可以看出 C_1，C_3，C_5 处于同一平面内，它位于 C_2，C_4，C_6 所在平面的下方，这两个平面相互平行，其对称轴 y 垂直于该两平面，如图 2-27（a）。12 根

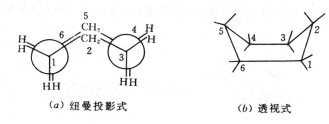

（a）纽曼投影式　　　　　　　（b）透视式

图 2-26　环己烷船式构象投影式

碳氢键可以分为两组：一组与对称轴平行，叫做直立键或 a 键（axial bond），其中 3 根向上，另外 3 根向下；另一组 6 根碳氢键与对称轴成 109.5° 向外伸出，称平伏键或 e 键（equatorial bond），3 根向上斜伸，3 根向下斜伸，如图 2-27（b）。

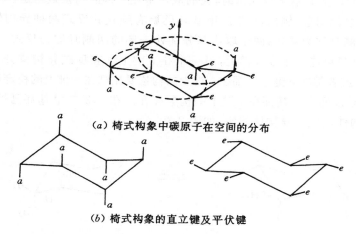

（a）椅式构象中碳原子在空间的分布

（b）椅式构象的直立键及平伏键

图　2-27

　　环己烷由一种椅式构象翻转为另一种椅式构象时，原来的 a 键（粗实线）都变成 e 键，原来的 e 键（细实线）都变成 a 键，见图 2-28。

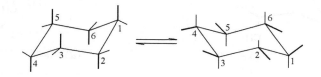

图 2-28　两种椅式构象

4. 取代环己烷的构象

　　环己烷的一元取代衍生物，取代基可以在 e 键上，也可以在 a 键上，出现了两种可能的构象，一般以取代基在 e 键上的构象占优势。这是由于 a 键（C_1 上）取代基与同侧相邻的两个 a 键氢原子（C_3 和 C_5 上）距离较近，且与相邻碳所连的碳架处于邻位交叉式位置，故具有强烈的斥力，而取代基在 e 键时与 a 键上氢原子相距较远，且与相邻碳所连的碳架处于对位交叉式而无斥力，如图 2-29 所示。若 R 是甲基（见 2.4 节），甲基以 e 键方式连接，其能量较 a 键方式相连低 7.5kJ/mol，因此在室温时，甲基环己烷 e 键构象占 95%，a 键构象只占 5%。

取代基越大,e 键型构象为主的趋势越大,如叔丁基(见 2.4 节)环己烷在平衡体系中,e 键构象占 99.9%。

图 2-29　环己烷的一烷基取代衍生物

根据许多实验事实,总结如下一般规律。

(1) 环己烷多元取代物最稳定的构象是 e 键取代基最多的构象。

(2) 环己烷的环上有不同取代基时,大的取代基在 e 键的构象最稳定。

环己烷的二取代构象,例如,1,2-二甲基环己烷有顺式和反式两种异构体,即当两个取代基在环的同一侧时称为顺式;两个取代基分别处于环的两侧时称为反式。在顺式异构体分子中,两个甲基只可能一个在 a 键上,另一个在 e 键上。在反式异构体分子中,两个甲基或者都在 a 键上,或者都在 e 键上。都在 e 键上的构象要比都在 a 键上的稳定得多,所以反-1,2-二甲基环己烷是以两个甲基都在 e 键上的构象存在。在 1,2-二甲基环己烷的顺反两种异构体中,反式异构体比顺式异构体稳定,如图 2-30。

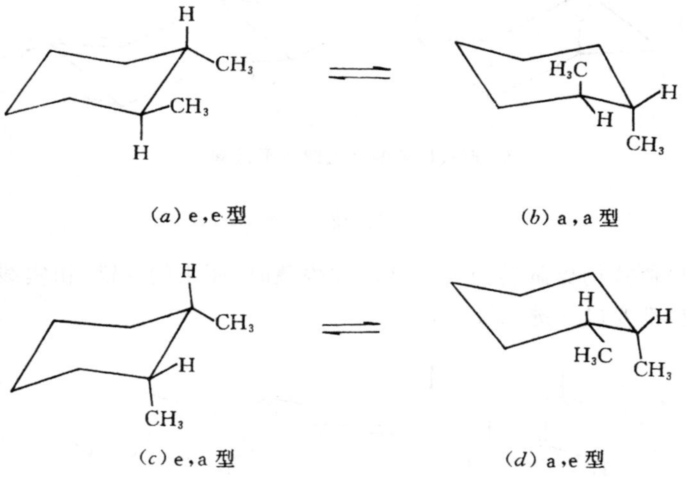

(a) e,e 型　　　　　　　　　　　(b) a,a 型

(c) e,a 型　　　　　　　　　　　(d) a,e 型

图 2-30　1,2-二甲基环己烷构象

1,3-二甲基环己烷也有顺式和反式两种异构体。在顺式异构体中,两个甲基或者都在 a 键上,或者都在 e 键上。同样,以两个甲基都处在 e 键上的稳定构象存在。反-1,3-二甲基环己烷也只能有一个甲基在 e 键上(图 2-31)。

又如,反-1,4-二甲基环己烷异构体中,以两个甲基都处在 e 键上的稳定构象存在。而顺-1,4-二甲基环己烷构象中,也只能有一个甲基处在 e 键上(图 2-32)。所以,环己烷的二元取代物中,反-1,2-、顺-1,3-、反-1,4-异构体的构象为 aa 型或 ee 型,由于 ee 型较 aa 型稳定,因此这些异构体通常以 ee 型存在,而顺-1,2-、反-1,3-、顺-1,4-异构体中的两个取代基则一个处在 a 键,另一个处在 e 键上,它们的构象是 ea 型。ee 型较 ea 型稳定,因此,环己烷的

(a) 顺,e,e 型　　　　　　　　　　(b) 反,e,a 型

图 2-31　1,3-二甲基环己烷构象

1,2-和 1,4-二元取代物中反式异构体比顺式异构体稳定,1,3-取代物中,顺式异构体比反式异构体稳定。

(a) 顺,e,a 型　　　　　　　　　　(b) 反,e,e 型

图 2-32　1,4-二甲基环己烷构象

2.3　脂肪烃的同分异构现象

2.3.1　构造异构现象

在有机化合物中,分子式相同,但由于分子中原子的连接方式不同或连接顺序不同(一般称为构造不同)而产生几种性质不同的化合物。这种分子式相同(即组成相同)而构造不同的化合物称为同分异构体;这种现象,称为同分异构现象。有机化合物的构造异构可分为碳链异构、位置异构和官能团异构 3 种。

1. 烷烃的碳链异构

甲烷、乙烷和丙烷只有一种异构体,即一种化合物,丁烷有两种同分异构体,它们的构造式为:

$$\text{(a)}\quad CH_3CH_2CH_2CH_3\ ;\qquad \text{(b)}\quad CH_3CHCH_3$$
(沸点 −0.5℃)　　　　　　　　　　　　　　　　　|
　　　　　　　　　　　　　　　　　　　　　　　　CH_3
　　　　　　　　　　　　　　　　　　　　　　　(沸点 −10℃)

(a)式中 4 个碳原子结合成一条链状碳架,没有支链,这种丁烷叫正丁烷;(b)式中除了 3 个碳原子连接成一条链状碳架外,还有一个碳原子构成支链,这种丁烷叫异丁烷。

戊烷有 3 种同分异构体,它们的构造式如下:

$$CH_3CH_2CH_2CH_2CH_3 \qquad CH_3CH_2CHCH_3 \qquad CH_3-\overset{\displaystyle CH_3}{\underset{\displaystyle CH_3}{\overset{|}{\underset{|}{C}}}}-CH_3$$
　(正戊烷,沸点36.1℃)　　　　　　　　　　|
　　　　　　　　　　　　　　　　　　　　　CH_3
　　　　　　　　　　　　　　　　　(异戊烷,沸点28℃)　　　　(新戊烷,沸点9.5℃)

随着碳原子数增加,烷烃碳链异构体的数目增加得很快。这种因碳链骨架不同而引起的同分异构现象称为碳链异构。表 2-1 是一些烷烃的同分异构体数目。

表 2-1　烷烃的同分异构体数目

碳原子数	异构体数	碳原子数	异构体数	碳原子数	异构体数
1	1	7	9	13	802
2	1	8	18	14	1858
3	1	9	35	15	4347
4	2	10	75	20	366319
5	3	11	159	30	4111646763
6	5	12	355		

如何由一个已知的烷烃分子式,推导出它的异构体数目呢? 以 C_6H_{14} 为例,其基本步骤是:

(1) 写出这个烷烃的最长直链式碳架,例如:

(a) C—C—C—C—C—C

(2) 写出少一个碳原子的直链式碳架,然后把余下的碳原子当作甲基(CH_3)支链,由中到边依次取代直链式各碳原子上的氢原子(除端位碳原子外),即:

(b) $\overset{1}{C}-\overset{2}{C}-\overset{3}{C}-\overset{4}{C}-\overset{5}{C}$, (c) $\overset{1}{C}-\overset{2}{C}-\overset{3}{C}-\overset{4}{C}-\overset{5}{C}$, (d) $\overset{1}{C}-\overset{2}{C}-\overset{3}{C}-\overset{4}{C}-\overset{5}{C}$
　　　　　|　　　　　　　　　　|　　　　　　　　　　　　|
　　　　　C　　　　　　　　　　C　　　　　　　　　　　C

由于 C_2 与 C_4 在分子中处于完全相同的位置,故称为等位碳,等位碳上的氢称为等位氢,当等位氢被相同取代基取代时,生成同一化合物。所以,(c)与(d)相同,因此带一个甲基支链的只有两种。

(3) 再写出少两个碳原子的直链式,把余下的两个碳原子当作一个乙基或两个甲基,分别取代直链式上的等位氢。当用一个乙基取代时得到:

(e) C—C—C—C
　　　　|
　　　　C
　　　　|
　　　　C

(e)与(b)相同。用两个甲基取代时可导出:

　　　　　　C
　　　　　　|
(f) C—C—C—C, (g) C—C—C—C
　　　　|　　　　　　　|　|
　　　　C　　　　　　　C　C

所以己烷只有 5 个同分异构体,即(a),(b),(c),(f),(g)式。书写异构体时碳原子均为氢原子所饱和。

2. 不饱和烃的构造异构

不饱和烃的构造异构比烷烃复杂,除了碳链异构外,还有位置异构和官能团异构。4 个碳的烷只有两个异构体,而丁烯有下列 3 种异构体:

(a) $CH_2\!=\!CHCH_2CH_3$ ，(b) $CH_3CH\!=\!CHCH_3$ ，(c) $CH_2\!=\!\underset{\underset{CH_3}{|}}{C}\!-\!CH_3$

其中(a)和(b)是由于双键位置不同引起的,这种由于官能团位置不同引起的同分异构现象叫位置异构。(a)和(c)为碳链异构。丁烯还与环烷烃如:

$$\begin{matrix} CH_2 \!-\!\!-\! CH_2 \\ | \qquad\quad | \\ CH_2 \!-\!\!-\! CH_2 \end{matrix} \ , \qquad \begin{matrix} CH\!-\!CH_3 \\ \diagup \quad \diagdown \\ CH_2 \!-\!\!-\! CH_2 \end{matrix}$$

互为同分异构体。由于官能团不同引起的同分异构体,叫官能团异构体。例如 C_4H_6 ,可有下列构造异构体:

(a) $CH_2\!=\!CH\!-\!CH\!=\!CH_2$ ， (b) $CH_2\!=\!C\!=\!CHCH_3$ ，

(c) $CH\!\equiv\!C\!-\!CH_2CH_3$ ， (d) $CH_3C\!\equiv\!CCH_3$ ，

(e) ▭ ， (f) ◁CH₃下方 ， (g) △—CH_3

其中(a)和(b),(c)和(d),互为位置异构体。(a),(b)与(c),(d)与(e),(f),(g)互为官能团异构体。因为(a),(b)中含有两个双键;(c),(d)中含有一个叁键,而(e),(f),(g)中含有一个环和一个双键,为不相同的官能团,所以它们是官能团异构体。

2.3.2　顺反异构现象

1. 烯烃的顺反异构现象

烯烃除了构造异构外,尚有另一种异构现象,即由于双键不能自由旋转,因此当连接双键的两个碳原子分别连有两个不同的原子或基团时,就会出现原子或基团在空间不同的排列方式,产生两种不同的异构体。两个相同基团处于双键同侧的称为顺式,处于两侧的称为反式。例如,2-丁烯的顺、反异构体:

$$\underset{\substack{\text{顺-2-丁烯}\\(\text{沸点}4℃,\text{熔点}-139.5℃)}}{\begin{matrix}CH_3 \qquad CH_3\\ \diagdown \qquad \diagup \\ C\!=\!C\\ \diagup \qquad \diagdown \\ H \qquad\quad H\end{matrix}} \qquad\qquad \underset{\substack{\text{反-2-丁烯}\\(\text{沸点}-0.9℃,\text{熔点}-105.5℃)}}{\begin{matrix}CH_3 \qquad H\\ \diagdown \qquad \diagup \\ C\!=\!C\\ \diagup \qquad \diagdown \\ H \qquad\quad CH_3\end{matrix}}$$

它们具有不同的物理性质,所以是两种不同的化合物。这种由于双键旋转受阻引起原子或基团在空间排列方式不同而产生的异构现象,称为顺反异构。由于分子中原子在空间的排列方式叫构型,所以,顺反异构属于构型异构。

产生顺反异构的必要条件是双键所连的碳原子分别连有两个不同的原子或基团。若其中有一个碳原子连有两个相同的原子或基团,则不存在顺反异构,如:

(a) $\begin{matrix}a\quad\ a\\ \diagdown\ \diagup\\ C\!=\!C\\ \diagup\ \diagdown\\ b\quad\ b\end{matrix}$ ， (b) $\begin{matrix}a\quad\ c\\ \diagdown\ \diagup\\ C\!=\!C\\ \diagup\ \diagdown\\ b\quad\ d\end{matrix}$ ， (c) $\begin{matrix}a\quad\ a\\ \diagdown\ \diagup\\ C\!=\!C\\ \diagup\ \diagdown\\ b\quad\ c\end{matrix}$ ， (d) $\begin{matrix}a\quad\ b\\ \diagdown\ \diagup\\ C\!=\!C\\ \diagup\ \diagdown\\ a\quad\ c\end{matrix}$

其中(a),(b),(c)有顺反异构,(d)没有顺反异构。

2. 环烷烃的顺反异构现象

环烷烃分子中,碳原子相互连接成环,环上 C—C σ 键不能自由旋转,因此在环烷烃分子中,有两个环碳原子各自连有两个不同的原子或基团时,这两个原子或基团在空间就会有两种不同的取向,产生顺反异构现象。这就是说,可以把环近似地看作平面,取代基可以在环的同侧或异侧,例如:

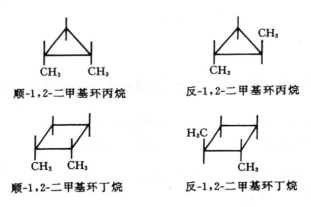

顺-1,2-二甲基环丙烷　　　反-1,2-二甲基环丙烷

顺-1,2-二甲基环丁烷　　　反-1,2-二甲基环丁烷

2.4　脂肪烃的命名

首先介绍下述两个基本概念。

1. 碳原子和氢原子的类型

在烷烃的构造式中可以看出,有的碳原子只与一个碳原子相连,有的则分别与 2 个,3 个,4 个碳原子相连。只与一个碳原子相连的碳原子叫做伯(或一级)碳原子,用 1° 表示;与 2 个碳原子相连的叫仲(或二级)碳原子,用 2° 表示;与 3 个碳原子相连的叫叔(或三级)碳原子,用 3° 表示;与 4 个碳原子相连的叫季(或四级)碳原子,用 4° 表示,例如:

$$H-\underset{\underset{H}{|}}{\overset{\overset{H}{|}}{C}}-\underset{\underset{H}{|}}{\overset{\overset{H}{|}}{C}}-\underset{\underset{H}{|}}{\overset{\overset{CH_3}{|}}{C}}-\underset{\underset{CH_3}{|}}{\overset{\overset{CH_3}{|}}{C}}-CH_3$$

伯(1°) 仲(2°) 叔(3°) 季(4°)

与伯、仲、叔碳原子相连的氢原子称为伯(1°),仲(2°),叔(3°)氢原子。不同类型的氢原子反应性能有一定的差别。

2. 烃基的概念

烃分子中去掉一个氢原子后剩下的原子团叫做烃基,常用 R— 表示。去掉等位氢得到相同的基,去掉不等位氢则得到不同的烃基。例如,甲烷、乙烷分子中所有氢原子都是等位的,因此,只有一种甲基和一种乙基。甲烷 CH_4 去掉一个氢原子(CH_3—)叫做甲基;乙烷 CH_3CH_3 去掉一氢原子($CH_3CH_2^-$)叫乙基。丙烷分子中有两类等位氢,故有两种丙基,同理有 4 种丁基等:

丙烷：$CH_3CH_2CH_3$

$\quad\xrightarrow{-1°H}$ $CH_3CH_2CH_2-$　正丙基

$\quad\xrightarrow{-2°H}$ $CH_3\underset{|}{CH}CH_3$　异丙基

正丁烷：$CH_3CH_2CH_2CH_3$

$\quad\xrightarrow{-1°H}$ $CH_3CH_2CH_2CH_2$　正丁基

$\quad\xrightarrow{-2°H}$ $CH_3CH_2\underset{|}{CH}CH_3$　仲丁基

异丁烷：$CH_3-\underset{|}{CH}-CH_3$　$\underset{CH_3}{}$

$\quad\xrightarrow{-1°H}$ $CH_3\underset{\underset{CH_3}{|}}{CH}-CH_2-$　异丁基

$\quad\xrightarrow{-3°H}$ $CH_3-\underset{\underset{CH_3}{|}}{\overset{\overset{CH_3}{|}}{C}}-$　叔丁基

烷烃去掉两个氢原子后,剩余的基团称亚基,从不同碳原子上去掉两个氢原子时,应标明去掉氢原子的位置,例如:

$-CH_2-$　亚甲基

$CH_3CH\diagdown$　亚乙基；　$-CH_2CH_2-$　1,2-亚乙基

CH_3CHCH_2-　1,2-亚丙基；　$-CH_2CH_2CH_2-$　1,3-亚丙基

乙烯 $CH_2{=}CH_2$,去掉一个氢原子,得乙烯基 $CH_2{=}CH-$

$\overset{3}{CH_3}-\overset{2}{CH}{=}\overset{1}{CH_2}$

丙烯

$\quad\xrightarrow{-1位上H}$ $CH_3CH{=}CH-$　丙烯基

$\quad\xrightarrow{-3位上H}$ $CH_2{=}CH-CH_2-$　烯丙基

$\quad\xrightarrow{-2位上H}$ $CH_3-\underset{\underset{CH_2}{\parallel}}{C}-$　异丙烯基

乙炔 $CH{\equiv}CH$,去掉一个氢原子,得乙炔基 $CH{\equiv}C-$ 等。

2.4.1 习惯命名法

简单的链状烃一般采用习惯命名法,其原则如下:

(1) 根据分子中含碳原子的数目,称为"某"烃。碳原子数在 10 以内时用天干:甲、乙、丙、丁、戊、己、庚、辛、壬、癸表示碳原子数目,如 5 个碳为戊,7 个碳为庚等。碳原子数在 10 以上,则用汉语数字十一,十二等数目表示,如 12 个碳原子的烷烃称为十二烷等。

(2) 异构体的区别,一般用"正","异","新"表示异构体。"正"表示直链烃;"异"通常指碳链的一端带有 $CH_3-\underset{\underset{CH_3}{|}}{CH}-$ 结构而无其它支链的烃,"新"专指具有 $CH_3-\underset{\underset{CH_3}{|}}{\overset{\overset{CH_3}{|}}{C}}-$ 结构的含五六个碳原子的烃。

(3) 表示属类的词尾。饱和的链状烃称为烷,含碳碳双键的为烯等,例如:

$CH_3CH_2CH_2CH_2CH_3$（正戊烷），CH_3—$\underset{\underset{CH_3}{|}}{CH}CH_2CH_3$（异戊烷），$CH_3$—$\underset{\underset{CH_3}{|}}{\overset{\overset{CH_3}{|}}{C}}$—$CH_3$（新戊烷），

CH_2＝CH_3CH_2CH（正丁烯），CH_3—$\underset{\underset{CH_3}{|}}{C}$＝$CH_2$ 异丁烯等。

2.4.2 衍生物命名法

烷烃的衍生物，即以甲烷作为母体，把其它烷烃看作甲烷的衍生物。命名时，应选择连有烷基最多的碳原子作为母体"甲烷"的碳原子，例如：

二甲基乙基甲烷　　　二甲基乙基异丙基甲烷　　　甲基乙基异丁基异丙基甲烷

烯烃和炔烃的衍生物命名，则以乙烯或乙炔为母体，把其它烯烃或炔烃看作是乙烯或乙炔的烃基衍生物来命名，例如：CH_3—CH＝CH_2（甲基乙烯），CH_3—$\underset{\underset{CH_3}{|}}{C}$＝$CH_2$（不对称二甲基乙烯），$CH_3$—$CH$＝$CHCH_2CH_3$（对称甲基乙基乙烯），$CH_3CH_2C$≡$CH$（乙基乙炔），$CH_3$—$C$≡$C$—$CH_2CH_3$（甲基乙基乙炔），$CH_2$＝$CH$—$C$≡$CH$（乙烯基乙炔）。这种命名法，只适用于比较简单的链状烃，对于结构更复杂的链状烃，则采用系统命名法。

2.4.3 系统命名法

系统命名法是一种普遍适用的命名法，它是采用国际上通用的国际理论与应用化学联合会（IUPAC，International Union of Pure and Applied Chemistry）命名原则，并结合我国文字特点制定的命名法。中国化学会 1960 年讨论通过的叫 1960 年规则，1980 年进行了修改，叫 1980 年规则。在介绍系统命名原则前，先介绍一下"次序规则"。

1. "次序规则"要点

（1）把不同元素的原子按原子序数大小排列起来，原子序数大的排在前面（称为优先），小的排在后面；同位素按质量大小排列；未共用电子对排在末位，例如，几种常见元素的次序为：

I Br Cl S P F O N C D H

（2）取代基优先次序的确定。对不同的取代基，先比较带自由价的第一个原子的原子序数，大的排在前面，例如，—OH 排在—NH_2 前面，—NH_2 排在—CH_3 前面；当第一个原子的原子序数相同时，再比较其次相连的原子，依次类推，例如：—CH_3 和—CH_2CH_3，带自由价的第一个原子都是碳，但在—CH_3 中与碳相连的是 3 个氢原子（H，H，H），而在—CH_2CH_3 中，与第一个碳相连的是一个碳原子和两个氢原子（H，H，C），比较括号内原子的

原子序数,因为 C 大于 H,所以,—CH_2CH_3 排在 —CH_3 前面。

（3）当取代基为不饱和基团时,应把双键和叁键碳看作以单键与多个相同原子相连,例如：—CH=CH_2 相当于 —CH_2—CH_2 ,因此第一个 C 原子相当于与两个 C,
$$(C)\quad (C)$$

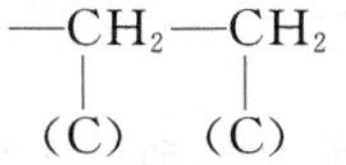

一个 H 相连,即(C,C,H),优先于—CH_2CH_3(C,H,H)和 —$\overset{\displaystyle H}{\underset{\displaystyle CH_3}{C}}$—$CH_3$ (C,C,H)；—C≡CH

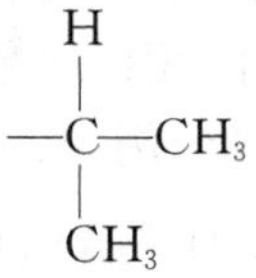

相当于 —$\overset{\displaystyle (C)\ (C)}{\underset{\displaystyle (C)\ (C)}{C—CH}}$,优先于 —$\overset{\displaystyle CH_3}{\underset{\displaystyle CH_3}{C}}$—$CH_3$ 。

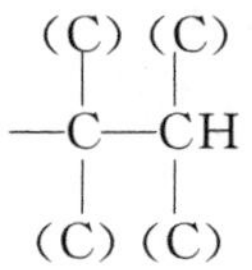

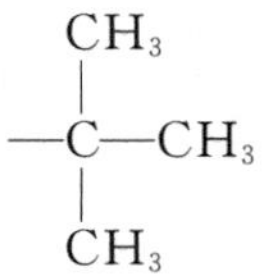

根据次序规则,几种常见烃基的次序为：

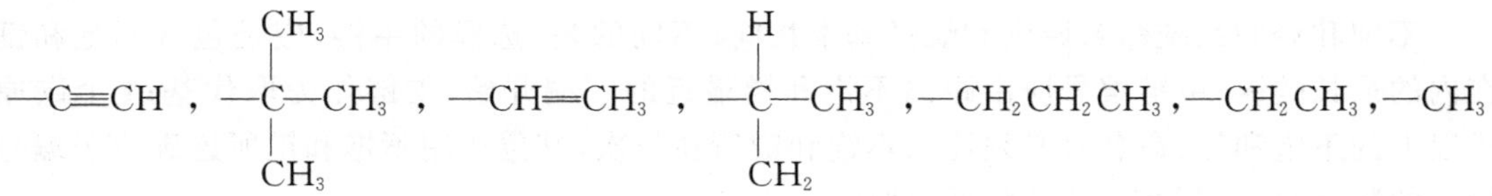

—C≡CH ， —$\overset{\displaystyle CH_3}{\underset{\displaystyle CH_3}{C}}$—$CH_3$ ， —CH=CH_3 ， —$\overset{\displaystyle H}{\underset{\displaystyle CH_2}{C}}$—$CH_3$ ， —$CH_2CH_2CH_3$ ， —CH_2CH_3 ， —CH_3

其它官能团可用同样的方法比较。

2. 烷烃的系统命名法

根据 1980 年中国化学会制订的命名规则,烷烃命名的主要原则为：

（1）选主链。从构造式中选择最长碳链作为主链。根据主链含碳数叫做某烷,将支链当作取代基。注意,当分子有几条等长的碳键时,①应选择取代基最多的最长碳链作为主链；②若取代基数目也相同,应选择取代基具有最低位次的最长碳链作为主链,例如：

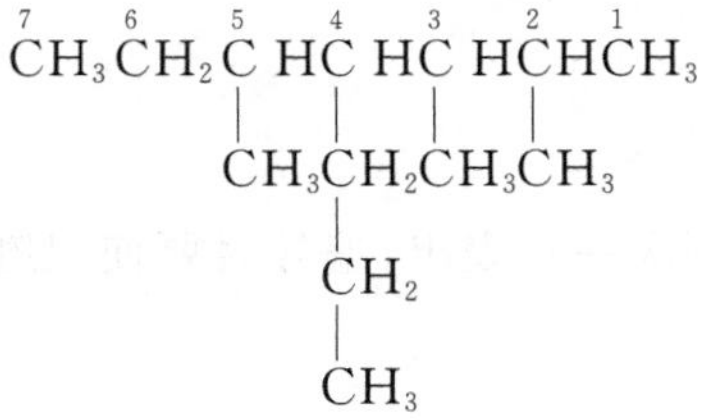

$\overset{7}{CH_3}\overset{6}{CH_2}\overset{5}{C}H\overset{4}{C}\ \overset{3}{HC}\ \overset{2}{H}\overset{}{C}\overset{1}{HCH_3}$　　　叫 2,3,5-三甲基-4-丙基庚烷,
不能叫 2,3-二甲基-4-仲丁基庚烷

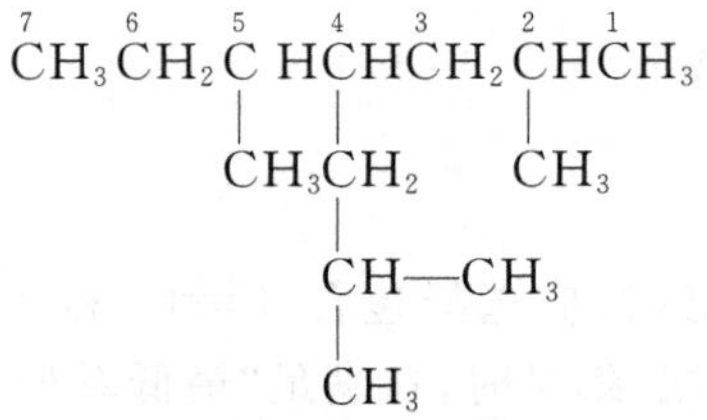

$\overset{7}{CH_3}\overset{6}{CH_2}\overset{5}{C}\ \overset{4}{H}\overset{3}{CH}\overset{2}{CH_2}\overset{}{C}\overset{1}{HCH_3}$　　　叫 2,5-二甲基-4-异丁基庚烷,
不能叫 2,6-二甲基-4-仲丁基庚烷

（2）主链编号。从靠近支链的一端开始依次用阿拉伯数字编号。当有几种可能的编号方向时,应当选定使取代基具有"最低系列"的那种编号。所谓"最低系列"指的是碳链从不同方向编号,得到两种或两种以上不同的编号的系列,然后顺次逐项比较各系列的不同位次,最先遇到位次最小者定为"最低系列",例如：

$$CH_3CHCH_2CH_2CH_2CH_2CHCHCH_2CH_3$$

（下标支链）CH₃ 及 CH₃CH₃

CH₃CHCH₂CH₂CH₂CH₂CH CHCH₂CH₃（主链），支链 CH₃ 在第2位，CH₃ 和 CH₃ 在后端

叫 2,7,8-三甲基癸烷，
不能叫 3,4,9-三甲基癸烷

（3）取代基的列出顺序。把取代基的名称和位次写在主链名称前。当分子中含有多个取代基时，相同基团合并，用汉字数字二、三、四……表明取代基个数，不同基团则按"次序规则"顺序，较优基团后列出，例如：

$$CH_3CH_2CH_2CH_2CHCH_2CHCH_2CH_2CH_3$$

CHCH₃ CH₂

CH₃ CH₂

CH₃

叫 4-丙基-6-异丙基壬烷

3. 烯、炔的系统命名法

不饱和烃的系统命名原则和烷烃基本相同；不同的是：选择的主链，应是包含不饱和键在内的最长碳链；主链编号应由距离不饱和键最近的一端开始，支链作为取代基；4 个碳原子以上的不饱和烃，命名时必须注明不饱和键所在位次，其位次用不饱和键所连碳原子编号较小的数字表示，写在母体名称前，例如：

$$\overset{5}{C}H_3—\overset{4}{C}H_2—\overset{3}{C}H_2—\overset{2}{C}H=\overset{1}{C}H_2$$ 1-戊烯

$$\overset{1}{C}H_3—\overset{2}{C}H=\overset{3}{C}—CH_2CH_3$$ 3-乙基-2-己稀

CH₂—CH₂—CH₃

$$\overset{1}{C}H_3—\overset{2}{C}≡\overset{3}{C}—CH_3$$ 2-丁炔

$$\overset{4}{C}H_3—\overset{3}{C}H—\overset{2}{C}≡\overset{1}{C}H$$ 3-甲基-1-丁炔

CH₃

分子中含有两个以上碳碳双键时，必须把双键所在位次一一表出，编号时要使双键位次尽可能最小，如：

$$\overset{1}{C}H_2=\overset{2}{C}H—\overset{3}{C}H=\overset{4}{C}H\overset{5}{C}H_3$$ 1,3-戊二烯

$$\overset{6}{C}H_3\overset{5}{C}=\overset{4}{C}H\overset{3}{C}H_2\overset{2}{C}H=\overset{1}{C}H_2$$ 5-甲基-1,4-己二烯

CH₃

要注意的是，当分子中同时含有碳碳双键和碳碳叁键时，应选择包含 C≡C 和 C=C 在内的最长碳链作主链，以"某烯炔"命名，即炔字作为词尾；编号时，在满足"最低系列"规则的前题下，尽可能使双键位次最小；主链含碳原子数目通常在"烯"字前标明，例如：

$$\overset{1}{C}H_2=\overset{2}{C}H—\overset{3}{C}H_2—\overset{4}{C}≡\overset{5}{C}H$$ 1-戊烯-4-炔

$$\overset{5}{C}H_3\overset{4}{C}H=\overset{3}{C}H—\overset{2}{C}≡\overset{1}{C}H$$ 3-戊烯-1-炔（不能叫 2-戊烯-4-炔）

4. 脂环烃的命名

脂环烃是一类具有环状碳骨架的碳氢化合物。按环的数目可分为单环、二环、三环等:

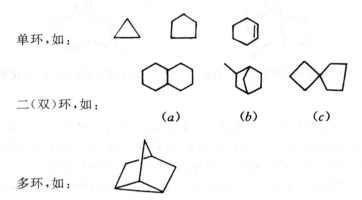

单环,如:

二(双)环,如:

        (a)   *(b)*   *(c)*

多环,如:

二环化合物中,又可分为桥环(如上述(a),(b))和螺环(如上述(c))。每一类又可分为饱和、不饱和。

关于环状烃的命名,简要介绍如下:

(1) 单环烃的命名

单环烃的命名与链状烃相似,一般以成环碳原子数目相应的链状烃名称前冠以"环"字来命名。当含不饱和键时,编号尽可能使不饱和键取得最小号码,例如:

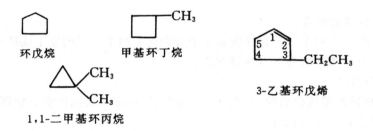

环戊烷   甲基环丁烷

3-乙基环戊烯

1,1-二甲基环丙烷

(2) 桥环烃的命名

二环及多环烃的命名比较复杂,现简要介绍二环烃的命名原则。

在脂环烃分子中,如果两个碳环共用两个或多个碳原子时,称为桥环化合物。两环连接处的端位碳称为桥头碳原子,其余碳原子称为桥碳原子,从一个桥头到另一个桥头的链称为桥。二环烃共有两个桥头碳原子和三条桥。命名原则为:

1) 以二环作为词头。

2) 以成环碳原子总数为母体烃的名称。

3) 将 3 条桥所含碳原子数,用阿拉伯数字由大到小顺序列出,写在词头"二环"和母体烃名称之间的方括号内,数字间用小圆点分开。

4) 桥环的编号,从一个桥头碳开始,循最长的桥编到另一个桥头碳,然后循次长的桥编回到起始桥头,最短的桥最后编号。当环上有取代基或双键时,把取代基所在位次和取代基名称或双键位次写在母体名称前面,例如:

二环[3.2.1]辛烷

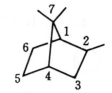

2,7,7-三甲基二环[2.2.1]庚烷

3-甲基二环[2.2.1]-1-庚烯

（3）螺环烃的命名

两个碳环共用一个碳原子的脂环烃,称为螺环烃。共用的碳原子称为螺碳原子。这种只有一个螺碳原子的螺环烃叫做单螺环烃。其命名原则是:以螺字作为词头;以成环碳原子的总数作为母体烃的名称;对于两个碳环中除螺碳原子外的碳原子数,用阿拉伯数字由小到大写在词头"螺"和母体某烃名称之间的方括号内,两组数字之间用圆点分开;螺环的编号,是从小环邻接于螺碳原子的碳原子开始,循小环通过螺碳原子再循较大环进行。如有取代基或双键,则在母体名称前标明位次和取代基名称。例如:

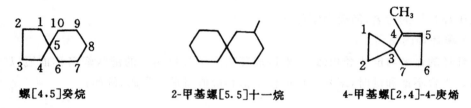

螺[4.5]癸烷　　　　2-甲基螺[5.5]十一烷　　　　4-甲基螺[2,4]-4-庚烯

5. 顺反异构体的命名

在烯烃分子中,当两个双键相连的碳原子分别连有两个不同的原子或原子团时,则产生顺反异构体,顺反异构体的命名有两种方法。

（1）顺反命名法

在顺反异构体的系统命名前加"顺"（cis-）或"反"（trans-）表示构型。相同基团在双键同侧称为顺,在异侧称为反,例如:

当双键碳上所连4个基团各不相同时,就无法用顺、反来标记他们的构型,因此需要用IUPAC命名法中的Z-E命名法来标记。

（2）Z-E命名法

字母Z是德语Zusammen的第一个字母,是指"同一侧"的意思;E是德语Entgegen的第一个字母,是指"相反"的意思。Z型或E型用"次序规则"来确定,即分别比较每个双键碳原子上所连两个取代基的原子序数的优先顺序,当两个双键碳原子上所连的次序优先的原

子或基团在双键所在平面同侧时称为 Z;在双键平面异侧时称为 E。Z,E 写在括号里,放在化合物命名前边。举例如下(箭头表示次序规则排列由大到小):

(Z)-2-丁烯

(E)-2-氯-2-丁烯

顺,顺-2,4-己二烯
或(Z,Z)-2,4-己二烯

顺,反-2,4-己二烯
或(Z,E)-2,4-己二烯

反,反-2,4-己二烯
或(E,E)-2,4-己二烯

双键两端箭头方向一致时为 Z 型,箭头方向相反时为 E 型。

环烷烃的顺反异构,一般采用顺反命名法标记构型。取代基在环同侧称为顺,在异侧称为反,例如:

顺-1,2-二甲基环丙烷　　　反-1,3-二甲基环丁烷　　　反-1,2-二甲基环己烷　　　顺-1-甲基-2-氯环己烷

习　题

2.1　指出下列各分子的形状,并说明理由。

(1) CH_4;　(2) $H_2C{=}CH_2$;　(3) $HC{\equiv}CH$;　(4) $CH_2{=}CH{-}CH{=}CH_2$。

2.2　举例说明在脂环化合物中,小环不稳定,随着环的增大,稳定性增加。

2.3　写出丙烷典型构象的透视式(锯架式)和纽曼投影式,并定性地列出其构象能量图。

2.4　化合物 $ClCH_2CH_2Cl$ 和 $BrCH_2CH_2Br$ 各有几种较稳定的构象?哪些能量最低?二者在构象异构体的平衡体系中,哪一种构象异构体的含量最多?为什么?

2.5　将下列 Newman 投影式改写为锯架式:

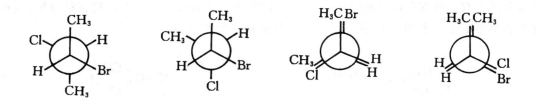

2.6 画出下列二元取代环己烷的顺、反式可能的构象式(不包括对映异构体),并判断哪种构象最稳定:

(1) 1-甲-2-溴环己烷; (2) 1,4-二溴环己烷。

2.7 写出下列两个化合物的优势构象:

(1) 反-1-乙基-3-异丙基环己烷; (2) 顺-1,2,4-三氯环己烷。

2.8 反-1,2-甲基环己烷大约以 99% 的 ee 构象存在,反-1,2-二溴环己烷以等量的 ee 和 aa 构象存在,而且 aa 构象的数量随着溶剂极性的增加而减少,试说明其区别。

2.9 指出下列各对化合物属于哪一种类型的异构现象?

(1) $CH_3CH_2CH_2CH_2CH_3$ 和 $(CH_3)_4C$;

(2) $CH_3CH_2CH=CH_2$ 和 $\begin{matrix} CH_2-CH_2 \\ | \quad\quad | \\ CH_2-CH_2 \end{matrix}$;

(3) $\begin{matrix} CH_3CH_2 \quad\quad CH_3 \\ C=C \\ H \quad\quad\quad Br \end{matrix}$ 和 $\begin{matrix} CH_3CH_2 \quad\quad Br \\ C=C \\ H \quad\quad\quad CH_3 \end{matrix}$;

(4) $\square-CH_3$ 和 $\triangle\begin{matrix} CH_3 \\ -CH_3 \end{matrix}$;

(5) $\begin{matrix} CH_3 \\ H_3C \end{matrix}$ 和 $\begin{matrix} CH_3 \\ H_3C \quad\quad CH_3 \end{matrix}$;

(6) $CH_3CH=CH-CH=CH_2$ 和 $CH_3CH_2C\equiv CCH_3$;

(7) $CH\equiv CCH_2CH_2CH_3$ 和 $CH_3C\equiv CCH_2CH_3$。

2.10 写出下列化合物中的一个氢原子被一个氯原子取代时可能生成的构造异构体:

(1) $CH_3CH_2CH_2CH_2CH_2CH_3$;

(2) $\begin{matrix} CH_3 \quad\quad\quad\quad\quad\quad CH_3 \\ | \quad\quad\quad\quad\quad\quad\quad | \\ CH_3-C-CH_2CH_2CH-CHCH_3 \\ | \\ CH_3 \end{matrix}$;

(3) $\begin{matrix} CH_3 \quad CH_3 \quad\quad CH_3 \\ | \quad\quad | \quad\quad\quad | \\ CH_3CHCH_2CH-CH_2CHCH_3 \end{matrix}$; (4) $\triangle$。

2.11 写出下列各分子式的各种异构体:

(1) C_3H_6BrCl(5 种); (2) $C_5H_{11}F$(8 种);

(3) C_4H_8(6 种); (4) C_5H_{10}(12 种)。

2.12 写出下列化合物的所有顺反异构体,并命名:

(1) $CH_3CH=CH-CH=CHCH_3$;   (2) $BrCH=CH-CH=CHF$;

(3) 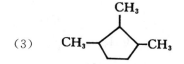   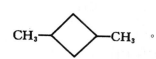   。

2.13 写出下列化合物的系统命名法名称:

(1) $CH_3CH_2CH-CH_2-CH-CH_3$;
        | |
       CH_2 CH_3
        |
       CH_3

(2) $CH_3-CH-CH_2-CH_3$;
            |
           $CH-CH_3$
            |
           CH_3

(3)
                CH_3 CH_3
                 | |
    $CH_3-CH-C-CH_2-C-CH_3$;
           | | |
          CH_3 CH_2 CH_3
              |
             CH_2

(4)
                              CH_2CH_3
                               |
    $CH_3-CH-CH-CH-CH_3$;
           |
          $CH_3CH_2CH_2CH_2CH_3$

(5)
                  CH_2CH_3
                   |
    $CH_3-CH-CH-CH_2-C-CH_3$;
           | | |
          CH_3 CH_3 CH_3

(6) $CH_3CH_2CH=CH-CH-CH_3$;
                       |
                      CH_3

(7) $CH_3CH_2-CH-CH_2-CH-CH_3$ 。
                | |
            $CH=CH_2$ CH_3

2.14 写出下列化合物的构造式和简式:

(1) 2,3-二甲基己烷;   (2) 2,3,4-三甲基-3-乙基戊烷;

(3) 2-甲基-3-乙基庚烷;   (4) 2,2,3,4-四甲基戊烷;

(5) 2,4-二甲基-3-乙基己烷;   (6) 仅含一个叔氢的戊烷;

(7) 仅含伯氢和仲氢的戊烷;   (8) 分子量为114,同时含伯、仲、叔、季碳原子的烷烃。

2.15 写出下列各烃基的构造式:

(1) 异丙基;   (2) 异丁基;   (3) 仲丁基;   (4) 叔丁基;   (5) 正戊基;

(6) 新戊基;   (7) 丙烯基;   (8) 烯丙基;   (9) 乙烯基;   (10) 乙炔基。

2.16 用衍生物命名法命名下列各化合物:

(1) $CH_3-CH-CH_3$;   (2) $(C_2H_5)_4C$;
            |
           CH_3

(3) $(CH_3)_3C-CH(CH_3)CH_2CH_3$;   (4) $CH_3CH_2CHCH_2CH-CH_3$;
                                                    | |
                                                  CH_3 CH_3

(5) $CH_3CH_2CH_2CH_2CH=CH_2$;   (6)
                                              CH_3CH_3
                                               | |
                                       $CH_3-C=C-CH_3$;

(7) $CH_3CH_2CH=CH-CH-CH_3$; (8) $CH_3CH_2CH=CH-CH_2-\underset{\underset{CH_3}{|}}{\overset{\overset{CH_3}{|}}{C}}-CH_3$;
$\quad\quad\quad\quad\quad\quad\quad\quad\underset{CH_3}{|}$

(9) $CH_2=\underset{\underset{CH_3}{|}}{\overset{\overset{CH_3}{|}}{C}}-CH_2CH_3$; (10) $CH_3-C\equiv C-\underset{\underset{CH_3}{|}}{\overset{\overset{CH_3}{|}}{C}}-CH_3$ 。

2.17 用系统命名法命名下列各化合物:

(1) $CH_3-\underset{\underset{CH_3}{|}}{\overset{\overset{CH_3}{|}}{C}}-CH_2-\underset{\underset{C\equiv CH}{|}}{\overset{\overset{CH_3}{|}}{C}}-CH_2CH_3$; (2) $CH_3-CH=CH-\underset{\underset{CH_3}{|}}{CH}-\underset{\underset{CH}{|}}{\overset{\overset{CH_3}{|}}{C}}$;

(3) $CH_2=\underset{\underset{CH_3}{|}}{C}-CH_2-\underset{\underset{CH}{|}}{C}$; (4) $CH_3CH_2CH=C=CHCH_3$;

(5) $CH_2=CH-CH=CH-CH=CH_2$ 。

2.18 写出下列化合物的名称:

(1) ; (2) ; (3) ;

(4) ; (5) ; (6) ;

(7) ; (8) ; (9) ;

2.19 写出下列化合物的构造,如其名称有错误,请写出正确名称。

(1) 2,4,4-三甲基戊烷; (2) 2,5,6,6-四甲基-5-乙基辛烷;

(3) 2,2,5-三甲基己烷; (4) 2-甲基-3-戊烯;

(5) 2-乙基-2-丁烯; (6) 5-己烯。

2.20 下列化合物有无顺反异构体? 若有,写出其顺反异构体,并用 Z-E 命名法命名:

(1) 异丁烯; (2) 1-戊烯; (3) 2-戊烯;

(4) 3-己烯; (5) 1-氯-1-溴乙烯; (6) 1-氯-2-溴乙烯;

(7) 对称乙基异丙基乙烯; (8) 不对称二仲丁基乙烯。

2.21 命名下列化合物:

(1) $\underset{\underset{CH_3}{|}}{\overset{\overset{CH_3}{|}}{C}}=\underset{\underset{CH_2CH_3}{|}}{\overset{\overset{CH_2CH_3}{|}}{C}}$; (2) $\underset{\underset{CH_3CH_2}{|}}{\overset{\overset{CH_3}{|}}{C}}=\underset{\underset{CH_3}{|}}{\overset{\overset{CH_2CH_3}{|}}{C}}$;

（3）

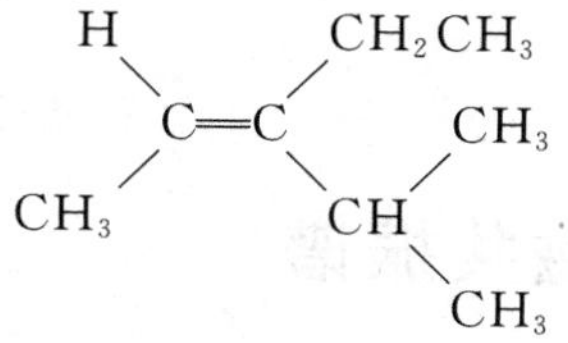

$$
\begin{array}{c}
\underset{CH_3}{\overset{H}{}} C=C \overset{CH_2CH_3}{\underset{CH-CH_3}{}} \\
\underset{CH_3}{}
\end{array}
$$
；

（4）

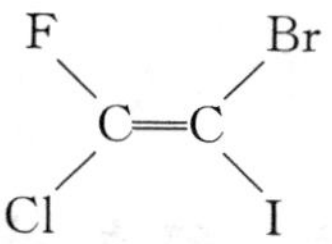

$$
\underset{Cl}{\overset{F}{}}C=C\underset{I}{\overset{Br}{}}
$$
；

（5）

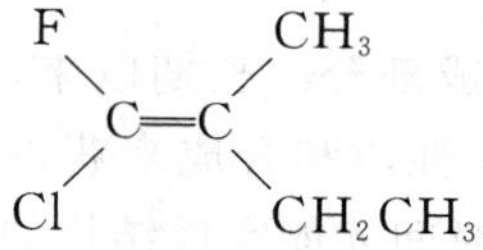

$$
\underset{Cl}{\overset{F}{}}C=C\underset{CH_2CH_3}{\overset{CH_3}{}}
$$
；

（6）

$$
\underset{CH_3}{\overset{CH_3CH_2CH_2}{}}C=C\underset{\underset{CH_3}{\overset{|}{CHCH_3}}}{\overset{CH_2CH_2CH_3}{}}
$$
。

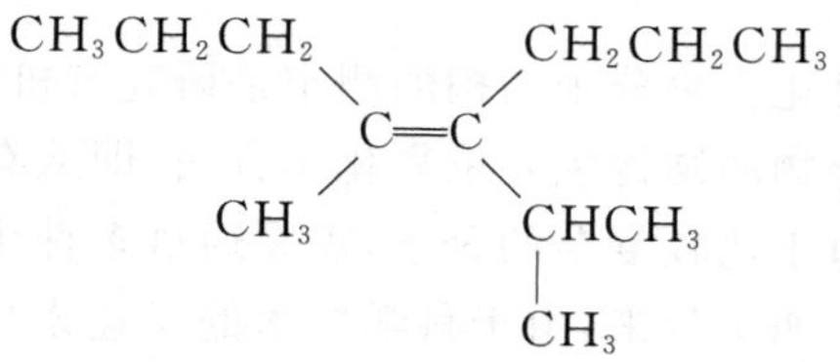

2.22　写出下列化合物的结构式：

（1）E-3,4-二甲基-3-庚烯；

（2）Z-3-甲基-4-异丙基-3-庚烯；

（3）（2E,4Z)-2,4-庚二烯；

（4）反-4,4-二甲基-2-戊烯；

（5）反-1-甲基-4-乙基环己烷；

（6）顺-1,3-二甲基环戊烷。

第3章 红外光谱和核磁共振谱

有机化合物分子结构的测定是研究有机化合物的重要组成部分。长期以来,确定一个有机化合物的结构主要依靠化学方法,即从有机化合物的化学性质和合成来获得对结构的认识。对于比较复杂的分子,需要通过多种化学反应,较长的时间才能完成结构的确定。

近三四十年来,由于科学技术的飞速发展,运用物理方法如 X 衍射、红外光谱、紫外光谱、核磁共振谱和质谱等来测定有机化合物的结构已成为常规的工作手段了。物理方法的特点是只需要微量样品就能够准确、迅速地确定有机化合物的结构。这就弥补了化学方法的不足,大大丰富了鉴定有机化合物的手段,明显地提高了确定结构的水平。

3.1 电磁波谱的概念

电磁波的区域范围很广,从波长只有千万分之一纳米的宇宙射线到波长以千米计的无线电波都是电磁波。根据波长不同,电磁波可分为若干个区域如图 3-1 所示。

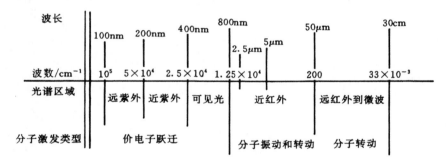

图 3-1 光谱区域与分子激发

电磁波具有相同的传播速度,即 $3\times10^{10}\,\mathrm{cm/s}$。电磁波的频率可由下式计算:

$$\nu = \frac{c}{\lambda} \tag{3-1}$$

式中,ν 为频率,λ 为波长,c 为光速。

表示波长的单位之间的关系是:

$$1\mathrm{nm} = 10^{-9}\mathrm{m} = 10^{-7}\mathrm{cm} = 10^{-3}\mu\mathrm{m}$$

频率的单位是 Hz(1/s)。例如,波长为 500nm 的光,它的频率是:

$$\nu = c/\lambda = \frac{3\times10^{10}\,\mathrm{cm/s}}{500\times10^{-7}\,\mathrm{cm}} = 6\times10^{14}\,\mathrm{s}^{-1}$$

频率也可以用波数($\bar{\nu}$)表示。波数的定义是在 1cm 长度内波的数目,如波长为 500nm 的光的波数为:

$$\bar{\nu} = \frac{1}{500\times10^{-7}} = 20000\mathrm{cm}^{-1}$$

常见的光谱图中往往同时给出波数和波长。

电磁波具有能量,分子吸收电磁波就获得能量,获得能量的多少按下式计算:

$$\Delta E = h\nu \tag{3-2}$$

式中,ΔE 是获得的能量;h 是 Planck 常数(6.626×10^{-34} J·s)。

各种不同的分子对能量的吸收是有选择性的。只有当光子的能量恰好等于分子中两个能级之间的能量差(即 ΔE)时才能被吸收。分子吸收电磁波所形成的光谱叫吸收光谱。根据分子中不同的运动形式及其对应的能级,分子吸收光谱分为 3 类,即转动光谱、振动光谱和电子光谱。其能级示意图如图 3-2 所示。

从图 3-2 可以看出,分子转动能级之间的能量差很小,所以转动光谱位于电磁波中的长波部分,即远红外线及微波区域内。简单分子的转动光谱可用以测定键长和键角,但对复杂的有机化合物,转动光谱提供的结构方面的信息不多。分子中振动能级之间的能量差要比转动能级之间的能量差大得多。有机化合物分子中化学键的振动能级跃迁吸收红外光,所形成的光谱是红外光谱。电子能级之间的能量差更大,相应的吸收在可见及紫外光区域内,检测的仪器是紫外及可见光谱仪,所形成的光谱是紫外及可见光谱。在磁场中原子核自旋不同取向之间的跃迁,相应的吸收在无线电波区,检测的仪器是核磁共振仪。

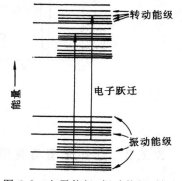

图 3-2　电子能级、振动能级、转动能级示意图

在这些光谱中,红外光谱和核磁共振谱对有机分子的结构鉴定特别有用。本章重点讨论这两种波谱。

3.2　红 外 光 谱

红外光谱(IR,Infrared Spectroscopy)是有机化合物结构鉴定的一种重要手段。具有简便、迅速、所需样品量少等优点,被广泛应用于结构分析之中。

3.2.1　红外光谱图的表示方法

红外光谱图多以波数(cm^{-1})或波长(μm)为横坐标来表示吸收峰的位置,以吸收百分率($A\%$)或透过百分率($T\%$)为纵坐标。以 $A\%$ 为纵坐标时,吸收带为向上的峰;以 $T\%$ 为纵坐标时,吸收带为向下的峰。

透过率
$$T = \frac{I}{I_0} \times 100\%$$

I_0 为入射光强度,I 为透过光强度。整个吸收曲线反映了一个化合物在不同波长的光谱区域内吸收能力的分布情况。当纵坐标为透过率时,光吸收愈多,透过率愈低,曲线的低谷表示它是一个好的吸收带。图 3-3 为正辛烷的红外光谱图。

分析红外光谱图时,应注意吸收带的位置、形状和相对强度,因为这些是定性、定量的依据。

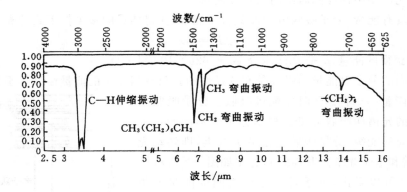

图 3-3　正辛烷的 IR 图

3.2.2　红外光谱与有机化合物分子结构的关系

由原子组成的分子是在不断地振动着的,分子中原子的振动可以分为两大类;一类是原子间沿着键轴的伸长和缩短,叫做伸缩振动。振动时只是键长发生变化而键角不变。伸缩振动所产生的吸收带一般发生在高频区。另一类振动是成键两原子在键轴上下或左右弯曲,叫做弯曲振动。弯曲振动时键长不变而键角发生形变。弯曲振动所产生的吸收带一般在低频区。

伸缩振动可分为对称伸缩和不对称伸缩振动两种;弯曲振动亦可分为面内弯曲振动和面外弯曲振动等如图 3-4 所示。

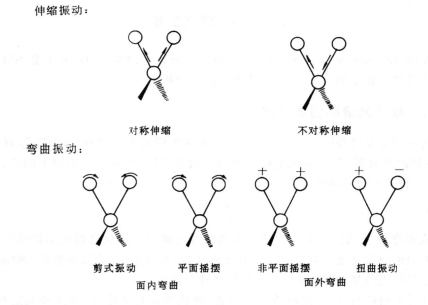

图 3-4　分子振动示意图(＋、－表示与纸面垂直方向)

尽管各种各样的振动形式很多,但实验和理论分析都证明并不是所有振动能级的变化都吸收红外光,只有那些在振动过程中有瞬时偶极变化的振动发生能级跃迁时才吸收红外光而形成红外光谱。

为了便于理解,对于分子中化学键的振动,可以从经典力学的观点来说明。把一个较复杂的分子近似地看成是由不同质量的小球和不同倔强系数的弹簧组成的,其中小球代表原子,弹簧代表化学键。这样一个分子的振动就可近似地看作是若干频率不同的简谐振动合成的。分析某一个具体的化学键的振动时,近似地视为一个弹簧振子,如图 3-5 所示。

图 3-5　双原子分子伸缩振动示意图

对于由两原子所形成的化学键,假定其力常数为 K,两原子的质量分别为 m_1,m_2,由 Hooke(虎克)定律可得其振动频率是:

振动频率:
$$\nu = \frac{1}{2\pi}\sqrt{\frac{K}{\mu}}, \quad \mu = \frac{m_1 m_2}{m_1 + m_2} \tag{3-3}$$

波数:
$$\bar{\nu} = \frac{1}{\lambda} = \frac{\nu}{c} = \frac{1}{2\pi c}\sqrt{\frac{K}{\mu}} \tag{3-4}$$

其中,μ 为折合质量。

由式(3-3)可以看出,化学键的振动频率与化学键的力常数 K 的平方根成正比,与原子的折合质量的平方根成反比。K 越大,原子的折合质量越小,振动频率越高,吸收峰将出现在高波数区(即短波长区)。反之,吸收峰将出现在低波数区(即长波长区)。实验结果还表明,化学键的振动频率还受到其它因素的影响,但影响较小,所以,同一基团的吸收峰基本上总是相对稳定地出现在某一特定范围内。例如 C═O 的伸缩振动,在波数 1850—1650cm^{-1} 区域内出现吸收峰;O—H 键的伸缩振动,在 3650—3100cm^{-1} 区域内出现吸收峰, C≡C 的伸缩振动在 2275—2100cm^{-1} 区域内出现吸收峰。因此研究红外光谱可以得到分子结构的信息。

红外光谱图往往是很复杂的,即使像水这样最简单的分子也有几种振动方式能引起偶极矩的变化而产生红外吸收。复杂分子往往有数十个红外吸收峰,各对应着不同的振动方式。通过对大量有机化合物红外光谱的研究,现已归纳出一些常见的化学键振动所产生的红外吸收谱带所在的频率范围,如表 3-1 所示。

O—H,N—H,C—H,S—H 等单键的力常数大,氢原子质量小,故红外吸收在高波数区。羟基的伸缩振动吸收处于 3650—3200cm^{-1} 范围内。游离的(无氢键缔合)羟基峰型尖锐,吸收峰在较高波数(3650—3600cm^{-1})。形成氢键的羟基吸收峰移向较低波数(3300cm^{-1}附近),峰形较宽。胺基的红外吸收与羟基类似,游离胺基的氮氢伸缩振动吸收峰在 3500—3300cm^{-1} 范围内,缔合的吸收位置向低波数方向移动。C—H 的伸缩振动吸收位置由于碳原子的杂化状态而呈现有规律的变化。饱和碳原子的碳氢伸缩振动吸收峰在 3000cm^{-1} 以下;双键和苯环上的碳氢伸缩振动吸收峰在 3000cm^{-1} 以上,但不超过 3100cm^{-1};叁键上的碳氢伸缩振动吸收峰在 3300cm^{-1} 左右,峰型尖锐,容易识别。

C≡C,C≡N 的伸缩振动红外吸收在 2275—2100cm^{-1} 范围内,一般具有尖锐的吸收峰,但当结构对称时,可能不出现 C≡C 的吸收峰。

表 3-1 红外光谱中 5 个重要区段

波数/cm^{-1}	波长/μm	键的振动类型
3650—2500	2.74—3.64	O—H, N—H（伸缩振动）
		C—H $\left\{ -C\equiv C-H, \quad \begin{matrix} \diagup \\ C=C \\ \diagdown \end{matrix}\!\!\!\!\begin{matrix} H \\ \diagdown \\ \diagup \end{matrix}, \quad Ar-H \right\}$（伸缩振动）
		C—H $\left\{ -CH_3, \quad -CH_2-, \quad -\overset{\displaystyle |}{\underset{\displaystyle |}{C}}-H, \quad -C\overset{\displaystyle O}{\underset{\displaystyle H}{\diagup}} \right\}$（伸缩振动）
2275—2100	4.40—4.76	$C\equiv C$, $C\equiv N$（伸缩振动）
1870—1650	5.35—6.06	C=O（酸、醛、酮、酰胺、酯、酸酐）（伸缩振动）
1690—1475	5.92—6.80	C=C（脂肪族及芳香族）（伸缩振动）
		C=N（伸缩振动）
1475—670	6.8—14.83	$\overset{\diagdown}{\underset{\diagup}{C}}$—H（面内弯曲振动）
		C=C—H, Ar—H（面外弯曲振动）

C=O（酸、醛、酮、酰胺、酯、酸酐）的伸缩振动吸收峰在 1870—1650cm^{-1} 范围内,吸收强度大,尖锐或稍宽,是最容易识别的官能团。

C=C , C=N 的伸缩振动吸收在 1690—1475cm^{-1} 区域内,强度中等或较低。芳环骨架振动的吸收也在此区域内。

一些重要基团的特征吸收频率如表 3-2 所示。

在红外光谱中,波数在 3800—1400cm^{-1}（波长为 2.50—7.00μm）之间的高频区域称为官能团区,其中的吸收峰对应着分子中某一对键连原子之间的伸缩振动,受分子整体结构的影响较小,因而可用于确定某种特殊键或官能团是否存在。这是红外光谱中容易识别的区域。一般也把这个区域叫做特征谱带区。在该区中凡是能用于鉴定有机化合物各种基团存在的吸收峰叫做特征吸收或特征峰。

波数在 1400—650cm^{-1}（波长 7.00—15.75μm）的低频区吸收带特别密集,像人的指纹一样,所以叫指纹区。这个区域出现的吸收主要是 C—C,C—N 和 C—O 单键的伸缩振动和各种弯曲振动。这些单键的强度差别不大,相对原子质量也差不多,各种弯曲振动能级差也小,所以有时难以辨认。但在指纹区内,各个化合物在结构上的微小差异都会得到反映,因此在确认有机化合物时用处很大。只有两个化合物的红外光谱不仅官能团区一致,而且指纹区也完全一致,才能说明这两个化合物是相同的。

各类化合物的特征吸收频率和谱图将在以后各章中介绍。

表 3-2 一些重要基团的特征频率

键 伸 缩 振 动	波数/cm^{-1}	波长/μm
Y—H 伸缩吸收带:		
O—H	3650—3100	2.74—3.23
N—H	3550—3100	2.82—3.23

键伸缩振动	波数/cm^{-1}	波长/μm
$\equiv$C—H	3320—3310	3.01—3.02
$=$C—H	3085—3025	3.24—3.31
Ar—H	3030	3.03
$-\overset{\textstyle\mid}{\underset{}{C}}$—H	2960—2870	3.38—3.49
S—H	2590—2550	3.86—3.92

X$=$Y 伸缩吸收带:		
C$=$O	1850—1650	5.40—6.05
C$=$NR	1690—1590	5.92—6.29
C$=$C	1680—1600	5.95—6.25
(以上 3 种双键如与 C$=$C 或芳核共轭时频率约降低 30cm^{-1}		
N$=$N	1630—1575	6.13—6.35
N$=$O	1600—1500	6.25—6.60
⬡	1600—1450	6.25—6.90
	(4 个带)	

X$\equiv$Y 和 X$=$Y$=$Z 伸缩吸收带:		
C$\equiv$N	2260—2240	4.42—4.46
RC$\equiv$CR	2260—2190	4.43—4.57
RC$\equiv$CH	2140—2100	4.67—4.76
C$=$C$=$O	2170—2150	4.61—4.70
C$=$C$=$C	1980—1930	5.05—5.18

3.3 核磁共振谱

在有机化合物结构测定中,核磁共振谱(NMR,Nuclear Magnetic Resonance)有着广泛的应用。由上面讨论可知,对一个未知物来说,红外光谱能指出是什么类型的化合物,而难于确定其细微结构,核磁共振谱能提供更多的明确的结论。因此核磁共振谱已成为现阶段测定有机化合物结构不可缺少的重要手段了。

3.3.1 核磁共振的基本原理

核磁共振主要是由原子核的自旋运动引起的。不同的原子核,自旋运动的情况不同,它们可以用核的自旋量子数 I 来表示。自旋量子数与原子的质量和原子序数之间存在着一定的关系,当其质量和原子序数两者之一是奇数或均为奇数时,$I \neq 0$,它就像陀螺一样,绕轴旋转运动,例如 $^{1}_{1}$H,$^{13}_{6}$C,$^{19}_{9}$F 和 $^{31}_{15}$P 都可作自身旋转运动,称为自旋运动,由于自旋而产生磁矩。当质量与原子序数均为偶数时,如 $^{12}_{6}$C,$^{16}_{8}$O 等,$I=0$,就不产生自旋,也没有磁矩。核磁共振谱是由具有磁矩的原子核,在外加磁场中受辐射而发生能级跃迁所形成的吸收光谱。有机化学中研究得最多、应用最广的是氢原子核(即质子 ^{1}H)的核磁共振谱,又叫质子核磁共振（PMR）谱。近年来 ^{13}C 的核磁共振（CMR）有较大的发展。限于篇幅,本章只介绍 ^{1}H核磁共振谱。

由于质子是带电体,所以它的自旋产生磁场,因此,可以把一个自旋的原子核看作一块小磁铁。一个原子核在磁场中共有（$2I+1$）个取向,对质子来说,因 $I=1/2$,所以只有两个取向,即磁量子数 m 为 $+1/2$ 与 $-1/2$ 的取向,前者与磁场方向一致,所以称为顺磁取向;后者与磁场方向相反,称为反磁取向,见图 3-6。

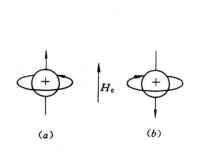

图 3-6　在外加磁场 H_0 内,质子的两种自旋态

　　（a）磁矩与 H_0 同向平行,能级较低;

　　（b）磁矩与 H_0 反向平行,能级较高

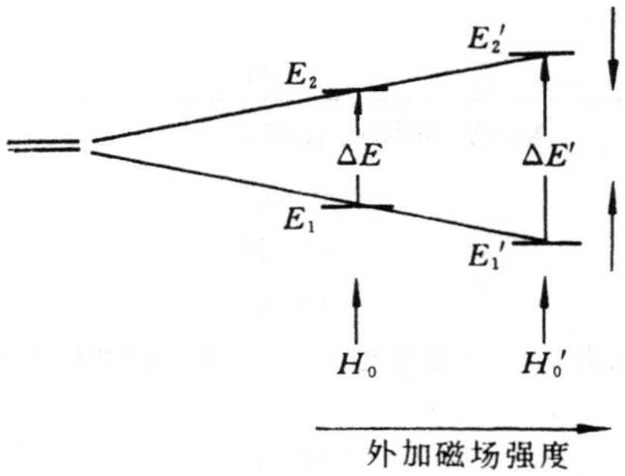

图 3-7　ΔE 与 H_0 的关系

反磁取向的能量较顺磁取向的能量高,这两种取向的能量差 ΔE 与外加磁场的强度成正比:

$$\Delta E = r \frac{h}{2\pi} H_0 = h\nu , \ \nu = \frac{rH_0}{2\pi} \tag{3-5}$$

式中 r 为磁旋比,是物质的特征常数,对于质子,其值为 26750;h 为 Planck 常数;ν 为无线电波的频率;H_0 为外加磁场的强度。ΔE 与 H_0 成正比,如图 3-7 所示。

若外界供给一定频率的电磁波,其能量恰好等于氢核两个能级之差时,氢核就吸收电磁波的能量,从低能级跃迁到高能级,这时就发生了核磁共振。图 3-8 为核磁共振仪的示意图。

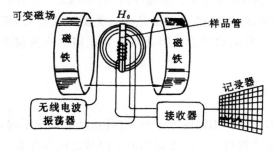

图 3-8　核磁共振仪示意图

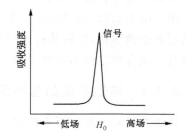

图 3-9　核磁共振谱示意图

其核心部件是一个很强的永久磁铁或电磁铁。测试样品放在磁铁两极之间的细长样品管内,样品管周围环绕着无线电波振荡器的线圈,其轴垂直于磁场。接收器线圈的轴既垂直于无线电波振荡器的轴,又垂直于磁场的轴,三者互相垂直,不互相干扰。

测量核磁共振谱时，按式(3-5)的要求，可以采用两种方法。一种是固定磁场强度 H_0，逐渐改变电磁波的辐射频率 ν，当射频 ν 与 H_0 匹配时，发生核磁共振，这种方法称为扫频；另一种方法是固定辐射波的辐射频率，然后从低场到高场逐渐改变磁场强度 H_0，当 H_0 与 ν 匹配时，发生核磁共振，这一种方法称为扫场。一般仪器都采用扫场的方法。若以能量吸收峰的强度为纵坐标，磁场强度为横坐标，则可得到如图 3-9 所示的 NMR 谱图。

3.3.2 核磁共振图谱中的信号数和化学位移

1. 信号数与质子的类型数

对于同一种核，根据(3-5)式，如果 r 相同，用固定 ν 的无线电波照射样品，似乎有机化合物分子中所有的氢核都应在同一磁场强度下发生核磁共振。但实验证明，在固定射频下，分子中不同类型的氢核发生核磁共振所需的外加磁场强度是不同的。此处所谓不同类型的氢核是指氢核所处的化学环境不同。化学环境相同的质子叫做等性质子，等性质子在同一外加磁场强度下出现吸收信号；化学环境不同的质子，称为不等性质子，不等性质子出现吸收信号的位置不同。例如对乙醚($CH_3CH_2OCH_2CH_3$)样品在固定射频下进行磁场强度由低至高的扫描，首先出现 CH_2 基中的 ^1H 的吸收信号，然后是 CH_3 中的 ^1H，即出现了两种不同 ^1H 的吸收信号，如图 3-10 所示。

分子中原子核不是完全裸露的，质子被电子包围着，电子在外界磁场的作用下产生一个感应磁场，假如感应磁场与外磁场反平行方向排列，质子实际感受到的有效磁场强度应是外界磁场强度减去感应磁场强度，即

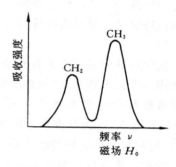

图 3-10 乙醚的 NMR 图

$$H_{有效} = H_0 - H_{感应} \qquad (3-6)$$

核外电子对核产生的这种作用称为屏蔽效应，也叫抗磁屏蔽效应。不等性质子周围电子云密度不一样，电子云密度越高，屏蔽效应就越大，这样的质子将在较高的外磁场强度作用下发生共振吸收。相反，假如感应磁场与外磁场平行排列，则质子实际上感受到的有效磁场应是外磁场强度加上感应磁场强度。这种作用称为去屏蔽效应，也称为顺磁去屏蔽效应。受去屏蔽效应影响的质子在较低外磁场强度作用下就发生共振吸收。由于不同化学环境的质子受到的屏蔽效应不同，因此它们发生核磁共振所需的外磁场强度也不相同，所以在高分辨的核磁共振谱中，吸收信号(可能是一个吸收峰或一组吸收峰)的数目表示该分子中所含等性质子的种类数，每一类等性质子给出一个或一组信号。例如化合物：CH_4(甲烷)、CH_3Cl(氯甲烷)、$CH_3{-}CH_3$(乙烷)、

$$CH_3{-}\overset{\displaystyle CH_3}{\underset{\displaystyle CH_3}{C}}{-}Cl$$

(氯代叔丁烷)和 $H_2C{=}O$ (甲醛)的核磁共振谱图中都只有一个信号。这是因为每一个分子中所含的质子都是等性的。而 $\overset{a}{C}H_3\overset{b}{C}H_2Br$(溴乙烷)分子就有 a，b 两个 NMR 信号，$\overset{a}{C}H_3\overset{b}{C}H_2\overset{c}{C}H_2Br$(1-溴丙烷)分子有 a，b，c 3 个信号等。

2. 化学位移

因为不同化学环境的氢核受到不同程度的屏蔽效应，因而在核磁共振谱的不同位置上

出现吸收峰。例如甲醇 CH₃—OH 中,由于电负性顺序为 O>C,所以甲基上质子比羟基上质子周围有更大的电子云密度,故甲基上质子所受的屏蔽作用比羟基上质子的大,因此—OH 中质子的吸收峰在低场出现,而—CH₃ 中质子的吸收峰在高场出现,如图 3-11 所示。

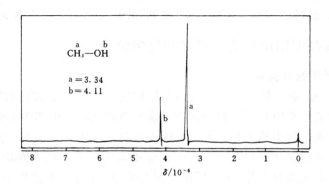

图 3-11　甲醇的核磁共振谱

同理,如图 3-10 所示,乙醚分子的 NMR 谱中,CH₂ 上质子所受的屏蔽作用小,吸收峰在低场出现,而 CH₃ 峰在高场出现。像这样同种核由于在分子中所处的化学环境不同而在不同磁场强度下显示吸收峰,称为化学位移。化学位移不同可用来鉴别或测定有机化合物的结构。

化学位移的差别约为百万分之几,要精确测定其数值十分困难。现采用相对数值表示,即选用一个标准物质,以该标准物质的共振吸收峰所处位置为零点,其它吸收峰的化学位移根据这些峰的位置与零点的距离来确定。最常用的标准物质是四甲基硅烷(CH₃)₄Si(TMS),选 TMS 为标准物是因为它的 4 个甲基对称分布,所有氢都处在相同的化学环境中,它们只有一个尖锐的吸收峰。TMS 的屏蔽效应很高,共振吸收在高场出现,而且吸收峰的位置在一般有机物中质子不发生吸收的区域内。TMS 化学性质稳定,沸点(27 ℃左右)低,易除去。现规定化学位移用 δ/10⁻⁶ 来表示,四甲基硅中 ¹H 吸收峰的 δ 为零,其峰右边的 δ 为负,左边的为正。

由于感应磁场与外磁场强度成正比,所以屏蔽作用引起的化学位移也与外加磁场成正比。在实际测定时,为了避免因采用不同磁场强度的核磁共振仪而引起化学位移的变化,δ一般都用相对值来表示,其定义为:

$$\delta/10^{-6} = \frac{\nu_{样} - \nu_{标}}{\nu_{仪}} \times 10^6 \qquad (3-7)$$

在式(3-7)中,$\nu_{样}$ 和 $\nu_{标}$ 分别代表样品和标准化合物的共振频率,$\nu_{仪}$ 为操作仪器选用的频率。多数有机物的质子信号发生在 0～10×10⁻⁶ 处,零是高场,10×10⁻⁶ 是低场。

做核磁共振谱时,待测样品一般配成溶液,所使用的溶剂不含质子,如 CDCl₃,CCl₄,CS₂ 等。

常见基团中质子的化学位移在表 3-3 中列出。

表 3-3　各种基团的 δ

基　　团	δ	基　　团	δ
$(CH_3)_4Si$	0.00	$\equiv C-CH_3$	1.80 ± 0.15
$\underset{CH_2}{CH_2-CH_2}$	0.22	$Ar-CH_3$	2.35 ± 0.15
CH_4	0.23	$\equiv CH$	1.8 ± 0.1
		$X-CH_3$	3.5 ± 1.2
$-\underset{\vert}{\overset{\vert}{C}}-CH_3$	1.1 ± 0.1	$O-CH_3$	3.6 ± 0.3
		$RO-H$	$0.5-5.5$
$-\underset{\vert}{\overset{\vert}{C}}-CH_2-\underset{\vert}{\overset{\vert}{C}}-$	1.3 ± 0.1	$=CH_2$	$4.5-7.5$
$\underset{C}{\overset{C}{C-C-H}}$	1.5 ± 0.1	$=CHR$	
		$Ar-H$	7.4 ± 1.0
		$ArO-H$	$4.5-9.0$
		$RCONH_2$	8.0 ± 0.1
		$RCHO$	9.8 ± 0.3
$R-NH_2$	$0.6-4.0$	$RCOOH$	11.6 ± 0.8
$=C-CH_3$	1.75 ± 0.15	RSO_3H	11.9 ± 0.3

从表 3-3 可以看出：

(1) δ 按 $R-CH_3$，R_2CH_2，R_3CH 的顺序依次增大。

(2) δ 按烷基、烯基、芳基的顺序依次增大。这是由于这些基团的磁的各向异性效应的结果(见 5.1.6 节)。

(3) δ 值随着邻近原子电负性的增加而增大，如 CH_3- 中 ^1H 的 δ 的排列：$CH_3CH_3 < CH_3NH_2 < CH_3OH < CH_3F$。

(4) δ 随着氢原子与电负性基团距离的增大而减小，如 $R-O-C-C-C-H < R-O-C-C-H < R-O-C-H$，因此，核磁共振谱中的 δ 给测定有机化合物的结构提供了有效的信息。

3.3.3　峰面积与氢原子数

仔细观察图 3-10 还会发现核磁共振谱的另一种特征，即两个吸收峰所包含的面积是不同的，测得其面积之比是 3：2，恰好是 CH_3 和 CH_2 中氢原子数之比，所以，核磁共振谱不仅给出了各种不同类型 H 的化学位移，并且还给出了各种不同 H 的数目。

共振吸收峰的面积大小，一般用积分曲线的高度来量度。核磁共振仪上带的自动积分仪对各峰的面积进行自动积分，得到的数值用阶梯式积分曲线高度表示。积分曲线的画法是由低场到高场(由左到右)，从积分曲线的起点到终点的总高度与分子中全部氢原子的数目成正比。每一阶梯的高度与该峰面积成正比，即与产生该吸收峰的质子数成正比，如图 3-12 所示。

3.3.4　峰的裂分与自旋耦合

用高分辨的核磁共振仪得到的乙醚的核磁共振谱如图 3-13 所示。与图 3-10 比较可以发现，在用低分辨核磁共振仪得到的图 3-10 中，乙醚只有两个峰，而在图 3-13 中是两组峰，

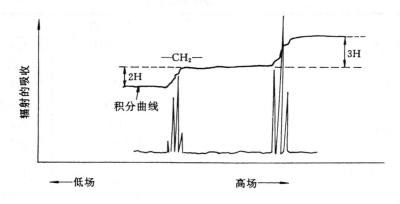

图 3-12　积分曲线示意图

它们分别是三重峰和四重峰。这是因为在分子中,不仅核外的电子对质子的共振吸收产生影响,邻近质子之间也互相影响,并引起谱线增多。这种相邻原子核之间的相互作用称为自旋耦合。因自旋耦合而引起的谱线增多现象称为自旋裂分。

在外磁场 H_0 的作用下,自旋的质子产生一个小的磁矩(磁场强度为 H'),通过成键价电子的传递,对邻近的质子产生影响。质子的自旋有两种取向,自旋与外磁场取顺向排列的质子,使邻近质子感受到的总磁场强度为 (H_0+H');自旋时与外磁场取逆向排列的质子,使邻近的质子感受到的总磁场强度为 (H_0-H')。因此,当发生核磁共振时,一个质子发出的信号就被邻近的一个质子分裂成了两个,如图 3-14 所示。这两个峰强度相等,其总面积正好和未裂分的单峰的面积相等。两个峰对称分布在未裂分的单峰两侧。这就是自旋裂分的结果。

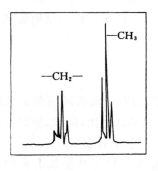

图 3-13　乙醚的高分辨 NMR 图

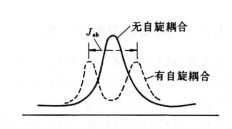

图 3-14　峰裂分示意图

显然,一个质子信号的裂分取决于邻近质子的数目,图 3-15 说明一个质子分别被邻近的一个、两个或叁个质子裂分的结果。

^{1}H 谱的自旋裂分是有规律的,若一组化学等价的质子,它只有一组数目为 n 的相邻碳原子上的等价质子,那么它的吸收峰数目为 $(n+1)$ 个,这就是 $(n+1)$ 规律。如果它有两组数目分别为 n,n' 的邻碳原子上的不等价质子,那么它的吸收峰数目为 $(n+1)(n'+1)$,其余类推。例如在化合物 $Cl_2CHCH_2CHBr_2$ 中,由于 $-CHCl_2$ 和 $-CHBr_2$ 中的 H 不等价,因而

（1）被一个邻近质子裂分

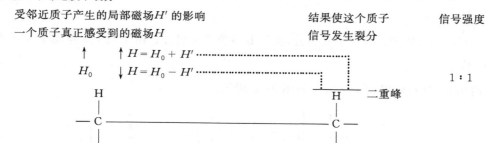

（2）被两个邻近质子裂分

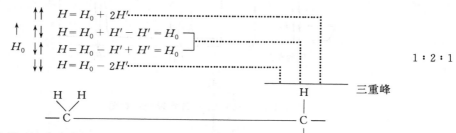

（3）被3个邻近的质子裂分

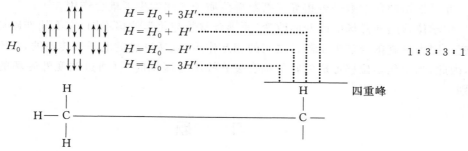

图 3-15　质子裂分情况分析

中间的—CH_2—吸收峰应裂分成$(1+1)(1+1)=4$重峰,而在化合物 $ClCH_2CH_2CH_2Br$ 中间的—CH_2—吸收峰应分裂为$(2+1)(2+1)=9$重峰。裂分峰的相对峰面积,基本上满足二项展开式的各项系数比,即双峰$(1:1)$,三重峰$(1:2:1)$,四重峰$(1:3:3:1)$,五重峰$(1:4:6:4:1)$等。在核磁共振谱中常以 s（singlet）表示单峰;d（doublet）表示双峰,t（triplet）表示三重峰;q（quartet）表示四重峰;m（multiplet）表示多重峰。

自旋耦合的量度称为耦合常数,用符号 J 表示,单位是赫兹（Hz）。J 的大小表示了耦合作用的强弱。J_{ab}表示 a 被质子 b 裂分的耦合常数,它可以通过吸收峰的位置差别来体现,这在图谱上就是裂分峰之间的距离。

耦合常数的大小与两个作用核之间的相对位置有关,随着相隔键数目的增加会很快减弱。一般,两个相隔少于或等于 3 个单键的不等性质子可以发生耦合裂分,相隔 3 个以上单键时,耦合常数趋于零。例如在$CH_3CH_2 \overset{\overset{\displaystyle O}{\|}}{\underset{c}{C}} CH_3$中,$H_a$ 与 H_b 之间相隔 3 个单键,因此它们之间可以发生耦合裂分,而 H_a 与 H_c 或 H_b 与 H_c 之间相隔 3 个以上的单键,它们之间的

耦合作用极弱。互相耦合的两组质子,因彼此间作用相同,耦合常数也相等,例如在

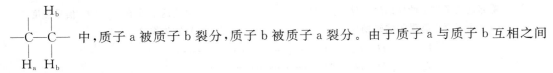

中,质子 a 被质子 b 裂分,质子 b 被质子 a 裂分。由于质子 a 与质子 b 互相之间的作用是相同的,所以 $J_{ab}=J_{ba}$,如图 3-16 所示。

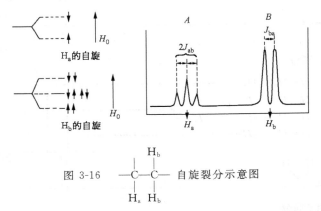

图 3-16 ——C—C—自旋裂分示意图

亦可根据耦合常数是否相等来判断哪些质子之间发生了耦合作用。

化学位移随外磁场的改变而改变,而耦合常数与化学位移不同,它不随外磁场的改变而改变。因为自旋耦合产生于磁核之间的相互作用,是通过成键电子来传递的,并不涉及外磁场,因此,当由化学位移形成的峰与耦合裂分峰不易区别时,可通过改变外磁场的方法加以区别。

习　题

3.1　红外光谱图的纵坐标和横坐标各表示什么? 吸收峰的低谷愈低说明什么?

3.2　分子中原子的振动方式有哪几种? 什么样的振动才能吸收红外光从而产生红外光谱?

3.3　在红外光谱图上波数在 $3800-1400cm^{-1}$ 称为官能团区,波数在 $1400-650cm^{-1}$ 区称为指纹区。这两个区在推断化合物结构时各起什么作用?

3.4　下列各种化合物有几组不等性质子? 每种化合物在它的 ^1H NMR 谱中应给出几个信号?

(1) CH_3CH_3;(2) $CH_3CH_2CH_3$;(3) CH_3OCH_3;(4) CH_3CH_2—⬡—CH_2CH_3。

3.5　下列化合物的 ^1H NMR 谱图只给出一个信号,请根据分子式推断其结构式。

(1) C_2H_6O;(2) $C_3H_6Cl_2$;(3) C_3H_6O。

3.6　化合物 $CHBr_2CHCl_2$ 的 ^1H NMR 谱由两组峰组成,在最低磁场强度出现的应该是—$CHBr_2$ 基团中质子的吸收峰还是—$CHCl_2$ 基团中质子的吸收峰? 为什么?

3.7　给出与图 3.17 中 (a),(b),(c) 中 ^1HNMR 谱和分子式相符的结构,并对每一信号的裂分给予解释。

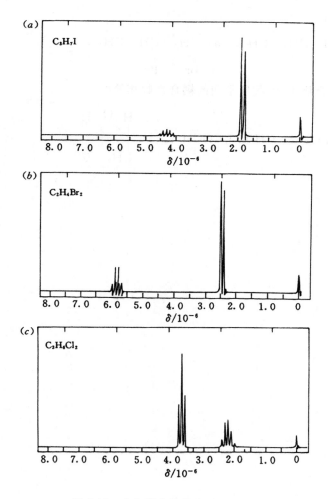

图 3-17　未知化合物的 ^{1}HNMR 图

3.8　用图表示 $\underset{c}{CH_3}\underset{b}{CH_2}\underset{a}{CH_2}I$ 的 3 类质子在核磁共振谱图中的相对位置,并简单阐明理由。

3.9　下列化合物的高分辨核磁共振谱中各组氢分别呈几重峰?

(1) $\underset{a}{C}H_2Cl\underset{b}{C}HCl_2$;(2) $\underset{a}{C}H_3\underset{b}{C}H_3$;(3) $\underset{a}{C}H_3CCl_3$;(4) $\underset{a}{C}H_3\underset{b}{C}HBr_2$。

3.10　下列化合物中,哪些质子可以互相耦合?

(1) $\underset{a}{CH_3}{-}\underset{b}{CH_2}{-}\underset{c}{CH_3}$;(2) $\underset{a}{CH_3}{-}CCl_2{-}\underset{b}{CH_3}$;(3) $\underset{a}{CH_3}{-}\overset{\overset{b}{CH_3}}{\underset{\underset{c}{CH_3}}{C}}{-}\underset{d}{CH_2}{-}\underset{e}{CH_3}$;

$$\begin{array}{c} \overset{b}{CH_3} \\ | \end{array}$$

(4) $CH_3\underset{a}{-}CH\underset{c}{-}CH_2\underset{d}{-}CH_3$; (5) $\overset{a}{CH_2}\underset{|}{-}\overset{b}{CH}\underset{|}{-}\overset{c}{CH_3}$ 。

$$\begin{array}{cc} | & | \\ Br & Br \end{array}$$

3.11 下列化合物中,哪些质子间的耦合常数相等?

(1) $\underset{a}{CH_3}\underset{b}{CH_2}Cl$; (2) $\underset{a}{CH_3}\underset{b}{CH_2}\overset{O}{\overset{||}{C}}O\underset{c}{CH_3}$; (3)

$$\begin{array}{c} \overset{a}{H}\ \ O\ \ \overset{c}{H} \\ \diagdown / \diagup \\ | \ \ \ \ \ \ | \\ \underset{b}{CH_3}\ \ \ Cl \end{array}$$ 。

第 4 章　烷烃和环烷烃

烷烃和环烷烃统称饱和烃。在它们的分子中,碳原子彼此以单键相连接,碳的其余化合价则全部被氢原子所饱和,所以称饱和烃。其中开链的称烷烃,连接成环的称环烷烃,它们的性质类同,所以放在同一章来讨论。

4.1　烷烃的通式和同系列

烷烃中最简单的是含有一个碳原子的化合物,叫甲烷,分子式是 CH_4。含两个碳原子的是乙烷,分子式为 C_2H_6。丙烷分子式为 C_3H_8。随着碳原子数逐渐增多,可以得到一系列的化合物。由上述化合物可以看出,从甲烷开始,每增加一个碳原子,就相应地增加两个氢原子。因此可以用 C_nH_{2n+2} 来表示这一系列化合物的组成,这个式子就叫做烷烃的通式。

凡是符合这个通式,并在组成上相差一个或多个 CH_2 的一系列化合物,称为同系列,同系列中各化合物称为同系物,CH_2 称为同系列的系差。

同系物具有相似的化学性质,因此只要研究同系列中的一个或几个,便可推测同系物中的其它化合物的性质。当然,每个同系物还有它自己特殊的性质,特别是同系列中的第一个成员。

4.2　烷烃和环烷烃的来源

烷烃和环烷烃的主要来源是石油和天然气。天然气的主要成分是甲烷,还有少量乙烷和丙烷等。石油主要是烃类及少量含有氧、氮、硫的化合物所组成的复杂混合物。因产地不同而成分各异。我国及美国产的原油主要成分是烷烃;俄罗斯产的原油中含有大量的环烷烃;罗马尼亚的原油成分则介于上述两者之间;大洋洲产的原油中含有大量芳香烃。从地下开采出的原油,一般是深褐色的粘稠液体。原油经加工处理后,再经分馏得到各种不同的馏分(表 4-1),可用作燃料和化学工业原料。

据统计目前世界能源 50% 以上来自石油。石油储量是有限的,所以如何解决能源问题是当代科学工作者的重要课题之一。

表 4-1　石油烃蒸馏得到的各种馏分

馏　分	组　分	分馏温度范围 /℃	馏　分	组　分	分馏温度范围 /℃
天 然 气	C_1-C_4	<20	煤 　油	$C_{10}-C_{16}$	175—275
石 油 醚	C_5-C_6	20—60	燃料油、柴油	$C_{15}-C_{20}$	250—400
轻 汽 油	C_6-C_7	60—100	润 滑 油	$C_{18}-C_{23}$	>300
汽 　油	C_5-C_{10}	40—200	沥 　青	C_{20} 以上	不 挥 发

4.3 烷烃的物理性质

有机化合物的物理性质,通常包括化合物的状态、密度、沸点、熔点和溶解度等。这些物理常数是用物理方法测定出来的。通过物理常数的测定,可以鉴定化合物的纯度或鉴别个别的化合物。一般,同系列中各化合物的物理常数是随分子量的增加而递变的。

1. 物质状态

在室温下,C_1—C_4 是气体,C_5—C_{16} 是液体,C_{17} 以上是固体。

2. 沸点

液体沸点的高低取决于分子间引力的大小,分子间引力愈大,达到沸腾所需能量愈多,沸点就愈高。烷烃分子中只含有 C—C 或 C—H 键,它们没有极性或仅有较弱的极性,所以分子间只有较弱的范德华力,而范德华力与分子的结构有关,链烷烃分子量越大即碳原子数目越多,分子之间的接触部分就增多,范德华力也就越大,沸点越高。相邻两个化合物的沸点差逐渐减少,如图 4-1 所示。这种变化同样表现在其它各系列有机物中。

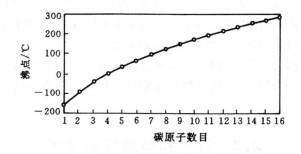

图 4-1　正链烷烃的沸点与分子中所含碳原子数目的关系

含有支链的烷烃,由于支链的阻碍,分子间靠近的程度不如直链烷烃,所以直链烷烃的沸点高于它的异构体,见表 4-2。

表 4-2　烷烃异构体的沸点

名　　称	构造式	沸点/℃
正 丁 烷	$CH_3(CH_2)_2CH_3$	-0.5
异 丁 烷	$(CH_3)_2CHCH_3$	-10.2
正 戊 烷	$CH_3(CH_2)_3CH_3$	36.1
异 戊 烷	$(CH_3)_2CHCH_2CH_3$	27.9
新 戊 烷	$C(CH_3)_4$	9.5

3. 熔点

直链烷烃熔点的变化,虽然同系列中头几个不那么规则,但 C_4 以上烷烃随着碳原子数的增加而升高,其中偶数升高多一些。含奇数和含偶数碳原子的烷烃各构成一条熔点曲线,偶数烷烃在上,奇数烷烃在下,如图 4-2 所示。这是因为含偶数碳链烷烃具有较高的对称性,碳链之间排列比奇数碳链紧密,故熔点比奇数碳烷烃高一些。

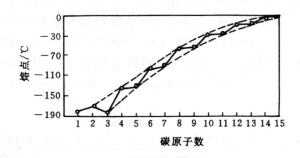

图 4-2　正链烷烃的熔点与分子中所含碳原子数目的关系

4．密度

烷烃的密度也随碳原子数目的增加逐渐增大,但都小于 1。

5．溶解度

烷烃没有极性或仅有很弱的极性,所以不溶于水及其它极性强的溶剂中,易溶于氯仿、乙醚、四氯化碳、苯等弱极性或非极性溶剂中。相应地,如以烷烃作溶剂时,它只能溶解非极性或弱极性的物质。表 4-3 列出了正链烷烃的物理常数。

表 4-3　烷烃的物理常数

名　　称	结 构 式	沸点/℃	熔点/℃	密度 * /g/cm³
甲　烷	CH_4	−164	−182	0.466(−164℃)
乙　烷	CH_3CH_3	−88.6	−183.3	0.572(−100℃)
丙　烷	$CH_3CH_2CH_3$	−42.1	−189.7	0.5853(−45℃)
丁　烷	$CH_3(CH_2)_2CH_3$	−0.5	−138.4	0.5788
戊　烷	$CH_3(CH_2)_3CH_3$	36.1	−130	0.6262
己　烷	$CH_3(CH_2)_4CN_3$	69	−95	0.6603
庚　烷	$CH_3(CH_2)_5CH_3$	98.4	−90.6	0.6837
辛　烷	$CH_3(CH_2)_6CH_3$	125.7	−56.8	0.7025
壬　烷	$CH_3(CH_2)_7CH_3$	150.8	−51	0.7176
癸　烷	$CH_3(CH_2)_8CH_3$	174.1	−29.7	0.7300
十一 烷	$CH_3(CH_2)_9CH_3$	196	−25.6	0.7402
十四 烷	$CH_3(CH_2)_{12}CH_3$	253.7	5.9	0.7628
十八 烷	$CH_3(CH_2)_{16}CH_3$	316.1	28.2	0.7768

　　* 除注明者外,其余物质的密度均为 20 ℃时的数据。

4.4　烷烃的光谱性质

1．红外光谱

在红外光谱里,烷烃分子中的 C—H 伸缩振动的吸收峰大约在 3000—2800cm⁻¹,而

C—H 弯曲振动的吸收峰大约在 1475—1300cm⁻¹，其中，甲基在 1375cm⁻¹ 左右处有一特征吸收峰；亚甲基在 1465cm⁻¹ 左右出现特征峰。C—H 的面内摇摆振动大约在 710—750cm⁻¹ 出现吸收峰。若多个 CH_2 成直链时，该区域的吸收峰向低波数方向移动。如—CH_2CH_2—在 734—743cm⁻¹ 处出现吸收峰，若四个以上 CH_2 成直链时，会在 722—724cm⁻¹ 处出现吸收峰。从图 4-3 所示正辛烷的红外光谱图中可以看到，CH_2 和 CH_3 的伸缩振动在近 2900cm⁻¹ 处，而 C—H 的弯曲振动在 1470 和 1390cm⁻¹ 处。

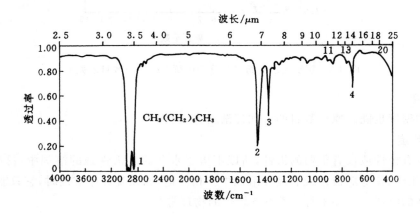

图 4-3　正辛烷的红外光谱
1. C—H 的伸缩振动；2 和 3. C—H 的弯曲振动；
4. （—CH_2—）$_n$　$n \geqslant 4$ 时的面内摇摆振动

2. 核磁共振谱

烷烃分子中只含有 C 和 H 两种元素所生成的 σ 键，一般为非极性分子，所以 ^1HNMR 谱非常简单，图 4-4 所示乙烷的 ^1HNMR 图。乙烷 CH_3—CH_3 中的 6 个氢质子都是等性

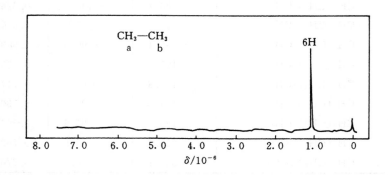

图 4-4　乙烷的 ^1HNMR 图（$CDCl_3$）

的，相互之间无自旋耦合现象，故为相当于 6 个质子的一个单峰。δ 大约为 1。图 4-5 为环己烷的 ^1H NMR 图。环己烷也为一个单峰，δ 大约为 1.3。

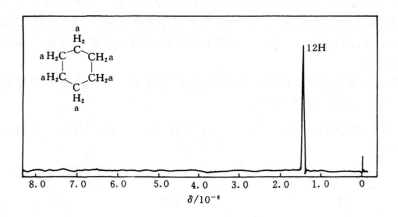

图 4-5 环己烷的 ^{1}HNMR 图（CDCl$_3$）

4.5 烷烃的化学性质

烷烃分子中只有 C—C 和 C—H 单键,它们都是结合得比较牢固的 σ 键,而且是弱极性键,所以,烷烃在常温下很不活泼,化学性质稳定,与大多数试剂,如强酸、强碱、强氧化剂,强还原剂都不发生反应,因此,常常用烷烃作为溶剂。然而,烷烃的稳定性也是相对的,在适当的试剂和反应条件下,烷烃也可以发生若干反应。

4.5.1 取代反应

烷烃分子中的氢原子被其它原子或基团所取代的反应,称为取代反应。如被氯原子所取代的反应称为氯代反应。

1. 氯代反应

烷烃与氯在室温和黑暗中不起反应,但在强光的照射下发生剧烈反应,甚至引起爆炸。例如,甲烷和氯在强光照射下激烈反应生成氯化氢和碳:

$$CH_4 + 2Cl_2 \xrightarrow{强光} C + 4HCl$$

在漫射光、热或催化剂作用下,烷烃分子中的氢被氯取代,生成氯代烷和氯化氢,并放出大量热:

$$CH_4 + Cl_2 \xrightarrow{光或热} CH_3Cl + HCl$$

反应较难停留在一氯代阶段,生成的氯甲烷继续氯代生成二氯甲烷、三氯甲烷及四氯化碳:

$$CH_3Cl + Cl_2 \xrightarrow{光或热} CH_2Cl_2 + HCl$$

$$CH_2Cl_2 + Cl_2 \xrightarrow{光或热} CHCl_3 + HCl$$

$$CHCl_3 + Cl_2 \xrightarrow{光或热} CCl_4 + HCl$$

得到 4 种产物的混合物。一氯甲烷的沸点为 23.8 ℃,二氯甲烷的为 40.2 ℃,三氯甲烷的为 51.2 ℃,四氯化碳的为 76.8 ℃。根据它们的沸点不同,可以用分馏的方法把它们分开,但是由于它们的沸点差较小,分离困难,可以控制条件使其中的一种产物为主。工业上采用热氯化的方法,控制反应温度为 400—450 ℃,当甲烷与氯的比例为 10∶1 时,主要产物为一氯甲烷;如果甲烷与氯的比例为 0.263∶1,则主要产物为四氯化碳。制备二氯甲烷和三氯甲烷的条件不易控制。

较高级烷烃的氯代反应与甲烷相似,但产物更为复杂。例如丙烷和异丁烷的一氯代产物都有两种,但产物的量是不相等的:

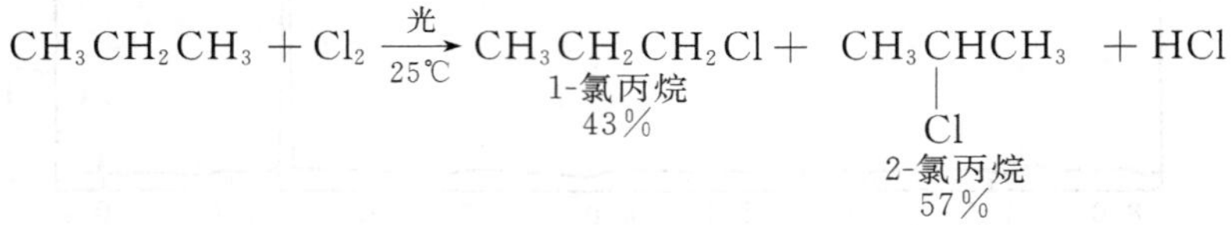

$$CH_3CH_2CH_3 + Cl_2 \xrightarrow[25℃]{光} CH_3CH_2CH_2Cl + CH_3CHCH_3 + HCl$$

1-氯丙烷
43%

2-氯丙烷
57%

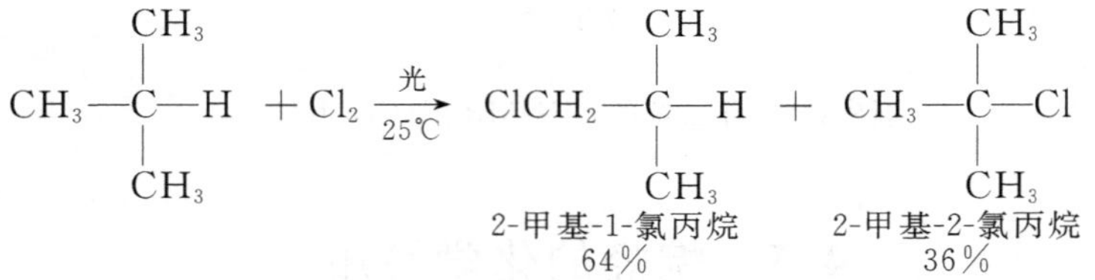

2-甲基-1-氯丙烷
64%

2-甲基-2-氯丙烷
36%

从上述产物相对量的分析中,可以计算出伯、仲、叔氢的相对活性。在丙烷分子中,有 6 个伯氢,2 个仲氢,两种产物的比率似应为 3∶1,这与事实不符,可见伯氢与仲氢的活性不同。由上述反应结果可见,其不同种类氢的相对活性为:

$$\frac{仲氢}{伯氢} = \frac{57/2}{43/6} = \frac{4}{1}$$

在异丁烷中:

$$\frac{叔氢}{伯氢} = \frac{36/1}{64/9} = \frac{5}{1}$$

可见,在烷烃分子中,氢原子氯代反应的相对活性大约为:

叔氢∶仲氢∶伯氢 = 5∶4∶1

这种结果和 3 种碳氢键的离解能的大小顺序相反,与预期的反应速度一致,即离解能愈小,反应活性愈大。

碳链愈长结构愈复杂,氯代产物愈多,因此愈不适合应用氯代的方法来制备纯氯代烷,只有那些仅含一种氢原子的饱和烃氯代时才能得到较纯的产物。例如新戊烷,环己烷的氯代反应都只得到一种一氯代产物:

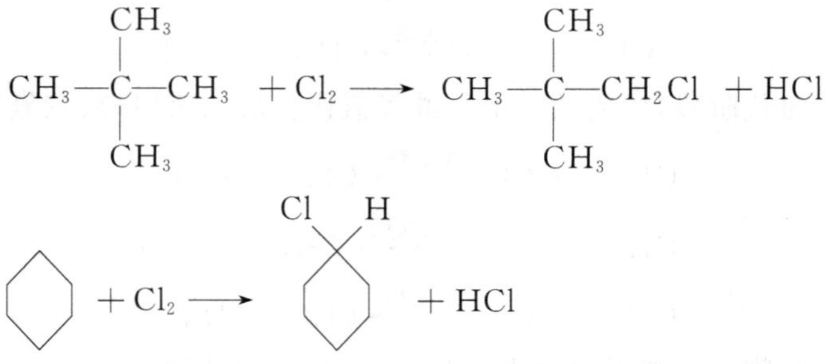

在实验室里为了方便起见,常用氯化砜(SO_2Cl_2)代替氯进行氯代反应。

2. 氯代反应机理

反应机理是指化学反应所经历的途径或过程,也叫反应历程。它包括活性中间体的形成和过渡态。反应机理的研究是有机化学理论的重要组成部分。反应机理是根据大量实验事实作出的理论推导。

以甲烷氯代为例,烷烃的氯代反应首先是由于氯分子的离解能较小,在光照或高温下,氯分子吸收能量均裂为两个活泼的具有未成对电子的氯原子,这种具有未成对电子的原子或基团称为自由基,也叫游离基。

自由基的生成,使反应得以开始,这一步称为链引发阶段:

$$(1) \quad \underset{242.7kJ/mol}{Cl-Cl} \xrightarrow{h\gamma \ 或 \ \triangle} 2Cl\cdot \qquad \Delta H = +242.7kJ/mol$$

步(1)需要 242.7kJ/mol,将 Cl_2 断裂形成 $Cl\cdot$。$Cl\cdot$ 很快夺取 CH_4 分子中的氢原子生成氯化氢和甲基自由基($CH_3\cdot$)。甲基自由基也很活泼,它又与氯分子作用,生成一氯甲烷和一个新的氯原子;

$$(2) \ Cl\cdot + \underset{439.3kJ/mol}{CH_3-H} \Longrightarrow CH_3\cdot + \underset{431.8kJ/mol}{H-Cl}$$

$$\Delta H = (-431.8) - (-439.3) = 7.5kJ/mol$$

$$(3) \ CH_3\cdot + \underset{242.7kJ/mol}{Cl-Cl} \longrightarrow \underset{355.6kJ/mol}{CH_3-Cl} + Cl\cdot$$

$$\Delta H = (-355.6) - (-242.7) = -112.9kJ/mol$$

新生成的氯原子 $Cl\cdot$ 又可以夺取甲烷或氯甲烷分子中的氢原子。如此一步一步地进行下去,理论上可把甲烷分子中的氢全部夺取,这种反应称为链锁反应。这是反应的第二阶段,称为链增长阶段。一个氯分子大约能引起 10000 次这样的反应。

反应开始时有大量甲烷存在,氯原子主要与甲烷分子碰撞而发生反应。随着反应的进行,甲烷的量逐渐减少,氯原子和甲烷碰撞的几率减少,而自由基之间的碰撞几率增加,使自由基减少以至消失,反应停止。这是自由基反应的第三阶段,称为链终止阶段:

$(4) \ CH_3\cdot + \cdot Cl \longrightarrow CH_3Cl$

$(5) \ CH_3\cdot + \cdot CH_3 \longrightarrow CH_3CH_3$

$(6) \ Cl\cdot + \cdot Cl \longrightarrow Cl_2$

自由基反应通常包括上述链引发,链增长(或叫链传递)和链终止 3 个阶段。

在链引发阶段,吸收能量并产生活性质点自由基,这种反应一般是由光照、辐射、热分解或过氧化物所引起的。

在链增长阶段,每一步都消耗一个自由基,又产生一个新的自由基。反应多次一个接一个地进行。

在链终止阶段,自由基被消耗,反应趋于终止。

从上述反应机理看,链增长阶段步(2)是吸热反应,需 +7.5kJ/mol,而步(3)是放热反应,放热 -112.9kJ/mol。(2)+(3)是放热反应,共放热 -105.4kJ/mol,因此从反应热看,反应是可以进行的。步(2)计算只需+7.5kJ/mol,但分子需要活化,实际需要+16.7kJ/mol活化能(E_{a1}),才能越过势能最高点,形成$CH_3\cdot$和HCl,如图4-6所示。这个势能最高点的结构为$[\overset{\delta\cdot}{Cl}\cdots H\cdots \overset{\delta\cdot}{CH_3}]$称为过渡态Ⅰ,$\delta\cdot$表示带有部分自由基,步(3)是放热反应,但也需要活化能(E_{a2})+8.3kJ/mol,才能越过第二个势能最高点$[\overset{\delta\cdot}{H_3C}\cdots Cl\cdots \overset{\delta\cdot}{Cl}]$(过渡态Ⅱ)形成$CH_3Cl$和$Cl\cdot$。过渡态Ⅰ势能比过渡态Ⅱ高,因此步(2)是较慢的一步,是甲烷氯代反应中决定反应速度的一步。

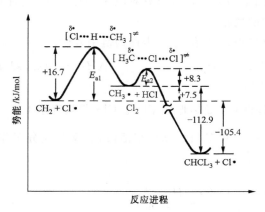

图 4-6 氯自由基与甲烷反应的势能变化图

由反应的势能变化图可以看到从反应物到生成物经过两个高能态——过渡态Ⅰ和过渡态Ⅱ以及处于两个过渡态之间的能量曲线最低点的活性中间体$CH_3\cdot$。所谓活性中间体就是具有很高的反应活性,还没有稳定到足以像该反应的其它产物那样能够分离的任何中间体,是寿命比较短的一类实际存在的物质,具有正常的键。过渡态是存在于反应进程的能量曲线的最高点,是从反应物到产物或中间体的一个过渡状态,是旧键部分断裂,新键部分形成的瞬时结构。研究反应机理就是要搞清楚各步反应的中间体和过渡态。由活性中间体的结构和稳定性可推测过渡态的稳定性,从而判断反应的活性。最常见的活性中间体有自由基、碳正离子、碳负离子等。

在反应中任何能稳定过渡态的因素都能降低反应活化能,从而提高反应活性,所以过渡态稳定性的分析,是研究有机反应活性的基础。

过渡态的稳定性当然与过渡态的结构有关,一般认为过渡态是在结构上处于反应物和产物之间的某种中间状态。但过渡态是一种理论推测,既不能分离出来,也不能鉴定。G. S. Hammond假设对过渡态的结构和稳定性进行了理论上的推测。如图4-7(a),(b),Hammond 假设指出:在反应过程中,两个相继存在的状态,若能量上接近,则它们的几何形状也接近。根据这一假设,图4-7(a)中,反应$E_{活化}$小,ΔH为负值,为放热反应,反应容易进行。且反应物与过渡态能量接近,故认为过渡态的结构与反应物结构接近,而不同于产物,是类似于反应物结构的早期过渡态$[A\cdots B\cdots\cdots C]$。图4-7(b)中,反应$E_{活化}$大,$\Delta H$为正值,为吸热反应,反应难进行。过渡态与产物能量接近,故有类似于产物结构的晚期过渡态$[A\cdots\cdots B\cdots C]$。

Hammond 假设把过渡态与反应物,中间体和产物的结构与能量联系起来了,也能说明反应的活性与取向。

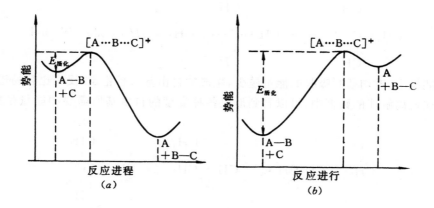

图 4-7　Hammond 假设

(a) 放热反应(早期过渡态)　　　(b) 吸热反应(晚期过渡态)

AB+C ⟶ A+BC　　　　　　　AB+C ⟶ A+BC

3. 自由基的结构和稳定性

前面已提到烷烃的氯代反应在室温时,不同类型氢的活性次序是 $3°>2°>1°$。怎样从结构上来说明夺取氢原子的难易程度呢? 由于烷烃被夺取一个氢原子后形成自由基,故必须先考察形成各种烷基自由基的难易程度。

在烷基自由基中,带有未成对电子的碳原子为 sp^2 杂化,它用 3 个 sp^2 杂化轨道形成 3 个共价键,而未成键电子则占据 p 轨道,这样形成的自由基具有电子不饱和性,它的未成对单电子有与另一电子配对的趋势。当 C—H 键的 σ 轨道与单电子的 p 轨道处于相邻位置时,即发生 σ-p 共轭(超共轭),超共轭的结果,使 C—H 键的 σ 电子离域。这样,自由基的未配对电子就不再被局限在一个原子上,体系在一定程度上趋于稳定。可以预料,能参加 σ-p 共轭的相邻的 C—H σ 轨道越多,p 电子离域程度越大,自由基就越稳定。其稳定性为:

从键的离解能进行比较,也得出同样结论。不同 C—H 键的离解能为:

$$CH_3—H \longrightarrow CH_3· + H· \qquad \Delta H = 439.3 \text{kJ/mol}$$
$$CH_3CH_2—H \longrightarrow CH_3CH_2· + H· \quad \Delta H = 410 \text{kJ/mol}$$

$$CH_3CHCH_3 \longrightarrow CH_3CHCH_3 + H\cdot \quad \Delta H = 397.5kJ/mol$$

$$CH_3\overset{CH_3}{\underset{CH_3}{\overset{|}{\underset{|}{C}}}}-H \longrightarrow CH_3\overset{CH_3}{\underset{CH_3}{\overset{|}{\underset{|}{C}}}}\cdot + H\cdot \quad \Delta H = 380.7kJ/mol$$

键的离解能越小,键均裂时吸收的能量越少,生成的自由基就越稳定,反应也容易进行。

从上述键离解能的数据中,可以看到形成各种类型的自由基所需要的能量是按下列顺序减少的:

$$CH_3\cdot > CH_3CH_2\cdot > CH_3\overset{CH_3}{\underset{}{\overset{|}{C}}}H\cdot > CH_3\overset{CH_3}{\underset{CH_3}{\overset{|}{\underset{|}{C}}}}\cdot$$
$$\quad\quad 1° \quad\quad\quad 2° \quad\quad\quad 3°$$

所以自由基的稳定性顺序为:

$$CH_3\overset{CH_3}{\underset{CH_3}{\overset{|}{\underset{|}{C}}}}\cdot > CH_3\overset{CH_3}{\underset{}{\overset{|}{C}}}H > CH_3CH_2\cdot > CH_3\cdot$$

越稳定的自由基越容易形成,因为反应活性的差别主要是由活化能的差别引起的。自由基越稳定,形成时所需活化能就越低,反应越容易进行。例如,丙烷氯代反应中生成氯代正丙烷和氯代异丙烷,在反应中决定反应速度的一步是 Cl· 夺取丙烷中氢原子,夺取不同氢原子的相对速率为:

$$CH_3CH_2CH_3 \xrightarrow{Cl\cdot} \begin{cases} \overset{I}{\longrightarrow} CH_3CH_2CH_2\cdot + HCl \quad (1°) & \begin{aligned}\Delta H_1 &= -41.8kJ/mol \\ E_1 &= 12.6kJ/mol\end{aligned} \\ \\ \overset{II}{\longrightarrow} CH_3CHCH_3 + HCl \quad (2°) & \begin{aligned}\Delta H_2 &= -39.8kJ/mol \\ E_2 &= 8.3kJ/mol\end{aligned} \end{cases}$$

反应Ⅰ所需的活化能为 12.6kJ/mol,而反应Ⅱ的活化能为 8.3kJ/mol,生成 2°自由基比 1°少 4.3kJ/mol,故 2°比 1°容易生成,产物以氯代异丙烷为主。

将这两个反应进程的能量曲线图来作比较(图 4-8),可以看出异丙基自由基比正丙基自由基稳定,形成异丙基自由基的过渡态Ⅱ也较形成正丙基的过渡态Ⅰ为稳定。也就是过渡态的稳定性和自由基的稳定性的次序是一致的。大量实验证明,过渡态和自由基稳定性一致的规律对许多自由基反应都是适合的。因此比较反应相对活性时,常常可以用直接比较生成自由基(即活性中间体)的稳定性来代替比较过渡态作为判断反应活性的依据,这也符合 Hammond 假设。从图 4-6 可以看到决定反应速度的过渡态Ⅰ在能量上与中间体自由基接近,故可认为在结构上也接近,所以可由自由基(中间体)的稳定性代替过渡态来判断反应活性。

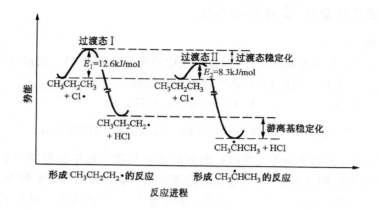

图 4-8　形成正丙基游离基和异丙基游离基反应进程的能量曲线图

4. 其它卤素的卤代反应

卤素中氟太活泼,而碘几乎是完全不起反应,只有氯和溴具有适当的活泼性,因而在卤代反应中氯和溴比较重要。卤素活泼性的不同,可用甲烷卤代所得数据表明(表 4-3)。

表 4-3　甲烷卤代的反应热

反　　　应	$\Delta H/\mathrm{kJ/mol}$			
	F	Cl	Br	I
$X \cdot + CH_4 \longrightarrow HX + \cdot CH_3$	-134	$+4$	$+63$	$+138$
$\cdot CH_3 + X_2 \longrightarrow CH_3X + X \cdot$	-293	-96	-88	-75
$X_2 + CH_4 \longrightarrow CH_3X + HX$	-426	-100	-25	$+63$

从表 4-3 可知,氟代反应是高度放热的,反应难于控制,甚至会导致爆炸。因此氟代烷的制备不宜采用由烷烃直接氟代的方法,只能用惰性气体稀释后,才能进行这类反应。碘代反应处于另一极端,从表 4-3 中可以看出,它是吸热反应,只有在很高温度下才进行。事实上生成的碘甲烷和 HI 作用又生成 CH_4 和 I_2,即和碘代反应的方向恰好相反。这是由于碘代反应是吸热反应且活化能较大的缘故。在常温下几乎不发生碘代反应,因为

$$CH_4 + I \cdot \longrightarrow HI + CH_3 \cdot \qquad \Delta H = +138\mathrm{kJ/mol}$$

碘原子对烷烃是不活泼的,却容易结合生成 I_2。

溴代反应和氯代反应相似,它比氯代反应放出的热量少,且用溴原子从烷烃中夺取氢原子是吸热的,故反应速度较慢。要指出的是,溴代比氯代对伯、仲、叔氢的选择性强。例如丙烷在气相 330℃时进行溴代反应,其产物分布如下:

$$CH_3CH_2CH_3 + Br_2 \xrightarrow{330℃} \underset{8\%}{CH_3CH_2CH_2Br} + \underset{92\%}{(CH_3)_2CHBr}$$

不同氢的相对活性为:$2°H:1°H = 92/2:8/6 = 34.5$,是氯代反应的相对活性($2°H:1°H \approx 4:1$)的近 9 倍。这是由于丙烷进行氯代反应时两种反应活化能差(4.1kJ/mol)较小,所以选择性不强,而丙烷溴代的两种反应的活化能差(约 12.5kJ/mol)较大,故选择性强。由此可见,化合物的反应活性不仅决定于它的结构,还与试剂的性质有关。

4.5.2　烷烃的氧化、裂化和异构化

1. 氧化反应

在室温下烷烃一般不与氧化剂反应,与空气中的氧也不起作用。烷烃在空气中燃烧生成二氧化碳和水,并放出大量的热,因而烷烃可用作能源。例如:

$$CH_4 + 2O_2 \longrightarrow CO_2 + 2H_2O + 891kJ/mol$$

$$C_{10}H_{22} + 15\frac{1}{2}O_2 \longrightarrow 10CO_2 + 11H_2O + 6778kJ/mol$$

这就是含有烷烃的汽油和柴油作为内燃机燃料的基本原理。如果控制适当条件,并在催化剂作用下,可以使烷烃部分氧化,生成更有用的含氧化合物,如醇、醛、酮、酸等。高级烷烃如石蜡(约含 C_{20}—C_{30} 的烷烃),在 $120-150$ ℃,并以锰盐,二氧化锰等为催化剂的条件下,可被空气氧化成高级脂肪酸:

$$RCH_2CH_2R' + 2O_2 \xrightarrow[107-110\ ℃]{MnO_2} RCOOH + R'COOH$$

由此得到的脂肪酸可代替动、植物油制造肥皂。

低级烷烃氧化可得到相应的产品。例如:

$$CH_4 + O_2 \xrightarrow[600\ ℃]{NO} HCHO + H_2O$$

$$CH_3CH_2CH_3 + O_2 \xrightarrow[350\ ℃,1.72MPa]{金属氧化物} HCOOH + CH_3COOH + CH_3COCH_3$$

因原料来源丰富,价廉,所以是有前途的工业制法。

2. 裂化反应

烷烃蒸气在没有氧存在下加热到 400 ℃以上,C—C 键和 C—H 键都会断裂,生成小分子化合物。这种在高温及无氧的条件下,发生键断裂的反应叫做热裂反应。例如:

$$C_4C_{10} \xrightarrow{500\ ℃} \begin{cases} CH_4 + CH_3-CH=CH_2 \\ CH_3CH_3 + CH_2=CH_2 \\ CH_3CH=CHCH_3 + H_2 \end{cases}$$

在催化剂存在下进行裂化称为催化裂化。催化裂化是石油加工过程中的重要反应,通过催化裂化可以提高汽油的产量,也改进了汽油的质量,并可以从石油裂化气中得到大量低分子烯烃,可作为化工原料。

3. 异构化反应

从一个异构体转变成另一个异构体的反应叫异构化反应。直链或支链少的烷烃在适当条件下,可以异构化为支链多的烷烃。例如,工业上将正丁烷在 $AlCl_3$ 及 HCl 存在下,异构化为异丁烷。将反应物循环通过催化剂,最终转化率可达 90%:

$$CH_3CH_2CH_2CH_3 \xrightarrow[95-100\ ℃,\ 0-2.6MPa]{AlCl_3,\ HCl} CH_3-\overset{\overset{\displaystyle CH_3}{|}}{CH}-CH_3$$
$$\text{90%}$$

异构化反应在石油工业中,有重要的地位,常应用此反应使直链烷烃异构化为带支链的烷烃,以提高汽油的质量,因为汽油质量与组成汽油的分子结构有关。

4.6 环烷烃的性质

环烷烃和烷烃一样是一类饱和化合物,它们的化学性质与烷烃相似,也能发生取代和氧化反应。但由于有碳环结构,特别是不稳定的小环,化学性质活泼,如环丙烷的弯曲键较弱,易开环。

4.6.1 取代反应

环戊烷、环己烷以及更高级的环烷烃,在光或热的作用下,可以发生自由基取代反应,生成相应的卤化物。例如:

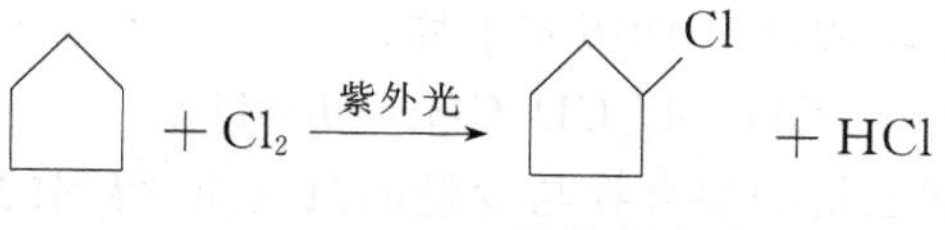

氯代环戊烷

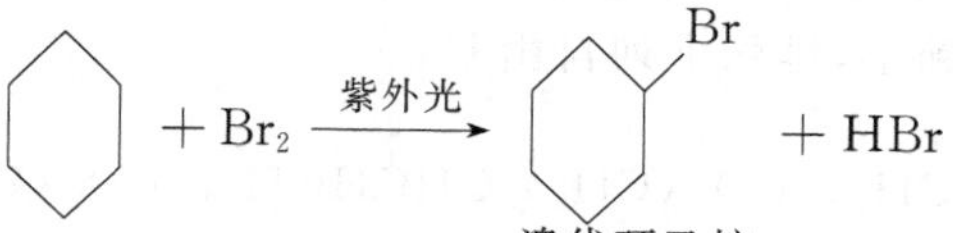

溴代环己烷

4.6.2 开环反应

在催化剂作用下,环丙烷和环丁烷与氢反应,生成烷烃:

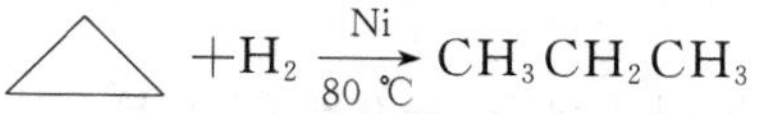

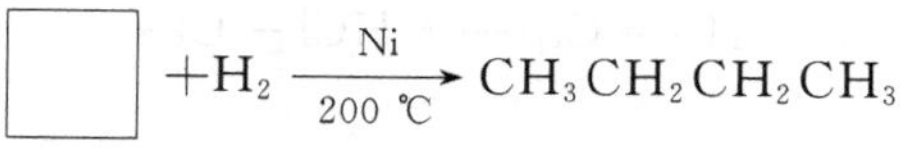

环丙烷、环丁烷与溴易发生加成反应:

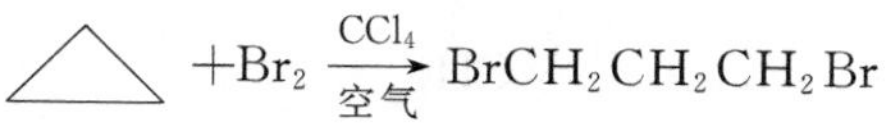

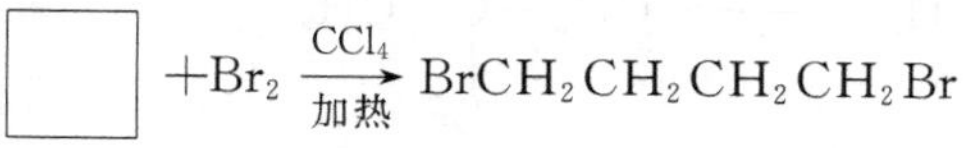

环丙烷及其衍生物容易与卤化氢发生加成反应:

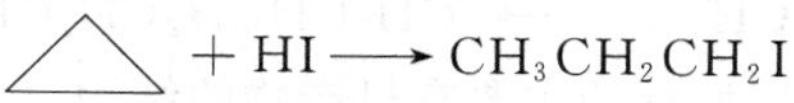

环戊烷以上的环烷烃没有张力,它们无开环倾向,其性质与烷烃相似。

4.6.3 氧化反应

在常温下,环烷烃与一般氧化剂(如高锰酸钾)不起反应,即使比较活泼的环丙烷也不起反应，但在加热时与强氧化剂作用或在催化剂存在下被空气氧化，环烷烃可以氧化成各种氧化产物。例如，用硝酸氧化环己烷，则环破裂生成己二酸：

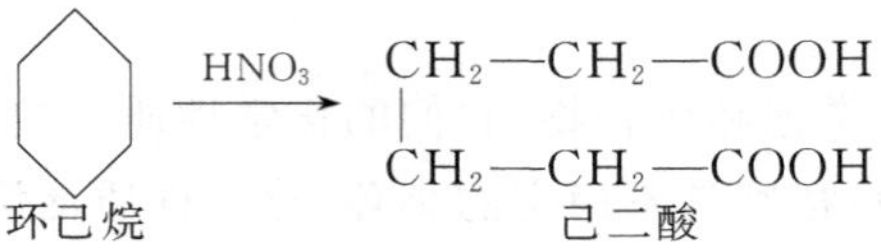

习　　题

4.1　试判断下述每对化合物中，哪一种有较高的沸点？

（1）　庚烷，3，3-二甲基戊烷；

（2）　2，3-二甲基己烷，2，2，3，3-四甲基丁烷；

（3）　$CH_3CH_2C(CH_3)_3$，$CH_3CH_2CH_2CH_2CH_2CH_3$。

4.2　等摩尔的甲烷和乙烷的混合物与少量的氯反应，得到的氯甲烷和氯乙烷的摩尔比是1∶400，比较甲烷中的氢与乙烷中的氢的相对活性。

4.3　按稳定性从大到小，排列下列自由基：

（1）$(CH_3)_2CHCH_2\dot{C}H_2$；（2）$(CH_3)_2CH\dot{C}HCH_3$；（3）$(CH_3)_2\dot{C}CH_2CH_3$。

4.4　写出下列各化合物进行一元氯代所有可能产物的构造式，并预测它们的相对比例。

（1）正己烷；（2）异己烷；（3）2，2-二甲基丁烷。

4.5　在甲烷氯代反应历程中，为什么：

（1）第一步是 Cl_2 的均裂而非其它分子？

（2）链传递不可能为：

$$Cl\cdot + CH_4 \longrightarrow CH_3Cl + H\cdot$$
$$H\cdot + Cl_2 \longrightarrow HCl + Cl\cdot$$

依次重复。

4.6　解释下列反应：

（1）$CH_3-\underset{\substack{|\\CH_3}}{CH}-CH_3 \xrightarrow{h\nu,Br_2} CH_3-\underset{\substack{|\\Br}}{\overset{\substack{CH_3\\|}}{C}}-CH_3$

（2）$CH_3CH_2CH_2CH_2CH_3 \xrightarrow{h\nu,Br_2} CH_3\overset{\substack{Br\\|}}{C}HCH_2CH_2CH_3 + CH_3CH_2\overset{\substack{Br\\|}}{C}HCH_2CH_3$

4.7　写出下列各个反应所得的主要有机产物的结构：

（1）环丙烷 $+Cl_2 \xrightarrow{室温}$

（2）环丙烷 $+Cl_2 \xrightarrow{300\ ℃}$

（3）环戊烷 $+Cl_2 \xrightarrow{室温}$

（4）环戊烷＋Cl_2 $\xrightarrow{300\ ℃}$

（5）环丙烷＋HI $\longrightarrow$

（6）环丁烷＋H_2 $\xrightarrow{Ni,200\ ℃}$

（7）环丙烷＋$KMnO_4$ $\xrightarrow{室温}$

（8）环己烷 $\xrightarrow{HNO_3}$

4.8 考虑下列两步反应：

$$A \underset{k_2}{\overset{k_1}{\rightleftharpoons}} B \underset{k_4}{\overset{k_3}{\rightleftharpoons}} C$$

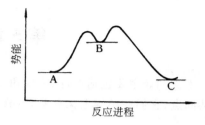

图 4-9 反应过程的能量变化

它的反应过程能量关系如图 4-9 所示,问：

（1）整个反应 A $\longrightarrow$ C 是放热反应还是吸热反应？

（2）标出过渡态和活性中间体,指出哪一个过渡态是决定反应速度的。

（3）下列哪一个速度常数大小顺序是正确的？

　　1）$k_1 > k_2 > k_3 > k_4$；2）$k_2 > k_3 > k_1 > k_4$；3）$k_4 > k_1 > k_3 > k_2$；4）$k_3 > k_2 > k_4 > k_1$。

（4）哪一个是最稳定的化合物？

4.9 绘出一个吸热的一步反应的能量变化图,并指出反应的 ΔH 和 $E_{活化}$ 及过渡态。

4.10 绘出下述类型反应的能量变化图：

（1）一个两步反应,其中中间体很快生成,然后慢慢地转变为产物；

（2）一个两步反应,其中中间体的形成是决定反应速度的步骤。

4.11 说明图 4-10 中 2,4-二甲戊烷的红外光谱图中用阿拉伯数字所标的吸收峰是什么键或基团的吸收峰。

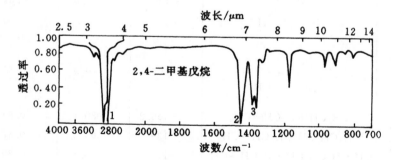

图 4-10 2,4-二甲基戊烷的红外光谱图

第 5 章 不 饱 和 烃

不饱和烃主要包括烯烃、炔烃和二烯烃。不饱烃分子中都含有不饱和键,故性质上有许多共同点;它们在结构上又有差异,故又各具特性。

5.1 不饱和烃的物理性质

烯烃和炔烃的物理性质与烷烃相似,随着分子量的增加有规律地变化。在常温下 C_4 以下的烯烃和炔烃均为气体,C_5 以上为液体,高级的烯烃和炔烃为固体。炔烃的沸点比相应的烯烃略高些,密度也稍大些,但都小于 1。它们都不溶于水,溶于有机溶剂,如苯,乙醚,氯仿和石油醚中。某些烯烃和炔烃的物理常数见表 5-1。

表 5-1 一些烯烃和炔烃的物理常数

名　称	结　构　式	熔点/℃	沸点/℃	相对密度(d^{20})/g/cm²
乙烯	$CH_2{=}CH_2$	−169	−103.7	0.569(液体)
丙烯	$CH_3CH{=}CH_2$	−185.2	−47.7	0.595(液体)
1-丁烯	$CH_3CH_2CH{=}CH_2$	−130	−6.4	0.625(在沸点时)
顺-2-丁烯	$\begin{matrix} CH_3 \quad CH_3 \\ C{=}C \\ H \qquad H \end{matrix}$	−139.5	3.5	0.6213
反-2-丁烯	$\begin{matrix} CH_3 \qquad H \\ C{=}C \\ H \qquad CH_3 \end{matrix}$	−105.5	0.9	0.6042
1-戊烯	$CH_3CH_2CH_2CH{=}CH_2$	−166.2	30.1	0.641
1-己烯	$CH_3CH_2CH_2CH_2CH{=}CH_2$	−139	63.5	0.673
1-庚烯	$CH_3CH_2CH_2CH_2CH_2CH{=}CH_2$	−119	93.6	0.697
乙炔	$HC{\equiv}CH$	−80.8 (压力下)	−84	0.6208(−82 ℃)
丙炔	$CH_3C{\equiv}CH$	−101.5	−23.3	0.7062(−50 ℃)
1-丁炔	$CH_3CH_2C{\equiv}CH$	−125.7	8.1	0.6784(0 ℃)
1-戊炔	$CH_3CH_2CH_2C{\equiv}CH$	−90.0	40.2	0.6901
2-戊炔	$CH_3CH_2C{\equiv}CCH_3$	−101.0	56.1	0.7107
1-己炔	$CH_3(CH_2)_3C{\equiv}CH$	−132.0	71.3	0.7155
1-庚炔	$CH_3(CH_2)_4C{\equiv}CH$	−80.9	99.8	0.733

5.2 不饱和烃的光谱性质

不饱和烃的光谱性质与烷烃有明显差别。

1. 红外光谱(IR)

烯烃中双键的伸缩振动吸收峰出现在 $1680-1600 cm^{-1}$ 处,峰的位置和强度决定于双键碳上的取代基的数目和性质,取代基多,对称性强,其峰就弱,共轭使吸收峰强度增强,吸收频率移向低波数。烯烃 =C—H 的伸缩振动在 $3095-3010 cm^{-1}$ 处有中等强度的吸收峰。这可用于鉴定双键及双键碳上至少有一个氢原子的烯烃。在 $980-650 cm^{-1}$ 处,有 =C—H 弯曲振动吸收峰,这些峰对于鉴定各种类型的烯烃非常有用。表 5-2 列出了各类烯烃的特征吸收位置。据此可以判断取代基数目及顺反异构体等,对于烯烃结构的测定是非常有用的。图 5-1 为顺、反 2-辛烯的 IR 谱图。

表 5-2　各类烯烃的特征吸收位置

烯 烃 类 型	=C—H 伸缩振动/cm^{-1}	C=C 伸缩振动/cm^{-1}	=C—H 面外摇摆振动/cm^{-1}
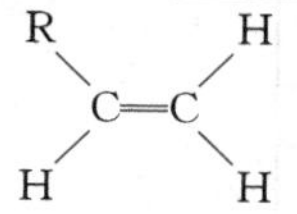 （R,H / C=C / H,H）	>3000(中)	1645(中)	910—905(强) 995—985(强)
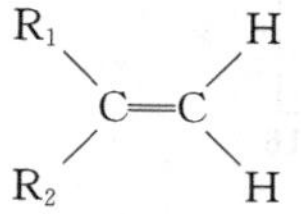 （R₁,H / C=C / R₂,H）	>3000(中)	1653(中)	895—885(强)
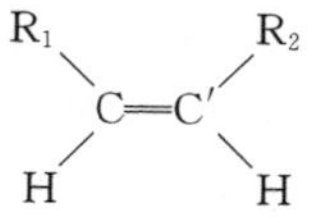 （R₁,R₂ / C=C' / H,H）	>3000(中)	1650(中)	730—650(弱且宽)
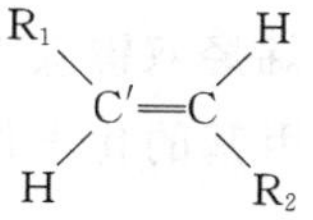 （R₁,H / C'=C / H,R₂）	>3000(中)	1675(弱)	980—965(强)
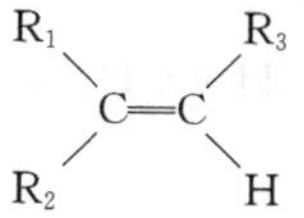 （R₁,R₃ / C=C / R₂,H）	>3000(中)	1680(中—弱)	840—790(强)
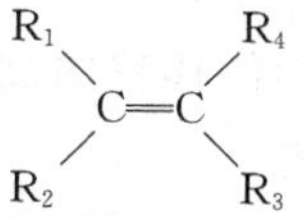 （R₁,R₄ / C=C / R₂,R₃）	无	1670(弱或无)	

由图可见,2-辛烯的 IR 谱图较辛烷复杂,在辛烷的 IR 谱图中,CH_3 和 CH_2 中 C—H 伸缩振动在 $3000 cm^{-1}$ 以下,而在烯烃分子 =C—H 中 C—H 伸缩振动在 $3095-3010 cm^{-1}$ 处。2-辛烯有顺、反异构体,上图是反式的,下图是顺式的。 =C—H 的弯曲振动,顺式在 $700 cm^{-1}$ 左右有吸收带,反式则在 $965 cm^{-1}$ 处有吸收。

2. 核磁共振(^{1}HNMR)谱

烯氢是与双键碳相连的氢,由于碳碳双键的各向异性效应,烯氢与简单烷烃的氢相比,δ

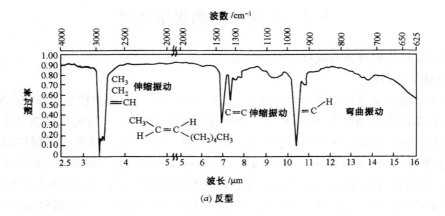

(a) 反型

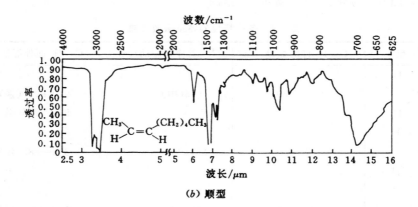

(b) 顺型

图 5-1　2-辛烯的 IR 谱图

值向低场移动 $3/10^{-6}$—$4/10^{-6}$，乙烯氢的化学位移约为 $5.25/10^{-6}$，非共轭烯烃双键碳上的氢的化学位移在 $4.5/10^{-6}$—$6.5/10^{-6}$。由于诱导效应，乙烯基对甲基、亚甲基的化学位移也有影响。例如：

$$CH_4 \qquad CH_3—CH{=}CH_2 \qquad CH_3CH_3 \qquad CH_3—CH_2—CH{=}CH_2$$
$$\delta/10^{-6} \quad 0.24 \quad 1.71 \qquad\qquad 0.86 \quad 0.86 \qquad 1.00 \quad 2.00$$

图 5-2 为 2-甲基-1-丁烯的 ^1HNMR 谱。

　　炔氢是与叁键碳相连的氢和烯烃相比由于炔键的屏蔽作用，炔氢的化学位移移向高场，一般为 $\delta=1.7/10^{-6}$—$3.5/10^{-6}$，图 5-3 为 3,3-二甲基-1-丁炔的 ^1HNMR 谱。

　　为什么烯氢的化学位移和炔氢的化学位移差别这么大呢？这是由于各向异性效应的影响。即当分子中某些基团的电子云排布不是球形对称时，它对邻近的 ^1H 核产生一个各向异性的磁场，从而使某些空间位置上的核受屏蔽，而另一些空间位置上的核去屏蔽，这一现象称为各向异性效应。现以乙烯、乙炔为例加以说明。

　　当乙烯受到与双键平面垂直的外磁场作用时，乙烯双键上的 π 电子环电流产生一个与外加磁场对抗的感应磁场，该感应磁场在双键及双键平面上、下方与外磁场方向相反，所以这一区域称为屏蔽区，在图 5-4 中用"＋"表示。处于屏蔽区的质子必须增大外加磁场的强

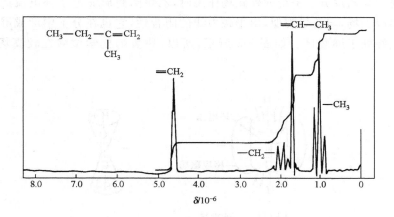

图 5-2　2-甲基-1-丁烯 ¹HNMR 图

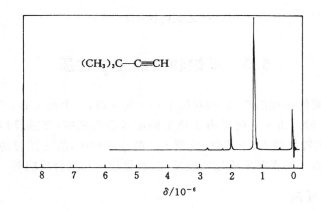

图 5-3　3,3-二甲基-1-丁炔的核磁共振谱

度才能发生核磁共振,所以质子的共振吸收峰移向高场,δ 小。由于磁力线的闭合性,在乙烯分子所在平面,感应磁场的方向与外加磁场方向一致,该区域为去屏蔽区,在图 5-4 中用

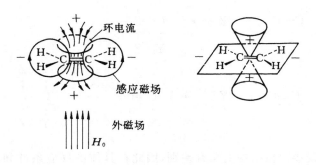

图 5-4　乙烯的各向异性效应

"一"表示。在这个区域内的质子的 δ 较烷烃中 CH_2 中的氢的大。

当乙炔受到与乙炔分子平行的外磁场作用时,乙炔圆筒形 π 电子环电流产生一个与外磁场对抗的感应磁场,与乙烯类似,由于磁力线的闭合性,它也在分子中形成屏蔽区和去屏蔽区。炔氢正好处于屏蔽区。如图 5-5 所示,所以,炔氢的化学位移在较高场,δ 较小,为 $2.8/10^{-6}$。

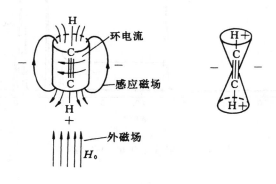

图 5-5 乙炔的各向异性效应

5.3 不饱和烃的化学性质

结构是决定性质的内在因素,碳碳双键中一个是 σ 键,一个是 π 键;而在碳碳叁键中,一个是 σ 键,两个是 π 键。由于 π 键是由 p 轨道侧面重叠形成的,其重叠程度比 σ 键差,而且 π 电子云分布在碳碳键轴的上、下两侧,受原子核的作用较小,故 π 键容易极化和断裂,它是不饱和烃的反应中心。其主要反应是加成反应、氧化反应和聚合反应等。

5.3.1 加成反应

不饱和键中的 π 键断开,分别与试剂中的两个 1 价的原子或基团结合,形成两个新的 σ 键而生成加成产物,这样的反应称为加成反应。加成反应是含 π 键化合物的典型反应。烯烃和炔烃均可发生加成反应,其反应通式如下:

$$C=C \quad + YZ \longrightarrow -\overset{|}{\underset{Y}{C}}-\overset{|}{\underset{Z}{C}}-$$

$$-C \equiv C- \quad + YZ \longrightarrow -\overset{}{\underset{Y}{C}}=\overset{}{\underset{Z}{C}}- \xrightarrow{YZ} -\overset{Y}{\underset{Y}{C}}-\overset{Z}{\underset{Z}{C}}-$$

由于碳碳双键和碳碳叁键在结构上又有差别,因此在具体的反应条件和加成试剂上各有不同。

1. 催化加氢

在适当的催化剂存在下,烯烃和炔烃都能与氢进行加成,生成相应的烷烃。如果没有催化剂,即使在高温下反应也很慢,所以这种加氢反应叫做催化氢化或催化加氢反应。常用的催化剂为铂、钯、镍等金属。工业上采用 Raney 镍作催化剂,它是由铝镍合金用碱处理,溶去铝后余下的多孔镍粉,其表面积大,催化活性高,且价格比钯,铂低廉。其反应为:

$$R—CH\!=\!CH_2 + H—H \xrightarrow{\text{催化剂}} \underset{\overset{|}{H}\ \overset{|}{H}}{RCH—CH_2}$$

$$R—C\!\equiv\!CH + H—H \xrightarrow{\text{催化剂}} R—C\!=\!CH \xrightarrow[\text{催化剂}]{H—H} R—C—C—H$$

一般认为催化剂的作用是将氢和烯烃或炔烃都吸附在其表面上,从而促进反应的进行。从能量上分析,催化剂的作用在于降低反应的活化能,加速反应的进行,如图 5-6 所示。

烯烃的催化加氢反应在工业上和研究工作中都具有重要意义。例如,在石油加工中所得粗汽油中,常含有少量活泼的烯烃,容易发生氧化,聚合反应而生成杂质,影响油品的质量。进行氢化处理后,将少量烯烃转化为烷烃,从而提高了汽油的质量,这种经过加氢处理的汽油一般叫做加氢汽油。在油脂工业中,也常把含有不饱和键的油脂进行氢化处理,以改进油脂的性质;在分析化学中,可通过测定催化加氢反应中所吸收氢气的体积来定量分析化合物中双键的数目和不饱和烃含量。

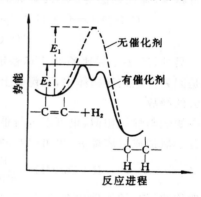

图 5-6　催化作用的势能图

烯烃的加氢反应是一个放热反应,1mol 烯烃催化加氢生成烷烃时放出的热量,叫做烯烃的氢化热。烯烃氢化热的大小反映了烯烃分子能量的高低。可以通过测定氢化热,来研究不同烯烃的相对稳定性。例如:

$$CH_3CH_2CH\!=\!CH_2 + H_2 \longrightarrow CH_3CH_2CH_2CH_3 \qquad \text{氢化热} \quad 127kJ/mol$$

$$\underset{H}{\overset{CH_3}{C}}\!=\!\underset{H}{\overset{CH_3}{C}} + H_2 \longrightarrow CH_3CH_2CH_2CH_3 \qquad \text{氢化热} \quad 119.7kJ/mol$$

$$\underset{H}{\overset{CH_3}{C}}\!=\!\underset{CH_3}{\overset{H}{C}} + H_2 \longrightarrow CH_3CH_2CH_2CH_3 \qquad \text{氢化热} \quad 115.5kJ/mol$$

在反应条件和试剂都相同,且产物也一样的情况下,氢化热的差异即反映了原化合物所含能量不同。氢化热越高,说明原化合物能量越高,越不稳定。3 种丁烯的相对稳定性的次序为:

反 -2- 丁烯 ＞ 顺 -2- 丁烯 ＞ 1- 丁烯

其势能图如下：

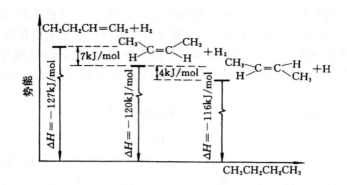

图 5-7　3 种丁烯异构体的势能图

由此可见，2-丁烯比 1-丁烯稳定，这是由于连接在双键碳上的 C—H σ 键与 C═C 双键中的 π 键发生 σ—π 超共轭效应的结果，所以烯烃中双键碳上取代甲基越多，催化加氢时放出的能量越少，烯烃越稳定。不同烯烃的稳定性顺序是：

$$(CH_3)_2C═C(CH_3)_2 > (CH_3)_2C═CHCH_3 > (CH_3)_2C═CH_2 >$$

$$CH_3CH═CH_2 > CH_2═CH_2$$

　　另外，反-2-丁烯比顺-2-丁烯稳定。在烯烃的顺、反异构体中，一般，反式均比顺式稳定。这是因为在顺式异构体中，双键碳上的两个取代烷基处于同侧，相距较近，因而范德华斥力较大的缘故。

　　炔烃与烯烃相似，也可以进行催化加氢反应。由于碳碳叁键含有两个 π 键，因此可以与一分子氢加成生成烯烃，也可以与两分子氢加成，生成相应的烷烃。加成反应是，

$$R—C≡CH \xrightarrow[催化剂]{H_2} RCH═CH_2 \xrightarrow[催化剂]{H_2} RCH_2CH_3$$

一般用镍，钯，铂作催化剂，在氢气过量的情况下，氢化反应不易停留在烯烃阶段。

　　在催化加氢反应中，炔烃比烯烃具有较大的反应活性，更容易加氢。这是因为炔烃在催化剂表面吸附作用较快，而催化加氢主要是靠催化剂表面的吸咐作用，因此炔烃更容易进行催化加氢。

　　利用叁键和双键在加氢反应活性上的差异，可以选择适当的催化剂，并控制一定反应条件，使炔烃的加氢停留在烯烃阶段。如喹啉部分毒化的 Pd—BaSO$_4$ ，就是一种常用的选择性加氢催化剂：

$$R—CH_2—C≡C—CH_2—R' + H_2 \xrightarrow[喹啉]{Pd-BaSO_4}$$

用醋酸铅部分毒化的 Pd-CaCO$_3$，也叫 Lindlar 催化剂，是较好的具有选择性的加氢催化剂：

$$C_3H_7C≡C—C_3H_7 + H_2 \xrightarrow[醋酸铅]{Pd-CaCO_3}$$

90%

工业上可用此法来纯化乙烯,使石油裂解得到的乙烯中所含微量乙炔转化为乙烯,从而提高乙烯的纯度。

此外,当同一分子中,同时含有叁键和双键时,可控制叁键加氢,而双键仍可保留。例如:

$$CH{\equiv}C{-}\underset{\underset{CH_3}{|}}{C}{=}CHCH_2CH_2OH + H_2 \xrightarrow[\text{醋酸铅}]{\text{Pd-CaCO}_3} CH_2{=}CH{-}\underset{\underset{CH_3}{|}}{C}{=}CHCH_2CH_2OH$$
$$80\%$$

2. 亲电加成

由于 π 键较弱,且 π 电子云分布在 σ 键所在平面的上方和下方,受原子核束缚力较小,流动性较大,容易极化,也容易给出电子,起到电子源的作用,因此含有 π 键的烯烃和炔烃均易受缺电子的亲电试剂的进攻而发生加成反应,称为亲电加成。

（1）加卤素及亲电加成反应的机理

烯烃容易与卤素进行加成反应,生成邻二卤化物:

$$\underset{}{C}{=}\underset{}{C} + X_2 \longrightarrow \underset{\underset{X}{|}}{-C}{-}\underset{\underset{X}{|}}{C-}$$

与烷烃的卤代不同,烯烃与卤素的反应不需要光照也不需要催化剂,而且没有卤化氢生成,属于加成反应,一般在室温下进行。例如,将乙烯或丙烯通入溴的四氯化碳溶液中,即生成无色的 1,2-二溴乙烷或 1,2-二溴丙烷,使溴的红棕色褪去;

$$CH_2{=}CH_2 + Br_2 \xrightarrow[\text{红棕色}]{\text{CCl}_4} \underset{\underset{Br}{|}}{CH_2}{-}\underset{\underset{Br}{|}}{CH_2} （无色）$$
$$\text{1,2-二溴乙烷}$$

$$CH_3CH{=}CH_2 + Br_2 \xrightarrow[\text{红棕色}]{\text{CCl}_4} CH_3\underset{\underset{Br}{|}}{CH}{-}\underset{\underset{Br}{|}}{CH_2} （无色）$$
$$\text{1,2-二溴丙烷}$$

溴与双键的加成反应广泛用于检验烯烃和其它不饱和化合物的存在。

烯烃与溴加成的反应机理是研究得最多的,在研究过程中发现,将干燥的乙烯通入无水的溴的四氯化碳溶液中,反应很难进行。当加入一滴水时,反应立即发生,溴的颜色迅速退去。另外,乙烯与溴在玻璃容器中反应顺利进行,但若把它们放在涂有石蜡的玻璃容器中,则反应极难进行。这些现象说明水和玻璃等极性物质对烯烃和溴的加成反应起促进作用。一般认为溴与烯烃的反应是通过共价键异裂而进行的离子型加成反应。实验还发现,当乙烯与溴的加成反应在中性的氯化钠溶液中进行时,所得产物是 1,2-二溴乙烷和 1-氯-2-溴乙烷的混合物,但没有 1,2-二氯乙烷生成;当没有溴存在时,乙烯与氯化钠不发生反应:

$$CH_2{=}CH_2 + Br_2 \xrightarrow{\text{NaCl}} \underset{\underset{Br}{|}}{CH_2}{-}\underset{\underset{Br}{|}}{CH_2} + \underset{\underset{Cl}{|}}{CH_2}{-}\underset{\underset{Br}{|}}{CH_2} \left[无\ \underset{\underset{Cl}{|}}{CH_2}{-}\underset{\underset{Cl}{|}}{CH_2}\right]$$

这说明乙烯与溴的加成不是简单的 π 键打开,两个溴原子同时加到双键的两个碳原子上,而是分步进行的,而且先加到 π 键上的是缺电子的溴正离子（Br⁺）,然后 Br⁻ 或 Cl⁻ 互相竞争加到双键的另一端碳原子上,生成 1,2-二溴乙烷和 1-氯-2-溴乙烷。如果体系中有其它负离子存在,则可能有其它竞争产物。例如,在甲醇溶液中进行,产物除 1,2-二溴乙烷外,还有 2-甲氧基-1-溴乙烷生成:

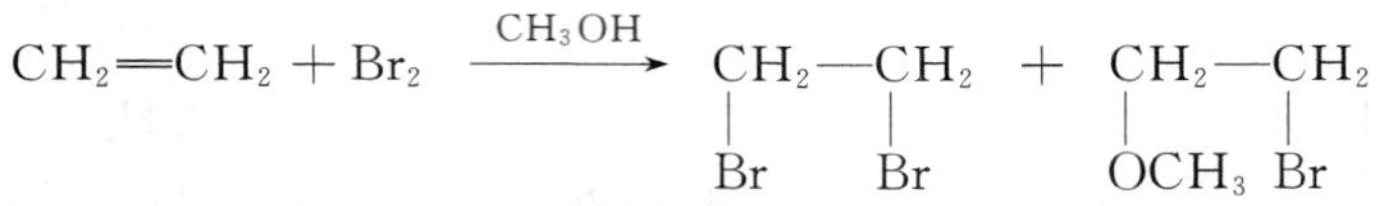

$$CH_2\!=\!CH_2 + Br_2 \xrightarrow{CH_3OH} \underset{Br\quad Br}{CH_2\!-\!CH_2} + \underset{OCH_3\ Br}{CH_2\!-\!CH_2}$$

经过大量实验,人们认识到烯烃与溴加成的反应机理按下列两步进行:

第一步,当烯烃与溴分子接近时,受到烯烃 π 电子云供电子的影响,使溴分子中的 σ 键极化,离 π 键较远的溴原子带有部分负电荷,靠近 π 键的溴原子带有部分正电荷,进而形成不稳定的 π 配合物。进一步极化的结果使溴溴键断裂,生成一个不稳定的环状活性中间体——溴⬚离子(也称为 σ 配合物)和一个溴负离子:

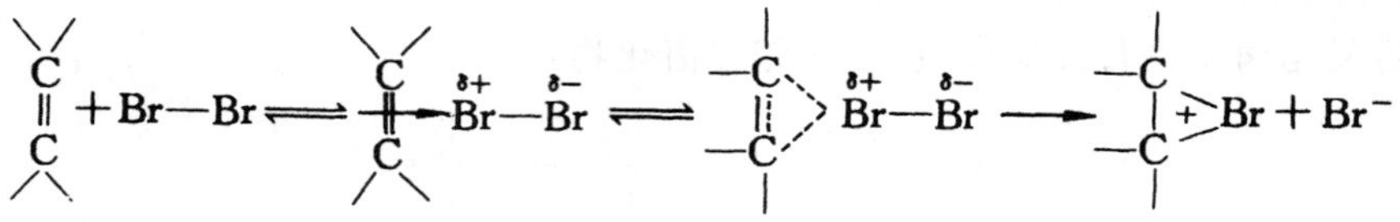

π 配合物　　　　　　　　　　　　　σ 配合物

第二步,溴负离子从背面进攻溴⬚离子中两个碳原子之一,生成邻二溴化物(一般为反式加成产物):

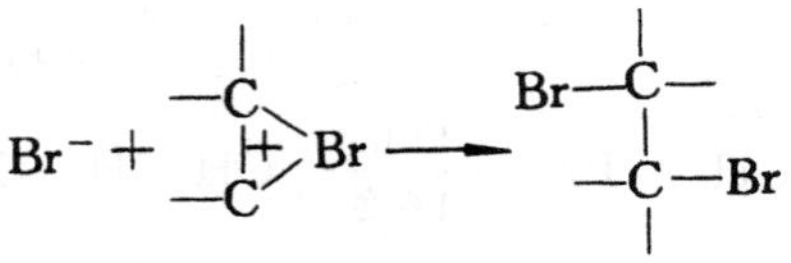

在这两步反应中,第一步极化,异裂需要一定能量,反应速度比较慢,是整个反应的决速步骤,这一步是由带部分正电荷的试剂(亲电试剂)进攻引起的,因此,烯烃与卤素的加成是通过共价键的异裂而进行的离子型亲电加成反应。

作为与碳碳双键加成的亲电试剂的卤素,其反应活性次序为:

$$氟 > 氯 > 溴 > 碘$$

氟与烯烃的加成反应过于剧烈,难于控制。碘与烯烃的加成比较困难,因此,一般烯烃与卤素的加成主要是指加氯与加溴。

与乙烯双键相似,炔烃分子中的叁键也容易与氯或溴加成。根据反应条件,可以加上一分子或两分子的氯或溴。叁键与一分子氯或溴加成时,绝大多数是反式加成,生成反二卤烯烃。例如:

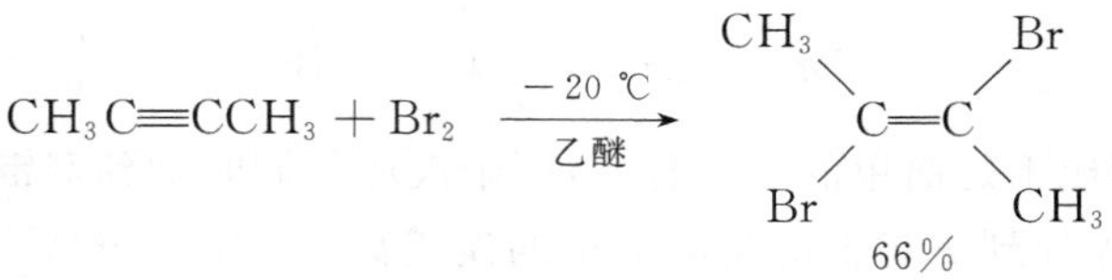

$$CH_3C\!\equiv\!CCH_3 + Br_2 \xrightarrow[\text{乙醚}]{-20\ ℃} \underset{66\%}{\overset{\underset{\textstyle Br}{\overset{\textstyle CH_3}{\diagdown}}C\!=\!C\overset{\textstyle Br}{\underset{\textstyle CH_3}{\diagup}}}{}}$$

$$CH_3C\!\!\equiv\!\!CCH_3 + 2Br_2 \xrightarrow[CCl_4]{20\ ℃} CH_3CBr_2CBr_2CH_3$$
$$95\%$$

炔烃与溴加成,使溴溶液褪色,亦可用于检验碳碳叁键的存在。叁键与卤素的加成是亲电加成,卤素的活性顺序是:

氯 ＞ 溴

对于亲电加成,C≡C 比 C＝C 活性小,反应速度慢。这可能是由于叁键加成的活性中间体不如双键加成的活性中间体稳定的缘故。

$$RC\!\!\equiv\!\!CH + E^+(亲电试剂) \longrightarrow \underset{\substack{(sp)\\ \text{烯基碳正离子}}}{RC^+\!\!=\!\!CHE} \quad (1)$$

$$RCH\!\!=\!\!CH_2 + E^+ \longrightarrow \underset{\substack{(sp^2)\\ \text{烷基碳正离子}}}{R\overset{+}{CH}\!\!-\!\!CH_2E} \quad (2)$$

由于 sp 杂化碳原子的电负性比 sp^2 杂化碳原子的大,较能容纳负电荷,较难容纳正电荷。而烯基碳正离子(1)中,正电荷出现在电负性较大的 sp 杂化碳上,所以能量较高,稳定性小,因而较难生成。另外,从烯基碳正离子的电子结构考虑,也不如烷基碳正离子稳定,在烷基碳正离子(2)中,中心碳原子为 sp^2 杂化,3 个 σ 键处在同一平面内,互成 120° 夹角,相距较远,排斥力较小,p 轨道是空轨道,垂直于 σ 键所在平面,体系比较稳定。在烯基碳正离(1)中,中心碳原子是 sp 杂化,虽然两个 σ 键在同一直线上,键角 180°,相距较远,但余下的两个相互垂直的 p 轨道只有一个是空轨道,另一个形成 π 键的 p 轨道是电子占有轨道,它和两个 σ 键呈 90° 角,相距较近,排斥力较大,能量高,需要较大的活化能,因而反应速度小,见图 5-8。所以,当分子中既有叁键,

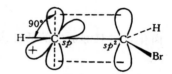

图 5-8 烯基碳正离子

又有双键,在加卤素时,首先是加到双键上,叁键仍可保留。例如:

$$CH_2\!\!=\!\!CH\!\!-\!\!CH_2\!\!-\!\!C\!\!\equiv\!\!CH + Br_2 \longrightarrow \underset{\substack{|\quad\ |\\ Br\ \ Br}}{CH_2\!\!-\!\!CH\!\!-\!\!CH_2\!\!-\!\!C\!\!\equiv\!\!CH}$$

(2) 加卤化氢及不对称加成规则

1) 烯烃与卤化氢的加成

烯烃的碳碳双键也可以与卤化氢发生加成反应,生成相应的一卤代烷:

$$\underset{\text{烯烃}}{\diagdown C\!\!=\!\!C\diagup} + H\!\!-\!\!X \longrightarrow \underset{\substack{|\ \ \ |\\ H\ \ X\\ \text{卤烷}}}{-\!\!\overset{|}{C}\!\!-\!\!\overset{|}{C}\!\!-}$$

烯烃与卤化氢的加成反应机理与卤素的加成相似,也是离子型的亲电加成反应,分两步进行。不同的是,第一步进攻的是质子,而且不形成□离子,第二步 X^- 的进攻不一定是反式加成:

$$HX \longrightarrow H^+ + X^-$$

第一步：

$$\underset{}{\overset{}{C}}=\underset{}{\overset{}{C} + H^+ \xrightarrow{\text{慢}}} -\overset{|}{\underset{+}{C}}-\overset{|}{\underset{H}{C}}-$$

第二步：

$$-\overset{|}{\underset{+}{C}}-\overset{|}{\underset{H}{C}}- + X^- \xrightarrow{\text{快}} -\overset{|}{\underset{X}{C}}-\overset{|}{\underset{H}{C}}-$$

第一步是吸热的,活化能高,反应慢,是决速步骤。第二步是正负离子结合,活化能低,反应快。其势能曲线如图 5-9。

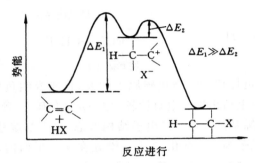

图 5-9　烯烃与氢卤酸加成的势能图

卤化氢对双键加成的活性次序一般为：

$$HI > HBr > HCl$$

2）不对称加成规则

乙烯是对称分子,不论卤原子加到哪个碳原子上,产物都是相同的,但丙烯与卤化氢加成时,就出现两种可能：

$$CH_3CH{=}CH_2 \xrightarrow{HCl} \begin{cases} CH_3\underset{\underset{Cl}{|}}{C}HCH_3 \quad （2\text{-}氯丙烷） \\[2mm] CH_3CH_2\underset{\underset{Cl}{|}}{C}H_2 \quad （1\text{-}氯丙烷） \end{cases}$$

实验证明丙烯与氯化氢加成的主要产物是 2-氯丙烷。

大量实验事实表明,当不对称烯烃与卤化氢等极性试剂进行加成时,氢总是加到含氢较多的双键碳上,而卤原子或其它负性基团则加到含氢较少或不含氢的双键碳原子上。这一经验规则,称为不对称加成规则,或称 Markovnikov 规则,简称马氏规则。利用这条规则,可以预测很多加成反应的主要产物。例如：

$$CH_3CH_2CH{=}CH_2 + HBr \xrightarrow{\text{醋酸}} CH_3CH_2\underset{\underset{\underset{80\%}{Br}}{|}}{C}HCH_3$$

$$\underset{\underset{CH_3}{|}}{CH_3-C}=CH_2 \ + \ HBr \ \xrightarrow{\text{醋酸}} \ \underset{\underset{Br}{|}}{\overset{\overset{CH_3}{|}}{CH_3-C}-CH_3}$$

$$100\%$$

不对称加成规则可以从反应过程中生成的活性中间体的稳定性进行解释。前面已提到烯烃的亲电加成是由正离子进攻引起的分步加成反应,第一步是决定反应速度的慢步骤,其快慢决定于所生成的碳正离子活性中间体的稳定性。若生成的活性中间体——碳正离子越稳定,则生成时所需活化能越低,反应越容易进行。碳正离子的稳定性与其结构有关。一般烷基碳正离子的稳定性次序为:$3°R^+ > 2°R^+ > 1°R^+$。这是因为从静电学的观点来看,一个带电体,电荷越分散,体系越稳定;电荷越集中,能量越高,越不稳定。在烷基碳正离子中,带正电荷的碳原子是 sp^2 杂化。3 个 sp^2 杂化轨道分别形成 3 个 σ 键,未参加杂化的 p 轨道为空轨道,其结构如图 5-10。

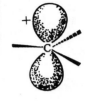

图 5-10　烷基碳正离子的结构

当甲基(或其它烷基)与 sp^2 杂化碳原子相连时,由于 sp^2 杂化轨道电负性大于 sp^3 杂化轨道,故成键电子向 C^+ 偏移,甲基起了给电子作用,即具有 $+I$ 效应,使碳正离子中心碳原子上的正电荷得以分散,趋于稳定,所连的甲基(烷基)越多越稳定。

再则与中心碳相连的甲基上的 C—H σ 键可与中心碳原子中空 p 轨道形成 σ-p 超共轭效应,起到给电子作用,即 $+C$ 效应,亦使中心碳原子正电荷得以分散,所连接的 C—H σ 键越多,越有利于中心碳原子上正电荷分散,体系越稳定。由于烷基的 $+I$ 和 $+C$ 效应的结果,使烷基碳正离子稳定性有以下次序:

从反应能量上分析,不对称烯烃与卤化氢反应时,按马氏规则加成的活化能低于反马氏规则加成。丙烯与卤化氢加成的势能曲线如图 5-11 所示,因此,丙烯与卤化氢的加成主要生成 2-卤丙烷。更确切地说,不对称加成规则是反应过程中生成更稳定的碳正离子活性中间体的必然结果。它不仅适用于烯烃与卤化氢的加成,也适用于不对称烯烃与所有极性试剂的加成。例如:

$$\underset{\underset{CH_3}{|}}{\overset{\overset{CH_3}{|}}{C}}=CH_2 \ + \ ICl \ \longrightarrow \ \underset{\underset{Cl}{|}}{\overset{\overset{CH_3}{|}}{CH_3-C}}-\underset{\underset{I}{|}}{CH_2}$$

主产物

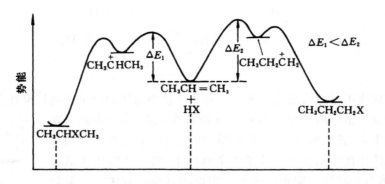

图 5-11 丙烯与氢卤酸加成的活化能

$$CF_3—CH=CH_2 + HBr \longrightarrow CF_3—CH—CH_2$$
$$\underset{H}{|} \quad \underset{Br}{|}$$

主产物

因为 CF_3^- 是强吸电子基,所以,活性中间体 $CF_3—\overset{+}{CH_2}—CH_2$ 比 $CF_3—\overset{+}{CH}—CH_3$ 更稳定。

3)炔烃与卤化氢加成

炔烃也可以与卤化氢(HCl,HBr,HI)加成,但加成比烯烃困难,一般需要催化剂存在。例如,乙炔在汞盐或氯化亚铜的催化下,与氯化氢加成生成氯乙烯:

$$HC\equiv CH + HCl \xrightarrow[150-160℃]{HgCl_2} CH_2=CHCl$$

氯乙烯

氯乙烯是合成聚氯乙烯的原料。

氯乙烯如果继续与氯化氢反应,则生成 1,1-二氯乙烷,而不是 1,2-二氯乙烷:

$$CH_2=CHCl + HCl \xrightarrow{HgCl_2} CH_3CHCl_2$$

以上结果可由反应过程中所生成的活性中间体的稳定性来解释,即氯乙烯与卤化氢进行亲电加成,按质子加成的不同位置可能有以下两种方式:

中间体(Ⅰ)和(Ⅱ)比较,显然(Ⅰ)中的正电荷得到了更好的分散,因此(Ⅰ)比(Ⅱ)稳定,加成按(Ⅰ)方式进行,其产物符合马尔柯夫尼柯夫规则。但加成速度比较慢,可能是由于氯的电负性较大($-I$ 效应)使原双键处的电子云密度有所降低,反应过渡态的活化能较高的缘故。

（3）加硫酸、加水、加次卤酸

1）与硫酸加成

将乙烯通入冷的浓硫酸中，发生加成反应。与卤化氢的加成相似，也是亲电加成反应，质子首先加到双键一端碳原子上，形成碳正离子活性中间体，然后硫酸氢根负离子与碳正离子结合，生成硫酸氢乙酯：

$$CH_2{=}CH_2 + H^{+\ -}OSO_3H \longrightarrow \overset{+}{C}H_2{-}CH_3 + {}^-OSO_3H$$

$$\overset{+}{C}H_2CH_3 + {}^-OSO_3H \longrightarrow \underset{\underset{OSO_3H}{|}}{CH_2{-}CH_3}$$

硫酸氢乙酯

硫酸是二元酸，有两个活泼的氢原子，在一定条件下，也可以与两分子乙烯进行加成，生成硫酸二乙酯：

$$CH_2{=}CH_2 + HOSO_2OH + CH_2{=}CH_2 \longrightarrow CH_3CH_2OSO_2OCH_2CH_3$$

硫酸二乙脂

不对称烯烃与硫酸的加成反应，也符合不对称加成规律，而且烯烃结构不同，反应活性不同，故对硫酸浓度和反应温度要求不同。例如：

$$CH_3{-}CH{=}CH_2 + \underset{75\%-85\%}{H{-}OSO_2OH} \xrightarrow{50\ ℃} \underset{\underset{OSO_2OH}{|}}{CH_3{-}CH{-}CH_3}$$

$$\underset{\underset{CH_3}{|}}{CH_3{-}C{=}CH_2} + \underset{50\%-65\%}{H{-}OSO_2OH} \xrightarrow{10-30℃} \underset{\underset{OSO_2OH}{|}}{\overset{\overset{CH_3}{|}}{CH_3{-}C{-}CH_3}}$$

硫酸氢酯容易水解生成相应的醇：

$$CH_3CH_2OSO_2OH + HOH \longrightarrow CH_3CH_2OH + HOSO_2OH$$

$$\underset{\underset{OSO_2OH}{|}}{CH_3{-}CH{-}CH_3} + HOH \longrightarrow \underset{\underset{OH}{|}}{CH_3CHCH_3} + HOSO_2OH$$

所以，烯烃加硫酸而后水解的总结果是烯烃加水得到醇。这是工业上制备醇的方法之一，称为烯烃的间接水合法。

由于烷烃一般不与硫酸反应，因此当烷烃和烯烃的混合物通过冷硫酸时，烯烃可质子化溶于浓硫酸而烷烃不溶。用此法可除去烷烃中混杂的烯烃。

2）与水加成

一般情况下，烯烃与水不发生加成反应，但在适当条件下，烯烃也可以与水直接反应得到醇，这叫做烯烃直接水合。例如：

$$CH_2{=}CH_2 + HOH \xrightarrow[280-300℃,7-8MPa]{H_3PO_4} CH_3CH_2OH$$

乙醇

$$CH_3CH=CH_2 + HOH \xrightarrow[195℃,2MPa]{H_3PO_4} \underset{\underset{异丙醇}{OH}}{CH_3CHCH_3}$$

烯烃直接水合法制醇需要在加压下进行。且对原料及设备要求高,烯烃纯度要在95%以上,但步骤简单,是发展方向。烯烃的间接水合法制醇,可用浓度较低的烯烃,50%—60%浓度即可,但步骤多,且使用大量硫酸,设备腐蚀和污染环境严重。目前两法都在使用。

3）与次氯酸加成

烯烃能与次氯酸加成生成 β-氯代醇。例如:

$$CH_2=CH_2 + HOCl \longrightarrow \underset{\underset{Cl}{|}\quad\underset{OH}{|}}{CH_2-CH_2}$$

$$CH_3CH=CH_2 + HOCl \longrightarrow \underset{\underset{OHCl}{|}}{CH_3CHCH_2}$$

在有机化学中常把与官能团直接相连的碳原子,称为 α-碳原子,依次为 β,γ,δ 等。上述产物中氯是处于醇羟基的 β-碳原子上,所以叫 β-氯代醇。

在实际生产中,由于次氯酸不稳定,常常用氯和水直接反应代替次氯酸。先由卤素与水作用生成氢合次氯酸,再与乙烯作用:

$$H_2\ddot{O} \quad Cl-Cl \rightleftharpoons H_2\overset{+}{O}-Cl + Cl^- \rightleftharpoons HOCl + HCl$$

$$CH_2=CH_2 + Cl-\overset{+}{O}H_2 \rightleftharpoons H_2\ddot{O} + \underset{CH_2}{\overset{CH_2}{|}} Cl^+ \xrightarrow[+H^+]{-H^+} \underset{\underset{Cl}{|}\quad\underset{OH}{|}}{CH_2-CH_2}$$

反应结果,相当于 1mol 次氯酸加到碳碳双键上,故通常叫次氯酸化反应,实际上如无 HX 存在,HOX 很难与烯烃反应。该反应亦符合不对称加成规律。

对于上述亲电加成反应,烯烃的活性顺序均为:

$$(CH_3)_2C=CH_2 \quad CH_3CH=CH_2 \quad CH_2=CH_2$$

炔烃亦可与硫酸,水,次卤酸加成,其中最重要,工业上应用最广的是炔烃与水的加成。一般情况下,炔烃与水不发生反应,但在硫酸汞的稀硫酸溶液中,炔烃与水能顺利地发生加成反应,首先生成烯醇,烯醇不稳定,异构化生成醛或酮。例如:

$$CH\equiv CH + HOH \xrightarrow{HgSO_4,稀 H_2SO_4} \left[\underset{\underset{OH}{|}}{CH_2=C-H}\right] \xrightarrow{异构化} \underset{乙醛}{CH_3\overset{\overset{O}{\|}}{C}-H}$$

$$R-C\equiv CH + HOH \xrightarrow{HgSO_4,稀 H_2SO_4} \left[\underset{R-C=CH_2}{\overset{OH}{\overset{|}{}}}\right] \longrightarrow \underset{\underset{酮}{O}}{R-\overset{|}{\underset{\|}{C}}-CH_3}$$

乙炔加水生成乙醛,这是工业上生产乙醛的一种方法。水与炔烃加成也遵守不对称加成规则,所以只有乙炔加水生成醛,其它炔烃加水均生成酮。

（4）硼氢化反应

烯烃还可以与硼氢化物进行加成反应。甲硼烷 BH_3 实际并不存在,一般常用的硼氢化试剂为乙硼烷 B_2H_6 或 $(BH_3)_2$。乙硼烷与烯烃反应,硼氢键断裂,生成一烷基硼、二烷基硼以及三烷基硼。例如,乙硼烷与乙烯在 0℃时,即可发生加成反应,生成三乙基硼:

$$3CH_2{=}CH_2 + \frac{1}{2}B_2H_6 \xrightarrow{0℃} (CH_3CH_2)_3B$$

这种硼氢化物对 π 键的加成反应称为硼氢化反应,是有机合成中最重要的反应之一。

当硼氢化物与不对称烯烃加成时,硼原子加到含氢较多的双键碳原子上,氢原子加到含氢较少的双键碳原子上:

$$RCH{=}CH_2 + \frac{1}{2}B_2H_6 \longrightarrow RCH_2{-}CH_2BH_2$$

$$RCH{=}CH_2 + RCH_2CH_2BH_2 \longrightarrow RCH_2CH_2\overset{\underset{\displaystyle H}{|}}{B}CH_2CH_2R$$

$$RCH{=}CH_2 + RCH_2CH_2\overset{\underset{\displaystyle H}{|}}{B}CH_2CH_2R \longrightarrow (RCH_2CH_2)_3B$$

烯烃经硼氢化最终生成的产物三烷基硼,若用过氧化氢的氢氧化钠水溶液处理,则被氧化,同时水解生成醇:

$$(CH_3CH_2)_3B \xrightarrow[NaOH,H_2O]{H_2O_2} 3CH_3CH_2OH + H_3BO_3$$

$$(RCH_2CH_2)_3B \xrightarrow[NaOH,H_2O]{H_2O_2} 3RCH_2CH_2OH + H_3BO_3$$

烯烃与乙硼烷加成生成三烷基硼,然后氧化、水解生成醇。这个反应叫硼氢化氧化水解反应。这也是烯烃间接水合制备醇的方法之一。其优点是只要是 α-烯烃(1-烯烃)就可以经硼氢化氧化水解制得伯醇。

从形式上看所得产物违反不对称加成规则,但从活性中间体碳正离子的稳定性看则是一致的。因为在硼氢化物中亲电的活性中心是硼原子,由于硼有空轨道(外层),所以硼加到含氢多的双键碳上可形成较稳定的碳正离子。其反应过程可能是烯烃的 π 键先与 BH_3 配合,而后形成硼碳键和碳氢键:

该法反应操作简单,产率较高,是制备伯醇的好方法。

炔烃通过硼氢化氧化水解,间接加水得到醛和酮,也得到形式上反不对称加成规则的产物。端位炔烃经硼氢化氧化水解得到醛,叁键在碳链中间的炔烃得到酮。例如:

$$n\text{—}C_4H_9C\equiv CH \xrightarrow{\frac{1}{2}B_2H_6} \xrightarrow[NaOH,H_2O]{H_2O_2} \left[\begin{array}{c} n\text{—}C_4H_9 \quad\quad H \\ C=C \\ H \quad\quad OH \end{array} \right] \xrightarrow{\text{重排}} n\text{—}C_4H_9CH_2CH$$

正己醛

$$C_2H_5C\equiv CC_2H_5 \xrightarrow{\frac{1}{2}B_2H_6} \xrightarrow[NaOH,H_2O]{H_2O_2} \left[\begin{array}{c} C_2H_5C=CC_2H_5 \\ H \quad OH \end{array} \right] \xrightarrow{\text{重排}} CH_3CH_2CH_2CCH_2CH_3$$

3-己酮

3. 自由基型加成——过氧化物效应

不对称烯烃与卤化氢的加成反应,一般能得到马尔柯夫尼柯夫规则预期的产物,而溴化氢在氧或过氧化物存在时与不对称烯烃加成,溴加到含氢较多的双键碳原子上,得到违反马尔柯夫尼柯夫规律的产物:

$$CH_3CH=CH_2 + HBr \longrightarrow \begin{array}{l} \xrightarrow{\text{无过氧化物}} CH_3CHCH_3 \\ \quad\quad\quad\quad\quad\quad Br \\ \xrightarrow{\text{有过氧化物}} CH_3CH_2CH_2Br \end{array}$$

这种"反常"现象,后来发现是由于过氧化物存在,引起反应机理的改变而造成的。过氧化物容易受热分解产生自由基,从而引发自由基加成反应。例如,丙烯与溴化氢的自由基加成反应机理如下:

$$R\text{—}O\text{—}O\text{—}R \xrightarrow{\triangle} 2R\text{—}O\cdot$$
$$R\text{—}O\cdot + H\text{—}Br \longrightarrow R\text{—}O\text{—}H + Br\cdot$$

$$Br\cdot + CH_3CH=CH_2 \longrightarrow \begin{array}{l} ① \quad CH_3\overset{\cdot}{C}HCH_2 \xrightarrow{H-Br} CH_3CH_2CH_2 + Br\cdot \\ \quad\quad\quad\quad Br \quad\quad\quad\quad\quad\quad\quad\quad\quad Br \\ \quad\quad\quad\quad (\text{I}) \\ \\ ② \quad CH_3CH\overset{\cdot}{C}H_2 \xrightarrow{H-Br} CH_3CHCH + Br\cdot \\ \quad\quad\quad\quad Br \quad\quad\quad\quad\quad\quad\quad\quad Br \\ \quad\quad\quad\quad (\text{II}) \end{array}$$

由于自由基(Ⅰ)比自由基(Ⅱ)稳定。所以,主要按途径①进行,产物为1-溴丙烷。与离子型亲电加成比较,加成方向正好相反。这是由于过氧化物存在而引起的,故称为过氧化物效应。

过氧化物效应一般只限于溴化氢,因为氯化氢产生氯自由基比较困难,而碘化氢虽然容易产生碘自由基,但碘原子又不够活泼,不足以和烯烃发生加成反应,因此氯化氢和碘化氢与不对称烯烃的加成一般不存在过氧化物效应。

炔烃与溴化氢加成,当有过氧化物存在时,与烯烃的加成相似,按照自由基机理进行,得到反不对称加成规则的产物:

$$n\text{—}C_4H_9C\equiv CH \xrightarrow[\text{过氧化物}]{HBr} n\text{—}C_4H_9CH=CHBr \xrightarrow[\text{过氧化物}]{HBr} nC_4H_9CH_2CHBr_2$$

4. 亲核加成

烯烃一般不发生亲核加成,但是,如果双键碳原子上带有强的吸电子取代基,这些强的吸电子取代基能够稳定亲核加成生成的活性中间体碳负离子,那么,$C=C$ 双键就能发生亲核加成。例如,四氟乙烯难以与溴化氢发生亲电加成,可是在乙醇钠的催化下,它能迅速地与乙醇发生亲核加成:

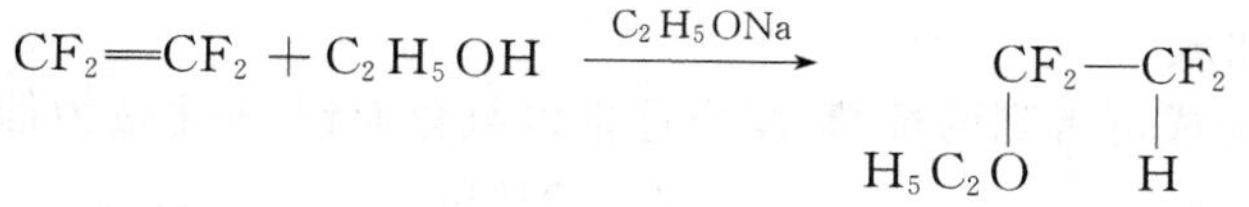

$$CF_2=CF_2 + C_2H_5OH \xrightarrow{C_2H_5ONa} \begin{matrix} CF_2-CF_2 \\ | \qquad | \\ H_5C_2O \quad H \end{matrix}$$

其机理为:

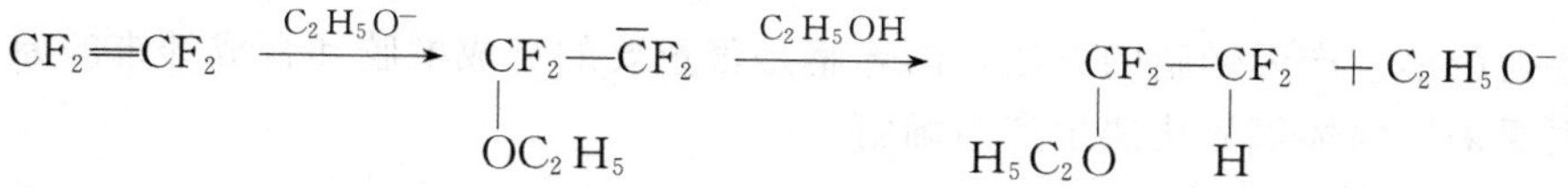

$$CF_2=CF_2 \xrightarrow{C_2H_5O^-} \begin{matrix} CF_2-\bar{C}F_2 \\ | \\ OC_2H_5 \end{matrix} \xrightarrow{C_2H_5OH} \begin{matrix} CF_2-CF_2 \\ | \qquad | \\ H_5C_2O \quad H \end{matrix} + C_2H_5O^-$$

对于亲核加成,$C\equiv C$ 叁键比 $C=C$ 双键容易得多。这是因为如果发生亲核加成,$C=C$ 双键和 $C\equiv C$ 叁键生成的活性中间体碳负离子分别是下述反应式中的(Ⅰ)和(Ⅱ):

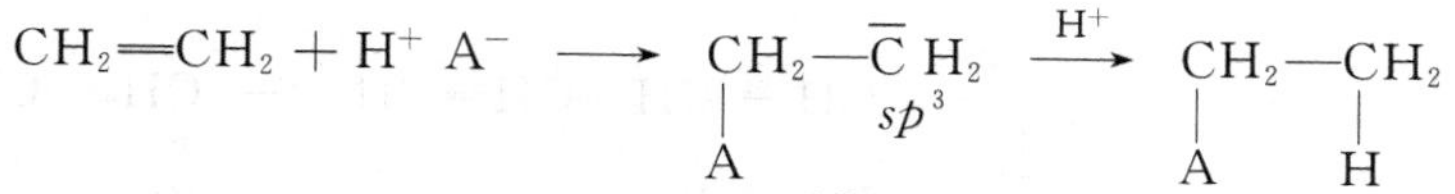

$$CH_2=CH_2 + H^+A^- \longrightarrow \underset{sp^3}{\begin{matrix} CH_2-\bar{C}H_2 \\ | \\ A \end{matrix}} \xrightarrow{H^+} \begin{matrix} CH_2-CH_2 \\ | \qquad | \\ A \quad H \end{matrix}$$

$$(Ⅰ)$$

$$HC\equiv CH + H^+A^- \longrightarrow \underset{sp^2}{\begin{matrix} CH=\bar{C}H \\ | \\ A \end{matrix}} \xrightarrow{H^+} \begin{matrix} CH=CH \\ | \qquad | \\ A \quad H \end{matrix}$$

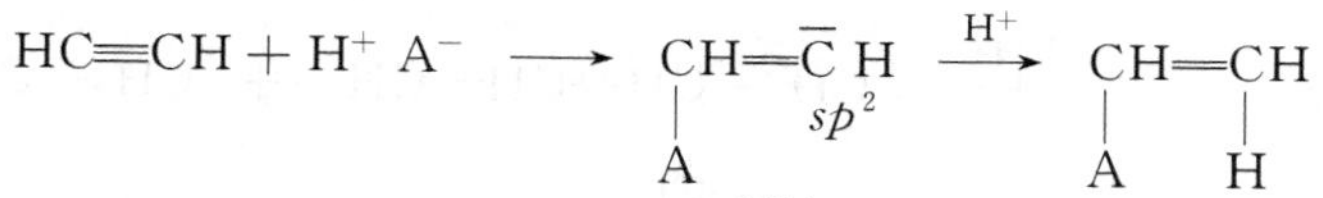

$$(Ⅱ)$$

由于 sp^2 杂化碳比 sp^3 杂化碳电负性大,所以碳负离子(Ⅱ)中负电荷出现在电负性较大的碳原子上,因而能量较低,稳定性较大,较易生成,所以,对于亲核加成,$C\equiv C$ 叁键的活性比 $C=C$ 双键的大。工业上应用较广,较重要的炔烃的亲核加成有以下几类:

(1) 与醇的加成

在碱存在下,乙炔与醇进行加成反应生成乙烯基醚,反应需要较高温度和一定压力。例如,乙炔与甲醇反应生成甲基乙烯基醚:

$$CH\equiv CH + HOCH_3 \xrightarrow[160-165℃,2-2.2MPa]{20\%KOH\text{ 水溶液}} CH_2=CH\text{—}O\text{—}CH_3$$

甲基乙烯基醚是工业上制备涂料,清漆,粘接剂和增塑剂的原料。

上述加成反应的机理,一般认为是碱性条件下,甲氧基负离子进攻引起的亲核加成反应:

$$CH_3OH + HO^- \rightleftharpoons CH_3O^{\overline{\cdot}} + H_2O$$

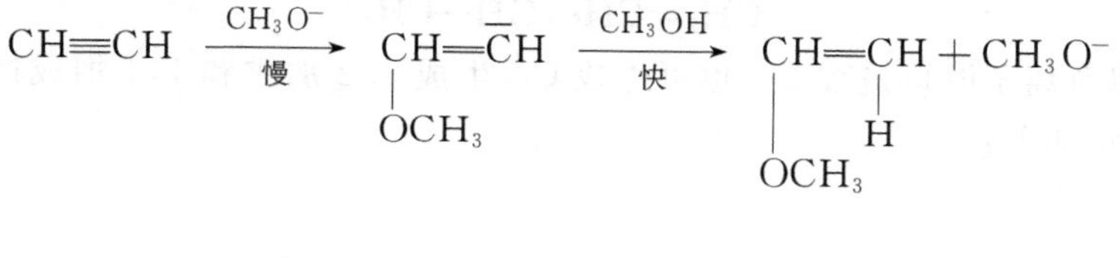

$$CH\equiv CH \xrightarrow[\text{慢}]{CH_3O^-} \begin{matrix} CH=\bar{C}H \\ | \\ OCH_3 \end{matrix} \xrightarrow[\text{快}]{CH_3OH} \begin{matrix} CH=CH + CH_3O^- \\ | \qquad | \\ OCH_3 \quad H \end{matrix}$$

（2）与羧酸加成

在催化剂作用下，C≡C 叁键能与醋酸加成。例如，在醋酸锌-活性炭的催化下，气相，170－230 ℃，乙炔可与醋酸加成，生成醋酸乙烯酯：

$$CH\equiv CH + CH_3COOH \xrightarrow[\text{170－230℃}]{\text{醋酸锌 - 活性炭}} CH_3\overset{\displaystyle O}{\overset{\|}{C}}-OCH=CH_2$$
醋酸乙烯酯

该反应亦可在碱的催化下进行。醋酸乙烯酯是制备维尼纶的主要原料。

（3）与氰化氢加成

乙炔与氰化氢加成可得到丙烯腈，反应通常以氯化亚铜-氯化铵为催化剂。

$$HC\equiv CH + HCN \xrightarrow[\triangle]{CuCl_2-NH_4Cl} CH_2=CHCN$$
丙烯腈

这是工业上最早生产丙烯腈的方法。丙烯腈是很重要的合成橡胶和合成纤维的原料。目前工业上主要采用丙烯氨氧化法生产丙烯腈。

5. 共轭二烯的加成反应

（1）1,2-加成和 1,4-加成

共轭二烯烃与单烯烃相似，也可以与卤素、卤化氢等亲电试剂发生亲电加成反应，而且比单烯烃容易。通常有两种加成方式：1,2-加成和 1,4-加成。例如：

$$
CH_2=CH-CH=CH_2 \quad
\begin{cases}
\xrightarrow{Br_2} \underset{Br \quad Br}{CH_2-CH-CH=CH_2} + \underset{Br \qquad\quad Br}{CH_2-CH=CH-CH_2} \\[2em]
\xrightarrow{HCl} \underset{Cl}{CH_3-CH-CH=CH_2} + \underset{Cl}{CH_3-CH=CH-CH_2}
\end{cases}
$$

其反应机理以 1,3-丁二烯与 HBr 加成为例分析如下：

第一步是质子与 1,3-丁二烯反应，生成活性中间体碳正离子。这一步反应有两种可能性：

$$\overset{4}{C}H_2=\overset{3}{C}H-\overset{2}{C}H=\overset{1}{C}H_2 + H^+ \longrightarrow
\begin{cases}
CH_2=CH-\overset{+}{C}H-CH_3 \quad （Ⅰ）\\[1em]
CH_2=CH-CH_2-\overset{+}{C}H_2 \quad （Ⅱ）
\end{cases}$$

由于 2°碳正离子（Ⅰ）比 1°碳正离子（Ⅱ）稳定。因此，反应的第一步通常是质子加到 C_1 上，生成活性中间体Ⅰ。在活性中间体Ⅰ中，π 键的 p 轨道与碳正离子中心碳原子的空 p 轨道对称轴互相平行，形成 p-π 共轭。如图 5-12 所示，中心碳原子上的正电荷得到分散，不仅在 C_2 上带有部分正电荷，而且 C_4 上也带有部分正电荷，可表示为：

$$\overset{\delta+}{C}H_2\!=\!\!=\!\!CH\!-\!\!=\!\!\overset{\delta+}{C}H-CH_3$$

第二步，溴负离子既可进攻 C_2，也可进攻 C_4，生成 1,2 加成和 1,4 加成产物，所以总的反应机理可表示如下：

第一步　$CH_2=CH-CH=CH_2+H^+ \rightarrow \overset{\delta+}{C}H_2 = CH = \overset{\delta+}{C}H-CH_3$

第二步　$\underset{4}{\overset{\delta+}{C}H_2} = \underset{3}{CH} = \underset{2}{\overset{\delta+}{C}H} - \underset{1}{CH_3} + Br^-$

$\begin{array}{l}
\xrightarrow{1,2\text{-加成}} CH_2=CH-\underset{Br}{CH}-CH_3 \\[2em]
\xrightarrow{1,4\text{-加成}} \underset{Br}{CH_2}-CH=CH-CH_3
\end{array}$

1,4-加成产物的生成,是由于共轭效应的结果,通常把这种加成叫做共轭加成。

具体到某个反应,究竟是1,2-加成为主,还是1,4-加成为主,则取决于反应物结构、试剂和溶剂性质以及反应温度等。一般溶剂极性强,有利于 1,4-加成产物的形成,例如,1,3-丁二烯与溴在 $-15\ ℃$ 进行加成反应,1,4-加成产物在正己烷中为 38%,在氯仿中为 63%,极性溶剂有利于1,4-加成,这是因为强极性溶剂有利于离子的溶剂化,1°碳正离子比 2°碳正离子空间阻碍小,更有利于溶剂化,因而稳定,使反应较易进行。

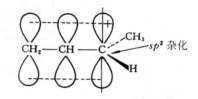

图 5-12　p 轨道与 π 键的离域

反应温度也有影响,一般低温有利于1,2-加成,温度升高有利于1,4-加成。例如,1,3-丁二烯与溴化氢在不同温度下的加成:

$CH_2=CH-CH=CH_2+HBr$

$\xrightarrow{-80\ ℃} CH_2=CH-\underset{Br}{CH}-CH_3 + CH_2-CH=CH-CH_3$
　　　　　　80%　　　　　　　Br　　20%

$\xrightarrow{40\ ℃} CH_2=CH-\underset{Br}{CH}-CH_3 + CH_2-CH=CH-CH_3$
　　　　　　20%　　　　　　　Br　　80%

1,2-加成产物随温度升高可以重排为1,4-加成产物而达平衡:

$CH_2=CH-\underset{Br}{CH}-CH_3 \xrightleftharpoons{HBr,40\ ℃} \underset{Br}{CH_2}-CH=CH-CH_3$

这是由于产物的稳定性(热力学因素)和反应速度(动力学因素)两种因素决定的。由于超共轭效应的影响,使1,4-加成产物比1,2-加成产物稳定。因为1,4-加成产物有 5 根 C—H σ 键与双键发生 σ-π 共轭,而1,2-加成产物中只有 1 根 C—H σ 键参加 σ-π 共轭,如下式所示:

而就反应的活性中间体来说，1,2-加成所生成的活性中间体 $CH_3\overset{+}{-}CH-CH=CH_2$ 较 1,4-加成生成的活性中间体 $CH_3CH=CH-\overset{+}{C}H_2$ 稳定，故前者容易生成。所以低温时为速度控制，对 1,2-加成是有利的；而在较高温时，是平衡控制，产物的稳定性高低起主要作用，故对 1,4-加成是有利的，其反应势能图如图 5-13 所示。

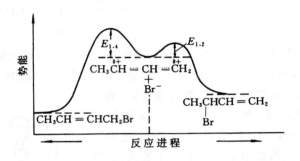

图 5-13　1,2-加成与 1,4-加成势能图

（2）双烯合成

共轭二烯烃与含有碳碳双键或叁键的化合物也可以进行 1,4-加成，生成环状化合物。例如：

$$\begin{array}{c}CH_2\\ \|\\ CH\\ |\\ CH\\ \|\\ CH_2\end{array}\ +\ \begin{array}{c}CH_2\\ \|\\ CH_2\end{array}\ \xrightarrow[\text{17 h}]{165\ ℃,90MPa}\ 环己烯，78\%$$

这个反应叫做狄尔斯-阿尔德（Diels-Alder）反应或双烯合成。反应不需要催化剂，一般在光照或加热条件下进行，是一步进行的协同反应，没有活性中间体生成。

一般把双烯合成反应中的共轭二烯叫做双烯体，而把与共轭二烯反应的不饱和化合物叫做亲双烯体。如果在亲双烯体的不饱和键上连有强吸电子基，反应较容易进行，例如：

丙烯酸甲酯　　　　　3-环己烯甲酸甲酯　　　　或写成 COOCH₃

顺丁烯二酸酐　　顺-Δ⁴-四氢化邻苯二甲酸酐 100%

上式中 Δ^4 表示在 C_4 和 C_5 之间有双键。双烯合成反应可以制备六元碳环化合物。也可用杂原子代替双烯体或亲双烯体中的碳原子，从而一步合成六元杂环化合物，这在生产上有重要意义。同时，共轭二烯烃与顺丁烯二酸酐反应得到的产物为结晶固体，因此，可以利用此反应鉴别和提纯共轭二烯烃。

5.3.2 氧化反应

碳碳双键的活泼性还表现为容易被氧化。随氧化剂和氧化条件不同，产物也各不相同，氧化时 π 键首先断裂，当条件强烈时，σ 键也可以断裂。

1. 高锰酸钾氧化

采用冷的稀碱性高锰酸钾水溶液氧化，烯烃双键中的 π 键断裂，生成邻二醇，同时高锰酸钾的紫色溶液褪色，生成二氧化锰的褐色沉淀。例如：

$$R-CH=CH_2 \xrightarrow[\text{冷,OH}^-]{KMnO_4, H_2O} R-\underset{OH}{CH}-\underset{OH}{CH_2} + MnO_2 \downarrow$$

此反应颜色变化明显，可用以检验烯烃和不饱和化合物的存在。

在较剧烈的氧化条件下，例如，在加热条件下，使用过量的高锰酸钾，不仅 π 键打开，σ 键也会断裂，随烯烃结构不同，氧化产物各异。例如：

$$R-CH=CH_2 \xrightarrow{KMnO_4}{\Delta} R-\underset{OH}{\overset{}{C}}=O + \underset{\text{甲酸}}{H-\overset{O}{\overset{\|}{C}}-OH}$$

$$\xrightarrow{[O]} CO_2 + H_2O$$

$$R-CH=\underset{R''}{\overset{R'}{C}} \xrightarrow{KMnO_4}{\Delta} \underset{\text{羧酸}}{R-\underset{OH}{\overset{}{C}}=O} + \underset{\text{酮}}{O=\overset{R'}{\underset{R''}{C}}}$$

即 $CH_2=$ 被氧化生成二氧化碳和水；由 $RCH=$ 得到羧酸；$\overset{R'}{\underset{R''}{C}}=$ 得到酮。当用高锰酸钾-硫酸、重铬酸钾-硫酸为氧化剂时，也发生上述氧化裂解反应。根据所得氧化产物，可以推测烯烃的构造。

在室温下将乙炔通入高锰酸钾水溶液中，同样发生高锰酸钾紫色消失，生成二氧化锰褐色沉淀。同时碳碳叁键断裂，随炔烃的结构不同，氧化产物各异。一般 $HC\equiv$ 被氧化为 CO_2，而 $RC\equiv$ 则氧化为 $RCOOH$。例如：

$$CH_3CH_2CH_2CH_2C\equiv CH \xrightarrow[OH^-]{KMnO_4, H_2O} \underset{\text{正戊酸}}{CH_3CH_2CH_2CH_2COOH} + CO_2$$

$$CH_3CH_2CH_2C\equiv CCH_3 \xrightarrow[OH^-]{KMnO_4, H_2O} \underset{\text{正丁酸}}{CH_3CH_2CH_2COOH} + \underset{\text{乙酸}}{CH_3COOH}$$

所以,可以利用此反应检验碳碳叁键的存在,通过鉴定其氧化产物,可确定炔烃的构造。

2. 臭氧氧化

烯烃和炔烃都可发生臭氧氧化反应。烯烃通过臭氧氧化,还原水解可得到不同的醛和酮;炔烃经臭氧氧化,还原水解得到羧酸。例如:

$$
\diagdown C = C \diagup + O_3 \longrightarrow \diagdown \underset{O-O}{\overset{O}{C}} \underset{}{C} \diagup \xrightarrow[Zn]{H_2O} \diagdown C = O + O = C \diagup + H_2O
$$

不饱和烃结构不同,产物亦不同:

$$
\underset{H}{\overset{CH_3}{\diagdown}} C = CH_2 \xrightarrow[\text{② } H_2O,Zn]{\text{① } O_3} \underset{H}{\overset{CH_3}{\diagdown}} C = O + O = C \underset{H}{\overset{H}{\diagup}}
$$
乙醛　　　　甲醛

$$
\underset{H}{\overset{CH_3}{\diagdown}} C = C \underset{CH_3}{\overset{CH_3}{\diagup}} \xrightarrow[\text{② } H_2O,Zn]{\text{① } O_3} \underset{H}{\overset{CH_3}{\diagdown}} C = O + O = C \underset{CH_3}{\overset{CH_3}{\diagup}}
$$
乙醛　　　　丙酮

$$
R - C \equiv C - R' + O_3 \longrightarrow \left[R - \underset{O-O}{\overset{O}{C}} \underset{}{C} - R' \right] \xrightarrow{H_2O} RCOOH + R'COOH
$$

通过臭氧氧化还原水解产物结构的测定,亦可推断烯烃和炔烃的构造。

二烯烃的氧化规律与烯烃完全一致。

3. 催化氧化

在活性银催化下,乙烯可被空气中的氧直接氧化,生成环氧乙烷,又叫氧化乙烯。

$$
CH_2 = CH_2 + \frac{1}{2}O_2 \xrightarrow[200-280\ ℃]{Ag} \underset{O}{CH_2 - CH_2}
$$

这是工业上生产环氧乙烷的主要方法,但必须严格控制温度,如果超过 300 ℃,则碳碳双键断裂,生成 CO_2 和 H_2O。

烯烃还可以与有机过氧酸作用,生成环氧化合物。

$$
CH_2 = CH_2 + R\overset{O}{\underset{}{C}} - O - O - H \longrightarrow \underset{O}{CH_2 - CH_2} + R - \underset{O}{\overset{}{C}} - OH
$$

过氧酸也可使其它烯烃氧化生成环氧化物:

$$
CH_3CH = CHCH_3 + CH_3\underset{O}{\overset{}{C}} - O - OH \longrightarrow \underset{O}{CH_3CH - CHCH_3} + CH_3COOH
$$

5.3.3 聚合反应

1. 烯烃的聚合反应

烯烃在催化剂或引发剂的存在下,通过 π 键断裂自相加成,连接成分子量很大的高分子化合物,称为聚合反应。能起聚合反应的低分子量化合物称为单体,聚合后得到的产物叫聚合物,又叫高分子化合物。

烯烃的聚合是通过双键中 π 键断裂,分子相互发生加成反应而连结起来的,所以又叫加成聚合反应,简称加聚反应。

乙烯的聚合过程,由于温度、压力、催化剂等条件不同,可以得到分子量不同的聚乙烯,其通式为:

$$nCH_2{=\!=}CH_2 \longrightarrow {\left\lfloor\!\!\!-\;CH_2{-\!\!}CH_2\;-\!\!\!\right\rfloor}_n$$

式中 $\left\lfloor\!\!\!-\;CH_2{-\!\!}CH_2\;-\!\!\!\right\rfloor$ 为重复结构单元,称为链节,n 则表示链中重复结构单元的数目,称为聚合度。

目前工业上生产聚乙烯有高压、中压和低压等多种方法。高压法是以有机过氧化物为引发剂,压力为 150—200MPa,温度约 200 ℃,乙烯聚合生成聚乙烯。中压法是在压力约 3MPa,150 ℃左右,氧化铬为催化剂,烷烃为溶剂的条件下进行聚合。低压法则在常压或稍加压力,在 60—80 ℃,三乙基铝-四氯化钛为催化剂,烷烃为溶剂条件下进行聚合。

聚乙烯为白色,无味,无毒固体,是一种性能优良,用途很广的高分子化合物。根据高、中、低压聚合而成的聚乙烯的不同性能,分别可用作薄膜,容器,管道,电线,电缆,绝缘材料等。

工业上常用的烯烃单体还有丙烯,异丁烯,苯乙烯等。它们的聚合物是重要的合成橡胶、塑料、纤维等化工原料。

烯烃除了由一种单体聚合外,也可以由两种不同的单体进行聚合反应。例如,乙丙橡胶就是由乙烯和丙烯按一定比例聚合而成的:

$$nCH_2{=\!=}CH_2 + n'\underset{\underset{\displaystyle CH_3}{|}}{CH}{=\!=}CH_2 \longrightarrow {\left\lfloor\!\!\!-\;CH_2{-\!}CH_2{-\!}\underset{\underset{\displaystyle CH_3}{|}}{CH}{-\!}CH_2\;-\!\!\!\right\rfloor}_m$$

像合成乙丙橡胶这样由两种或两种以上单体进行的聚合反应,叫共聚反应。

2. 炔烃的聚合反应

炔烃在一定条件下,也可以自相加成而发生聚合反应。但与烯烃不同,一般不易聚合为高分子化合物。在不同催化剂和不同的反应条件下,可以聚合生成链状或环状的二聚,三聚或四聚体。

将乙炔通入氯化亚铜-氯化铵的强酸溶液中,发生双分子聚合,生成乙烯基乙炔:

$$HC{\equiv}CH + CH{\equiv}CH \xrightarrow{Cu_2Cl_2-NH_4Cl} CH_2{=\!=}CH{-}C{\equiv}CH$$

乙烯基乙炔是合成橡胶的重要原料。乙烯基乙炔还可以再与一分子乙炔反应,生成二乙烯基乙炔:

$$CH_2{=\!=}CH{-}C{\equiv}CH + CH{\equiv}CH \xrightarrow{Cu_2Cl_2-NH_4Cl} \underset{\text{二乙烯基乙炔}}{CH_2{=\!=}CH{-}C{\equiv}C{-}CH{=\!=}CH_2}$$

乙炔在特殊的催化剂作用下,也可以聚合为环状化合物:

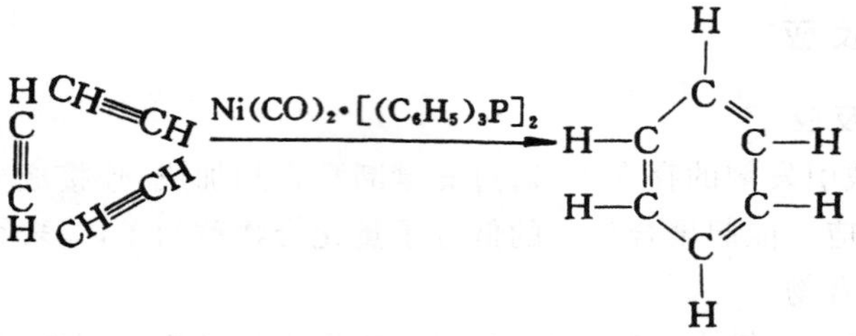

苯

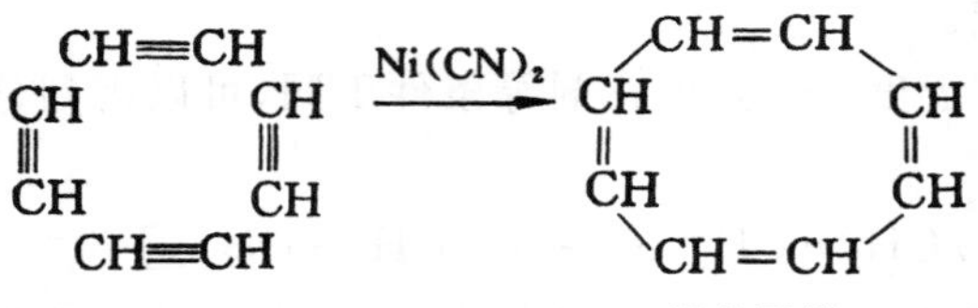

环辛四烯

这些反应由于成本高,产率低,在生产上意义不大,但在研究苯及芳香族化合物结构方面有重要的理论意义。

3. 共轭二烯烃的聚合反应和合成橡胶

共轭二烯也容易进行聚合反应,生成高分子化合物。与加成反应类似,聚合时可以是1,2-加成聚合,也可以是1,4-加成聚合。在1,4-加成聚合时,既可以顺式聚合,也可以是反式聚合,例如1,3-丁二烯聚合时,可以有下列几种聚合物:

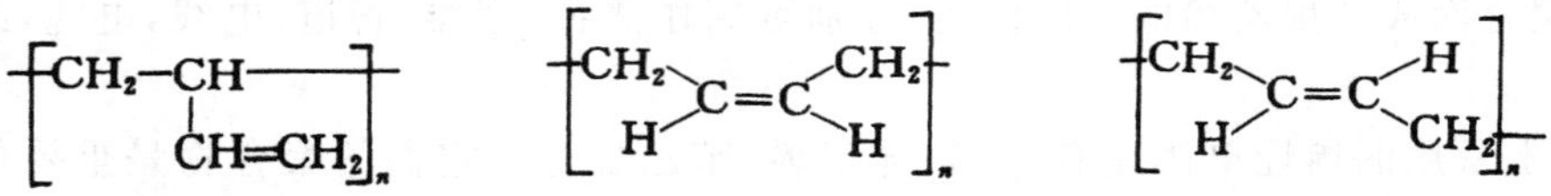

1,2-加成聚合物　　　　顺-1,4-加成聚合物　　　　反-1,4-加成聚合物

共轭二烯既可以自身聚合,也可以和其它不饱和化合物进行共聚合。共轭二烯烃的聚合反应是制备合成橡胶的基本反应。例如,1,3-丁二烯或2-甲基-1,3-丁二烯(俗称异戊二烯),在特殊催化剂四氯化钛-三烷基铝作用下可以生成高度规整的顺-1,4-加成聚合物,具有类似橡胶的性质,称为顺丁橡胶或顺-1,4-异戊橡胶。这种特殊类型的催化剂称为 Ziegler-Natta 催化剂,在 Ziegler-Natta 催化剂作用下,生成规整的顺式聚合大分子的方式通常称为定向聚合:

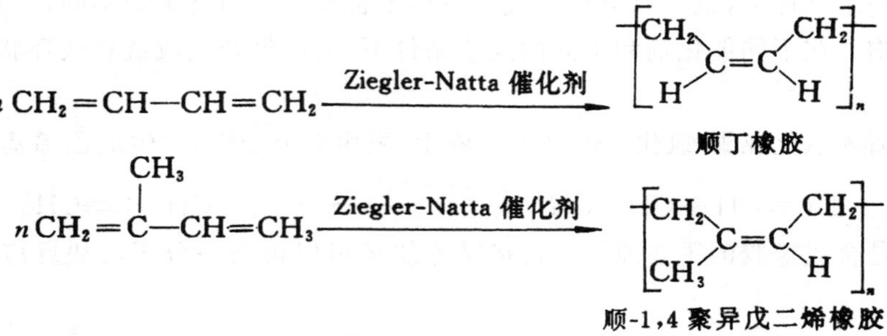

顺丁橡胶

顺-1,4聚异戊二烯橡胶

顺-1,4-异戊橡胶,其结构和性质都与天然橡胶相似,故又称为合成天然橡胶。

橡胶是一种重要的天然有机化合物,主要来自橡树,是工农业生产,交通运输,国防建设

和日常生活不可缺少的物质。天然橡胶干馏得到异戊二烯。天然橡胶是分子量不等的异戊二烯聚合物的混合体。由于自然条件的限制，天然橡胶远不能满足近代工业发展的需要。合成橡胶的出现，不仅弥补了天然橡胶数量上的不足，而且各种合成橡胶往往具有某些比天然橡胶优越的性能。如顺丁橡胶的耐磨性和耐寒性都比天然橡胶好。

1,3-丁二烯和苯乙烯共聚生成丁苯橡胶：

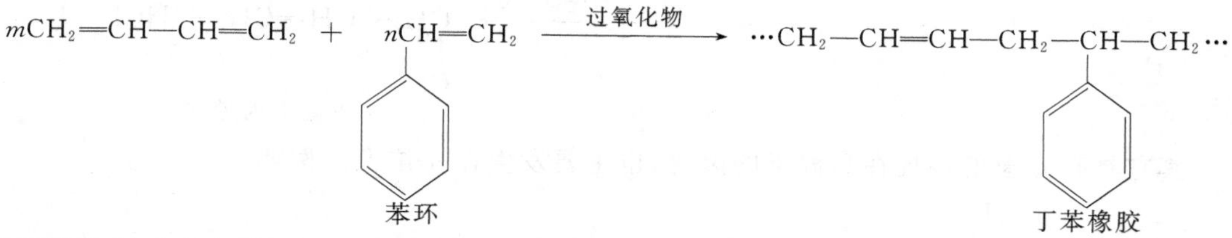

$$mCH_2=CH-CH=CH_2 + nCH=CH_2 \xrightarrow{\text{过氧化物}} \cdots CH_2-CH=CH-CH_2-CH-CH_2\cdots$$

丁苯橡胶具有良好的耐老化性、耐热性和耐磨性，主要用于制备轮胎和其它工业制品，它是目前世界上，也是我国生产量最大的合成橡胶。

2-氯-1,3-丁二烯聚合生成氯丁橡胶：

$$nCH_2=CH-C=CH_2 \longrightarrow \left[\begin{array}{c} CH_2-CH=C-CH_2 \\ | \\ Cl \end{array}\right]_n$$

氯丁橡胶的耐油性、耐老化性和化学稳定性比天然橡胶好。其单体 2-氯-1,3-丁二烯可由乙烯基乙炔加氯化氢制得。

$$2HC\equiv CH \xrightarrow{Cu_2Cl_2-NH_4Cl} CH_2=CH-C\equiv CH$$

$$CH_2=CH-C\equiv CH + HCl \xrightarrow{Cu_2Cl_2-NH_4Cl} CH_2=CH-C=CH_2$$
$$\text{2-氯-1,3-丁二烯}$$

天然橡胶或合成橡胶都是线型高分子化合物；经交联后才便于使用。交联方法通常是将线型高分子化合物与硫磺等加热处理，这个过程叫硫化。其作用是把线型高分子交联成网状结构，以增强抗扭曲变形的能力：

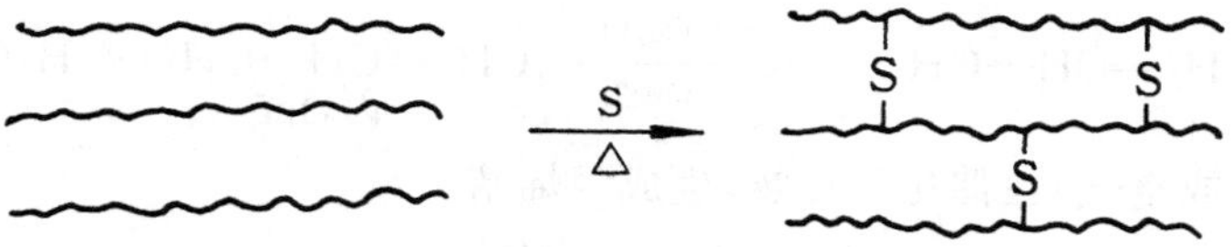

5.3.4 烯烃 α-H 的反应

在烯烃分子中与碳碳双键直接相连的碳原子称为 α-碳原子，连在 α-碳原子上的氢原子，通常称为 α-氢原子。α-氢原子由于受双键的影响，比较活泼，容易发生卤代和氧化反应。

1. 卤代反应

在常温下丙烯与氯主要发生双键的加成反应，生成 1,2-二氯丙烷。但在高温下无溶剂存在时，则主要是 α-氢被氯取代，生成 3-氯-1-丙烯：

$$CH_3-CH=CH_2 \xrightarrow{Cl_2} \begin{cases} \xrightarrow[\text{溶剂}]{\text{常温}} CH_3-CH-CH_2 \\ \qquad\qquad\quad \underset{Cl}{|}\ \ \underset{Cl}{|} \\ \qquad\qquad\qquad \text{1,2-二氯丙烷} \\[2mm] \xrightarrow{400-500\ ℃} CH_2-CH=CH_2 + HCl \\ \qquad\qquad\quad \underset{Cl}{|} \\ \qquad\qquad\qquad \text{3-氯-1-丙烯} \end{cases}$$

其它具有 α-氢的烯烃在高温下的卤化,也主要发生在 α-位上。例如:

$$R-\underset{\underset{H}{|}}{\overset{\overset{H}{|}}{C}}-CH=CH_2 + Cl_2 \xrightarrow{\text{高温}} R-\underset{\underset{Cl}{|}}{\overset{\overset{H}{|}}{C}}-CH=CH_2 + HCl$$

烯烃在高温时 α-氢的卤化反应与烷烃的卤化反应相似,也是自由基型取代反应。由过氧化物、光照或高温所引起。之所以主要发生在 α-位上,是由于中间体烯丙位自由基 $\overset{\displaystyle\cdot}{C}H-CH=CH_2$ 发生电子离域,比较稳定,使 α-氢活化的结果。

如果用 N-溴代丁二酰亚胺(NBS)为溴化剂,则 α-溴化可以在较低温度下进行。

$$CH_3CH=CH_2 + \begin{matrix} CH_2-C \\[-1mm] | \qquad \diagdown \\ \qquad \ N-Br \\[-1mm] | \qquad \diagup \\ CH_2-C \end{matrix} \xrightarrow[CCl_4]{\text{光照}} CH_2-CH=CH_2 + \begin{matrix} CH_2-C \\[-1mm] | \qquad \diagdown \\ \qquad \ NH \\[-1mm] | \qquad \diagup \\ CH_2-C \end{matrix}$$

2. 氧化反应

烯烃的 α-氢原子也易被氧化。例如,丙烯在氧化亚铜催化下,与空气作用,生成丙烯醛:

$$CH_2=CH-CH_3 + O_2 \xrightarrow[350\ ℃]{Cu_2O} CH_2=CH-CHO + H_2O$$
$$\text{丙烯醛}$$

丙烯、氨、氧(或空气)在催化下加热,生成丙烯腈:

$$CH_2=CH-CH_3 + NH_3 + \frac{1}{2}O_2 \xrightarrow[470℃]{\text{催化剂}} CH_2=CH-CN + H_2O$$
$$\text{丙烯腈}$$

这个反应的过程可能是丙烯先氧化成丙烯醛,再经氨解,脱氢,得到丙烯腈:

$$CH_2=CH-CH_3 \xrightarrow[\text{催化剂}]{O_2} CH_2=CH-CHO \xrightarrow{NH_3} CH_2=CH-CH=NH \xrightarrow{-H_2} CH_2=CH-CN$$

这个反应的原料价廉易得,产品纯度好,收率高,故在工业上得到广泛应用。丙烯腈是制造合成橡胶和合成纤维的原料。

5.3.5 炔氢的特性反应

由于 sp 杂化碳原子的电负性比 sp^2 或 sp^3 杂化碳原子的电负性强,所以与 sp 杂化碳原

子相连的氢原子具有酸性,能被某些金属取代。例如乙炔和金属钠作用,放出氢气,生成乙炔钠:

$$2HC{\equiv}CH + 2Na \xrightarrow{\text{液氨}} 2CH{\equiv}CNa + H_2$$
$$\text{乙炔钠}$$

在较高温度下,乙炔中的两个活泼氢都可以被金属钠置换:

$$CH{\equiv}CH + 2Na \xrightarrow[190-220\,℃]{\text{液氨}} \overset{+}{Na}C{\equiv}C\overset{+}{Na} + H_2$$

由于炔氢的酸性和丙酮中 α-H 相近,比氨强,比水弱,所以将乙炔通入氨基钠的乙醚溶液中,发生酸碱反应,生成氨和乙炔钠:

$$HC{\equiv}CH + \overset{+}{Na}\overset{-}{N}H_2 \rightleftharpoons CH{\equiv}C\overset{-}{Na}\overset{+}{} + NH_3$$

炔钠可与卤代烷作用,以制备高级炔烃:

$$RC{\equiv}C\overset{-}{Na} + XR' \xrightarrow{\text{液氨}} RC{\equiv}CR' + \overset{+}{Na}\overset{-}{X}$$

炔氢还可以被重金属置换,生成金属炔化物。例如,将乙炔通入银盐或亚铜盐的氨溶液中,生成灰白色的炔化银或砖红色的炔化亚铜沉淀:

$$CH{\equiv}CH + 2Ag(NH_3)_2NO_3 \longrightarrow AgC{\equiv}CAg\downarrow + 2NH_4NO_3 + 2NH_3$$
$$\text{乙炔银(灰白色)}$$

$$CH{\equiv}CH + 2Cu(NH_3)_2Cl \longrightarrow CuC{\equiv}CCu\downarrow + 2NH_4Cl + 2NH_3$$
$$\text{乙炔亚铜(砖红色)}$$

这两个反应速度快,现象明显,故可用于乙炔和末端炔烃的定性鉴定。重金属炔化物在干燥状态时受热或震动容易发生爆炸,因此,反应后用硝酸处理,使之分解,以避免危险:

$$AgC{\equiv}CAg + 2HNO_3 \longrightarrow HC{\equiv}CH + 2AgNO_3$$

习 题

5.1 说明图 5-14 所示 2,3-二甲基 1,3-丁二烯的红外光谱中,用阿拉伯字母所标的吸收峰是什么键或基团的吸收峰?

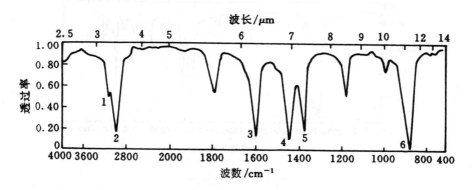

图 5-14 红外光谱

5.2 指出图 5-15 中,两张图谱哪一张代表顺-4-辛烯,哪一张代表反-4-辛烯,为什么?说明图中标有数字的峰的归属。

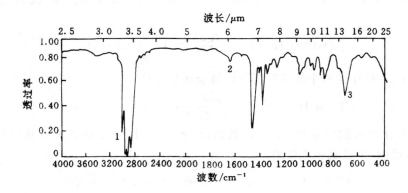

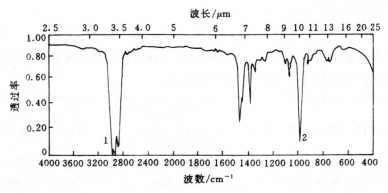

图 5-15　红外光谱

5.3　指出图 5-16 和图 5-17 两张图谱哪一张代表 2-甲基-2-戊烯,哪一张代表 2,3,4-三甲基-2-戊烯,简单阐明理由。

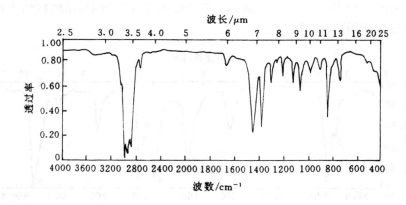

图 5-16　红外光谱

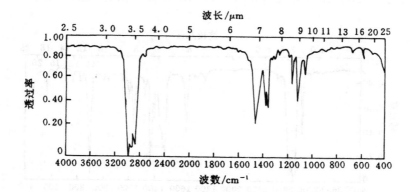

图 5-17　红外光谱

5.4　1-己炔在 $3305\,cm^{-1}$，$2110\,cm^{-1}$，$620\,cm^{-1}$ 处有吸收峰,指出这 3 个吸收峰的归属。

5.5　根据图 5-18,图 5-19 所示红外光谱中用阿拉伯数字所标明的吸收位置,推测可能的烯烃的结构。

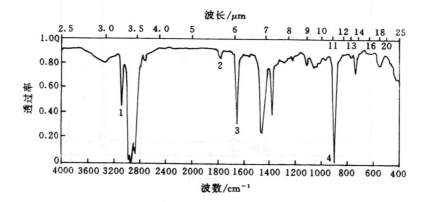

图 5-18　红外光谱

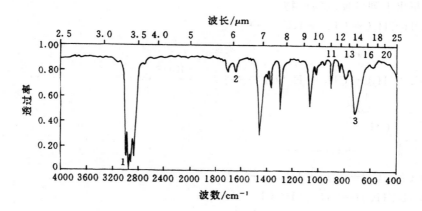

图 5-19　红外光谱

5.6 根据图 5-20 所示红外光谱和图 5-21 所示核磁共振谱,推测化合物 C_8H_{16} 的结构。

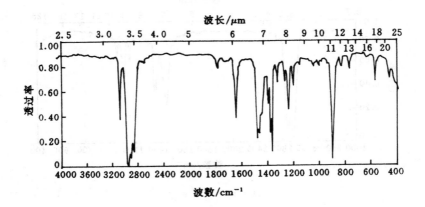

图 5-20 红外光谱

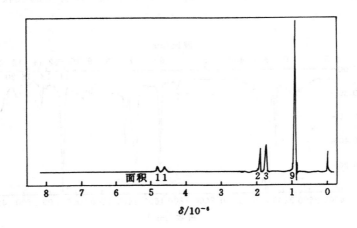

图 5-21 红外光谱

5.7 写出下列各反应的产物：

(1) $CH_3CH_2\underset{\underset{CH_3}{|}}{C}=CH_2 + HCl \longrightarrow ?$

(2) $CH_3CH_2\underset{\underset{CH_3}{|}}{C}=CH_2 + H_2SO_4 \longrightarrow ? \xrightarrow{H_2O} ?$

(3) [环己烯-CH₃结构] $+ HI \longrightarrow ?$

(4) $CCl_3-CH=CH_2 + HI \longrightarrow ?$

(5) $CH_3CHCH=CH_2 + HOCl \longrightarrow ?$

(6) $CH_3CH_2CH=CH_2 \xrightarrow[② H_2O_2, OH^-]{① \frac{1}{2}B_2H_6} ?$

（7）

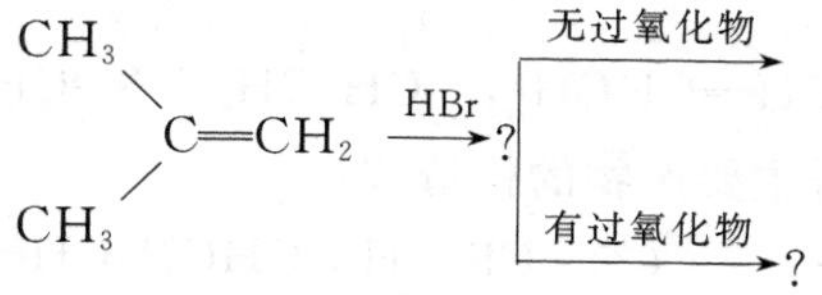

$$CH_2=C\begin{array}{c}CH_3\\CH_3\end{array}\xrightarrow[?]{HBr}\begin{array}{c}\xrightarrow{\text{无过氧化物}}?\\\\\xrightarrow{\text{有过氧化物}}?\end{array}$$

5.8 完成下列反应

（1） $CH_3CH_2C\equiv CH + H_2O \xrightarrow[\text{稀 } H_2SO_4]{HgSO_4} ?$

（2） $CH_3CH_2C\equiv CH \xrightarrow{\frac{1}{2}B_2H_6} \xrightarrow[OH^-]{H_2O_2,\,H_2O} ?$

（3） $CH_3CH_2C\equiv CH + HOCH_2CH_3 \xrightarrow{KOH} ?$

（4） $CH_3CH_2C\equiv CH + HCN \xrightarrow{Cu_2Cl\text{-}NH_4Cl} ?$

（5） $CH_3CH_2C\equiv CH + H_2 \xrightarrow[\text{喹 啉}]{Pd\text{-}BaSO_4} ?$

（6） $CH_3CH_2C\equiv CH + HCl \xrightarrow{HgCl_2} ? \xrightarrow[HgCl_2]{HCl} ?$

5.9 完成下列反应：

（1） 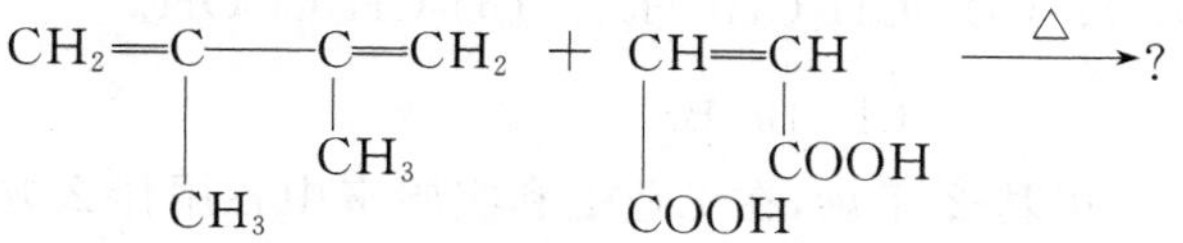 $CH_2=C\underset{CH_3}{-}C\underset{CH_3}{=}CH_2 + CH=CH \xrightarrow{\triangle} ?$ （其中 $CH=CH$ 上分别连 $COOH$、$COOH$）

（2） $CH_2=CH-CH=CH_2 + CH\equiv CH \xrightarrow{\triangle} ?$

（3） 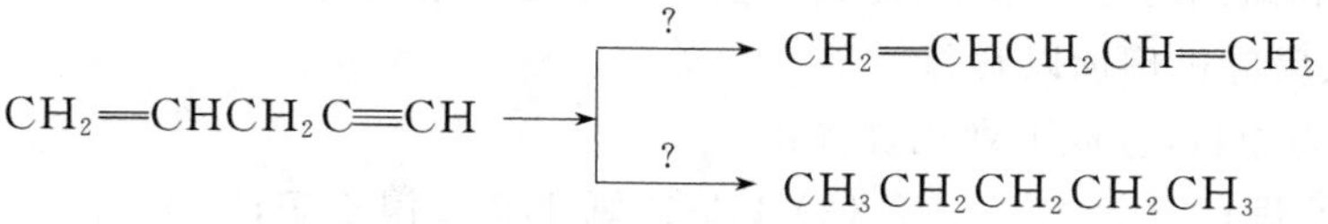 $CH_2=CHCH_2C\equiv CH \xrightarrow[?]{} \begin{array}{c}CH_2=CHCH_2CH=CH_2\\\\CH_3CH_2CH_2CH_2CH_3\end{array}$

（4） 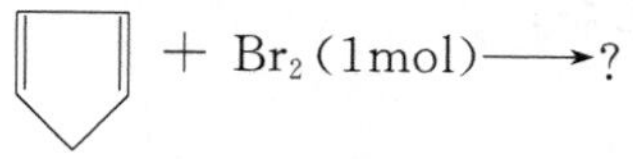 □△ $+ Br_2(1mol) \longrightarrow ?$

（5） 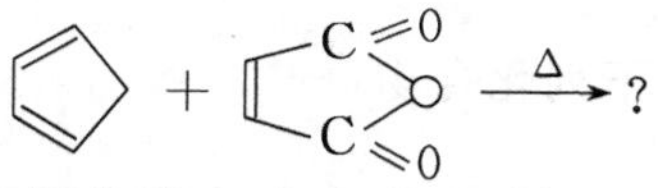 ⬠ $+$ （马来酸酐 $\begin{array}{c}C=O\\C=O\end{array}$O） $\xrightarrow{\triangle} ?$

5.10 用化学方法鉴别下列各组化合物（用化学方程式表示）：
（1）乙烷、乙烯和乙炔；
（2）1-戊炔、2-戊炔和戊烷；
（3）1-丁烯、1-丁炔和 1,3-丁二烯。

5.11 乙烯、丙烯和异丁烯在酸催化下与水加成，请排列其反应活性顺序。

5.12 按稳定性由大到小，排列下列各组反应活性中间体：

（1） 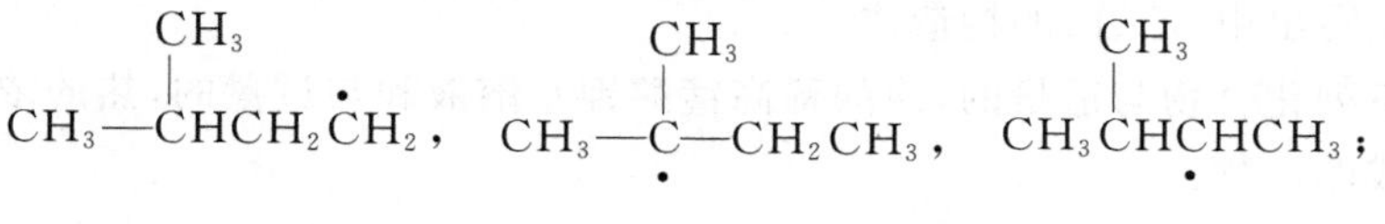 $CH_3-\overset{CH_3}{\underset{}{CH}}CH_2\overset{\cdot}{C}H_2$，　$CH_3-\overset{CH_3}{\underset{\cdot}{C}}-CH_2CH_3$，　$CH_3\overset{CH_3}{\underset{}{C}}H\overset{\cdot}{C}HCH_3$；

(2) $CH_3CH_2\overset{+}{C}H_2$, $CH_3\overset{+}{C}HCCl_3$, $(CH_3)_3\overset{+}{C}$;

(3) $CH_3\overset{+}{C}HCH=CHCH_3$, $CH_3CH_2\overset{+}{C}H=CHCH_2$, $CH_2CH_2\overset{+}{C}H=CHCH_3$。

5.13 预料下列各化合物加 1mol 溴所得主要产物的构造式:

(1) $(CH_3)_2C=CHCH_2CH_2CH=CH_2$;   (2) $CF_3CH=CHCH_2CH=CHCH_3$;

(3) $CH_2=CHCH_2CH_2C\equiv CH$;   (4) $CH_3CH=CH—CH=CHCH_3$。

5.14 2-甲基-1,3-丁二烯与 1mol 氯化氢加成,只生成 3-甲基-3-氯-1-丁烯和 3-甲基-1-氯-2-丁烯,而没有 2-甲基-3-氯-1-丁烯和 2-甲基-1-氯-2-丁烯。试解释,并写出反应可能的历程。

5.15 按下列化合物与 1,3-丁二烯进行 Diels-Alder 反应的活泼性顺序,由大到小进行排列:

(1) $CH_2=CH—CH_3$;   (2) $CH_2=CH—CN$;

(3) $CH_2=CH—CH_2Cl$;   (4) $CF_2=CF_2$

5.16 用丙烯以及有关无机试剂制备下列化合物:

(1) 1-溴丙烷;   (2) 2-溴丙烷;   (3) 异丙醇($CH_3\underset{OH}{CH}CH_3$);

(4) 正丙醇($CH_3CH_2CH_2OH$); (5) $CH_2\underset{Cl}{C}H\underset{Br}{C}H_2\underset{Br}{}$; (6) CH_3COOH。

5.17 在异戊烷中含有少量 2-甲基-2-丁烯,在工业上和实验室中各用什么方法除去上述少量烯烃?

5.18 把乙烯和氯同时通入水中,得到的主要产物是 2-氯乙醇($ClCH_2CHOH$),而不是 1,2-二氯乙烷,请从反应机理加以解释。

5.19 以电石为原料,合成下列化合物:

(1) 对称四氯乙烷;   (2) 1,2-二氯-1,2-二溴乙烷;

(3) 1,1,2-三氯乙烷;   (4) 1-氯-1-溴乙烷;

(5) 乙烯基乙炔;   (6) 聚氯乙烯;

(7) 2-氯-1,3-丁二烯。

5.20 选用适当原料,通过 Diels-Alder 反应合成下列化合物:

(1) 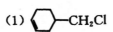   (2)    (3)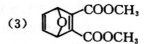

5.21 甲、乙、丙 3 个碳氢化合物,其分子式都为 C_4H_6,经催化加氢都生成正丁烷,可是在与高锰酸钾作用时,甲生成 CH_3CH_2COOH,乙生成 $HOOCCH_2CH_2COOH$,而丙生成 $HOOCCOOH$。试写出甲、乙、丙的构造式。

5.22 写出下列化合物与适量的、冷的稀高锰酸钾水溶液和与过量的、热的浓高锰酸钾水溶液反应所生成的产物:

（1）三甲基乙烯；　　　　（2）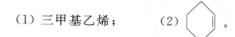。

5.23　A 和 B 两个化合物互为异构体，都能使溴褪色。A 与 $Ag(NH_3)_2NO_2$ 反应生成灰白色沉淀，用 $KMnO_4$-H^+ 溶液氧化 A 生成 CO_2 和 CH_3CH_2COOH；B 不能与 $Ag(NH_3)_2NO_3$ 反应，用 $KMnO_4$-H^+ 氧化 B 生成 CO_2 和 $HOOCCOOH$，写出 A 和 B 的构造式及各步反应式。

5.24　根据氧化产物推测下述不饱和烃的构造式：

（1）分子式为 C_8H_{16}，经 $KMnO_4$-H^+ 氧化只生成 $CH_3CH_2\underset{\underset{O}{\|}}{C}CH_3$ 一种产物；

（2）分子式为 C_8H_{14}，经 $KMnO_4$-H^+ 氧化得到 $HOOC\underset{\underset{CH_3}{|}}{C}HCH_2CH_2\underset{\underset{CH_3}{|}}{C}HCOOH$；

（3）分子式为 C_9H_{18}，经 $KMnO_4$-H^+ 氧化得到 $(CH_3)_3CCOOH$ 和 $CH_3CH_2\underset{\underset{O}{\|}}{C}CH_3$；

（4）烯烃经臭氧化，并在 Zn 粉存在下水解分别生成下列化合物：
1）$CH_3CH_2CH_2CHO$ 及 CH_2O；
2）CH_3CHO，$H\underset{\underset{O}{\|}}{C}CH_2CH_2\underset{\underset{O}{\|}}{C}H$ 和 CH_2O；

3）CH_3COCH_3 和 $CH_3COCH_2CH_2COCH_2CHO$（等摩尔）。

5.25　某二烯烃和 1mol 溴加成生成 2,5-二溴-3-己烯，该二烯烃经臭氧分解生成 $2molCH_3CHO$ 和 $1mol$ $H-\underset{\underset{O}{\|}}{C}-\underset{\underset{O}{\|}}{C}-H$，写出此二烯的构造式。

5.26　有一个分子式为 $C_{10}H_{16}$ 的烃，能吸收 1mol 的氢，分子中不含甲基、乙基和其它烷基，用高锰酸钾氧化，得到一个对称二酮，分子式为 $C_{10}H_{16}O_2$，试推测这个烃的构造式。

5.27　指出下列各炔烃的名称和构造式：

（1）$C_7H_{12} \xrightarrow{KMnO_4, OH^-} CH_3\underset{\underset{CH_3}{|}}{C}HCOOH + CH_3CH_2COOH$

（2）$C_8H_{12} \xrightarrow{KMnO_4, OH^-} HOOC(CH_2)_6COOH$（唯一产物）

（3）C_7H_{12} $\begin{cases} \xrightarrow[Pt]{H_2} CH_3CH_2CH_2CH_2CH_2CH_2CH_3 \\ \xrightarrow{Ag(NH_3)} C_7H_{11}Ag\downarrow \end{cases}$

5.28　以丙炔为原料合成下列化合物：

（1）$(CH_3)_2CHBr$；　　　　（2）$CH_3CH=CHCH_2CH_2CH_3$；
（3）$CH_3\underset{\underset{Cl}{|}}{C}=CH_2$；　　　　（4）$CH_3(CH_2)_4CH_3$。

5.29　$(CH_3)_2C=CH_2$ 用 H^+ 催化可进行二聚反应，生成 $(CH_3)_3CCH=C(CH_3)_2$ 和

$(CH_3)_3CCH_2\underset{\underset{CH_3}{|}}{C}=CH_2$ 。试写出一个包括中间体 R^+ 的反应机理。

5.30 解释为何 $CH_2=CHCH_2C\equiv CH$ 与 HBr 生成 $CH_3CHBrCH_2C\equiv CH$,而 $HC\equiv C-CH=CH_2$ 与 HBr 生成 $H_2C=\underset{\underset{Br}{|}}{C}-CH=CH_2$ 。

5.31 写出下列(A)——(J)所代表的化合物的结构式:

(1) $HC\equiv CCH_2CH_2CH_3 \xrightarrow{Ag(NH_3)_2^+} (A) \xrightarrow{HNO_3} (B)$

(2) $CH_3CH_2C\equiv CH + NaNH_2 \longrightarrow (C) \xrightarrow{C_2H_5I} (D) \xrightarrow{H_3O^+,Hg^{2+}} (E)$

(3) $CH_2=CHCH_3 + NH_3 + \frac{1}{2}O_2 \xrightarrow[470\ ℃]{催化剂} (F) \xrightarrow{聚合} (G)$

(4) $CH_3CH=CH-CH=CH-CH_3 \left\{ \begin{array}{l} \xrightarrow[\triangle]{+(F)} (H) \\ \xrightarrow{HBr} (I)+(J) \end{array} \right.$

第6章 芳 香 烃

芳香烃最初是指由从天然香树脂、香精油中提取出来的具有芳香气味的物质。随着有机化学的发展,按气味分类的方法显然是不合适的。进一步的研究发现芳香烃含有 6 个碳原子和 6 个氢原子组成的特殊碳环——苯环结构。这类化合物从碳氢之比看,应具有高度不饱和性,但实际上却是比较稳定的。与脂肪烃和脂环烃不同,在化学行为上,比较容易进行取代反应而不易进行加成和氧化反应。这种特性称为芳香性,因此长期以来把苯及其衍生物称为芳香族化合物。随着有机化学的进一步发展,发现有一些不具有苯环结构的环状烃,也有特殊的稳定性,化学行为上也与苯及其衍生物有着共同的特性——芳香性。这类环状烃称为非苯芳烃(见 6.9 节)。从结构的特点看,芳烃,无论苯系芳烃和非苯芳烃都是符合 Hückel 规则的碳环化合物。所谓 Hückel 规则,简单地说,即成环原子共平面的环状共轭多烯化合物,当其分子中 π 电子数符合 $4n+2(n=0,1,2,3,\cdots$ 正整数)时,体系具有芳香性。芳香族化合物是符合 Hückel 规则的碳环化合物及其衍生物的总称。

通常所说的芳烃,一般是指苯系芳烃。本章主要讨论苯系芳烃,对非苯芳烃只介绍最基本的概念。

芳烃可根据结构不同分为以下 3 类:

(1) 单环芳烃

指分子中含有一个苯环的芳烃及其同系物。例如:

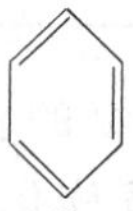

苯 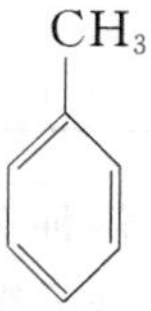　　　　甲苯 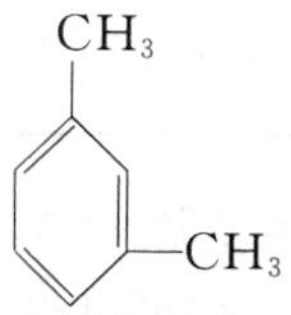　　　　间二甲苯

(2) 多环芳烃

指分子中含有两个或两个以上独立苯环的芳烃。例如:

联苯 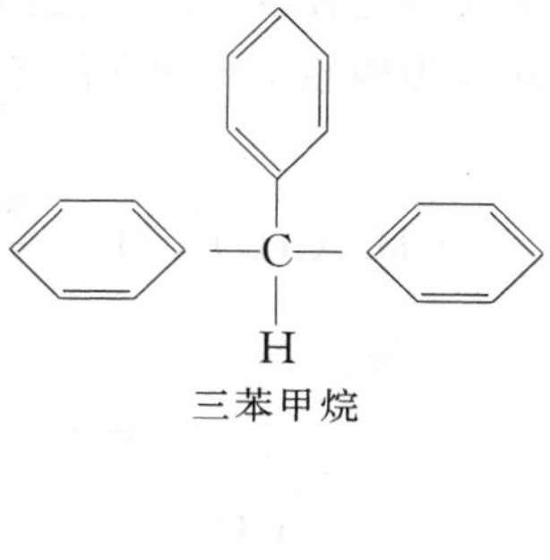　　　　　　　　三苯甲烷

(3) 稠环芳烃

指分子中含有由两个或多个苯环,彼此间通过共用两个相邻碳原子稠合而成的芳烃。例如:

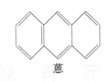

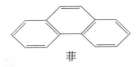

萘   蒽   菲

6.1 芳烃的来源

芳烃的工业来源以前主要从煤焦油中提取,随着石油工业的发展,以石油为原料得到芳烃的比例迅速增长。

1. 从煤焦油和焦炉煤气制取

煤焦油和焦炉煤气是炼焦的产物。焦炉煤气中含有一定量的氨、苯和甲苯等。将焦炉煤气经过水吸收,制成氨水,再经重油吸收,苯类溶于重油中,将此重油蒸馏,得到粗苯,其中含 50%—70%苯,15%—22%甲苯及 4%—8%二甲苯。

煤焦油是黑褐色粘稠油状物,组成十分复杂,现在已从中分离出 500 多种产物。煤焦油经过分馏,得到表 6-1 所列各种馏分。

表 6-1　煤焦油分馏产品

馏　　分	沸点范围/℃	相对密度/g/cm³	容积	主 要 成 分
轻油	<170	0.970	2.25%	苯、甲苯、二甲苯等
中油	170—230	1.005	7.5%	酚、异丙苯等
重油	230—270	1.033	16.5%	萘、联苯等
蒽油	270—360	1.088	12%	蒽、菲等
沥油	>360		约56%	沥青、碳等

煤焦油产率只相当于煤的 3%,煤焦油内各种芳香族化合物的粗制品仅相当于煤的 0.3%左右。从 1t 煤中,约可以得到 1kg 苯、2.5kg 萘及其它芳香族化合物。从煤焦油得到的芳香族化合物在数量和质量上均远远不能满足近代化学工业发展的需要。现在石油工业发达的国家,芳香族化合物的主要来源已由石油代替了煤焦油。

2. 石油催化重整

石油中一般含芳烃较少,在一定温度和催化剂存在下,经脱氢、环化、异构化,可由正链烷烃或环烷烃转变为碳原子数相同的芳烃。例如:

$$CH_3(CH_2)_4CH_3 \xrightarrow{-H_2} \bigcirc \xrightarrow{-3H_2} \bigcirc$$

这些反应是由烷烃、环烷烃形成芳烃的反应,故称为芳构化反应。工业上常用铂作催化剂,在 1.5—2.5MPa,430—510℃处理石油的 C_6—C_8 馏分。这被称为铂重整,所得产物叫重整油或重整汽油,其中含有苯、甲苯、二甲苯等。

3. 石油催化裂解

以石油为原料,在催化剂存在下高温(>700℃)裂解,制备乙烯、丙烯时,副产物中含有芳烃。将副产物进行分馏可得到裂解轻油和裂解重油。裂解轻油中主要含有苯、甲苯、二甲苯等;裂解重油中含有萘、蒽及其它稠环芳烃等。

6.2 单环芳烃的同分异构体和命名

单环芳烃的命名通常是以苯环为母体,称为某烷基苯("基"字常省略)。

苯的一元取代物只有一种。例如:

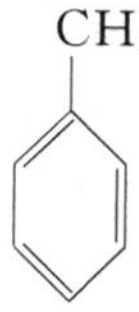

甲苯 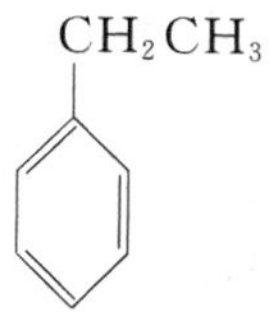　　　　　　　　乙苯

当取代基(也叫侧链)含有 3 个或 3 个以上碳原子时,因侧键构造不同而产生同分异构体。例如:

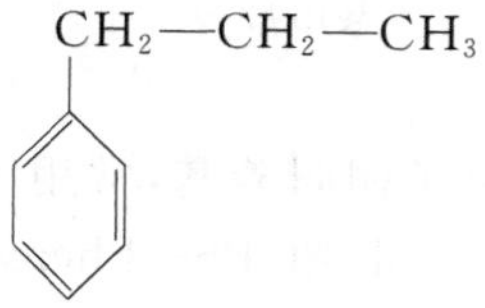

正丙苯 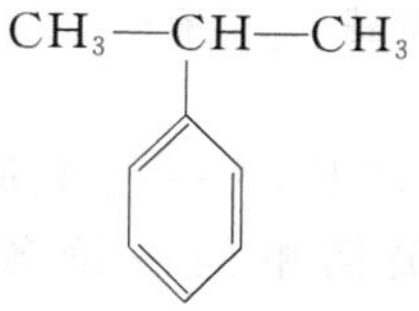　　　　　　　　异丙苯

当苯环上连有两个或两个以上取代基时,由于它们在环上的相对位置不同亦产生同分异构体,命名时应表明它们的相应位置。若苯环上仅有两个取代基时,常用邻、间、对来标明它们的相对位置。"邻"、"间"、"对"的英文分别是 ortho,meta,para,表示取代位置时,用o-,m-,p-。例如:

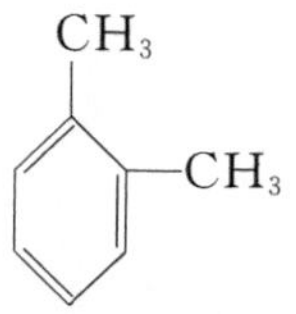

邻二甲苯　　　　　　间二甲苯　　　　　　对二甲苯
(o- 二甲苯)　　　　　(m- 二甲苯)　　　　　(p- 二甲苯)

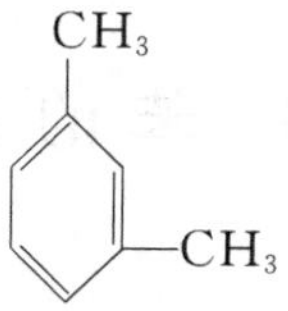

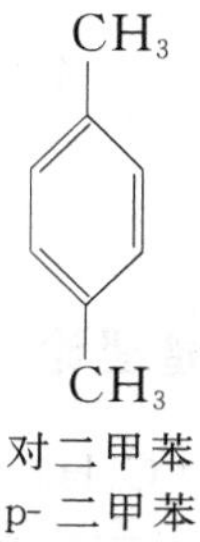

若苯环上有 3 个取代基,可用阿拉伯数字标记取代基的位置,也可用"连"、"偏"、"均"表明其相对位置。例如:

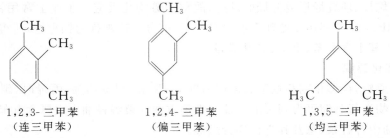

1,2,3-三甲苯	1,2,4-三甲苯	1,3,5-三甲苯
（连三甲苯）	（偏三甲苯）	（均三甲苯）

当侧链结构复杂或侧链上有不饱和键或有多个苯环时,常以侧链烃为母体,芳环作为取代基来命名。例如:

2-甲基-3-苯基戊烷	苯乙烯	苯乙炔
2-苯基-2-丁烯		二苯甲烷

芳烃分子的芳环上减去一个氢原子后所剩下的原子团叫芳基,常用 Ar-(Aryl 的缩写)表示。最常见和最简单的一价芳基为苯基 C_6H_5-,常用 Ph-(Phenyl 的缩写)表示; $C_6H_5CH_2^-$ 叫苄基或苯甲基。常见的 3 种甲苯基为:

邻甲苯基	间甲苯基	对甲苯基

6.3　苯　的　结　构

6.3.1　价键理论

苯的分子式为 C_6H_6,其碳氢之比为 1:1,似乎与乙炔相似,然而实验事实表明,在一般条件下,苯并不发生不饱和烃的典型反应——加成反应,也不被高锰酸钾氧化,却比较容易进行取代反应,而且一元取代产物只有一种,这表明了苯的结构的对称性(即 6 个氢原子完全等同)和化学稳定性。

近代物理方法测定证明,苯分子的 6 个碳原子和 6 个氢原子都在同一平面上,其中 6 个碳原子构成平面正六边形。分子中碳碳键长相等,均为 0.140nm,比碳碳单键(0.154nm)

短,比碳碳双键(0.134nm)长;所有键角都是 120°;

根据杂化轨道理论,苯分子中的碳原子都是 sp^2 杂化,每个碳原子都以 3 个 sp^2 杂化轨道分别与相邻碳和氢形成 3 个 σ 键。由于 3 个 sp^2 杂化轨道都处在同一平面内,所以苯环上所有原子共平面。此外每个碳原子余下的未参加杂化的 p 轨道由于对称轴都垂直于苯分子形成的平面而相互平行,如图 6-1(a)所示,因此所有 p 轨道都可以相互重叠,形成一个闭合的共轭体系。在这个体系中,π 电子高度离域,形成一个环状离域的 π 电子云,像两个轮胎均匀地分布在分子平面的上下两侧,如图 6-1(b)所示。苯是一个完全对称的分子,体系能量降低,其离域能(共振能)为 150.6kJ/mol。

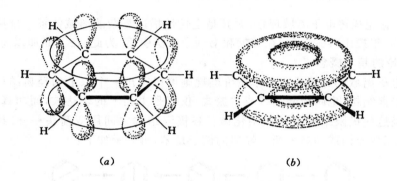

图 6-1　苯分子中 p 轨道及大 π 键示意图

(a) 6 个相互平行的 p 轨道　　　　(b) 由 6 个相互平行的 p 轨道组成的大 π 键

苯的结构,目前还没有更好的表达式,一般用 ⬡ 或 ⬡ 表示。

6.3.2　分子轨道理论

分子轨道理论认为,苯分子形成 σ 键后,苯环上 6 个碳原子的 6 个 p 轨道组成 6 个 π 分子轨道,分别用 ψ_1,ψ_2,ψ_3,ψ_4,ψ_5,ψ_6 表示,这些分子轨道除有一个共同的节面(6 个碳原子所在平面)外,其中 ψ_1 没有节面,能量最低;ψ_2 和 ψ_3 分别有一个节面,它们的能量相等,是简并轨道,其能量比 ψ_1 高;ψ_1,ψ_2,ψ_3 都是成键轨道;ψ_4 和 ψ_5 各有两个节面,也是简并的,能量更高;ψ_6 有 3 个节面,能量最高;ψ_4,ψ_5,ψ_6 都是反键轨道。当苯分子在基态时,6 个 p 电子分成3 对,分别填入 ψ_1,ψ_2 和 ψ_3 中,使成键轨道全充满,而反键轨道 ψ_4,ψ_5 和 ψ_6 中没有电子。如图 6-2 所示,因此体系非常稳定。

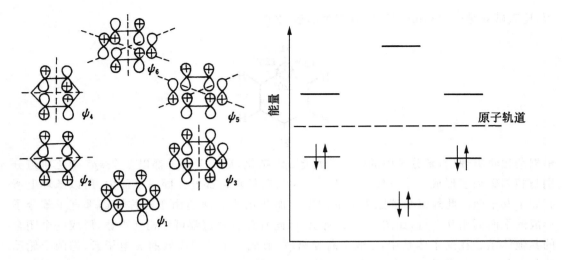

图 6-2 苯的 π 分子轨道和能级

6.3.3 共振论对苯分子结构的解释

可以用共振论描述电子离域现象,尤其是定性地描述复杂的离域体系。自从 L. Pauling 于 1931—1933 年提出共振论后,在文献和书刊中广泛引用,为此,在下面加以简要介绍。

1. 共振论的基本概念

当一个电子离域的分子或自由基按价键规则可以写出一个以上的经典结构式时,任何一个单独的经典结构(也叫极限结构或共振式)仅仅是书面上的表达式,而非真实结构。其真实结构就是这些极限结构的共振杂化体。各极限结构之间用双箭头 ←→(共振符号)表示,它们不是互变异构或动态平衡。经典的例子是苯,可表示如下:

$$
\text{(a)} \longleftrightarrow \text{(b)} \longleftrightarrow \text{(c)} \longleftrightarrow \text{(d)} \longleftrightarrow \text{(e)}
$$

1,3-丁二烯可表示为:

$$CH_2 = CH - CH = CH_2 \longleftrightarrow \overset{+}{C}H_2 - CH = CH - \overset{-}{C}H_2 \longleftrightarrow \overset{-}{C}H_2 - CH = CH - \overset{+}{C}H_2$$

2. 书写共振式的规则

(1)书写共振式时只允许电子移动,原子核的位置不能变。例如,烯丙基正离子可以写成 $CH_2 = CH - \overset{+}{C}H_2 \longleftrightarrow \overset{+}{C}H_2 - CH = CH_2$,但不能写成 $CH_2 \overset{\diagdown\diagup}{\underset{\underset{+}{CH}}{}} CH_2$。

(2)所有共振式必须符合价键理论的规则,例如碳不能高于 4 价,第二周期元素价电子层的电子数不能超过 8 个等。如下列甲醇和萘的结构式不符合价键理论,因此不是共振式:

$$H - \overset{\overset{\displaystyle H}{|}}{\underset{\underset{\displaystyle H}{|}}{C}} = OH$$

(3)所有共振式必须保持相等的未成对电子数。如烯丙基自由基可以写成:

116

$$CH_2 = CH - \overset{\centerdot}{C}H_2 \longleftrightarrow \overset{\centerdot}{C}H_2 - CH_2 = CH_2$$

但不能写成：

$$\overset{\centerdot}{C}H_2 - \overset{\centerdot}{C}H - \overset{\centerdot}{C}H_2$$

3. 共振稳定作用

（1）真实分子（共振杂化体）的能量低于任何一个极限结构的能量，这个能量差称为共振能（离域能）。

（2）等价共振式所构成的体系具有最大的共振稳定作用，对共振杂化体贡献最大。例如苯的共振结构（a）和（b）为等价共振式，对共振杂化体贡献大。

（3）参加共振的极限结构式愈多，化合物分子中电子离域的可能性愈大，分子就愈稳定。

（4）键长、键角变形较大的极限结构对共振杂化体贡献小。例如苯的（c），（d），（e）3 个极限结构能量高，不稳定，对共振杂化体贡献小，一般可忽略，因此苯的结构可以大致看作是（a）和（b）的共振杂化体。其共振能为 150.6kJ/mol，所以苯很稳定。

共振论虽然大量应用，但它在经典结构的基础上引入了一些任意的规定，有些共振结构式是虚构的，想象的，缺乏理论依据，因此在应用范围上有一定的局限性。例如根据共振论概念，下列化合物与苯相似，应该是很稳定的：

实际上这些化合物非常活泼，是极不稳定的化合物。

6.4　单环芳烃的物理性质

苯及其同系物一般为无色液体，比水轻，不溶于水，易溶于石油醚、醇、醚等有机溶剂。苯及其同系物有毒，长期吸入它们的蒸气能损坏造血器官和神经系统，因此使用时要切实采取防护措施。

在二取代苯的 3 种异构体中，由于对位异构体的对称性最大，晶格能较大，因此熔点比其它两个异构体高。常见单环芳烃的物理常数如表 6-2 所列。

表 6-2　单环芳烃的物理常数

名　　　称	熔点/℃	沸点/℃	相对密度 $d_4^{20}/g/cm^3$
苯	5.5	80.1	0.879
甲　苯	−95	110.6	0.867
邻二甲苯	−25.2	144.4	0.880
间二甲苯	−47.9	139.1	0.864
对二甲苯	13.2	138.4	0.861
乙　苯	−95	136.1	0.867
正丙苯	−99.6	159.3	0.862
异丙苯	−96	152.4	0.862
连三甲苯	−25.5	176.1	0.894
偏三甲苯	−43.9	169.2	0.876
均三甲苯	−44.7	164.6	0.865

6.5 单环芳烃的光谱性质

（1）红外光谱

单环芳烃的 C=C 伸缩振动吸收在 1600,1580,1500 和 1450cm⁻¹ 附近有 4 条吸收带。1450cm⁻¹ 处的吸收带常常观察不到,1500cm⁻¹ 附近的吸收带最强,1600cm⁻¹ 附近有中等强度的吸收,这两个吸收带对于确定芳核结构十分有用。

苯环上的 C—H 伸缩振动在 3100—3010cm⁻¹ 处有吸收带,与烯氢的吸收位置相近。C—H 面外弯曲振动在 900—690cm⁻¹ 区域处有吸收带。表 6-3 列出了取代苯环上的 C—H 面外弯曲振动的吸收位置。

表 6-3 取代苯环上的 C—H 面外弯曲振动

化 合 物	吸收位置/cm⁻¹
苯	670（强）
一取代	770—730（强）
	710—690（强）
1,2-二取代	770—735（强）
1,3-二取代	810—750（强）
	710—690（中）
1,4-二取代	833—810（强）

图 6-3 为甲苯的红外光谱图,图 6-4 为邻二甲苯的红外光谱图。

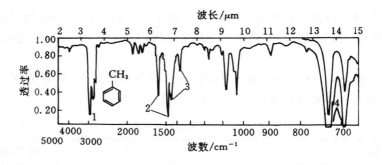

图 6-3 甲苯的红外光谱

1. —C—H,Ar—H 的伸缩振动;　　2. 芳环骨架的伸缩振动;

3. —C—H 的弯曲振动;　　4. 一取代苯 C—H 面外弯曲振动

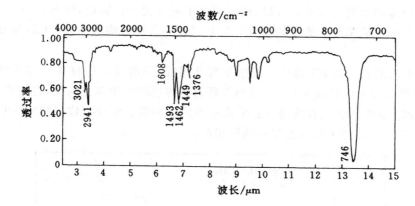

图 6-4 邻二甲苯的红外光谱

芳环 C≡C 伸缩振动：1608、1493cm^{-1}；芳环 C≡C 伸缩振动和甲基 C—H 弯曲振动：

1462、1449cm^{-1}；芳环≡C—H 伸缩振动：3021cm^{-1}；甲基 C—H 伸缩振动：2941cm^{-1}；

甲基 C—H 弯曲振动：1376cm^{-1}；苯的 1,2-二元取代：746cm^{-1}

（2）核磁共振谱

苯环上的氢，如图 6-5 所示，处于电子环流的去屏蔽区，所以芳氢的化学位移在低场，苯环上氢 $\delta = 7.27/10^{-6}$。萘环上质子受两个芳环的影响，δ 更大，α-质子 $\delta = 7.81/10^{-6}$，β-质子 $\delta = 7.46/10^{-6}$。一般芳环上质子的 δ 在 $6.3/10^{-6}$—$8.5/10^{-6}$ 范围内，杂环芳香质子的 δ 在 $6.0/10^{-6}$—$9.0/10^{-6}$ 范围内。

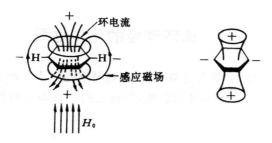

图 6-5 苯的各向异性效应

图 6-6 为对二甲苯的 ^{1}HNMR 图。

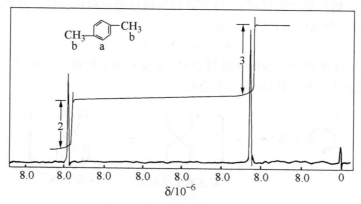

图 6-6 对二甲苯的 ^{1}HNMR 图

在对二甲苯中有两组等性质子,所以出现了两个单峰。受苯核影响,甲基 δ 为 $2.35/10^{-6}$ 左右。在甲基影响下的苯环上质子的 δ 为 $7.0/10^{-6}$ 左右。积分曲线比为 $3:2$,与分子中质子比相符。

图 6-7 为乙苯的 ^{1}HNMR 谱图。图谱上有 3 组峰,说明分子中存在 3 组等性氢。其中 $\delta=7.0$ 左右是苯环上的氢; $\delta=2.5$ 的是与苯环直接相连的亚甲基上的氢,它与甲基相连,被分裂成四重峰。 δ 为 1.2 左右的是与亚甲基相连的甲基氢。它分裂成三重峰。根据其积分曲线求出面积比为 $5:2:3$,与乙苯的结构相符。

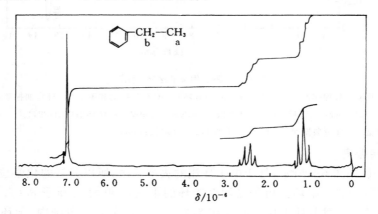

图 6-7　乙苯的 ^{1}HNMR 图

6.6　单环芳烃的化学性质

芳烃具有特殊的稳定性,容易发生取代反应,在特殊条件下才能发生加成反应。侧链烃基具有脂肪烃的基本性质。由于苯环的影响,侧链上的 α-H 具有特殊的活泼性。下面加以讨论。

6.6.1　取代反应及其反应机理

由于苯环中离域 π 电子云分布在分子平面的上、下两侧,这就与烯烃中的 π 电子一样,它对亲电试剂能起提供电子的作用,所以芳环容易进行亲电取代反应。其机理如下:

第一步,试剂本身离解出亲电正离子:

$$A\text{—}B \rightleftharpoons A^+ + B^-$$

当亲电试剂 A^+ 与电子密度较高的苯环接近时,夺取苯环上的两个 p 电子与苯环结合形成一个不稳定的碳正离子中间体(也称 σ 配合物):

σ配合物中 4 个电子共用 5 个 p 轨道,破坏了原有闭合共轭体系,故能量升高,不稳定。

第二步,由 σ 配合物消去一个 H^+,又恢复苯环结构。反应体系中的负离子 B^-,与环上取代下来的 H^+ 结合:

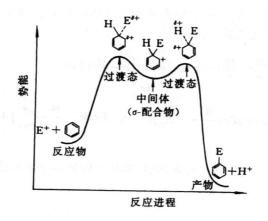

这两步反应中,生成 σ 配合物这一步反应速度比较慢,是决定整个反应速度的一步。苯亲电取代反应过程的能量变化如图 6-8 所示。

图 6-8 苯亲电取代反应过程的能量示意图

1. 卤代

苯与氯、溴在一般情况下不发生反应,但在铁或铁盐等的催化下加热,苯环上的氢可被氯或溴原子取代,生成相应的卤化苯,并放出卤化氢。例如:

$$\text{苯} + Br_2 \xrightarrow[\triangle]{\text{Fe 或 FeX}_3} \text{溴苯} + HBr$$

在比较强烈的条件下,卤苯可继续与卤素作用,生成二卤苯,其中主要是邻和对位取代物:

$$\text{溴苯} + Br_2 \xrightarrow[\triangle]{\text{Fe}} \text{对二溴苯} + \text{邻二溴苯} + HBr$$

在类似情况下,烷基苯与卤素作用,也发生环上取代反应,反应比苯容易,主要得到邻和对位取代物。例如：

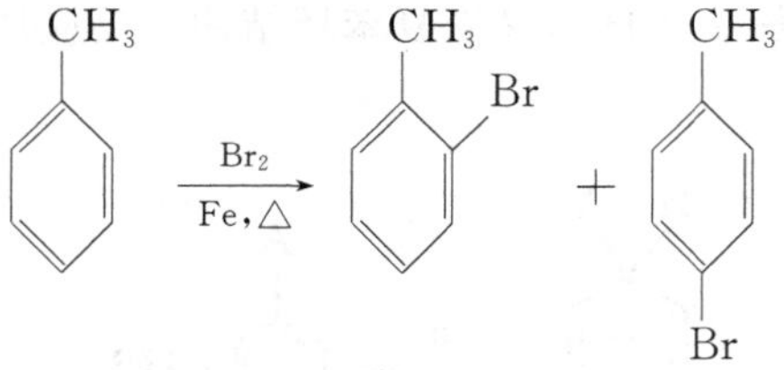

其反应机理如下：

$$3Br_2 + 2Fe \rightleftharpoons 2FeBr_3$$

真正的催化剂是铁盐 $FeBr_3$，作为 Lewis 酸与卤素形成配合物而使卤素分子极化，然后此配合物作为亲电试剂，将 Br^+ 转移给苯环，形成 σ-配合物及 $FeBr_4^-$ 离子。最后由 σ 配合物脱去质子得到溴苯，并产生溴化氢及三溴化铁：

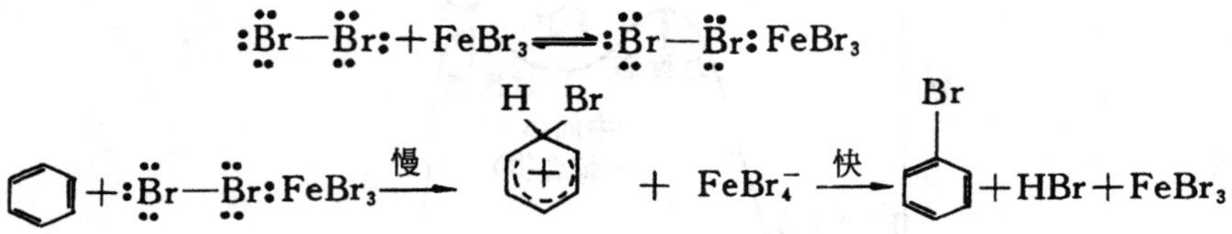

2. 硝化

以浓硝酸和浓硫酸（亦称混酸）与苯共热，苯环上的氢原子能被硝基（—NO_2）取代，生成硝基苯：

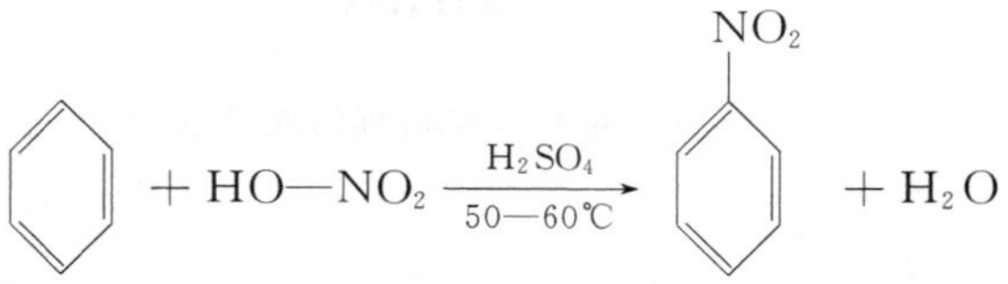

如果增加硝酸的浓度，并提高反应温度，则可得到间二硝基苯：

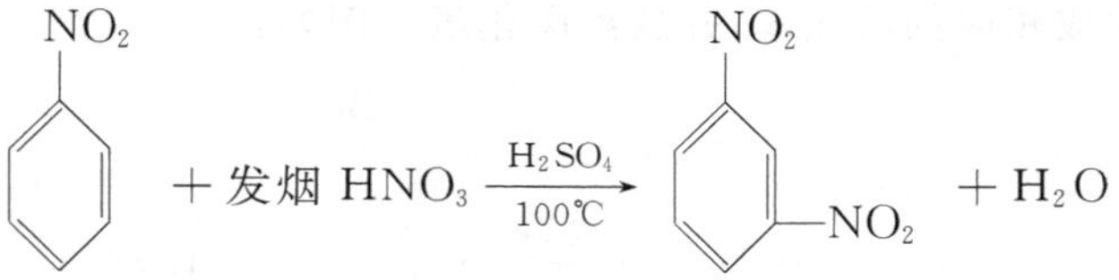

如以甲苯进行硝化，则不需要浓硫酸，而且在 30℃ 就可反应，主要得到邻硝基甲苯和对硝基甲苯：

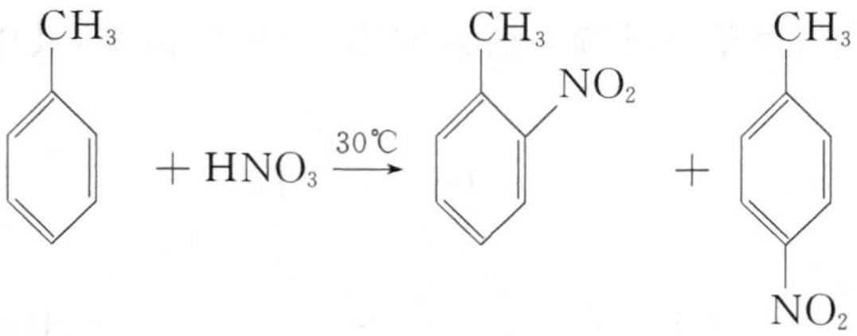

由此可以说明硝基苯比苯难于硝化，而甲苯比苯易于硝化。

硝化反应中的亲电试剂是硝酰正离子 NO_2^+，它是按下式产生的：

$$HO-NO_2 + H_2SO_4 \rightleftharpoons H_2O^+-NO_2 + HSO_4^-$$
$$H_2O^+-NO_2 \rightleftharpoons H_2O + NO_2^+$$
$$H_2O + H_2SO_4 \rightleftharpoons H_3O^+ + HSO_4^-$$

总反应 $\quad 2H_2SO_4 + HNO_3 \rightleftharpoons H_3O^+ + NO_2^+ + 2HSO_4^-$

可见硫酸起了催化剂作用,促使亲电试剂 NO_2^+ 产生。苯硝化的反应机理为:

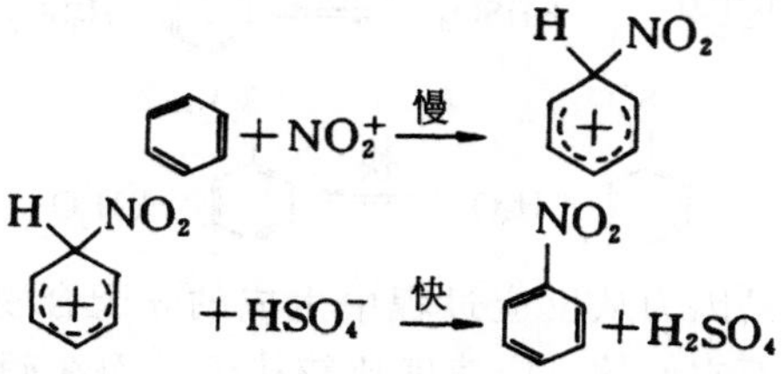

3. 磺化

苯与浓硫酸或发烟硫酸作用,环上的一个氢原子可被磺酸基(—SO_3H)取代生成苯磺酸。若在较高温度下继续反应,则生成间苯二磺酸:

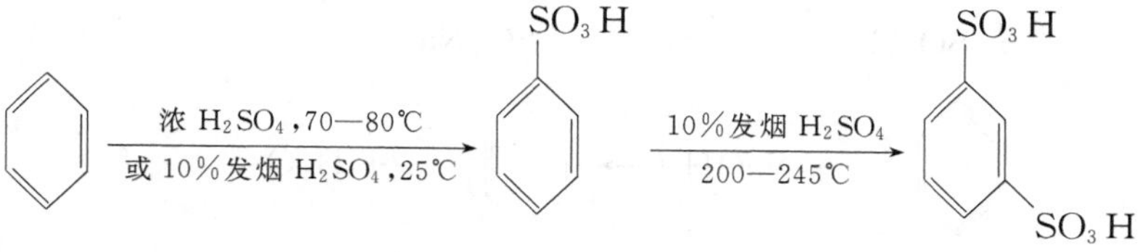

这类反应称为磺化反应。

烷基苯比苯易于磺化,生成邻和对位取代物。例如:

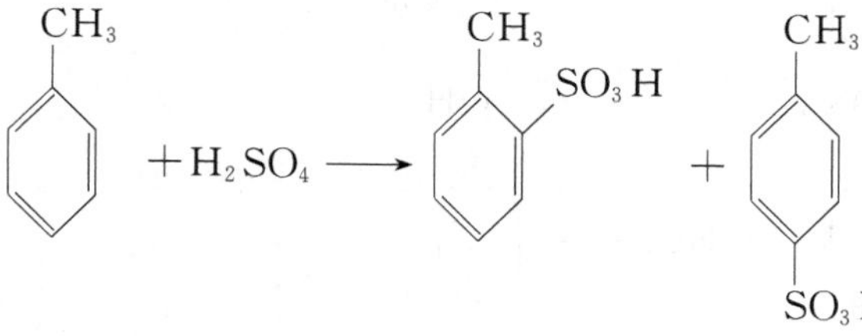

与卤化和硝化不同,磺化反应是可逆的:

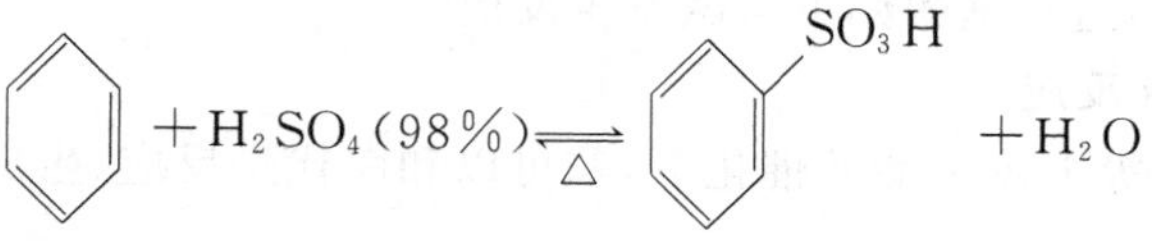

由于磺酸基易脱去,在有机合成上,常利用磺酸基的定位效应或水溶性,在某些特定位置上先引入磺酸基,待其他反应完毕后再脱去磺酸基。

目前认为,一般磺化反应中的亲电试剂是 SO_3,在浓硫酸中有如下的平衡:

$$2H_2SO_4 \rightleftharpoons SO_3 + H_3O^+ + HSO_4^-$$

虽然 SO_3 不是正离子,但它是一个缺电子试剂,它与苯环经下列步骤生成苯磺酸:

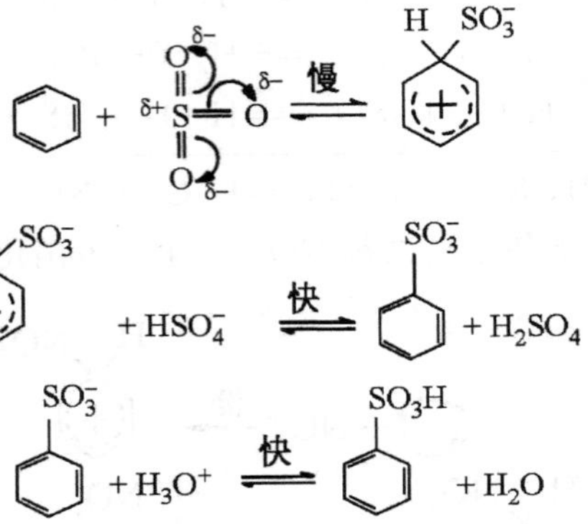

磷化反应之所以可逆,是因为从反应过程中生成的 σ 配合物脱去质子 H⁺ 和脱去 SO₃ 两步的活化能相差不大,因而它们的反应速度比较接近。而在硝化或卤化反应中从相应的 σ 配合物脱 NO_2^+ 或 X^- 的活化能比脱 H^+ 高,反应速度慢得多,因此反应实际上不可逆。

苯磺酸是很强的有机酸,与碱作用生成盐,苯磺酸盐(钠或钾)与固体的氢氧化钠(或钾)共熔,磺酸基被羟基取代,生成苯酚:

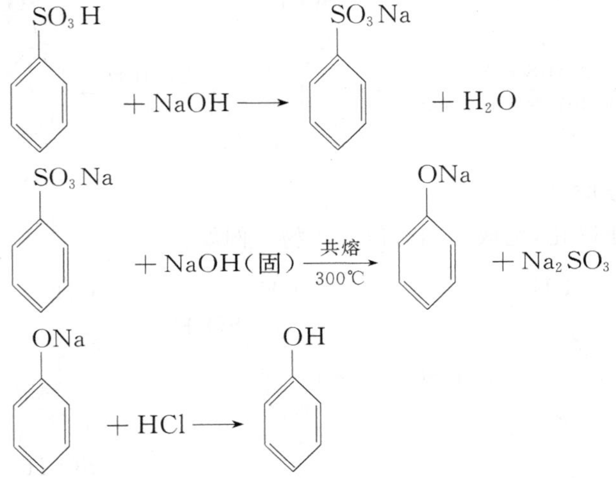

这是最早制备苯酚的方法。此法不适合制备环上带有—NO_2,—Cl 等负性基团的酚类,因为在这种反应条件下,这些基团亦可与碱发生反应。

4. Friedel-Crafts 反应

在无水三氯化铝等 Lewis 酸的催化下,苯可以和卤代烷反应,生成烷基苯:

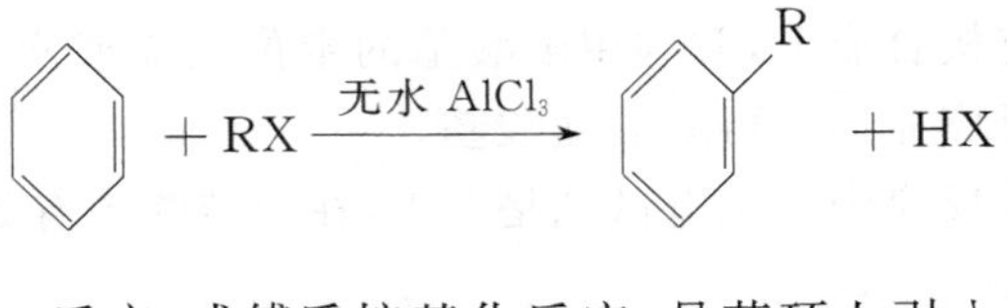

这个反应叫 Friedel-Crafts 反应,或傅氏烷基化反应,是芳环上引入烷基的方法之一。反应是可逆的,反应中往往容易产生多烷基取代苯,而且如果 R 是 3 个碳以上的烷基,则反应中常发生烷基的异构化。如溴代正丙烷与苯反应,得到的主要产物是异丙苯:

$$\text{（苯）} + CH_3CH_2CH_2Br \xrightleftharpoons{\text{无水 AlCl}_3} \text{异丙苯} \underset{70\%}{} + \text{正丙苯} \underset{30\%}{}$$

除卤代烷外,烯烃与醇也可以作为烷基化试剂在苯环上引入烷基。

在无水三氯化铝催化下,苯还能与酰氯 $R-\overset{\displaystyle O}{\overset{\|}{C}}-Cl$ 或酸酐 $R-\overset{\displaystyle O}{\overset{\|}{C}}-O-\overset{\displaystyle O}{\overset{\|}{C}}-R$ 进行类似的反应,得到酮:

$$\text{（苯）} + CH_3-\overset{\displaystyle O}{\overset{\|}{C}}-Cl \xrightarrow{\text{无水 AlCl}_3} \text{（苯基—}O=C-CH_3\text{）} + HCl$$

这个反应叫傅氏酰基化反应,是制备芳香酮的主要方法。傅氏酰基化反应不发生异构化。

苯环上连有强吸电子基,如—NO_2, —$\overset{\displaystyle O}{\overset{\|}{C}}$—R 等时,不发生傅氏反应,所以傅氏酰基化反应不生成多元取代物。

傅氏反应中的亲电试剂是烷基正离子或酰基正离子,它们是在 Lewis 酸 $AlCl_3$ 的作用下产生的:

$$RCl + AlCl_3 \rightleftharpoons R^+ + AlCl_4^-$$

$$R-\overset{\displaystyle O}{\overset{\|}{C}}-Cl + AlCl_3 \rightleftharpoons R-\overset{\displaystyle O}{\overset{\|}{C}}{}^+ + AlCl_4^-$$

例如氯丙烷与三氯化铝作用:

$$CH_3CH_2CH_2Cl + AlCl_3 \rightleftharpoons CH_3CH_2\overset{+}{C}H_2 + AlCl_4^-$$

产生的丙基正离子趋向于重排为较稳定的异丙基正离子:

$$CH_3CH_2\overset{+}{C}H_2 \rightleftharpoons CH_3-\overset{+}{C}H-CH_3$$

因此在傅氏烷基化反应中,引入 3 个碳以上的烷基时,往往以烷基异构化的产物为主。若要制得直链烷基苯,一般先进行傅氏酰基化,然后再将羰基还原成亚甲基。例如,

$$\text{（苯）} \longrightarrow \text{（苯基—}CH_2CH_2CH_3\text{）}$$

其合成路线为:

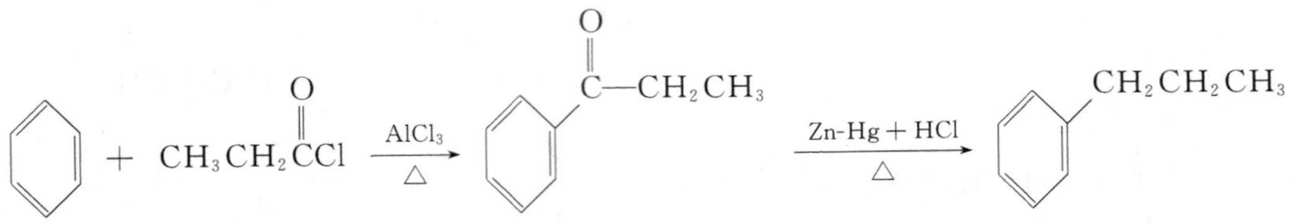

在 Zn-Hg 和 HCl 的作用下将 $\diagdown$C$=$O 还原成—CH$_2$—的反应称为 Clemmenson 还原。

5. 氯甲基化反应

在无水氯化锌存在下,芳烃与甲醛和氯化氢作用,环上氢原子被氯甲基(CH$_2$Cl)取代,这叫氯甲基化反应(实际操作中,可用三聚甲醛代替甲醛):

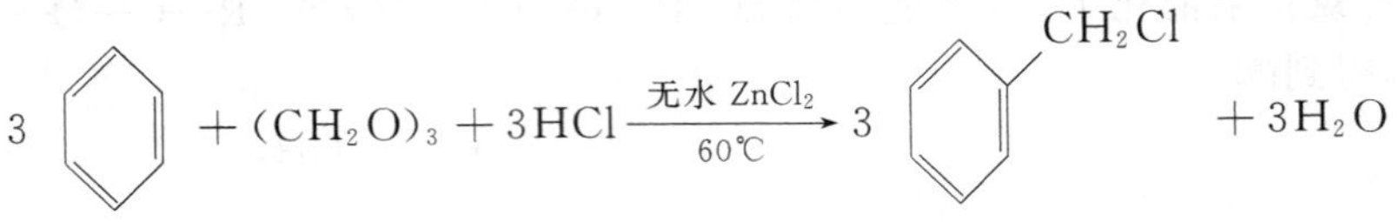

氯甲基化反应对于苯、烷基苯、烷氧基苯和稠环芳烃等都是成功的,但当环上有强吸电子基时产率很低,甚至不反应。

氯甲基化反应的应用很广,因为—CH$_2$Cl 容易转变为—CH$_3$,—CH$_2$OH,—CH$_2$CN,—CHO等。

6.6.2 加成反应

苯及其同系物与烯烃和炔烃相比,不易进行加成反应,但在一定条件下仍可与氢、氯等加成,生成脂环烃或其衍生物。苯的加成不会停留在生成环己二烯或环己烯的衍生物阶段,这进一步说明苯环上 6 个 p 电子形成了一个整体,不存在 3 个孤立的双键:

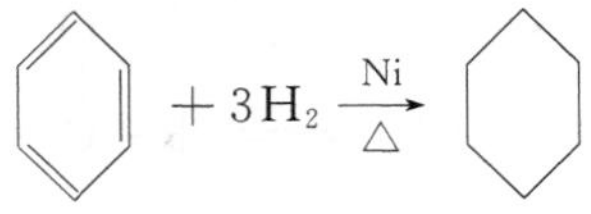

环己烷

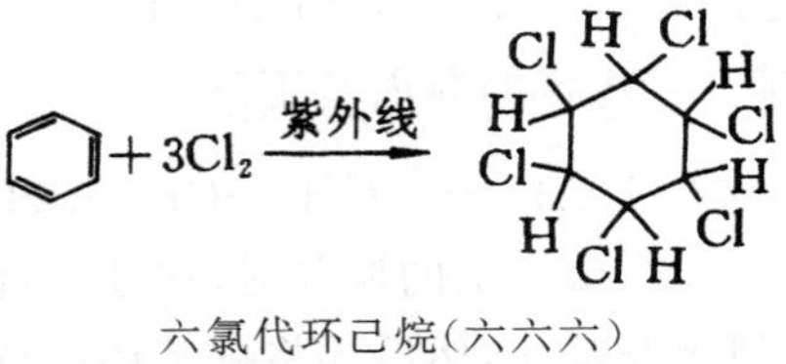

六氯代环己烷(六六六)

"六六六"曾是大量使用的一种杀虫剂,由于它的化学性质稳定,残存毒性大以及对环境污染,现已被禁止使用。

6.6.3 氧化反应

苯在高温和特殊催化剂作用下,可被空气中的氧氧化开环,生成顺丁烯二酸酐:

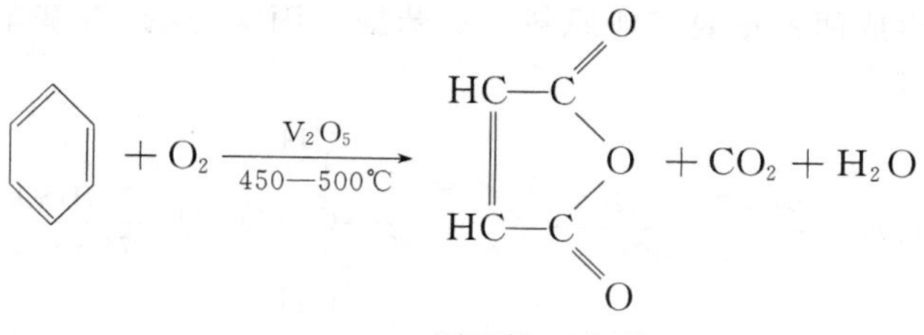

顺丁烯二酸酐

6.6.4 芳烃侧链的反应

1. 氯化反应

在没有铁盐存在时，烷基苯与氯在高温或经紫外光照射，卤代反应发生在侧链烷基的 α-碳原子上，例如：

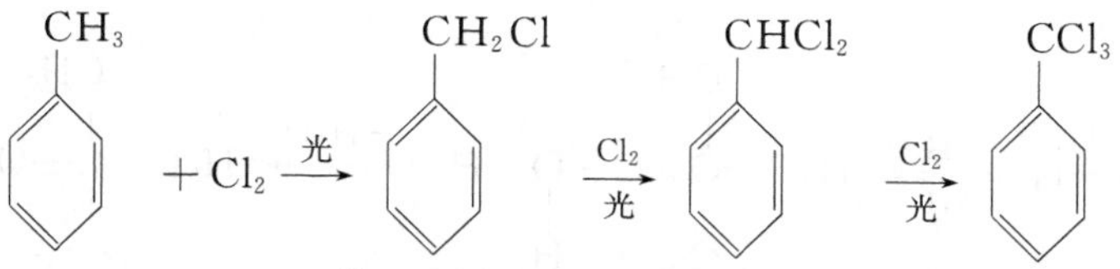

苯一氯甲烷（苄氯）　　苯二氯甲烷　　苯三氯甲烷

与甲烷的氯化相似，芳烃的侧链的氯化反应也是自由基取代历程。但甲苯氯化时，反应容易停留在一元取代生成苯一氯甲烷阶段。这是因为氯化反应进行中生成的苄基自由基（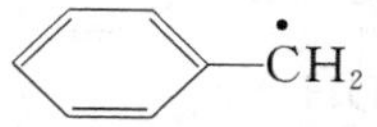）中，亚甲基碳原子（sp^2 杂化）上的 p 轨道与苯环上的大 π 键共轭，导致 p 电子离域而使其稳定的缘故。

2. 氧化反应

烷基苯分子中的侧链烷基比苯容易氧化。例如，常见氧化剂高锰酸钾、重铬酸钾-硫酸、稀硝酸等都不能使苯环氧化，但可使侧链烷基氧化成羧基。而且不论烷基碳链长短，最后都氧化生成与苯环相连的一个羧基。例如：

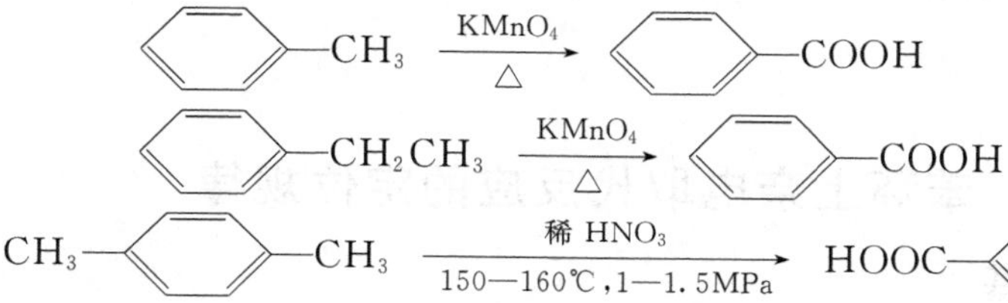

这说明苯环是相当稳定的，而侧链由于苯环的影响，α-H 活泼性增加，因此氧化反应首先发生在 α-位上。若侧链烷基无 α-H，如叔烷基，一般情况下不氧化。例如：

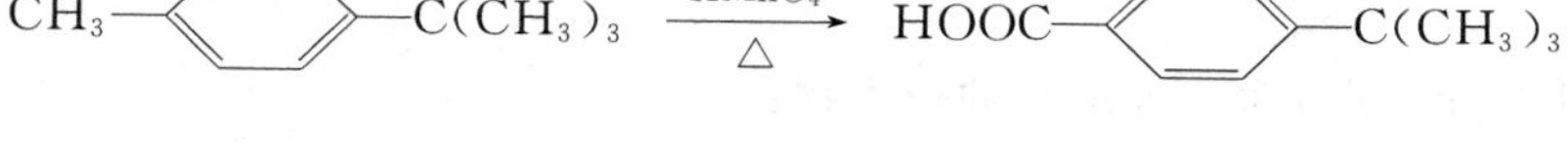

由异丙苯氧化生成两种重要工业原料——苯酚和丙酮,这是烷基苯侧链氧化的重要工业应用。其反应如下:

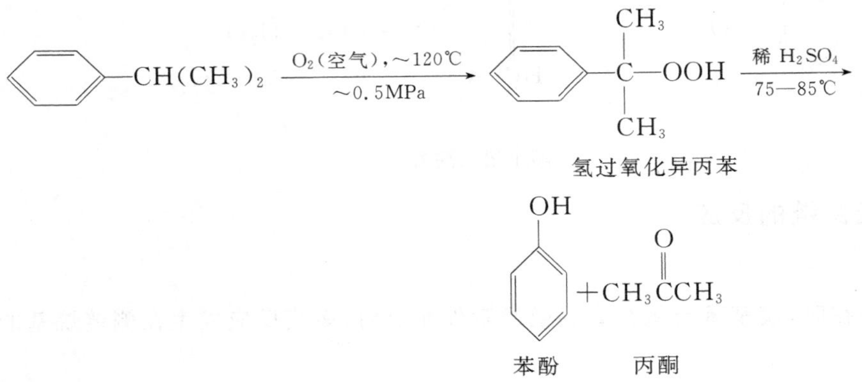

氢过氧化异丙苯

苯酚　丙酮

其反应机理为:

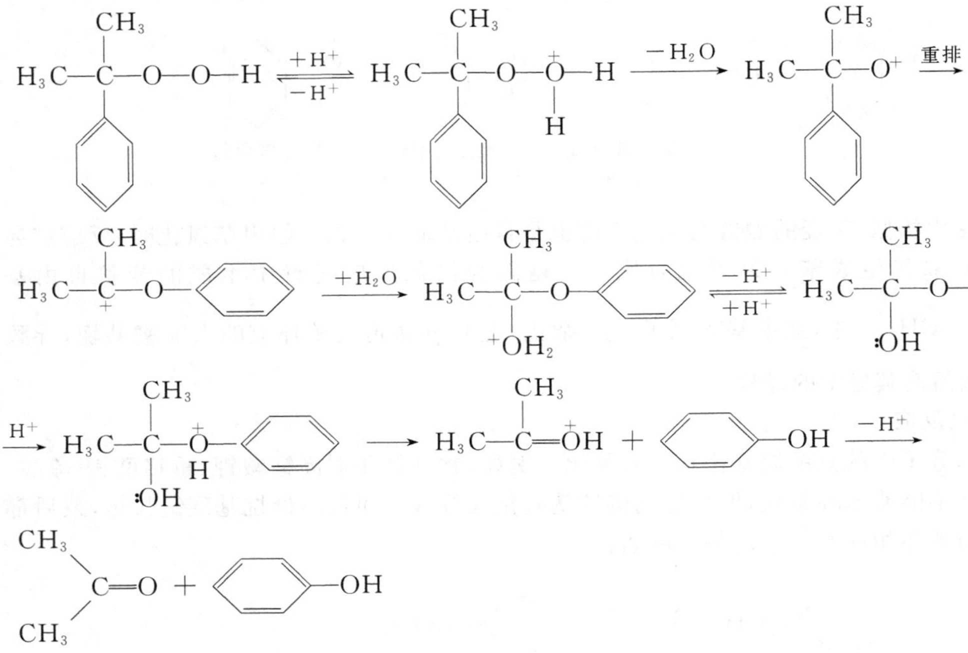

6.7　苯环上亲电取代反应的定位规律

6.7.1　两类定位基

一元取代的苯( ),在进行亲电取代时,第二个基团 E 取代环上不同位置的氢原子,则可得到邻、间、对 3 种二元取代的衍生物:

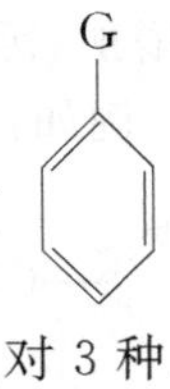

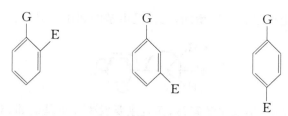

在反应中,这些位置上的氢原子被取代的机会是不均等的,第二个取代基进入的难易和位置,常决定于第一个取代基 G,也就是第一个取代基 G 对第二个取代基 E 有定位作用。在上述单环芳烃的取代反应中已指出:烷基苯的卤化、硝化、磺化或其它取代反应,不仅比苯容易进行,而且取代基主要进入烷基的邻和对位;而硝基苯的硝化,苯磺酸的磺化,不仅比苯难于进行,且新进入的取代基,主要进入其间位。

根据大量实验结果,可以把一些常见基团按照它们的定位效应分为两类:

1. 邻、对位定位基(第一类定位基)

使新进入的取代基,主要进入它的邻和对位(邻、对位异构体之和大于 60%);同时,一般使苯环活化(卤素除外)。这类基团有—O^-,—$N(CH_3)_2$,—NH_2,—OH,—OCH_3,—$NHCOCH_3$,—$OCOCH_3$,—CH_3,—X,—C_6H_5 等。

2. 间位定位基(第二类定位基)

使新进入的取代基主要进入它的间位(间位异构体大于 40%);同时使苯环钝化。属于这类的基团有—$\overset{+}{N}(CH_3)_3$,—NO_2,—CF_3,—CN,—SO_3H,—CHO,—$COCH_3$,—$COOH$,—$COOCH_3$,—$CONH_2$ 等。

以上两类基团中各定位基的定位能力的强弱是不同的,其强弱次序大致如上述次序由前到后逐渐减弱。

从结构特点上看,第一类定位基与苯环直接相连的原子带有负电荷或带有孤电子对或为烃基;第二类定位基与苯环直接相连的原子带有正电荷或以不饱和键与电负性更大的原子相连或连有多个吸电基(如—CF_3)等。

6.7.2 取代定位规律的理论解释

1. 电子效应

从上述讨论芳环上亲电取代反应机理可知,决定整个反应速度的是第一步,亲电试剂 E^+ 进攻苯环形成不稳定的碳正离子中间体,即 σ 配合物。这一步需要一定的活化能,故反应速度比较慢。要了解取代基对苯环上取代反应活性的影响,就要研究该取代基对生成 σ 配合物的影响。如果取代基的存在使 σ 配合物更加稳定,则该 σ 配合物较易生成,这个取代反应的反应速度比苯快,我们说它活化了苯环;反之,如果该取代基的作用使 σ 配合物稳定性降低,其反应速度就比较慢,即钝化了苯环。

关于取代基对苯环亲电取代反应活性的影响及取代基的定位效应,下面具体加以讨论。

(1)邻对位定位基的影响

它们对苯环定位效应的影响有下列 3 种类型,分别举例如下:

1)甲基的定位效应

甲基与苯环相连时,甲基对苯环表现出供电子的诱异效应(+I)和供电子的 σ-π 超共轭效应（＋C），使苯环上电子云密度增加，尤其是甲基的邻位和对位：

因此甲苯的亲电取代反应，不仅比苯容易，而且主要发生在甲基的邻、对位。

从 σ 配合物的稳定性来看，当亲电试剂 E^+ 与甲苯作用，进攻邻、对、间位生成的 3 种 σ 配合物都比亲电试剂 E^+ 进攻苯所生成的 σ 配合物稳定。因为甲基对苯环供电子的诱导效应（＋I）和供电子的超共轭效应（＋C），使环上的正电荷得到分散而稳定化。

因此甲苯的亲电取代反应比苯容易。

亲电试剂 E^+ 进攻甲基的邻、对、间位时，所生成的 σ 配合物都是 3 种结构的共振杂化体。可表示如下

分析上述这些极限结构式，可以发现 Ic 和 IIb 为 3° 碳正离子，并且带正电荷的碳原子与甲基直接相连，由于甲基的 ＋I 效应和 σ-π 超共轭效应，使正电荷得到有效的分散，从而能量较低，由于 Ic 和 IIb 的贡献大，使 E^+ 进攻邻位和对位生成的 σ 配合物 I 和 II 比较稳定，容易生成。而 E^+ 进攻间位生成的 σ 配合物 III 的 3 种极限结构都是 2° 碳正离子，而且带正电荷的碳原子都不与甲基相连，因此正电荷分散较差，能量较高，不易生成。

由上所述,甲苯比苯容易进行亲电取代反应,其中邻、对位比间位更容易发生,所以主要生成邻、对位取代产物。它们在反应进程中的能量变化如图6-9所示。

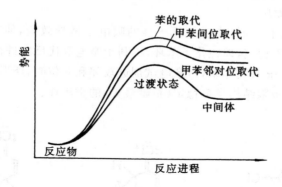

图 6-9 甲苯和苯亲电取代中的能量变化比较图

2) 氨基的定位效应

从电子效应来看,氨基对苯环有－I效应,使环上的电子云密度降低,但由于氮原子上的未共用电子对和苯环形成共轭体系,又使环上的电子云密度有所增加,尤其是邻位和对位。这种效应可以从苯胺与亲电试剂作用时形成的各种σ配合物的共振结构中看出来。亲电试剂 E^+ 进攻苯胺分子中氨基的邻、对、间位时,形成的各种σ配合物的共振结构式如下:

考察这些σ配合物的稳定性发现,亲电试剂 E^+ 进攻邻、对位时,有 4 种极限结构,其中 Id 和 IId 特别稳定。因为在这两种极限结构中,除氢原子外,每个原子都有完整的八隅体结构。因此包含这种极限结构的共振杂化体σ配合物也特别稳定,容易生成。进攻间位得不到这种极限结构。同样,苯的亲电取代反应,也不能生成与 Id 和 IId 类似的极限结构,因此苯胺的亲电取代反应比苯,甚至比甲苯容易进行,且主要发生在氨基的邻位和对位。

3）羟基的定位效应

羟基和氨基相似,使苯环活化,取代基主要进入到羟基的邻位和对位。

4）氯原子的定位效应

氯原子与苯环直接相连时,由于氯原子强的吸电子诱导效应,使苯环上电子云密度降低,使生成的σ配合物不稳定,即钝化了苯环,不利于亲电取代反应进行,但是氯原子的未共用电子对和苯环形成 p-π 共轭体系,当亲电试剂进攻邻和对位时,所形成的σ配合物有 4 种极限结构,而且第四种极限结构是最稳定(贡献最大)的贡献体:

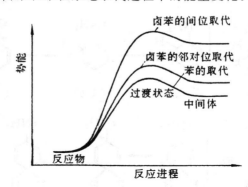

而进攻间位只有前三种极限结构(与亲电试剂进攻氨基的邻、对、间位时形成的共振式类同),所以反应较易在氯原子的邻或对位发生。综上所述,氯原子钝化苯环,但它是邻、对位定位基。图 6-10 表示了卤苯和苯在亲电取代过程中的能量变化。

图 6-10　卤苯和苯亲电取代中能量变化比较图

（2）间位定位基的影响

现以硝基苯为例,当硝基与苯环直接相连时,硝基不仅具有强吸电子诱导效应(-I),使苯环电子云密度降低,如(Ⅰ)所示,同时硝基的 π 键和苯环的 π 键形成共轭体系,产生-C效应使苯环上的电子云密度降低,尤其是硝基的邻、对位,如(Ⅱ)所示:

（Ⅰ）　　　　　（Ⅱ）

所以硝基苯在进行亲电取代反应时,不仅比苯难于进行,而且主要得到间位取代物。这种效应可以从硝基苯与亲电试剂作用时形成的各种σ配合物的共振式得到解释:

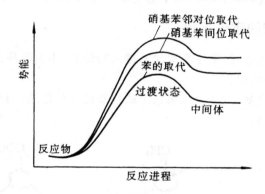

进攻邻位 （Ⅰ） 或 [（Ⅰa） ↔ （Ⅰb） ↔ （Ⅰc）]

进攻对位 （Ⅰ） 或 [（Ⅰa） ↔ （Ⅰb） ↔ （Ⅰc）]

进攻间位 （Ⅱ） 或 [（Ⅱa） ↔ （Ⅱb） ↔ （Ⅱc）]

从这些极限结构中可以看到，Ⅰc 和 Ⅱb 中，带有正电荷的碳原子都直接与强吸电子基硝基相连，使正电荷更加集中，能量升高，是很不稳定的共振结构。在亲电试剂进攻硝基间位的情况下，却不存在这种结构，因此，亲电试剂进攻间位生成的σ配合物比进攻邻、对位生成的σ配合物能量低，较易生成，所以在硝基间位上的亲电取代反应比邻、对位快得多，因而硝基是强的间位定位基，并使苯环钝化，硝基苯在反应进程中的能量变化如图 6-11 所示。

图 6-11　硝基苯和苯亲电取代中的能量变化比较图

磺酸基（—SO₃H）、酰基等与硝基相似，都是强间位定位基，使苯环钝化。

2. 空间效应

当环上有第一类定位基时，新引入基团进入它的邻和对位。但邻、对位异构体的比例将随原取代基空间效应的大小不同而变化。原有取代基体积越大，其邻位异构体越少。例如，甲苯、乙苯、异丙苯和叔丁苯在同样条件下进行硝化，其结果如表 6-4 所示。

表 6-4　一烷基苯硝化时异构体的分布

化合物	环上原有取代基	产物异构体分布		
		邻　位	对　位	间　位
甲苯	—CH_3	58.45%	37.15%	4.40%
乙苯	—CH_2CH_3	45.0%	48.5%	6.5%
异丙苯	—$CH(CH_3)_2$	30.0%	62.3%	7.7%
叔丁苯	—$C(CH_3)_3$	15.8%	72.7%	11.5%

邻、对位异构体的比例,也与新引入基团的空间效应有关。当环上原有取代基不变时,邻位异构体的比例将随新进入取代基体积的增大而减少。例如在甲苯分子中分别引入甲基、乙基、异丙基和叔丁基时,随引入基团的体积增大,邻位取代产物的比例下降,如表 6-5 所示。

表 6-5　甲苯一烷基化时异构体的分布

新　引　入　基　团	产物异构体分布		
	邻　位	对　位	间　位
甲基	53.8%	28.8%	17.3%
乙基	45.0%	25%	30%
异丙基	37.5%	32.7%	29.8%
叔丁基	0	93%	7%

如果苯环上原有取代基与新引入取代基的空间效应都很大时,则邻位异构体的比例更少。例如叔丁苯、氯苯和溴苯的磺化,几乎都生成(100%)对位异构体。

6.7.3　二取代苯的定位规律

苯环上已有两个取代基时,第三个取代基进入的位置,则由苯环上原有两个取代基来决定,一般可能有以下几种情况。

环上原有的两个取代基,对于引入第三个取代基的定位作用一致时,则由原有两个取代基的定位规则决定。例如:

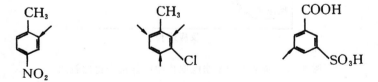

第三个取代基主要进入箭头所示位置。

环上原有的两个取代基,对于引入第三个取代基的定位作用不一致时,有两种情况:一种情况是两个取代基属于同一类定位基时,第三个取代基进入苯环的位置主要由定位效应强的定位基决定。例如:

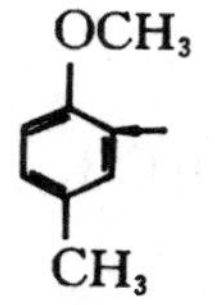

主要产物 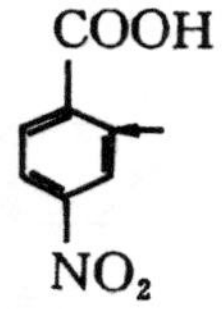   **主要产物**

如果两个取代基定位作用强弱相差不大,则得混合物,如下左式。另一种情况是原有两个取代基属于不同类定位基时,第三个取代基进入位置通常由第一类定位基决定,如下右式:

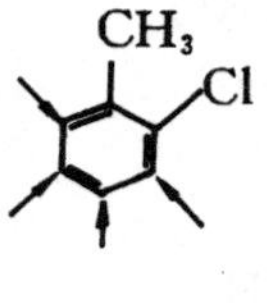

混合物

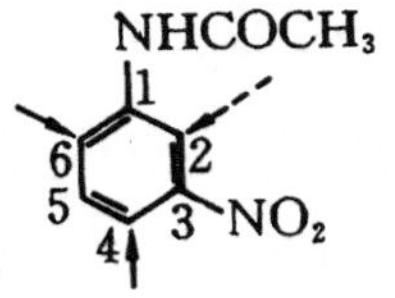

由于空间位阻,两个取代基之间很难进入,故用虚线表示。

6.7.4 定位规律在有机合成上的应用

苯环上亲电取代反应的定位规则在有机合成上可用来指导多官能团取代苯合成路线的确定。

例1 由苯合成邻、间、对硝基氯苯。

由于氯原子是邻、对位定位基,硝基是间位定位基,所以合成邻(或对)硝基氯苯时,应先氯化,后硝化;合成间硝基氯苯时,必须先硝化后氯化。最后分离纯化产物:

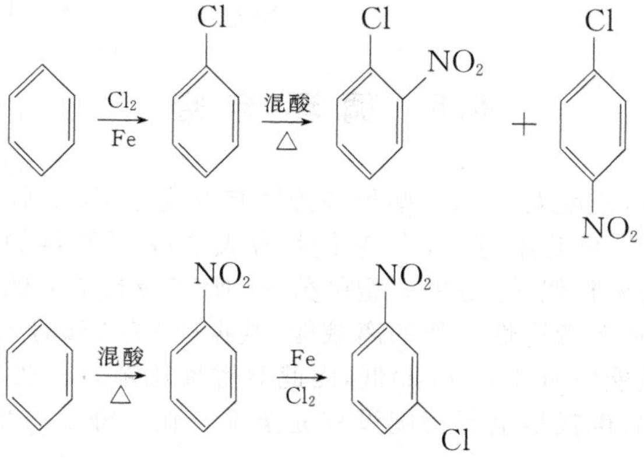

例2 由苯合成对氯异丙苯:

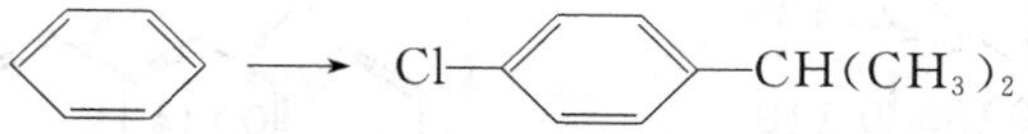

苯环上两个取代基互为对位,而且两个都是邻、对位定位基,但考虑到反应的难易和产率,应该先烷基化,然后再氯化。因为氯虽然是邻、对位定位基,但它使苯环钝化,氯苯烷基化比苯困难,而烷基能使苯环活化,进一步取代比苯容易,所以,合理的路线是:

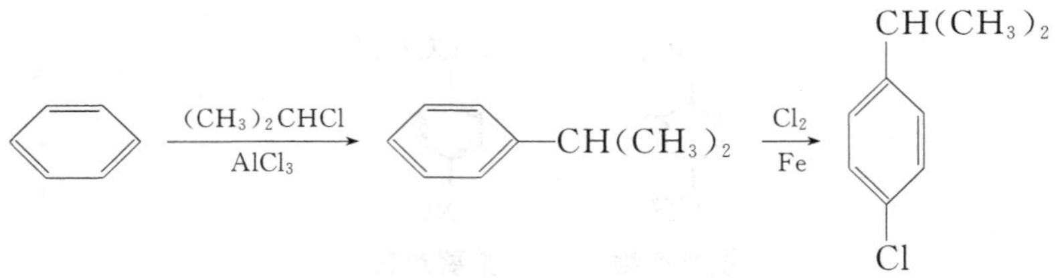

例3 由苯合成 3-硝基-4-氯苯磺酸:

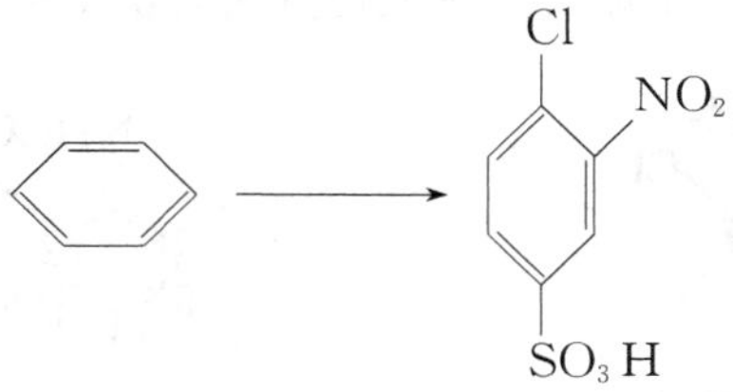

反应的第一步是氯化,因为在这个化合物分子中氯原子处在硝基的邻位和磺酸基的对位。硝基和磺酸基先引入哪一个好呢? 从前面的讨论中已经知道,由于磺酸基体积较大,在较高温度下几乎 100% 进入氯原子的对位,而且生成的对氯苯磺酸分子中氯和磺酸基的定位效应一致,所以正确的合成路线应该是:氯化、磺化、硝化:

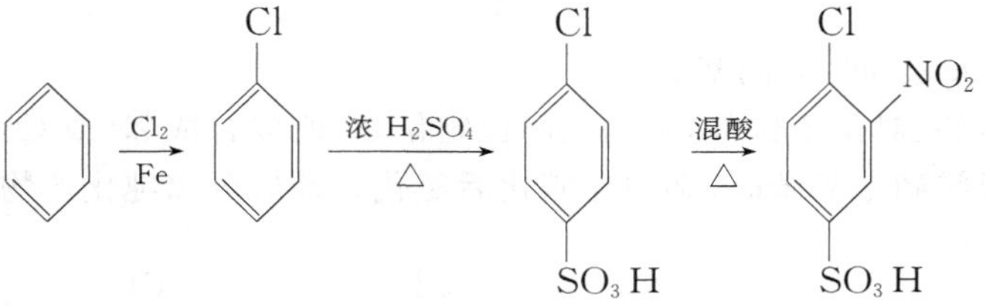

6.8 稠 环 芳 烃

稠环芳烃都是固体,密度大于1,一些稠环芳烃有致癌作用(见 6.8.3 小节)

稠环芳烃中比较重要的是萘、蒽和菲,它们是合成染料、药物等的重要原料。

稠环芳烃的结构与苯相似,也是平面型的分子,所有碳原子上的 p 轨道都平行重叠形成闭合共轭体系,故萘具有芳香性。萘的离域能(共振能)为 255kJ/mol,因此比较稳定,但比两个独立苯环的离域能(301.2kJ/mol)低,因此芳香性比苯差。在稠环芳烃中,各 p 轨道的重叠程度不完全相同,也就是电子密度没有完全平均化。分子中各 C—C 键长不完全相等。例如:

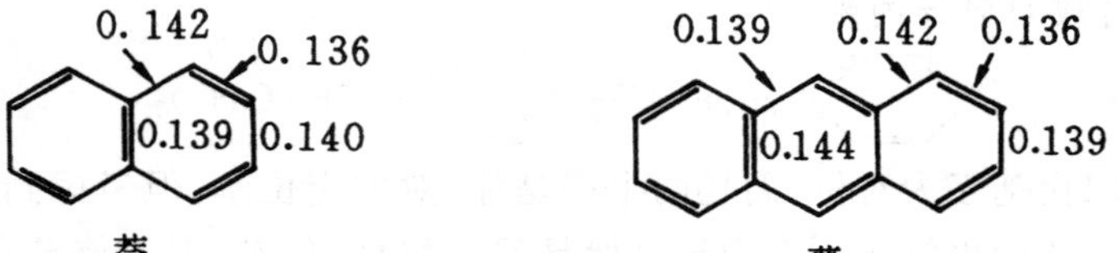

根据分子轨道法计算出的各碳原子上电子密度亦不均等,如下式中,萘分子中以 α-位(1,4,5,8 位)最高,β-位(2,3,6,7 位)其次,9,10 位最低。在蒽和菲中以 9,10 位最高。

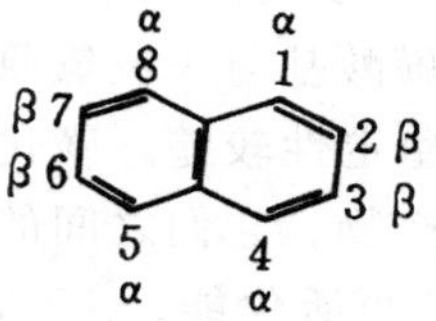

萘 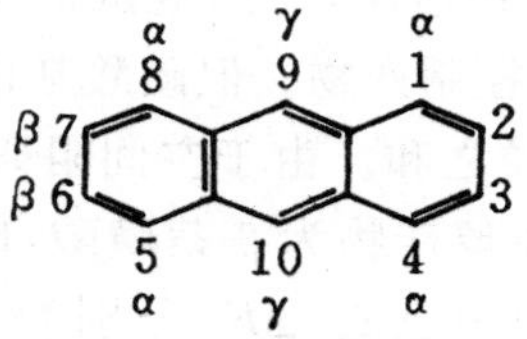   蒽 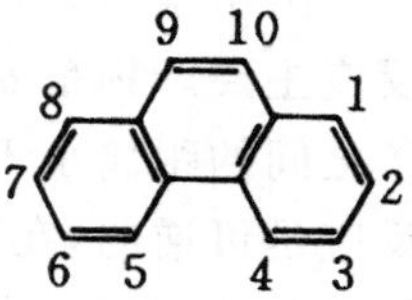   菲

6.8.1 萘

萘是无色片状结晶,熔点 80.2℃,沸点 218℃,不溶于水,能溶于乙醇、乙醚、苯等有机溶剂,易升华。

萘的化学性质比苯活泼,加成、氧化和取代反应都比苯容易。

1. 取代反应

萘也可以进行一般芳香烃的取代反应,但在进行一元取代反应时,取代基首先进入 α-位。

(1) 卤化

在三卤化铁的作用下,将氯气通入萘的苯溶液中,即发生反应,主要得到 α-氯萘。

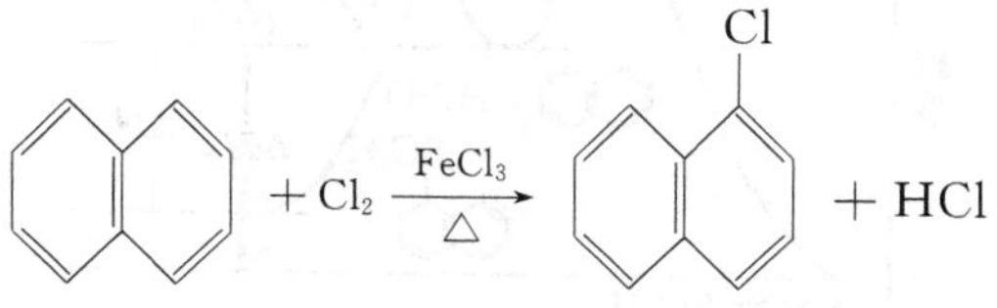

92%—95%

萘的溴化反应得到相似结果。

(2) 硝化

萘的硝化,α-位比苯快 750 倍,β-位比苯快 50 倍,故萘用混酸硝化时,室温即可进行,且主要产物是 α-硝基萘:

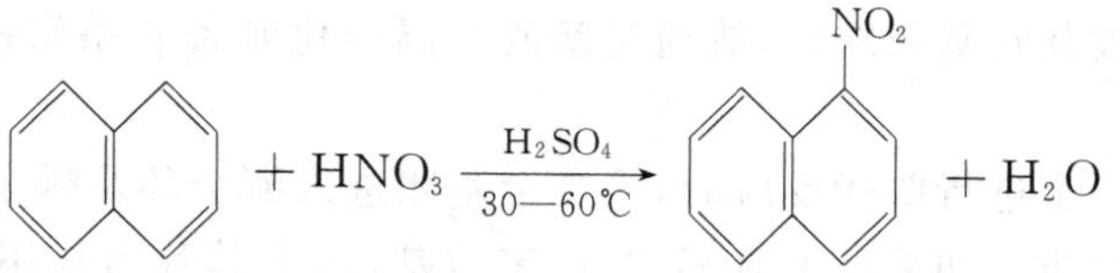

95%

(3) 磺化

萘在较低温度(60℃)磺化时,主要生成 α-萘磺酸,在较高温度(165℃)磺化时,主要生成 β-萘磺酸。α-萘磺酸与硫酸共热至 165℃时,也转变成 β-萘磺酸:

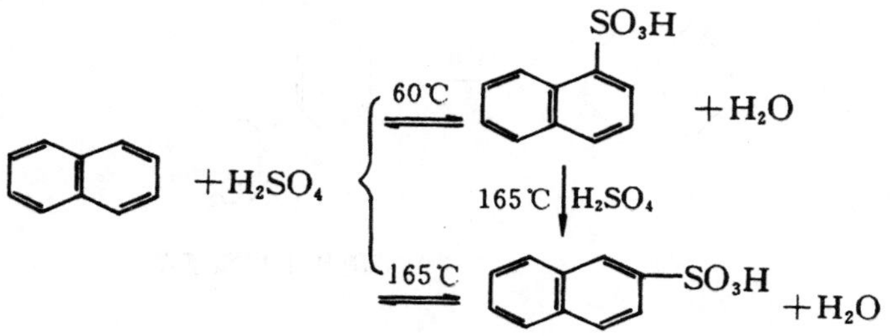

由于萘的 α-位电子云密度较高,较活泼,与亲电试剂反应速度快,所以在较低温度下,反应主要产物是 α-萘磺酸,为动力学控制产物。但磺酸基体积较大,α-位磺酸基与 8-位氢原子之间的距离小于它们的范德华半径之和。由于空间阻碍,α-萘磺酸的稳定性较差。磺化反应是可逆的,在高温达到平衡时,主要产物为 β-萘磺酸,即热力学控制产物。它们之间的转化与能量关系如图 6-12 所示。图中 ΔE_α,ΔE_β 分别为 α-位、β-位取代的活化能,$\Delta H_\alpha^\ominus$,$\Delta H_\beta^\ominus$ 为其反应热。

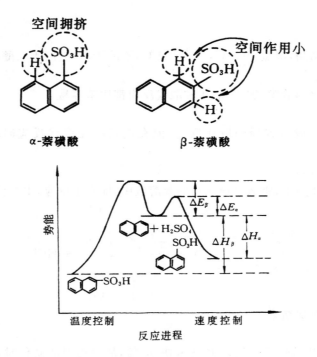

图 6-12　萘磺化的反应进程和能量的关系

因为磺酸基易被其它基团取代,故通过萘的高温磺化制备 β-萘磺酸是制备某些 β-取代萘的桥梁。

一元取代萘进一步进行取代反应时,第二个基团进入哪个环及哪个位置,也同样取决于环上原有取代基的性质。如果环上有邻、对位定位基,由于其致活作用,所以二元取代发生在同环。当原有基团在 1 位时,第二个取代基主要进入 4 位。如果原有基团在 2 位,则第二个取代基主要进入 1 位。例如:

4-硝基-1-甲氧基萘

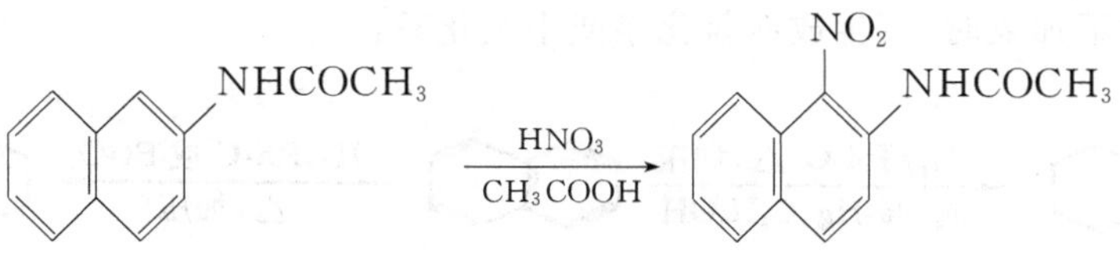

2-乙酰氨基-1-硝基萘

当环上有一个间位定位基时,由于间位定位基的致钝作用,二元取代反应主要发生在异环的 5 或 8 位。例如:

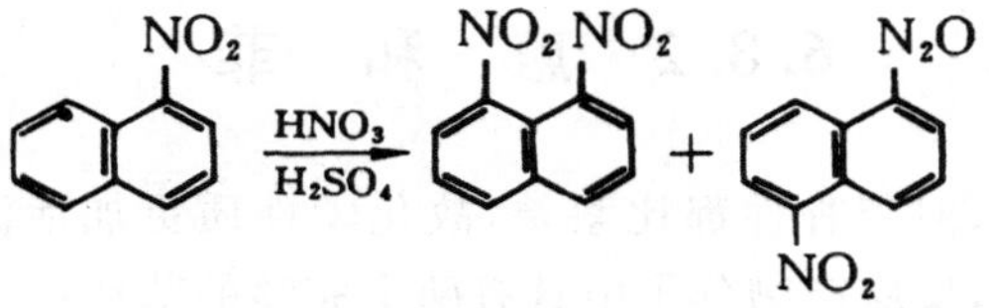

1,8-二硝基萘　　　1,5-二硝基萘

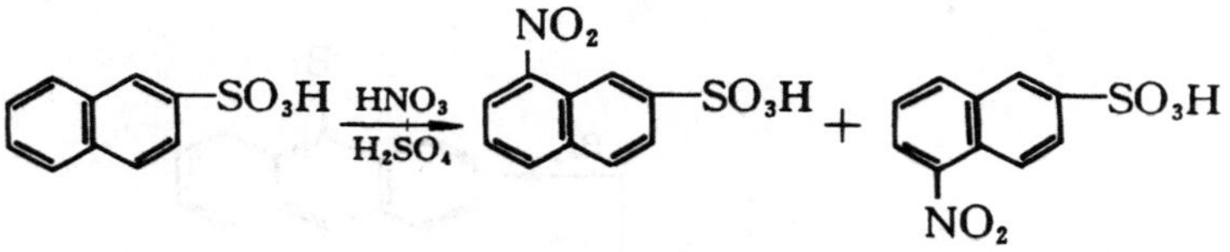

8-硝基-2-萘磺酸　　　5-硝基-2-萘磺酸

萘环二元取代反应比苯环复杂得多,上述规则只是一般情况。

2. 氧化反应

在乙酸溶液中,萘用三氧化铬氧化生成 1,4-萘醌,但产率较低:

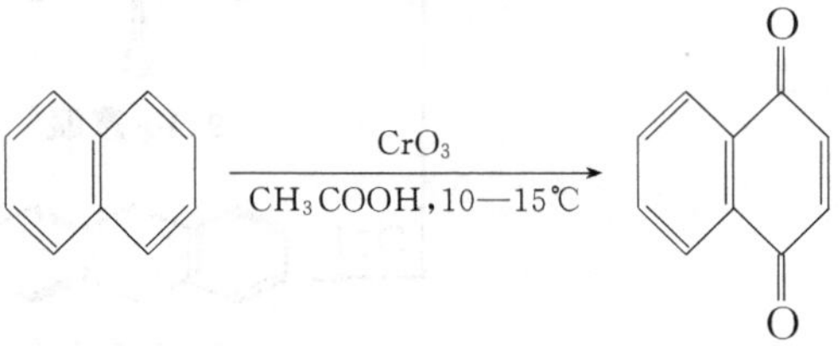

在强烈条件下氧化,则其中一个环破裂,生成邻苯二甲酸酐:

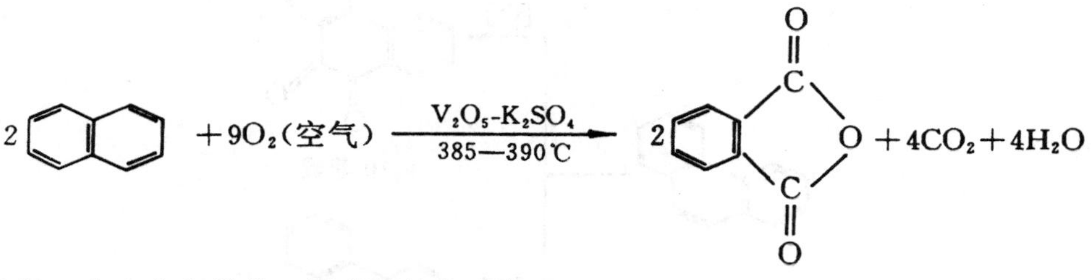

这是工业上生产邻苯二甲酸酐的方法之一。

3. 还原反应

萘比苯容易发生加氢反应,在不同条件下可以发生部分加氢或全部加氢。当用金属钠在液氨和乙醇的混合物中进行还原时,得到 1,4-二氢萘。

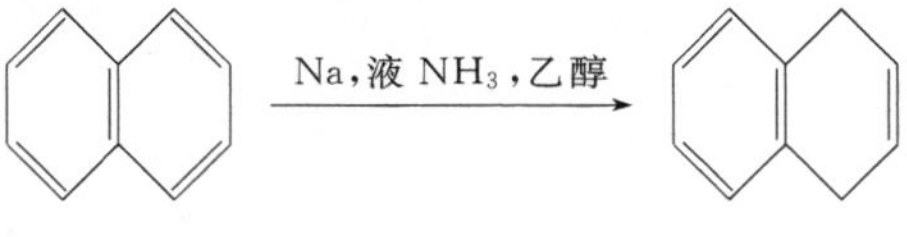

在强烈条件下加氢时,可生成四氢化萘或十氢化萘:

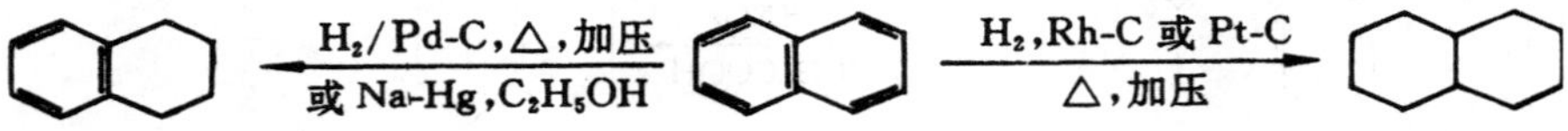

1,2,3,4-四氢化萘　　　　　　　　　　　　　　　**十氢化萘**

四氢化萘和十氢化萘都是无色液体,是两种良好的高沸点溶剂。

6.8.2　蒽　和　菲

蒽和菲也具有芳香性,但芳香性都比萘差,故化学性质更加活泼,无论取代、氧化或还原,反应都发生在 9,10 位,反应产物分子中具有两个完整的苯环:

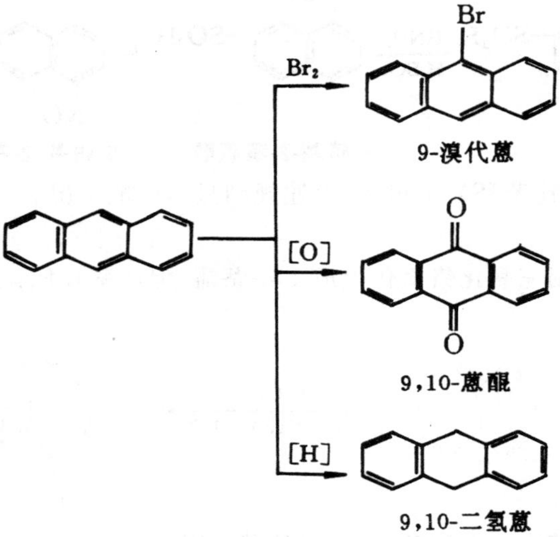

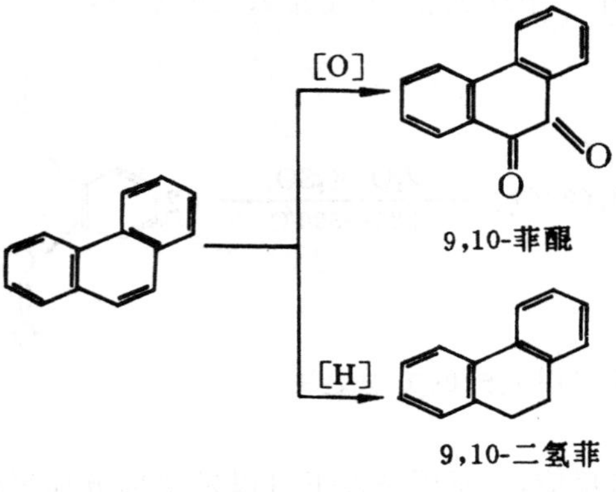

9-溴代蒽

9,10-蒽醌

9,10-二氢蒽

9,10-菲醌

9,10-二氢菲

蒽还可作为双烯体,发生 Diels-Alder 反应。例如:

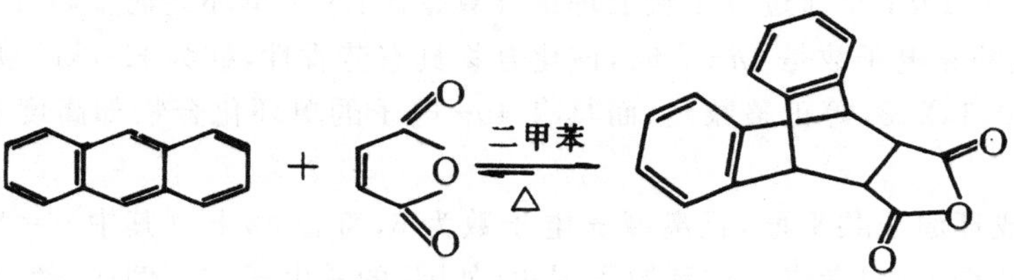

6.8.3 致癌烃

芳香烃不仅在物理性质和化学性质上与脂肪烃有所不同,在对有机体的作用方面也有其特殊性。许多多环及稠环芳烃,是目前已经确认的有致癌作用的物质。下面列出了一些致癌烃的结构式:

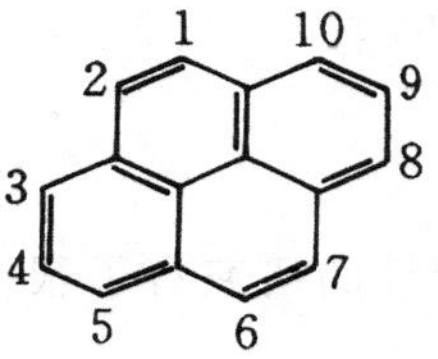

芘

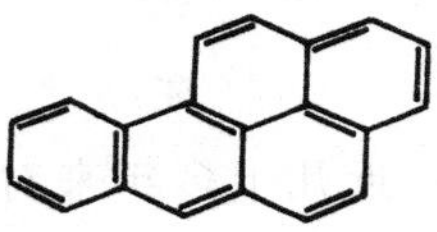

3,4-苯并芘

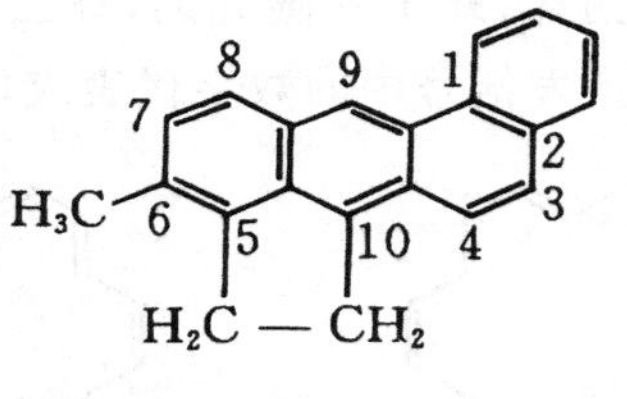

6-甲基-5,10-亚乙基-1,2-苯并蒽

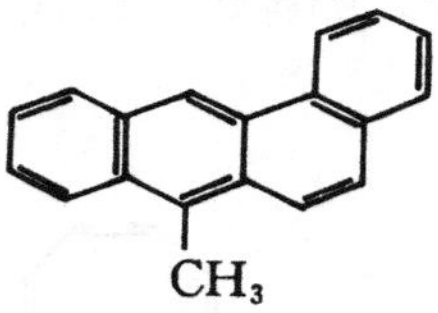

10-甲基-1,2-苯并蒽

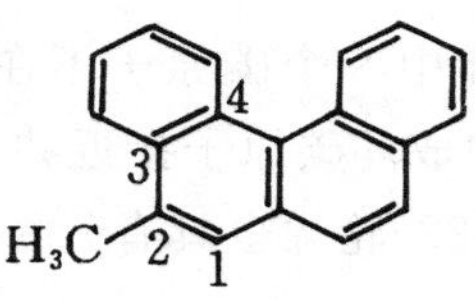

2-甲基-3,4-苯并菲

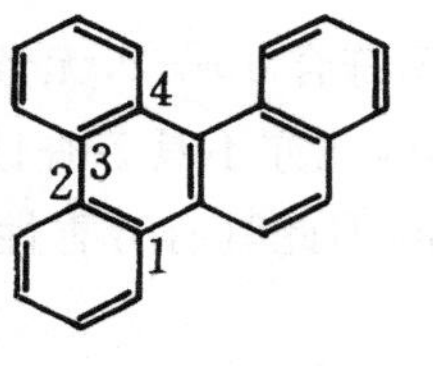

1,2,3,4-二苯并菲

6.9 非 苯 芳 烃

苯是由 6 个 sp^2 杂化碳原子组成的环状体系,其中每个碳原子的 p 轨道侧面互相重叠,形成闭合的共轭体系,电子离域,故具有特殊稳定性,表现出芳香性。从价键理论的观点,推断其它环状闭合共轭体系。例如,环丁二烯和环辛四烯也应具有芳香性。但这种推论与事实不符,环丁二烯很不稳定,很难合成。即使在很低温度下合成出来,温度略高就发生聚合;环辛四烯具有烯烃的典型性质,化学性质活泼。它们都不具有芳香性。如何解释这些现象呢?

E. Hückel 于 1931 年通过分子轨道理论计算指出:对于单环共轭多烯分子,当成环原子共平面,且离域的 π 电子数是 $4n+2$ 时,该化合物具有芳香性,称为 Hückel 规则或 $4n+2$ 规则。(式中 $n=0,1,2,3$,等正整数)。而具有 $4n\pi$ 电子的单环化合物却高度不稳定,被称为反芳香性。

苯分子中成环原子共平面,且离域 π 电子数为 6,符合 $4n+2$(其中 $n=1$),故具有芳香性。对于稠环芳烃,则只考虑它成环原子周边(外围)的 π 电子数。例如,萘、蒽、菲的环上原子均处于同一平面内,π 电子数为 10 或 14,且均处在外围,故具芳香性。芘分子中具有 16 个 π 电子,但它的外围 π 电子只有 14 个,故也具有芳香性。

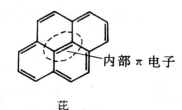

芘

在 Hückel 规则的启示下,近几十多年来对非苯芳烃的研究有了很大进展。典型的非苯芳烃有下列 3 类。

1. 轮烯

单环共轭多烯亦称轮烯,如环丁二烯,环辛四烯,环十八碳九烯,环二十二碳十一烯,分别称为[4]轮烯,[8]轮烯,[18]轮烯和[22]轮烯。方括号中的数字代表成环碳原子数:

[4]轮烯   [8]轮烯   [18]轮烯   [22]轮烯

其中[4]轮烯,π 电子数不符合 $4n+2$,无芳香性;[8]轮烯中 8 个碳原子不在同一平面内,π 电子数亦不符合 $4n+2$,因此亦不具芳香性。[18]轮烯中成环碳原子接近共平面,且 π 电子数符合 $4n+2$,其中 $n=4$,因此具有芳香性。与此相似,[22]轮烯也具有芳香性。

2. 芳香离子

某些环状烃虽然没有芳香性,但转变成离子(正或负离子)后则有可能显示芳香性。例如,下列结构式中的环戊二烯无芳香性,但其负离子(a)不仅成环的 5 个碳原子共平面,且具有 6 个 π 电子,符合 $4n+2$($n=1$),故有芳香性。另外,如环丙烯正离子(b),环庚三烯正离子(c),环辛四烯二价负离子(d)等均具有芳香性:

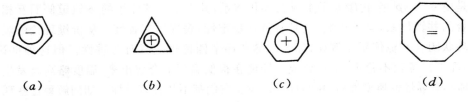

(a) (b) (c) (d)

3. 稠合环系

例如薁(蓝烃)是由一个五元环和一个七元环稠和而成的,其成环原子的外围 π 电子有 10 个,符合 $4n+2(n=2)$ 规则,也具有芳香性:

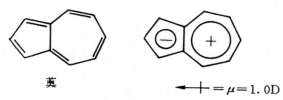

薁 $\longleftarrow \underset{+}{-} = \mu = 1.0D$

Hückel 规则是根据分子轨道理论计算得出的。n 个原子轨道可以线性组合成 n 个分子轨道。其中成键轨道的能量小于原子轨道的能量,反键轨道的能量大于原子轨道的能量,非键轨道的能量等于原子轨道的能量。能量最低的成键轨道只有一个。能量最高的轨道有两种状态:当轨道数 n 为奇数时,有两个能量相等的轨道;当 n 为偶数时则只有一个。介于能量最低和最高轨道之间的轨道都有两个简并轨道。所有成键轨道都被自旋配对的电子充满,非键轨道也被充满或完全空着的体系是稳定的,相应的化合物具有芳香性。图 6-13 列出了 $C_3—C_8$ 的单环共轭多烯及其离子的 π 分子轨道能级及基态 π 电子构型。

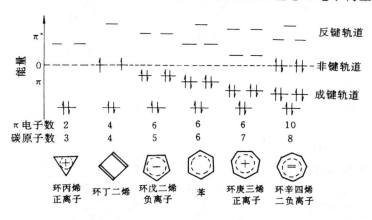

图 6-13　环多烯烃(C_nH_n)的 π 分子轨道能级和基态电子构型

从图 6-13 中可以看出,除能量最低的成键轨道需要两个电子充满外,其余的成键轨道和非键轨道都是两个简并轨道,即每一能级的轨道需要 4 个电子才能充满。这就是 Hückel 规则为什么需要 $4n+2$ 个 π 电子的原因。从图 6-13 可知其中 $C_3H_3^+$,$C_5H_5^-$,C_6H_6,$C_7H_7^+$,$C_8H_8^{2-}$ 具有芳香性,符合 $4n+2$,且同一能级的轨道全充满,具有稳定的电子构型。这与前面的分析是一致的。

习　　题

6.1　写出下列各化合物所有可能的结构式,并命名:
(1)分子式为 C_7H_7Br 的 4 个芳香化合物;(2) 三甲苯;(3) 氯溴甲苯(10 种)。

6.2　写出下列化合物的结构式:

（1）仲丁苯；（2）对氯溴化苄；（3）二苯基甲烷；（4）（E)-1,2-二苯乙烯；（5）间硝基苯磺酸。

6.3 命名下列各化合物：

(1) 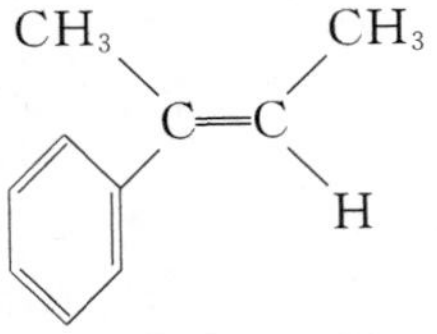 ； (2) 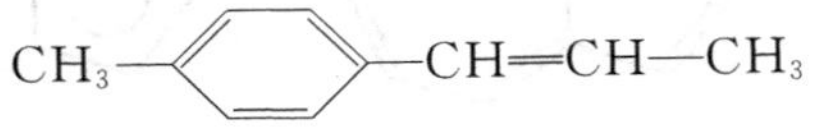 CH_3—⬡—CH=CH—CH_3 ；

(3) ⬡—CH_2OH ； (4) 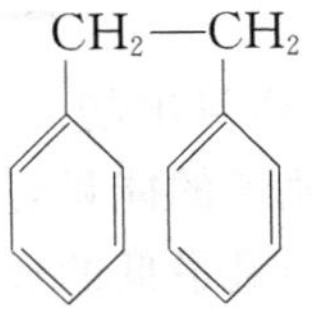 ； (5) 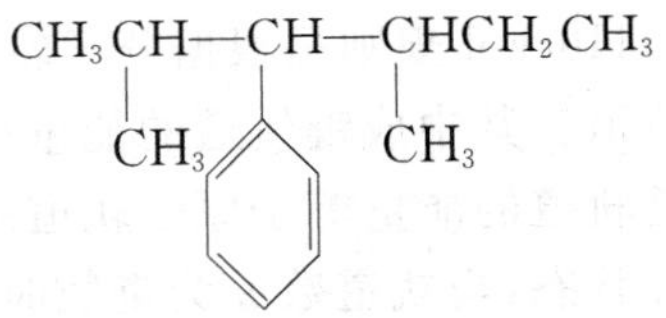 ；

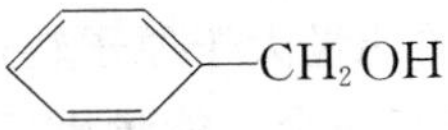

(6) 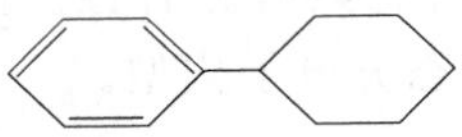 ； (7) 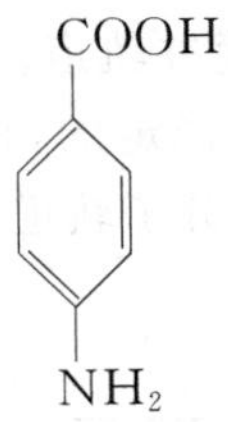 ； (8) 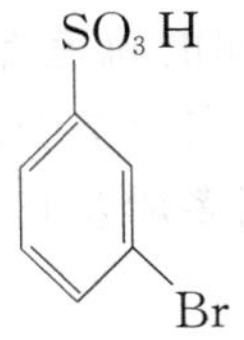 ；

(9) 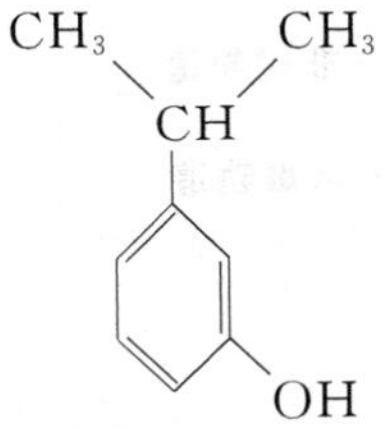 。

6.4 命名下列多环芳烃：

(1) 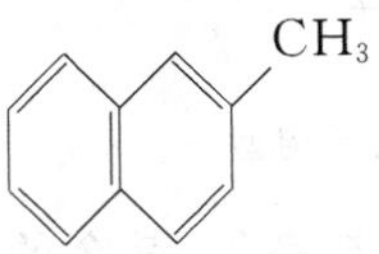 ； (2) 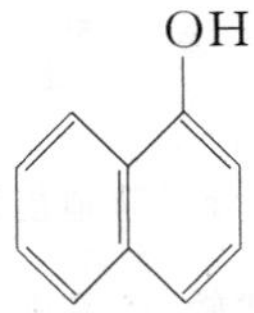 ； (3) 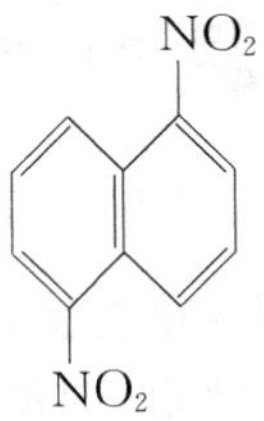 ；

(4) ； (5) 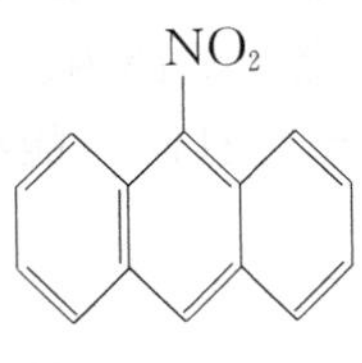 ；

(6) 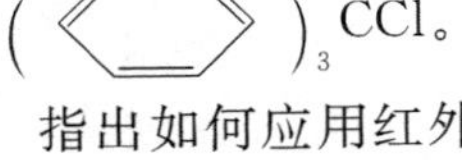 (⬡)$_3$ CCl 。

6.5 指出如何应用红外光谱来区分下列各组化合物：

(1) 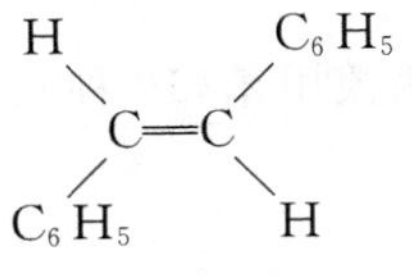 和 ；

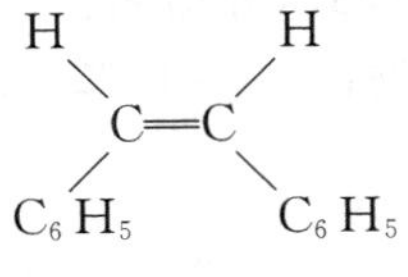

（2） 和 ；

（3）$CH_3-C \equiv C-CH_3$ 和 $CH_3CH_2C \equiv CH$ ；

（4） 和 ； （5） 和 。

6.6 化合物 $C_{10}H_{14}$ 的 3 个异构体的 ^{1}HNMR 谱图，如图 6-14,6-15,6-16 所示，推测它们的结构式。

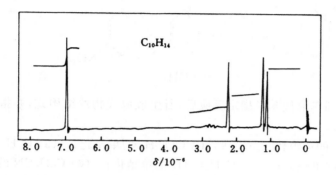

图 6-14 HNMR 谱图

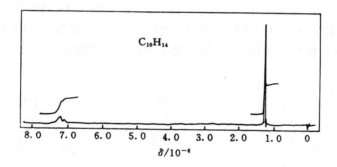

图 6-15 HNMR 谱图

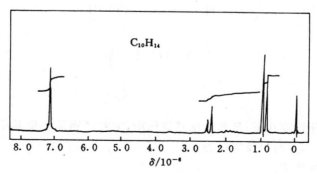

图 6-16 HNMR 谱图

6.7 二乙苯有 3 个异构体 A,B 和 C。A 硝化得 3 个一硝基衍生物;B 硝化得一个一硝基衍生物;C 得两个一硝基衍生物。试写出 A,B 和 C 的构造式。

6.8 以溴化反应活性递降次序,排列下列化合物:

(1) ![Cl-benzene], ![CH₃-benzene], ![H-benzene], ![OH-benzene], ![NO₂-benzene];

(2) ![Br-benzene], ![COOH-cyclohexane], ![H-benzene], ![NH₂-benzene-CH₃], ![COOH-benzene-NO₂] 。

6.9 写出下列单取代苯经指定反应后,所生成取代物的结构式,并指出该反应比用苯为原料时快还是慢。

(1) $C_6H_5CF_3$ 的单溴代; (2) $C_6H_5COOCH_3$ 的单硝化; (3) $C_6H_5OCH_3$ 的单氯代;
(4) C_6H_5Br 的单磺化; (5) $C_6H_5C_6H_5$ 的单硝化; (6) C_6H_5CN 的单氯代;
(7) $C_6H_5NHCOCH_3$ 的单硝化; (8) $C_6H_5CH(CH_3)CH_2CH_3$ 的单磺化。

6.10 写出乙苯与下列试剂反应生成的主要产物的结构式和名称。
(1) H_2SO_4,△; (2) $HNO_3+H_2SO_4$,△; (3) Cl_2,Fe; (4) $PhCH_2Cl$,$AlCl_3$,0℃;
(5) 异丁烯,HF;(6) CH_3COCl,$AlCl_3$,0℃; (7) Br_2,光照;(8) n-C_3H_7Cl,$AlCl_3$。

6.11 写出下列化合物溴化时,一元溴化主要产物的结构式。

(1) ![OH-benzene]; (2) ![C(=O)CH₃-benzene]; (3) ![NO₂-benzene-SO₃H]; (4) ![CH₃-benzene-SO₃H];

(5) ![NHCOCH₃-benzene-Cl]; (6) ![CH₃-benzene-OH]; (7) ![COOH-benzene-NO₂] 。

6.12 在三氯化铝存在下,苯和新戊基氯作用,主要产物是 2-甲基-2-苯基丁烷,而不是新戊基苯。试解释之,并写出反应历程。

6.13 解释下列事实:

反 应	o-	p-
氯化	39%	55%
硝化	30%	70%
溴化	11%	87%
磺化	1%	99%

6.14 完成下列反应：

(1) $\xrightarrow[\text{FeBr}_3]{\text{CH}_3\text{Br}}$? $\xrightarrow[\text{H}_2\text{SO}_4]{\text{HNO}_3}$? +? $\xrightarrow[\text{H}_2\text{SO}_3]{\text{SO}_3}$? +?

(2) $\xrightarrow[\text{AlCl}_3]{\text{CHCOCl}}$? $\xrightarrow[\triangle]{\text{混酸}}$?

(3) + $\xrightarrow{\text{AlCl}_3}$?

(4) + Br$_2$ $\xrightarrow{\text{光照}}$? $\xrightarrow{\text{Fe}}$?

(5) +(CH$_2$O)$_3$+HCl $\xrightarrow[\triangle]{\text{无水 ZnCl}_2}$?

6.15 写出下列反应中 A 到 M 所代表产物的结构：

(1) $C_6H_6 + ClCH_2-\underset{\underset{CH_3}{|}}{CH}-CH_2CH_3 \xrightarrow{\text{AlCl}_3}$ (A)

(2) C_6H_6(过量)$+CH_2Cl_2 \xrightarrow{\text{AlCl}_3}$ (B)

(3) —NO$_2$ $\xrightarrow[\text{H}_2\text{SO}_4]{\text{HNO}_3}$ (C)

(4) $\xrightarrow{\text{HNO}_3,\text{H}_2\text{SO}_4}$ (D)

(5) $\xrightarrow[\text{无水 ZnCl}_2]{\text{CH}_2\text{O,HCl}}$ (E)

$CH_2CH_2CH_2CH_3$

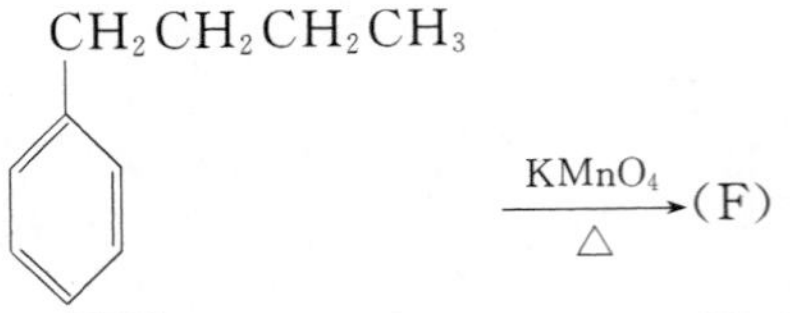

（6）〔苯环〕$\xrightarrow[\triangle]{KMnO_4}$（F）

（7）〔苯环〕$\xrightarrow[AlCl_3]{(CH_3)_2C=CH_2}$（G）$\xrightarrow[AlCl_3]{CH_3CH_2Br}$（H）$\xrightarrow[H_2SO_4]{K_2Cr_2O_7}$（I）

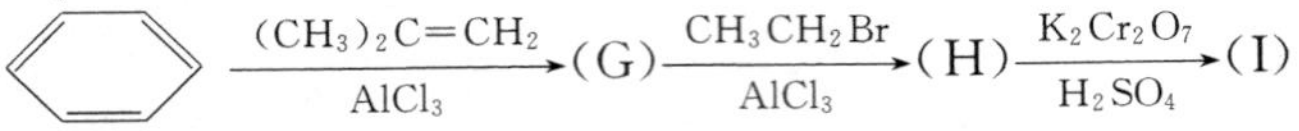

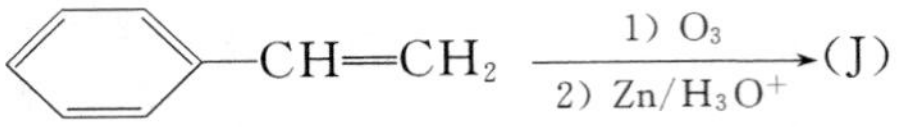

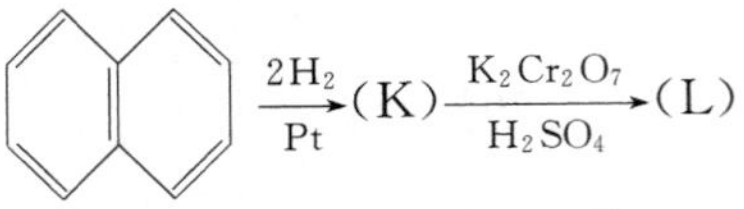

（8）〔苯环〕$-CH=CH_2$ $\xrightarrow[2)\ Zn/H_3O^+]{1)\ O_3}$（J）

（9）〔萘〕$\xrightarrow[Pt]{2H_2}$（K）$\xrightarrow[H_2SO_4]{K_2Cr_2O_7}$（L）

（10）〔苯环〕$+$
$$\begin{array}{c} CH_2-C=O \\ \qquad\qquad O \\ CH_2-C=O \end{array}$$
$\xrightarrow{AlCl_3}$（M）

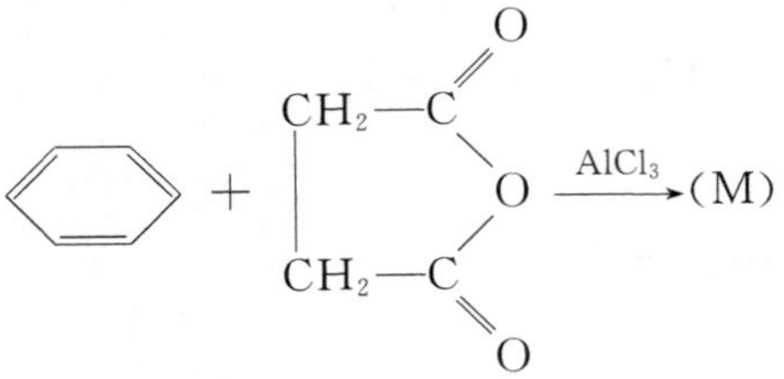

6.16 指出下列反应中的错误步骤,并说明理由：

（1）〔苯环〕$\xrightarrow[(A)]{CH_3CH_2CH_2Cl,\ AlCl_3}$〔苯环〕$-CH_2CH_2CH_3$ $\xrightarrow[Cl_2,(B)]{光照}$

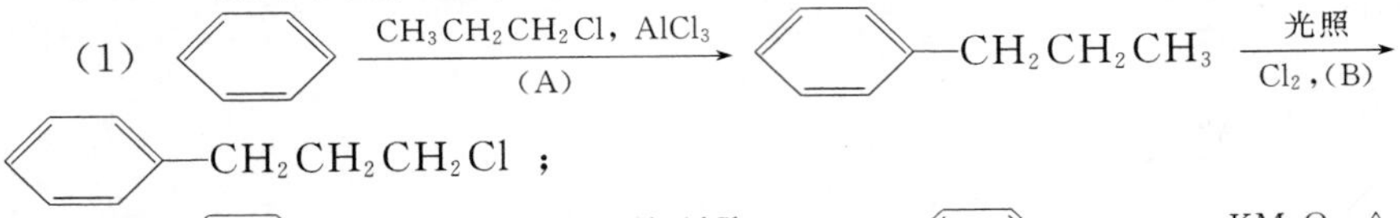

〔苯环〕$-CH_2CH_2CH_2Cl$ ；

（2）〔苯环〕$-NO_2$ $\xrightarrow[(C)]{CH_2CH_2Cl,\ AlCl_3}$ 〔苯环〕$-NO_2$（邻位 CH_2CH_2）$\xrightarrow[(D)]{KMnO_4,\triangle}$

〔苯环〕$-NO_2$（邻位 CH_2COOH）；

（3）〔苯环〕$-COOH$ $\xrightarrow[(E)]{CH_3COCl,\ AlCl_3}$ 〔苯环，COOH 与 COCH_3〕 $\xrightarrow[(F)]{Br_2,\ Fe}$ 〔苯环，COOH、COCH_3 与 Br〕 ；

（4）〔蒽〕$\xrightarrow[(G)]{K_2Cr_2O_7,\triangle}$ 〔蒽醌〕 ；

（5）〔二苯甲烷对位 NO_2〕$-CH_2-$〔苯环〕$-NO_2$ $\xrightarrow[(H)]{HNO_3\ H_2SO_4}$ 〔苯环〕$-CH_2-$〔苯环 O_2N 与 NO_2〕 ；

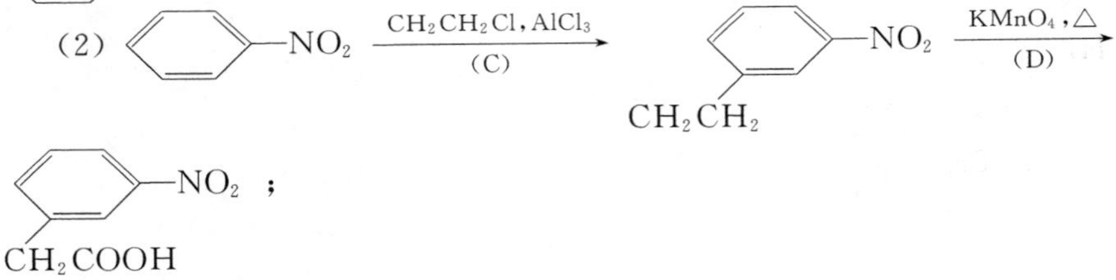

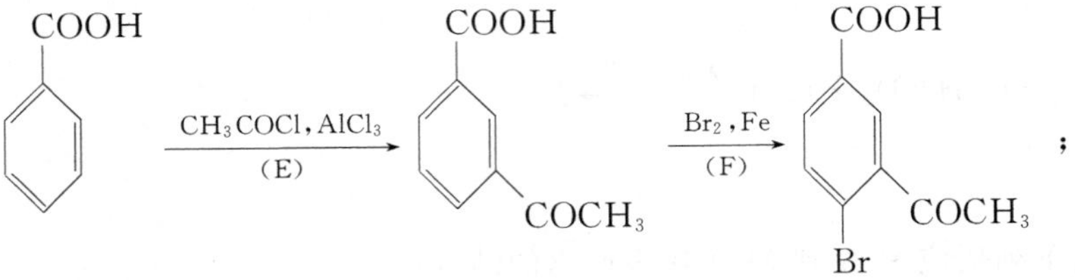

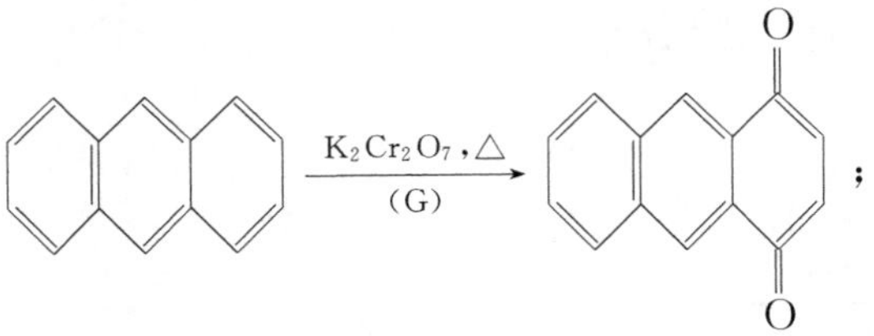

（6）〔联苯〕$\xrightarrow[(I)]{混酸}$ 〔联苯〕$-NO_2$ $\xrightarrow[(J)]{Br_2,Fe,\triangle}$

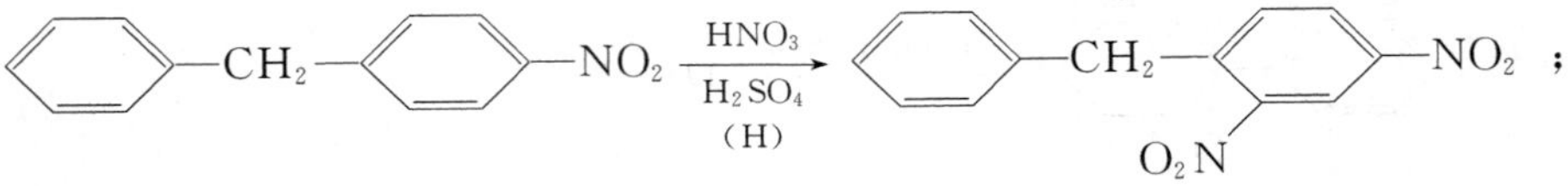

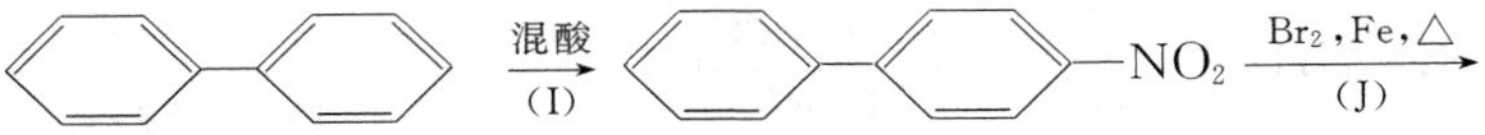

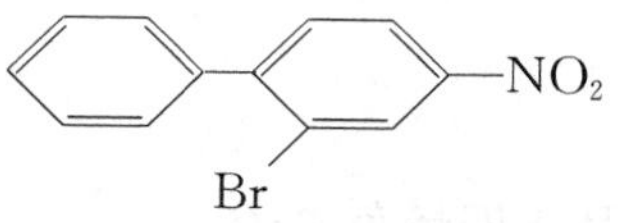

苯环结构 —NO₂ 。

6.17 试从 ⬡ 通过合适的途径合成正丁苯和叔丁苯。

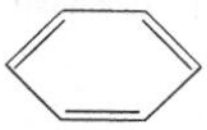

6.18 用简便的化学方法区别下列各组化合物：

(1) 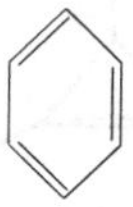 ⬡，⬡ 和 ⬡；(2) 甲苯 和 甲基环己烷；

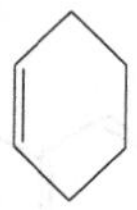

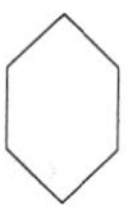

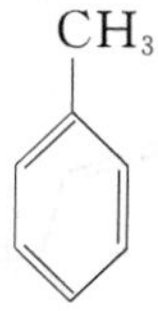

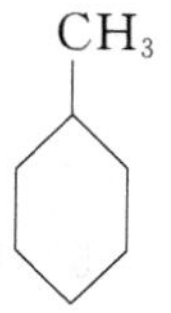

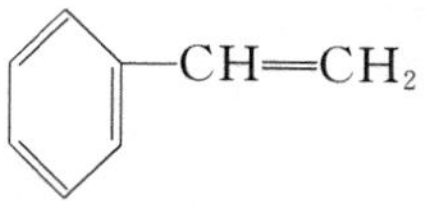

(3) 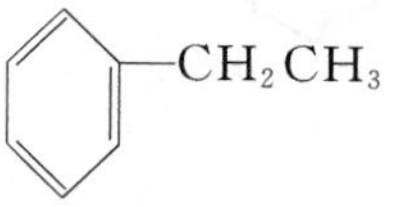 苯—CH₂CH₃，苯—CH=CH₂ 和 苯—C≡CH。

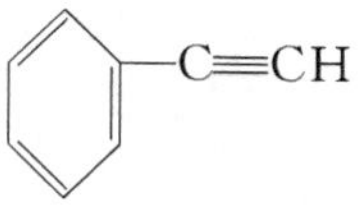

6.19 以苯、甲苯或二甲苯为主要有机原料合成下列化合物：

(1) 苯乙酮；(2) 间溴苯甲酸；(3) 间溴苯磺酸；(4) 对溴苯磺酸；

(5) 对溴硝基苯；(6) 2-溴-4-硝基甲苯；(7) 4-硝基-2-溴苯甲酸；(8) 3-硝基-4-溴苯甲酸；

(9) 2-硝基对苯二甲酸；(10) 4-硝基间苯二甲酸；(11) 5-硝基间苯二甲酸；(12) 二苯甲烷；

6.20 甲、乙、丙 3 种芳烃分子式同为 C_9H_{12}，氧化时，甲得一元羧酸；乙得二元羧酸；丙得三元羧酸；经硝化时，甲和乙分别生成两种一硝基化合物，丙只得一种一硝基化合物。试写出甲、乙、丙的构造式。

6.21 (A) C_8H_{10} $\xrightarrow{\text{硝化}}$ (B)+(B′)

$\downarrow$[O]　　$\downarrow$[O] $\downarrow$[O]

(C) $C_7H_6O_2$　(D) (D′)

式中 D 与 D′和 B 与 B′互为异构体。B 与 B′的分子式为 $C_8H_9O_2N$。试写出 A，B，C，D，B′，D′的构造式。

6.22 在催化剂硫酸的存在下，加热苯和异丁烯混合物生成叔丁苯。写出全部过程，并说明叔丁基苯的形成过程。

6.23 提出以甲苯为原料合成 3-硝基-4-甲基苯乙酮的合成路线，并说明其合理性。

6.24 某烃 A 的实验式为 CH(即 C∶H＝1∶1)，分子量为 208。强氧化得苯甲酸，臭氧化分解产物仅得苯乙醛，试推测(A)的结构式。

6.25 某烃 A 的分子式为 $C_{10}H_{10}$，与氯化亚铜的氨溶液不起作用，在 $HgSO_4$ 与 H_2SO_4 存在下与水作用，生成 B($C_{10}H_{12}O$)，B 中有一个羰基。A 氧化生成间苯二甲酸，写出 A 和 B 的构造式及各步反应式。

6.26 用 Hückel 规则判断下列各化合物或离子是否具有芳香性：

（1）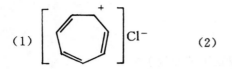Cl⁻ 　　（2）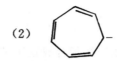　　（3）环壬四烯负离子；

（4）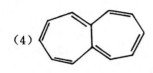　　（5）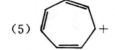　　（6）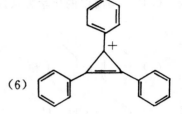

第7章 烃的衍生物的分类和命名

烃分子中的一个或多个氢原子被其它原子或原子团(也称官能团)取代得到的化合物总称烃的衍生物。

官能团是指分子中比较活泼而容易发生反应的原子或原子团,它决定着化合物的性质。含有相同官能团的化合物具有相似的性质。把它们归于同一类进行研究比较方便。按分子中所含官能团的数目,可分为单官能团化合物和多官能团化合物。

7.1 单官能团化合物

7.1.1 单官能团化合物的分类

只含有一个官能团的化合物叫单官能团化合物。常见的官能团和单官能团化合物如表1-3 所示。根据官能团将有机化合物分类,烃的衍生物可分为:卤代烃、醇、酚、醚、醛、酮和羧酸等。这种分类方法特别强调了官能团的作用,以下几章将按照官能团的不同,对各类化合物的结构、性质、合成以及反应机理等有机化学基本问题进行研究。

在强调官能团作用的同时,不可避免地遇到烃基和官能团之间的相互影响等问题。例如卤素连在伯碳上的卤代烷与卤素连在叔碳上的卤代烷性质上有较大的区别,因此,习惯上又把卤素的衍生物分为伯、仲、叔 3 类:

$$CH_3CH_2CH_2CH_2Cl$$
正丁基氯(伯卤代烷)

$$CH_3CH_2CHCH_3$$
$$|$$
$$Cl$$
仲丁基氯(仲卤代烷)

$$\begin{array}{c} CH_3 \\ | \\ CH_3-C-Cl \\ | \\ CH_3 \end{array}$$
叔丁基氯(叔卤代烷)

醇也可按同样的方式分类:

$$CH_3CH_2CH_2CH_2OH$$
正丁醇(伯醇)

$$CH_3CH_2CHCH_3$$
$$|$$
$$OH$$
仲丁醇(仲醇)

$$\begin{array}{c} CH_3 \\ | \\ CH_3-C-OH \\ | \\ CH_3 \end{array}$$
叔丁醇(叔醇)

胺类化合物,也可分为伯胺(1°胺)、仲胺(2°胺)和叔胺(3°胺),但与卤素衍生物和羟基衍生物的伯、仲、叔不同,不是按氨基所连碳原子的类型来分,而是以 N 上所连烃基数目是 1个、2 个、3 个、4 个而分别称为伯、仲、叔胺和季铵盐:

$$NH_3 \qquad RNH_2 \qquad R_2NH \qquad R_3N \qquad R_4N^+ \ X^-$$
氨 　　伯胺(1°胺)　　仲胺(2°胺)　　叔胺(3°胺)　　季铵盐

而与氨基所连碳原子类型无关。例如:

$$CH_3-\underset{\underset{CH_3}{|}}{\overset{\overset{CH_3}{|}}{C}}-NH_2$$

叔丁胺（伯胺）

$$CH_3NHCH_2CH_2CH_3$$

甲丙胺（仲胺）

$$CH_3-\underset{\overset{|}{CH_2CH_3}}{\overset{\overset{CH_3}{|}}{N}}$$

二甲乙胺（叔胺）

7.1.2 单官能团化合物的命名

有机化合物常见的命名法有以下 3 种：

1. 普通命名法

以甲、乙、丙、丁……表示有机化合物分子中碳原子的数目；用正、异、新、伯、仲、叔等标明不同的异构体；再用词尾标明化合物的类别。例如：

$$CH_3CH_2CH_2CH_2Cl$$

正丁基氯

$$CH_3-\underset{\underset{CH_3}{|}}{CH}CH_2CHO$$

异 戊 醛

$$CH_3-\underset{\underset{CH_3}{|}}{\overset{\overset{CH_3}{|}}{C}}-CH_2-OH$$

新 戊 醇

$$CH_3-\underset{\underset{CH_3}{|}}{\overset{\overset{CH_3}{|}}{C}}-NH_2$$

叔丁胺

2. 衍生物命名法

把同系列化合物看成是由它们中最简单的同系物的衍生物来加以命名。例如：

$$C_6H_5-\underset{\underset{C_6H_5}{|}}{\overset{\overset{C_6H_5}{|}}{C}}-OH$$

三苯基甲醇

$$CH_3-\underset{\underset{CH_3}{|}}{\overset{\overset{CH_3}{|}}{C}}-CHO$$

三甲基乙醛

$$CH_3-\underset{\underset{O}{\|}}{C}-CH(CH_3)_2$$

甲基异丙基(甲)酮（甲异丙酮）

上述两种命名法简单，并可清楚地表示出分子的结构，但不适用于结构复杂的化合物。在有机化学中，普遍应用的为系统命名法。

3. 系统命名法

（1）把官能团看作取代基

当官能团为—X，—NO_2 时，一般以烃为母体，把—X 和—NO_2 作为取代基来命名，其基本原则为：

1）选取包含官能团所连碳原子在内的最长碳链作为主链，按烃类命名规则命名。

2）把官能团作为取代基，把它们所在位次及名称写在母体烃的名称前面，例如：

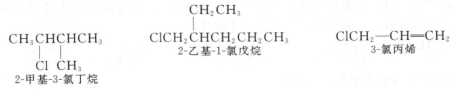

$$CH_3CHCHCH_3$$
$$\underset{Cl\ \ CH_3}{|\ \ |}$$
2-甲基-3-氯丁烷

$$ClCH_2\underset{\underset{CH_2CH_3}{|}}{CH}CH_2CH_2CH_3$$
2-乙基-1-氯戊烷

$$ClCH_2-CH=CH_2$$
3-氯丙烯

CH_3NO_2
硝基甲烷

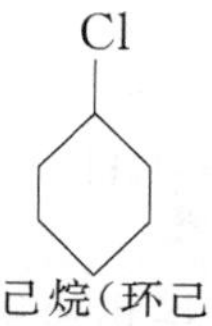

氯代环己烷(环己基氯)

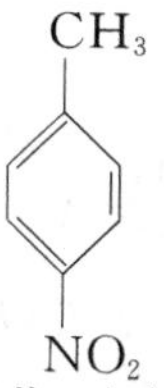

4-硝基甲苯(对硝基甲苯)

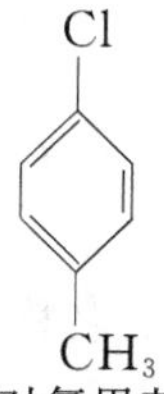

对氯甲苯

官能团作为取代基命名的还有亚硝基(—NO)、重氮基(—N_2)、叠氮基(—N_3)等。

（2）把官能团作为母体名称

大多数单官能团化合物，把官能团作为母体来命名，其命名原则可归纳如下：

1）选取包含官能团在内的最长碳链作为主链。

2）将碳链从靠近官能团的一端开始编号，使官能团取得最小号码。

3）把官能团的名称放在烃基之后，以词尾命名，各类化合物命名的具体实例如下：

① 醇和酚

脂肪烃分子中的氢原子被羟基取代的衍生物叫做醇。例如：

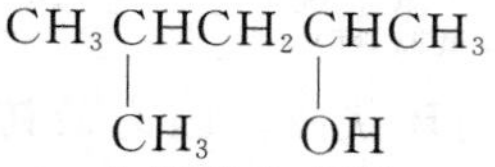

$CH_3CHCH_2CHCH_3$
　　　｜　　　｜
　　　CH_3　　OH
4-甲基-2-戊醇

$CH_2{=}CHCH_2OH$
2-丙烯-1-醇(烯丙醇)

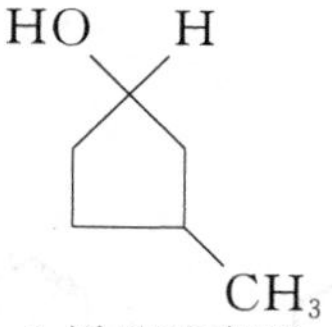

3-甲基环戊醇

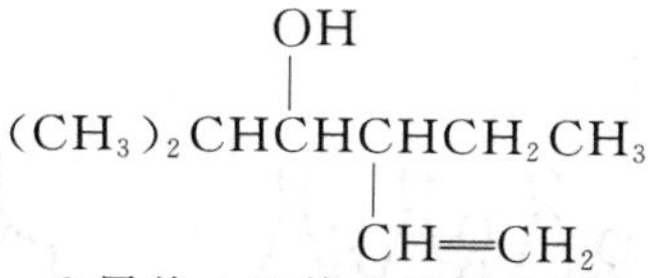

$(CH_3)_2CHCH{-}CHCH_2CH_3$
2-甲基-4-乙基-5-己烯-3-醇

芳环上的氢原子被羟基取代的衍生物叫做酚，例如：

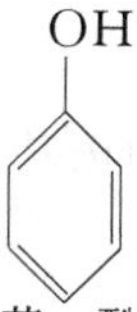

苯酚

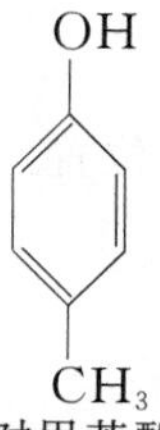

对甲苯酚

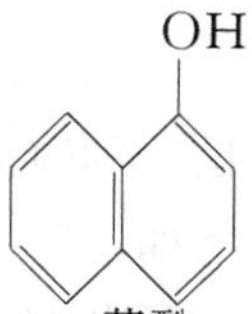

α-萘酚

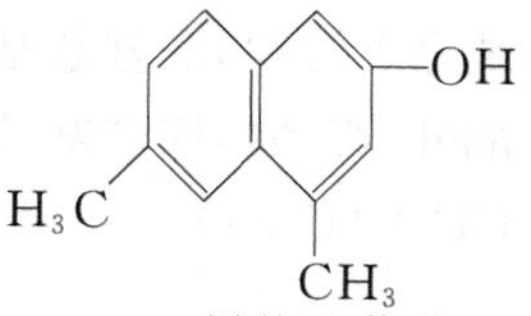

4,6-二甲基-2-萘酚

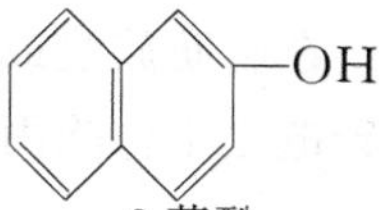

β-萘酚

② 醚

氧原子与两个烃基相连的化合物叫做醚，两个烃基不同的称为混醚。对于结构比较简单的醚，一般采用普通命名法。例如：

$$CH_3—O—CH_2CH_3$$
甲乙醚

$$CH_3—O—CH=CH_2$$
甲基乙烯基醚

苯（基）甲（基）醚

在以上名称中，加括弧的字可以省略，一般常见化合物或者不会被误解的情况下，通常把基字省去。

对于结构较复杂的醚，用系统命名法，以烷烃为母体，把其中较小的烷氧基（RO—）作为取代基来命名。例如：

$$CH_3CH_2CHCH_2CH_3$$
$$|$$
$$OCH_3$$
3-甲氧基戊烷

乙氧基环己烷

环醚通常叫做环氧某烷。例如：

环氧乙烷　　1,2-环氧丙烷　　1,4-环氧丁烷（四氢呋喃）　　1,4-二氧六环（二𫫇烷）

冠醚是分子中具有$+OCH_2CH_2+_n$重复单位的环状醚。因为最初合成的冠醚形状似皇冠而得名冠醚，也称大环多醚。其命名原则可表示为 x-冠-y。x 代表环上的原子总数，y 代表氧原子数。例如：

15-冠-5　　　　冠醚　　　　18-冠-6　　　　二苯并-18-冠-6

③ 醛和酮

在脂肪族醛或酮的系统命名法中，醛基总是在第一位，不必标明它的位置。酮的羰基位于碳链之中。除丙酮和丁酮外，必须标明羰基的位置。例如：

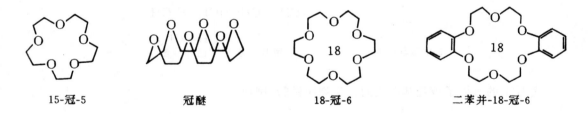

$$CH_3CH_2CHCHO$$
$$|$$
$$CH_3$$
2-甲基丁醛

$$CH_3CHCCH_2CH_3$$
$$|　　||$$
$$H_3C　O$$
2-甲基-3-戊酮

当主链中含有双键或叁键时，可分别在官能团名称前面，写明"烯"或"炔"。例如：

$$CH_3C=CHCH_2CH_2CHO$$
$$|$$
$$CH_3$$
5-甲基-4-己烯醛

$$CH≡C—CHO$$
丙炔醛

$$CH_3CCH_2CH_3$$
$$||$$
$$O$$
4-戊烯-2-酮

$$CH_2=C=O$$
乙烯酮

主链碳原子的位置有时可用希腊字母表示。在醛分子中，与醛基直接相连的碳原子为 α 碳原子，其次为 β 碳原子，等等依次类推。在酮分子中则与酮羰基相邻的两个碳原子都是

α碳原子,分别以 α,α′表示,依次为 β,β′等等。二醛和二酮也经常用希腊字母来表示两个羰基的相对位置。例如:

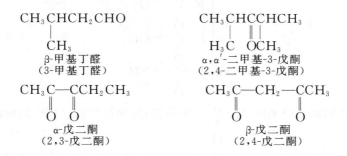

CH_3CHCH_2CHO
　　　|
　　CH_3
β-甲基丁醛
(3-甲基丁醛)

$CH_3CHCCHCH_3$
　|　‖　|
H_3C　O　OCH_3
α,α′-二甲基-3-戊酮
(2,4-二甲基-3-戊酮)

$CH_3C—CCH_2CH_3$
　‖　‖
　O　O
α-戊二酮
(2,3-戊二酮)

$CH_3C—CH_2—CCH_3$
　‖　　　‖
　O　　　O
β-戊二酮
(2,4-戊二酮)

脂环族与芳香族醛和酮的命名举例如下:

3-甲基环己酮　　苯甲醛　　苯乙酮　　二苯甲酮

当羰基连在侧链上时,则以脂肪醛、酮为母体,芳基作为取代基来命名。例如:

α-苯丙醛　　β-苯丙烯醛　　α-苯丙酮

④ 羧酸

羧酸的系统命名原则与醛相似,碳链可用阿拉伯数字或希腊字母编号。例如:

CH_3CHCH_2COOH
　　|
　CH_3
β-甲基丁酸
(3-甲基丁酸)

$CH_3CH_2CH=CHCOOH$
α-戊烯酸
2-戊烯酸

COOH
环戊基甲酸

⑤ 羧酸衍生物

羧酸分子中的羟基被其它原子或基团所取代后的生成物叫做羧酸衍生物。羟基被卤原子(—X),酰氧基(—OCR),烷氧基(—OR)及氨基(—NH₂)取代的衍生物,分别称为酰
　　　　　　　　‖
　　　　　　　　O
卤、酸酐、酯及酰胺:

155

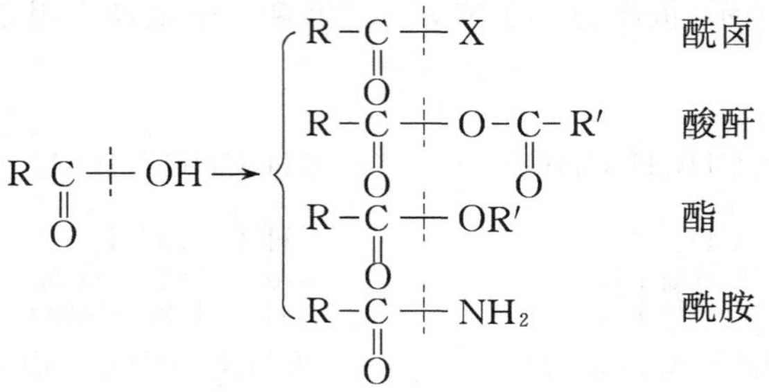

羧酸去掉羟基后剩余的基团 R—C— 叫酰基,羧酸衍生物以相应的羧酸名称去掉酸字

后,再加上酰卤、酸酐、酰胺等名词来命名。酯的命名,可在"酯"之前加上相应的羧酸和醇的名称。"醇"字一般可省略,即称某酸某酯,而多元醇的脂,一般把酸名放在后面,称某醇某酸酯。

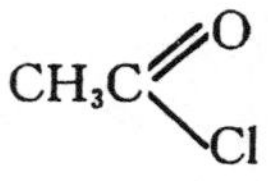

乙酰氯
(俗名:醋酰氯)

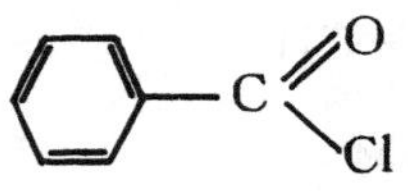

苯甲酰溴

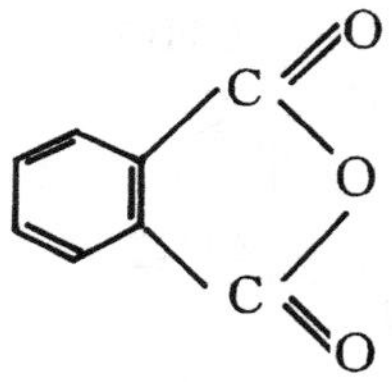

邻苯二甲酸酐
(俗名:苯酐)

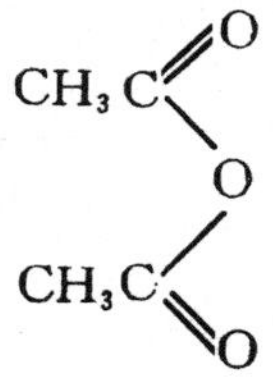

乙酸酐
(俗名:醋(酸)酐)

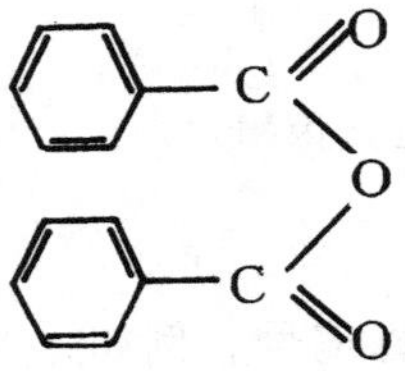

苯甲酸酐

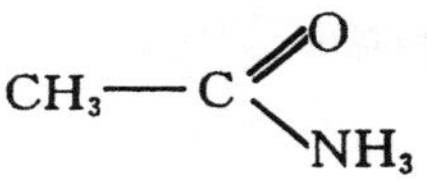

乙酰胺
(俗名:醋酰胺)

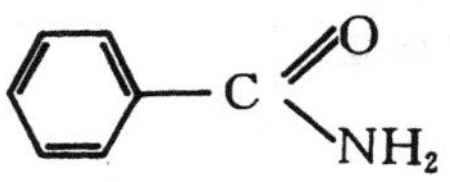

苯甲酰胺

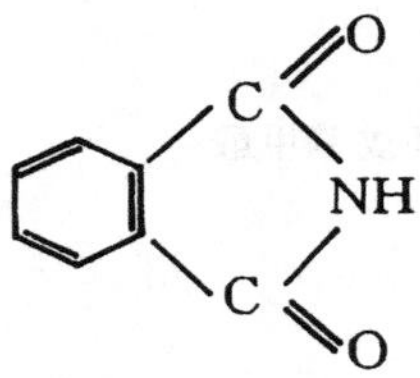

邻苯二甲酰亚胺

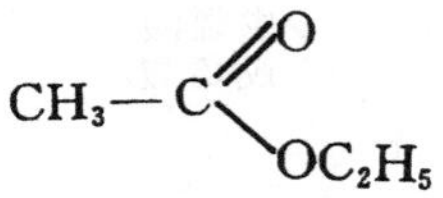

乙酸乙酯
(俗名:醋酸乙酯)

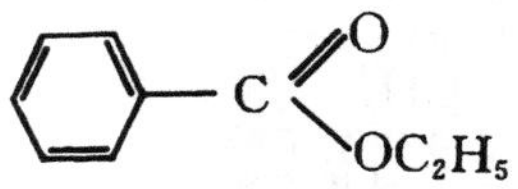

苯甲酸乙酯

$$CH_2OCOCH_3$$
$$|$$
$$CH_2OCOCH_3$$

乙二醇二乙酸酯

$$CH_2—ONO_2$$
$$|$$
$$CH—ONO_2$$
$$|$$
$$CH_2—ONO_2$$

丙三醇三硝酸酯
(俗名:甘油三硝酸酯)

酰胺分子中氮原子上的氢原子被烃基取代后所生成的取代酰胺,称 N-烃基某酰胺。例如:

$$CH_3-\overset{\overset{\displaystyle O}{\|}}{C}-NHCH_3$$
N-甲基乙酰胺

$$H-\overset{\overset{\displaystyle O}{\|}}{C}-\overset{\overset{\displaystyle CH_3}{|}}{\underset{\underset{\displaystyle CH_3}{|}}{N}}$$
N,N-二甲基甲酰胺

含有 $-\overset{\overset{\displaystyle O}{\|}}{C}-NH-$ 基的环状酰胺,称为内酰胺。例如:

$$\begin{array}{c} \overset{\beta}{CH_2}-\overset{\alpha}{CH_2}-C=O \\ \overset{\gamma}{CH_2} \qquad\qquad | \\ CH_2-CH_2-NH \\ \delta \end{array}$$
ε-己内酰胺

⑥ 胺

简单胺常用与 N 相连的烃基名称加上词尾胺来命名。例如:

$$CH_3NHCH_2CH_2CH_3$$
甲丙胺

$$CH_3NCH_2C_6H_5$$
$$| $$
$$CH_2CH_3$$
甲乙苄胺

比较复杂的胺以系统命名法命名,把胺看作烃的衍生物,以烃作为母体,氨基作为取代基来命名。例如:

$$\underset{\underset{\displaystyle CH_3}{|}}{CH_3CHCH_2}\underset{\underset{\displaystyle NH_2}{|}}{CHCH_2CH_3}$$
2-甲基-4-氨基己烷

$$CH_3\underset{\underset{\displaystyle CH_3}{|}}{CH}CHCH_2-\underset{\underset{\displaystyle CH_2CH_3}{|}}{\overset{\overset{\displaystyle CH_3}{|}}{N}}$$
2-甲基-1-甲乙氨基丁烷

$$\underset{\underset{\displaystyle CH_3}{|}}{CH_3CHCH_2}\underset{\underset{\displaystyle CH_2CH_3}{|}}{\overset{\overset{\displaystyle CH_3}{|}}{CH}-N}-CH_2CH_3$$
2-甲基-4-二乙氨基戊烷

芳胺的命名与脂肪胺相似,但当苯环上连有其它取代基时,则需注明取代基与氨基的相对位置。在氮原子上同时连有芳基和烷基的芳胺,命名时必须在烷基的名称之前加"N",表示烷基直接连在胺基的氮原子上。例如:

伯胺:
苯胺
邻甲苯胺
α-萘胺

仲胺:
N-甲基苯胺
二苯胺
4,4'-二硝基二苯胺

叔胺：

$$\text{（benzene ring）}-N(CH_3)_2 \qquad (\text{（benzene ring）})_3N$$

N,N-二甲苯胺   三苯胺

氨基连在侧链上的芳胺,一般以脂肪胺为母体来命名。例如：

$$\text{（benzene ring）}-CH_2NH_2 \qquad \text{（benzene ring）}-CH_2CH_2NH_2$$

苯甲胺（苄胺）   β-苯乙胺

氢氧化铵 NH_4OH 分子中的氢原子被烃基取代后所生成的化合物叫做季铵碱；卤化铵 NH_4X 分子中的 H 原子被烃基取代后所生成的化合物称为季铵盐：

$$R_4N^+ \ OH^- \qquad\qquad R_4N^+ \ X^-$$

季铵碱   季铵盐

季铵盐或季铵碱化合物的命名,通常用铵字代替胺字,并根据负离子的种类,在烷基名称前面加上"某化"：

$$\left[\begin{matrix} & C_2H_5 & \\ CH_3 & -\!\!\overset{|}{\underset{|}{N}}\!\!- & CH_3 \\ & H & \end{matrix} \right]^+ \!\!\! Br^- \qquad (CH_3)_4N^+ \ Cl^-$$

溴化二甲基乙基铵   氯化四甲铵

$$\left[(CH_3)_3NCH_2-\text{（benzene ring）} \right]^+ \!\!\! I^- \qquad \left[\begin{matrix} (CH_3)_2N-CH_2CH_2CH_3 \\ \underset{|}{} \\ CH_2CH_3 \end{matrix} \right]^+ \!\!\! OH^-$$

碘化三甲基苄铵   氢氧化二甲基乙基丙基铵

7.2 多官能团化合物的系统命名法

7.2.1 多个同种官能团化合物的系统命名

分子中含有两个或两个以上相同官能团的化合物,其命名原则与单官能团化合物的命名原则基本相同,尽量把多个官能团包含在主链中,用阿拉伯数字表明官能团所在位置,用汉字数字二、三、四等标明官能团的个数,写在母体名称前面。例如：

$$HCCl_3 \qquad ClCH_2CH_2Cl \qquad HO\!-\!\!\left[CH_2 \right]_4\!\!-\!OH$$

三氯甲烷   1,2-二氯乙烷   1,4-丁二醇

1,4-苯二酚   1,2,3-苯三酚 $HOOC(CH_2)_4COOH$
（对苯二酚）   （连苯三酚）   己二酸

HOOCCHCOOH $\quad\quad$ H$_2$N$\left[\text{CH}_2\right]_4NH_2$
$\quad\quad$|
$\quad\quad$CH$_2$
$\quad\quad$|
$\quad\quad$CH$_3$

$\quad\quad$乙基丙二酸

1,4-丁二胺

顺丁烯二酸酐

7.2.2　混合官能团化合物的系统命名

分子中含有多个不同的官能团的化合物称为混合官能团化合物。其系统命名方法首先需要确定哪种官能团作为母体名称,并把它放在化合物名称的最后,以词尾命名,而把其余的官能团当作取代基来命名。选择母体官能团是根据表 7-1 所列优先次序,优先者为母体。

表 7-1　系统命名法中主要官能团的优先次序

(按优先递降排列)

化合物类名(取代基名)	官　能　团	化合物类名(取代基名)	官　能　团
羧酸(羧基)	—COOH	酚(羟基)	—OH
磺酸(磺酸基)	—SO$_3$H	硫醇(巯基)	—SH(SR)
羧酸酯(烷氧羰基)	—COOR	胺(氨基)	—NH$_2$(—NHR, —NR$_2$)
酰氯(氯甲酰基)	—C—Cl ‖ O	炔(炔基)	—C≡C—
酰胺(氨基甲酰基)	—C—NH$_2$ ‖ O	烯(烯基)	C=C
腈(氰基)	—C≡N	醚(烷氧基)	—OR
醛(醛基)	—CHO	烷烃(烷基)	—R
酮(氧代或酮基)	—C— ‖ O	卤代烃(卤原子)	—X
醇(羟基)	—OH	硝基化合物(硝基)	—NO$_2$

其余的官能团均作为取代基。取代基列出顺序,按次序规则为较优基团后列出。例如:

H$_2$NCH$_2$CH$_2$OH
2-氨基乙醇
(—OH 优先于—NH$_2$)

ClCH$_2$CH$_2$COH
$\quad\quad\quad\quad$‖
$\quad\quad\quad\quad$O
3-氯丙酸
(—COOH 优先于 Cl)

CH$_3$CCH$_2$CH$_2$CHO
$\quad\quad$‖
$\quad\quad$O
4-氧代戊醛或 4-戊酮醛
(—CHO 优先于 —C—)
$\quad\quad\quad\quad\quad\quad\quad$‖
$\quad\quad\quad\quad\quad\quad\quad$O

CH$_3$CCH$_2$C—OC$_2$H$_5$
$\quad\quad$‖$\quad\quad$‖
$\quad\quad$O$\quad\quad$O
3-丁酮酸乙酯或 3-氧代丁酸乙酯
(—COOC$_2$H$_5$ 优先于 —C—)
$\quad\quad\quad\quad\quad\quad\quad\quad\quad$‖
$\quad\quad\quad\quad\quad\quad\quad\quad\quad$O

$$CH_3SCH_2CH_2CHCOOH$$
$$\overset{|}{NH_2}$$

2-氨基-4-甲硫基丁酸(蛋氨酸)
(—COOH 优先于—SCH₃，—SCH₃ 优先于—NH₂)

$$CH_3(CH_2)_7CH=\!\!=\!\!=CH(CH_2)_7-\!\!-COOH$$
9-十八碳烯酸(油酸)

$$(-COOH\ 优先于\quad C=C\quad)$$

SO₃H

3-氨基-4-羟基苯磺酸
(—SO₃H 优先于—OH，—OH 优先于—NH₂)

CHO
NO₂

OCH₂CH₃
2-硝基-4-乙氧基苯甲醛
(—CHO 优先于—OCH₂CH₃，—OCH₂CH₃ 优先于—NO₂)

习　题

7.1　写出下列各题所要求的构造式,并用系统命名法命名,同时分别标出各属伯、仲还是叔卤代烷:

(1) 2-氟丁烷的位置异构体;

(2) 具有 9 个等价氢原子,分子式为 C_4H_9Cl 的化合物;

(3) 分子式为 C_4H_9Br 的两个一级溴代烷;

(4) 分子式为 $C_5H_{11}Cl$ 的所有同分异构体(8 种);

(5) 仅有两种等价氢原子的分子式为 $C_5H_{11}Br$ 的化合物;

(6) 分子式为 $C_7H_6Cl_2$ 的芳香族二卤代烃的所有同分异构体(10 种)。

7.2　写出分子式为 $C_4H_{10}O$ 的所有同分异构体,并用普通命名法命名。对于醇,要标出伯、仲、叔醇。

7.3　用系统命名法命名下列各化合物:

(1)
$$\begin{array}{c} CH_3 \quad CH_2OH \\ | \\ C \\ | \\ CH_3CH_2CH_2 \quad CH_2CH_3 \end{array}\quad;$$

(2)
$$\begin{array}{c} CH_3 \qquad H \\ \ \ \diagdown \quad \diagup \\ C=C \\ \diagup \qquad \diagdown \\ H \qquad CH_2CH(CH_2)_3CH_3 \\ \qquad\qquad | \\ \qquad\qquad OH \end{array}\quad;$$

(3)
$$\begin{array}{c} CH_3CH_2 \quad H \\ \ \ \diagdown \quad \diagup \\ C=C \\ \diagup \quad \diagdown \\ H \qquad Cl \end{array}\quad;$$

(4)
$$\begin{array}{c} (CH_3)_2-CH \qquad CH_2Cl \\ \ \ \diagdown \qquad \diagup \\ C=C \\ \diagup \qquad \diagdown \\ H \qquad CH_3 \end{array}\quad;$$

(5)
$$\begin{array}{c} CH_3CH_2 \quad H \\ \ \ \diagdown \quad \diagup \\ C=C \\ \diagup \quad \diagdown \\ Cl \qquad H \end{array}\quad;$$

(6)
$$\begin{array}{c} CH_3CH \qquad H \\ \ \ \diagdown \quad \diagup \\ Cl \quad C=C \\ \ \ \diagup \quad \diagdown \\ H \qquad H \end{array}\quad;$$

（7）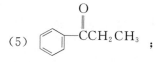 ；　　（8）
$$CH_2OH$$
。

（图8为萘环，上有 CH_2OH，下有 CH_3）

7.4　写出分子式为 $C_5H_{10}O$ 的饱和一元醛酮的所有异构体,并用系统命名法命名之。

7.5　用系统命名法命名下列各化合物:

（1）
$$CH_3—CH—CH_2CHO$$
$$|$$
$$CH_2CH_3$$
；　　　（2）$CH_3CH_2COCH(CH_3)_2$;

（3）
$$CH_3—CHCH_2—CHO$$
$$|$$
$$OH$$
；　　　（4）$CH_3CH=CHCHO$ ；

（5）苯基—$COCH_2CH_3$ ；　　　（6）邻羟基苯基—CH_2CH_2CHO ；

（7）3,4-二甲基环己酮（O 环己酮，下有 CH_3、CH_3）；　　（8）对甲基苯甲醛（苯环上 CHO 和 CH_3）；

（10）苯基—$COCH_2Br$（O）；

（9）$CH_3COCH_2COCH_3$;　　　（10）

（11）$CH_3CH—C≡CCH_2CH_2CHO$
$$|$$
苯基
；　　（12）$CH_3CH_2CH_2CH—CH=CHCHO$
$$|$$
$$CH_2CHO$$
。

7.6　写出下列各羧酸的构造式:

（1）三甲基乙酸;　　　　（2）二甲基丙二酸;　　　　（3）3,3-二甲基-4-戊烯酸;

（4）γ-苯基丁酸;　　　　（5）反-丁烯二酸;　　　　（6）水杨酸;

（7）3-(邻甲苯基)丙酸;　　（8）间-硝基苯甲酸;　　　（9）硬脂酸;

（10）环戊基乙酸;　　　　（11）油酸;　　　　　　　（12）软脂酸。

7.7　写出分子式为 $C_4H_{11}N$ 的脂肪胺的同分异构体,按伯(1°)、仲(2°)、叔(3°)胺分类,并命名。

7.8　写出下列胺和铵的构造式:

（1）甲基苄基胺;　　　　　（2）氯化四正丙基铵;

（3）对硝基苯甲胺;　　　　（4）氯化苯铵;

（5）β-苯乙胺;　　　　　　（6）N,N-二乙基苯胺;

（7）氢氧化四乙铵;　　　　（8）对氨基二苯胺;

（9）N,N,N′,N′-四甲基对苯二胺;　　（10）N-甲-N-乙对氯苯胺;

(11) 5-甲基-2,3-二氨基-4-氯己烷；ㅤㅤㅤ(12) 组成为 C_7H_9N 的芳香伯胺。

7.9　用系统命名法命名下列化合物：

(1)　$\underset{\underset{OH}{|}}{CH_3CH_2\overset{\overset{OCH_3}{|}}{CH}-CHCH_3}$ ；ㅤㅤㅤㅤ(2)　$CH_3OCH_2CH_2OCH_3$ ；

(3)　$(CH_3)_2\underset{\underset{OH}{|}}{C}-C{\equiv}CH$ ；ㅤㅤㅤ(4)　$ClCH_2CH_2-O-CH_2CH_2Cl$ ；

(5) 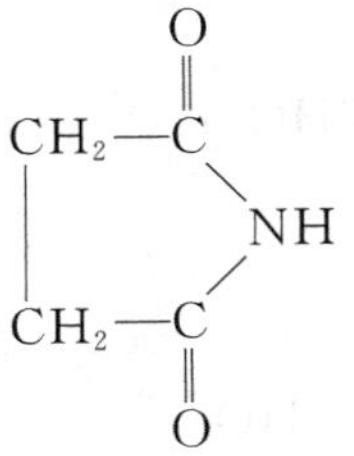　 ㅤㅤㅤㅤㅤ(6)　$CH_3\underset{\underset{OH}{|}}{CH}CH_2CHO$ ；

(7) 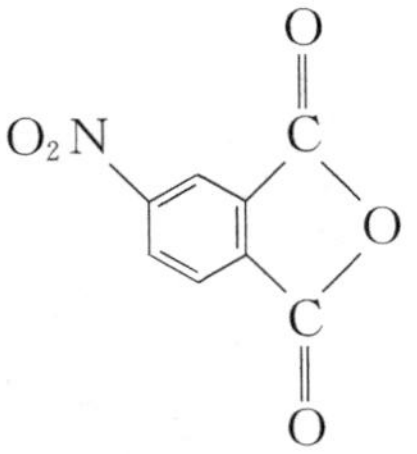　 ；ㅤㅤㅤㅤ(8)　$CH_2{=}CH-\overset{\overset{O}{\|}}{C}CH_2CH_3$ ；

(9) 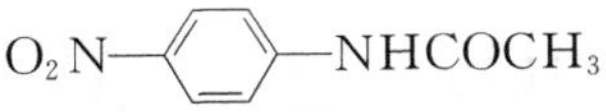　$O_2N\text{—}\langle\text{benzene}\rangle\text{—}NHCOCH_3$ ；ㅤㅤ(10)　$(CH_2OH)_3C{-}CHO$ ；

(11) 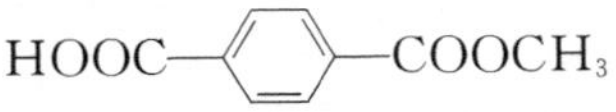　$HOOC\text{—}\langle\text{benzene}\rangle\text{—}COOCH_3$ ；ㅤㅤ(12)　$CH_2{=}CHCOCl$ ；

(13)　$CH_3\overset{\overset{}{}}{C}-O-\overset{}{C}CH_2CH_3$ ；ㅤㅤ(14)　$NC(CH_2)_4CN$ ；
ㅤㅤㅤ $\underset{\underset{O}{\|}}{}$ ㅤㅤㅤ $\underset{\underset{O}{\|}}{}$

(15) 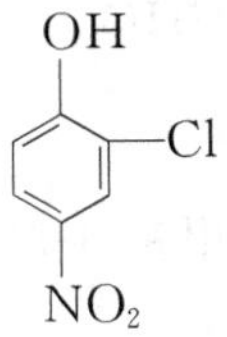　 ；ㅤㅤㅤ(16)　$CH_3SCH_2-\underset{\underset{\underset{CH_3}{|}}{\underset{CH_2}{|}}}{CH}-\overset{}{CH}-\overset{\overset{O}{\|}}{C}-OCH(CH_3)_2$ 。
ㅤㅤㅤㅤㅤㅤㅤㅤㅤㅤㅤㅤㅤㅤㅤㅤㅤㅤㅤㅤㅤㅤㅤ$\underset{\underset{NHCH_3}{|}}{}$

7.10　写出下列化合物的结构式：

(1) 2,3-二甲基-2,3-丁二醇；ㅤㅤㅤ(2) α,γ-二甲基戊酸；

(3) 2-丁烯醇；ㅤㅤㅤㅤㅤㅤㅤㅤㅤ(4) 1,2-丙二醇；

(5) 三氟乙酸；ㅤㅤㅤㅤㅤㅤㅤㅤㅤ(6) 乙烯基丁基醚；

(7) 1,2-环氧丙烷；ㅤㅤㅤㅤㅤㅤㅤ(8) 甲乙硫醚；

(9) 2-甲基丙烯酸甲酯；ㅤㅤㅤㅤㅤ(10) 丁二酸酐；

(11) 邻苯二甲酸二异辛酯；ㅤㅤㅤ(12) 3-甲硫基戊烷；

(13) 9-十八碳烯酸甲酯；ㅤㅤㅤㅤ(14) 2-丁烯醛；

(15) N,N-二甲基甲酰胺；ㅤㅤㅤㅤ(16) 氯乙酰氯；

(17) 2,2-二甲基-1,3-环戊二酮；ㅤ(18) 对甲苯甲酰氯。

第8章 对 映 异 构

　　分子式相同,构造式也相同,只是因为原子在空间的排列不同而使两种异构体互为实物和镜像或左手和右手的关系,相似而不能重叠。这种现象称为对映异构现象。这种异构体叫做对映异构体,简称对映体。

　　与4个不相同的原子或基团相连的碳原子叫做不对称碳原子或手性碳原子。含有一个手性碳原子的化合物有两种构型,它们互为对映体。例如2-羟基丙酸(乳酸)中的第二个碳原子为手性碳原子(图8-1中注有＊号者),它有一对对映体。

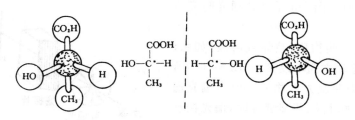

图 8-1　乳酸分子模型示意图

　　对映异构体的物理性质和化学性质基本相同,但对平面偏振光的作用却有差异:一种使平面偏振光向右旋,称为右旋体;另一种使平面偏振光向左旋,称为左旋体。从肌肉中得到的乳酸能使平面偏振光向右旋,叫做右旋乳酸,表示为(＋)-乳酸;葡萄糖在特种细菌作用下经过发酵得到的乳酸能使平面偏振光向左旋,叫做左旋乳酸,表示为(－)-乳酸。左旋和右旋乳酸的旋光方向相反,旋光性能相等,所以,这种由于构型不同而导致对平面偏振光的旋光性能不同的对映异构也叫做旋光异构或光学异构。

　　对映异构现象在天然和合成有机化合物中普遍存在。目前对映异构现象的研究已经成为研究有机立体化学的一个重要方面,它对阐明天然有机化合物的结构,指导有机合成,对有机反应机理以及有机物结构与生理作用关系的深入研究起着重要的作用。

　　由于对映体对平面偏振光的作用不同,在讨论对映异构之前,首先对平面偏振光、旋光性等基本概念作一些介绍。

8.1　物质的旋光性和比旋光度

8.1.1　平面偏振光和物质的旋光性

　　光波是一种电磁波。光波振动方向与其传播方向垂直,普通光和单色光可在垂直于光波前进方向的所有可能平面上振动。如图8-2所示。其中(b)表示垂直于纸面朝我们射来的光的横截面,每个双箭头代表光可能的振动方向。

　　如果将普通光通过一个由方解石晶体片制成的尼可尔(Nicol)棱镜,该棱镜如同一个栅栏,只允许和棱镜晶轴平行的平面上振动的光通过,而把在其它平面上振动的光挡住。这

图 8-2　光的传播

(a) 光波振动方向与传播方向垂直　　(b) 普通光线的振动平面

样,透过尼可尔棱镜(也叫偏振片)的光就只在一个平面内振动了。这种只在一个平面内振动的光叫做平面偏振光,简称偏光。这个平面叫做偏光振动平面。图 8-3 是把普通光转变成偏振光的示意图。

当偏光通过一些物质(液体或溶液)如水、酒精等,偏光的振动方向不改变,如图 8-4(a)所示,这类物质称为非旋光性物质。但当偏光通过另外一些物质如乳酸、葡萄糖等时,偏光振动平面旋转了一个角度,如图 8-4(b)所示。

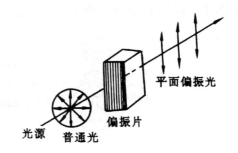

图 8-3　普通光转变为偏光的示意图

物质的这种能使偏振光振动平面旋转的性质叫做旋光性或光学活性。乳酸、葡萄糖等这些具有旋光性的物质叫做旋光物质或光学活性物质。能使偏振光振动平面向右(顺时针方

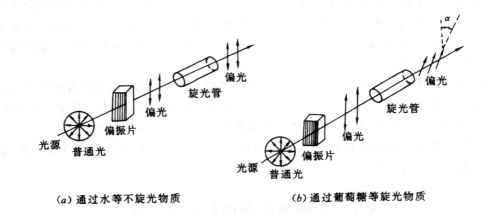

(a) 通过水等不旋光物质　　　　　(b) 通过葡萄糖等旋光物质

图 8-4　物质的旋光性

向)旋转的物质称为右旋体,用(＋)表示;能使偏振光振动平面向左(反时针方向)旋转的物质称为左旋体,用(－)表示。旋光性物质使偏振面旋转的角度称为旋光度,通常用 α 表示。

8.1.2　旋光仪和比旋光度

旋光性物质使偏振面旋转的角度大小和方向可用旋光仪进行测定。旋光仪的主要组成

部分为两个尼可尔棱镜,一个单色光光源,一个盛液管和一个刻度盘,如图 8-5 所示。单色光光源 a 发出的光通过第一个尼可尔棱镜(起偏镜)b 变成偏振光,然后通过盛液管 d,再经过第二个棱镜(检偏镜)c(c 可以旋转)。当盛液管中装有不旋光物质如水、酒精时,两个棱镜镜轴互相平行时光量最大,此时刻度盘上读数为零。当盛液管中盛有旋光物质时,经 b 出来的偏光振动面就要向右或向左旋转一定角度,因此必须把检偏镜 c 也向右或向左旋转同样角度才能在检偏镜后面见到最大亮度。这时从刻度盘上读出的度数 α 就是该物质的旋光度。

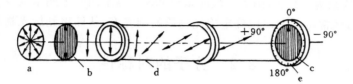

图 8-5 旋光仪的主要部件

a——光源;b——起偏镜;c——检偏镜;d——盛液管;e——刻度盘

比旋光度   每一种旋光性物质,在一定条件下都有一定的旋光度,但因测定旋光度时溶液的浓度、盛液管的长度、温度以及所用光的波长都影响旋光度 α 的数值。因此为了能比较物质的旋光性能,通常把溶液的浓度规定为 1g/mL,盛液管长度为 1dm 的条件下测得的旋光度称为该物质的比旋光度。比旋光度是旋光物质特有的物理常数,通常用 $[\alpha]_\lambda^t$ 表示。t 为测定时的温度,λ 为测定时所用光的波长,一般采用钠光(波长 589.3nm;用符号 D 表示)。

物质在不同浓度(c)或管长(l)条件下测得的旋光度 α,可以通过下面的公式换算成比旋光度 $[\alpha]_\lambda^t$。

$$[\alpha]_\lambda^t = \frac{\alpha}{l \times c}$$

式中,α 是旋光仪上测得的旋光度;l 是盛液管长度(dm);c 是溶液浓度(g/mL)。

若所测旋光性物质为纯液体,把上式中的 c 换成液体的密度 d:

$$[\alpha]_\lambda^t = \frac{\alpha}{l \times d}$$

当所测物质为溶液时,所用溶剂不同也会影响物质的旋光度,因此在不用水作溶剂时,需要注明溶剂的名称。例如发酵乳酸是左旋的,其比旋光度为:$[\alpha]_D^{20} = -3.8°$;右旋酒石酸在乙醇中,浓度为 5% 时,其比旋光度为:$[\alpha]_D^{20} = +3.75°$(乙醇,5%);天然果糖是左旋的,比旋光度为 $[\alpha]_D^{20} = -9.3°$(水)。

例如,在 100mL 某旋光物质的水溶液中含旋光物质 5g,在 1dm 长的管内,用钠光灯照射下,25 ℃时测得它的旋光度 α 为 -4.64°,求它的比旋光度,则

$$[\alpha]_D^{25} = \frac{-4.64}{5/100 \times 1} = -92.8°$$

即该物质的比旋光度是左旋 92.8°。

由于许多物质的比旋光度都已被测定编入手册,在已知比旋光度的情况下,可利用上面介绍的公式来测定物质的浓度及鉴定物质的纯度。例如有一未知浓度的葡萄糖溶液,在钠光灯源,25 ℃下测得其旋光度为 +3.4°,从手册上查知葡萄糖的比旋光度 $[\alpha]_D^{25}$ 为 +52.5°,

若管长为 1dm,则此葡萄糖溶液的浓度为:

$$c = \frac{\alpha}{[\alpha]_D^{25} \times l} = \frac{+3.4}{+52.5 \times 1} = 0.0647 (g/mL)$$

在制糖工业中常利用旋光度来控制溶液的浓度,十分简便。

应该指出的是,测定旋光度时,旋光仪上的一次读数,不能无误地给出旋光物质的旋光度。如一种物质测得旋光仪读数为 60°,究竟应为 +60° 还是 −300°? 可将浓度降低到原来的 1/2,或旋光仪盛液管长度缩短 1/2 再测一次。若第二次读数为 +30°,则第一次应是 +60°;若第二次读数为 −150°,则第一次应是 −300°。测定两种不同浓度或两种不同盛液管长度下的旋光度,经常可以无误地确定旋光物质的旋光度,从而得到旋光物质的比旋光度。

8.2 分子的对称性

任何一个不能和它的镜像完全重叠的分子叫做手性分子,凡是有手性的分子就有旋光性。考查分子是否有手性的最准确的方法是做出一对实物与镜像的模型,然后观察它们是否能够完全重叠,但这种方法对于复杂分子很不方便。

手性与分子结构的对称性有关。一个分子是否有对称性,可以看它是否有对称面、对称中心等对称因素。如果一个分子中没有上述任何一种对称因素,这种分子就叫不对称分子,不对称分子有手性。对于大多数有机化合物来说,一般只需考察其是否具有对称面和对称中心。下面简要介绍对称面、对称中心和对映异构的关系。

1. 对称面

任何一个能把分子分割为物体与镜像关系的两部分的平面称为该分子的对称面。例如在 1,1-二氯乙烷分子中,通过 H,C,CH₃ 的平面为该分子的对称面,如图 8-6(a)所示。任何 C$_{abcc}$ 型分子中,C,a,b 所处平面是该分子的对称面。又如反-1,2-二氯乙烯分子中,各原子在同一平面内,此平面即为该分子的对称面。如图 8-6(b)所示。

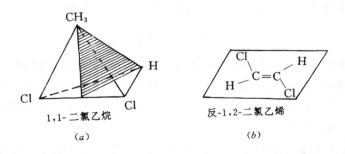

图 8-6 分子的对称面

具有对称面的分子为对称分子,没有手性,也没有旋光活性。

2. 对称中心

若分子中有一个点 P,与分子中任何原子或基团连成直线,如果在离 P 点等距离的直线两端都有相同的原子或基团,则点 P 称为该分子的对称中心。例如反-1,3-二氟-反-2,4-二氯环丁烷具有一个对称中心 P。如图 8-7 所示。有对称中心的分子亦为对称分子,无手性,也无旋光活性。

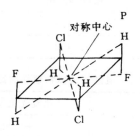

图 8-7　对称中心

既没有对称面,也没有对称中心的分子一般为手性分子,有旋光性。下面几个化合物是手性分子:

$$CH_3CHCH_2CH_2 \qquad CH_3—CH—COOH \qquad CH_3—CH—CH(CH_3)_2$$
$$\overset{*}{}\qquad\qquad \overset{*}{} \qquad\qquad\quad \overset{*}{}$$
$$\quad OH \qquad\qquad\qquad\quad OH \qquad\qquad\qquad\qquad Br$$

8.3　含有一个手性碳原子化合物的对映异构现象

8.3.1　对映体和外消旋体

在有机化合物中,含有一个手性碳原子的分子,必定是手性分子,与手性碳原子相连的 4 个不同的基团,在空间有两种不同的排列方式(两种构型),它们互为实物与镜像的对映关系,即互为对映体。

乳酸($CH_3—\overset{*}{C}H—COOH$)是含有一个手性碳原子的化合物,它的两种不同构型是一

对对映体,见图 8-1。凡是含有一个手性碳原子的分子都有一对对映体。

对映体的性质与环境是否具有手性有密切关系。在非手性环境中,两个对映体的性质是相同的,例如熔点、沸点、溶解度以及与非手性物质反应时的反应速度。但是在手性环境中,对映体的性质就不同了,犹如一个右螺旋的螺丝钉和一个左螺旋的螺丝钉是一对对映体,如果把它们旋进木制门窗中(非手性条件),都可以旋进去,但是要旋到螺母里去就表现出差别了,因为螺母是手性环境。由于偏振光是由一种右螺旋形偏光和一种左螺旋形偏光两种圆偏振光合成的(即为手性条件),当偏光进入手性分子时,两个前进的圆偏振光经过手性分子所受到的阻力不相等,速度减慢的程度不一样,因而导致合成光振动平面(偏振面)产生一定的偏转,从而表现出旋光性。表 8-1 和表 8-2 列出了 2-甲基-1-丁醇和乳酸及其对映体的物理性质。

表 8-1　2-甲基-1-丁醇对映体物理性质比较

	沸点/℃	密度/kg/m³	折射率(20℃)	比旋光度$[\alpha]_D^{20}$
（＋)-2-甲基-1-丁醇	128.9	0.8193	1.4107	＋5.756
（－)-2-甲基-1-丁醇	128.9	0.8193	1.4107	－5.756

表 8-2　乳酸对映体物理性质比较

	熔点/℃	比旋光度$[\alpha]_D^{15}$	pK_a(25℃)
（＋)-乳酸	53	＋3.82	3.79
（－)-乳酸	53	－3.82	3.79

对映体与对称试剂反应的化学性质相同,两种乳酸不仅都是酸,而且酸性强度也完全相同。两个 2-甲基-1-丁醇,用浓硫酸处理时,可以脱水生成同样的烯;用 HBr 处理,都生成 2-甲基-1-溴丁烷;用醋酸处理生成相同的酯等,而且反应速度也完全一样。然而,当两个对映体与手性试剂反应时,反应速度表现出明显的差异,有些情况下差别很大,例如和其中一个对映体反应很好而和另一个完全不起反应。如(＋)-葡萄糖在动物的代谢作用中起着独特的作用,而(－)-葡萄糖却不被动物所代谢。氯霉素的对映体中只有左旋体有抗菌作用。又如(－)-4,4-二苯基-6-二甲氨基-3-庚酮是一种强力镇痛药,而其对映体几乎无镇痛作用。

等量的右旋体和左旋体相混合组成外消旋体,外消旋体无旋光性。这是因为右旋体和左旋体旋光能力相等而旋光方向相反,当等量混合后,它们的旋光作用相互抵消。例如从酸奶中得到的或用一般合成方法制得的乳酸,尽管其构造式与肌肉中提取的和发酵法得到的乳酸相同,但却没有旋光性。这是因为酸奶中得到的和合成制得的乳酸不是纯化合物,而是外消旋体。外消旋体用(±)表示,例如(±)-乳酸表示乳酸的外消旋体。外消旋体可以通过特殊的方法拆分成(＋)和(－)两个有旋光性的异构体。

外消旋体与纯对映体(右旋体或左旋体)除旋光性不同外,其它物理性质如熔点、沸点、折射率、密度、在同种溶剂中的溶解度等也不相同。例如(＋)-乳酸和(－)-乳酸的熔点是53 ℃,而(±)乳酸的熔点是 18℃。

8.3.2　构型的表示方法

对映异构体在结构上的区别仅在于基团在空间的排布顺序不同,即构型不同。分子的构型常用模型、透视式和 Fischer(费歇尔)投影式表示。

模型最直观,如图 8-8(a)是乳酸两个对映体的分子模型。

透视式也很直观,图 8-8(b)中给出了乳酸两个对映体的相应的透视式。在透视式中,手性碳原子 C* 在纸面上;以细实线与 C* 原子相连的原子也在纸面上;以虚线与 C* 相连的原子伸向纸面后方;以楔形线尖端与 C* 相连的原子伸向纸面前方。这种表示方法比较好地表示出了分子的构型,但对于结构复杂的分子,书写仍不方便。

现在广为使用的 Fischer 投影式用平面图形表示立体结构。投影的方法是把手性碳原子置于纸面上,并以横、竖两线的交点代表这个手性碳原子,竖的两个基团伸向纸面后方,横的两个基团伸向纸面前方。写投影式时,习惯把含碳原子的基团放在竖键上,并把命名时编号最小的碳原子放在上端。图 8-8(c)给出了与图 8-8(b)透视式相对应的 Fischer 投影式。

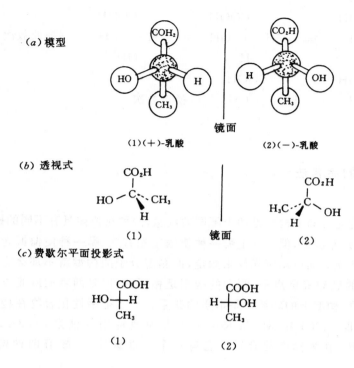

（a）模型

（1）（＋）-乳酸　　　　　　　（2）（－）-乳酸

镜面

（b）透视式

（1）　　　　　镜面　　　　　（2）

（c）费歇尔平面投影式

（1）　　　　　　　（2）

图 8-8　乳酸两个对映体的模型、透视式和费歇尔投影式

关于 Fischer 投影式，为了避免混乱，要特别注意以下几点：

（1）投影式在纸面上向左或向右旋转 180°，其所表示的构型不变：

旋转 180°

（2）投影式在纸面上旋转 90°或 270°后变成它的对映体的投影式：

旋转 90°

（3）投影式离开纸面翻转 180°后变成它的对映体的投影式：

离开纸面
旋转 180°

（4）C* 碳原子所连接的 4 个原子与基团中，任何两个互换位置奇数次，得到的就是它的对映体，互换位置偶数次，则得到的仍是原来的化合物：

$$
\begin{array}{ccccccc}
\text{COOH} & & \text{COOH} & & \text{COOH} & & \\
\text{HO}\!-\!\!-\!\!-\!\text{H} & \equiv & \text{CH}_3\!-\!\!-\!\!-\!\text{OH} & \equiv & \text{H}\!-\!\!-\!\!-\!\text{CH}_3 & & (\text{换偶数次}) \\
\text{CH}_3 & & \text{H} & & \text{OH} & &
\end{array}
$$

$$
\begin{array}{ccccc}
\text{COOH} & & \text{COOH} & & \\
\text{HO}\!-\!\!-\!\!-\!\text{H} & \neq & \text{HO}\!-\!\!-\!\!-\!\text{CH}_3 & & (\text{换奇数次}) \\
\text{CH}_3 & & \text{H} & &
\end{array}
$$

8.3.3　构型的命名法

1. D-L 命名法

手性化合物的旋光方向和构型是两个不同的概念,两种对映体具有不同的构型,其中一种是右旋体,另一种是左旋体,但实际上哪一种使偏振光右旋,哪一种使偏振光左旋难于通过构型直接确定。旋光方向可用旋光仪来测定,但测定分子的构型就不那么容易了。例如乳酸分子和它相应的乳酸根负离子,两者的构型是相同的,但是两者的旋光方向却正好相反。对于手性化合物,构型上的联系才是本质的联系。为了把手性化合物在构型上联系起来,需要先选出标准。1906 年 M. A. Rosanoff 人为地选用甘油醛(2,3-二羟基丙醛) $\text{CH}_2\text{OHCHOHCHO}$ 作为标准化合物。它有一个手性碳原子,故有两种构型,它们的 Fischer投影式如下:

$$
\begin{array}{ccc}
\text{CHO} & & \text{CHO} \\
\text{H}\!-\!\!-\!\!-\!\text{OH} & & \text{HO}\!-\!\!-\!\!-\!\text{H} \\
\text{CH}_2\text{OH} & & \text{CH}_2\text{OH} \\
(a) & & (b)
\end{array}
$$

指定(a)为右旋甘油醛的构型,用(＋)-甘油醛表示,它的对映体(b)就是左旋甘油醛,即(－)-甘油醛。还指定羟基在右边的 Fischer 投影式(a)所表示的化合物为 D-型(Dextro,拉丁文,右),羟基在左边的为 L-型(Levo,左)。所以构型(a)的全名是 D-(＋)-甘油醛,构型(b)的全名是 L-(－)-甘油醛。(＋)和(－)表示旋光方向,D 和 L 表示构型。

选定了标准以后,其它许多手性化合物的构型就可通过适当的化学反应(在这些反应中,与 C* 直接相连的 4 个共价单键不断裂)把它们与 D 或 L-甘油醛相关联来加以确定。例如:

$$
\begin{array}{ccc}
\text{CHO} & & \text{COOH} \\
\text{H}\!-\!\!-\!\!-\!\text{OH} & \xrightarrow[\text{HgO}]{[O]} & \text{H}\!-\!\!-\!\!-\!\text{OH} \\
\text{CH}_2\text{OH} & & \text{CH}_2\text{OH} \\
\text{D-(＋)-甘油醛} & & \text{D-(－)-甘油酸}
\end{array}
$$

通过下页上面的反应式,还可以把甘油醛同乳酸的构型关联起来。

同右旋甘油醛相关联的乳酸反而是左旋体,即左旋乳酸为 D-型,可用 D-(－)-乳酸来表示。

应用上述方法已经把许多手性化合物直接或间接地与 D-(＋)-甘油醛或 L-(－)-甘油

醛关联起来。由于甘油醛的构型是人为指定的相对构型,因而由它相关联的这些手性化合物的构型也都是相对构型。直到 1951 年 J. M. Bijvoet 利用 X 射线衍射技术对右旋酒石酸铷钠进行分析,确定了右旋酒石酸的绝对构型,并由此推断出(+)-甘油醛的绝对构型,结果正好与 M. A. Rosanoff 指定的一致,(+)-甘油醛为 D 型。这样,不但(+)-甘油醛的构型不再是相对构型而是绝对构型,而且所有与(+)-甘油醛关联起来的构型也都是绝对构型了。

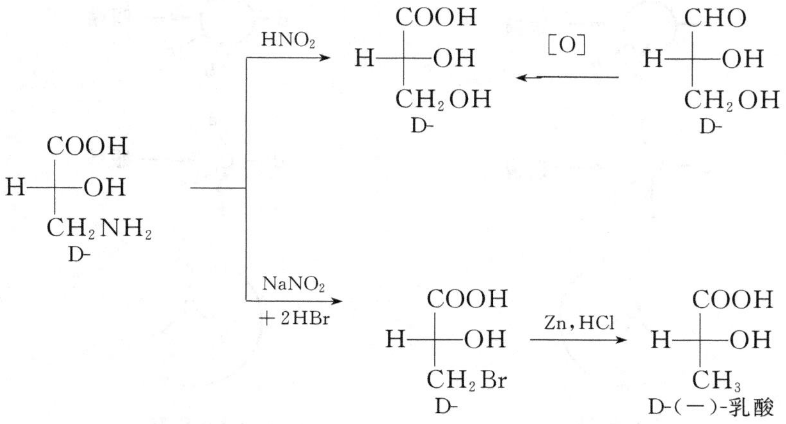

D-L 命名法在糖、氨基酸等类化合物命名中得到了广泛的应用,它反映着化合物间构型的关系。但是许多手性化合物是难于通过化学反应在构型上无误地与(+)-甘油醛或(−)-甘油醛关联起来的。对于含有多个手性碳原子的化合物,在构型关联时会遇到很多困难,甚至会产生混乱,使 D-L 命名法的应用受到了很大的限制。为了克服这些困难,IUPAC 建议采用 R-S 命名法。

2. R-S 命名法

R-S 命名法的基本要点是:首先根据次序规则确定与 C* 碳原子所连的 4 个原子或基团的优先顺序,例如对 C* abcd 而言,假定优先次序为 a>b>c>d,然后把排列次序最小的 d 放在离观察者最远的位置,这时其它 3 个原子或基团 a,b,c 就离眼睛最近,且处于同一平面内。这时将这 3 个原子或基团按优先次序从大到小画圆圈,即从 a→b→c 顺序。如果是顺时针方向,则是 R-型(R 是拉丁文右 Rectus 的首字母);如果是反时针方向,就是 S-型(S 是拉丁文左 Sinister 的首字母)。图 8-9(Ⅰ)和(Ⅱ)为 C* abcd 的两种构型的模型和透视式,(Ⅰ)为 R-型,(Ⅱ)为 S-型。采用 R-S 法命名,D-(+)-甘油醛是 R-甘油醛,L-(−)-甘油醛是 S-甘油醛:

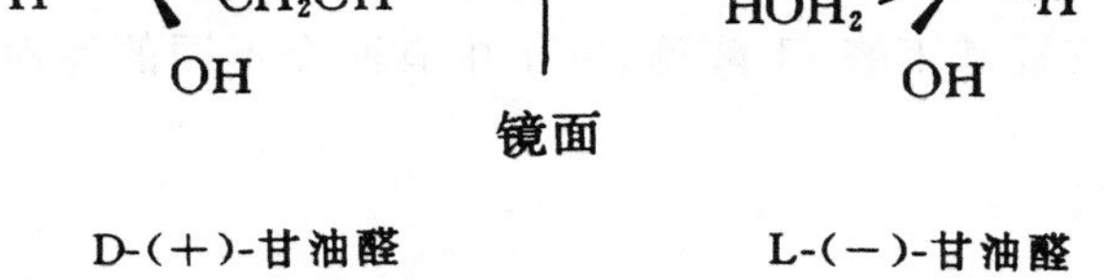

按次序规则:

$$OH>CHO>CH_2OH>H$$

D-(+)-甘油醛
R 型

L-(−)-甘油醛
S 型

R-S命名法与D-L命名法没有必然的联系,也不能采用像D-L命名法那样用构型关联的方法来标记R或S。D构型的化合物可能是R型,也可能是S型。

构型为R或S,与物质的旋光性(+)和(-)亦没有必然的关系。R型的化合物可以是右旋的,也可能是左旋的。

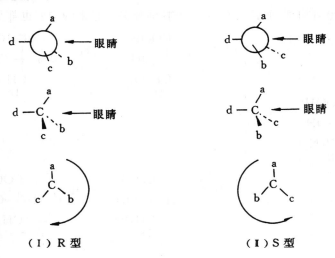

（I）R型   （I）S型

图 8-9   手性分子 C^*abcd 的两个构型的模型和透视式

8.4　含有两个手性碳原子化合物的对映异构现象

许多天然产物,如糖、多肽、生物碱等常常含有一个以上手性碳原子,所以了解多于一个手性碳原子的化合物的对映异构现象是非常必要的。下面对于含有两个手性碳原子化合物的对映异构现象分两种情况加以讨论。

8.4.1　含有两个不同手性碳原子的化合物及非对映体

在这类化合物中,两个手性碳原子上所连的4个基团不完全相同。如用A和B代表两个不同的手性碳原子,R和S代表不同的构型,那末,含有两个不同手性碳原子的化合物AB可能有4个立体异构体:

$$
\begin{array}{cccc}
A_R & A_S & A_R & A_S \\
| & | & | & | \\
B_R & B_S & B_S & B_R
\end{array}
$$

若分子中含有n个不同的手性碳原子时,则应有 2^n 个立体异构体,可组成 2^{n-1} 对对映体,(即有 2^{n-1} 种外消旋体),例如:2,3,4-三羟基丁醛(丁醛糖)分子中有两个不同的手性碳原子,它的4个立体异构体是:

丁醛糖　$HO\overset{4}{C}H_2—\overset{3}{C}^*HOH—\overset{2}{C}^*HOH—\overset{1}{C}HO$　构型异构体

R	R	（1）
S	S	（2）
R	S	（3）
S	R	（4）

CHO	CHO	CHO	CHO
H——OH	HO——H	HO——H	H——OH
H——OH	HO——H	HO——OH	HO——H
CH₂OH	CH₂OH	CH₂OH	CH₂OH
D-(−)-赤藓糖	L-(+)-赤藓糖	D-(−)-苏阿糖	L-(+)-苏阿糖
(2R,3R)-(−)-赤藓糖	(2S,3S)-(+)-赤藓糖	(2S,3R)-(−)-苏阿糖	(2R,3S)-(+)-苏阿糖
（Ⅰ）	（Ⅰ）	（Ⅲ）	（Ⅳ）

在这 4 个 Fischer 投影式中（Ⅰ）和（Ⅱ）互为对映体，它们的等量混合组成一种外消旋体，（Ⅲ）和（Ⅳ）也互为对映体，它们的等量混合物组成另一种外消旋体。（Ⅰ）和（Ⅲ），（Ⅰ）和（Ⅳ），（Ⅱ）和（Ⅲ），（Ⅱ）和（Ⅳ）之间不存在物体和镜像的对映关系，称为非对映体。凡是不呈物体与镜像对映关系的立体异构体均称非对映体。

凡含有两个或两个以上不相同的手性碳原子的构型异构体，若其中只有一个手性碳原子构型相反，其它手性碳原子的构型均相同时，叫做差向异构体。如上述（Ⅰ）和（Ⅲ）为 C_2 差向异构体，（Ⅰ）和（Ⅳ）为 C_3 差向异构体。差向异构体是非对映体的一种。

非对映体比旋光度不同，旋光方向可能相同，也可能不同。其它物理性质如熔点、沸点，在同一种溶剂中的溶解度、密度、折射率等均不相同。在化学性质上，由于它们是同一类化合物，能发生相类似的反应，但是它们与同一试剂反应的反应速度可能不等。

因为非对映体的沸点和溶解度不同，所以，一般能用分馏或分步结晶法进行分离。由于分子的极性不同，它们的吸附作用也不同，因而能用色谱法分离。

对于含有两个手性碳原子的链状化合物，写出 Fischer 投影式的方法是：将主链直立，使两个手性碳原子处于纸面上，编号最小的碳原子（如上例中—CHO）位于上方，编号大的碳原子（—CH₂OH）位于下方，使它们伸向纸面后方，在手性碳原子上的其它原子或基团（H 和 OH）连在横线上，指向纸面前方，这样投影就得到了丁醛糖的 Fischer 投影式。

丁醛糖中两个手性碳原子构型的 R-S 标记法，以（Ⅰ）为例说明如下：C_2 所连的 4 个基团的优先次序为 —OH＞—CHO＞—CHCH₂OH＞—H ，把 —H 放到最远的位置，前
$$\overset{|}{O}H$$
面的 3 个基团按优先次序是顺时针的，因而 C_2 是 R 型。同理 C_3 也是 R 型，所以（Ⅰ）的全名是：(2R,3R)-丁醛糖或(2R,3R)-赤藓糖。同样方法可确定（Ⅱ）的构型为(2S,3S)，（Ⅲ）的构型是(2S,3R)，（Ⅳ）的构型是(2R,3S)。

含有两个手性碳原子化合物的非对映体的另一种命名法——"苏型"、"赤型"，是以丁醛糖的非对映体赤藓糖和苏阿糖为基础的，丁醛糖的 4 个立体异构体中，（Ⅰ）和（Ⅱ）为赤藓糖的对映体，（Ⅲ）和（Ⅳ）为苏阿糖的对映体。"赤型"和"苏型"只用来描述在两个手性碳原子上至少连有一个相同基团的化合物 $R—C^*ab—C^*ac—R'$。区别"赤型"和"苏型"的方法是：

写出 Fischer 投影式,使两个相同基团 a 在横线上,如果两个相同基团—a,—a 在 Fischer 投影式的同一侧,即与赤藓糖（Ⅰ）和（Ⅱ）式中两个相同基团—H 在同一侧相似,称为"赤型";若相同基团—a,—a 在异侧,与苏阿糖（Ⅲ）、（Ⅳ）式中两个相同基团—H 在异侧相似,这个异构体称为"苏型",如右所示:

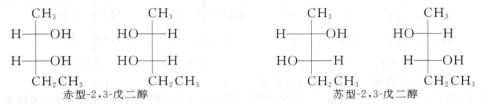

例如,赤型和苏型 2,3-戊二醇的 4 个 Fischer 投影式如下:

赤型-2,3-戊二醇　　　　　　　　苏型-2,3-戊二醇

8.4.2　含有两个相同手性碳原子的化合物和内消旋体

在这类化合物中两个手性碳原子所连的 4 个基团是完全相同的。例如酒石酸、2,3-二氯丁烷等:

酒石酸　　　　　　2,3-二氯丁烷

在酒石酸分子中,两个手性碳原子都和 H,OH,COOH,CHOHCOOH 4 个基团相连,依照前面同样的方法,也可以给出 4 种构型异构体:

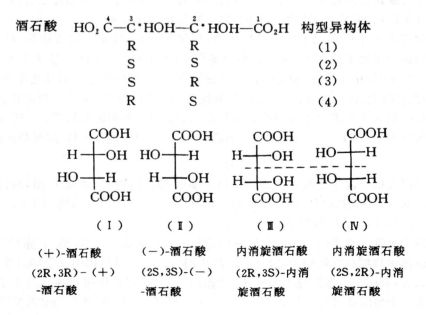

酒石酸	$HO_2\overset{4}{C}$—$\overset{3}{C}^*HOH$—$\overset{2}{C}^*HOH$—$\overset{1}{CO_2}H$	构型异构体
	R　　　　　　R	(1)
	S　　　　　　S	(2)
	S　　　　　　R	(3)
	R　　　　　　S	(4)

（Ⅰ）　　　　（Ⅱ）　　　　（Ⅲ）　　　　（Ⅳ）

（+)-酒石酸　　（－)-酒石酸　　内消旋酒石酸　　内消旋酒石酸
(2R,3R)-（+)　　(2S,3S)-（－)　　(2R,3S)-内消　　(2S,2R)-内消
-酒石酸　　　　-酒石酸　　　　旋酒石酸　　　　旋酒石酸

（Ⅰ）与（Ⅱ）是对映体，其中一个是右旋体，另一个是左旋体。它们等量混合可以组成外消旋体。（Ⅲ）和（Ⅳ）也是物体与镜像的关系，似乎也是对映体，但它们可以重合。如果把（Ⅲ）在纸面上旋转 180°后即得到（Ⅳ），因此它们是同一化合物。

从分子的对称性来分析，化合物（Ⅲ）的构型中同时存在着对称面和对称中心：

所以整个分子是对称的，为非手性分子，无旋光性。在酒石酸分子中，C_2^* 和 C_3^* 所连接的 4 个原子或基团是相同的，所以旋光能力也相同。在（Ⅰ）和（Ⅱ）中 C_2^* 和 C_3^* 的构型相同，因此它们的旋光能力彼此加强，而在（Ⅲ）或（Ⅳ）中，C_2^* 和 C_3^* 的构型是相反的，因而旋光能力彼此抵消，分子就不具旋光性，这种化合物称为内消旋体，用 m（meso 的首字母）表示。

内消旋体和外消旋体虽然都没有旋光性，但二者概念完全不同。内消旋体没有旋光性是由于分子内部的手性碳原子旋光能力相互抵消的缘故，它本身是一种纯物质，因此不能分离成有旋光性的化合物；外消旋体是由于两种分子间旋光能力抵消的结果，它可以拆分成两种旋光方向相反的化合物。

含有两个相同手性碳原子的化合物，例如酒石酸实际上只有 3 个立体异构体：右旋体、左旋体和内消旋体，立体异构体的数目少于 2^n 个。右旋酒石酸与左旋酒石酸是对映体，它们与内消旋体互为非对映体。它们的物理常数如表 8-3 所列。

表 8-3　酒石酸的物理常数

酒石酸	熔点 /℃	$[\alpha]_D^{25}$（水）/[°]	溶解度（20 ℃）/g/100g（水）	pK_{a1}	pK_{a2}
右旋体	170	+12	139	2.93	4.23
左旋体	170	−12	139	2.93	4.23
外消旋体	204	0	20.6	2.96	4.24
内消旋体	140	0	125	3.11	4.80

酒石酸的 3 种立体异构体的 R-S 命名为：

（Ⅰ）(2R,3R)-（＋）酒石酸

（Ⅱ）(2S,3S)-（—）酒石酸

（Ⅲ）(2R,3S)-m-酒石酸

8.5　环状化合物的立体异构

前面已经讨论了脂环化合物的顺反异构。有些环状化合物既有顺反异构，也有对映异构现象。例如 2-羟甲基环丙烷-1-羧酸有下列 4 种立体异构体：

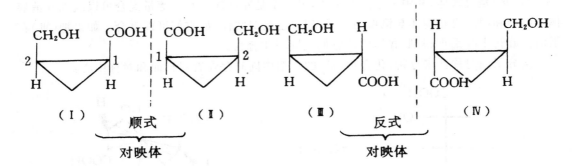

在 2-羟甲基环丙烷-1-羧酸分子中，C_1^* 和 C_2^* 为两个不相同的手性碳原子。（Ⅰ）和（Ⅱ）是顺式构型，都有旋光性，为一对对映体；（Ⅲ）和（Ⅳ）是反式构型，亦为一对对映体，都有旋光性。等量的（Ⅰ）和（Ⅱ）或（Ⅲ）和（Ⅳ）混合，可分别组成两个外消旋体。1,2-环丙烷二羧酸分子中 C_1^* 和 C_2^* 为两个相同的手性碳原子，故有 3 个立体异构体：

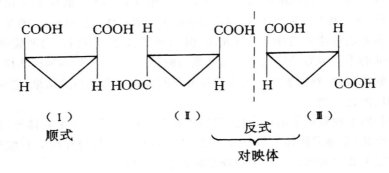

（Ⅰ）为内消旋体，顺式构型，分子内有一个对称面。（Ⅱ）和（Ⅲ）都是旋光体，为反式构型，两者是对映体，可组成外消旋体。取代环丁烷的立体异构体数目与取代基位置有关。1,2-二取代环丁烷的立体异构现象与上述二取代环丙烷类同，当两个取代基相同时有 3 个立体异构体，两个取代基不同时则有 4 个立体异构体。而对于 1,3-二取代环丁烷，只有顺式和反式两种，因为分子有对称面，无对映异构。可见奇数环系与偶数环系的对称性不同，奇数环系均与取代环丙烷类同，而偶数环系则与取代环丁烷类同。

8.6　不含手性碳原子化合物的对映异构现象

前面讨论的对映异构现象，都是含有手性碳原子的化合物。但是很多例子说明，含有手性碳原子不是分子具有手性的充分必要条件。例如上面讨论过的内消旋体顺-1,2-环丙烷二羧酸，含有两个手性碳原子，但整个分子却不具有手性。而某些化合物，分子中没有手性碳原子却具有手性。例如某些丙二烯型化合物和单键旋转受阻的联苯型化合物等。这类情况简要讨论如下。

8.6.1　丙二烯型化合物

在丙二烯分子中，中心碳原子以 sp 杂化轨道成键，所以丙二烯分子中两个 π 键互相垂直,两端两个 sp^2 杂化碳上所连的两个原子或基团所在平面又垂直于各自相邻的 π 键,因而也相互垂直。丙二烯分子的 π 键立体结构示意图如下:

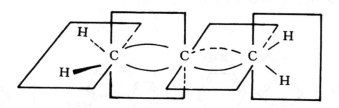

当两端两个碳原子分别连有两个不同的原子或基团时,分子就具有手性轴,成为手性分子,存在一对对映体。例如 2,3-戊二烯就已分离出对映异构体,如图 8-10。

CH₃——C——C——C——CH₃ | CH₃——C——C——C——CH₃

图 8-10 2,3-戊二烯的对映异构体

如果在丙二烯的任何一端或两端的碳原子上连有相同的原子或基团,化合物就有对称面,因此不具有旋光性。例如 2-甲基-2,3-戊二烯:

$$^5CH_3 \quad ^4C = ^3C = ^2C \quad ^1CH_3$$
$$H \qquad\qquad CH_3$$

其分子内就有一个通过

$$CH_3$$
$$C—$$
$$H$$

的平面为对称面,因此无旋光性,亦无对映异构体。

8.6.2 单键旋转受阻的联苯型化合物

在联苯分子中两个以单键相连的苯环,若邻位(2,6,2′,6′)上的氢原子被体积相当大的原子或基团取代,这时两个苯环上的取代基便不能在同一平面内,致使连接两个苯环的 σ 键的旋转受到了限制,导致两个苯环不在一个平面内,如图 8-11。

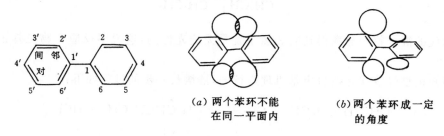

(a) 两个苯环不能在同一平面内   (b) 两个苯环成一定的角度

图 8-11 单键旋转被阻碍的联苯化合物

当 2,6,2',6' 位置上所连的取代基足够大,而且每个苯环上所连接的两个基团不相同时,分子就有手性轴,存在一对对映体。例如 6,6'-二硝基联苯-2,2'-二甲酸就已经拆分成两个对映体,2,2'-二氯-6,6'-二溴联苯,也有一对对映体:

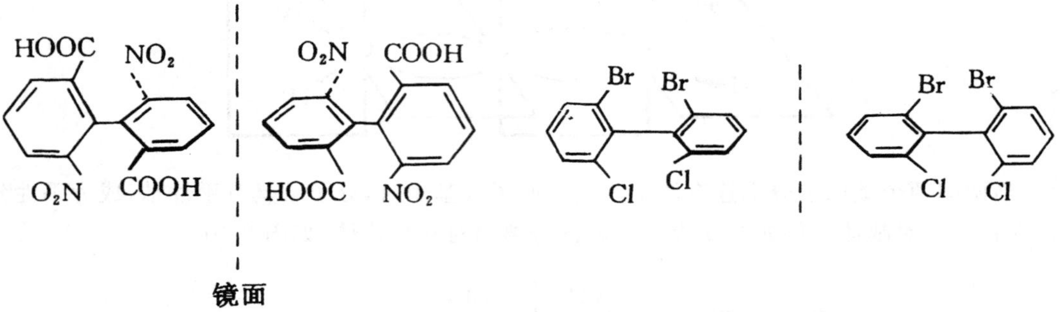

镜面

如果邻位取代基的体积较小,例如 2,2' 位上是氟原子,不足以限制两个苯环间的 σ 键的自由旋转,就没有对映体存在。如果在一个环上的两个邻位所连的取代基相同,这个分子有对称面,也就没有对映体存在。例如 2,6-二氯-2',6'-二溴联苯没有对映体。

8.7 不对称合成

在无手性条件下(即指反应物、试剂和溶剂等均无手性),其反应产物必定是无手性的或外消旋体。例如丁烷的一氯代反应,产物经过分离,发现是 1-氯丁烷和 2-氯丁烷的混合物,其中 1-氯丁烷无手性,而 2-氯丁烷含有一个手性碳原子:

$$CH_3CH_2CH_2CH_3 + Cl_2 \xrightarrow{h\nu} CH_3\overset{*}{C}HCH_2CH_3$$
$$\underset{Cl}{|}$$

所以它应该有一对对映体:

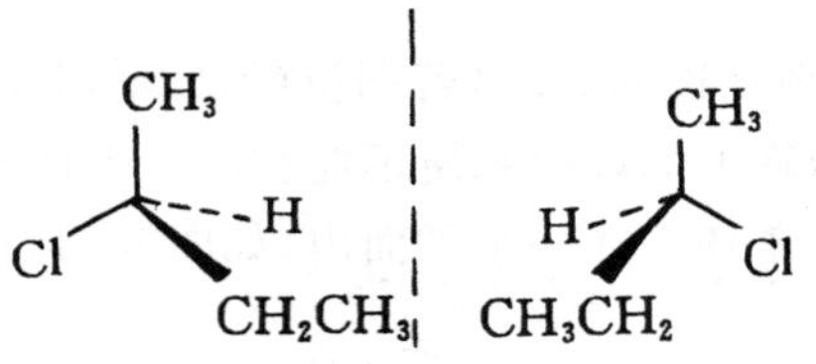

由丁烷氯代的混合物中分离得到的 2-氯丁烷是无旋光性的,这说明反应产物是外消旋混合物。

已经知道烷烃氯代是按自由基机理进行的,链增长一步的过程如下:

$$CH_3CH_2CH_2CH_3 + Cl\cdot \longrightarrow CH_3\overset{\cdot}{C}HCH_2CH_3 + HCl$$

$$CH_3\overset{\cdot}{C}HCH_2CH_3 + Cl_2 \longrightarrow CH_3\underset{Cl}{\overset{|}{C}}HCH_2CH_3 + Cl\cdot$$
$$\qquad\qquad (\text{I}) \qquad\qquad\qquad\qquad 外消旋体$$

可以看出产生 2-氯丁烷的活性中间体是仲丁基自由基（Ⅰ），在（Ⅰ）中带单电子的碳为 sp^2 杂化，故呈平面构型。这个碳还有一个未参加杂化的 p 轨道，垂直于 3 个 sp^2 杂化轨道所在平面。当（Ⅰ）与氯反应时，Cl_2 可以以相同几率从平面两侧与该碳原子结合，即生成等量的（R）-2-氯丁烷和（S）-2-氯丁烷，所以产物是外消旋体，没有旋光性，如图 8-12 所示。

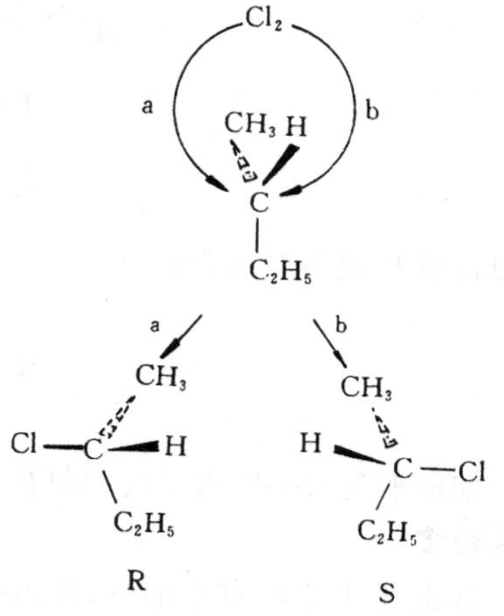

图 8-12　丁烷的氯代

如果在一个手性分子中引入第二个手性碳原子，则生成非对映体，而且两者的量是不相等的，例如（S）-2-氯丁烷进行二元氯化反应，得到 2,3-二氯丁烷和其它产物。在这个反应里，生成的 2,3-二氯丁烷有两种异构体，其构型如图 8-13 所示。

在上述氯化反应中 C_2 的构型保持不变，仍为 S 型。按照自由基反应机理，氯可以由 a,b 两侧与 C_3 相连得到 2S,3S 和 2S,3R 两个非对映体，这两个非对映体的量是不等的，2S,3S 与 2S,3R 之比为 29：71，即内消旋体占多数。

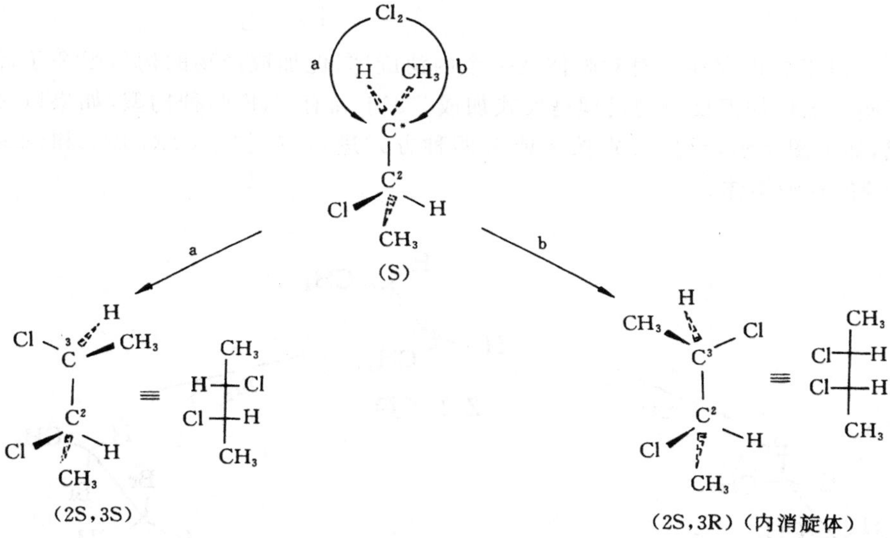

图 8-13　（S）-2-氯丁烷的氯代

这说明在这一步氯化反应中，氯由 a,b 两侧进攻的机会是不相同的，其原因可通过图 8-14 加以解释：（Ⅰ）和（Ⅱ）是（S）-2-氯-3-丁基自由基的两种构象，在构象（Ⅰ）中，两个甲基相距较远，因此（Ⅰ）是优势构象。氯原子在进攻 C_3 时，显然从第一个氯原子相反的方向（构象式（Ⅰ）的下部）比较有利，也就是说主要得到内消旋体。从上面的例子可以看出，在已有一个手性中心的分子中引入第二个手性中心时，得到的非对映异构体的量是不相等的，也就是说第一个手性中心对第二个手性中心的构型有控制作用，也可以说第二个手性中心的形成有立体选择性。凡是有立体选择的反应，产物中必然有某一个立体异构体为主要产物。这种使产物中某一个立体异构体的量占优势的合成，也就是反应产物具有旋光

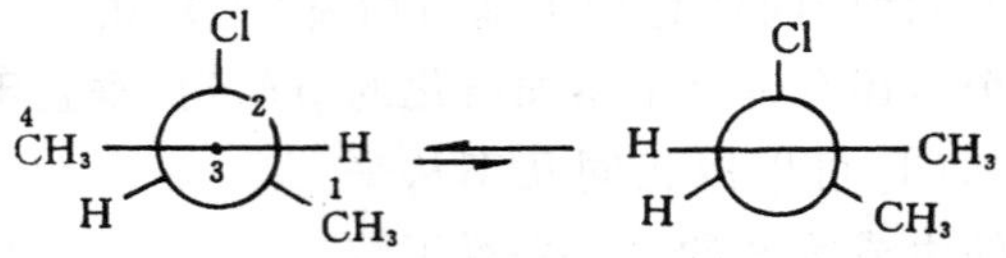

图 8-14　S-2-氯-3-丁基游离基

性的合成叫做不对称合成。

8.8　立体专一反应

如前所述(S)-2-氯丁烷的氯代是立体选择的反应,得到的非对映体混合物,其中内消旋体量较多。

若由 2-丁烯与卤素加成,可以得到 2,3-二卤代烷,例如 2-丁烯与 Br_2 加成:

$$CH_3CH{=}CHCH_3 + Br_2 \longrightarrow CH_3\overset{*}{C}H{-}\overset{*}{C}H{-}CH_3$$
$$\phantom{CH_3CH{=}CHCH_3 + Br_2 \longrightarrow CH_3}\underset{Br}{|}\;\;\underset{Br}{|}$$

产物 2,3-二溴丁烷也存在一对对映体及一个内消旋体,但加成产物的构型因 2-丁烯的构型不同而不同。烯烃加溴反应的机理是反式加成。2-丁烯有 Z,E 两种构型,如果以 Z-2-丁烯与溴加成,如下图所示,反应分别按 a 或 b 两种方式进行,产物是(2R,3R)-和(2S,3S)-2,3-二溴丁烷的外消旋体。

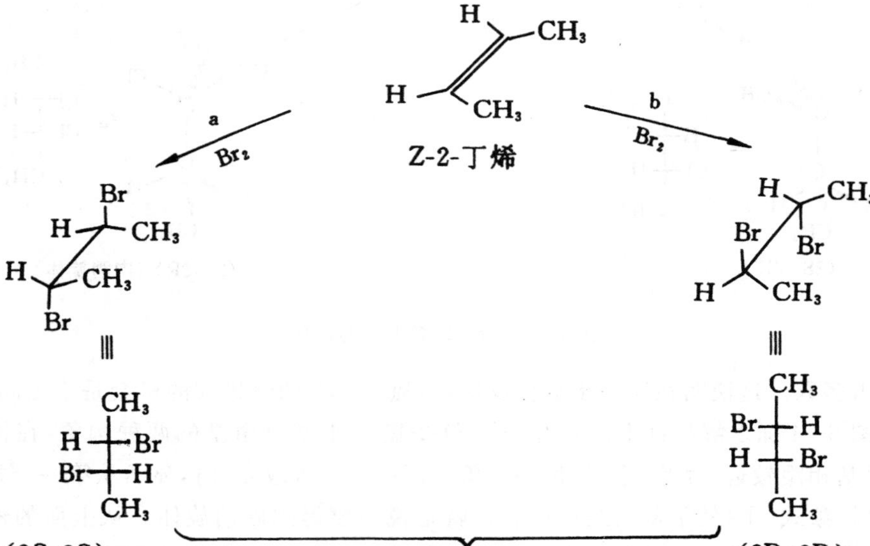

如以 E-2-丁烯与溴加成,则产物为内消旋体(2R,3S)-2,3-二溴丁烷,尽管溴的进攻也有 a 和 b 两种方式,但产物只有一种,如下图所示:

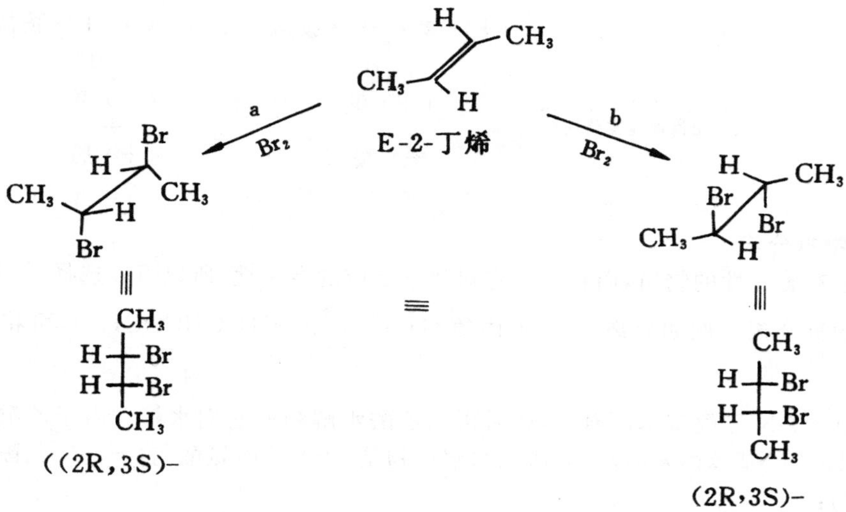

以上结果也证明了,Z 和 E 两种构型的 2-丁烯与溴加成的机理都是反式加成。由 2-丁烯的加成可以看出,由某一立体异构体的反应物只生成某一种特定的立体异构体的产物,这种反应叫做立体专一的反应。

8.9 外消旋体的拆分和光学纯度

8.9.1 外消旋体的拆分

当由非手性化合物合成手性分子时,得到的是由等量的左旋体和右旋体组成的外消旋体。由于对映异构体除了旋光方向相反以外,其它的物理性质均相同,因此不能用一般的物理方法如蒸馏、重结晶等把它们分开。将外消旋体分离成左旋体和右旋体的过程通常叫做拆分。目前常用的拆分方法有化学拆分法、生物拆分法、诱导结晶拆分法和选择吸附拆分法等。简要介绍如下:

1. 化学拆分法

先用化学方法把对映体转变为非对映体,然后利用非对映体物理性质的不同,用一般物理方法将它们分开,分开后再恢复到原来的左旋体和右旋体。这里需要选择一个合适的手性试剂,也叫拆分剂。一种好的拆分剂必须易和外消旋体反应生成非对映体,这种非对映体的性质有足够大的差异便于分离,分离后的异构体容易分解而除去拆分剂。拆分剂类型的选择要看所要拆分的外消旋体分子中的官能团而定。例如外消旋酸,可用旋光性的碱如辛可宁、奎宁、马钱子碱、番木鳖碱等生物碱和一些合成的旋光性有机胺类如 1-苯基-2-丙胺等作拆分剂;外消旋碱可用旋光性的酒石酸、苹果酸、二乙酰或二苯甲酰酒石酸或 10-樟脑磺酸等来拆分;对于外消旋氨基酸,一般将氨基乙酰化后,作为酸用旋光性碱来拆分;而外消旋醇,一般先和邻苯二甲酸酐或琥珀酸酐作用生成酸性单酯,然后用旋光性碱来拆分,等等。

拆分过程,以外消旋酸为例表示如下:

$$\begin{array}{ll} （±）酸 & +（+）-胺 \longrightarrow \quad （+）-酸 \cdot （+）-胺盐 \\ \text{(外消旋酸)} & \qquad\qquad\qquad\quad （-）-酸 \cdot （+）-胺盐 \\ & \qquad\qquad\qquad\qquad\quad \text{(非对映体)} \end{array}$$

$$（＋）-酸 \cdot （＋）-胺盐 \qquad （—）-酸 \cdot （＋）-胺盐$$

$$\downarrow H^+ \qquad\qquad\qquad \downarrow H^+$$

$$\xrightarrow[\text{（利用物理性质差别）}]{\text{分离}} \qquad \begin{array}{c}（＋）-酸 \\ ＋ \\ ＋）-胺 \ （\end{array} \quad ＋ \quad \begin{array}{c}（—）-酸 \\ ＋ \\ （＋）-胺\end{array}$$

2. 生物拆分法

酶都是有旋光性的物质,而且由于它对化学反应的专一性,所以可以选择适当的酶作为外消旋体的拆分剂。例如分离（±）-苯丙氨酸（ $\bigcirc$—CH$_2$CHCOOH ），可将它们先乙

$$\overset{|}{NH_2}$$

酰化,生成（±）-N-乙酰基苯丙氨酸,然后再用乙酰水解酶使它们水解。由于乙酰水解酶只能使（＋）-N-乙酰基苯丙氨酸水解,所以水解产物是（＋）-苯丙氨酸与（—）-N-乙酰基苯丙氨酸的混合物:

$$\bigcirc—CH_2—\overset{\overset{NHCOCH_3}{|}}{CH}—COOH \xrightarrow{\text{乙酰水解酶}} （＋）-苯丙氨酸＋（—）-N-乙酰基苯丙氨酸$$

由于两种产物是两个完全不同的物质,可采用一般方法加以分离,从而达到拆分目的。另一种方法是破坏外消旋体中的一种对映体。例如青霉素菌在含有外消旋酒石酸的培养液中生长时,使右旋酒石酸消失,只剩下左旋酒石酸。这种方法的缺点是使原料损失一半。

3. 诱导结晶法（晶种结晶法）

在外消旋体的过饱和溶液中加入一定量的左旋体或右旋体的晶种,与晶种相同的异构体便先析出。例如向某一外消旋体（±）-A 的过饱和溶液中加入（＋）-A 的晶种,则（＋）-A 先析出一部分,过滤分出（＋）-A,滤液中（—）-A 过量,此时再加入外消旋体混合物,又可析出一部分（—）-A 结晶,再过滤分出。如此反复处理就可将左旋体和右旋体拆分。这种方法已用于工业上,在氯霉素的生产中,就用这种晶种结晶法拆分其中间体。

8.9.2 光学纯度

由前面的讨论已经知道,旋光仪中测不出旋光度的化合物,不一定没有旋光性,它可能是一个外消旋体。

在不对称合成的产物中,不是等量的左旋体和右旋体的混合物,这种不等量对映体的混合物的比旋光度[α]取决于它们的组成。完全由一种对映异构体组成的、不含有它的对映体的化合物称为光学纯化合物。光学纯化合物的比旋光度最大,用$[\alpha]_{max}$表示。光学纯度 P 是指一种对映体对另一种对映体的过量百分数。可由测定样品的旋光度计算得到:

$$P = \frac{[\alpha]_{\text{测定}}}{[\alpha]_{max}} \times 100\%$$

知道了光学纯度 P,就可以计算混合物中两种对映体的组成。例如:已知旋光纯 1-氯-2-甲基丁烷的比旋光度为＋1.64°,现有一个该化合物的试样,经测定其比旋光度是＋0.82°,求该样的光学纯度 P 和（＋）、（—）对映体的组成比。由光学纯度的定义可求出:

$$P = \frac{[\alpha]_{\text{测定}}}{[\alpha]_{max}} \times 100\% = \frac{＋0.82}{＋1.64} \times 100\% = 50\%$$

称该试样为50％旋光纯。这个试样是由50％的（＋）-异构体和50％的外消旋体所组成。其中，（＋）-异构体含量应为$50\% + \frac{1}{2} \times 50\% = 75\%$；（－）-异构体含量为$\frac{1}{2} \times 50\% = 25\%$。也就是说，试样中（＋）-异构体∶（－）-异构体＝75∶25。

习　题

8.1　40mL蔗糖水溶液中含蔗糖11.4g，20 ℃时在10cm长盛液管中，用钠光灯作光源测出其旋光度为＋18.8°，试求其比旋光度，并回答：

（1）若该糖溶液放在20cm长的盛液管中，其旋光度是多少？

（2）若把该溶液稀释到80mL，然后放入10cm长的盛液管中，其旋光度又是多少？

（3）若在20 ℃时，在长为2dm的盛液管中，测得蔗糖的旋光度为10.7°，求该糖溶液的浓度。

8.2　某化合物10g，溶于100mL甲醇中，在25 ℃时用10cm长的盛液管在旋光仪中观察到旋光度为＋2.30°。在同样条件下改用5cm的盛液管时，其旋光度为＋1.15°，计算该化合物的比旋光度。第二次观察说明什么问题？

8.3　下列化合物中有无手性碳原子？若有，用 ＊ 表明手性碳原子，并指出立体异构体数目：

（1）3-溴己烷；　　　　　　　　　　　（2）2-氯-2-甲基戊烷

（3）$CH_3CHBrCHBrCOOH$；　　　　　（4）$CH_2BrCH_2CH_2Cl$；

（5）$CH_3CHClCHClCHClCH_3$；　　　　（6）1,1-二氯环丙烷；

（7）1,2-二氯环丙烷；　　　　　　　　（8）1-甲基-4-异丙基环己烷。

8.4　将下列基团按"次序规则"的优先性降低次序排列：

（1）　〔苯基〕；　　　（2）　—CH＝CH₂；　　　（3）　—C≡N；

（4）　—CH₂I；　　　（5）　$-\overset{O}{\underset{}{\overset{\|}{C}}}-H$；　　　（6）　$-\overset{O}{\underset{}{\overset{\|}{C}}}-OH$；

（7）　—CH₂NO₂；　　　（8）　$-\overset{O}{\underset{}{\overset{\|}{C}}}-NH_2$；　　　（9）　$-\overset{O}{\underset{}{\overset{\|}{C}}}-OCH_3$；

（10）　$-\overset{O}{\underset{}{\overset{\|}{C}}}-Cl$；　　　（11）　—CCl₃；　　　（12）　—NH₂。

8.5　画出下列各化合物所有立体异构体的 Fischer 投影式，并用 R-S 标注构型，指出它是旋光性的还是内消旋体：

（1）2-甲基-3-氯戊烷；（2）3-苯基-3-氯-1-丙烯；（3）1,2,3,4-四羟基丁烷；

（4）1-氯-2,3-二溴丁烷（指出赤型和苏型）；（5）2,4-二碘戊烷

8.6　下列各组化合物是属于对映体？非对映体？还是同一化合物？

（1）

(2)

$$
\begin{array}{c}
CH_3 \\
H{-}\!\!\underset{\displaystyle Br}{\overset{\displaystyle |}{|}}\!\!{-}Cl
\end{array}
\quad 和 \quad
\begin{array}{c}
CH_3 \\
Cl{-}\!\!\underset{\displaystyle Br}{\overset{\displaystyle |}{|}}\!\!{-}H
\end{array}
；
$$

(3)

$$
\begin{array}{c}
CH_3 \\
H{-}\!\!\underset{\displaystyle Cl}{\overset{\displaystyle |}{|}}\!\!{-}Br
\end{array}
\quad 和 \quad
\begin{array}{c}
CH_3 \\
Cl{-}\!\!\underset{\displaystyle Br}{\overset{\displaystyle |}{|}}\!\!{-}H
\end{array}
；
$$

(4)

$$
\underset{(a)}{\begin{array}{c} OH \\ H{-}|{-}CHO \\ CH_2OH \end{array}}, \quad
\underset{(b)}{\begin{array}{c} CHO \\ HO{-}|{-}H \\ CH_2OH \end{array}}, \quad
\underset{(c)}{\begin{array}{c} CHO \\ CH_2OH{-}|{-}H \\ OH \end{array}}, \quad
\underset{(d)}{\begin{array}{c} CHO \\ HO{-}|{-}CH_2OH \\ H \end{array}}；
$$

(5)

$$
\begin{array}{c}
CH_3 \\
H{-}|{-}Br \\
H{-}|{-}Cl \\
CH_3
\end{array}
\quad 和 \quad
\begin{array}{c}
CH_3 \\
Br{-}|{-}H \\
H{-}|{-}Cl \\
CH_3
\end{array}
$$

8.7 指出下列化合物是 R 还是 S 构型?

(1) $\quad Br_3C{-}\!\!\underset{\displaystyle CH_3}{\overset{\displaystyle H}{|}}\!\!{-}Br$；

(2) $\quad CH_3CH_2{-}\!\!\underset{\displaystyle CH_3}{\overset{\displaystyle H}{|}}\!\!{-}OCH_3$；

(3) 苯基${-}\!\!\underset{\displaystyle Br}{\overset{\displaystyle Cl}{|}}\!\!{-}H$；

(4) $\quad CH_3CH_2{-}\!\!\underset{\displaystyle CCl_3}{\overset{\displaystyle H}{|}}\!\!{-}I$；

(5) $\quad H{-}\!\!\underset{\displaystyle CH_3}{\overset{\displaystyle COOH}{|}}\!\!{-}NH_2$；

(6) $\quad CH_3{-}\!\!\underset{\displaystyle SO_3H}{\overset{\displaystyle Cl}{|}}\!\!{-}H$

8.8 用 Fischer 投影式和透视式写出下列化合物的构型:

(1) (R)-CHBrDCH$_2$CH$_3$; (2) (S)-CH$_3$CHClBr; (3) (R)-3-溴己烷;

(4) (S)-1-氯-3-溴戊烷; (5) m-3,4-二溴己烷; (6) (2S,3R)-2,3-二氯戊烷。

8.9 下列化合物中哪些有旋光性? 哪些没有旋光性? 试说明理由。

(1) $\quad CH_3CH_2CHOH$；
　　　　　　　$\overset{\displaystyle |}{CH_3}$

(2) 环己烯基(H, CH$_3$)；

(3) 丙二烯型 $\begin{array}{c} H \\ \diagdown \\ C{=}C{=}C \\ \diagup \qquad \diagdown \\ CH_3 \qquad CH_3, H \end{array}$；

(4) 环己烷(H$_3$C, CH$_3$; Cl, H)；

(5) 联苯型 (HOOC, NO$_2$; NO$_2$, COOH)；

(6) ClCH$_2$CH$_2$OH;

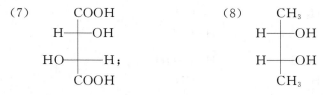

（7）   （8）

8.10 下列说法对吗？为什么？

（1）有旋光性的分子必定有手性,必有对映异构体存在;

（2）具有手性的分子必定可观察到旋光性。

8.11 下列化合物哪个是赤型？哪个是苏型？

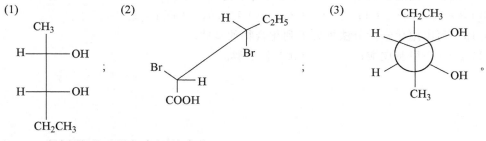

（1）   （2）   （3）

8.12 举例说明下列各名词的意义：

（1）对映异构体;（2）非对映异构体;（3）外消旋体;（4）内消旋体;（5）比旋光度;
（6）差向异构体。

8.13 A 的分子式为 $C_6H_{12}O$,是一种链状醇,具有旋光性,经催化加氢,这个醇吸收 1mol 氢生成另一种醇 B,B 没有旋光性。写出 A 和 B 的构造式。

8.14 写出 3-甲基戊烷进行氯化反应可能产生的一氯化物,必要时用 Fischer 投影式表示。用 R-S 标记每一个手性碳原子,并指出哪些是对映体？哪些是非对映体？

8.15 写出下列化合物的 Fischer 投影式,并用（R）或（S）标明每个手性碳原子的构型：

（1）   （2）

（3）   （4）

（5）

8.16 氯水对 2-丁烯加成时不仅产生 2,3-二氯丁烷,还产生 3-氯-2-丁醇。如果顺-2-丁烯只生成苏型（Ⅰ）,反-2-丁烯只生成赤型（Ⅱ）,这些事实说明什么样的立体过程。

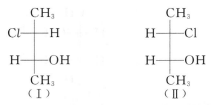

（Ⅰ）　　　　　　　　　　（Ⅱ）

8.17　（R)-(－)-2-溴辛烷的比旋光度是－36°，一个比旋光度为＋18°的 2-溴辛烷样品中 R-和 S-异构体的百分组成是多少？

8.18　一个旋光纯化合物 A，其$[\alpha]_D^{25}=+20.0°$，若 A 和它的对映体 B 的某混合物的$[\alpha]_D^{25}=+10.0°$，此混合物中 A 与 B 的比应为下列哪一个：

（1）3：1；　（2）2：1；　（3）1：3；　（4）1：20；　（5）1：2。

8.19　写出用化学拆分法拆分下列化合物的步骤。

（1）（±)-2-甲基戊酸；　　　（2）（±)-仲丁醇。

第9章 卤 代 烃

比比皆是的聚氯乙烯制品,千家万户使用的冰箱中的致冷剂,防火必备的四氯化碳灭火剂等都是卤代烃。卤代烃也是实验室中最常用的有机化合物,它经常起着从一种化合物变成另一种化合物的桥梁作用,是有机合成中经常用到的化合物。

人们在使用卤代烷的同时,也带来了严重的污染问题。六六六被禁用,DDT 被取缔。近年来,科学家证明臭氧层空洞的形成与使用氟氯烃有关。

可见,只有掌握卤代烃的性质及其反应规律,才能驾驭其上,造福于人类。

卤代烃可以写成通式 R—X,其中 R 是烃基,X 表示卤素。本章仅讨论氯代烃、溴代烃、碘代烃。氟代烃的性质比较特殊,这里不拟讨论。

9.1 卤代烃的物理性质

表 9-1 列出了一些卤代烷的物理性质。

表 9-1 一些一卤代烷的物理常数

名称	沸点 /℃	相对密度(20℃) /g/cm³	名称	沸点 /℃	相对密度(20℃) /g/cm³	名称	沸点 /℃	相对密度(20℃) /g/cm³
氯甲烷	—24		溴甲烷	5		碘甲烷	43	2.279
氯乙烷	12.5		溴乙烷	38	1.440	碘乙烷	72	1.933
1-氯丙烷	47	0.890	1-溴丙烷	71	1.335	1-碘丙烷	102	1.747
1-氯丁烷	78.5	0.884	1-溴丁烷	102	1.276	1-碘丁烷	130	1.617
1-氯戊烷	108	0.883	1-溴戊烷	130	1.223	1-碘戊烷	157	1.517

氯甲烷、氯乙烷、溴甲烷是气体。其它 15 个碳以下的一卤代烷是液体。15 个碳以上的卤代烷是固体。同一种烷基的卤代烷,碘代烷沸点最高,溴代烷次之,氯代烷最低。同一种卤代烷的同分异构体中,直链异构体的沸点最高,支链越多,沸点越低,呈现出与烷烃相似的规律。卤代烷的沸点比碳原子个数相同的烷高得多,原因不仅由于卤原子的原子量大,更主要的是碳卤键有极性,分子间力较大。

一氯代烷的密度小于水,溴代烃、碘代烃和多卤代烃的密度大于水。

卤代烷分子尽管有极性,但不溶于水,能溶于醇、醚等有机溶剂。

纯净的卤代烃是无色的,碘代烃往往呈棕红色,这不是碘代烃本身的颜色,而是由于碘代烷分解生成了游离碘的缘故。为了防止碘代烷分解,一般将碘代烃保存在棕色的瓶子里,放置在低温的地方。

卤代烃有令人不愉快的气味,其蒸汽有毒,尤其是碘代烃毒性较大。

9.2 卤代烃的光谱性质

1. 红外光谱

在红外光谱里,碳卤键的伸缩振动吸收峰的位置(波数)是随着卤素原子量的增加而减小的。例如:C—F:1350—1100cm^{-1}(强),C—Cl:750—700cm^{-1}(中),C—Br:700—500cm^{-1}(中),C—I:610—485cm^{-1}(中)。如果同一碳原子上卤原子增多,吸收位置向高波数位移,如—CF$_3$ 在 1350—1120cm^{-1},CCl$_4$ 在 797cm^{-1} 区域。C—Br 和 C—I 键在一般的红外光谱中不能检出。图 9-1 为 1-溴-3-氯丙烷的红外光谱图。

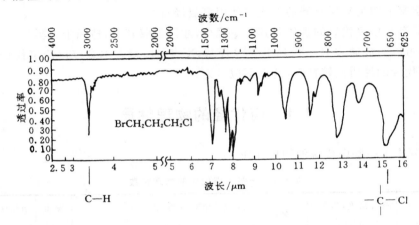

图 9-1　1-溴-3-氯丙烷的 IR 图

2. 核磁共振谱

由于卤素电负性较强,因此与之直接相连的碳和邻近碳上质子所受屏蔽效应降低,质子的化学位移向低场方向移动,影响按 F,Cl,Br,I 的次序依次下降。与卤素直接相连的碳原子上的质子化学位移一般在 $\delta = 2.16 \times 10^{-6}$—$4.4 \times 10^{-6}$,β-碳上质子所受影响减少,$\delta = 1.25 \times 10^{-6}$—$1.55 \times 10^{-6}$。图 9-2 和图 9-3 分别为 1-氯丙烷和 2-氯丙烷的 ^{1}H 核磁共振谱。

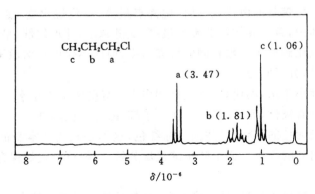

图 9-2　1-氯丙烷的核磁共振谱

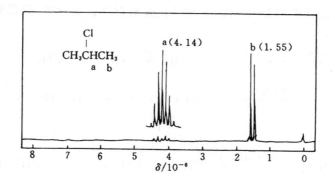

图 9-3　2-氯丙烷的核磁共振谱

9.3　卤代烷的化学性质

卤代烃中卤代烷的化学反应及其反应机理研究得比较深入。卤代烷中卤原子与饱和碳原子相连所形成的 C—X 键比 C—C 键、C—H 键、C—O 键容易断裂,所以卤代烷的典型反应发生在 C—X 键上。卤代烷最重要的反应是亲核取代反应。

9.3.1　亲核取代反应

卤代烷中卤素电负性强,因此 C—X 键中电子对偏向卤素。碳原子上带有部分正电荷,容易受到亲核试剂的进攻,发生取代反应,其反应通式可以写成:

$$RX + Nu^- \longrightarrow RNu + X^-$$

其中,Nu^- 表示亲核试剂,一般是带有负电荷的离子或带有孤对电子的中性分子;RX 表示卤代烷;X^- 表示卤素负离子,在反应中作为离去基团,带着一对电子离去。

带有负电荷的离子或带有孤对电子的中性分子,在反应中倾向进攻电子云密度较低的部位,这样的试剂叫亲核试剂。由亲核试剂进攻而引起的取代反应,叫亲核取代反应。HO^-,RO^-,CN^-,NH_2^-,HS^-,$RCOO^-$ 以及 H_2O,ROH,HCN,H_2S,RCOOH,NH_3 等都可以作为亲核试剂,在一定条件下能和卤代烷发生亲核取代反应,生成一系列新的化合物。

根据亲核试剂及底物的性质,采用不同的条件,可使亲核取代反应按设计方向进行。其结果是将烷基与各种官能团结合或形成新的 C—C 键,所以卤代烷是良好的烷基化试剂。下面讨论几种较典型的反应。

1. 卤代烷中的卤原子被羟基取代(水解反应)

卤代烷与水作用,卤原子被羟基取代生成醇:

$$RX + H_2O \Longleftrightarrow ROH + HX$$

在一般情况下,卤烷直接与水反应进行得很慢且反应是可逆的。加入 NaOH 等强碱可以大大加快反应进行。这是由于 HO^- 的亲核性比水强。另外,HO^- 还能中和生成的 HX,使反应向右进行:

$$RX + NaOH \xrightarrow{H_2O} ROH + NaX$$

卤烷的水解反应常伴随着副反应,尤其是在强碱存在的条件下,除得到醇外,还可能得到比例不同的烯烃:

$$(CH_3)_3C—Cl \xrightarrow{NaOH, H_2O} \underset{84\%}{(CH_3)_3C—OH} + \underset{16\%}{(CH_3)_2C=CH_2}$$

$$CH_3CH_2\underset{\underset{Cl}{|}}{C}(CH_3)_2 \xrightarrow{NaOH, H_2O} \underset{\underset{\underset{66\%}{OH}}{|}}{CH_3CH_2C(CH_3)_2} + \underset{34\%}{CH_3CH=C(CH_3)_2}$$

$$(CH_3)_3C—\underset{\underset{Cl}{|}}{C}(C_2H_5)_2 \xrightarrow{NaOH, H_2O} \underset{\underset{\underset{10\%}{OH}}{|}}{(CH_3)_3C—C(C_2H_5)_2} + \underset{\underset{\underset{90\%}{C_2H_5}}{|}}{(CH_3)_3C—C=CHCH_3}$$

一级、二级卤代烷碱性水解时,主要产物是醇。三级卤代烷碱性水解时,除了得到相应的醇外,还因卤代烷的结构不同得到比例不同的烯烃,因此,使用三级卤代烷合成醇时,应使用较弱的碱,例如用悬浮在水中的氧化银就能避免生成烯烃,得到产率较高的醇:

$$2RX + Ag_2O \xrightarrow{H_2O} 2ROH + 2AgX \downarrow$$

2. 卤代烷中卤原子被氰基取代

卤烷与氰化钠(钾)在醇溶液中反应,卤素被氰基取代,生成腈 RCN:

$$RX + NaCN \longrightarrow RCN + NaX$$

这一反应的结果等于在原来的碳链上增加了一个碳原子。在有机合成上是增长碳链的方法之一。氰基可以通过适当的反应转变成羧基、酯基、酰胺基等。

一级、二级卤代烷与氰化钠(钾)反应,生成相应的腈,三级卤代烷与之反应时,烯烃是主要产物。

3. 卤代烷中卤原子被烷氧基取代

卤代烷与醇反应或卤代烷与醇钠反应,卤原子被烷氧基所取代,得到醚类化合物:

$$RX + R'ONa \longrightarrow ROR' + NaX$$

在这一反应中,也不能使用三级卤代烷,因为三级卤代烷与醇钠作用主要生成烯烃。

4. 卤代烷中卤原子被氨基取代

$$RX + NH_3 \longrightarrow RNH_2 \cdot HX$$

卤代烷与氨及胺的反应将在后边的章节中讨论。

5. 卤代烷与硝酸银反应

$$RX + AgNO_3 \xrightarrow{醇} RONO_2 + AgX \downarrow$$

卤代烷与硝酸银的醇溶液反应,也是亲核取代反应。由于生成物卤化银是沉淀,现象明显,所以这个反应可用来检验卤代烷。

卤代烷与硝酸银的醇溶液的反应速度与卤代烷中烃基的结构有关,其活性顺序是:

$$3°(RX) > 2°(RX) > 1°(RX) > CH_3X$$

三级卤代烷在室温下可以和 $AgNO_3$ 反应生成卤化银,二级和一级卤代烷加热后才能与硝酸银反应。卤代烷与硝酸银醇溶液的反应速度也与卤素有关。其活性顺序是:

$$RI > RBr > RCl$$

由于卤化银不溶于醇,且 AgI 是黄色沉淀,AgBr 是浅黄色沉淀,AgCl 是白色沉淀,所以利用这些反应现象可以区别不同的卤代烷。

6. 卤代烷与其它亲核试剂的反应

亲核取代反应广泛应用于有机合成中。通过亲核取代反应可以将一种官能团转变成另一种官能团,从而合成多种多样的化合物。例如:

$$R—Br + NaI \xrightarrow{\overset{\overset{O}{\overset{\|}{CH_3CCH_3}}}{}} RI + NaBr \downarrow$$

$$R—Cl + NaI \xrightarrow{\overset{\overset{O}{\overset{\|}{CH_3CCH_3}}}{}} RI + NaCl \downarrow$$

通过上面的反应,实现了卤素的交换。

在炔烃一章所介绍的炔钠与卤代烷的反应,也是亲核取代反应:

$$R—Br + R'C \equiv CNa \xrightarrow[\text{低温}]{NH_3} R'C \equiv CR + NaBr$$

此处不再一一列举具体的反应例子,更多的实例将在各有关章节中分别介绍。

9.3.2 卤代烷脱卤化氢(消除反应)

具有 β-氢的卤代烷与强碱作用时,常常发生消除反应。例如:

$$R—\underset{\beta}{CH_2}—\underset{\alpha}{CH_2}—X + NaOH \xrightarrow{C_2H_5OH} RCH=CH_2 + NaX + H_2O$$

消除反应指的是从有机分子中脱去简单分子的反应。像上述的反应,从卤代烷分子中相邻的碳原子上脱去一分子卤化氢,生成相应的烯烃,这类反应就是消除反应。由于消除是从相邻的两个碳原子上发生的,所以叫做 1,2-消除,又叫 β-消除反应。

实验事实表明,卤代烷消除卤化氢的反应中,叔卤代烷最容易,仲卤代烷次之,伯卤代烷最难。

仲卤代烷和叔卤代烷脱卤化氢时,有可能得到两种不同的烯烃:

$$\underset{\underset{H}{|}}{CH_3CH}—\underset{\underset{Br}{|}}{CHCH_2}\ \underset{\underset{H}{|}}{}\ \xrightarrow[\text{醇}]{KOH}\ \underset{81\%}{CH_3CH=CHCH_3}\ +\ \underset{19\%}{CH_3CH_2CH=CH_2}$$

卤代烷脱卤化氢时,氢原子总是从含氢较少的 β-碳原子上脱去,得到双键的碳原子上连有取代基最多的烯烃,这个经验规律称为 Saytzeff 规则。

9.3.3 卤代烷与金属反应

卤代烷能与某些活泼金属直接反应,生成有机金属化合物。这些有机金属化合物性质活泼,碳和金属之间的键容易断裂而发生多种化学反应,在有机合成上具有重要的意义。

1. Grignard 试剂

卤代烷与金属镁在无水纯乙醚中反应生成有机镁化合物:

$$RX + Mg \xrightarrow{\text{无水乙醚}} RMgX$$

生成的 RMgX 称为 Grignard 试剂,简称为格氏试剂,它是有机合成中最常用的试剂之一。一般认为格氏试剂中的 C—Mg 键是共价键。由于碳的电负性比镁大,故碳原子上带有部分负电荷,镁上带有部分正电荷。带有部分负电荷的烷基是强亲核试剂,可以和某些正离子或分子中带有部分正电荷的部位发生反应,生成一系列化合物,因此,格氏试剂在有机合成上有着广泛的用途。

格氏试剂可溶于乙醚。

格氏试剂遇到含有活泼氢的化合物,很快发生反应,生成烃:

$$RMgX \begin{cases} \xrightarrow{H_2O} RH + Mg(OH)X \\ \xrightarrow{R'OH} RH + Mg(OR')X \\ \xrightarrow{NH_3} RH + Mg(NH_2)X \\ \xrightarrow{HX} RH + MgX_2 \\ \xrightarrow{R'C \equiv CH} RH + Mg \begin{smallmatrix} X \\ \\ C \equiv CR' \end{smallmatrix} \end{cases}$$

格氏试剂与含有活泼氢的化合物定量的进行反应。在有机分析中,用定量的甲基碘化镁 CH_3MgI 和一定数量的含活泼氢的化合物作用,通过精确测量生成的甲烷的体积,可以计算出活泼氢的数量。

格氏试剂在空气中慢慢与氧气作用,生成烷氧基卤化镁,再经水解得到醇:

$$RMgX + O_2 \longrightarrow Mg \begin{smallmatrix} X \\ \\ OR \end{smallmatrix} \xrightarrow{H_2O} ROH + Mg(OH)X$$

因此,保存格氏试剂应该隔绝空气,且不能与含有活泼氢的化合物接触。在一般情况下,格氏试剂均在使用时临时制备。

用卤代烷制备格氏试剂,反应活性的顺序是:RI>RBr>RCl。

2. 有机锂化合物

卤代烷在苯、醚或环己烷等溶剂中与锂作用,得到有机锂化合物。有机锂化合物的性质与格氏试剂相似,且更为活泼。例如:

$$C_4H_9Cl + Li \xrightarrow[-10℃]{苯} C_4H_9Li + LiCl$$

有机锂能溶解在苯等非极性的有机溶剂中。制备有机锂一般使用氯代烷或溴代烷。

3. 卤代烷与金属钠反应

卤代烷与金属钠共热,生成烷烃,碳原子数增加了一倍,这个反应称做 Wurtz 反应:

$$2RX + Na \xrightarrow{\triangle} R{-}R + 2NaX$$

这个反应适合于制备结构对称的烃类。制备 $C_{40}{-}C_{50}$ 的烃时收率较高;制备 $C_{12}{-}C_{36}$ 的烃类时收率为 40%—60%;制备分子量低的烃时,收率较低。如果用两种不同的卤代烷,发生 Wurtz 反应得到 3 种不同的烷烃,分离这 3 种不同的烷烃有时是困难的。

9.3.4 卤代烷的还原反应

卤代烷可以被还原成烷烃。还原剂有 $LiAlH_4$(氢化铝锂),$H_2 + Ni$,$NaBH_4$(硼氢化钠），$Na+NH_3$；$Zn+HCl$ 等。

9.4 饱和碳原子上的亲核取代反应机理

卤代烷的亲核取代反应机理很早就引起化学工作者的重视。其中英国化学家 C. K. Ingold 及其同事做了大量细致的研究工作,确立了亲核取代反应的机理。在一个经典的实验中选用甲基溴、乙基溴、异丙基溴、叔丁基溴分别代表一级、二级、三级卤代烷,在 80% 的乙醇水溶液中进行水解反应,然后在同样条件下加入 0.1mol/L 的 NaOH 进行碱性水解,测得两种不同条件下反应的相对速度。

甲基溴、乙基溴、异丙基溴在 80% 的乙醇水溶液中的水解速度都较慢,而同样条件下叔丁基溴的水解速度很快,出现了一个飞跃。上述水解反应表明:甲基溴、乙基溴的水解速度与碱的浓度有关,当碱的浓度增大时,甲基溴和乙基溴的水解速度加快,异丙基溴的水解速度有所增加,叔丁基溴的水解速度保持不变。

进一步的实验表明,甲基溴、乙基溴的碱性水解速度与卤代烷和碱的浓度成正比:

$$RBr + HO^- \longrightarrow ROH + Br^-$$
$$v = K[RBr][HO^-]$$

RBr 是一级卤代烷。在反应动力学研究中,把反应速度方程中所有浓度项指数的总和叫该反应的级数。一级溴代烷的碱性水解是二级反应。

叔丁基溴在上述实验条件下的水解反应,其反应速度仅与叔丁基溴的浓度有关,而与 HO^- 的浓度无关,这种反应在动力学上属于一级反应:

$$(CH_3)_3CBr + HO^- \longrightarrow (CH_3)_3C—OH + Br^-$$
$$v = K[(CH_3)_3C—Br]$$

异丙基溴的水解速度既不符合一级反应动力学,也不符合二级反应动力学。

为了解释以上反应事实,C. K. Ingold 等人提出了亲核取代的反应机理。

9.4.1 单分子亲核取代反应 S_N1

叔丁基溴的碱性水解速度与碱的浓度无关。进一步的研究结果表明,该反应分两步进行,第一步是叔丁基溴的异裂:

$$(CH_3)_3C—Br \xrightarrow{\text{慢}} (CH_3)_3C^+ + Br^-$$

第二步是异裂生成的叔丁基碳正离子与 HO^- 结合生成叔丁醇:

$$(CH_3)_3C^+ + HO^- \xrightarrow{\text{快}} (CH_3)_3C—OH$$

或

$$(CH_3)_3C^+ + H_2O \longrightarrow (CH_3)_3C—OH + H^+$$
$$H^+ + HO^- \longrightarrow H_2O$$

对于一个多步反应,生成产物的总速度取决于速度最慢的一步。叔丁基溴的碱性水解中,反应慢的一步是叔丁基溴的异裂,即生成碳正离子的一步。碳正离子与氢氧根负离子的结合是高活性的离子之间的反应,这一步进行得很快。整个反应能量变化如图 9-4 所示。图中 B 是第一步反应的过渡态,可表示为 $(CH_3)_3C\cdots Br$,其中碳溴键还未完全断裂。D 是第二步反应的过渡态,可表示为 $(CH_3)_3C\cdots OH$,其中碳氧键还未完全形成。C 处于峰谷,称为活

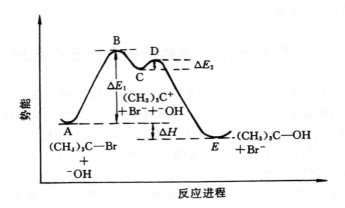

图 9-4　叔丁基溴水解反应的能量曲线

性中间体,可表示为$(CH_3)_3C^+$,活性中间体的存在可以通过实验证实。图中 ΔE_1 是叔丁基溴异裂的活化能,ΔE_2 是叔丁基碳正离子和氢氧根负离子结合的活化能。$\Delta E_1 > \Delta E_2$,故第一步反应速度较慢,是决定总反应速度的一步。

由于在决定反应速度的一步中发生共价键变化的只是一种物质,所以这种反应叫单分子亲核取代反应,以 S_N1 表示(S 是 Substitution 的字首,N 是 Nucleophilic 的字首。1 表示 Unimolecular,意思是单分子)。

立体化学研究证实了这种反应机理的存在。按照 S_N1 反应过程,首先发生 C—X 键异裂生成碳正离子和卤素负离子。碳正离子中心碳原子是 sp^2 杂化状态。sp^2 杂化状态的碳原子应为平面结构,未参与杂化的 p 轨道垂直于这个平面。第二步亲核试剂 HO^- 从平面两边进攻碳正离子的机会是相等的:

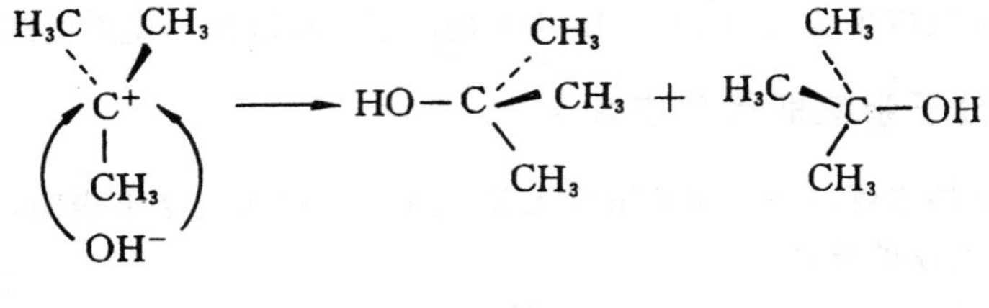

如果在反应中使用具有旋光性的二级卤代烷进行碱性水解,所得到的醇应当是外消旋体。一个具体例子是 α-溴乙苯的水解,反应产物是"构型保持"和"构型转化"几乎等量的外消旋体混合物,如图 9-5 所示。

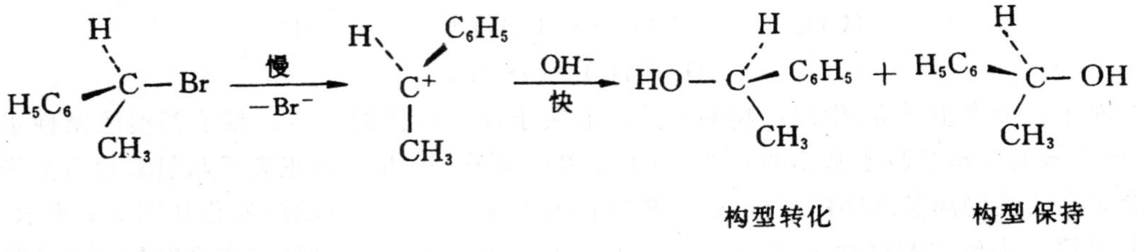

构型转化　　　　　　　构型保持

图 9-5　S_N1 反应发生外消旋化

9.4.2 双分子亲核取代反应 S_N2

用单分子亲核取代反应机理显然不能解释甲基溴碱性水解的实验事实。溴甲烷的碱性水解速度与两种物质 CH_3Br 和 HO^- 的浓度有关,动力学上表现为二级反应,其反应过程可以描述为:

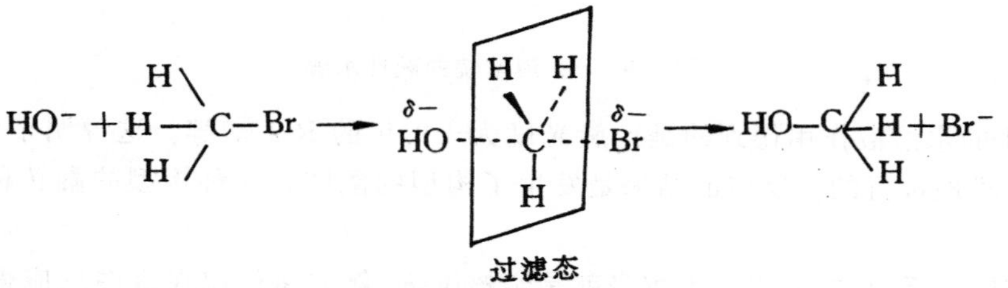

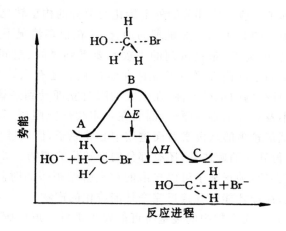

图 9-6　S_N2 反应构型翻转

在 HO^- 接近碳原子的过程中,逐渐形成 C—O 键,而 C—Br 键逐渐减弱,但并没有完全断裂。与此同时,3 个氢原子向溴原子一方逐渐偏移。可以想象,存在着一个如图 9-6 所示的过渡态,3 个氢原子和中心碳原子在一个平面内,$\overset{\delta-}{HO}$ 和 $\overset{\delta-}{Br}$ 与中心碳子在一条直线上,新的C—O 键还未完全形成,旧的 C—Br 键也未完全断裂,这种状态称为过渡态。此时体系的能量最高。随着 HO^- 进一步接近中心碳原子,溴原子带着一对电子进一步远离中心碳原子,3个氢原子如同大风中的雨伞一样翻转到另一侧,反应由过渡态转化为产物,能量降低。在反应中,决定反应速度的是过渡态的形成速度。由于在形成过渡态时发生共价键变化的有两种物质——亲核试剂和卤代烷,因此,这类反应称为双分子亲核取代,简称 S_N2。整个反应的能量曲线如图 9-7 所示。

图 9-7　溴甲烷水解反应能量曲线

立体化学的研究结果证明上述反应机理是正确的。一个具体的例子是(S)-2-溴辛烷碱性水解生成 R-2-辛醇,见图 9-8。

S-2-溴辛烷的比旋光度为 $-34.9°$,同构型的 S-2-辛醇的比旋光度为 $-9.9°$,用 S-2-溴辛

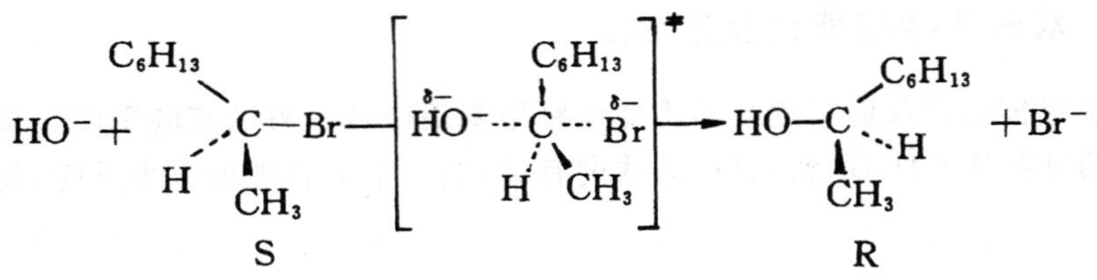

图 9-8　S-2-溴辛烷的碱性水解

烷与 NaOH 的水溶液作用得到的是比旋光度为 +9.9° 的 R-2-辛醇。这说明了整个反应是按 S_N2 反应机理进行的。反应的结果是发生了构型的翻转。这种构型的翻转称为 Walden 构型翻转。

　　在亲核取代反应中,如果溶剂本身就是亲核试剂,例如卤代烷在水中反应得到醇,水既是溶剂又是亲核试剂,这样的反应叫溶剂解。溶剂解反应对于研究反应机理非常重要。由于大量溶剂存在,在溶剂解反应的前后,溶剂的浓度基本不变,因此,一个双分子亲核取代反应如果是溶剂解反应,那么动力学上观察到的反应是一级反应,即反应速度好像只与底物有关,而与亲核试剂无关。可见,反应的分子数不能单纯依赖动力学上的级数来确定。

　　在实际反应中,百分之百的 S_N1 和 S_N2 反应机理是少见的。很多亲核取代反应产物既不是外消旋化,也不是完全的构型转化。为了解释这些现象,一种说法认为两种机理同时存在于一个反应中,某些分子按 S_N1 机理进行,另一些分子按 S_N2 机理进行,这就是所谓的混合反应机理。

　　按 S_N1 反应机理进行,发生外消旋化;按 S_N2 反应机理进行,发生 Walden 构型翻转。反应混合物中外消旋化和构型转化的多少可以用旋光纯度来表示。产物的旋光纯度是判断反应机理的重要依据。

　　混合反应机理解释了反应产物部分的外消旋化与部分的构型转化现象。但是把一个复杂的过程理解为两个极端的 S_N1 和 S_N2 机理的加合,这在很多情况下不合乎实际。因为同一个反应混合物中,底物的离解,亲核试剂的进攻都要受到时间、空间的制约。S_N1 和 S_N2 混合机理难于说明反应的全部内在联系及立体化学过程。还有人认为卤代烷进行 S_N1 反应时,由于碳正离子本身结构的不稳定性,在生成的瞬时立即受到亲核试剂的进攻,这时卤素负离子很可能还来不及离开中心碳原子,因而在一定程度上阻碍了亲核试剂从卤素这一边的进攻。导致亲核试剂较多的从卤素背面进攻中心碳原子,形成过量的构型转化产物,所以,在最终产物中除了得到外消旋体外,还有部分构型转化的产物。如果碳正离子的稳定性较强时,卤素负离子离去后,碳正离子可以自由的存在哪怕很短的时间,然后亲核试剂再进攻碳正离子,可以想象,这样才能得到接近完全外消旋化的产物。

　　在进行 S_N1 反应时,反应产物中的烃基有可能发生重排。形成碳正离子的容易程度是 $3° > 2° > 1° > CH_3^+$,越稳定的碳正离子越容易形成,因此在反应中一旦有碳正离子形成,那么碳正离子的重排往往是不可避免的。下例是有可能发生重排中的一种:

$$CH_3CH_2\underset{4}{}\underset{3}{CH_2}\underset{2}{CH_2}\overset{+}{\underset{1}{CH_2}} \xrightarrow{1,2\text{氢迁移}} CH_3CH_2\overset{+}{C}HCH_3$$

重排的发生是 S_N1 反应的一个证据。

综上所述，S_N1，S_N2 机理较成功地解释了亲核取代反应的二重性。请注意，S_N1，S_N2 仅仅是两种极限的情况，大量的立体化学实验表明，S_N1，S_N2 难于说明所有的事实。

9.4.3 离子对机理

在 S_N1 机理中，中间体碳正离子是否是完全的自由离子，它是否还受到离去基团负电荷的制约。在 S_N2 反应中，过渡态的存在也并未得到直接的实验证明，它的存在也只能认为是一种合理的假想。对这些问题的探讨，又提出了离子对机理，见下列反应过程：

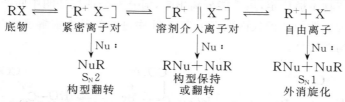

根据离子对机理，底物在溶液中离解时要经过一个连续的电荷分离过程。首先，两种离子虽然已经形成，但仍然紧密结合在一起，形成紧密离子对。这时，如果亲核试剂进攻中心碳原子，就只能从背面进攻，结果发生构型翻转。某些分子由于本身结构的关系，不能进一步离解成离子，或亲核试剂的亲核性强，在紧密离子对形成的同时或更早一些，已经从背后接近反应的中心碳原子。以上这种情况发生的反应结果与 S_N2 一致。如果在溶剂的作用下，紧密离子对之间距离增大，溶剂分子进入离子对之间并把正、负离子分隔开，但正、负离子并未完全成为自由的离子，这时称为溶剂介入离子对。如果亲核试剂的进攻发生在溶剂介入离子对，由于环境是不对称的，离去基团所带有的负电荷或多或少还有影响。亲核试剂如果从背面进攻中心碳原子，则发生构型翻转，如果从离去基团一侧进攻中心碳原子，则发生构型保持。因此，在这个阶段发生的取代反应，构型转化产物大于构型保持产物，总的产物有旋光性，旋光纯度表明了构型转化和构型保持的比例。如果溶剂介入离子对进一步变成独立的自由离子，生成的碳正离子具有平面的对称结构，亲核试剂从两边进攻中心碳原子的机会均等，反应结果得到完全的外消旋化产物，这与 S_N1 反应机理的反应结果一致。

离子对机理的各步都是可逆的，碳正离子的寿命和稳定性越大，产物越接近完全的外消旋化。如果碳正离子不能完全摆脱卤素负离子的影响，构型转化的产物必然大于构型保持的产物。

离子对机理提出了一个连续统一的过程。在反应过程中，反应物与生成物是不断变化的，亲核试剂的进攻可能发生在任何一个阶段。这使我们在解释反应的结果时，自然而然的要考虑底物的结构，离去基团的性质，溶剂的影响，等等。

离子对机理是对 S_N1 和 S_N2 反应机理的补充和发展。

9.4.4 邻近基团参与

在饱和碳原子上的亲核取代反应中，中心碳原子附近的基团除了通过诱导效应、共轭效应、空间效应影响反应进行的历程外，有时由于位置合适，邻近基团也参与反应，一个熟知的反应是环氧化合物的合成：

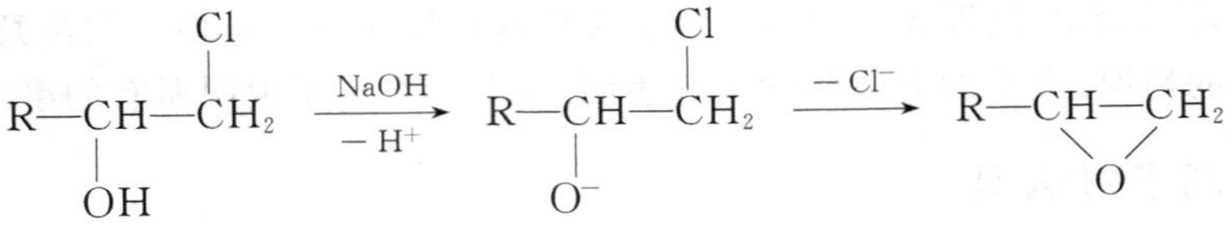

亲核取代反应在分子内进行。邻近的烷氧基负离子进攻饱和碳原子,氯负离子离去。像这样由于邻近基团参与发生的反应叫邻近基团参与。

环氧化合物比较稳定,可以分离出来。另有一些与此类似的反应过程,由于邻近基团参与所形成的中间产物不够稳定,虽不能分离出来,但有充分证据证明中间产物是存在的。一个典型的例子是旋光性的 2-溴代丙酸在浓 NaOH 中进行的碱性水解反应(图 9-9)。反应的立体化学结果是构型转化。

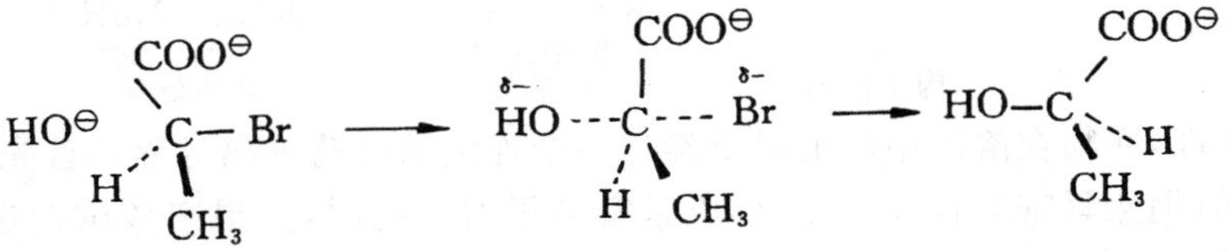

S-2-溴丙酸   R-乳酸

图 9-9   2-溴丙酸在浓 NaOH 中的水解

如果上述反应在很稀的碱溶液中水解,其立体化学过程几乎是 100% 的构型保持。这一事实的解释是邻近基团(羧基负离子)参与了反应。首先是羧基负离子从溴原子的背后靠近手性碳原子,像一个亲核试剂发生 S_N2 反应那样经过一个过渡态,接着溴原子带着一对电子离去,生成一个环状的不稳定的 α-内酯,同时,手性碳原子构型发生一次转化。环状的α-内酯是一种很不稳定的化合物(可能是由于小环张力太大的原因),它很快水解生成乳酸负离子,水解过程是水分子从内酯环的背面进攻手性碳原子,再发生一次构型转化,两次构型转化的总结果相当于构型保持,见图 9-10。

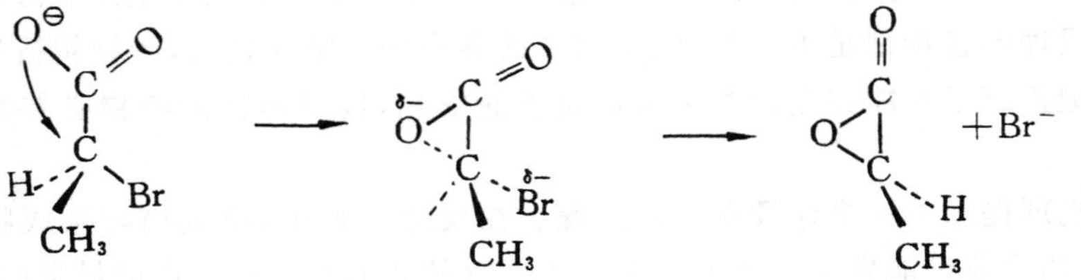

α-内酯

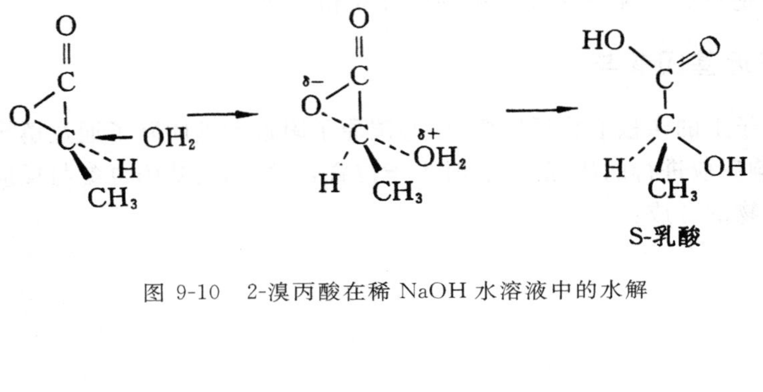

S-乳酸

图 9-10   2-溴丙酸在稀 NaOH 水溶液中的水解

2-溴代酸的水解在酸性条件下进行或 2-溴代酸酯进行水解,因为没有羧基负离子参与,立体过程是构型转化,这说明羧基负离子(—COO⁻)参与了反应,而羧基(—COOH)不能参与反应。

在有机化学反应中,一些基团,如—OH,OR,
$$\overset{\displaystyle O}{\overset{\displaystyle \|}{—C—O^-}}$$
,—X,—NR₂,—SR 以及一些具有负电荷的基团,如果它们在分子中与反应中心碳原子空间排布合适,都有可能发生邻近基团参与反应。

9.5　影响亲核取代反应速度的因素

影响亲核取代反应速度的因素很多,这里主要讨论烃基、离去基团、亲核试剂和溶剂的影响。

9.5.1　烃基的影响

甲基溴、乙基溴、异丙基溴、叔丁基溴在极性较小的无水丙酮中与碘化钾作用,生成相应的碘代烷,反应按 S_N2 机理进行:

$$RBr + I^- \xrightarrow[S_N2]{\text{丙酮}} RI + Br^-$$

它们的相对反应速度是:

RBr	CH₃Br	CH₃CH₂Br	(CH₃)₂CHBr	(CH₃)₃C—Br
相对速度	150	1	0.01	0.001

从以上相对速度可以看出,反应中心取代基团的空间效应对反应速度的影响很大。这不难从 S_N2 反应过渡态的形成来解释,见图 9-11。

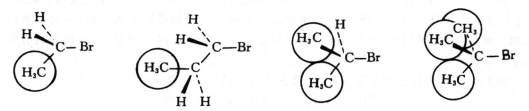

图 9-11　中心碳原子上取代基的空间效应

在 S_N2 反应中,亲核试剂碘负离子必须首先从离去基团的背向接近中心碳原子,而中心碳原子周围取代基越多,基团的体积越大,亲核试剂越难接近中心原子,所以,由于空间效应,α-碳原子(中心碳原子)上取代基越多,S_N2 反应速度越慢。

烷基的电子效应对反应速度也有影响,烷基取代氢原子后,使中心碳原子上电子云密度增大,导致亲核反应速度降低。

综述以上两种理由,对于一个 S_N2 反应,反应速度的顺序是:

$$CH_3X > CH_3CH_2X > (CH_3)_2CHX > (CH_3)_3CX$$
$$1° \qquad\qquad 2° \qquad\qquad 3°$$

同样道理,β-碳原子上的取代基也影响亲核试剂接近中心碳原子。例如以下几种 β-碳上有取代基的溴代烷进行 S_N2 反应时,相对反应速度数据是:

溴代物	相对速度 (55℃,$C_2H_5O^-/C_2H_5OH$)	溴代物	相对速度 (55℃,$C_2H_5O^-/C_2H_5OH$)
$H-CH_2CH_2Br$	1	CH_3CHCH_2Br $\quad\ \ CH_3$	0.03
$CH_3CH_2CH_2Br$	0.28	$(CH_3)_3C-CH_2Br$	$0.42×10^{-5}$

从以上实验结果可以看出,β-碳原子上烷基增多明显地降低了 S_N2 反应速度。

对于 S_N1 反应,决定反应速度的一步是卤代烷异裂生成碳正离子。亲核试剂不参与这一步骤,因此不应当表现出空间阻碍。实验结果确实如此。甲基溴、乙基溴、异丙基溴、叔丁基溴在极性较大的甲酸溶液中水解是 S_N1 反应:

$$RBr + H_2O \xrightarrow[S_N1]{HCOOH} ROH + HBr$$

其相对反应速度是:

卤代物	$(CH_3)_3CBr$	$(CH_3)_2CHBr$	CH_3CH_2Br	CH_3Br
相对速度	10^7	45	17	10

这一顺序与碳正离子的稳定性顺序一致。其稳定性顺序是:

$$(CH_3)_3C^+ > (CH_3)_2\overset{+}{C}H > CH_3\overset{+}{C}H_2 > \overset{+}{C}H_3$$

越稳定的碳正离子越容易形成,其亲核取代反应进行得越快。

值得注意的是,烷基在一定程度上有利于碳正离子的形成。例如一个三级卤代烷,由于 3 个烷基和卤素连在同一个碳上,3 个烷基之间有斥力。在形成碳正离子后,平面结构的碳正离子使烷基之间的距离增大,在这里,空间效应有利于碳正离子的形成,因而也就有利于 S_N1 反应。

卤代烷与硝酸银在醇溶液中反应,是 S_N1 反应的又一个例子:

$$RBr + AgNO_3 \longrightarrow RONO_2 + AgBr \downarrow$$

由于是 S_N1 反应,所以反应活性顺序是:

$$3°(RBr) > 2°(RBr) > 1°(RBr) > CH_3Br$$

根据生成卤化银沉淀的速度,可以判断卤代烷是一级、二级或三级的。

在比较一系列亲核取代反应的反应速度时,首先必须确定其反应机理。一般情况下,一级卤代烷容易按 S_N2 机理进行,三级卤代烷容易按 S_N1 机理进行。二级卤代烷介于二者之间,或按 S_N1 进行,或两者兼有,这取决于具体的反应条件。

9.5.2 离去基团的影响

离去基团是指在亲核取代反应中,被亲核试剂所取代的基团。不管反应按 S_N1 还是按

S_N2 机理进行,总是 C—X 键弱,X⁻ 容易离去;C—X 键强,X⁻ 不易离去。C—X 键的强弱,主要根据 X⁻ 的碱性。离去基团的碱性越弱,形成的负离子越稳定,就越容易被亲核试剂所取代。

比较 I⁻,Br⁻,Cl⁻ 的碱性,它们从强到弱的顺序是:Cl⁻＞Br⁻＞I⁻。碘负离子体积大,电荷比较分散,因此碱性最弱。氯负离子的情况正相反,因而碱性较强,所以,用相同的亲核试剂,不同的卤代烷进行亲核取代反应时,碘代烷反应速度最快,溴代烷次之,氯代烷反应最慢。一些碱性较强的基团如 HO⁻,RO⁻ 很难作为离去基团,如以醇为原料制备卤代烷时,只有用强酸作为催化剂,反应才能顺利进行:

$$CH_3CH_2CHCH_3 \ +HBr \xrightarrow{\ H_2SO_4\ } CH_3CH_2CHCH_3 \ +H_2O$$
$$\qquad\quad | \qquad\qquad\qquad\qquad\qquad\qquad\quad |$$
$$\qquad\quad OH \qquad\qquad\qquad\qquad\qquad\qquad\ Br$$

其原因是在这个反应中,HO⁻ 很难离去,加强酸 H_2SO_4 后形成了质子化的醇 $R\overset{+}{O}H_2$,离去基团变成 H_2O,H_2O 的碱性小于 HO⁻,这使得亲核取代反应容易进行,其反应过程如下:

$$CH_3CH_2CHCH_3 \ +H^+ \longrightarrow CH_3CH_2CHCH_3 \xrightarrow[-H_2O]{\ Br^-\ } CH_3CH_2CHCH_3$$
$$\qquad\quad | \qquad\qquad\qquad\qquad\qquad\quad | \qquad\qquad\qquad\qquad\qquad\quad |$$
$$\qquad\quad OH \qquad\qquad\qquad\qquad\quad \overset{}{\underset{+}{O}H_2} \qquad\qquad\qquad\qquad\quad Br$$

类似的方法在有机合成上经常使用。

由于负离子的碱性强弱与负离子的共轭酸有关。在很多情况下,酸性强弱的比较更容易一些。酸性越强,其酸根的碱性越弱,碱性越弱的亲核试剂越容易离去,强酸的共轭碱都是好的离去基团,如 I⁻,Br⁻,Cl⁻。

离去基团的离去能力还与其极化性有关,那些体积大,在外电场作用下,电子云容易变形的负离子容易离去。一般说来,极化性越大的离去基团,离去能力越强。至于一些极化性不大,而碱性又很强的负离子,不能作为离去基团被其它基团所取代,如烷基负离子(R_3C^-),氨基负离子(R_2N^-)等。

无论 S_N1 反应,还是 S_N2 反应,离去基团离去能力越强,反应速度越快。

9.5.3 亲核试剂的影响

在 S_N1 反应中,亲核试剂不参与决定反应速度的一步,因此,S_N1 反应的速度与亲核试剂的亲核性无关。

在 S_N2 反应中,亲核试剂参与过渡态的形成,因此对过渡态形成的难易有影响。

试剂的亲核能力叫亲核性。亲核性是指在亲核取代反应中亲核试剂进攻中心碳原子并与之成键的能力。碱性一般指试剂与质子结合的能力。亲核性与碱性是亲核试剂的两种性质,二者有相同的地方,也有微妙的差别。

亲核试剂的亲核性与多种因素有关。不能简单地说某个试剂的亲核性一定比另一个强。影响亲核试剂亲核性的因素有试剂本身的碱性、可极化性、试剂的空间体积,试剂所带电荷的性质,溶剂等因素。除此之外,底物的性质也影响亲核试剂的亲核性。

表 9-2 某些试剂与 CH$_3$Br 反应时的相对活性

亲核试剂	相对活性	亲核试剂	相对活性
H$_2$O	100	Br$^-$	775
F$^-$	10	HO$^-$	1600
CH$_3$COO$^-$	52.5	I$^-$	10200
Cl$^-$	102	HS$^-$	12600
C$_6$H$_5$O$^-$	316	CN$^-$	12600

从表 9-2 中可以看出以下几点：

一个带负电荷的亲核试剂要比相应的中性试剂亲核性强,例如 HO$^-$ 比 H$_2$O 亲核性强。

I$^-$,RS$^-$,CN$^-$ 有很高的可极化性,所以亲核性强。

具有相同进攻原子的亲核试剂,碱性越强,亲核性越强。例如,下列亲核试剂的亲核性强弱顺序是:C$_2$H$_5$O$^-$>HO$^-$>C$_6$H$_5$O$^-$>CH$_3$COO$^-$。

周期表中同周期元素组成的负离子亲核试剂,碱性强弱与亲核性强弱大致是对应的。例如:下列亲核试剂亲核性的顺序是:R$_3$C$^-$>R$_2$N$^-$>RO$^-$>F$^-$。

同族元素的情况比较复杂,以第Ⅶ族元素为例,它们的亲核性应考虑溶剂的性质。在非质子溶剂中(如二甲基亚砜,N,N-二甲基甲酰胺),卤素原子的亲核能力与碱性强弱顺序一致:F$^-$>Cl$^-$>Br$^-$>I$^-$,但是在质子溶剂,如醇溶液中,卤素原子的亲核能力却随着碱性增强而变弱,亲核性强弱顺序是 I$^-$>Br$^-$>Cl$^-$>F$^-$。在不同溶剂中亲核性强弱顺序改变的原因是亲核试剂与溶剂之间的作用。在非质子溶剂中,卤素负离子没有溶剂化,所以碱性与亲核性一致;在质子溶剂中,氢键的形成使 F$^-$,Cl$^-$ 的亲核性大大降低,而 Br$^-$,I$^-$ 形成氢键不明显,故亲核性强弱表现为与碱性强弱顺序相反。

亲核性与亲核试剂体积有关的原因是体积越大,越不容易接近反应中心的碳原子。例如烷氧基负离子进行 S$_N$2 反应时所表现出的活性顺序是:

$$CH_3O^- > CH_3CH_2O^- > (CH_3)_2CHO^- > (CH_3)_3CO^-$$

这个顺序正好与碱性的强弱顺序相反。其中(CH$_3$)$_3$CO$^-$ 由于空间阻碍很大,实际上很难作为亲核试剂。

亲核试剂的极化性是它的电子云在外电场影响下变形能力大小的量度。亲核试剂极化性越强,在 S$_N$2 反应中,当它进攻中心碳原子时,其外层电子云变形后越容易接近中心碳原子,从而降低了形成过渡态所需要的活化能,因此,可极化性越强的亲核试剂的亲核性越强。这就是为什么有些负离子的体积虽大,但亲核性却较强的原因。

总结以上原因,那些碱性强,体积小,可极化性强,不容易被溶剂化的试剂亲核性强。这几种因素互相影响,同一系列试剂,在一些条件下表现出的亲核性强弱的顺序,在另外一些条件下有可能改变。值得注意的一个事实是,碘负离子与溴负离子和氯负离子相比,既是一个强的亲核试剂,又是一个好的离去基团。对这一现象的合理解释是,C—I 键键能低,I$^-$ 的碱性弱,因此 I$^-$ 是一个好的离去基团,而 I$^-$ 作为亲核试剂,由于一般 S$_N$2 反应常在质子型溶剂中进行,作为亲核试剂,I$^-$ 体积大,不容易被溶剂化;另一方面,I$^-$ 可极化性强,这就使碘负离子成为强的亲核试剂。这个例子说明了碱性、空间效应、可极化性、溶剂等条件共同影响试剂的亲核性。因此,在有机合成中,在使用氯代烷或溴代烷作为底物时,在反应混合物中加入少量的碘盐作催化剂,首先 I⁻ 负离子作为亲核试剂进攻氯代烷或溴代烷生成碘代烷,高活性的碘代物又是进行亲核取代反应的底物,I⁻ 作为离去基团离去后又可以成为亲核试剂与氯代烷和溴代烷作用。这样的过程交替不断地进行,碘负离子在反应中并不消耗,但其结果与直接使用价格较高的碘代烷一样。

9.5.4 溶剂的影响

大多数有机反应在溶液中进行。在反应的整个过程中,反应物是在溶剂分子的包围中相互作用的。在溶液中,溶剂和溶质表面上形成了均一的混合物。实际上,溶剂和溶质间的相互作用比较复杂。实验证明,溶质在溶剂中或以离子形式存在,或以分子形式存在,或与溶剂缔合而被溶剂化。溶解过程中放热,溶液的体积小于形成溶液前溶质和溶剂的总体积等,这些现象说明溶解过程不是简单的混合过程。有些反应无论是反应速度还是反应机理,受溶剂的影响显著,而另一些反应受影响却不大。

溶剂可分为质子溶剂和非质子溶剂。非质子溶剂又分为极性非质子溶剂和非极性非质子溶剂。溶剂极性及其大小可用介电常数 ε 来判断。$\varepsilon > 15$ 的溶剂是极性溶剂,$\varepsilon < 15$ 的溶剂是非极性溶剂(见表 9-3)。根据 ε 的定义,正、负离子在溶剂中的引力与 ε 成反比,ε 越大,对电荷的屏蔽效应越大,离子间的引力越小,离子越稳定。

表 9-3　常用质子性和非质子性溶剂介电常数

质子性溶剂	介电常数	非质子性溶剂	介电常数
水	78.5	二甲亚砜	46.3
甲醇	32.6	N,N-二甲基甲酰胺	37.0
乙醇	24.3	丙酮	20.7
丙醇-1	20.1	氯仿	4.8
丙醇-2	18.3	乙醚	4.3
醋酸	6.15	苯	2.38

溶剂极性的大小也可用溶剂分子的偶极矩来比较,分子偶极矩大的溶剂极性大,反之,极性小。

溶剂和溶质分子或离子通过静电力结合的作用称为溶剂化效应。亲核取代反应在溶液中进行时,无论底物还是亲核试剂,都不同程度地受溶剂化效应的影响。质子溶剂溶剂化的主要对象是负离子、电负性高的原子或原子团以及含有孤对电子对的化合物。

在 S_N1 反应中,由于决定反应速度的一步是卤代烷经过极性增大的过渡态而离解成正负离子:

$$RX \longrightarrow [\overset{\delta+}{R} \cdots \overset{\delta-}{X}] \longrightarrow R^+ + X^-$$

过渡态 R⋯X 的极性比 R—X 大,所以溶剂的极性越大,越有利于过渡态的形成,另一方面离解成离子后又因溶剂的介电常数大而稳定。所以极性大的溶剂加速 S_N1 反应。

溶剂的极性对 S_N2 反应的影响比较复杂,一般,增加溶剂的极性,对 S_N2 反应不利,因为 S_N2 机理在形成过渡态时,由原来电荷比较集中的亲核试剂与底物作用变成电荷比较分散的过渡态:

$$Nu:^- + RX \longrightarrow [\overset{\delta}{Nu}\cdots R\cdots \overset{\delta}{X}] \longrightarrow NuR + X^-$$

$Nu:^-$ 的部分负电荷通过 R 传给了 X,过渡态的负电荷比较分散,不如亲核试剂集中,因而过渡态的极性不如亲核试剂大。增加溶剂的极性,使极性大的亲核试剂溶剂化,不利于 S_N2 过渡态的形成。

9.6 消除反应机理

在饱和碳原子进行亲核取代反应的同时,还往往伴随着消除反应的发生。在讨论卤代烷的性质时,曾指出一个三级卤代烷与一个亲核试剂(如 HO^-,CN^-,RO^- 等)反应,往往得到的不是取代产物,而是消除产物——烯烃。根据大量实验事实,总结出了消除反应的机理。消除反应按消去原子或原子团原来的位置可分成 α-消除(又叫 1,1-消除反应),是从同一个原子上消除一个小分子;β-消除反应(又叫 1,2-消除反应),是从相邻的两个原子上消除一个小分子。远距离的消除反应也可以发生。下边主要讨论 β-消除反应机理。

实验证明,卤代烷消除卤化氢生成烯烃的反应机理与取代反应中的 S_N1 和 S_N2 机理类似,也存在着两种反应机理。

9.6.1 单分子消除反应 E1

单分子消除反应是卤代烷分子首先异裂成碳正离子和卤素负离子(这一步和 S_N1 的第一步一样),然后在 β 位碳原子上脱去一个质子(H^+),同时在 α-碳和 β-碳之间形成一个双键:

第一步:
$$R-\underset{H}{\overset{|}{C}}-\overset{|}{C}-X \xrightarrow{\text{慢}} R-\underset{H}{\overset{|}{C}}-\overset{|}{C}^+ + X^-$$

第二步:
$$R-\underset{H}{\overset{|}{C}}-\overset{|}{C}^+ \xrightarrow{\text{快}} R-\overset{|}{C}=\overset{|}{C}- + H^+$$

第一步反应速度慢,第二步反应速度快。因为决定总反应速度的一步只有一种分子发生共价键的变化(异裂),所以这样的反应机理叫做单分子消除反应,以 E1 表示(E 是 Elimination 的首字母,1 表示单分子)。E1 反应速度仅与卤代烷的浓度有关,与碱性试剂的浓度无关,在这一点上与 S_N1 是相同的:

$$v = k[R-X]$$

碳正离子形成后,亲核试剂作为碱进攻 β-氢,夺取一个质子,得到消除产物;如果亲核试剂进攻 α-碳,则得到取代产物。

E1 历程进行的证据是消除反应时发生重排:

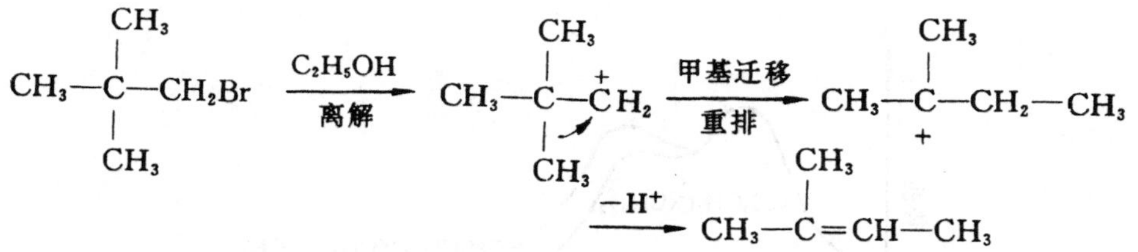

新戊基溴没有 β 氢原子,似乎不能发生 β-消除反应,但从产物的结构看,显然是发生碳正离子重排后再消除一个质子。发生碳正离子重排是单分子反应的有力证据。

9.6.2 双分子消除反应 E2

双分子消除反应是一步进行的,亲核试剂作为碱进攻 β-氢的同时,C—X 键松弛,α-碳和 β-碳之间双键的成分增大,经过一个过渡态后,α,β 碳之间形成双键,卤代烷消除一分子卤化氢:

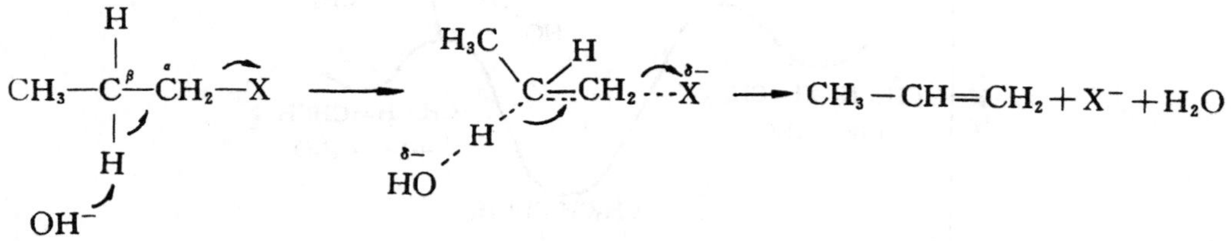

双键的生成与旧键的断裂同时发生,在决定反应速度的这步反应中,有两种物质参加,因此叫双分子消除反应,以 E2 表示。E2 和 S_N2 的主要区别是碱性的亲核试剂进攻卤代烷的部位不同,进攻 β-H 发生 E2 消除;从背面进攻 α-碳则发生 S_N2 反应。

9.6.3 消除反应的方向和活性

当消除反应的产物有可能是两种以上的异构体时,究竟以哪一种异构体为主。Saytzeff 规则指出,主要是从含氢较少的 β-碳原子上脱去氢原子。例如:

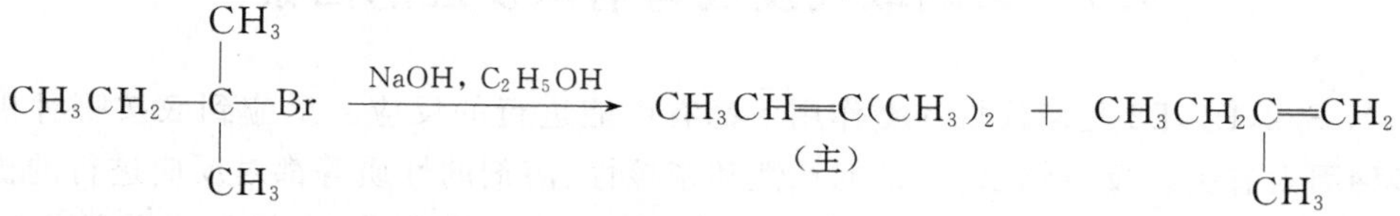

消除反应的主要产物是双键上含烷基较多的烯烃。这是 Saytzeff 规则的另一种说法。双键碳上取代烷基越多的烯烃越稳定。E1 反应的能量曲线如图 9-12 所示。图中可以看出,2-甲基-2-丁烯比 2-甲基-1-丁烯稳定,是消除反应的主要产物。

2-溴丁烷与乙醇钾的反应按 E2 历程进行,主要产物是 2-丁烯:

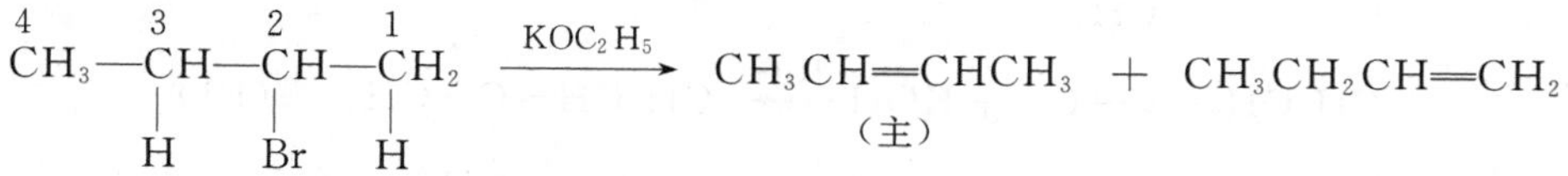

该反应的能量曲线如图 9-13 所示。从图中可以看出,碱进攻 C_3 上的氢原子形成过渡态所需的活化能低,进攻 C_1 上的氢原子形成过渡态所需的活化能较高,所以 2-丁烯是主要产物。

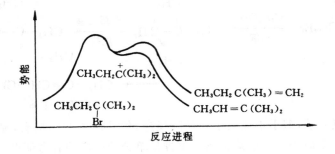

图 9-12　E1 反应的能量曲线

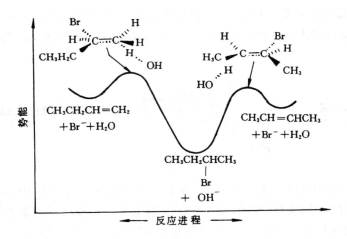

图 9-13　E2 反应的能量曲线

　　无论 E1 反应,还是 E2 反应,消除反应的方向都符合 Saytzeff 规则。

9.7　影响取代反应与消除反应的因素

　　S_N1, S_N2, E1, E2 是卤代烷在碱作用下都有可能进行的反应。反应到底按哪种机理进行与多种因素有关。反应物结构、试剂碱性和亲核性、溶剂的性质等都对反应进行的机理有影响。凡是有利于碳正离子生成的条件,有利于按单分子机理进行,如 3°卤代烷在极性强的溶剂中按 S_N1 或 E1 机理进行。强碱和较高的温度有利于消除,弱碱和强亲核试剂有利于取代,例如三级卤代烷在氢氧化钾水溶液中主要按 E1 机理进行得到烯,在弱碱性的 Ag_2O 的水溶液中主要按 S_N1 反应得到醇:

$$CH_3CH_2-\overset{\overset{\displaystyle CH_3}{|}}{\underset{\underset{\displaystyle CH_3}{|}}{C}}-Cl \; +KOH \xrightarrow{H_2O} CH_3CH=\overset{}{\underset{\underset{\displaystyle CH_3}{|}}{C}}-CH_3 \quad (E1)$$

$$\underset{\underset{CH_3}{|}}{\overset{\overset{CH_3}{|}}{CH_3CH_2-C-Cl}} + Ag_2O \xrightarrow{H_2O} \underset{\underset{CH_3}{|}}{\overset{\overset{CH_3}{|}}{CH_3CH_2-C-OH}} \quad (S_N1)$$

凡是不利于卤代烷异裂的条件,有利于双分子反应(E2 或 S_N2),一级卤代烷不容易异裂,所以在一般情况下发生双分子反应。例如溴丙烷在碱性条件下水解按 S_N2 机理进行,在强碱的乙醇溶液中主要按 E2 机理进行:

$$CH_3CH_2CH_2Br \xrightarrow{NaOH, H_2O} CH_3CH_2CH_2OH \quad (S_N2)$$

$$CH_3CH_2CH_2Br \xrightarrow[CH_3CH_2OH, \triangle]{CH_3CH_2OK} CH_3CH=CH_2 \quad (E2)$$

比较上述两个反应,下面一个使用了更强的碱醇钾,反应按 E2 进行。实际上,使用氢氧化钾(或钠)的乙醇溶液,也会按 E2 得到消除产物。这是由于氢氧化钾和乙醇反应,也能生成微量的 CH_3CH_2OK:

$$KOH + CH_3CH_2OH \rightleftharpoons CH_3CH_2OK + H_2O$$

总之,S_N1 和 E1 的进行都要经过一个共同的中间体——碳正离子 R^+,使用强的亲核试剂有利于 S_N1,使用强碱有利于 E1,同时碳正离子的重排是不可避免的。一级卤代烷容易发生 S_N2 反应,但在很强的碱和加热条件下容易发生 E2。三级卤代烷在强碱条件下发生消除反应的倾向比发生取代反应的倾向大。

9.8 卤代烯烃和卤代芳烃

9.8.1 卤代烯烃

卤代烯烃分子中同时含有双键和卤原子,是双官能团化合物。这两个基团相互影响,使这类化合物的性质因两个基团相对位置不同而有明显的差异,再次证明了化合物的结构决定了化学性质。根据双键和卤原子的位置不同,卤代烯烃可分为以下 3 类:

1. 孤立型的卤代烯烃

$$R-CH=CH+CH_2+_nX \quad (n \geqslant 1)$$

由于双键和卤原子相距较远,彼此之间影响不大,孤立型的卤代烯烃既有烯烃的性质,又有卤代烷的性质。

2. 乙烯型的卤代烯烃

$$R-CH=CH-X$$

在乙烯型卤代物分子中,双键和卤原子直接相连,形成一个共轭体系,例如氯乙烯分子中的 p-π 共轭如图 9-14 所示。在氯乙烯分子中,碳是 sp^2 杂化状态。氯的价电子排布为 $3s^2 3p_x^2 3p_y^2 3p_z^1$,其中一个未成对电子和碳原子的一个电子(这个电子在 sp^2 杂化轨道上)配对形成一个 σ 键。碳原子还有一个未杂化的 p 轨道,其上有一个电子,氯原子还有两个 p 轨道,每个 p 轨道上有两个电子,由于形成的 C—Cl σ 键可以旋转,所以当碳的 p 轨道和氯的任何一个 p 轨

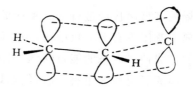

图 9-14 氯乙烯分子中的 p 轨道

道平行时,发生 p-π 共轭效应,形成一个 3 个原子,4 个电子的多电子 p-π 共轭体系。氯乙烯分子的偶极矩比氯乙烷小,它的分子中 C—Cl 键长也比氯乙烷中 C—Cl 键短:

化合物	偶极矩	C—Cl 键长/Å
CH_3CH_2Cl	2.05	1.78
$CH_2{=}CHCl$	1.45	1.72

氯原子的电负性强,碳碳双键的 π 电子容易流动,似乎氯乙烯的偶极矩应当比氯乙烷大,实际上,氯乙烯的偶极矩比氯乙烷小得多,原因之一就是氯原子提供两个电子参与共轭的结果。

乙烯型卤代物具有双键的性质,但由于电子离域,键长平均化,键能增大,这类化合物不像卤代烷那样容易发生水解、醇解、氰解、卤素交换等亲核取代反应。消除卤化氢也较卤代烷难。乙烯型的卤代物能生成格氏试剂,但须在四氢呋喃中才能稳定地存在。

3. 烯丙基型卤代烯烃

$$RCH{=}CH{-}CH_2X$$

这类化合物具有烯的性质,也具有卤代烷的性质。由于双键对卤原子的影响,使得亲核取代反应无论按 S_N1 机理进行,还是按 S_N2 机理进行都比卤代烷容易。反应按 S_N1 进行时,反应慢的一步是生成碳正离子和氯负离子,烯丙基碳正离子是一个共轭体系:

$$R{-}\underbrace{CH\cdots CH\cdots CH_2}_{\oplus}$$

正电荷分散在 3 个碳原子上,因而稳定性比烷基碳正离子高,有利于 S_N1 反应的进行。反应按 S_N2 机理进行时,过渡态能量的高低决定了反应进行的快慢。

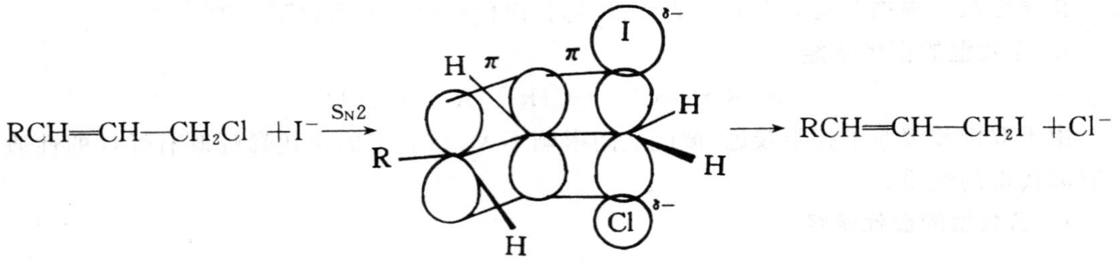

烯丙基氯进行 S_N2 反应时的过渡状态

在烯丙基型卤代烃进行 S_N2 反应的过渡态结构中,反应中心碳原子接近 sp^2 杂化,亲核试剂和离去基团带有部分负电荷,中心碳原子带有部分正电荷,类似于烯丙基碳正离子的共轭体系的形成使过渡态的能量降低,因而有利于 S_N2 反应的进行。

卤原子对双键也有影响,例如烯丙基卤与 HX 加成时,双键受卤原子诱导效应的影响,反应活性有些降低。

9.8.2 卤代芳烃

卤代芳烃也可按照卤代烯烃类似的分类方法分成 3 类:卤代苯型: R—⟨苯环⟩—X ;

卤化苄型:⟨苯环⟩—CH₂X ; 孤立型: R—⟨苯环⟩—CH₂CH₂X 。

卤代芳烃和卤代烯烃在结构与性质上有许多可以类比的地方。卤原子和苯环的关系类似于卤原子和双键的关系。从涉及卤原子的反应来讲,由于卤原子的位置不同,其活泼性各异。卤原子连于芳环上,其性质与卤乙烯相似;卤原子连在侧链上,其性质与卤代烷相似;连在侧链 α 位上,则与烯丙基卤相似。

卤代芳烃所发生的反应类型,主要有 3 类:芳香族亲核取代反应、芳香族亲电取代反应、与金属的反应。卤苯芳环上的亲电取代反应已在 6.6.1 节中讨论过。与金属的反应与 9.3.3 节中所讨论的卤代烷与金属反应类同。制备芳基 Grignard 试剂,不仅与芳环上卤原子的本性有关,且与反应条件有关。例如,用乙醚作溶剂时,溴苯与镁反应顺利,而氯苯与镁几乎不发生反应,采用四氢呋喃(THF)为溶剂,则反应可以顺利的进行:

$$\text{⟨苯环⟩—Cl} + \text{Mg} \xrightarrow{\text{THF}} \text{⟨苯环⟩—MgCl}$$

利用这些性质,由氯溴代苯可以合成氯代 Grignard 试剂。例如:

本节将主要讨论卤苯的亲核取代反应。芳环上的亲核取代反应,可用如下通式表示:

$$\text{Ar—L} + \text{Nu}^- \longrightarrow \text{ArNu} + \text{L}^-$$

式中 L^- 代表离去基团,此处为卤原子;Nu^- 代表亲核试剂,如 HO^-,RO^-,CN^-,NH_3 等。

2,4,6-三硝基氯苯与碱溶液共沸,可发生水解反应,例如:

这是一个芳环上的亲核取代反应,其机理类同于芳环亲电取代,为加成-消除历程,可表示如下:

当氯原子的邻位或对位有吸电子基—NO_2 时，会使中间体的负电荷分散，中间体的稳定性增大，有利于水解反应的发生。如果在邻位和对位有两个或 3 个硝基，中间体的负电荷得到更好的分散，稳定性更高，反应更容易进行。

卤原子直接与芳环相连的芳卤化合物，在强烈条件下，卤原子还可被 NH_2^-，RO^-，CN^- 等亲核试剂取代。例如，将氯苯用强碱（如 KNH_2）处理，可以发生取代反应，生成苯胺。若用氯原子连接在标记的 ^{14}C 上的氯苯为原料，则除生成预期的氨基连在 ^{14}C 上的苯胺外，还生成氨基连在 ^{14}C 邻位上的苯胺：

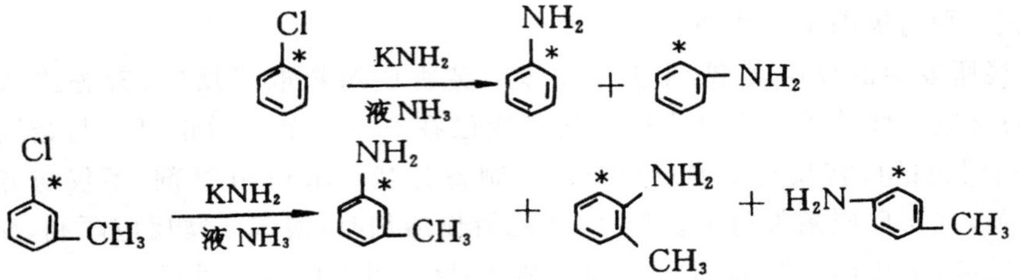

这是因为反应不是或主要不是按 S_N2 而是按另一种机理进行的。标记的氯苯与氨基钾在液氨中的反应，由于氯苯分子中氯原子吸电子诱导效应的影响，使其邻位氢原子的酸性增强（与苯相比），因此强碱（如 NH_2^-）首先夺取氯原子邻位上的氢，生成 2-氯苯基负离子，后者再脱去一个氯原子，形成一个活性中间体，称为苯炔（benyne）。它与溶剂氨进行加成反应，生成苯胺。反应过程首先是消除，然后是加成：

消除：

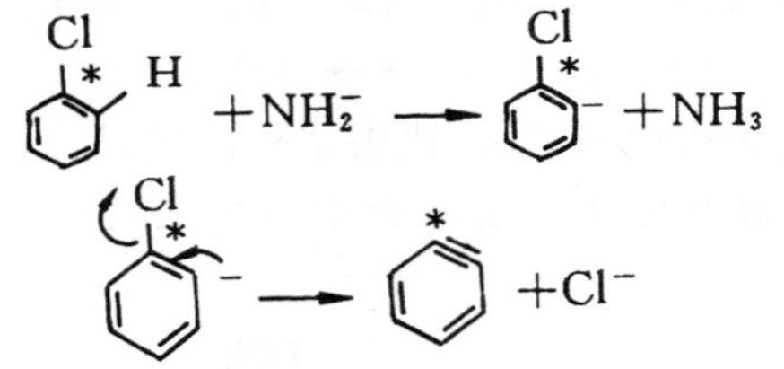

加成：

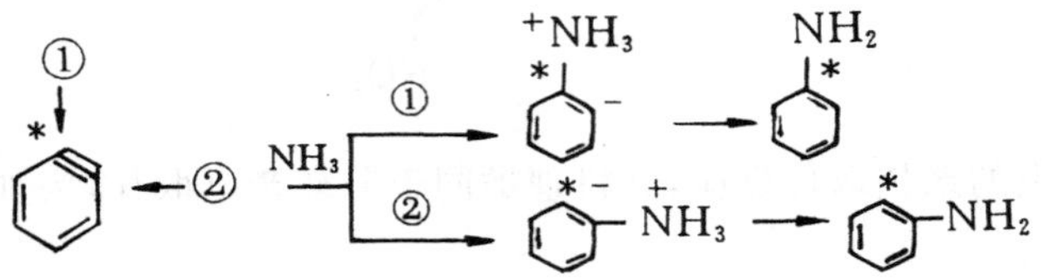

在消除反应中，氯原子的两个邻位氢都可以被消除，得到的苯炔是相同的。在加成反应中，苯炔叁键两端的碳原子，可以机会均等地与氨进行反应，故可以得到两种苯胺。这种首先进行消除，然后进行加成的反应机理，叫消除-加成机理。由于反应通过苯炔中间体，故也叫苯炔机理。

氯苯在 340℃ 的碱性水解，以及间氯甲苯与氨基钾在液氨中的反应，也是按消除-加成机理进行的。例如：

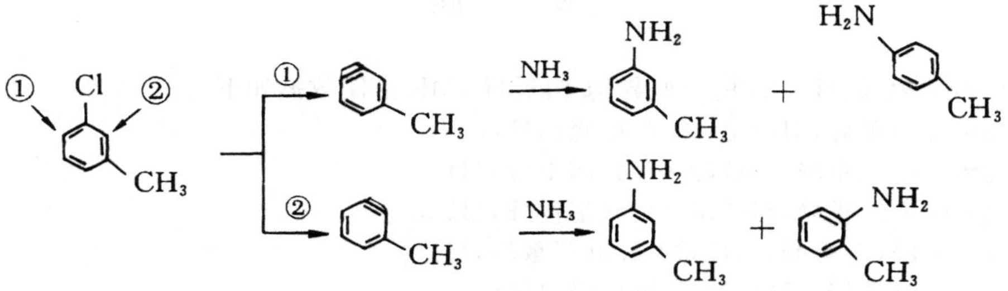

此反应得到 3 种不同的产物,其产率是不同的：邻甲苯胺 52%,间甲苯胺 40%,对甲苯胺 8%。

苯炔包含一个叁键,比苯少两个氢原子,故也叫去氢苯。它是某些有机反应过程中生成的一种很活泼的中间体。许多事实表明,苯炔具有对称的结构,其结构式可用下式表示：

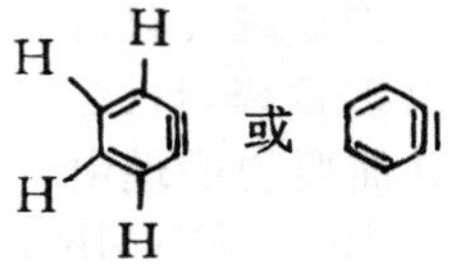

但苯炔中的碳碳叁键与乙炔中的碳碳叁键不同,构成苯炔碳碳叁键的两个碳原子是 sp^2 杂化,其中叁键包含一个 σ 键和一个 π 键,而第三个键是由两个不平行的 sp^2 杂化轨道通过侧面相互重叠而成,且处在苯环的平面上,如图 9-16 所示。所以第三个键有很大的张力,使苯炔的能量很高,很不稳定,但已证实它是存在的。关于苯炔的结构,目前尚有争议。红外光谱测定结果表明,苯炔具有上述结构。

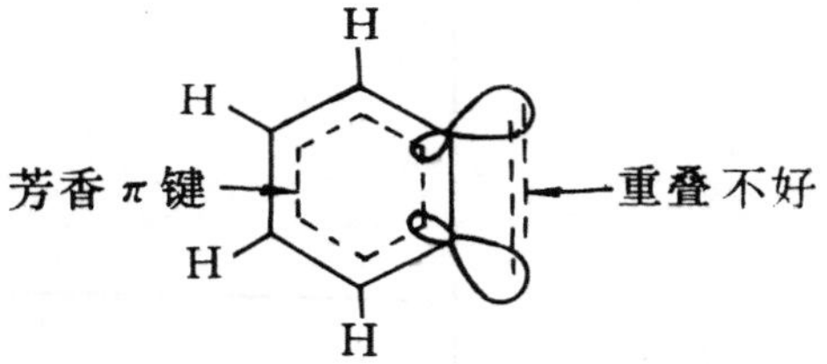

苯炔非常活泼,生成后立即发生反应,且反应总是发生在“叁键”处,从而使产物恢复苯环结构而达到稳定。如氯苯与氨基钠在液氨中的反应等,就说明了这一点。除此之外,苯炔还能进行其它类型的反应。例如,苯炔与环

图 9-16 苯炔的电子结构

戊二烯或蒽等能发生 Diels-Alder 反应,苯炔作为亲双烯体,与双烯体环戊二烯的 1,4 位或蒽的 9,10 位发生环加成反应：

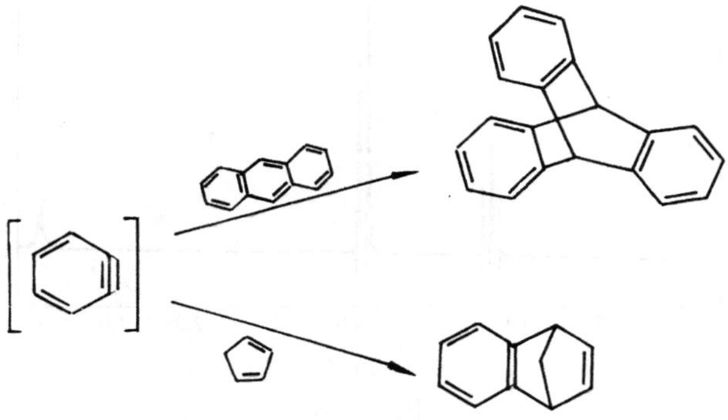

习　题

9.1　化合物 $C_5H_{10}Br_2$ 的一些异构体的 ^{1}HNMR 谱图数据如下:

(1) $\delta=1.0$(单峰,6H),$\delta=3.4$(单峰,4H);

(2) $\delta=1.0$(三重峰,6H),$\delta=2.4$(四重峰,4H);

(3) $\delta=0.9$(二重峰,6H),$\delta=1.5$(多重峰,1H),

　　$\delta=1.85$(三重峰,2H),$\delta=5.3$(三重峰,1H);

(4) $\delta=1.0$(单峰,9H),$\delta=5.3$(单峰,1H);

(5) $\delta=1.0$(二重峰,6H),$\delta=1.75$(多重峰,1H),

　　$\delta=3.95$(二重峰,2H),$\delta=4.7$(四重峰,1H)。

试推断每个谱图相应的化合物的构造式。

9.2　化合物 $C_4H_8Br_2$ 有几种可能的异构体,其中两个有如下 ^{1}HNMR 谱图数据:

(1) $\delta=1.7$(二重峰,6H),$\delta=4.4$(四重峰,2H);

(2) $\delta=1.7$(二重峰,3H),$\delta=2.3$(四重峰,2H);

　　$\delta=3.5$(三重峰,2H),$\delta=4.2$(多重峰,1H)。

试推测这两种异构体的构造式,并简要说明理由。

9.3　推测与图 9-17、图 9-18、图 9-19 各 ^{1}HNMR 谱图相应的化合物的构造式。

(1) $C_2H_3Cl_3$

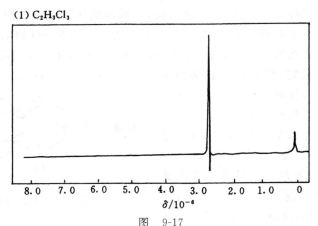

图　9-17

(2) $C_2H_3Br_3$

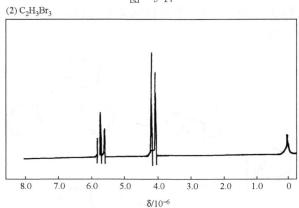

图　9-18

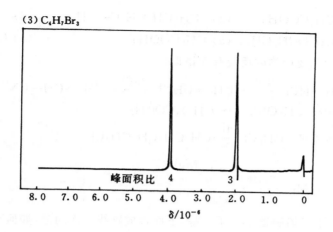

图 9-19

9.4 完成下列转化：

(1) CH_3CHCH_3（Br）$\longrightarrow CH_3CH_2CH_2Br$；　(2) CH_3CHCH_3（Cl）$\longrightarrow CH_3CH_2CH_2Cl$；

(3) （结构式省略）；　(4) $\longrightarrow CH_2CHCH_2$（OH OHOH）；

(5) $CH_2{-}CH_2$（Cl　Cl）$\longrightarrow CH_2{-}CHCl_2$（Cl）；　(6) $CH_2{-}CH_2$（Cl　Cl）$\longrightarrow CH_3CHCl_2$。

9.5 用化学反应式表示 $CH_3CH_2CH_2Br$ 与下列各试剂反应的主要产物：

(1) $NaOH+H_2O$；　　(2) $KOH+$醇；　　　(3) $NaCN$；

(4) NH_3；　　　　　(5) $NaI+$丙酮；　　(6) $AgNO_3+$醇；

(7) Na(加热)；　　　(8) $Mg+$乙醚；　　(9) $Li+$苯。

9.6 写出表示下列各物质与 1 mol $NaOH$ 水解的方程式：

(1) $ICH_2CH_2CH_2CH_2Cl$；　　　　　(2) $BrCH{=}CH{-}CHBrCH_2CH_3$；

(3) $BrCH_2CH_2CH{=}CHCH_2Br$；　(4) $Cl{-}\!\!\bigcirc\!\!{-}CH_2Cl$；

(5) $ClCH_2{-}\!\!\bigcirc\!\!{-}CH_2CH_2Cl$。

9.7 将下列两组化合物按照与 KOH-醇溶液作用时，消除卤化氢的难易次序排列，并写出产物的构造式：

(1) 2-溴戊烷，2-甲基-2-溴丁烷，1-溴戊烷；

(2) $CH_3{-}CHCH_2CH_2Br$（CH_3），$CH_3{-}C{-}CH_2CH_3$（CH_3，Br），$CH_3{-}CH{-}CHCH_3$（CH_3，Br）。

9.8 怎样使 $CH_3CH_2CH_2Br$ 转变成下列化合物：

(1) $CH_3CH_2CH_2COOH$；　　(2)　$CH_3CH_2CH_2C \equiv CH$；　　(3)　$CH_3C \equiv CH$；

(4) $CH_3CH_2CH_2OCH_2CH_3$；(5) CH_3COOH；　　　　(6) $CH_3CH_2CH_3$。

9.9　下列表示主要产物的反应有无错误？

(1)　$HC \equiv CH + HCl \xrightarrow{HgCl_2} CH_2 = CHCl \xrightarrow{NaCN} CH_2 = CH—CN$

(2)　$(CH_3)_3CBr + CH_3ONa \longrightarrow (CH_3)_3COCH_3$

(3)　$CH_3CH = CH—CH_2Cl \xrightarrow[Ni]{H_2} CH_3CH_2CH_2CH_2Cl$

(4)　 $+ Mg \xrightarrow{干乙醚}$

9.10　由 1,3-丁二烯制备 1,4-丁二醇，下面合成路线有无问题，如何改进？

$$CH_2 = CH—CH = CH_2 + Cl_2 \longrightarrow \underset{\underset{Cl}{|}}{CH_2}CH = CH\underset{\underset{Cl}{|}}{CH_2} \xrightarrow{H_2/Pt}$$

$$\underset{\underset{Cl}{|}}{CH_2}CH_2CH_2\underset{\underset{Cl}{|}}{CH_2} \xrightarrow{NaOH/H_2O} \underset{\underset{OH}{|}}{CH_2}CH_2CH_2\underset{\underset{OH}{|}}{CH_2}$$

9.11　将下列各组化合物按照与指定试剂反应的活性大小排列次序。解释排列顺序的理由：

(1) 按与 $AgNO_3$ 的乙醇溶液反应活性大小顺序排列下列化合物：

1) 1-溴丁烷,1-氯丁烷,1-碘丁烷；　　2) 2-溴丁烷,溴乙烷,2-甲基-2-溴丁烷。

(2) 按与 NaI 的丙酮溶液反应活性大小排列下列各化合物：2-甲基-3-溴戊烷，2-甲基-1-溴丁烷，叔丁基溴。

9.12　卤代烷与 NaOH 在水与乙醇的混合溶液中进行反应，指出哪些是 S_N2 历程？哪些是 S_N1 历程？

(1) 反应一步完成；　　　　(2) 碱的浓度增大反应速度加快；

(3) 增加溶剂的含水量,反应速度明显加快；　　(4) 产物的构型转化；

(5) 三级卤代烷速度大于二级卤代烷。

9.13　完成下列最可能发生的反应，并指出它们是 S_N1, S_N2, E1 还是 E2？

(1) $CH_3CH_2I + CH_3OK \xrightarrow{CH_3OH} ?$

(2) $(CH_3)_3CI + NaOH \xrightarrow{H_2O} ?$

(3) $CH_3Cl + KCN \xrightarrow{CH_3OH} ?$

(4)　$CH_2 = CH—CH_2Br + AgNO_3 \xrightarrow{C_2H_5OH} ?$

(5) $CH_3CH_2I + NH_3$（无水）$\longrightarrow ?$

(6)　$—CH_2Br + NaOH \xrightarrow{水溶液} ?$

(7) $CH_3CH_2CH_2Cl + I^- \xrightarrow{丙酮} ?$

(8) $(CH_3)_2CHBr + H_2O \xrightarrow{甲酸} ?$

9.14

(1) 试解释新戊基溴 $CH_3\!-\!\overset{\displaystyle CH_3}{\underset{\displaystyle CH_3}{\overset{|}{\underset{|}{C}}}}\!-\!CH_2Br$ 发生 S_N1 反应和 S_N2 反应都很缓慢的原因。

(2) 旋光性的 2-碘辛烷与放射性碘离子-丙酮反应,外消旋化速度正巧是同位素交换的两倍,为什么?

9.15 在下列反应中:

$$CH_3Cl + OH^- \longrightarrow CH_3OH + Cl^-$$

如果 CH_3Cl 浓度提高 3 倍,OH^- 的浓度提高 2 倍,反应速度是原来的几倍?

9.16 画出由 1-溴丙烷和稀 NaOH 水溶液反应,通过 S_N2 历程生成 1-丙醇的势能图。

9.17 用反应式表示下列反应:

(1) 氯苯与氢氧化钠在高温高压下反应;

(2) 苄氯与氰化钠反应,然后在酸性水溶液中共热;

(3) 对溴甲苯与 1 mol 氯在光照下反应,然后与 NaOH 水溶液共热;

(4) 2,4,6-三硝基氯苯与稀的氢氧化钠水溶液反应;

(5) 正丁基溴与苯在三氯化铝存在下反应。

9.18 写出乙苯的各种一氯取代物的构造式,用系统命名法命名,并注明它们在化学活性上相应于哪一类卤代烯烃?

9.19 用化学方法区别下列各组化合物:

(1) $C_6H_5CH\!=\!CHBr$,邻-$C_6H_4Br_2$,$Cl(CH_2)_5Br$; (2) 氯代环己烷,苯氯甲烷,氯苯。

9.20 由苯和必要的有机试剂制备:

(1) $HO\!-\!\!\bigcirc\!\!-\!CH(CH_3)_2$; (2) $\bigcirc\!\!-\!\overset{\displaystyle CH_3}{\underset{\displaystyle COOH}{\overset{|}{\underset{|}{CH}}}}$ 。

9.21 用甲苯及含有两个碳原子的有机试剂和必要的无机试剂合成下列化合物:

(1) 3-苯基-1-丙炔; (2) 3-苯基-1-丙烯;

(3) 苯基丙酮; (4) 1-苯基丙烷; (5) 对溴苄氯。

9.22 用 5 个碳以下的醇合成 $CH_2\!=\!CHCH_2CH_2CH(CH_3)_2$ 。

9.23 某烃 A 的分子式为 C_4H_8,A 在较低温度下与 Cl_2 作用生成 $B(C_4H_8Cl_2)$,在较高温度下作用则生成 $C(C_4H_7Cl)$,C 与 $NaOH\text{-}H_2O$ 作用生成 $D(C_4H_7OH)$,C 与 NaOH-

C_2H_5OH 作用则生成 $E(C_4H_6)$,E 能与 $\overset{\displaystyle O}{\underset{\displaystyle O}{\overset{\displaystyle \parallel}{\underset{\displaystyle \parallel}{\left(\begin{array}{c}CH\!-\!C\\ CH\!-\!C\end{array}\right)}}}}O$ 反应得到 $F(C_8H_8O_3)$。写出 A,B,C,

D,E,F 的构造式及各步反应式。

9.24 2-甲基-2-碘丁烷与甲醇作用,得到 2-甲基-2-甲氧基丁烷,2-甲基-1-丁烯以及 2-

甲基-2-丁烯的混合物,试简单说明反应机理。

9.25 某烃 A,分子式为 C_5H_{10},与溴水不发生反应,在紫外光照射下与溴作用只得到一种产物 $B(C_5H_9Br)$。将化合物 B 与 KOH 的醇溶液作用得到 $C(C_5H_8)$,化合物 C 经臭氧化并在 Zn 粉存在下水解得到戊二醛。写出化合物 A 的构造式及各步反应式。

9.26 某开链烃 A 的分子式为 C_6H_{12},具有旋光性,加氢后生成相应的饱和烃 B。A 与溴化氢反应生成 $C_6H_{13}Br$。试写出 A,B 可能的构造式和各步反应式,并指出 B 有无旋光性。

9.27 丙烷在二氯代后能分馏出分子式为 $C_3H_6Cl_2$ 的 4 种异构体 A,B,C,D。写出它们的构造式,如有手性则写出 Fischer 投影式。

第10章 醇、酚和醚

醇、酚和醚都是烃的含氧衍生物。它们可以看作是水分子中的氢原子被烃基取代的衍生物：

$$H—O—H \qquad R—O—H \qquad Ar—O—H \qquad R—O—R$$
$$\text{水} \qquad\qquad \text{醇} \qquad\qquad \text{酚} \qquad\qquad \text{醚}$$

醇和酚分子中含有羟基（—OH）。酚的羟基直接与芳环相连，醇的羟基则与脂肪烃基相连。

10.1 醇

10.1.1 醇的结构

醇可以看成是烃分子中的氢原子被羟基（—OH）取代后的生成物。饱和一元醇的通式是 $C_nH_{2n+1}OH$，或简写成 ROH。现以甲醇为例来说明醇的结构。在甲醇分子中 C—O 键是由碳原子的一个 sp^3 杂化轨道与氧原子的一个 sp^3 杂化轨道相互重叠形成的。O—H 键是由氧原子的一个 sp^3 杂化轨道与氢原子的 $1s$ 轨道相互重叠形成的。此外，氧原子还有两对孤电子对分别占据其它两个 sp^3 杂化轨道，如图10-1所示。

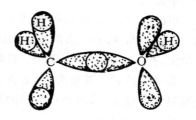

图 10-1 甲醇分子中原子轨道示意图

在醇分子中，由于氧原子的电负性比碳原子强，因此，氧原子上的电子云密度较高，而碳原子上的电子云密度较低，因而使醇分子具有较强的极性。

10.1.2 醇的物理性质

低级的饱和一元醇为无色的带有酒味的液体。C_9—C_{11} 的醇为具有不愉快气味的液体。C_{12} 以上的醇为无嗅、无味的蜡状固体。

醇的沸点随着分子量的增大而升高，每增加一个碳原子沸点升高 18—20 ℃，但高于 10 个碳原子的醇沸点相差较小。醇的异构体中，含支链愈多的沸点愈低。例如正丁醇、异丁醇、仲丁醇、叔丁醇的沸点分别为 117.7，108，99.5 和 82.5 ℃。

低级醇的沸点和熔点比与它分子量相近的烷烃高得多。例如：

化合物	分子量	沸点/℃	熔点/℃
甲醇	32	65	−97.8
乙烷	30	−88.6	−172
乙醇	46	78.5	−114.7
丙烷	44	−42.2	−188

这是由于醇分子间存在着氢键缔合。当醇从液态变为气态时,氢键完全破裂,这就必须供给破裂氢键的能量,因此醇的沸点比相应的烃高得多。图 10-2 为醇分子间氢键示意图。

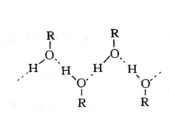

图 10-2　醇分子间氢键示意图

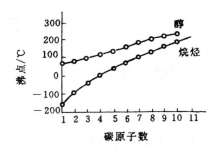

图 10-3　直链伯醇的沸点

随着碳原子数目的增大,羟基在分子中所占的比例降低,烃基的影响增强,所以高级醇的沸点与分子量相近的烷烃的沸点相差越来越小,如图 10-3 所示。

直链饱和一元醇的熔点和相对密度,除甲醇、乙醇、丙醇以外,其余的醇均随分子量的增加而增高。

甲醇、乙醇、丙醇都能与水互溶。乙醇与水混溶时有热量放出,并使总体积缩小。52 mL 乙醇与 48 mL 水混溶后,总体积不是 100 mL 而是 96.3 mL。从正丁醇开始随着烃基增大,在水中的溶解度降低。癸醇以上几乎不溶于水。这是因为醇分子与水分子间也能生成氢键。随着烃基增大,羟基在分子中所占比例减小,又由于烃基的屏蔽作用,阻碍了醇羟基与水形成氢键,因此在水中的溶解度降低,直至不溶于水。高级醇与烃类相似,不溶于水而溶于有机溶剂。

多元醇分子中含有两个以上的羟基,可以形成更多的氢键,分子中所含氢键越多,沸点越高,在水中溶解度也越大。例如乙二醇的沸点为 197 ℃,甘油的沸点为 290 ℃,它们都能与水混溶。

一些醇的物理常数见表 10-1。

表 10-1　醇的物理性质

名　　称	沸点/℃	熔点/℃	相对密度(20℃) /g/cm^3	折射率(20℃)
甲醇	64.96	−93.9	0.7914	1.3288
乙醇	78.5	−117.3	0.7893	1.3611
正丙醇	97.4	−126.5	0.8035	1.3850
正丁醇	117.25	−89.53	0.8098	1.3993
正戊醇	137.3[748]	−79	0.8144	1.4101
正十二醇	255.9	26	0.8309	—
正十六醇	344	50	0.8176	1.4283[70]
2-丙醇	82.4	−89.5	0.7855	1.3776
2-丁醇	99.5	−114.7	0.8063	1.3978

名　　称	沸点/℃	熔点/℃	相对密度(20℃) /g/cm³	折射率(20℃)
2-甲-1-丙醇	108.39	−108	0.802	1.3968
2-甲-2-丙醇	82.2	25.5	0.7877	1.3878
2-戊醇	118.9	—	0.8103	1.4053
2-甲-1-丁醇	128	—	0.8193	1.4102
3-甲-1-丁醇	128.5	—	0.8092	1.4053
2-甲-2-丁醇	102	−8.4	0.8059	1.4052
环戊醇	140.85	−19	0.9478	1.4530
环己醇	161.1	25.15	0.9624	1.4641
苯甲醇	205.35	−15.3	1.0419	1.5396
三苯甲醇	380	164.2	1.199⁴	—
乙二醇	198	−11.5	1.1088	1.4318
丙三醇	290 分解	20	1.2613	1.4746

10.1.3　醇的光谱性质

1. 红外光谱

在醇的红外光谱中，游离羟基的伸缩振动吸收峰出现在 3650—3610 cm⁻¹ 处，峰形较锐。缔合羟基的吸收峰移向 3600—3200 cm⁻¹，峰形较宽。一般羟基吸收峰出现在比碳氢(C—H)吸收峰所在频率更高的部位，即大于 3300 cm⁻¹，故在大于该频率处出现吸收峰，通常表明分子中含有—OH(或 N—H)。除了羟基的伸缩振动吸收峰外，在 1200—1100 处还有一个醇羟基的碳氧(C—O)伸缩振动吸收峰，这也是分子中含有羟基的一个特征吸收峰。其中一级醇约在 1060—1030 cm⁻¹ 区域；二级醇在 1100 cm⁻¹ 附近；三级醇在 1140 cm⁻¹ 附近。图10-4为乙醇的红外光谱图。

2. 核磁共振谱

在醇的核磁共振谱中，羟基质子(O—H)的核磁共振吸收由于存在氢键而移向低场，观察到的化学位移和氢键的数量有关，而氢键形成的程度又取决于浓度、温度和溶剂的性质，因此羟基质子的核磁共振信号出现在 1—5.5 范围内。例如，乙醇的核磁共振谱中，O—H 中质子的 δ 值约为 5.4(与浓度、温度、溶剂等有关)，对于亚甲基上质子共振吸收的 δ 值约为 3.7，甲基上质子共振的 δ 值为 1.22 左右，说明当电负性大的氧原子与质子的距离增加时，其化学位移便逐渐下降。图 10-5 为乙醇的核磁共振谱图。

10.1.4　醇的化学性质

醇的化学性质，主要由它所含的羟基(—OH)官能团所决定。烃基的结构不同也会影响反应性能。在醇的化学反应中，根据键的断裂方式，主要有氢氧键断裂和碳氧键断裂两种

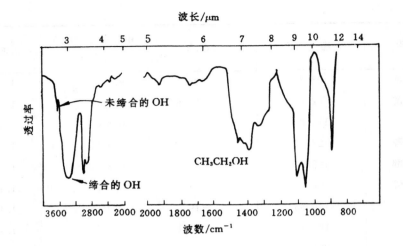

图 10-4　乙醇(10％乙醇的 CCl_4 溶液)的红外光谱图

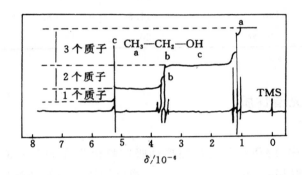

图 10-5　乙醇的核磁共振谱和它的 3 种不同质子的积分线

不同类型的反应。

1. 与活泼金属的反应

因为 O—H 为极性键,故有利于质子的解离,因此醇与水相似,也能与活泼金属反应产生氢气和醇钠:

$$HOH + Na \longrightarrow NaOH + 1/2H_2 \uparrow$$
$$ROH + Na \longrightarrow RONa + 1/2H_2 \uparrow$$

醇与其它活泼金属(如 K,Mg,Al 等)反应,也生成醇金属并放出氢气。例如:

$$CH_3CH_2OH + K \longrightarrow CH_3CH_2OK + 1/2H_2 \uparrow$$

乙醇钾

$$3CH_3\underset{\underset{CH_3}{|}}{CHOH} + Al \longrightarrow (CH_3\underset{\underset{CH_3}{|}}{CHO})_3Al + 1\frac{1}{2}H_2 \uparrow$$

异丙醇铝

这个反应随着醇的烃基增大,反应速度减慢。各类醇与金属钠反应的速率是:

甲醇 ＞ 伯醇 ＞ 仲醇 ＞ 叔醇

水可以离解为 H^+ 和 OH^-，醇虽然也可以离解为 H^+ 和 ^-OR ,，但离解比水难。因而可以把醇（$pK_a=17-19$）看作是比水（$pK_a=15.7$）更弱的酸，表现在醇与金属钠的反应比水与金属钠的反应缓和得多，因此工厂和实验室常利用这个反应来处理残余的金属钠。

根据酸碱定义，较弱的酸失去氢离子后就成为较强的碱，所以醇钠是比氢氧化钠更强的碱。醇钠为白色固体，溶于醇。遇水即分解为醇和氢氧化钠。醇钠的水解是可逆反应，平衡偏向于生成醇的一边：

$$RO^- \ Na^+ + H-OH \rightleftharpoons Na^+ \ OH^- + RO-H$$

较强的碱　　　较强的酸　　　　较弱的碱　　　较弱的酸

工业上生产醇钠，为了避免使用昂贵的金属钠，就利用上述反应原理，在氢氧化钠与醇作用的过程中，加苯进行共沸蒸馏，将苯、醇和水的三元共沸物（沸点 64.89 ℃,其中苯：乙醇：水$=74:18.5:7.4$）不断蒸出而将反应混合物中的水带走，以破坏平衡，使反应有利于醇钠的生成。

醇钠的化学性质相当活泼，在有机合成上常作为碱及缩合剂使用。异丙醇铝和叔丁醇铝 $[(CH_3)_3CO]_3Al$ 是很好的催化剂和还原剂，在有机合成上都有重要用途。

2. 卤代烃的生成

一般有下述 3 种方法：

（1）与氢卤酸反应

醇容易与氢卤酸反应，醇分子中的羟基被卤原子取代，生成卤代烃和水：

$$ROH + HX \rightleftharpoons RX + H_2O$$

反应是可逆的，为了使平衡能够尽量移向右边，可采用一种反应物过量或移去产物，以提高卤代烃的产量。

醇和氢卤酸反应的速率与氢卤酸的类型及醇的结构有关。氢卤酸的活性顺序为：

$$HI > HBr > HCl$$

例如伯醇与氢碘酸的水溶液（47%）共热就可以生成碘代烷，而与氢溴酸的水溶液（48%）要加硫酸并加热才能生成溴代烷。如果用浓盐酸，则必须加无水氯化锌，再加热，才能生成氯代烷：

$$CH_3CH_2CH_2CH_2OH + HI \xrightarrow{\triangle} CH_3CH_2CH_2CH_2I + H_2O$$

$$CH_3CH_2CH_2CH_2OH + HBr \xrightarrow[H_2SO_4]{\triangle} CH_3CH_2CH_2CH_2Br + H_2O$$

$$CH_3CH_2CH_2CH_2OH + HCl \xrightarrow[\triangle]{无水 \ ZnCl_2} CH_3CH_2CH_2CH_2Cl + H_2O$$

在实验室制备卤代烷时，往往直接用 NaX 和 H_2SO_4 与醇共热而制得卤代烷。这种方法尤其适用于制备溴代烷：

$$NaBr + H_2SO_4 \longrightarrow HBr + NaHSO_4$$

生成的 HBr 立即与醇反应生成溴代烷。这里硫酸起着催化和脱水作用，有利于反应向右进行。但这种方法不适用于制备碘代烷，因为生成的 HI 是还原剂，它容易与 H_2SO_4 作用而氧化成 I_2。此法也不适用于仲醇和叔醇，因为仲醇和叔醇在浓硫酸的存在下易发生消除反应。

醇与氢卤酸反应时,醇的反应活性次序为:

苄醇和烯丙醇＞叔醇＞仲醇＞伯醇＞甲醇

例如浓盐酸与伯醇、仲醇反应时需要有氯化锌存在,而活性大的叔醇,在室温下就可与浓盐酸反应得到氯化物。

$$CH_3CH_2CH_2CH_2OH \xrightarrow[\triangle]{ZnCl_2} CH_3CH_2CH_2CH_2Cl + H_2O$$

$$\underset{\underset{CH_3}{|}}{\overset{\overset{CH_3}{|}}{CH_3-C-OH}} + HCl(浓) \xrightarrow{室温} \underset{\underset{CH_3}{|}}{\overset{\overset{CH_3}{|}}{CH_3-C-Cl}} + H_2O$$

浓盐酸与无水氯化锌所配制的溶液称为 Lucas 试剂。利用不同类型的醇与 Lucas 试剂反应的速率不同,可以区别伯、仲、叔醇。叔醇起反应最快,仲醇次之,伯醇最慢。

$$(CH_3)_3C-OH + HCl \xrightarrow[20\ ℃,1\ min]{ZnCl_2} (CH_3)_3C-Cl + H_2O$$

$$\underset{\underset{OH}{|}}{CH_3CH_2CHCH_3} + HCl \xrightarrow[20\ ℃,10\ min]{ZnCl_2} \underset{\underset{Cl}{|}}{CH_3CH_2CHCH_3} + H_2O$$

$$CH_3CH_2CH_2CH_2OH + HCl \xrightarrow[20\ ℃,1\ h不反应,加热才反应]{ZnCl_2} CH_3CH_2CH_2CH_2Cl + H_2O$$

C_6 以下的一元醇能溶于 Lucas 试剂,因为所生成的氯代物不溶于 Lucas 试剂,而使溶液变混浊或分层。观察反应中出现混浊或分层的快慢,就可以区别反应物是伯醇、仲醇或叔醇。

一般情况下,烯丙型醇、叔醇、仲醇与氢卤酸的反应是亲核取代反应,是按 S_N1 机理进行的。因为烯丙型碳正离子、叔碳正离子和仲碳正离子比较稳定:

$$\underset{\underset{R''}{|}}{\overset{\overset{R}{|}}{R'-C-OH}} \underset{}{\overset{H^+\ 快}{\rightleftharpoons}} \underset{\underset{R''}{|}}{\overset{\overset{R}{|}}{R'-\underset{+}{C}-\overset{H}{\underset{+}{O}}H}} \xrightarrow[慢]{-H_2O} \underset{\underset{R''}{|}}{\overset{\overset{R}{|}}{R'-\overset{+}{C}}} \xrightarrow[快]{Br^-} \underset{\underset{R''}{|}}{\overset{\overset{R}{|}}{R-C-Br}}$$

伯醇一般按 S_N2 机理进行:

$$ROH \overset{H^+}{\rightleftharpoons} R-\overset{H}{\underset{+}{O}}H \xrightarrow[慢]{X^-} [\overset{\delta^-}{X}\cdots R\cdots \overset{\delta^+}{O}H_2] \xrightarrow{快} RX + H_2O$$

立体化学的研究为区别这两种不同机理提供了证据,即对于旋光性的醇,S_N2 机理产物发生构型翻转,而 S_N1 机理产物为外消旋体。

某些醇与氢卤酸反应生成重排产物。例如:

$$\underset{\underset{H}{|}\ \underset{OH}{|}}{\overset{\overset{CH_3}{|}\ \overset{H}{|}}{CH_3-C-C-CH_3}} \xrightarrow{HCl} \underset{\underset{Cl}{|}\ \underset{H}{|}}{\overset{\overset{CH_3}{|}\ \overset{H}{|}}{CH_3-C-C-CH_3}} \quad (无\ \underset{\underset{H}{|}\ \underset{Cl}{|}}{\overset{\overset{CH_3}{|}\ \overset{H}{|}}{CH_3-C-C-CH_3}}\ 生成)$$

这是由于反应过程中生成的仲碳正离子不如叔碳正离子稳定而发生下列重排反应的结果:

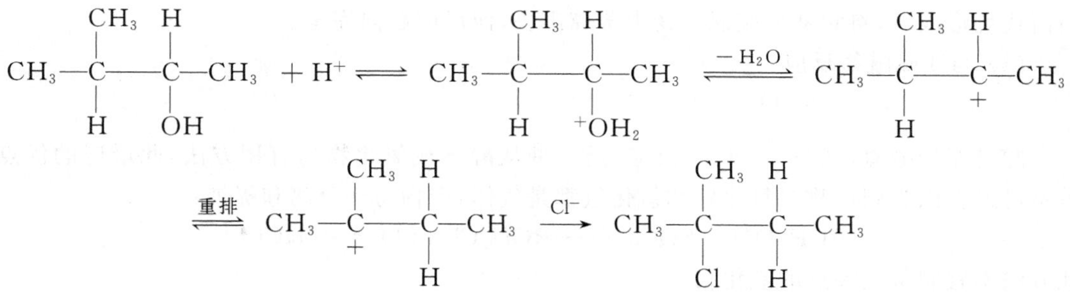

又如：

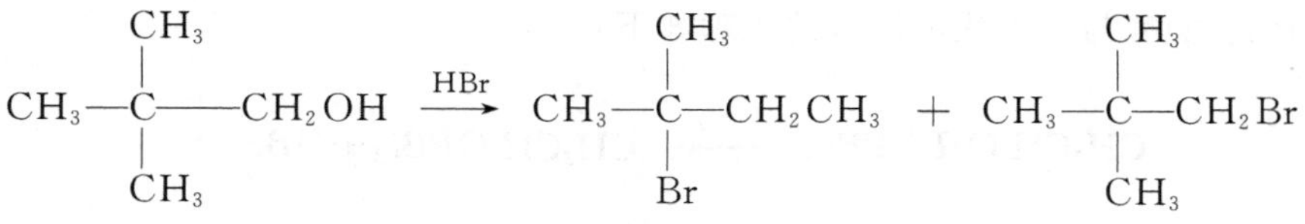

（主）

这是因为新戊醇 α-碳上叔丁基位阻较大，阻碍了亲核试剂的进攻，不利于 S_N2 反应，所以反应按 S_N1 历程进行。反应过程中的伯碳正离子重排为较稳定的叔碳正离子，然后与 Br^- 结合，结果 2-甲基-2-溴-丁烷为主要产物：

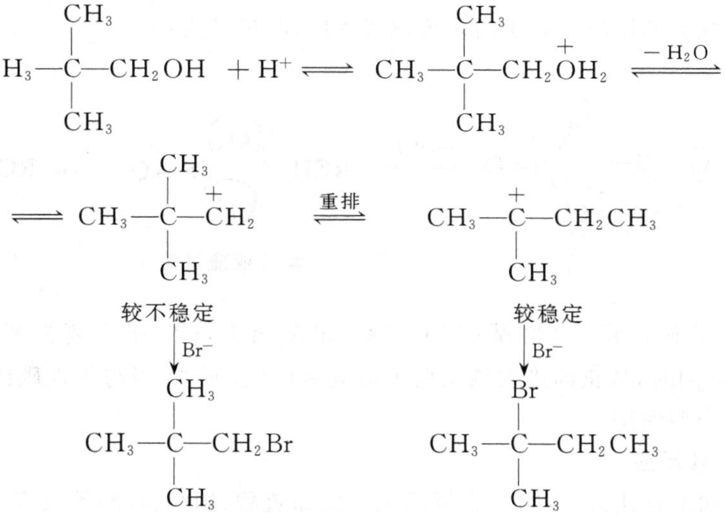

较不稳定 $\quad\quad\quad$ 较稳定

（副）$\quad\quad\quad$ （主）

（2）与三卤化磷反应

醇与三卤化磷反应得到相应的卤代烷。尤其是叔醇，在酸性条件下易发生消除反应，所以，一般采用与三卤化磷，如 PI_3，PBr_3 反应来制备卤代烃。在实验室操作中，常用赤磷与溴或碘代替三卤化磷。例如：

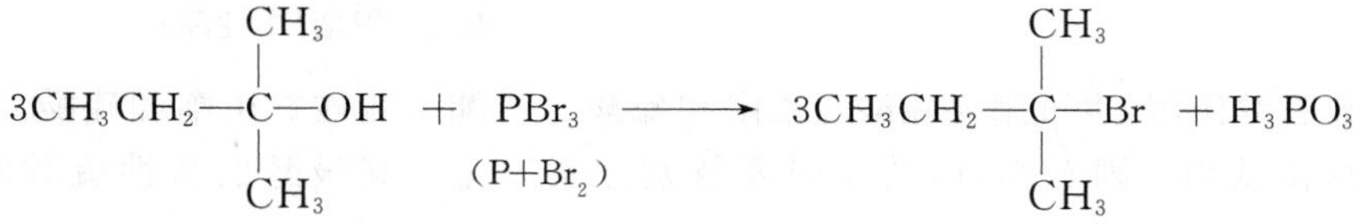

当卤代烷形成后,将它从反应混合物中蒸馏出去,使反应趋向完全。

(3) 与亚硫酰氯反应

醇与亚硫酰氯($Cl-\overset{\overset{\displaystyle O}{\|}}{S}-Cl$)反应,是一种从醇合成氯化物的有用方法,此反应的优点是不可逆。因为副产物二氧化硫和氯化氢都是气体,产物易于分离和提纯:

$$RCH_2OH + SOCl_2 \longrightarrow RCH_2Cl + SO_2\uparrow + HCl\uparrow$$

此方法不宜制备低沸点的氯化物。

醇与三卤化磷、亚硫酰氯反应制备相应的卤代物的反应不发生重排,因为反应过程中无碳正离子形成,如醇与三卤化磷反应的机理如下:

$$CH_3CH_2OH + PBr_3 \longrightarrow CH_3CH_2OPBr_2 + HBr$$

$$Br^- + CH_3CH_2\!-\!OPBr_2 \longrightarrow CH_3CH_2Br + {}^-OPBr_2$$

$^-OPBr_2$ 还可以进一步与醇反应,其结果是 1 mol 三卤化磷与 3 mol ROH 反应生成 3 mol 卤代烃。

醇与亚硫酰氯的反应为分子内亲核取代反应,其机理为:

$$R\!-\!CH_2\!-\!\overset{\cdot\cdot}{\underset{\cdot\cdot}{O}}\!-\!H + \overset{\overset{\displaystyle Cl}{|}}{\underset{\underset{\displaystyle Cl}{|}}{S}}{}^{\delta+}\!\!=\!O \xrightarrow{-HCl} RCH_2\!-\!\overset{O}{\underset{Cl}{S}}\!=\!O \longrightarrow RCH_2Cl + SO_2$$

氯代亚硫酸酯

首先生成氯代亚硫酸酯,负性基团 ^-OSOCl 很易离去,Cl^- 作为离去基团的一部分,在 ^-OSOCl 离去的同时,从正面进攻碳正离子形成氯代烷,所以,当与手性碳的醇反应时,生成的产物一般为构型保持。

3. 与无机酸反应

醇除与氢卤酸作用外,也可与含氧的无机酸如硫酸、硝酸、磷酸等反应,分子间脱水生成无机酸酯。例如:

$$CH_3OH + HOSO_2OH \Longrightarrow CH_3OSO_2OH$$
$$\text{硫酸氢甲酯(酸性酯)}$$

如将硫酸氢甲酯进行减压蒸馏可得到中性的硫酸二甲酯:

$$CH_3OSO_2OH + HOSO_2OCH_3 \Longrightarrow CH_3OSO_2OCH_3$$
$$\text{硫酸二甲酯(中性酯)}$$

硫酸与乙醇作用,也可制得硫酸氢乙酯和硫酸二乙酯。硫酸二甲酯和硫酸二乙酯都是重要的烷基化试剂。因有剧毒,使用时要特别注意安全。高级醇的酸性硫酸酯钠盐,如 $C_{12}H_{25}OSO_2ONa$ 是合成洗涤剂。

醇与硝酸反应可以生成硝酸酯：

$$CH_3OH + HONO_2 \rightleftharpoons CH_3ONO_2$$
硝酸甲酯

多元醇如甘油，与硝酸反应，生成甘油三硝酸酯：

$$\begin{array}{l} CH_2-OH \\ | \\ CH-OH \\ | \\ CH_2-OH \end{array} + 3HONO_2 \xrightarrow[10\,℃]{H_2SO_4} \begin{array}{l} CH_2-ONO_2 \\ | \\ CH-ONO_2 \\ | \\ CH_2-ONO_2 \end{array}$$
三硝酸甘油酯

三硝酸甘油酯是一种烈性炸药。它也有扩张冠状动脉的作用，在医药上用来治疗心绞痛。

醇与磷酸作用生成磷酸酯。例如丁醇与磷酸作用，生成磷酸三丁酯，它是一种很好的萃取剂和增塑剂。

$$3C_4H_9OH + \begin{array}{c} HO \\ HO-P=O \\ HO \end{array} \rightleftharpoons (C_4H_9O)_3PO + 3H_2O$$
磷酸三丁酯

因为磷酸是很弱的酸，所以上述反应的逆反应是主要的。一般磷酸酯是由醇与三氯氧磷（$POCl_3$）作用得到的：

$$3C_4H_9OH + \begin{array}{c} Cl \\ Cl-P=O \\ Cl \end{array} \longrightarrow (C_4H_9O)_3PO + 3HCl$$
丁醇　　　三氯氧磷　　　　　磷酸三丁酯

4. 脱水反应

醇脱水因反应条件不同，可以发生分子内脱水，生成烯烃，也可以发生分子间脱水，生成醚。例如：

$$\begin{array}{cc} CH_2-CH_2 \\ |\qquad | \\ OH\quad H \end{array} \xrightarrow[\text{或 } Al_2O_3,\ 360\,℃]{\text{浓 } H_2SO_4,170\,℃} CH_2=CH_2 + H_2O$$

$$CH_3CH_2OH + HOCH_2CH_3 \xrightarrow[\text{或 } Al_2O_3,\ 240\,℃]{\text{浓 } H_2SO_4,140\,℃} CH_3CH_2-O-CH_2CH_3$$

反应温度对脱水反应的产物有很大的影响，低温有利于取代反应而生成醚；高温有利于消除反应而生成烯烃。醇的结构对产物也有很大的影响，一般叔醇不易发生分子间脱水生成醚，而易发生分子内脱水生成烯。

醇脱水生成烯烃的消除反应取向与卤代烃消除卤化氢相似，也符合 Saytzeff 规则，脱去的是羟基和含氢较少的 β-碳上的氢，生成含取代烃基较多的烯烃。例如：

$$\begin{array}{c} CH_3CH_2CH-CH_3 \\ | \\ OH \end{array} \xrightarrow[100\,℃]{66\% H_2SO_4} \begin{array}{c} CH_3CH=CHCH_3 \\ \text{2-丁烯（主）} \\ 80\% \end{array}$$
仲丁醇

$$CH_3CH_2-\underset{\underset{OH}{|}}{\overset{\overset{CH_3}{|}}{C}}-CH_3 \xrightarrow[87\ ℃]{46\%H_2SO_4} CH_3CH=\underset{\underset{(主)}{}}{\overset{\overset{CH_3}{|}}{C}}-CH_3$$

3 种类型的醇发生消除反应的活性次序是：

$$3° 醇 > 2° 醇 > 1° 醇$$

常用的脱水剂除浓硫酸外，还有氧化铝。用氧化铝作脱水剂时反应温度较高，但它的优点是脱水剂经再生后可重复使用，且反应过程中很少有重排现象。例如，正丁醇在 75% H_2SO_4、140 ℃脱水时，主要产物不是 1-丁烯而是 2-丁烯，但用氧化铝作脱水剂时，产物是纯的 1-丁烯：

$$CH_3CH_2CH_2CH_2OH \begin{cases} \xrightarrow[140\ ℃]{75\%H_2SO_4} CH_3CH=CHCH_3 \quad \text{2-丁烯（主）} \\ \\ \xrightarrow[350-400\ ℃]{Al_2O_3} CH_3CH_2CH=CH_2 \quad \text{1-丁烯} \end{cases}$$

伯醇和仲醇在酸性条件下脱水时常发生 1,2-迁移，形成一个更稳定的碳正离子，然后再按 Sayzeff 规则脱去一个 β-氢原子。例如：

$$CH_3CH_2CH_2CH_2OH \rightleftharpoons CH_3CH_2CH_2CH_2\overset{+}{\underset{H}{O}}H \overset{-H_2O}{\rightleftharpoons}$$

$$CH_3CH_2CH_2\overset{+}{C}H_2 \xrightarrow{1,2-氢迁移} CH_3CH_2\overset{+}{C}HCH_3$$

伯碳正离子　　　　　　　　　　仲碳正离子

$$\downarrow -H^+ \qquad\qquad\qquad\qquad \downarrow -H^+$$

$$CH_3CH_2CH=CH_2 \qquad\qquad CH_3CH=CHCH_3$$

这种重排现象，在硫酸脱水时是常见的。又例如：

$$CH_3\underset{\underset{CH_3}{|}}{\overset{\overset{CH_3}{|}}{C}}-\underset{\underset{OH}{|}}{C}H-CH_3 \rightleftharpoons CH_3\underset{\underset{CH_3}{|}}{\overset{\overset{CH_3}{|}}{C}}-\underset{\underset{\overset{+}{O}H}{|}}{C}H-CH_3 \xrightarrow{-H_2O} CH_3\underset{\underset{CH_3}{|}}{\overset{\overset{CH_3}{|}}{C}}-\overset{+}{C}HCH_3$$

　　　　　　　　　　　　　　　　　　　　　　　　　　仲碳正离子

$$\xrightarrow{1,2-烷基迁移} CH_3\underset{\underset{CH_3}{|}}{\overset{+}{C}}-\underset{\underset{CH_3}{|}}{C}H-CH_3 \xrightarrow{-H^+} \underset{CH_3}{\overset{CH_3}{}}C=C\underset{CH_3}{\overset{CH_3}{}}$$

（主要产物）

5. 氧化与脱氢

醇分子中由于羟基的影响，使 α-氢原子比较活泼，容易被氧化剂氧化或在催化剂存在下脱氢。伯醇和仲醇中 α-碳上有氢原子，容易被氧化。叔醇分子中 α-碳上没有氢原子，不容易被氧化。

伯醇氧化生成醛,醛可以继续氧化生成羧酸。仲醇氧化生成酮:

$$\underset{\text{伯醇}}{R-\overset{\overset{\displaystyle H}{|}}{\underset{\underset{\displaystyle H}{|}}{C}}-OH} \xrightarrow[\text{或 } Na_2Cr_2O_7+H_2SO_4]{KMnO_4+H_2SO_4} \underset{\text{醛}}{RCHO} \xrightarrow{[O]} \underset{\text{羧酸}}{R-COOH}$$

$$\underset{\text{仲醇}}{R-\overset{\overset{\displaystyle H}{|}}{\underset{\underset{\displaystyle R'}{|}}{C}}-OH} \xrightarrow[\text{或 } Na_2Cr_2O_7+H_2SO_4]{KMnO_4+H_2SO_4} \overset{R}{\underset{R'}{>}}C=O$$

$$\underset{\text{叔醇}}{R-\overset{\overset{\displaystyle R'}{|}}{\underset{\underset{\displaystyle R''}{|}}{C}}-OH} \xrightarrow[\substack{\text{一般氧化剂}\\(\text{如中性 } KMnO_4)}]{[O]} \text{不能氧化}$$

$$\xrightarrow[\text{强氧化剂}]{} \text{碳链断裂生成小分子产物}$$

氧化性的不同提供了鉴别不同类型的醇的一种方法。例如当 3 种类型的醇与三氧化铬的硫酸溶液反应时,伯醇和仲醇分别被氧化成醛和酮,橙红色的 C_rO_3 溶液转变成绿色的 Cr^{3+} 盐。例如:

$$3ROH + \underset{\text{(橙红色)}}{CrO_3} + 4H_2SO_4 \longrightarrow 3RCHO + Na_2SO_4 + \underset{\text{(绿色)}}{Cr_2(SO_4)_3} + 7H_2O$$

$$R-\underset{\underset{\displaystyle OH}{|}}{CH}-R' + \underset{\text{(橙红色)}}{CrO_3} + CH_3COOH \longrightarrow R-\overset{\overset{\displaystyle O}{\|}}{C}-R' + \underset{\text{(绿色)}}{Cr(OOCCH_3)_3} + H_2O$$

叔醇与 CrO_3 不发生反应,因而无颜色的变化。

伯醇和仲醇也可以通过脱氢得到相应的醛、酮等氧化产物。一般是把它们的蒸气在 300—325 ℃下通过铜或铜铬氧化物使脱氢生成醛或酮。

$$R-\overset{\overset{\displaystyle H}{|}}{\underset{\underset{\displaystyle H}{|}}{C}}-OH \underset{}{\overset{Cu,325\,℃}{\rightleftharpoons}} RCHO + H_2$$

$$R-\overset{\overset{\displaystyle H}{|}}{\underset{\underset{\displaystyle R'}{|}}{C}}-OH \underset{}{\overset{Cu,325\,℃}{\rightleftharpoons}} \overset{R}{\underset{R'}{>}}C=O + H_2$$

由于伯、仲、叔醇氧化后所生成的产物不同,因此,根据氧化产物的结构,可以区别它们。

还有两种选择性很好的氧化剂,一种是 Sarrett 试剂,即三氧化铬和双吡啶的配合物 $[CrO_3 \cdot (C_6H_5N)_2]$,可将伯醇直接氧化成醛而不氧化成酸,产率较高,且醇分子中的双键不受影响。例如：

$$CH_3(CH_2)_5CH_2OH \xrightarrow[CH_2Cl_2,\ 25\ ℃]{CrO_3 \cdot (C_6H_5N)_2} CH_3(CH_2)_5CHO$$

另一种是 oppenauer 氧化法，即在碱（常用叔丁醇铝）的存在下，用酮（常用的是丙酮、甲乙酮和环己酮）作氧化剂选择性地将仲醇氧化成相应的酮。例如：

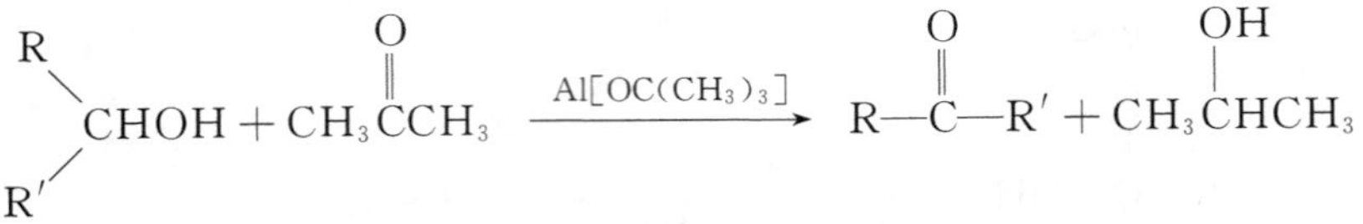

分子中若有重键存在，亦不受影响。

6. 多元醇的性质

同一个碳原子上连有两个或 3 个羟基的化合物是不稳定的，容易失水而生成相应的醛、酮或羧酸。相邻碳原子上有羟基时，由于羟基距离较近，相互影响使其和一元醇相比，在性质上显示出一些特性，其中比较重要的列举如下。

（1）酸性

乙二醇和丙三醇（甘油）比一元醇具有更强的酸性，易与碱金属氢氧化物发生反应，甚至与重金属氢氧化物如氢氧化铜也可以发生反应，生成类似于盐的产物。例如：

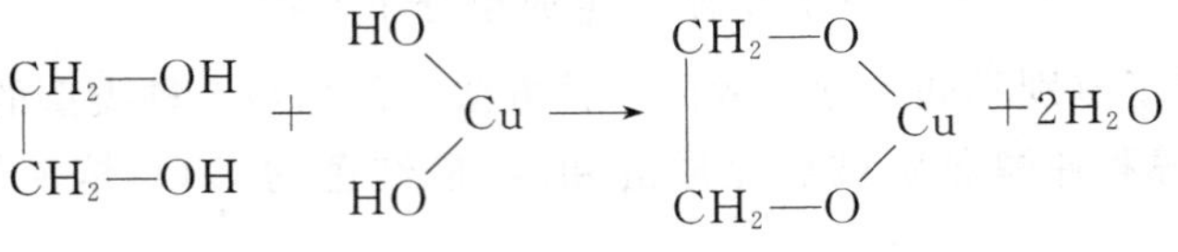

乙二醇铜

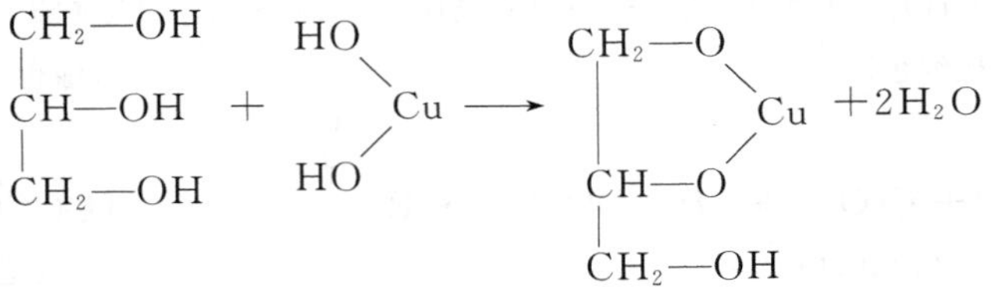

甘油铜

醇铜溶于水，水溶液呈深蓝色，利用这一特征颜色，可以鉴定具有连二醇（α-二醇）结构的多元醇。一元醇不能与氢氧化铜发生反应，所以，也可以用来区别一元醇和 α-二醇式的多元醇。

（2）氧化反应

二元醇氧化时随氧化条件不同，生成各种可能的氧化产物。例如：

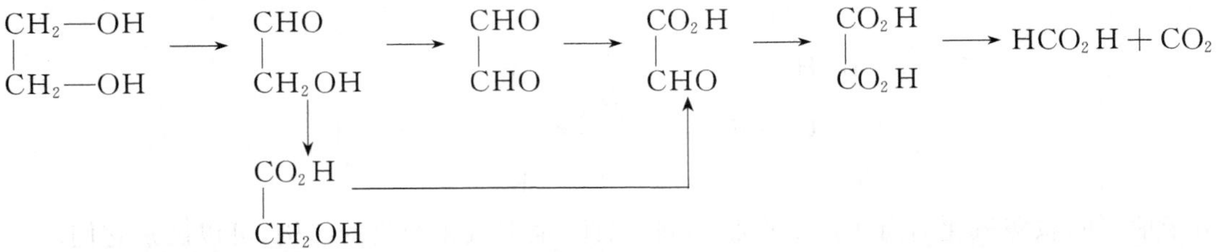

邻二醇在与过碘酸或四醋酸铅作用时，在两个羟基所连的碳原子间发生碳链断裂，生成相应的羰基化合物：

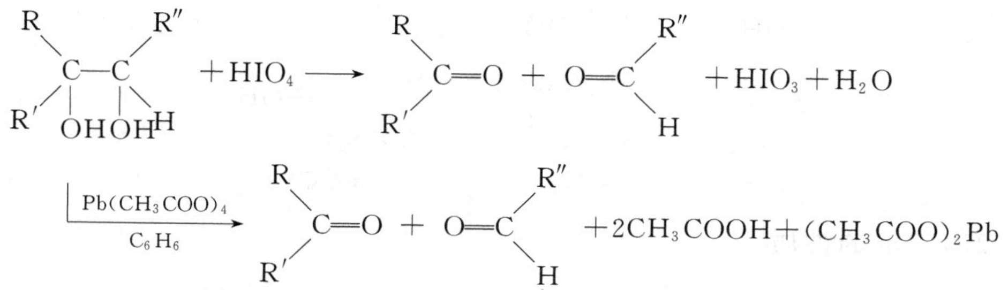

这个反应常常是定量地进行的,因此可用于邻二醇的定量测定,并可根据氧化产物的结构来推测原有邻二醇的结构。

（3）邻二叔醇重排

邻二叔醇通称频哪醇(pinacol),最简单的代表物是 2,3-二甲基-2,3-丁二醇。频哪醇在强酸(硫酸或盐酸)溶液中,失去一分子水,同时发生碳架重排,生成叔烷基烷基酮,通称频哪酮。

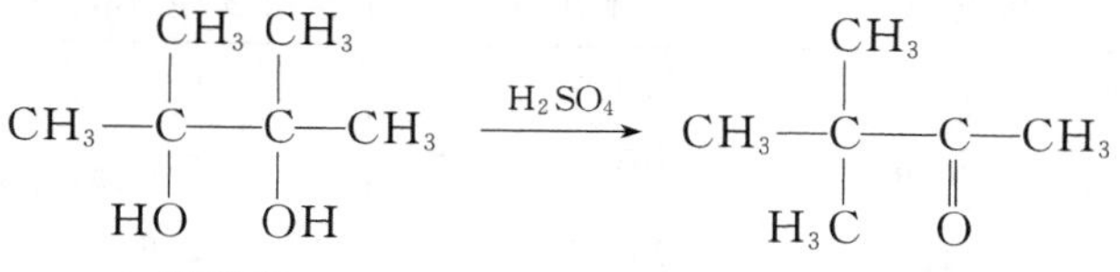

其反应机理为:

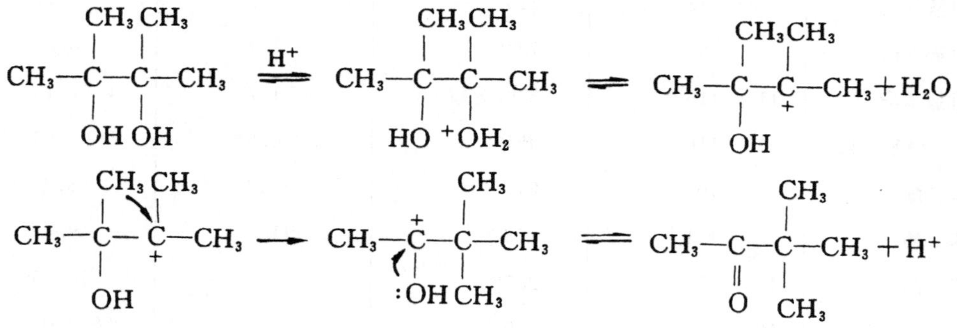

重排反应一般是由较不稳定的离子重排为较稳定的离子,得到相应的产物。在上述重排中由于碳正离子邻位碳原子上有羟基存在,经重排后,碳正离子变为□离子,后者较前者稳定。这种类型的重排称为邻二叔醇重排或频哪醇重排。通过这种重排可以得到用其它方法不易得到的一些产物。

10.2 酚

羟基直接与芳香环相连的化合物叫做酚。如:

苯酚　　　　α-萘酚　　　　β-萘酚

10.2.1 酚的性质

1. 酚的物理性质与光谱性质

除少数烷基酚是液体外,多数酚都是固体。纯净的酚无色,但由于酚容易被空气中的氧所氧化而产生有色杂质,所以酚一般常带有不同程度的黄色或红色。

酚能溶于乙醇、乙醚、苯等有机溶剂,苯酚、甲苯酚等能部分溶于水。羟基增多,水溶性增大。常见酚的物理常数见表 10-2。

表 10-2　常见酚的物理常数

名　　称	熔点/℃	沸点/℃	溶解度/g/100g 水	pK_a(25℃)
苯酚	43	181.7	9.3	9.89[20]
邻甲苯酚	30.9	191	2.5	10.20
间甲苯酚	11.5	202.2	2.6	10.01
对甲苯酚	34.8	201.9	2.3	10.07
邻氯苯酚	9	174.9	2.8	8.49
邻硝基苯酚	45—46	216	0.2	7.17
间硝基苯酚	97	197[70]	1.4	8.28
对硝基苯酚	114—116	279(分解)	1.7	7.15
2,4-二硝基苯酚	115—116	升华	0.6	3.96[15]
邻苯二酚	105	245	45.1	9.4
间苯二酚	111	178[18]	111	9.4
对苯二酚	173—174	285[730]	8	10.35[20]
1,2,3-苯三酚	133—134	309	62	7.0
1,3,5-苯三酚	218—219	升华	1	7.0
α-萘酚	96	288(升华)	不溶	9.34
β-萘酚	123—124	295	0.1	9.51

酚的红外光谱和醇一样,羟基的红外吸收与氢键有关。例如酚在 CCl_4 溶液中未形成氢键的羟基伸缩振动吸收带在 3640—3600 cm^{-1} 处,形成氢键时,吸收移向较低频率。邻苯二酚有两个相同强度的吸收谱带,一个在 3618 cm^{-1} 处,另一个在 3570 cm^{-1} 处。C—O 的伸缩振动吸收峰在 1230 cm^{-1} 附近。

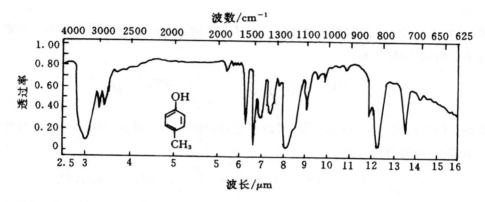

简单酚及其衍生物的核磁共振谱图中,羟基上质子的吸收峰位置变化较大,一般在 $\delta=$ 4.5—8.0 处,如果将溶液稀释,吸收峰便移向高场一侧,δ 值约为 4.5。图 10-6 是对甲苯酚的红外光谱图,图 10-7 是间甲苯酚的 ^{1}HNMR 谱图。

图 10-6　对甲苯酚的红外光谱

3300 cm^{-1}：O—H 伸缩振动,氢键缔合;　1610—1500 cm^{-1}：C=C（共轭）伸缩振动;

1232 cm^{-1}：C—O 伸缩振动;　　　　　　813 cm^{-1}：对位二取代的苯,弯曲振动;

719 cm^{-1}：C—H（芳环）弯曲振动

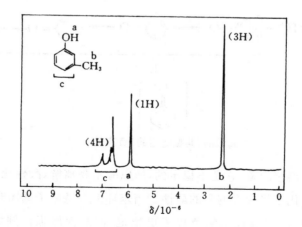

图 10-7　间甲苯酚的质子核磁共振谱

2. 酚的化学性质

酚虽然和醇含有相同的官能团——羟基,但由于酚羟基直接和芳环相连,酚羟基中氧原子以 sp^2 杂化轨道参与成键,氧原子上的孤电子对所占的 p 轨道与苯环的 π 轨道形成 p-π

共轭体系。如图 10-8 所示。

由于 p-π 共轭，电子离域，使氧上电子云密度降低，减弱了 O—H 键，有利于苯酚离解成为质子和苯氧负离子，故酚呈酸性。在碱性条件下，苯酚生成酚氧负离子。酚氧负离子是好的亲核试剂，可以和卤代烷、酸酐等反应生成酚醚、酚酯。另一方面，羟基是强的邻对位基和活化基团，因此，酚的芳环上容易发生亲电取代反应。

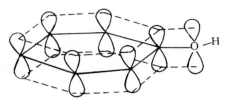

图 10-8　苯酚中 p-π 共轭示意图

（1）酚羟基的反应

1）酸性

苯酚的 $pK_a \approx 10$，它的酸性比醇强（CH_3CH_2OH 的 $pK_a = 17$）。苯酚能溶解于氢氧化钠水溶液生成酚钠，而醇不能：

$$\bigcirc\!\!-OH + NaOH \rightleftharpoons \bigcirc\!\!-ONa + H_2O$$

但苯酚的酸性比碳酸（$pK_a = 6.38$）弱，所以不能与碳酸氢钠作用生成盐。通入二氧化碳于酚钠水溶液中，酚即游离出来：

$$\bigcirc\!\!-ONa + CO_2 + H_2O \longrightarrow \bigcirc\!\!-OH + NaHCO_3$$

工业上利用酚的这种能溶解于碱，而又可用酸将它从碱溶液中游离出来的性质，从煤焦油中分离酚，也用于回收和处理含酚污水。

酚的酸性是由苯环的影响而产生的。按照共振结构，苯氧负离子因下列共振而稳定：

$$\bigcirc\!\!-OH \rightleftharpoons H^+ + \left[\bigcirc\!\!-O^- \longleftrightarrow \bigcirc\!\!=O \longleftrightarrow \bigcirc\!\!=O \longleftrightarrow \bigcirc\!\!=O\right]$$

$$\left[\begin{array}{c}:\ddot{O}:\\ \bigcirc\end{array}\right]^-$$

离域的（共振稳定的）负离子

醇的负离子则不发生离域现象，它是不稳定的，所以醇不易离解，酸性比酚弱。

苯环上不同的取代基将会影响酚的酸性。当苯环上有供电子基团时，酸性减弱；当苯环上有吸电子基团时，则可使取代苯氧负离子更稳定，使酸性增强。例如，对硝基苯酚由于 $-NO_2$ 是一个吸电子基团，诱导效应和共轭效应都使羟基氧上的负电荷更好地离域，生成更稳定的对硝基苯氧负离子，所以对硝基苯酚的酸性比苯酚强，苯酚的邻、对位上硝基愈多，酸性愈强：

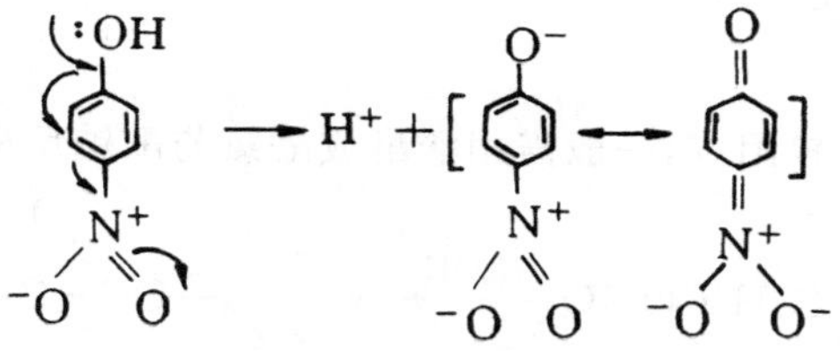

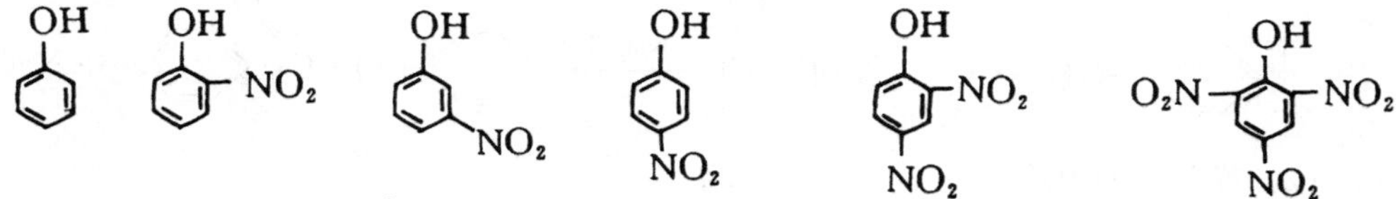

	OH	OH	OH	OH	OH	OH
pK_a	9.98	7.23	8.40	7.15	4.00	0.71

2,4,6-三硝基苯酚(苦味酸)的酸性已与强无机酸相近。

    2)与三氯化铁的显色反应

    具有羟基与 sp^2 杂化碳原子相连的结构($-C=C-OH$)的化合物大多能与三氯化铁的水溶液显颜色反应。酚羟基与芳环直接相连,相当于烯醇结构,因此它与烯醇相似,也与三氯化铁溶液发生颜色反应。不同的酚与三氯化铁产生不同的颜色。例如,苯酚,间苯三酚遇三氯化铁溶液呈蓝紫色;邻苯二酚与对苯二酚显绿色;甲苯酚显蓝色等。这类反应可用于酚或烯醇式结构的定性分析。

    酚与三氯化铁的颜色反应比较复杂,一般认为苯酚与三氯化铁形成如下配合物而显色:

$$6C_6H_5OH + FeCl_3 \longrightarrow [Fe(OC_6H_5)_6]^{3-} + 6H^+ + 3Cl^-$$

    3)酚醚的生成

    酚醚不能由酚和醇直接失水制备,必须用其它方法才能制备,例如,由酚钠与卤代烃或硫酸二烷基酯作用制备酚醚。实际上就是酚负离子($\bigcirc\!\!-\!\!O^-$)作为亲核试剂与卤代烃反应:

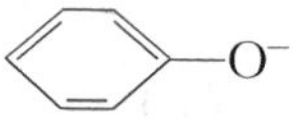

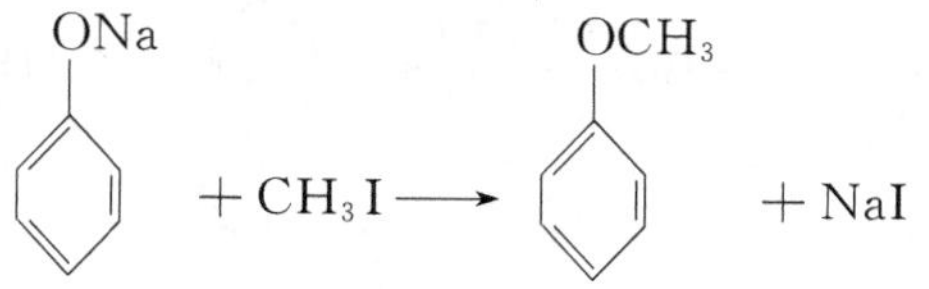

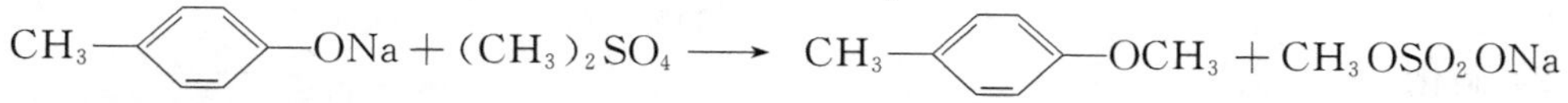

$$CH_3-\!\!\bigcirc\!\!-ONa + (CH_3)_2SO_4 \longrightarrow CH_3-\!\!\bigcirc\!\!-OCH_3 + CH_3OSO_2ONa$$

    二芳基醚可用酚钠与芳卤衍生物作用制备,但因芳环上卤原子不活泼,需在铜催化下加热才能反应:

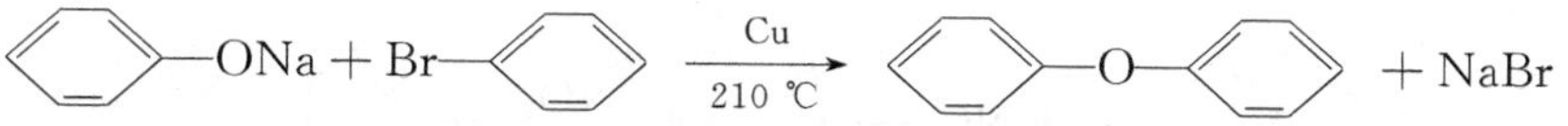

    酚醚化学性质比酚稳定,不易氧化,而且酚醚与氢碘酸作用,又能分解而得到原来的酚:

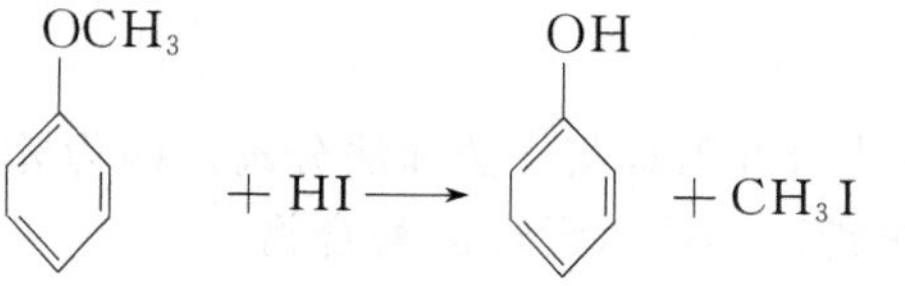

在有机合成上,常用成醚的方法来保护酚羟基,以免羟基在反应中被破坏,待反应终了,再将醚分解,恢复原来的酚羟基。

4）酯的生成

酚与羧酸直接酯化比较困难,一般需用酸酐或酰氯与酚钠反应生成酯。例如:

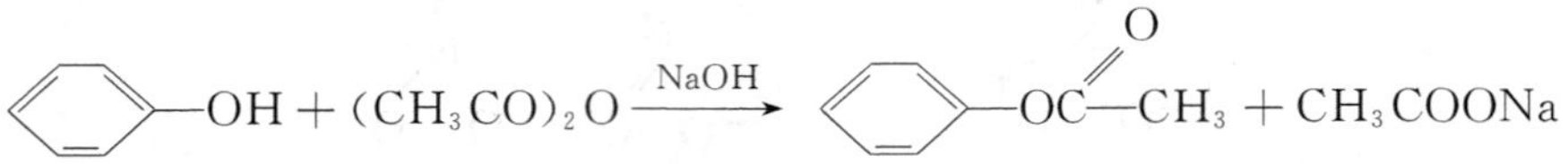

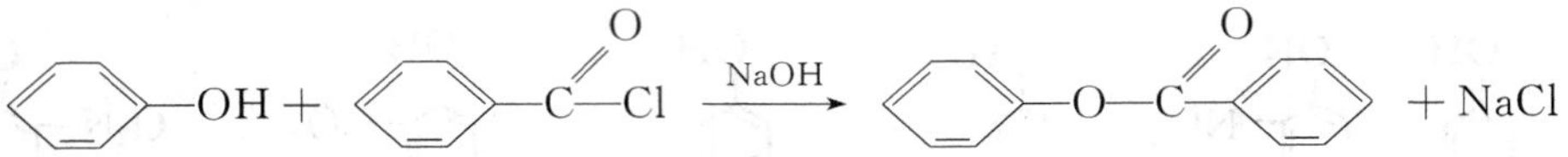

（2）芳环上的反应

酚中的芳香环可以发生一般芳香烃的取代反应,如卤代、硝化、磺化等。由于羟基是强的邻、对位定位基,可使苯环活化,所以酚比苯更容易进行亲电取代反应,且主要发生在羟基的邻位和对位。

1）卤代

苯酚的水溶液与溴水作用,立即生成 2,4,6-三溴苯酚的白色沉淀:

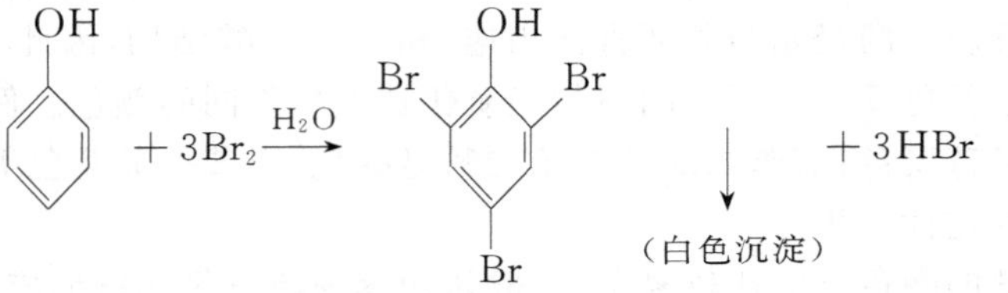

这个反应很灵敏,可用来检验苯酚的存在,极稀的苯酚溶液,例如 10^{-3} mg/g 的苯酚溶液也可检验出来。由于反应定量完成,这一反应也可用于苯酚的定量分析。若将溴代反应在非极性或低极性溶剂如四氯化碳、二硫化碳或氯仿中进行,控制用溴量,则可得到一溴代产物,其中主要生成对溴苯酚:

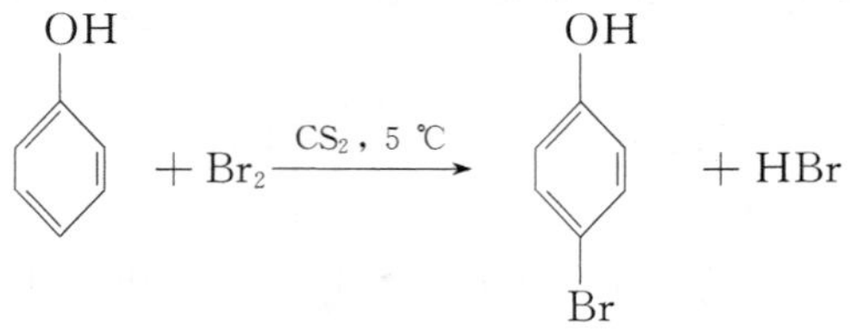

80%—84%

2）硝化

苯酚与稀硝酸在室温下反应,可得到邻位与对位硝基苯酚的混合物:

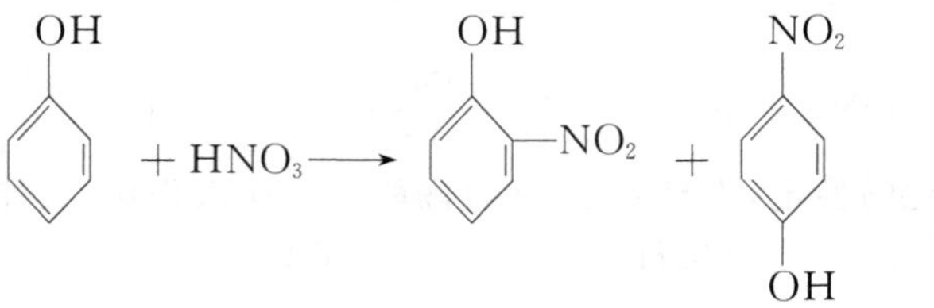

邻硝基苯酚和对硝基苯酚可用水蒸气蒸馏法分离。因为邻硝基苯酚分子中的羟基和硝基相距较近,通过分子内氢键而形成六元环的螯合物:

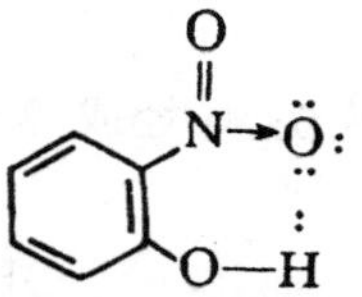

邻硝基苯酚
（形成分子内氢键，容易挥发）

因而失去了分子间缔合的可能性。而对硝基苯酚分子中的羟基与硝基相距较远，不能形成分子内氢键，分子间可以氢键缔合：

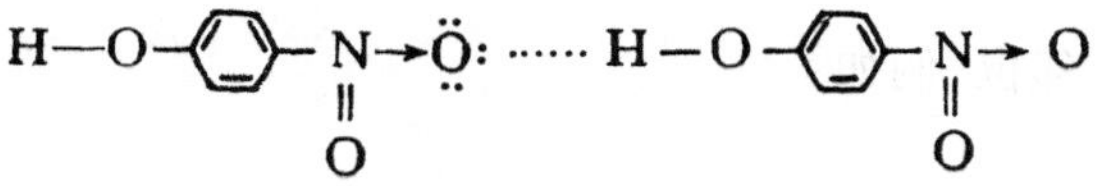

对硝基苯酚
（形成分子间氢键，不易挥发）

所以对硝基苯酚的挥发度比邻硝基苯酚低，后者可以随水蒸气蒸馏出来。这样就可以把两种异构体分开。

3）磺化

由于磺化反应是可逆的，酚的磺化反应主要受平衡控制，随着反应温度的升高，稳定的对位异构体增多，继续磺化或用浓硫酸在加热情况下与酚作用，可得到苯酚二磺酸：

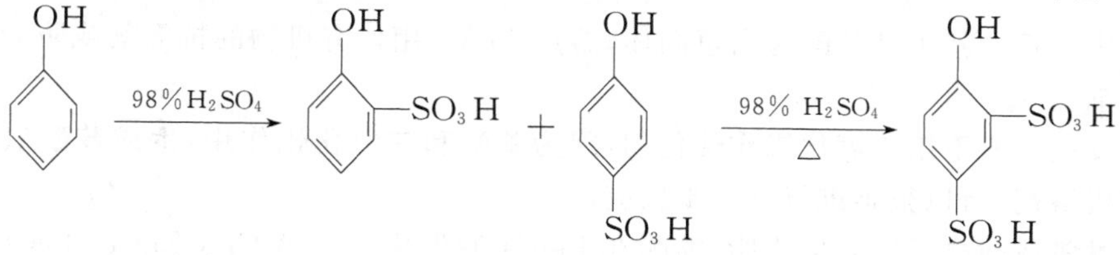

20 ℃	49%	51%
100 ℃	10%	90%

由于苯酚易被硝酸氧化，故不宜用直接硝化法制备多硝基苯酚，为了获得多硝基苯酚，可采取先磺化再硝化的办法，苦味酸的制备是一个实例，即将酚的一磺化产物继续磺化，可得苯酚二磺酸，苯酚分子中引入两个磺酸基后，使苯环钝化，再与浓硝酸反应时，酚羟基不被氧化，同时两个磺酸基被硝基取代，生成苦味酸，收率高：

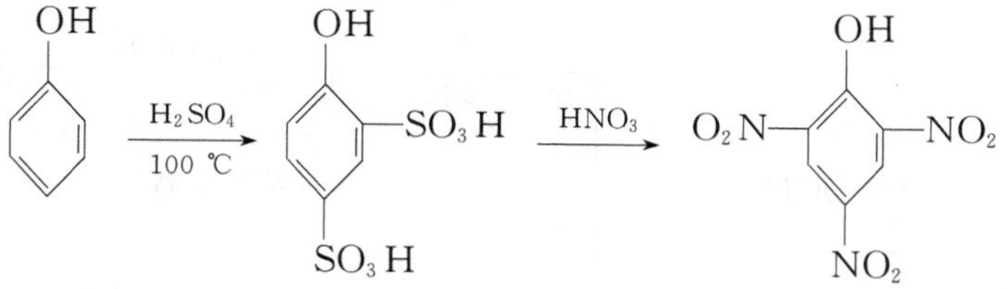

这后一过程实际上也是一个亲电取代反应，被取代下来的是比硝酰正离子更稳定的三氧化硫分子：

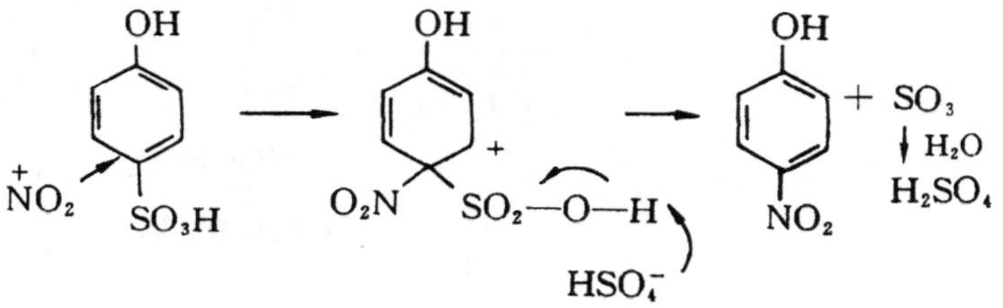

4）Friedel-Crafts 反应

苯酚在氢氟酸或硫酸催化下，与卤代烷、烯烃或醇发生烷基化反应，一般主要生成对烷基酚：

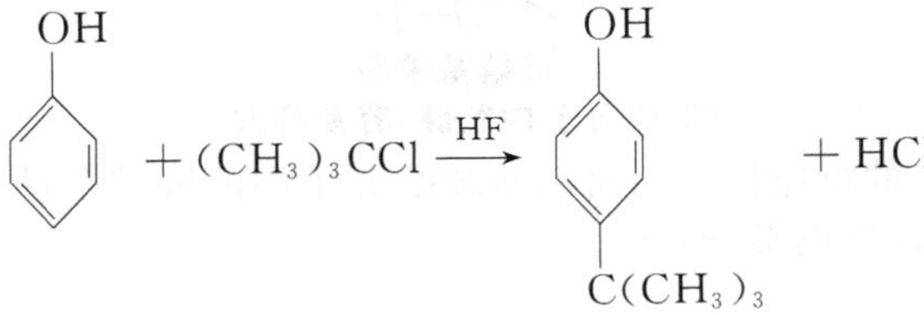

若对位有取代基则进入邻位，例如：

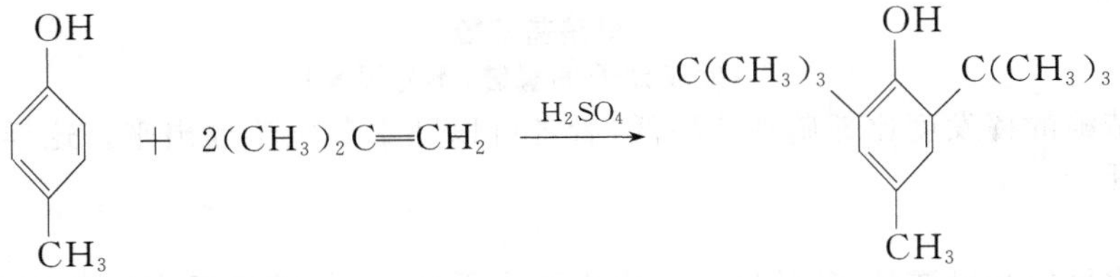

4-甲基-2,6-二叔丁基苯酚

4-甲基-2,6-二叔丁基苯酚为白色固体，熔点 70 ℃，用作有机物的抗氧剂或防老剂，商品名为防老剂 200。

这一反应一般不用三氯化铝作催化剂，因为苯酚和三氯化铝作用，生成苯酚氯化铝盐，不溶于有机溶剂，所以很难进行下一步反应。

酚与酰氯或酸酐反应先生成脂，酚酯在 Lewis 酸催化剂如 AlCl$_3$，ZnCl$_2$，FeCl$_3$ 等存在下加热，酰基转移到邻或对位上，生成邻或对酚酮或二者的混合物。其邻位与对位异构体的比例与温度有关，在较低温度时有利于对位异构体生成，在较高温度则有利于邻位异构体的生成。例如：

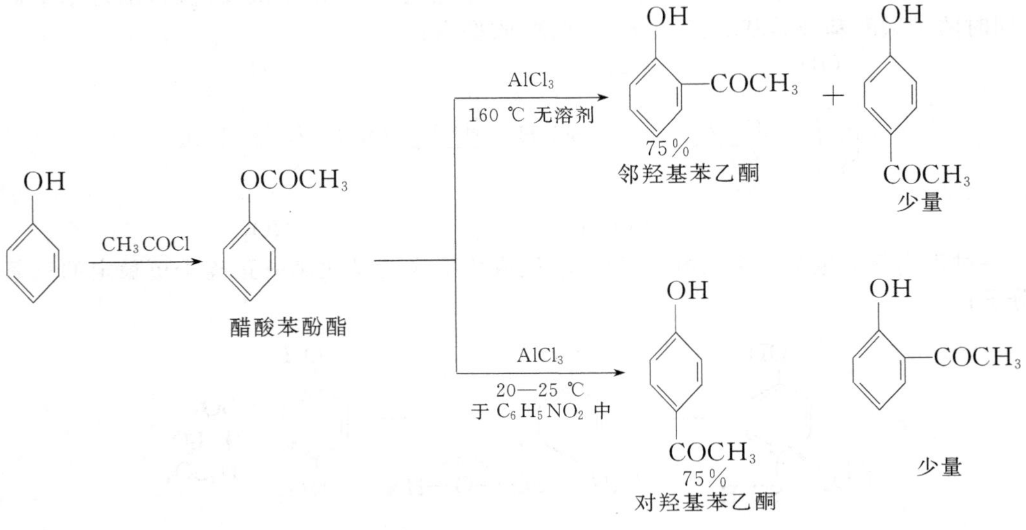

醋酸苯酚酯

邻羟基苯乙酮 75%

少量

对羟基苯乙酮 75%

少量

这个反应称为 Fries 重排反应,相当于酰基正离子 $R\!-\!\overset{\overset{\displaystyle O}{\|}}{C}{}^+$ 进攻芳环所进行的分子内酰基化反应。

5）Kolbe-Schmitt 反应

酚氧负离子比酚更容易发生苯环上的亲电取代反应,酚与二氧化碳在碱性和压力条件下,生成酚酸钠盐,称为 Kolbe-Schmitt 反应。此反应的最终结果是将羧基引入酚羟基的邻、对位,常用于合成酚酸:

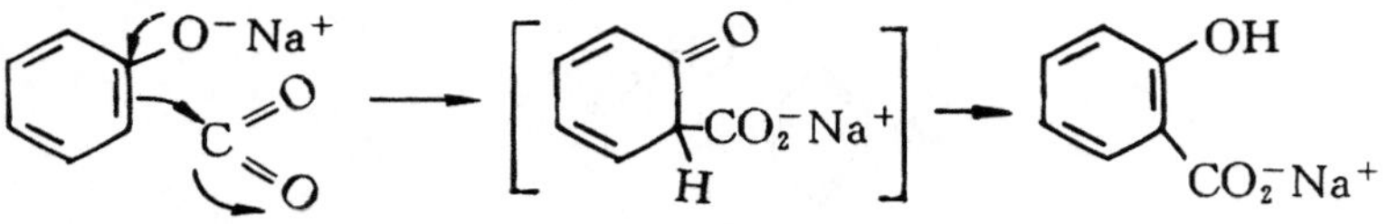

本反应是可逆反应,受温度的影响显著。苯酚钠与 CO_2 在较低温度（125—150 ℃）时反应得邻位羟基酸钠（水杨酸钠）,而在较高温度（250—300 ℃）下主要得到对位羟基酸钠。

水杨酸钾盐在较高温度下也会顺利地异构化成相应的对位异构体——对羟基苯甲酸:

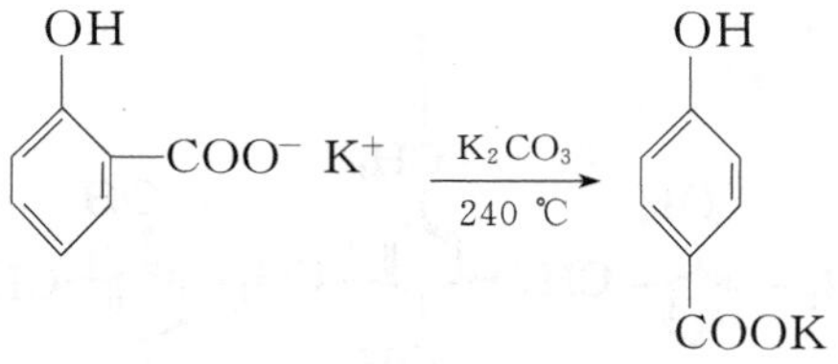

本反应已被广泛应用于制备酚酸,在医药工业和染料工业上有重要意义。

6）Reimer-Tiemann 反应

将酚类在 NaOH（或 KOH）存在下与 $CHCl_3$ 一起加热,生成邻及对酚醛的混合物,其中以邻位异构体为主。例如:

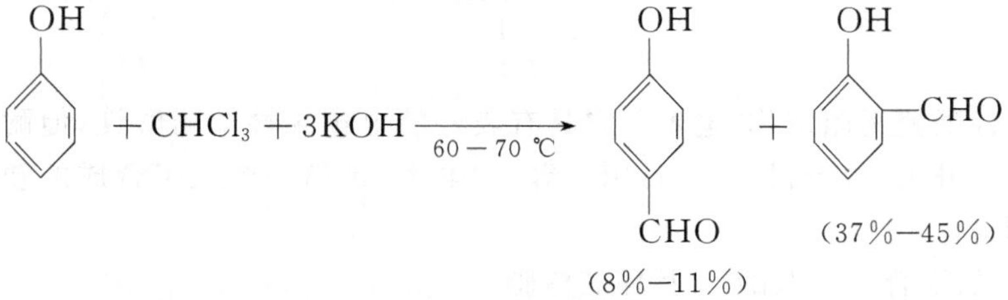

如果一个邻位已被取代基占据,则醛基倾向于进入羟基的对位。例如:

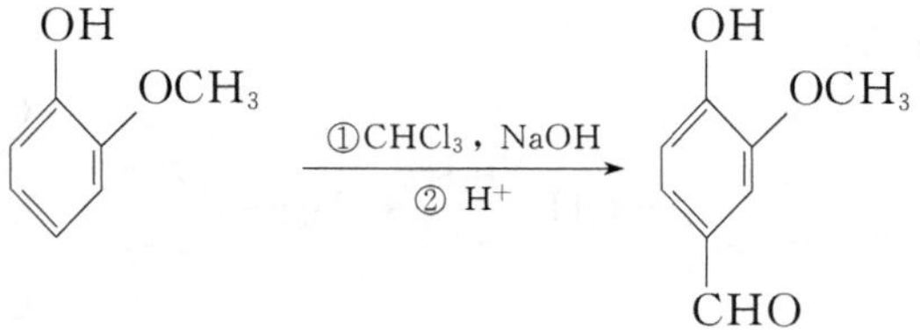

本反应虽然产率较低,但由于操作简便,故仍为合成酚醛的一个重要方法。

7）与羰基化合物的缩合反应

① 与甲醛缩合——酚醛树脂的合成

苯酚与甲醛作用,首先在苯酚的邻或对位上引入羟甲基:

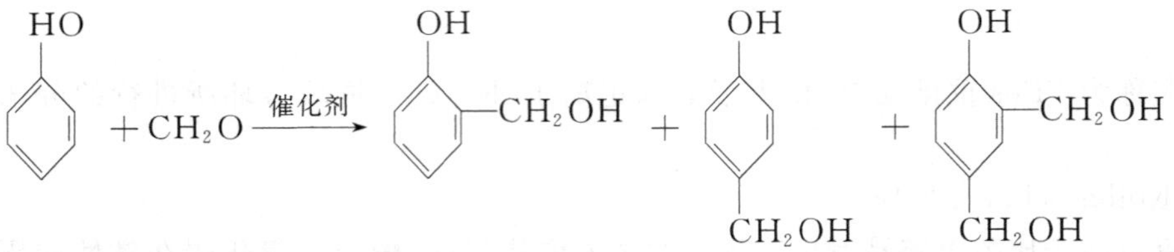

所得产物能与酚进行烷基化反应,在羟基的邻、对位引入取代苄基,例如:

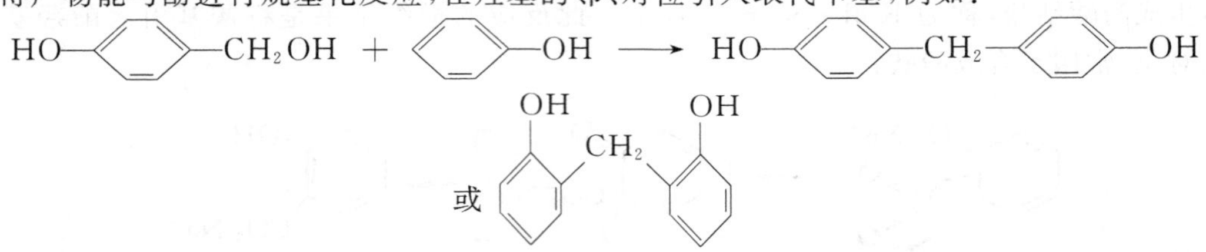

这些产物分子之间可以脱水发生缩合反应。产物随原料的配比以及催化剂的种类不同而有所不同。例如,过量的苯酚与甲醛在酸性介质中反应,最后得到的线型缩合产物,能受热熔化,是热塑性酚醛树脂。若苯酚与过量甲醛在碱性介质中反应,则可得到线型直至体型结构缩合物,属热固性酚醛树脂。体型酚醛树脂的构造示意如下:

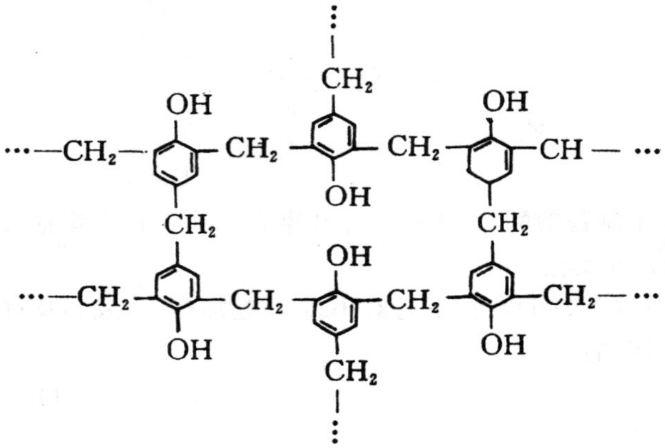

这种体型热固性酚醛树脂俗称"电木",它具有较好的电绝缘性和耐酸性,但耐碱性较差,主要用于制造电灯开关、收音机外壳、日用品等。"电木"是第一个人工合成的塑料制品,至今仍有广泛的用途。

② 与丙酮的缩合——双酚 A 及环氧树脂

苯酚与丙酮在酸的催化作用下,两分子苯酚可在羟基的对位与丙酮缩合,生成 2,2-二对羟苯基丙烷,俗称双酚 A:

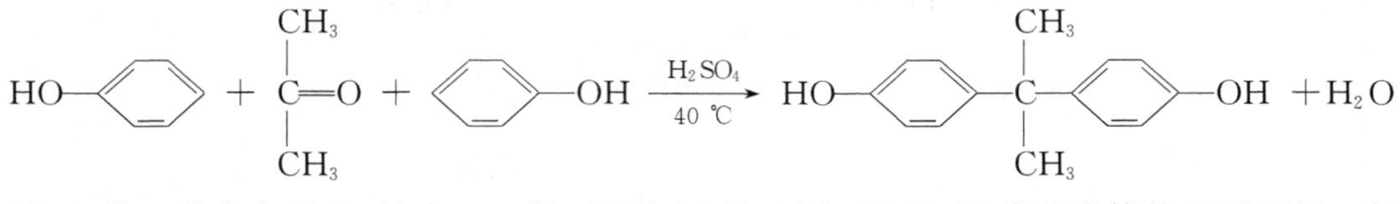

双酚 A 是一种白色粉末,熔点 154 ℃,是制造环氧树脂、聚砜、聚碳酸酯等的重要原料。例如,双酚 A 与环氧氯丙烷在氢氧化钠存在下,经一系列缩合反应,可制得环氧树脂。在环氧树脂的生成过程中,双酚 A 中的芳氧负离子与环氧氯丙烷发生亲核取代,然后再脱去 Cl^- 离子使环氧环再生:

依次重复上述反应,最后生成末端具有环氧基的线型聚合物——环氧树脂。反应的总过程大致如下：

CH₃ reaction schemes:

$$ClCH_2-CH-CH_2 + HO-\bigcirc-\underset{CH_3}{\overset{CH_3}{C}}-\bigcirc-OH + CH_2-CH-CH_2Cl$$

$$\downarrow NaOH,\ -H^+$$

$$ClCH_2-CH-CH_2-O-\bigcirc-\underset{CH_3}{\overset{CH_3}{C}}-\bigcirc-O-CH_2-CH-CH_2Cl$$

$$\downarrow NaOH,\ -Cl^-$$

$$CH_2-CH-CH_2-O-\bigcirc-\underset{CH_3}{\overset{CH_3}{C}}-\bigcirc-O-CH_2-CH-CH_2$$

$$\downarrow NaOH\quad (+双酚A,+环氧氯丙烷,-H^+,-Cl^-)$$

$$\downarrow NaOH\quad (+双酚A,+环氧氯丙烷,+H^+,-Cl^-)$$

$$CH_2-CH-CH_2\left[O-\bigcirc-\underset{CH_3}{\overset{CH_3}{C}}-\bigcirc-O-CH_2-\underset{OH}{CH}-CH_2\right]_n$$

$$-O-\bigcirc-\underset{CH_3}{\overset{CH_3}{C}}-\bigcirc-O-CH_2-CH-CH_2$$

线型环氧树脂的工业产品的平均分子量约为 350—4000。这种线型结构的树脂用固化剂处理则交联成体型（网状）结构的树脂。常用的固化剂有乙二胺、间苯二胺、均苯四甲酸二酐等。用乙二胺为固化剂时，所得体型环氧树脂的结构示意如下：

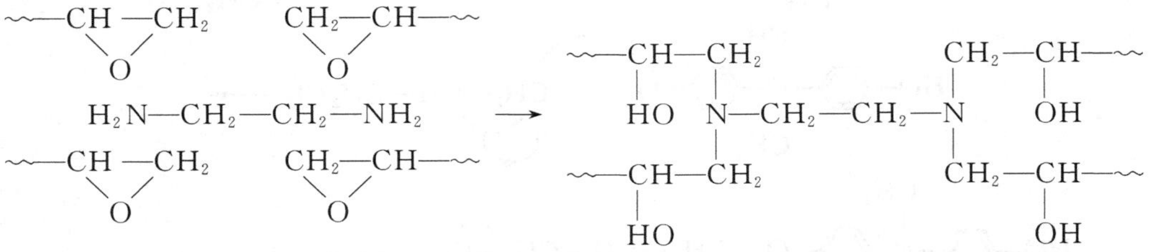

环氧树脂具有很强的粘结性，可用作金属和非金属材料的粘合剂，俗称"万能胶"。用环氧树脂浸渍玻璃纤维制得的玻璃钢，重量轻、强度大，具有多种用途。另外，环氧树脂还可用于表面涂层、电气设备的封装剂以及层压材料等。

（3）氧化

酚比醇容易被氧化，空气中的氧就能将酚氧化。例如苯酚氧化生成对苯醌：

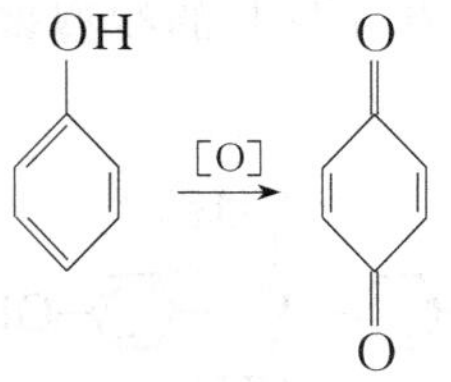

对苯醌

多元酚更易被氧化，邻苯二酚被氧化为邻苯醌：

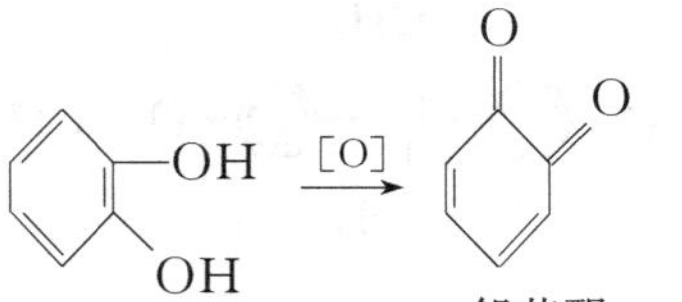

邻苯醌

具有对苯醌或邻苯醌结构的物质都是有颜色的，这便是酚常带有颜色的原因。

酚的氧化具有许多实际用途。例如多元酚易被弱氧化剂（氧化银、溴化银）氧化，它们能将照相底片上感光后的银离子还原为金属银，因而可用作照相显影剂。如：

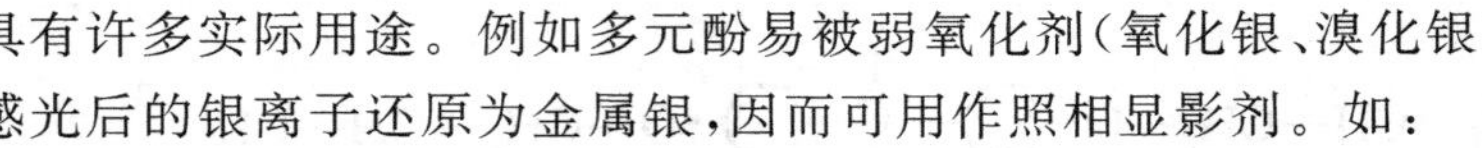

对苯二酚也常用作抗氧剂，可破坏过氧化物，以抑制氧化；对苯二酚也是一种阻聚剂，通过截取自由基 R·，终止自由基链反应。

10.2.2　离子交换树脂

离子交换树脂是一类在分子结构中具有能离解的酸性基团（如 $-SO_3^- H^+$ 等）或碱性基团（如 $-N^+ R_3 OH^-$ 等），并能与其它阳离子或阴离子进行离子交换的高分子化合物。

1. 阳离子交换树脂

这类树脂分子中含有酸性基团如磺酸基、羧基等，例如聚苯乙烯磺酸型离子交换树脂含有磺酸基。它可以通过聚苯乙烯磺化制备。

$$\text{(聚苯乙烯骨架)} \xrightarrow[80\sim110℃]{浓\ H_2SO_4} \text{(磺化产物)}$$

这类树脂的离解基团是磺酸基，它能够交换阳离子，例如：

$$2\left[R\text{—}SO_3H\right]+Ca^{2+} \underset{再生}{\overset{交换}{\rightleftharpoons}} \left(\left[R\text{—}SO_3\right]\right)_2Ca+2H^+$$

$$\boxed{R}\text{—}\ 代表离子交换树脂的骨架$$

上述逆过程即离子交换树脂的再生过程，磺酸型离子交换树脂的再生采用5%—10%盐酸。

2. 阴离子交换树脂

这类树脂分子中具有碱性基团，如$-\overset{+}{N}R_3\overset{-}{O}H$（季铵碱型），$-NH_2$，$-NHR$ 和$-NR_2$（胺型）等。例如，聚苯乙烯季铵盐型阴离子交换树脂的合成路线如下：

$$\text{(聚苯乙烯骨架)} \xrightarrow[ZnCl_2]{HCHO,HCl} \text{(氯甲基化产物)}$$

$$\xrightarrow[25℃]{(CH_3)_3N} \text{(季铵盐产物)}$$

最后用氢氧化钠处理，即得强碱性阴离子交换树脂：

$$\boxed{R}\text{—}\overset{+}{N}(CH_3)_3Cl^- +NaOH \longrightarrow \boxed{R}\text{—}\overset{+}{N}(CH_3)_3OH^- +NaCl$$

阴离子交换树脂能够交换阴离子，例如：

$$\boxed{R \overset{+}{\underset{}{N}}R_3OH^- + NaCl \underset{再生}{\overset{交换}{\rightleftharpoons}} \boxed{R \overset{+}{\underset{}{N}}R_3Cl^-} + NaOH$$

碱性阴离子交换树脂可用 4%—10% 氢氧化钠溶液再生。

离子交换树脂的用途很广,可用于水的纯化,硬水的软化,有色金属和稀有金属的回收、提纯和浓缩,抗生素和氨基酸等的提取与净化,含酚废水等污水的处理及有机反应的催化剂等。

10.3　醚

10.3.1　醚的物理性质

醚的通式为 R—O—R′,除甲醚和甲乙醚为气体外,一般醚为无色、有特殊气味、易流动的液体。密度小于 1。低级醚类的沸点比含碳原子数相同的醇类的沸点低得多。例如:

	CH_3CH_2OH（乙醇）	CH_3OCH_3（甲醚）	$CH_3CH_2CH_2CH_2OH$（正丁醇）	$CH_3CH_2OCH_2CH_3$（乙醚）
沸点/℃	78.4	−24.9	117.3	34.5

这是因为在醚分子间不能以氢键缔合的缘故。多数醚难溶于水,每 100 g 水约溶 8 g 乙醚。四氢呋喃是一种环醚,分子量与乙醚相近,但因在四氢呋喃分子中氧和碳架形成环,氧原子突出在外,容易与水形成氢键而溶于水。乙醚中的氧原子被包围在分子内,较难与水形成氢键,所以乙醚在水中的溶解度较低:

四氢呋喃　　　　　　　　　乙醚

醚的化学性质稳定,是良好的有机溶剂。应用最多的有乙醚、1,4-二氧六环、四氢呋喃等。其中乙醚沸点低,极易着火,与空气混合到一定比例时会爆炸,故使用和存放时要特别小心。乙醚有麻醉作用,早期曾被用作外科手术上的全身麻醇剂。常见醚的物理常数见表10-3。

表 10-3　醚的物理常数

名　称	熔点/℃	沸点/℃	相对密度 /g/cm³（℃）	折射率(n_D^{20})
甲　醚	−138.5	−23		
甲乙醚		10.8	0.7252	1.3420⁴
乙　醚	−116.62	34.51	0.7137	1.3526
丙　醚	−122	90.1	0.7360	1.3809
异丙醚	−85.89	68	0.7241	1.3679
正丁醚	−95.3	142	0.7689	1.3992
正戊醚	−69	190	0.7833	1.4119
乙烯基醚	−101	28	0.773	1.3989

名　　称	熔点/℃	沸点/℃	相对密度 /g/cm³（20℃）	折射率（n_D^{20}）
苯甲醚	−37.5	155	0.9961	1.5179
苯乙醚	−29.5	170	0.9666	1.5076
二苯醚	26.84	257.93	1.0748	1.5787^{25}
环氧乙烷	−111	13.5(0.03 MPa)	0.8824_{10}^{10}	1.3597^7
四氢呋喃	−65	67	0.8892	1.4050
1,4-二氧六环	11.8	101(0.1 MPa)	1.0337	1.4224

10.3.2　醚的化学性质

醚分子中的醚键（C—O—C）是相当稳定的。在常温下不与金属钠作用,因此常用金属钠来干燥醚。醚键对碱、氧化剂、还原剂都十分稳定,但能发生下述的反应。

1. 𨦵盐的生成

醚分子中的氧原子带有孤电子对,可以和强的无机酸如浓盐酸或浓硫酸等作用,形成𨦵盐。醚由于生成𨦵盐而可溶解于浓强酸中,利用此性质可区别醚与烷烃或卤代烃,但𨦵盐是一种弱碱强酸形成的盐,仅在浓酸中才稳定,遇水很快分解而又析出醚。利用这一性质,可将醚从烷烃或卤代烃等混合物中分离出来。例如：

$$\text{R}\ddot{\text{O}}\text{R} + \text{H}^+\text{X}^- \longrightarrow [\underset{\text{H}}{\text{R}\ddot{\text{O}}\text{R}}]^+ \text{X}^- \xrightarrow{\text{H}_2\text{O}} \text{ROR} + \text{H}_3^+\text{O} + \text{X}^-$$

𨦵盐

醚作为 Lewis 碱还可与 Lewis 酸三氟化硼、三氯化铝、Grignard 试剂等形成配合物。例如：

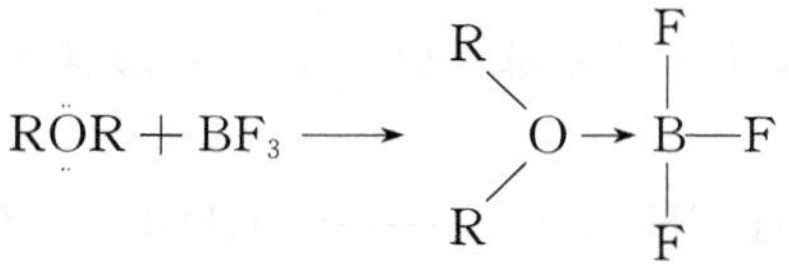

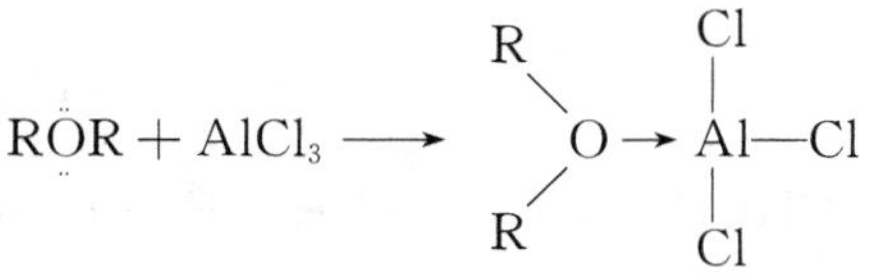

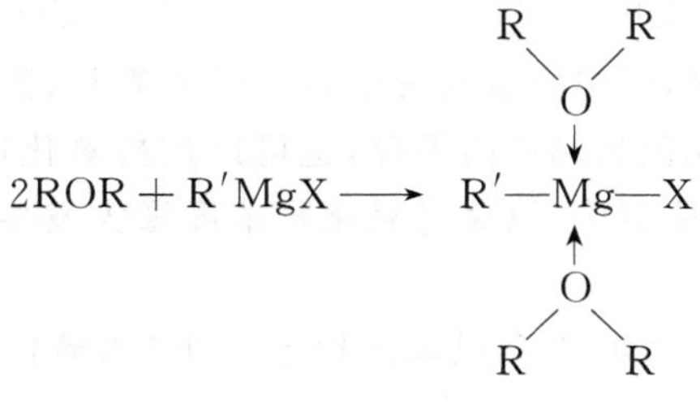

2. 醚键的断裂

𨦵盐或配合物的生成使得醚分子中的 C—O 键变弱,因此在酸性试剂的作用下醚键易断裂。使醚键断裂最有效的试剂为浓氢卤酸,一般为 HI 或 HBr。浓氢碘酸的作用最强,在常温下就可使醚键断裂，生成碘代烷和醇。当 R 为 1°烷基时，是按 S_N2 机理进行的。例如：

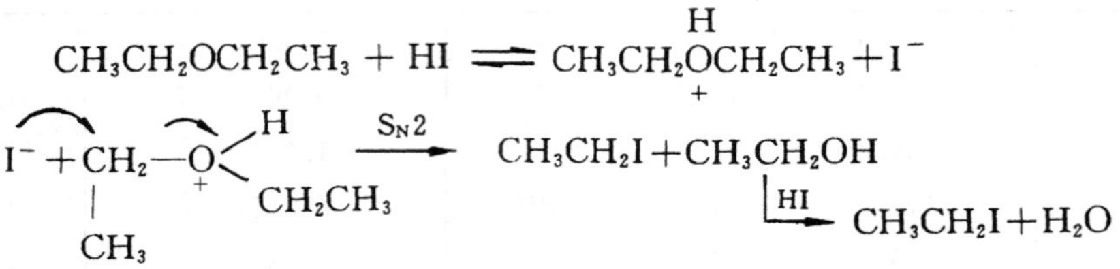

$$CH_3CH_2OCH_2CH_3 + HI \rightleftharpoons \overset{H}{\underset{+}{CH_3CH_2OCH_2CH_3}} + I^-$$

$$I^- + CH_2 \overset{+}{\underset{|}{\underset{CH_3}{O}}}\overset{H}{\underset{CH_2CH_3}{}} \xrightarrow{S_N2} CH_3CH_2I + CH_3CH_2OH$$

$$\xrightarrow{HI} CH_3CH_2I + H_2O$$

在过量氢碘酸存在下，所生成的醇进一步反应生成碘代烷。对于不对称醚，往往是含碳原子。较少的烷基断裂下来与碘结合。此反应定量完成。

对于芳醚，由于氧和芳环之间的键活性很低（因为有 p-π 共轭），因此芳基烷基醚发生醚键断裂时，生成酚和卤代烷，例如：

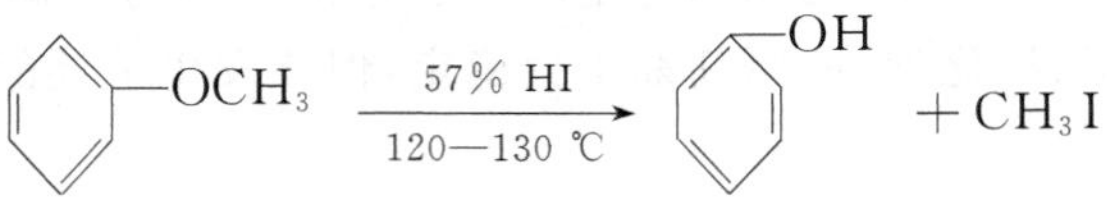

$$\text{（苯）}-OCH_3 \xrightarrow[120\sim130\ \text{℃}]{57\%\ HI} \text{（苯）}-OH + CH_3I$$

叔丁基醚与硫酸反应能使醚键断裂，生成烯和醇。

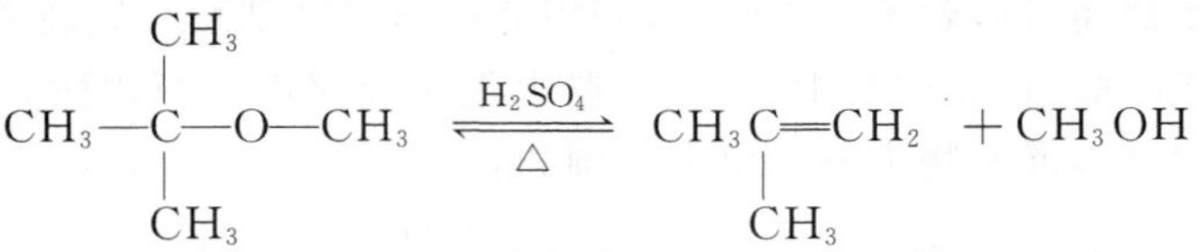

$$\underset{\underset{CH_3}{|}}{\overset{\overset{CH_3}{|}}{CH_3-C}}-O-CH_3 \underset{\triangle}{\overset{H_2SO_4}{\rightleftharpoons}} \underset{\underset{CH_3}{|}}{CH_3-C=CH_2} + CH_3OH$$

这个反应没有直接的制备价值，而它的逆反应异丁烯和甲醇在酸催化下合成甲基叔丁基醚具有工业意义。甲基叔丁基醚是一种汽油添加剂，它可以提高汽油的辛烷值。

3. 过氧化物的生成

醚对氧化剂较稳定，但低级醚，例如乙醚、异丙醚等和空气长时间接触，会逐渐生成有机过氧化物，它与过氧化氢相似，具有过氧键—O—O—，一般认为氧化发生在 α-碳氢键上。例如：

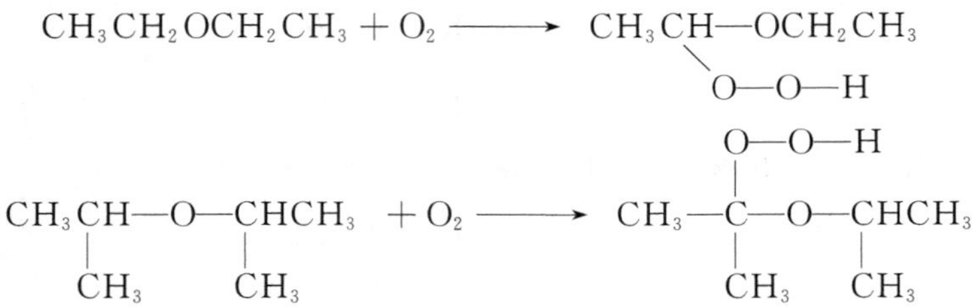

$$CH_3CH_2OCH_2CH_3 + O_2 \longrightarrow \underset{\underset{O-O-H}{|}}{CH_3CH-OCH_2CH_3}$$

$$\underset{\underset{CH_3}{|}}{CH_3CH}-O-\underset{\underset{CH_3}{|}}{CHCH_3} + O_2 \longrightarrow \underset{\underset{CH_3}{|}}{\overset{\overset{O-O-H}{|}}{CH_3-C}}-O-\underset{\underset{CH_3}{|}}{CHCH_3}$$

过氧化物不稳定，又不易挥发，受热时容易分解发生强裂爆炸，因此醚类化合物应尽量避免暴露在空气中，一般应放在深色玻璃瓶内保存，也可以加抗氧化剂如对苯二酚，防止过氧化物生成。在蒸馏醚时注意不要蒸干，以免过氧化物浓度增大发生爆炸。醚中是否有氧化物可用下列方法检验：

（1）用淀粉-碘化钾试纸检验，如有过氧化物存在，KI 被氧化成 I_2 而使含淀粉的试纸变为蓝紫色。

（2）加入 $FeSO_4$ 和 KCNS 溶液与醚振荡，如有过氧化物存在，将会使亚铁离子氧化成铁离子，而与 SCN^- 作用生成血红色的配位离子：

$$\text{过氧化物} + Fe^{2+} \longrightarrow Fe^{3+} \xrightarrow{SCN^-} [Fe(SCN)_6]^{3-}$$

血红色

除去过氧化物的方法是加入适当的还原剂（例如 $FeSO_4$ 的稀硫酸溶液）以破坏过氧化物。也可在醚中加入少许金属钠或铁屑贮存，以避免过氧化物的形成。

10.3.3 环醚

脂环烃环上的碳原子被一个或数个氧原子取代的产物，统称为环醚。例如：

CH₂——CH₂   CH₃—CH——CH₂   ClCH₂—CH——CH₂
   \O/   \O/   \O/

环氧乙烷   环氧丙烷   环氧氯丙烷

四氢呋喃   1,4-二氧六环
（1,4-环氧丁烷）   （1,4-二𬭩烷）

其中五元环和六元环的环醚，性质比较稳定，常用作溶剂。三元环醚如环丙烷那样有张力，易开环，氧原子的存在更增强了它的化学活泼性，容易在酸或碱的催化下与许多试剂作用而使环开裂，发生一系列反应。

环氧乙烷是最简单和最重要的环醚。环氧乙烷为无色液体，沸点 12℃，能与水混溶，也可溶于乙醚、乙醇等有机溶剂中，爆炸极限为 3.6％—78％（体积），使用时应注意安全。环氧乙烷性质活泼，是重要的有机合成原料。例如，在酸催化下，它容易和水、醇、氢卤酸等反应得到各种开环产物：

CH₂——CH₂
  \O/ $\xrightarrow{HOH}$ $HOCH_2CH_2OH$ （乙二醇）
        $\xrightarrow{HOR}$ $ROCH_2CH_2OH$（乙二醇单醚）
        $\xrightarrow{HX}$ XCH_2CH_2OH（卤乙醇）

其反应机理为：首先是环氧乙烷与 H^+ 作用生成质子化的环氧乙烷，然后作为亲核试剂的水分子、醇分子或卤离子等进攻 α-碳，则环开裂，生成相应产物：

质子化环氧乙烷

$Nu = \overset{..}{O}H, \ \overset{..}{O}R, \ \overset{..}{X}$

环氧乙烷在催化剂存在下二聚生成 1,4-二氧六环：

$$2CH_2\!-\!CH_2 \xrightarrow[150℃]{NaHSO_4, Al_2(SO_4)_3} \text{（环状二氧六环结构）}$$

在碱催化下，环氧乙烷也容易发生开环反应，这些反应是按 S_N2 机理进行的亲核取代反应。在常见的亲核试剂 HO^-，RO^-，NH_3，$RMgX$ 等作用下，生成相应的开环产物：

$$CH_2\!-\!CH_2 + OH^- \longrightarrow HOCH_2\!-\!CH_2O^- \begin{cases} \xrightarrow{H_2O} HOCH_2CH_2OH \\ \xrightarrow{CH_2-CH_2/O} HOCH_2CH_2OCH_2CH_2O^- \end{cases}$$

$$\xrightarrow{H_2O} \underset{\substack{\text{一缩二乙二醇}\\\text{（二甘醇）}}}{HOCH_2CH_2OCH_2CH_2OH} \xrightarrow{OH^-} HOCH_2CH_2OCH_2CH_2O^- \cdots$$

$$CH_2\!-\!CH_2 + C_2H_5O^-Na^+ \longrightarrow C_2H_5OCH_2CH_2O^- \xrightarrow{C_2H_5OH} C_2H_5OCH_2CH_2OH$$

$$CH_2\!-\!CH_2 + NH_3 \longrightarrow {}^-OCH_2CH_2N^+H_3 \longrightarrow \underset{\text{乙醇胺}}{HOCH_2CH_2NH_2} \xrightarrow{CH_2-CH_2/O}$$

$$\underset{\text{二乙醇胺}}{HN(CH_2CH_2OH)_2} \xrightarrow{CH_2-CH_2/O} \underset{\text{三乙醇胺}}{N(CH_2CH_2OH)_3}$$

$$CH_2\!-\!CH_2 + RMgX \longrightarrow RCH_2CH_2OMgX \xrightarrow[H^+]{H_2O} \underset{\text{伯醇}}{RCH_2CH_2OH} + Mg(OH)X$$

环氧乙烷与格氏试剂反应生成的伯醇，比原来 $RMgX$ 中的 R 增加了两个碳原子。

这些反应的机理可表示如下：

$$Nu^- = OH^-,\ C_2H_5O^-,\ NH_3,\ R^-$$

环氧乙烷在酸或碱催化下发生反应所生成的这些化合物都是化学工业的重要原料，在有机合成上具有重要意义。

10.3.4 冠醚

冠醚是含有多个氧原子的大环多醚，是 70 年代发展起来的具有特殊性能的化合物，可由聚乙二醇与卤代醚通过威廉姆逊（Williamson）合成制得，例如：

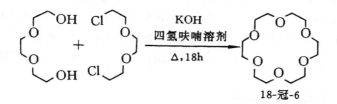

在冠醚的大环结构中有空穴,且由于氧原子上含有未共用电子对,因此,可和金属正离子形成配合离子。各种冠醚的空穴大小不同,从而可以容纳大小不同的金属离子。例如:12-冠-4只能容纳较小的Li^+,而18-冠-6则可以与K^+配合。冠醚的这种作用可被用作相转移催化剂。例如,环己烯用高锰酸钾氧化,因高锰酸钾不溶于环己烯,反应难于进行,产率不高。但加入18-冠-6后反应迅速进行:

$$\text{环己烯} \xrightarrow[\text{18-冠-6}]{KMnO_4} HOOC(CH_2)_4COOH$$

这是因为冠醚与高锰酸钾可形成如下配合物:

（蓝色溶液）

而溶于有机相——环己烯中,促进了氧化剂的相转移作用,使反应物与氧化剂很好地接触,反应顺利进行。

习　　题

10.1　写出分子式为$C_5H_{11}OH$醇的8种构造异构体,按伯、仲、叔醇分类,并用系统命名法命名。

10.2　比较下列各化合物在水中的溶解度,并说明理由。

(1) $CH_3CH_2CH_2OH$;　　　　(2) $CH_3CH_2CH_3$;　　(3) $CH_3OCH_2CH_3$;

(4) $CH_2OHCHOHCH_2OH$;(5) $CH_2OHCH_2CH_2OH$。

10.3　用化学方法区别下列各组化合物:

(1) 正戊醇、甲基正丙基甲醇、二甲基乙基甲醇;

(2) $CH_3CH{=}CHCH_2OH$, $CH_3CH_2\underset{\underset{OH}{|}}{C}HCH_3$,$CH_3CH_2CH_2CH_2OH$, $CH_2{-}\underset{\underset{OH}{|}}{C}H{-}\underset{\underset{OH}{|}}{C}H_3$;

(3) $CH_3\underset{\underset{OH}{|}}{C}HCH_2CH_3$, $CH_3\underset{\underset{Cl}{|}}{C}HCH_2CH_3$, $CH_3{-}O{-}CH_2CH_3$;

(4) $CH_3{-}\bigcirc{-}OH$, $CH_3{-}\bigcirc{-}CH_2OH$, $CH_3{-}\bigcirc{-}OCH_3$ 。

10.4 环己醇与下列各试剂有无反应？如有，请写出主要产物的结构式，并命名。

(1) 冷的浓 H_2SO_4；　　　(2) 与浓 H_2SO_4 共热；　(3) 与 CrO_3-H_2SO_4 反应；

(4) 与浓 $KMnO_4$＋H^+ 反应；(5) 与浓 HBr＋H_2SO_4；　(6) 金属钠；

(7) H_2，Ni；　　　　　　(8) CH_3MgBr；　　　(9) (5)的产物与 C_6H_6/$AlCl_3$；

(10) PI_3。

10.5 试写出下列反应的机理：

10.6 试给出下列各反应中合适的试剂和反应条件：

(1) $CH_3CH_2CHCH_2OH \longrightarrow$ (结构式) ；
（带CH₃支链）

(2) $CH_3CH_2CHCH_2OH \longrightarrow CH_3CH_2CHCH_2Cl$ ；
（带CH₃支链）

(3) （结构式）$\longrightarrow$（结构式） ；

(4) （结构式）$\longrightarrow (\pm) CH_3CH_2CHCH_3$ ；
　　　　　　　　　　　　　OH

(5) $(CH_3)_2CHCH_2I \longrightarrow (CH_3)_2CHCH_2OCH_3$ ；

(6) $(CH_3)_2CH-O-CH_3 \longrightarrow (CH_3)_2CHOH + CH_3I$ ；

(7) $CH_3-\langle\rangle-OH \longrightarrow CH_3-\langle\rangle-OCCH_3$ 。

10.7 下列各醇在催化剂存在下脱水，应得何种产物？

(1) $C_6H_5CH_2CH_2CHCH(CH_3)_2$ ；　(2) $CH_3CH_2CHCH=CH-CH_3$ ；
　　　　　　　　　　OH　　　　　　　　　　　　　　OH

(3)
$$CH_3-\underset{\underset{CH_3}{|}}{CH}-\underset{\underset{OH}{|}}{CH}-CH_2CH_3 \ ;$$

(4)
$$CH_3\underset{\underset{CH_2}{|}}{\overset{}{C}H}-\underset{\underset{CH_2}{|}}{\overset{}{C}H}-OH \ ;$$
$$\underset{CH_2-CH_2}{}$$

(5)
$$\underset{\underset{CH_2}{|}}{CH_2}-\underset{\underset{CH-CH_3}{|}}{CH}-CH_2OH$$
$$\underset{\underset{CH_3 \quad OH}{}}{C}$$
，脱 1 mol 水。

10.8　写出下列化合物用酸处理后的主要产物：

(1) 2-甲基-2,3-丁二醇；　(2) 1,1-二苯基-2-甲基-1,2-丙二醇；；　(3) 1,1,2-三苯基-1,2-丙二醇。

10.9　完成下列反应：

(1)
$$\text{(萘)}-OH +CHCl_3 \xrightarrow[\triangle]{NaOH} \xrightarrow{H_2O,H^+} ?$$

(2)
$$\text{(二甲基苯酚)} +CHCl_3 \xrightarrow{NaOH} \xrightarrow{H^+,H_2O} ?$$

(3)
$$\text{(苯)}-ONa +CO_2 \xrightarrow[0.4-0.7\ MPa]{90-130\ ℃} \xrightarrow{H^+} ?$$

(4)
$$\text{(苯)}-OK +CO_2 \xrightarrow{240\ ℃} \xrightarrow{H^+} ?$$

10.10　按要求排列顺序。

(1) 将下列化合物按酸性从强到弱排列成序：

　　(a) 苯酚；(b) 对甲苯酚；(c) 对硝基苯酚；(d) 对氯苯酚；

(2) 排列下列化合物与 HBr 反应的相对速率：

　　(a) 对甲苄醇、对硝基苄醇、苄醇；

　　(b) α-苯乙醇、β-苯乙醇、苄醇；

(3) 按脱水反应从易到难排列下列化合物：

$$CH_3-\underset{\underset{OH}{|}}{\overset{\overset{CH_3}{|}}{C}}-CH_2CH_3 \ , \quad CH_3-\underset{}{\overset{\overset{CH_3}{|}}{C}H}-\underset{\underset{OH}{|}}{CH}-CH_3 \ , \quad CH_3\overset{\overset{CH_3}{|}}{CH}-CH_2CH_2OH \ 。$$

10.11　分离下列各组化合物：

(1) 环己醇中含有少量苯酚；　　(2) 乙醚中含有少量乙醇；

（3）苯甲醚与对甲苯酚。

10.12　用方程式表示异戊醇的制备。

（1）以 5 个碳的烯烃为原料；　　（2）以 5 个碳的卤代烃为原料；

（3）以 3 个碳的卤代烃为原料，通过格氏试剂制备。

10.13　合成下列各化合物：

（1）由乙烯合成乙二醇单乙醚；　　（2）由苯合成 2,4-二硝基苯酚；

（3）由苯合成苄醇和苯乙腈；　　（4）由 1-戊醇合成 2,3-二溴戊烷；

（5）由 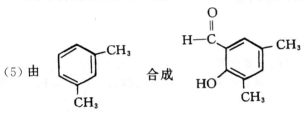 合成

10.14　回答下列问题：

（1）为什么 $(CH_3)_3CCl$ 与 OH^- 反应不能生成 $(CH_3)_3COH$？

（2）为什么 1-苯基-2-丙醇在酸中脱水时生成 1-苯基-1-丙烯，而不是 3-苯基-1-丙烯？

（3）为什么叔丁醇和甲醇在 H_2SO_4 作用下，加热，主要得到甲基叔丁基醚？

10.15　分子式为 $C_9H_{12}O$ 的化合物对一系列试剂有如下的反应：

（1）与 Na 慢慢地放出气泡；　　（2）与 CrO_3/H_2SO_4 立即成为不透明的蓝绿色；

（3）与热的 $KMnO_4$ 生成苯甲酸；　　（4）与 Br_2/CCl_4 不褪色；　　（5）使偏振光旋转。

请写出该化合物的构造式。

10.16　完成下列各反应方程式：

（1）溴乙烷＋2-丁醇钠 $\longrightarrow$ ？

（2）正氯丙烷＋2-甲基-2-丁醇钠 $\longrightarrow$ ？

（3）2-氯-2-甲基丙烷＋正丙醇钠 $\longrightarrow$ ？

（4）乙烯 $\xrightarrow{?}$ 乙二醇二甲醚

（5）乙烯 $\xrightarrow{?}$ 二乙醇胺

（6）正丙硫醇钠＋正溴丙烷 $\longrightarrow$ ？

10.17　合成以下化合物：

（1）从丙烯合成异丙醚；

（2）从乙烯合成三甘醇二甲醚；

（3）从乙烯合成正丁醚；

（4）从苯和甲醇合成 2,4-二硝基苯甲醚；

（5）从乙炔合成环氧乙基甲基酮和 1,2-环氧丁烷。

10.18　完成下列反应式：

（1）$C_6H_5OH \xrightarrow{NaOH} (A) \xrightarrow[\triangle,加压]{CO_2} (B) \xrightarrow{H^+} (C) \xrightarrow{(CH_3CO)_2O} (D)$；

（2）苯—CH_2CH_2—苯 $\xrightarrow[ZnCl_2]{HCHO+HCl} (A) \xrightarrow{KCN} (B) \xrightarrow[H^+]{H_2O} (C) \xrightarrow{SOCl_2} (D) \xrightarrow[AlCl_3]{C_6H_6} (E)$

（3）

$$\text{（3）} \underset{\underset{CO_2,\triangle}{NaOH}}{\longrightarrow} (A) \underset{NaOH}{\overset{(CH_3)_2SO_4}{\longrightarrow}} (B) \overset{SOCl_2}{\longrightarrow} (C) \underset{AlCl_3}{\overset{C_6H_5OCH_3}{\longrightarrow}} (D)$$

$$\text{（4）} \boxed{}\!-\!CH_2CH_3 \underset{AlCl_3}{\overset{CO,HCl}{\longrightarrow}} (A) \overset{Br_2,Fe}{\underset{\triangle}{\longrightarrow}} (B)$$

10.19 分子式为 $C_5H_{12}O$ 的醇，具有下列 ^1HNMR 数据，试写出该醇的结构式。

δ	质子数	峰型
(a) 0.9	6	二重峰
(b) 1.6	1	多重峰
(c) 2.6	1	单峰
(d) 3.6	1	多重峰
(e) 1.1	3	二重峰

10.20 某化合物分子式为 $C_8H_{10}O$，其 IR 图上在波数 3350 有宽峰，在 3090，3040，3030，2900，2880，1600，1500，1050，750，700 处有吸收峰；^1HNMR，$\delta_H 2.7\times10^{-6}$（三重峰，2H）、$3.15\times10^{-6}$（单峰，1H）、$3.7\times10^{-6}$（三重峰，2H），$7.2\times10^{-6}$（单峰，5H）有吸收峰。如用 D_2O 处理，3.15×10^{-6} 处吸收峰消失。试推测该化合物的构造式。

10.21 化合物 A 分子式为 $C_6H_{10}O$，能与 PCl_5 作用，也被 $KMnO_4$ 氧化。A 在 CCl_4 中可以吸收 Br_2，而不放出 HBr。将 A 还原得到 B，B 氧化可得 C，C 还原又可得 B，C 的分子式为 $C_6H_{10}O$，而 B 在高温下与 H_2SO_4 作用所得产物，再经还原即生成 D，其分子式为 C_6H_{12}。试推测 A 的构造式。

10.22 解释下列现象。

（1）新戊醇用 HBr 处理时只得到 $(CH_3)_2CBrCH_2CH_3$；

（2）3-己醇与 H_2SO_4 共热时所得产物为 2-己烯和 3-己烯的混合物；

10.23 化合物 $C_7H_{16}O$ 在中性或碱性条件下抗拒氧化，但在酸性条件下强烈氧化，生成丁酸和丙酮。推测该化合物的构造式。

10.24 从某醇依次和 HBr，KOH（醇溶液），H_2SO_4，H_2O，$K_2Cr_2O_7+H_2SO_4$ 作用，可得 2-丁酮。试推测原化合物的可能结构式，并写出各步反应式。

10.25 有一个化合物 A 的分子式为 $C_5H_{11}Br$ 和 NaOH 水溶液共热后生成 $B(C_5H_{12}O)$。B 具有旋光性，能与钠作用放出氢气，和浓 H_2SO_4 共热生成 $C(C_5H_{10})$，C 经臭氧化和在还原剂存在下水解，则生成丙酮和乙醛。试推测 A，B，C 的结构式，并写出各步反应式。

10.26 下列各醚和过量的浓 HBr 回流，会得到什么产物？

（1）甲丁醚； （2）2-甲氧基戊烷； （3）苯乙醚；

（4）四氢呋喃；（5）2-甲基-1-甲氧基丁烷； （6）1,4-二氧六环。

10.27 用 Williamson 法合成下列醚：

（1）

$$CH_3-\underset{\underset{CH_3}{|}}{\overset{\overset{CH_3}{|}}{C}}-OCH_2CH_3$$ ；

（2）$\boxed{}\!-\!OCH_2CH_3$ ； （3）$CH_3CH_2O\!-\!\boxed{}$。

10.28
$$\begin{array}{c} CH_3 \\ \\ CH_3 \end{array} C \overset{\displaystyle\diagup}{\underset{O}{\diagdown}} CH_2$$
与 CH_3CH_2OH 在酸性和碱性介质中得到不同的异构体。
试写出它们的反应机理。

10.29　某化合物 A 的分子式为 C_7H_8O，A 与钠不发生反应，与氢碘酸反应生成两个化合物 B 和 C。B 能溶于氢氧化钠，C 与硝酸银水溶液作用，生成黄色碘化银。写出 A，B，C 的构造式及各步反应式。

10.30　某化合物 A 与溴作用生成含有 3 个卤原子的化合物 B。A 能使稀、冷 $KMnO_4$ 溶液褪色，生成含有一个溴原子的 1,2-二醇。A 很容易与 NaOH 作用，生成 C 和 D。C 和 D 氢化后分别给出两种互为异构体的饱和一元醇 E 和 F。E 比 F 更容易脱水。E 脱水后产生两个异构化合物。F 脱水后仅产生一个化合物。这些脱水产物都能被还原成正丁烷。写出 A，B，C，D，E，F 的构造式及各步反应式。

第 11 章 醛 和 酮

11.1 醛和酮的结构

醛和酮分子中都含有羰基 $\diagdown C{=}O$，因此统称为羰基化合物。在醛 $R{-}\overset{\displaystyle O}{\overset{\|}{C}}{-}H$ 中，羰基位于碳链的一端，与一个烃基和一个氢原子相连接（其中甲醛的羰基与两个氢原子相连接）。$-\overset{\displaystyle O}{\overset{\|}{C}}{-}H$ 叫做醛基，可简写为 $-CHO$。例如：

$$\overset{\displaystyle H}{\underset{\displaystyle H}{\diagup}}C{=}O \qquad \overset{\displaystyle CH_3}{\underset{\displaystyle H}{\diagup}}C{=}O$$

甲醛　　　　　　　乙醛

酮分子 $R{-}\overset{}{\underset{\displaystyle O}{\overset{\|}{C}}}{-}R'$ 中的羰基处在碳链中间，与两个烃基相连接。酮分子中的羰基称为酮基。例如：

$$\overset{\displaystyle CH_3}{\underset{\displaystyle CH_3}{\diagup}}C{=}O$$

丙酮

羰基是由碳与氧以双键结合而成的官能团。与碳碳双键相似，碳氧双键也是由一个 σ 键和一个 π 键组成的。碳原子为 sp^2 杂化，其中一个 sp^2 杂化轨道与氧原子的一个轨道形成 σ 键；另外两个 sp^2 杂化轨道分别与氢原子的 $1s$ 轨道或碳原子的 sp^3 杂化道形成 σ 键，3 个 σ 键处于同一平面上，夹角接近于 $120°$；碳原子余下的一个 p 轨道和氧的 p 轨道相互交盖，并垂直于 3 个 σ 键所在的平面，形成 π 键。氧原子还剩有两对未共用电子对。例如甲醛的结构如图 11-1 所示。

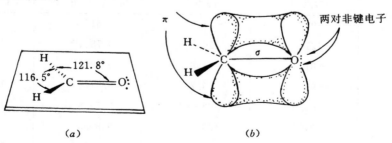

图 11-1　甲醛分子中的共价键
（a）甲醛的键角　　（b）甲醛分子中的 π 键和 σ 键

羰基中碳氧双键不同于碳碳双键的是由于氧的电负性比碳强,所以羰基上的电荷偏向氧原子一边,使它带有部分负电荷,而碳原子带有部分正电荷。羰基的电荷分布如图11-2所示。

图 11-2　羰基的极性结构

11.2　醛和酮的物理性质

在常温下,除甲醛为气体外,其它低级醛,酮为液体,高级醛、酮为固体。一般低级醛和酮带有刺鼻的气味,而某些高级醛或酮则有果香味。例如,肉桂醛有肉桂香味;香草醛有香草气味;环十五酮有麝香的香味等。

由于羰基是强的极性基团,醛和酮的偶极矩比较强。例如:

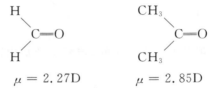

$\mu = 2.27D$　　　　　　　$\mu = 2.85D$

因此醛、酮的沸点比分子量相近的卤代烃,烷烃,醚高得多,但比醇类低,因为在醛、酮分子间不能形成氢键。例如:

	$CH_3(CH_2)_3CH_3$	$CH_3CH_2CH_2OCH_3$	$CH_3CH_2CH_2Cl$	$CH_3CH_2CH_2CHO$	$CH_3CH_2COCH_3$	$CH_3CH_2CH_2CH_2OH$
分子量	72	74	78	72	72	74
沸点/℃	36	39	46	76	80	118

醛、酮分子中羰基上的氧能和水分子形成强的氢键,故低分子量的醛、酮易溶于水中,乙醛和丙酮混溶于水中。随着分子中碳原子数的增加,其在水中的溶解度逐渐降低,高级醛和酮不溶于水而溶于有机溶剂。表11-1列出了一些常见醛、酮的物理常数。

表 11-1　一元醛、酮的物理性质

名　称	熔点/℃	沸点/℃	相对密度/g/cm^3	折射率(n_D^{20})
甲　醛	−92	−21	0.815	
乙　醛	−121	20.8	0.7834^{18}	1.3316
丙　醛	−81	48.8	0.8058	1.3636
正丁醛	−99	75.7	0.8170	1.3843
2-甲丙醛	−65.9	63—64	0.7938	1.3730
戊　醛	−91.5	103	0.8095	
苯甲醛	−26	178.1	1.0415^{15}	$1.5463^{17.6}$
苯乙醛	33—34	195	1.0272	$1.5255^{19.6}$

名　　称	熔点/℃	沸点/℃	相对密度/g/cm³	折射率(n_D^{20})
丙　　酮	−95.35	56.2	0.7899	1.3602
丁　　酮	−86.35	79.6	0.8054	1.3788
2-戊　酮	−77.8	102.4	0.8089	1.3902
3-戊　酮	−39.9	101.7	0.8138	1.3922
2-辛　酮	−16	172.9	0.8202	1.4
苯 丙 酮	−15	216.5	1.0157	

11.3　醛和酮的光谱性质

（1）红外光谱

醛和酮的红外光谱在 1680—1750 cm⁻¹ 存在着一个由羰基的伸缩振动造成的非常强的特征吸收峰。这个特征吸收峰可用来验证化合物中是否存在羰基。饱和脂肪醛的羰基伸缩振动吸收峰出现在 ~1725 cm⁻¹，饱和脂肪酮出现在 ~1715 cm⁻¹。只根据这一区域的吸收峰很难区别是醛、酮，还是其它含羰基化合物，如羧酸，酯、酰胺等。醛基的 C—H 键在 2720—2830 cm⁻¹ 出现中强（或弱的）、尖锐的特征吸收峰，可用来鉴别醛的存在。图 11-3 为薄荷酮的红外光谱。图 11-4 为 3-甲基丁醛的红外光谱图。在图 11-4 中，2740 cm⁻¹ 和 2855 cm⁻¹ 处是醛分子中 C—H 的伸缩振动特征吸收峰。

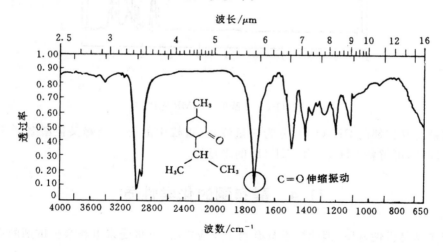

图 11-3　薄荷酮的红外光谱

（2）核磁共振谱

在核磁共振谱中，醛分子与羰基碳原子相连接的氢的吸收峰在低场出现，这是鉴定醛及区别醛与其它羰基化合物如酮、羧酸，酰酸的重要特征峰。例如丁醛的 ¹HNMR 光谱如图 11-5所示，在 $\delta=9.8$ 处有一组紧靠在一起的三重峰，这是醛基质子的吸收峰（酮羰基上不连氢，因此在这一区域无信号）。在 $\delta=2.4$ 区域有丁醛分子中直接与羰基相连的 CH_2(c) 的吸

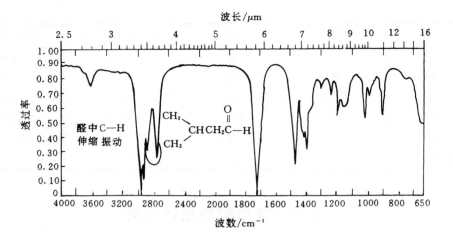

图 11-4　3-甲基丁醛的红外光谱

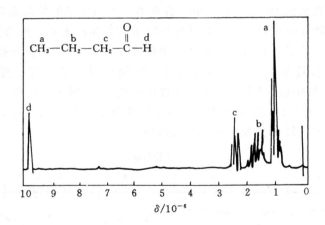

图 11-5　丁醛的 ^{1}HNMR 光谱

收峰。它被与其相邻的 CH_2（b）裂分为三重峰，三重峰中的每一个峰又被醛基质子裂分成双重峰。同理，可解释 CH_3（a）和 CH_2（b）的多重峰。

11.4　醛和酮的化学性质

由于羰基是极性基团，因此羰基具有两个反应中心，可接受亲电和亲核试剂的进攻。

当醛、酮进行加成反应时，一般是试剂带负电荷（亲核）部分先进攻羰基碳，然后是带正电荷部分加到羰基的氧原子上。决定反应速度的是第一步，也就是亲核加成反应：

$$Nu^- : + \underset{\delta+}{}\underset{\delta-}{C=O} \xrightarrow{\text{慢}} \underset{}{\overset{Nu}{C-O^-}} \xrightarrow{H^+,\text{快}} \overset{Nu}{\underset{}{C-O-H}}$$

羰基接受亲电试剂进攻的常见例子是质子化反应：

$$\underset{CH_3}{\overset{H}{C=O}} + H^+ \rightleftharpoons \underset{CH_3}{\overset{H}{\overset{+}{C}=O-H}} \rightleftharpoons CH_3-\underset{H}{\overset{+}{C}}-OH$$

羰基的质子化结果提高了羰基碳上的缺电子性，从而更有利于亲核试剂的进攻。

11.4.1 亲核加成反应

能与醛、酮进行亲核加成的试剂很多，下面分别加以讨论。

1. 与氢氰酸加成

在微量碱的存在下，醛和大多数甲基酮能与氢氰酸作用生成 α-羟基腈，也叫做 α-氰醇：

$$\underset{(R')H}{\overset{R}{C=O}} + H-CN \rightleftharpoons \underset{(R')H}{\overset{R}{\underset{CN}{\overset{OH}{C}}}}$$
α-羟基腈

氢氰酸与醛或酮作用，特别是在碱性条件下反应进行得很快，产率也很高。例如，氢氰酸与丙酮反应，无碱存在时，3-4 h 只有一半原料起反应；加一滴氢氧化钾溶液，则 2 min 内即可完成反应。加入酸则反应速度减小，加入大量酸时放置许多天也不发生反应。这些事实表明，在氢氰酸与羰基化合物的加成反应中，起决定性作用的是 CN⁻ 离子。碱的存在能增大 CN⁻ 离子的浓度，酸的存在则降低了 CN⁻ 离子的浓度：

$$HCN \underset{H^+}{\overset{OH^-}{\rightleftharpoons}} H^+ + CN^-$$

所以一般认为碱催化下氢氰酸对羰基加成的反应机理为：

$$HCN + OH^- \rightleftharpoons H_2O + CN^-$$

$$\underset{R}{\overset{R}{\underset{\delta+}{\overset{}{C=O}}}} + CN^- \rightleftharpoons \underset{R}{\overset{R}{\underset{CN}{\overset{O^-}{C}}}} \underset{\text{快}}{\overset{HCN}{\rightleftharpoons}} \underset{R}{\overset{R}{\underset{CN}{\overset{OH}{C}}}} + CN^-$$

由于慢的一步是亲核试剂 CN⁻ 离子加到带有部分正电荷的羰基碳原子上，所以属于亲核加成反应。不同结构的醛和酮进行亲核加成反应的易难程度是不同的，由易到难的次序如下：

$$\underset{H}{\overset{H}{C=O}} > \underset{H}{\overset{R}{C=O}} > \underset{H}{\overset{Ar}{C=O}} > \underset{CH_3}{\overset{CH_3}{C=O}}$$

$$> \underset{R}{\overset{CH_3}{C=O}} > \underset{}{\overset{O}{\bigcirc}} > \underset{R}{\overset{R}{C=O}} > \underset{Ar}{\overset{Ar}{C=O}}$$

上述次序主要是由于空间效应的结果。又因为烷基是给电子基，它们同羰基相连，将降低羰基碳上的正电荷，因而不利于亲核加成反应。醛、酮与氢氰酸的加成反应在有机合成上有重要应用,它是增长碳链的一种方法,加成产物羟基腈又是一类较活泼的化合物,可进一步转化为其它化合物。例如 α-羟基腈水解可制得 α-羟基酸,再脱水可制得 α,β-不饱和酸:

$$
CH_3CH_2-C-CH_3 \xrightarrow{HCN} CH_3CH_2-\underset{\underset{CH_3}{|}}{\overset{\overset{OH}{|}}{C}}-CN
\begin{cases}
\xrightarrow[H_2O]{HCl} CH_3CH_2-\underset{\underset{CH_3}{|}}{\overset{\overset{OH}{|}}{C}}-COOH \\
\\
\xrightarrow{浓\ H_2SO_4} CH_3CH=\underset{\underset{CH_3}{|}}{C}-COOH
\end{cases}
$$

工业上用这个方法由丙酮制 α-甲基丙烯酸甲酯

$$
\underset{\underset{CH_3}{|}}{\overset{\overset{CH_3}{|}}{C}}=O \xrightarrow{HCN} \underset{\underset{OH}{|}}{\overset{\overset{CH_3\quad CN}{|\quad\ |}}{C}} \xrightarrow[CH_3OH]{H_2SO_4} CH_2=\underset{\underset{CH_3}{|}}{C}-COOCH_3
$$

丙酮与氢氰酸的加成产物丙酮氰醇在硫酸存在下与甲醇作用,发生水解、酯化、脱水,生成制备有机玻璃的单体甲基丙烯酸甲脂。由于氢氰酸剧毒以及三废严重,现在已被别的路线所代替。

2. 与亚硫酸氢钠的加成

醛和脂肪族甲基酮及 C_8 以下环酮可以与亚硫酸氢钠的饱和溶液发生加成反应,生成结晶产物——α-羟基磺酸钠:

$$
\underset{\underset{H}{|}}{\overset{\overset{R}{|}}{C}}=O + NaHSO_3 \rightleftharpoons \underset{\underset{H}{|}}{\overset{\overset{R\quad OH}{|\quad\ |}}{C}}-SO_3Na
$$

反应过程是亚硫酸氢根先向羰基进行亲核进攻,然后氢离子转移到羰基的氧上:

$$
\underset{\underset{H}{|}}{\overset{\overset{R}{|}}{C}}=O + {}^-SO_3H \rightleftharpoons \underset{\underset{SO_3H}{|}}{\overset{\overset{R\quad O^-}{|\quad\ |}}{C}} \rightleftharpoons \underset{\underset{SO_3^-}{|}}{\overset{\overset{R\quad OH}{|\quad\ |}}{C}}
$$

亚硫酸氢根负离子是一种两可离子,即:

$$
HO-\overset{\overset{O}{\|}}{\underset{\underset{..}{|}}{S}}-O^- \longleftrightarrow HO-\overset{\overset{O}{\|}}{\underset{\underset{-}{}}{S}}=O
$$

其中氧原子碱性较强,易与质子结合,而硫原子亲核性较强,易与碳原子成键:

醛和酮与亚硫酸氢钠的加成物,都是无色结晶,易溶于水但不溶于饱和的亚硫酸氢钠溶液中,当用过量饱和亚硫酸氢钠溶液与醛、酮反应时,则产物呈结晶析出。此法可用来鉴定醛、脂肪族甲基酮和 C_8 以下的环酮。由于此反应是可逆的,加入酸或碱都可使平衡向逆方向移动,恢复原来的醛或酮。应用这个反应可分离或提纯羰基化合物,或者从其它化合物中除去羰基化合物:

$$
\begin{array}{c}
\underset{\underset{\underset{(CH_3)}{H}}{|}}{\overset{\overset{OH}{|}}{R-C-SO_3Na}} \rightleftharpoons \underset{\underset{\underset{(CH_3)}{H}}{|}}{R-C=O} + NaHSO_3
\end{array}
\quad
\begin{array}{l}
\xrightarrow{HCl} NaCl + SO_2\uparrow + H_2O \\[2mm]
\xrightarrow{Na_2CO_3} Na_2SO_3 + \frac{1}{2}CO_2\uparrow + \frac{1}{2}H_2O
\end{array}
$$

将 α-羟基磺酸钠与 NaCN 作用,则磺酸基可被氰基取代,生成 α-羟基腈:

$$
\underset{}{\diagup}\overset{}{\diagdown}C=O + NaHSO_3 \rightleftharpoons \underset{\underset{SO_3Na}{|}}{\overset{\overset{OH}{|}}{C}} \xrightarrow{CN^-} \underset{\underset{CN}{|}}{\overset{\overset{OH}{|}}{C}} + SO_3^{2-} + Na^+
$$

此法的优点是可避免使用有毒的氢氰酸,而且产率也较高。

3. 与金属有机试剂的加成

（1）与有机镁试剂的加成

醛、酮可与 Grignard 试剂（RMgX）进行加成反应,加成产物不必分离出来,可直接水解生成醇:

$$
\overset{}{\diagup}\overset{}{\diagdown}C=O + R-MgX \xrightarrow{纯醚} \underset{|}{R-C-O^-\overset{+}{MgX}} \xrightarrow{HOH} \underset{|}{R-C-OH} + Mg\overset{X}{\diagdown}\underset{OH}{\diagup}
$$

有机金属镁化合物中的碳镁键是高度极化的,碳原子带部分负电荷,镁原子带部分正电荷（$\overset{\delta^-}{C}-\overset{\delta^+}{Mg}$）。在反应中,Grinard 试剂中的 R 带着电子从镁转到羰基碳原子上,随着羰基化合物的不同,可分别生成伯、仲、叔醇。

Grignard 试剂与甲醛反应,产物经酸性水解,生成伯醇:

$$
RMgX + \underset{}{H-\overset{\overset{O}{\|}}{C}-H} \xrightarrow{纯醚} \underset{\underset{H}{|}}{R-\overset{\overset{H}{|}}{C}-O^-MgX} \xrightarrow{H^+,H_2O} RCH_2OH + Mg\overset{X}{\diagdown}\underset{OH}{\diagup}
$$

生成的伯醇比原来 Grignard 试剂中的 R 多一个碳原子。这是有机合成中增长碳链的一个方法。

Grignard 试剂与甲醛以外的醛反应生成仲醇:

$$
RMgX + \underset{}{R'-\overset{\overset{O}{\|}}{C}-H} \xrightarrow{纯醚} \underset{\underset{R}{|}}{R'-\overset{\overset{H}{|}}{C}-OMgX} \xrightarrow{H^+,H_2O} \underset{\underset{R}{|}}{R'-CH-OH} + Mg\overset{OH}{\diagup}\underset{X}{\diagdown}
$$

Grignard 试剂与酮反应,生成叔醇:

$$RMgX + R'\overset{\overset{\displaystyle O}{\|}}{C}R'' \xrightarrow{\text{纯醚}} R'\overset{\overset{\displaystyle OMgX}{|}}{\underset{\underset{\displaystyle R}{|}}{C}}R'' \xrightarrow{H^+,\ H_2O} R'\overset{\overset{\displaystyle OH}{|}}{\underset{\underset{\displaystyle R}{|}}{C}}R'' + Mg\overset{OH}{\underset{X}{<}}$$

Grignard 试剂与醛、酮反应是实验室中合成醇的一个重要方法。经常用于合成用其它方法难以合成的，构造比较复杂的醇。

Grignard 试剂与二氧化碳加成后，产物进行酸性水解可得到羧酸。这样就可以方便地将卤代烃转变成羧酸。例如：

$$\text{C}_6\text{H}_5\text{—Br} \xrightarrow[\text{O}]{Mg} \text{C}_6\text{H}_5\text{—MgBr} \xrightarrow{CO_2}$$

$$\text{C}_6\text{H}_5\overset{\overset{\displaystyle O}{\|}}{C}\text{—OMgBr} \xrightarrow[H_2O]{H^+} \text{C}_6\text{H}_5\overset{\overset{\displaystyle O}{\|}}{C}\text{—COOH} + Mg\overset{OH}{\underset{Br}{<}}$$

（2）与有锂试剂的加成

醛、酮除了与 Grignard 试剂发生加成反应外，还可与有机锂化合物进行加成反应。因为 C—Li 键极性比 C—Mg 键大，所以有机锂化合物比 Grignard 试剂更活泼，反应方式与 Grignard 试剂相同：

$$RX + 2Li \xrightarrow{\text{纯醚}} RLi + LiX$$

$$RLi + \overset{\overset{\displaystyle R'}{|}}{\underset{\underset{\displaystyle R''}{|}}{C}}{=}O \xrightarrow{\text{纯醚}} R\overset{\overset{\displaystyle R'}{|}}{\underset{\underset{\displaystyle R''}{|}}{C}}O^-\ Li \xrightarrow[H_2O]{H^+} R\overset{\overset{\displaystyle R'}{|}}{\underset{\underset{\displaystyle R''}{|}}{C}}OH$$

烷基锂与醛、酮反应的产物为仲醇及叔醇。该反应的优点是产率较高，而且较易分离。例如：

$$CH_3CH_2CH_2CH_2Br + 2Li \xrightarrow[-10\ ℃]{\text{纯乙醚}} CH_3CH_2CH_2CH_2Li + LiBr$$

$$CH_3CH_2CH_2CH_2Li + CH_3CH_2\overset{\overset{\displaystyle O}{\|}}{C}CH_2CH_2CH_3 \xrightarrow{\text{纯醚}}$$

$$CH_3CH_2\overset{\overset{\displaystyle O^-\ Li}{|}}{\underset{\underset{\displaystyle CH_2CH_2CH_2CH_3}{|}}{C}}CH_2CH_2CH_3 \xrightarrow{H^+,\ H_2O} CH_3CH_2\overset{\overset{\displaystyle OH}{|}}{\underset{\underset{\displaystyle CH_2CH_2CH_2CH_3}{|}}{C}}CH_2CH_2CH_3$$

又如：

$$\text{C}_6\text{H}_5\text{—Cl} + 2Li \longrightarrow \text{C}_6\text{H}_5\text{—Li} + LiCl$$

$$\text{C}_6\text{H}_5\text{—Li} \xrightarrow[2)\ H^+,\ H_2O]{1)\ (CH_3)_3C\overset{\overset{\displaystyle O}{\|}}{C}CH_3} \text{C}_6\text{H}_5\overset{\overset{\displaystyle OH}{|}}{\underset{\underset{\displaystyle CH_3}{|}}{C}}C(CH_3)_3$$

另外,因为空间阻碍太大,Grignard 试剂不易与二叔丁基酮反应,而叔丁基锂与二叔丁基酮在 −70℃,醚存在下能发生反应。

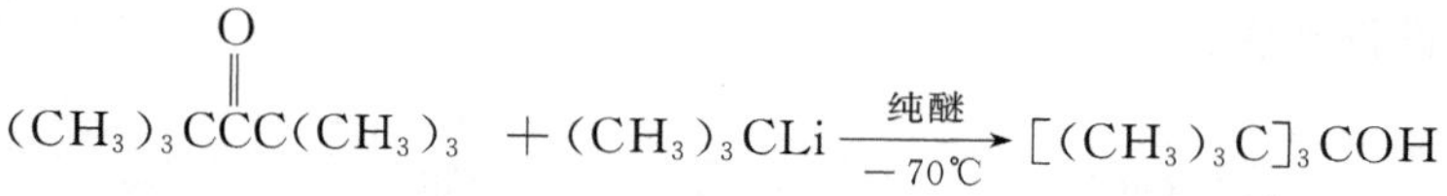

$$(CH_3)_3CCC(CH_3)_3 \ + (CH_3)_3CLi \xrightarrow[-70℃]{\text{纯醚}} [(CH_3)_3C]_3COH$$

$$81\%$$

与 Grignard 试剂类同,烷基锂也可与二氧化碳加成,水解后生成羧酸。

4. 与水和醇的加成

（1）与水的加成

水与醛、酮中羰基加成生成同碳二醇,也叫水合物:

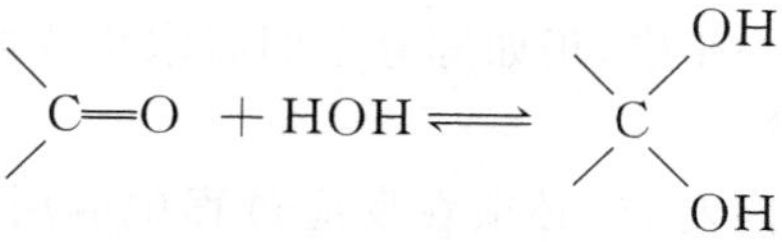

$$C{=}O \ + HOH \ \Longrightarrow \ C\begin{smallmatrix} OH \\ \\ OH \end{smallmatrix}$$

在 20 ℃,甲醛溶于水中,几乎全部都变成水合物:

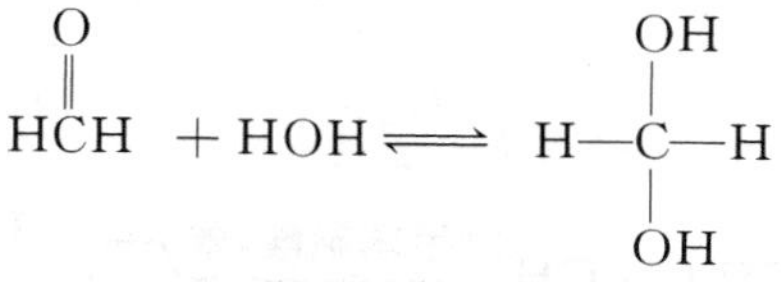

$$HCH \ + HOH \ \Longrightarrow \ H{-}C{-}H$$

$$>99\%$$

该反应的平衡常数约为 10^3。乙醛和大多数其它醛水合平衡常数大约为 1。例如:

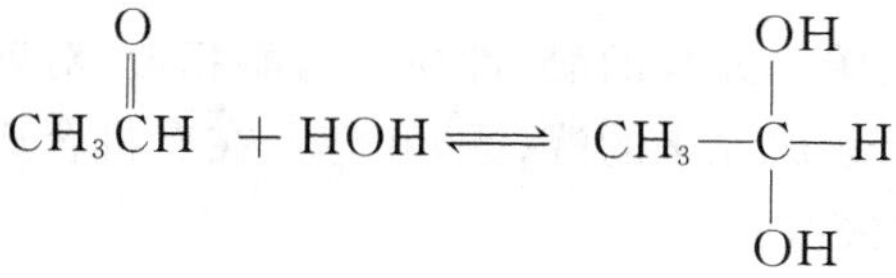

$$CH_3CH \ + HOH \ \Longrightarrow \ CH_3{-}C{-}H$$

$$58\%$$

而最简单的酮,其水合平衡常数小于 10^{-3},所以酮几乎不能水合。

假若羰基与强吸电子基团相连,则羰基的亲电性增强,可以形成稳定的水合物,如三氯乙醛,就可生成稳定的水合物:

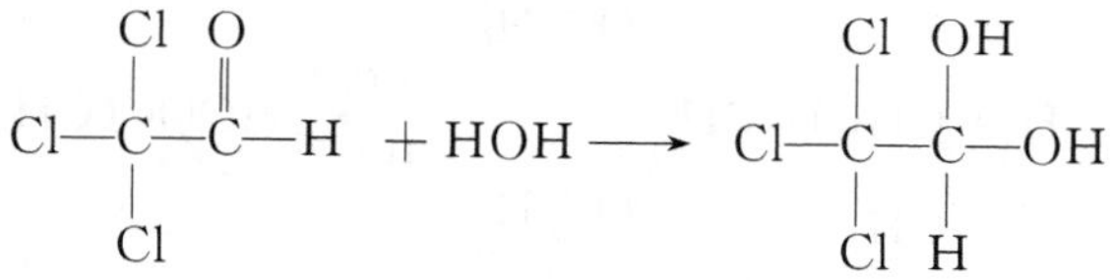

$$Cl_3C{-}CH{=}O \ + HOH \longrightarrow Cl_3C{-}C(OH)_2{-}OH$$

三氯乙醛水合物

（2）与醇加成

在干燥的氯化氢或浓硫酸作用下,一分子醛或酮与一分子醇发生加成反应,生成半缩醛（酮）,此反应是可逆的:

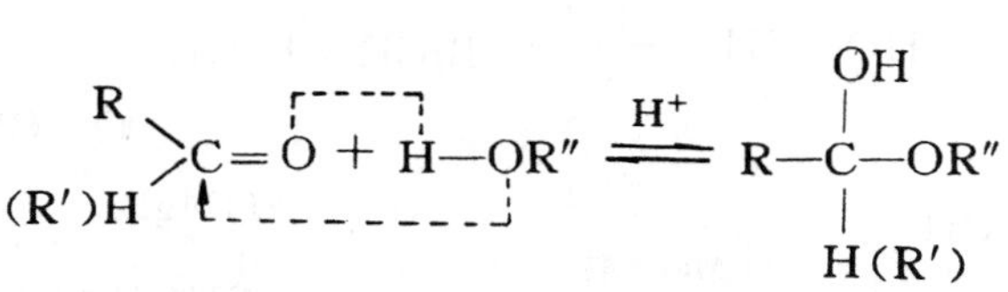

$$\begin{smallmatrix} R \\ (R')H \end{smallmatrix}C{=}O + H{-}OR'' \ \Longrightarrow \ R{-}\underset{H(R')}{\overset{OH}{C}}{-}OR''$$

半缩醛（酮）

半缩醛（酮）不稳定，一般不易分离出来，它可继续与另一分子醇进行反应，失去一分子水而生成稳定的叫做缩醛（酮）的化合物，并能从过量的醇中分离出来。反应是可逆的，不断将水除去可使反应进行到底：

$$R{-}\underset{\underset{H(R')}{|}}{\overset{\overset{OR''}{|}}{C}}{-}OH + H{-}OR'' \overset{H^+}{\rightleftharpoons} R{-}\underset{\underset{H(R')}{|}}{\overset{\overset{OR''}{|}}{C}}{-}OR'' + H_2O$$

酸在反应中起催化作用，在生成半缩醛（酮）的一步中，酸中质子加到羰基氧上，使羰基活化，易与醇发生加成反应；而在后一步中，正如醇分子间脱水生成醚一样，羟基经质子化后才容易离去而有利于缩醛（酮）生成。

生成缩酮的反应，平衡偏向左方，必须在反应过程中应用共沸蒸馏等方法把水不断蒸出，使反应向右进行。应用1,2-或1,3-二元醇代替一元醇在酸催化下与酮反应生成环状缩酮比较容易。例如：

$$+ HOCH_2CH_2OH \xrightarrow[\text{蒸出水}]{\text{对甲苯磺酸，苯}} \quad (80\%) \quad +H_2O$$

缩醛和缩酮可看成是同碳二元醇的醚；性质也与醚相似，对碱特别稳定；对氧化剂，还原剂也很稳定。在酸催化下水解成原来的醛（酮）和醇。在有机合成上常用它来保护羰基。

例1 从不饱和醛合成醛酸：

$$\underset{CH_3}{\overset{CH_3}{C}}{=}CH(CH_2)_2\underset{CH_3}{\overset{|}{C}}HCH_2CHO \xrightarrow[2C_2H_5OH]{\mp HCl} \underset{CH_3}{\overset{CH_3}{C}}{=}CH(CH_2)_2\underset{CH_3}{\overset{|}{C}}HCH_2CH\underset{OC_2H_5}{\overset{OC_2H_5}{\big\langle}}$$

$$\xrightarrow{KMnO_4} HOOC(CH_2)_2\underset{CH_3}{\overset{|}{C}}HCH_2CH\underset{OC_2H_5}{\overset{OC_2H_5}{\big\langle}} \xrightarrow[H_2O]{HCl} HOOC(CH_2)_2\underset{CH_3}{\overset{|}{C}}HCH_2CHO$$

将—CHO先保护起来，再氧化 $\overset{}{C}{=}\overset{}{C}$ ，然后再水解去掉保护基，又恢复—CHO基。

例2 从苯甲醛和3-溴丙醛合成4-羟基-4-苯丁醛的过程如下：

$$BrCH_2CH_2\overset{O}{\overset{\|}{C}}H + \underset{HO-CH_2}{\overset{HO-CH_2}{\big|}} \xrightarrow{\mp H^+} BrCH_2CH_2CH\underset{O-CH_2}{\overset{O-CH_2}{\big\langle}} + H_2O$$

$$BrCH_2CH_2CH\underset{O-CH_2}{\overset{O-CH_2}{\big\langle}} \xrightarrow[2)\quad\text{苯}-CHO]{1)\ Mg，纯醚} \underset{}{\overset{OMgBr}{|}}CHCH_2CH_2CH\underset{O-CH_2}{\overset{O-CH_2}{\big\langle}}$$

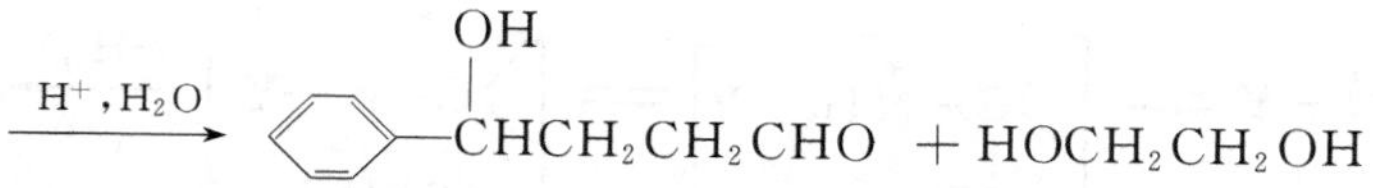

$$\xrightarrow{H^+,H_2O}$$

$\overset{\displaystyle OH}{|}$ —CHCH$_2$CH$_2$CHO + HOCH$_2$CH$_2$OH

由 3-溴丙醛直接生成 Grignard 试剂并进一步与苯甲醛反应是不可能的。因为 Grignard 试剂一旦生成就会立即与另一分子 3-溴丙醛中羰基反应。故必须先将 3-溴丙醛中羰基转变成缩醛而保护起来，待反应完成后再水解恢复醛基。

醛、酮和二醇缩合在工业上有重要意义，例如，高分子产品聚乙烯醇 $\left(CH_2-\underset{\underset{OH}{|}}{CH}\right)_n$

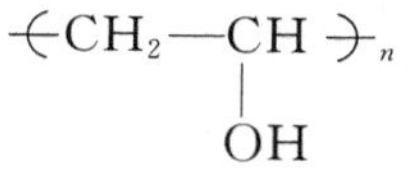

的分子中包含有多个亲水的羟基，不能作为合成纤维使用。为了提高其耐水性，在酸催化下使它部分缩醛化，得到性能优良的合成纤维（商品名称为维尼纶）：

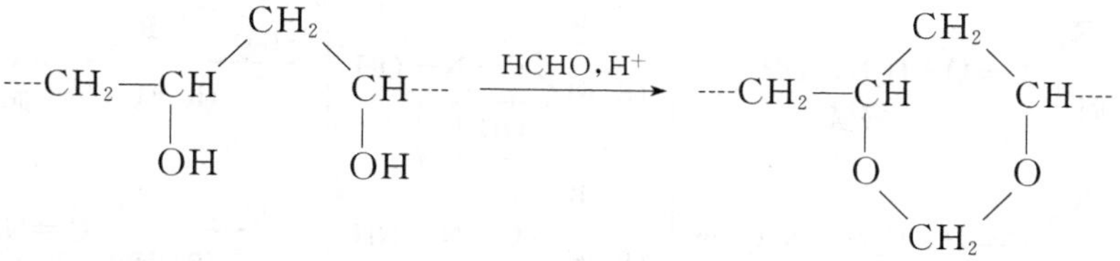

5. 与氨的衍生物的加成缩合反应

醛或酮与氨或胺反应生成亚胺（也叫 Schiff 碱）：

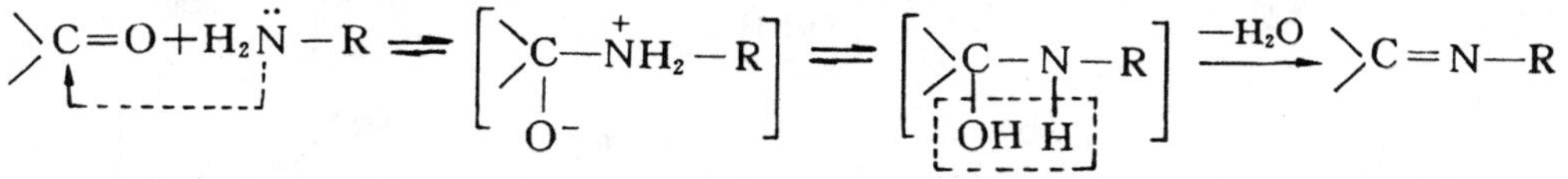

这个反应是可逆的，而且亚胺不稳定，容易发生聚合反应。因此，一般来说，脂肪族亚胺是不重要的。芳香族亚胺比较稳定，可以分离出来。亚胺与水作用生成原来的胺与醛、酮。例如：

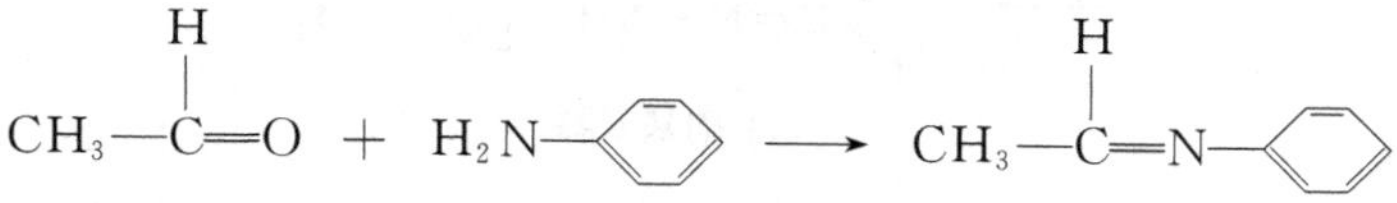

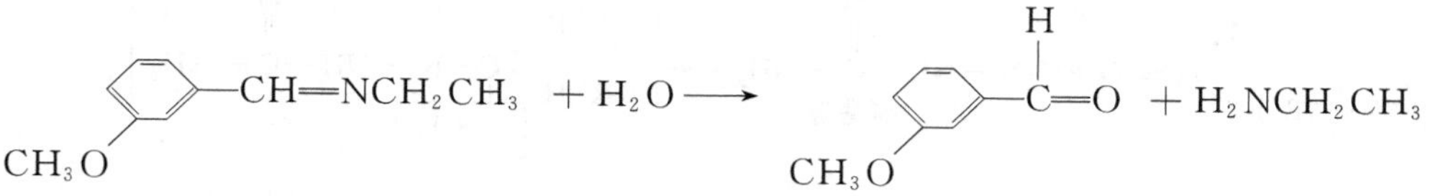

亚胺分子中的碳氮双键可催化加氢转变成碳氮单键，这样就可把伯胺转变成仲胺。例如：

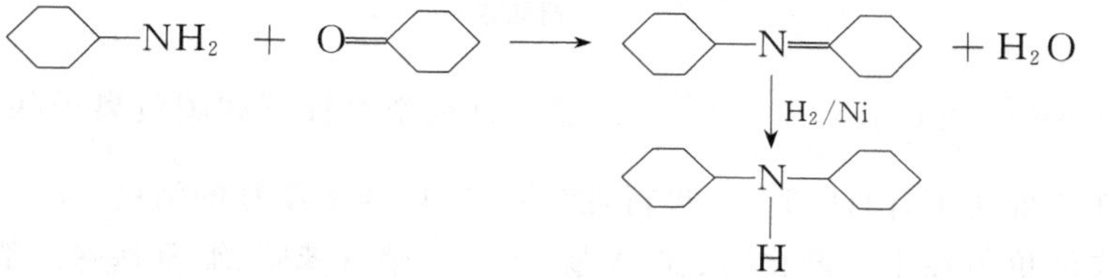

醛，酮也能和氨的衍生物，如羟氨、肼、苯肼，2,4-二硝基苯肼及氨基脲起加成缩合反应，生成稳定的化合物。这些试剂统称为羰基试剂，用通式 $H_2N—Y$ 表示。其反应通式如下：

$$>C=O+H_2\ddot{N}-Y \rightleftharpoons \left[\begin{array}{c} > C-\overset{+}{N}H_2-Y \\ | \\ O^- \end{array} \right] \rightleftharpoons \left[\begin{array}{c} > C-N-Y \\ \overset{\underset{\ulcorner\!\!\!\,\ \ \ \ \ \urcorner}{|\ \ \ \ |}}{OH\ H} \end{array} \right] \xrightarrow{-H_2O} >C=N-Y$$

醇胺

$$Y = -OH,-NH_2,-NH-\bigcirc\,,-NH-\bigcirc-NO_2,-NHC\overset{\overset{O}{\|}}{\ }NH_2\ 等$$

$$\overset{NO_2}{\ }$$

氨及其衍生物是含氮的亲核试剂,反应第一步是这些试剂的 N—H 键断裂,与羰基加成,然后再失水生成产物。具体反应及产物名称如下:

$$\overset{R}{\underset{(R')H}{\ }}C=O+H_2N-OH \longrightarrow \left[\overset{R}{\underset{(R')H}{\ }}\overset{\overset{\ }{C-N-OH}}{\underset{OH\ H}{|\ \ \ \ |}} \right] \xrightarrow{-H_2O} \overset{R}{\underset{(R')H}{\ }}C=N-OH$$

羟氨　　　　　　　　　　　　　　　　　　　肟

$$\overset{R}{\underset{(R')H}{\ }}C=O+H_2N-NH_2 \longrightarrow \left[\overset{R}{\underset{(R')H}{\ }}\overset{\overset{\ }{C-N-NH_2}}{\underset{OH\ H}{|\ \ \ \ |}} \right] \xrightarrow{-H_2O} \overset{R}{\underset{(R')H}{\ }}C=N-NH_2$$

肼　　　　　　　　　　　　　　　　　　　　腙

$$\overset{R}{\underset{(R')H}{\ }}C=O+H_2N-NH-\bigcirc \longrightarrow \left[\overset{R}{\underset{(R')H}{\ }}\overset{\overset{\ }{C-N-NH-\bigcirc}}{\underset{OH\ H}{|\ \ \ \ |}} \right] \xrightarrow{-H_2O} \overset{R}{\underset{(R')H}{\ }}C=N-NH-\bigcirc$$

苯肼　　　　　　　　　　　　　　　　　　　苯腙

$$\overset{R}{\underset{(R')H}{\ }}C=O+H_2N-NH-\bigcirc-NO_2 \longrightarrow \left[\overset{R}{\underset{(R')H}{\ }}\overset{\overset{\ }{C-N-NH-\bigcirc-NO_2}}{\underset{OH\ H}{|\ \ \ \ |}} \right]$$

2,4-硝基苯肼

$$\xrightarrow{-H_2O} \overset{R}{\underset{(R')H}{\ }}C=N-NH-\bigcirc-NO_2$$

2,4-硝基苯腙

$$\overset{R}{\underset{(R')H}{\ }}C=O+H_2N-NH-C\overset{\overset{O}{\|}}{\ }-NH_2 \longrightarrow \left[\overset{R}{\underset{(R')H}{\ }}\overset{\overset{\ }{C-N-NH-C\overset{\overset{O}{\|}}{\ }-NH_2}}{\underset{OH\ H}{|\ \ \ \ |}} \right]$$

氨基脲

$$\xrightarrow{-H_2O} \overset{R}{\underset{(R')H}{\ }}C=N-NH-C\overset{\overset{O}{\|}}{\ }-NH_2$$

缩氨脲

反应结果 $>C=O$ 变成了 $>C=N-$ 。这些试剂亲核性不如碳负离子(CN^-,R^- 等),反应一般都是在酸催化下($pH=3\sim5$)进行,酸的存在增强了羰基的活性。

上述反应的价值在于其产物肟、腙、苯腙、2,4-二硝基苯腙、缩氨基脲一般都是具有一定熔点的晶体,因而提供了一个辨别不同醛、酮的简便方法。例如表 11-2 给出 2-,3-,4-甲基环己酮和 2,6-二甲基-4-庚酮的沸点及它们的 2,4-二硝基苯腙的熔点,显而易见,很难利用沸点区别这 4 个化合物，但很容易利用它们的 2,4-二硝基苯腙的熔点不同加以区别。

表 11-2　几个酮的 2,4-二硝基苯腙的熔点

化合物	沸点/℃	2,4-二硝基苯腙的熔点/℃
2-甲基环己酮	163	137
2,6-二甲基-4-庚酮	168	92
3-甲基环己酮	169	155
4-甲基环己酮	169	130

2,4-二硝基苯肼是很好的羰基试剂，把醛，酮滴加到 2,4-二硝基苯肼溶液中，可立即得到桔黄色结晶，反应非常灵敏，常用于醛，酮的定性分析。

上述反应又都是可逆的。肟，腙，苯腙，2,4-二硝基苯腙及缩氨基脲在稀酸作用下能水解为原来的醛和酮，因而可利用这个反应来分离和提纯醛、酮。

6. 与 Wittig 试剂加成

卤代烷与三苯基膦作用，很易生成季□盐。

$$(C_6H_5)_3P + CH_3CH_2Br \longrightarrow (C_6H_5)_3\overset{+}{P}CH_2CH_3Br^-$$

溴代乙基三苯基□（季□盐）

在季□盐分子中由于磷原子带有正电荷，使与它相连的 α-碳上的氢原子很活泼，在强碱如丁基锂或氢化钠作用下，能消去 α-氢原子，生成中性的内□盐，叫做磷 Ylid，常称为 Wittig 试剂。

$$(C_6H_5)_3P^+—CH_2CH_3Br^- + n\text{-}C_4H_9Li \xrightarrow{醚} (C_6H_5)_3\overset{+}{P}\overset{-}{C}HCH_3 + C_4H_{10} + LiBr$$

wittig试剂

wittig 试剂也可以 P═C 双键形式表示：

$$(C_6H_5)_3P^+—\overset{-}{C}HCH_3 \longleftrightarrow (C_6H_5)_3P═CHCH_3$$

Wittig 试剂是强的亲核试剂，它易与醛，酮发生加成反应，生成另一种内□盐，然后消去三苯基氧化膦，得到烯烃，这种反应称为 wittig 反应。例如：

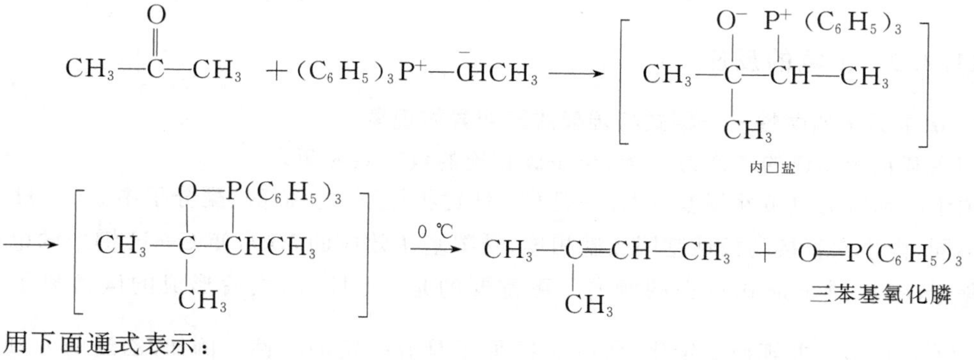

也可用下面通式表示：

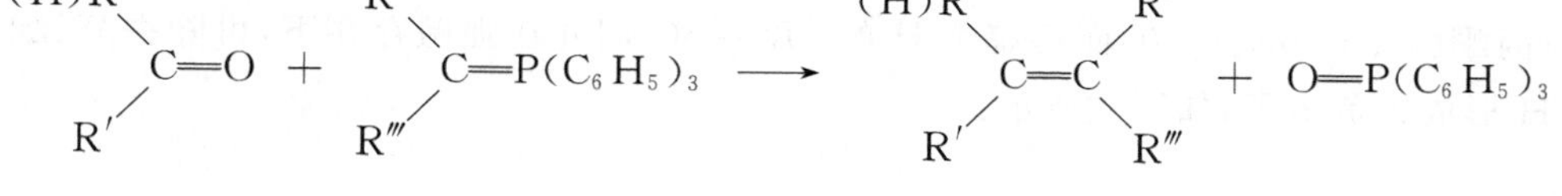

此法相当于用 $\overset{R''}{\underset{R'''}{=C}}$ 基团取代羰基的氧（ =O ）。是合成特定结构烯烃或用通常方法

不易制得的烯烃的有效方法。例如，合成 $CH_2=\bigcirc$ ，如用 1-甲基环己醇脱水，通常生

成稳定的 1-甲基环己烯：

$$\underset{\text{CH}_3\ \ \text{OH}}{\bigcirc} \xrightarrow{\text{H}_2\text{SO}_4} \underset{\text{CH}_3}{\bigcirc}$$

应用 wittig 试剂与环己酮反应，则可生成亚甲基环己烷：

$$\bigcirc=O + (C_6H_5)_3P=CH_2 \xrightarrow[\text{醚}]{25\ ℃} \underset{\text{亚甲基环己烷}}{\overset{\text{CH}_2}{\bigcirc}} + (C_6H_5)_3P=O$$

制备 wittig 试剂所需三苯基膦为结晶固体，熔点 80 ℃。它可用相应的 Grignard 试剂
与三氯化磷作用制得；也可用溴苯与三氯化磷，金属钠反应制得。反应式如下：

$$3C_6H_5MgBr + PCl_3 \longrightarrow (C_6H_5)_3P + 3Mg\overset{Cl}{\underset{Br}{\big<}}$$

或　　　　　　　　$3C_6H_5Br + PCl_3 + 6Na \longrightarrow (C_6H_5)_3P + 3NaCl + 3NaBr$

7. Perkin 反应

芳香醛与脂肪族酸酐在碱（通常用与酸酐相应的羧酸盐）的催化下进行亲核加成，然后
失去一分子羧酸，得到 β-芳基-α,β-不饱和酸，这个反应称为 perkin 反应。例如：

$$C_6H_5CHO + (CH_3CO)_2O \xrightarrow{CH_3COONa} C_6H_5CH=CHCOOH + CH_3COOH$$

$$C_6H_5CHO + (CH_3CH_2CO)_2O \xrightarrow[\triangle]{CH_3CH_2COONa} C_6H_5CH=\underset{CH_3}{\overset{|}{C}}-COOH + CH_3CH_2COOH$$

11.4.2　α-氢的反应

1. α-氢原子的酸性——酮式与烯醇式互变异构现象

与羰基直接相连的碳称为 α-碳，与 α-碳相连的氢叫做 α-氢。

由于碳和氢的电负性相差不大，一般 C—H 键极性不大。而醛、酮分子中 α-C—H 键的
情况不同，由于它直接与极性基团羰基相连，受羰基-I 效应的影响，使 C—H 键中的电子对
偏向碳，H 有以质子形式离去的倾向。更重要的是，当 H^+ 离去后形成的碳负离子可与

$\overset{\diagdown}{\underset{\diagup}{C}}=O$ 形成 p-π 共轭而稳定化，所以 α-H 原子具有一定的酸性。例如，乙醛的 α-H pK_a

$=17$；丙酮的 α-H $pK_a=20$，而乙烷中 H 的 $pK_a=50$，因此在强碱存在下，可除去醛、酮分子
中 α-H 形成碳负离子，如下式所示：

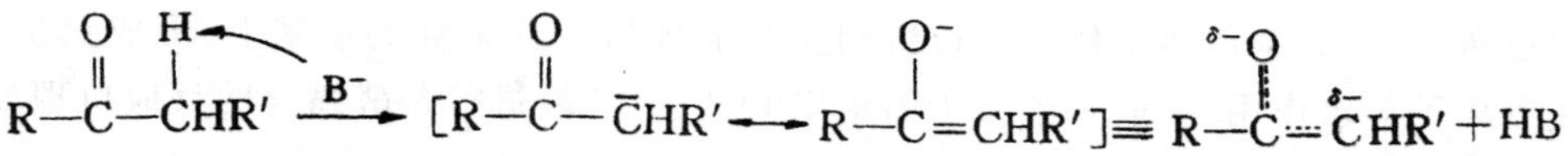

当负离子再与质子结合时,可以与氧结合,也可以与 α-碳结合。碳上质子化生成原来的化合物,称为酮式;氧上质子化得到烯醇式。酮式和烯醇式有相同的分子式,但构造式不同,因此它们互为构造异构体。因为它们处于互变平衡之中,所以称为互变异构体:

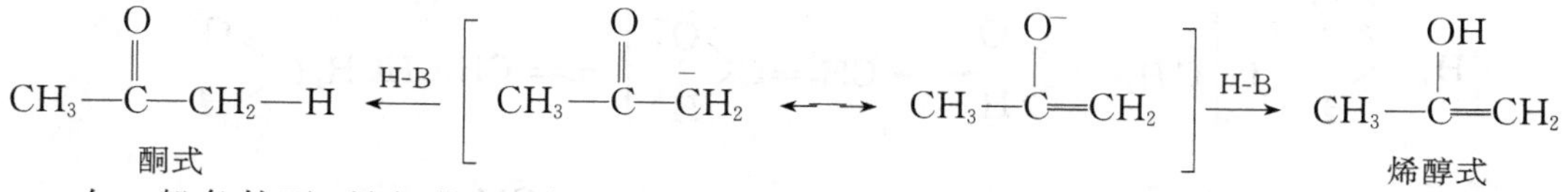

在一般条件下,所有醛和酮都存在相应的酮式与烯醇式互变平衡。实际上是质子和双键的重排过程。对于大多数简单的醛、酮,互变平衡偏向于酮式。因为碳氧双键比碳碳双键稳定得多。例如乙醛和丙酮,都是酮式占绝对优势:

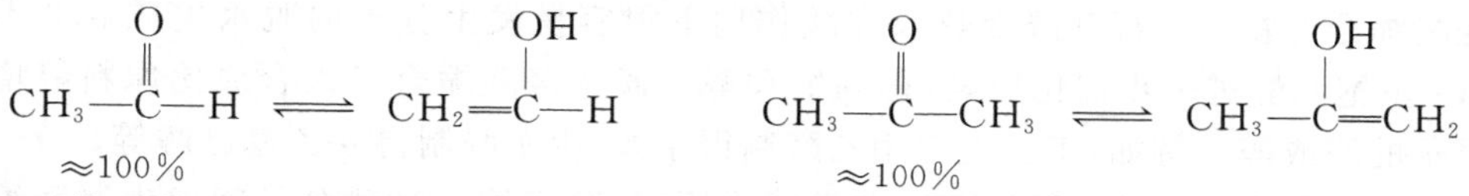

但是对于某些分子,烯醇式是主要的。例如,二羰基化合物中,尤其是 α-碳处于两个羰基之间的情况,如 2,4-戊二酮,互变平衡移向烯醇式:

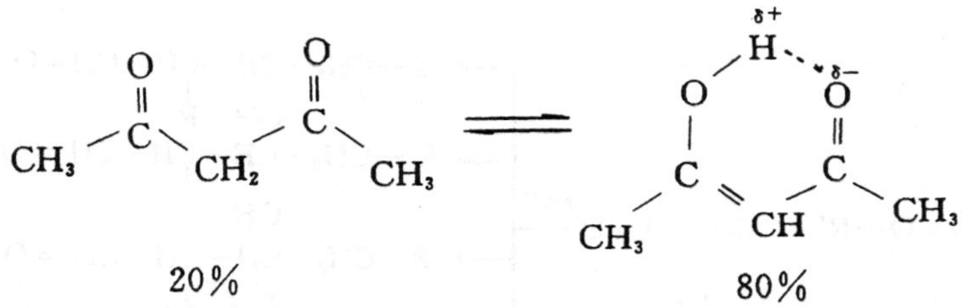

在烯醇式中,O—H 与另一个羰基氧之间形成了 H····O 氢键而更加稳定。

苯酚是高度稳定的烯醇式结构,这是由于芳香环的共振稳定性而决定的:

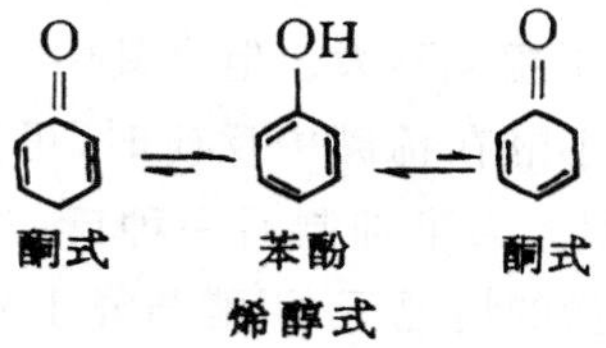

2. 羟醛缩合反应

在稀碱(也可用稀酸)作用下,一分子醛的 α-氢原子加到另一分子醛的氧原子上,其余部分加到羰基的碳原子上,生成 β-羟基醛。由于产物既含有羟基又含有醛基,所以这个反应称为羟醛缩合反应,这是一个碳链增长的反应。例如:

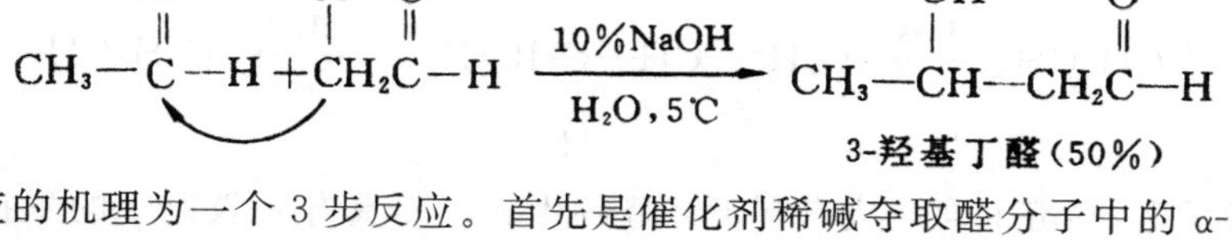

羟醛缩合反应的机理为一个 3 步反应。首先是催化剂稀碱夺取醛分子中的 α-H 原子,形成

一个碳负离子;然后碳负离子作为亲核试剂立刻加到另一分子醛的羰基上,形成氧负离子;最后氧负离子与水作用,夺取一个质子而给出 OH^-。乙醛进行羟醛缩合的反应机理如下:

$$CH_3C{\overset{O}{\underset{H}{\Big\langle}}} + HO^- \underset{H_2O}{\rightleftharpoons} \left[\ddot{C}H_2-C{\overset{\ddot{O}:}{\underset{H}{\Big\langle}}} \longleftrightarrow CH_2=C{\overset{\ddot{O}:^-}{\underset{H}{\Big\langle}}} \right] + H_2O$$

$$CH_3C{\overset{\ddot{O}:}{\underset{H}{\Big\langle}}} + \left[\ddot{C}H_2-C{\overset{O}{\underset{H}{\Big\langle}}} \longrightarrow CH_2=C{\overset{\ddot{O}:^-}{\underset{H}{\Big\langle}}} \right] \rightleftharpoons CH_3CHCH_2C{\overset{:\ddot{O}:^-}{\underset{H}{\Big\langle}}}$$

$$CH_3CHCH_2C{\overset{:\ddot{O}:^-}{\underset{H}{\Big\langle}}} + H-OH \rightleftharpoons CH_3-\underset{\underset{H}{|}}{\overset{\overset{OH}{|}}{C}}HCH_2C{\overset{O}{\underset{H}{\Big\langle}}} + :\ddot{O}H^-$$

羟醛缩合产物——羟基醛受热或在酸作用下很容易发生分子内脱水生成 α,β-不饱和醛。α,β-不饱和醛进一步催化加氢,得到饱和醇。通过羟醛缩合可以合成比原料醛增加一倍碳原子的醛或醇。例如,工业上应用乙醛制得丁醇,由丁醛制得 α-乙基己醇等。

含有 α-氢原子的两种不同的醛,在稀碱作用下,除了同一种醛分子间发生羟醛缩合反应外,不同种醛相互之间也可发生反应,称为交错羟醛缩合,结果生成 4 种不同产物的混合物。例如:

$$R-CH_2-CH=O + R'-CH_2-CH=O \xrightarrow{HO^-}$$
（Ⅰ）　　　　　　（Ⅰ）

- $R-CH_2-\underset{\underset{OH}{|}}{CH}-\underset{\underset{R}{|}}{CH}-CH=O$　Ⅰ自身缩合
- $R'-CH_2-\underset{\underset{OH}{|}}{CH}-\underset{\underset{R'}{|}}{CH}-CH=O$　Ⅰ自身缩合
- $R-CH_2-\underset{\underset{OH}{|}}{CH}-\underset{\underset{R'}{|}}{CH}-CH=O$　交错缩合
- $R'-CH_2-\underset{\underset{OH}{|}}{CH}-\underset{\underset{R}{|}}{CH}-CH=O$　交错缩合

由于产物复杂,难以分离,因此实用意义不大。但当其中一种醛无 α-H 原子时,则可能得到一种主要的产物。例如甲醛和异丁醛在稀碱中反应时,可能有两种羟醛缩合反应:甲醛与异丁醛分子之间;异丁醛同分子间。为了抑制后一种反应,可先将甲醛和稀碱放入反应器中,再缓慢加入异丁醛,在甲醛过量的情况下,甲醛与异丁醛分子间的缩合是主要产物:

$$(CH_3)_2CHCHO + HCHO \xrightarrow[40℃]{稀\ Na_2CO_3} (CH_3)_2\underset{\underset{CH_2OH}{|}}{C}CHO$$

苯甲醛与含 α-氢的醛或酮缩合,失水后生成 α,β-不饱和醛、酮,称为 Claisen-Schmidt 缩合反应。例如:

$$C_6H_5CHO + CH_3CHO \xrightarrow{稀碱} C_6H_5-\underset{\underset{H}{|}}{\overset{\overset{OH}{|}}{C}}H-CHCHO \xrightarrow{-H_2O} C_6H_5CH=CHCHO$$

对于一般的醛,羟醛缩合反应有利于羟醛的生成。而具有 α-氢原子的酮在稀碱作用下

虽也可发生与醛类似的羟酮缩合反应,例如:

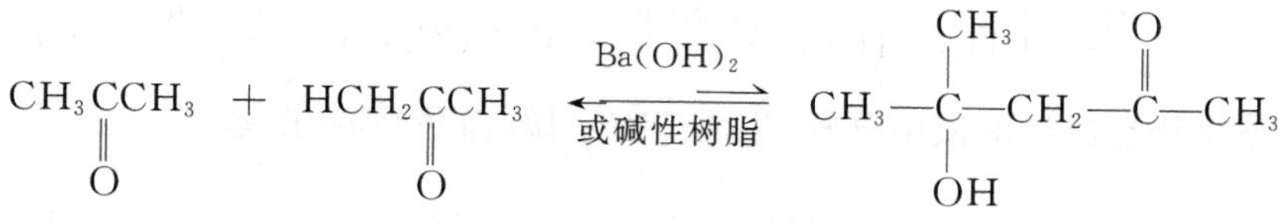

$$\underset{\underset{O}{\parallel}}{CH_3CCH_3} + \underset{\underset{O}{\parallel}}{HCH_2CCH_3} \xrightleftharpoons[\text{或碱性树脂}]{Ba(OH)_2} CH_3-\underset{\underset{OH}{|}}{\overset{\overset{CH_3}{|}}{C}}-CH_2-\underset{\underset{O}{\parallel}}{C}-CH_3$$

4-甲基-4-羟基-2-戊酮

但平衡主要偏向左方,只能得到少量 β-羟基酮。如果设法使产物生成后不断从平衡体系中分离出来,则可得到相当高产率的产物。分子内的羟酮缩合是由二酮合成环状化合物的重要方法。例如:

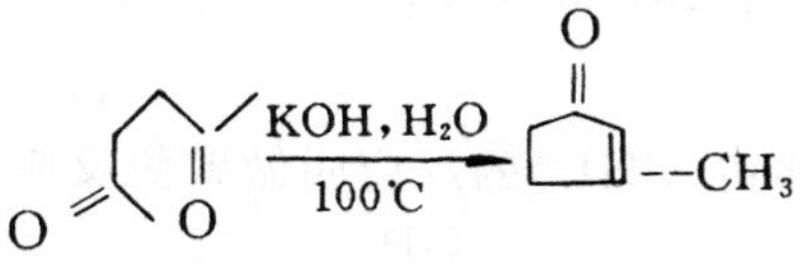

3. α-氢的卤代与卤仿反应

醛、酮分子中的 α-氢原子,在酸或碱的催化下容易被卤素取代,生成 α-卤代醛、酮:

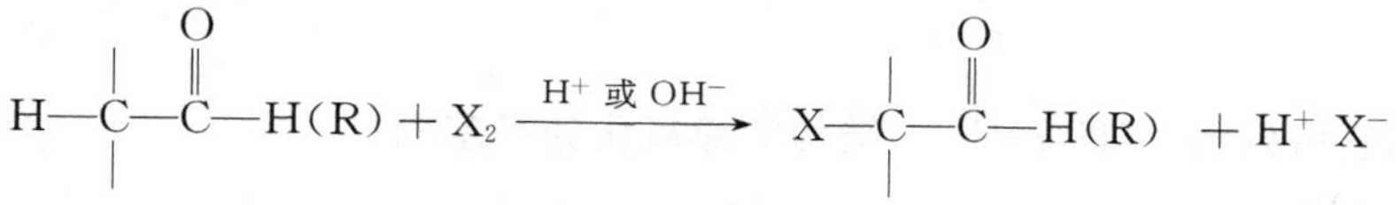

$$\underset{\underset{O}{\parallel}}{H-\overset{|}{C}-C}-H(R) + X_2 \xrightarrow{H^+ \text{ 或 } OH^-} \underset{\underset{O}{\parallel}}{X-\overset{|}{C}-C}-H(R) + H^+X^-$$

由于卤素是亲电试剂,因此卤素取代 α-氢原子而不与羰基加成。这类反应随着反应条件不同其反应机理也不同。酸催化卤代反应的机理是使羰基质子化,提高了 α-H 的酸性,加速了烯醇的形成。然后卤素与烯醇中碳碳双键进行亲电加成形成较稳定的碳正离子,进一步脱去质子得到 α-卤代酮:

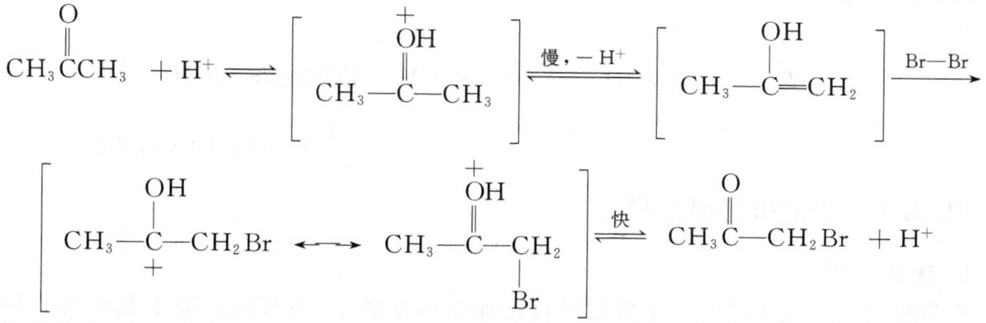

$$\underset{\underset{O}{\parallel}}{CH_3\overset{}{C}CH_3} + H^+ \rightleftharpoons \left[\underset{\underset{OH}{\overset{+}{\parallel}}}{CH_3-\overset{}{C}-CH_3}\right] \xrightarrow[\text{慢,}-H^+]{} \left[\underset{\underset{OH}{|}}{CH_3-\overset{}{C}=CH_2}\right] \xrightarrow{Br-Br}$$

$$\left[\underset{\underset{+}{\overset{\overset{OH}{|}}{}}}{CH_3-\overset{}{C}-CH_2Br} \longleftrightarrow \underset{\underset{Br}{|}}{CH_3-\overset{\overset{+}{\overset{OH}{|}}}{C}-CH_2}\right] \xrightleftharpoons[\text{快}]{} \underset{\underset{O}{\parallel}}{CH_3C-CH_2Br} + H^+$$

酸催化卤代中,可通过控制卤素用量,使得到的产物主要是一卤,二卤或三卤代物。

碱催化卤代反应分两步进行,如下式所示:

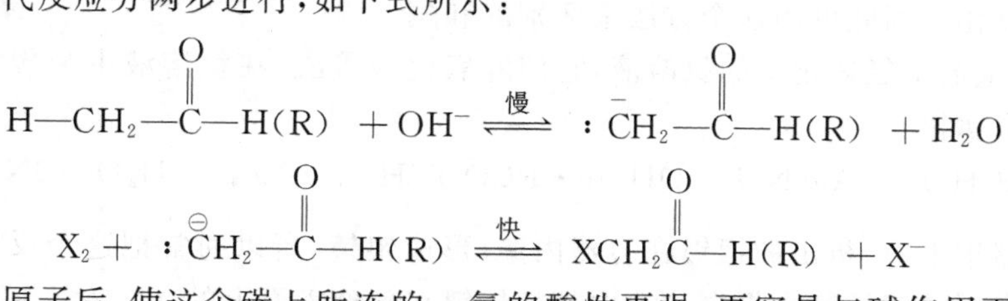

$$\underset{\underset{O}{\parallel}}{H-CH_2-C}-H(R) + OH^- \xrightleftharpoons[]{慢} \underset{\underset{O}{\parallel}}{\overset{-}{:}CH_2-C}-H(R) + H_2O$$

$$X_2 + \underset{\underset{O}{\parallel}}{\overset{\ominus}{:}CH_2-C}-H(R) \xrightleftharpoons[]{快} \underset{\underset{O}{\parallel}}{XCH_2C}-H(R) + X^-$$

卤素进入 α-碳原子后,使这个碳上所连的 α-氢的酸性更强,更容易与碱作用而继续发生卤代反应,直至这个 α-碳上的氢全部被卤代。一般不易控制生成一卤或二卤代物。例如:

$$CH_3\overset{O}{\underset{}{C}}CH_3 \xrightarrow[\text{慢}]{Br_2,OH^-} CH_3\overset{O}{\underset{}{C}}CH_2Br \xrightarrow[\text{快}]{Br_2,OH^-} CH_3\overset{O}{\underset{}{C}}CHBr_2 \xrightarrow[\text{更快}]{Br_2,OH^-} CH_3\overset{O}{\underset{}{C}}-CBr_3$$

得到的三卤衍生物在碱性溶液中分解,生成三卤甲烷(卤仿)和羧酸盐:

$$CH_3-\overset{O}{\underset{}{C}}-CBr_3 + OH^- \Longleftrightarrow CH_3-\overset{O}{\underset{OH}{C}}-CBr_3 \longrightarrow CH_3-\overset{O}{\underset{OH}{C}} + :CBr_3^- \Longleftrightarrow CH_3-\overset{O}{\underset{O^-}{C}} + HCBr_3$$

常把醛或酮与卤素的碱溶液或次卤酸钠溶液作用,生成三卤甲烷(通称卤仿)的反应称为卤仿反应。用次碘酸钠(碘加氢氧化钠)溶液与具有 $CH_3-\overset{}{\underset{\parallel}{C}}-$ 结构的醛或酮反应,生成具有特殊气味的黄色结晶——碘仿(CHI_3)的反应叫做碘仿反应。碘仿反应可用来鉴别具有 $CH_3\overset{}{\underset{O}{C}}-$ 结构的醛和酮以及具有 $CH_3-\overset{OH}{\underset{}{C}}$ 结构的醇。因为碘仿试剂(次碘酸钠)又是一种氧化剂,它可以将 $CH_3-\overset{OH}{\underset{}{C}}-$ 结构的醇氧化为甲基酮:

$$CH_3-\overset{OH}{\underset{}{C}}H-R \xrightarrow[\text{或 NaOI}]{I_2+NaOH} CH_3-\overset{O}{\underset{}{C}}-R \xrightarrow{3NaOI} CHI_3 + RCOONa + 2NaOH \xrightarrow{H^+} RCOOH$$

卤仿反应还可用于制备一些结构特殊的羧酸。例如:

$$(CH_3)_3C-\overset{O}{\underset{}{C}}-CH_3 \xrightarrow{Br_2,OH^-} (CH_3)_3CCOONa + CHBr_3 \xrightarrow{H^+} (CH_3)_3CCOOH$$

11.4.3 氧化和还原反应

1. 氧化反应

醛与酮的差别在于醛有一个氢原子直接连于羰基碳上,表现在性质上醛非常容易被氧化。比较弱的氧化剂,例如 Tollens 试剂和 Fehling 试剂就可使醛氧化成含同碳数的羧酸,但不能使酮氧化。因此可用这个方法来区别醛和酮。

Tollens 试剂是氢氧化银的氨溶液,它使醛氧化为羧酸(在氨溶液中为羧酸的铵盐),本身被还原为金属银:

$$RCHO + 2Ag(NH_3)_2OH \xrightarrow{\triangle} RCOONH_4 + 2Ag\downarrow + H_2O + 3NH_3$$

如果反应容器很干净,析出的银镀在容器内壁,形成银镜,所以通常把这个反应称为银镜反应。我们日常用的镜子就是根据这个原理把银镀在玻璃表面上的。

Fehling 试剂是硫酸铜溶液(A)和酒石酸钾钠的氢氧化钠溶液(B)的混合物。作为弱氧化剂的是二价铜离子,酒石酸根与铜离子配合,使其能在碱性溶液中稳定存在。醛与 Fehling 试剂反应时,二价铜离子把醛氧化成羧酸,本身被还原生成红色氧化亚铜沉淀:

$$RCHO + 2Cu^{2+} + 5OH^- \longrightarrow RCOO^- + Cu_2O\downarrow + 3H_2O$$

红色

以上两个反应现象明显,经常用来鉴别醛。这两种试剂不能使碳碳双键氧化,故也适用于将不饱和醛氧化成相应的不饱和酸。例如:

$$CH_3CH{=}CHCHO \xrightarrow{Ag^+ \text{ 或 } Cu^{2+}} CH_3CH{=}CHCOOH$$

此外醛很容易被 Ag_2O,H_2O_2,CH_3COOOH,O_2,$KMnO_4$ 和 CrO_3 等氧化剂所氧化。

酮不为弱氧化剂氧化,但遇强氧化剂,如高锰酸钾、重铬酸钾、硝酸等,则可被氧化,生成较低级羧酸的混合物。例如:

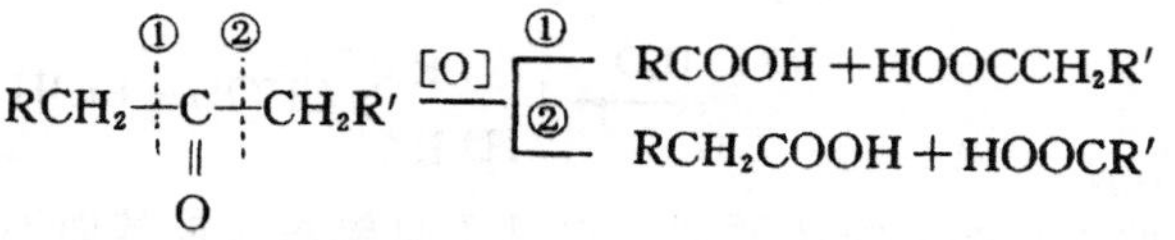

所以一般酮的氧化反应没有制备意义。对称的环状酮氧化产物为单一化合物,工业上有现实意义。例如环己酮在强氧化剂作用下生成己二酸,是工业上常用的制备方法:

己二酸是合成尼龙-66 的原料。

2. 还原反应

醛、酮能被还原生成醇或烃。还原剂不同,羰基化合物结构不同,所生成的产物也不相同。

(1) 催化氢化

醛、酮在金属催化剂存在下加氢,分别生成伯醇和仲醇:

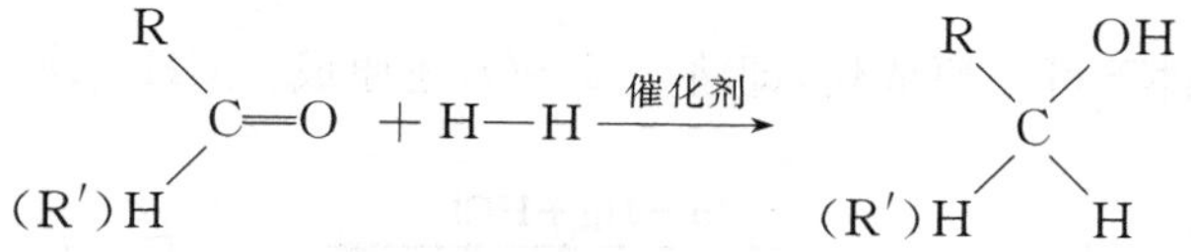

例如:

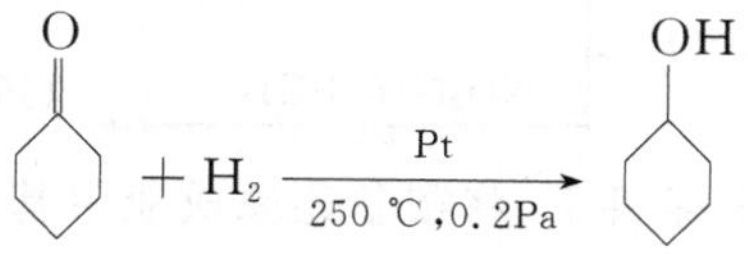

(2) 用金属氢化物还原

多种金属氢化物可以使羰基还原,常用的有氢化铝锂、硼氢化钠、异丙醇铝等。氢化铝锂($LiAlH_4$)是实验室使用的一种很强的还原剂,选择性不高,不仅能将醛、酮还原成相应的醇,还能还原羧酸、酯、酰胺和腈等。反应产率很高。但对碳碳双键、碳碳叁键没有还原作用。氢化铝锂与水、醇反应激烈,因此还原反应需在干乙醚溶剂中进行。硼氢化钠($NaBH_4$)比氢化铝锂作用缓和,可在水或醇溶液中进行,并且选择性高,不能还原碳碳双键,碳碳叁键及羧基、酯基等,因此适用于还原不饱和羰基化合物为不饱和醇。例如:

$$(CH_3)_2C=CHCCH_3 \xrightarrow[\text{乙醇}]{NaBH_4} (CH_3)_2C=CHCHCH_3$$

$$\underset{O}{\Vert} \qquad\qquad\qquad \underset{OH}{\vert}$$

$$77\%$$

$$C_6H_5CH=CHCHO \xrightarrow[H_2O]{NaBH_4} C_6H_5CH=CHCH_2OH$$

氢化铝锂或硼氢化钠等还原剂与羰基化合物反应也是亲核加成,其亲核试剂是氢,它带着一对电子,以氢负离子形式(H⁻)转移到羰基的碳上:

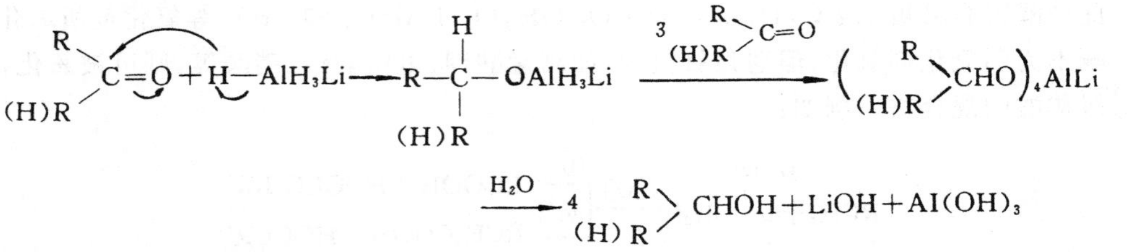

异丙醇铝是选择性很高的醛酮还原剂。它只还原羰基为羟基而不影响其它基团。

$$RCOR' + CH_3CHOHCH_3 \xrightleftharpoons{(i-pro)_3Al} RCHOHR' + CH_3COCH_3$$

这是一个可逆反应,将丙酮不断蒸出可使反应向右进行。这个反应称为 Meerwein-ponndorf-Verley 还原反应。其逆反应就是前面讨论过的 Oppenauer 氧化反应。其反应机理可表示如下:

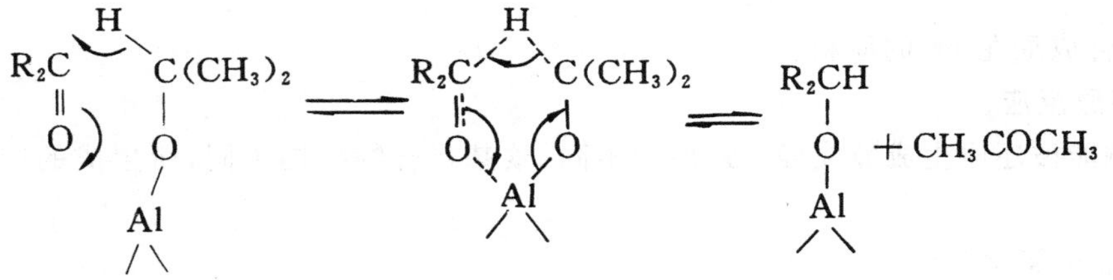

（3）羰基还原成亚甲基

醛、酮在一定条件下可还原成烃,即将 $\diagdown\!\!\!\diagup C=O$ 还原成 $\diagdown\!\!\!\diagup CH_2$:

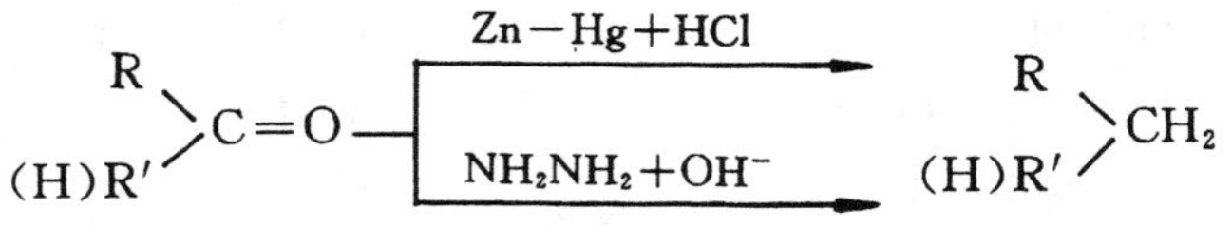

在锌汞齐加盐酸(Zn-Hg＋HCl)条件下,将羰基还原成亚甲基的方法叫做 clemmensen 还原法。适合于对碱敏感的羰基化合物的还原。醛酮与肼作用生成腙,再在碱性条件下脱氮生成亚甲基的方法叫做 wolff-Kishner-黄鸣龙法。

醛、酮与无水肼作用生成腙,然后将腙和乙醇钠以及无水乙醇在高压釜中加热至180—200 ℃分解放出氮,生成亚甲基,这一反应叫 Wolff-Kishner 反应:

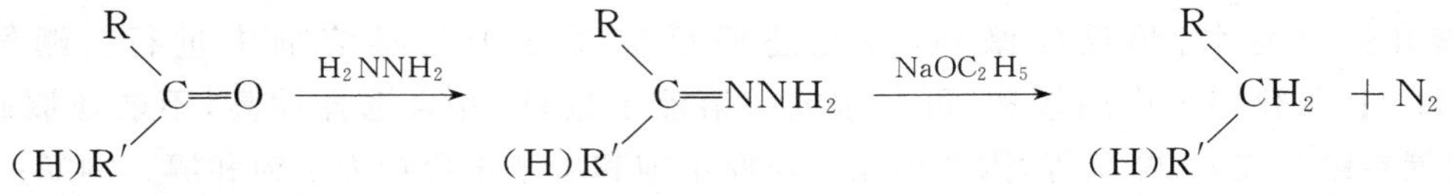

反应时间为 50—100 h,收率 40％左右。

我国化学家黄鸣龙在反应条件方面作了改进。先将醛、酮、氢氧化钠、肼的水溶液和一个高沸点的水溶性溶剂(如二甘醇、三甘醇)一起加热,使醛、酮变成腙。再蒸出过量的水和未反应的肼,待达到腙的分解温度(约 200℃)时继续回流 3—4 h 至反应完成。这样可以不使用无水肼,反应可在常压下进行,而且缩短了反应时间,提高了反应产率(可达 90％)。这种方法称为黄鸣龙改良的 Wolff-Kishner 还原法。该法在碱性条件下进行,可用来还原对酸敏感的酮、醛。上述几种方法都是有机合成中常用的方法。

3. 自氧化-还原反应(歧化反应)

不含 α-氢原子的醛(如 HCHO,(CH₃)₃CCHO 等)在浓碱作用下,一分子醛被氧化,另一分子醛被还原,这个反应叫做醛的自氧化-还原反应,也称 Cannizzaro 反应。例如:

$$HCHO + HCHO \xrightarrow[\triangle]{\text{浓 NaOH}} HCOONa + CH_3OH$$
甲酸钠　　　甲醇

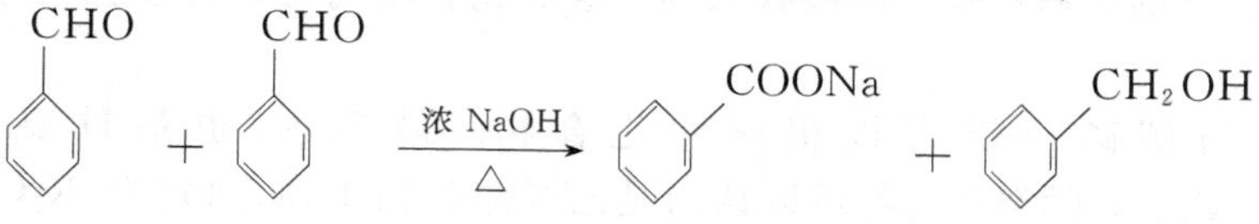

在同种分子间同时进行着两种性质相反的反应,故也称为歧化反应。

Cannizzaro 反应机理可看成是两次连续的亲核加成。首先是 HO⁻ 向羰基碳进攻,生成中间体氧负离子,然后由中间体生成氢负离子与第二个醛分子进行亲核加成。例如:

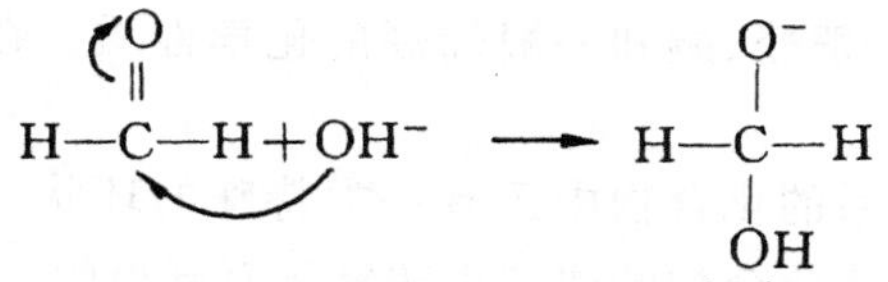

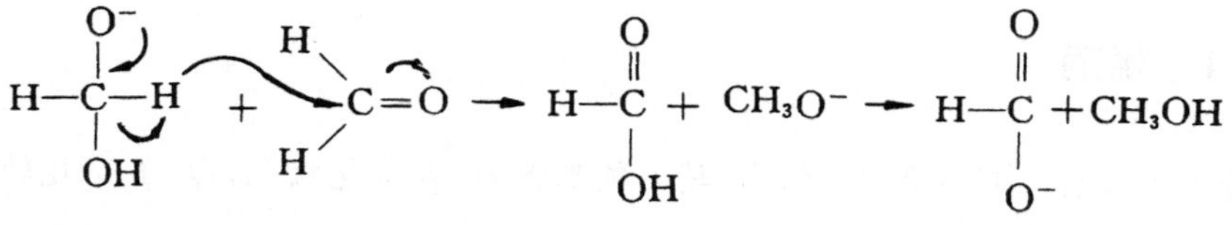

两种不同的不含 α-氢原子的醛进行 Cannizzaro 反应时,产物比较复杂。若两种醛之一为甲醛,由于甲醛还原性强,反应结果总是另一种醛被还原成醇,而甲醛被氧化成羧酸,因此在合成上很有意义。例如具有工业价值的季戊四醇的合成,就利用了此反应。首先是甲醛和乙醛在稀碱条件下发生交错羟醛缩合反应,乙醛的 3 个活泼的 α-氢原子与 3 分子甲醛作用,生成三羟甲基乙醛:

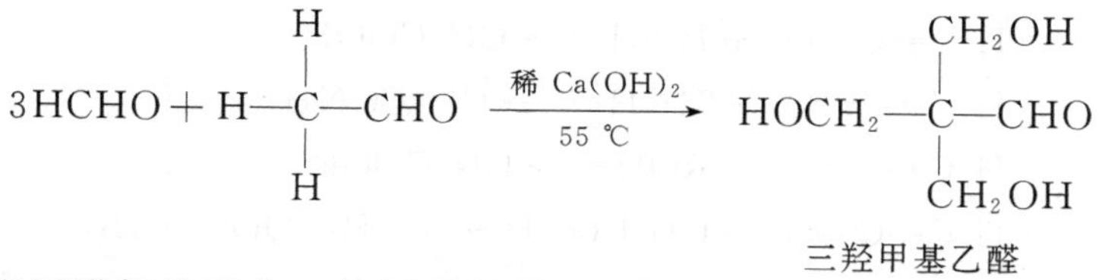

三羟甲基乙醛

三羟甲基乙醛和甲醛都是不含 α-氢原子的醛,在浓碱作用下发生 Cannizzaro 反应,甲醛被氧化为甲酸钠,三羟甲基乙醛则被还原为季戊四醇:

$$HOCH_2-\overset{\overset{\displaystyle CH_2OH}{|}}{\underset{\underset{\displaystyle CH_2OH}{|}}{C}}-CHO + HCHO \xrightarrow[\triangle]{\text{浓 Ca(OH)}_2} HOCH_2-\overset{\overset{\displaystyle CH_2OH}{|}}{\underset{\underset{\displaystyle CH_2OH}{|}}{C}}-CH_2OH + \frac{1}{2}(HCOO)_2Ca$$

季戊四醇为白色固体,是一种重要的有机合成原料,大量用于涂料工业。

11.5 不饱和醛、酮

不饱和醛、酮是指分子中既含有羰基又含有碳碳双键的化合物。根据羰基与碳碳双键相对位置的不同,可分为下列三类:

(1) 羰基与碳碳双键之间至少相隔一个亚甲基,即 $\overset{\diagup}{\diagdown}C{=}C{-}(CH_2)_n{-}CHO$ （$n \geqslant 1$）,可认为是含有孤立的羰基和孤立的碳碳双键。这类化合物同时具有醛、酮和烯烃的化学性质。

(2) 羰基与碳碳双键直接相连的化合物。最简单,也最重要的是乙烯酮 $CH_2{=}C{=}O$,其它烯酮类化合物可以认为是乙烯酮的衍生物,通式为 $R_2C{=}C{=}O$ 。由于分子中 $\overset{\diagup}{\diagdown}C{=}C{=}O$ 结构的存在,使这类化合物的性质与一般醛、酮不同,非常活泼。

(3) 羰基与碳碳双键之间形成共轭结构,即 α,β-不饱和醛,酮, $RCH{=}CH{-}\overset{\overset{\displaystyle R(H)}{|}}{C}{=}O$ 。共轭体系的形成,使之具有不同于一般醛、酮和一般烯烃的化学性质。在不饱和醛,酮中是比较重要的一类。

在羰基与碳碳双键形成共轭体系的化合物中还有一类特殊的环状 α,β-不饱和二酮,称为醌类化合物。醌是由相应的芳香族化合物酚或芳香胺氧化而制得的。

11.5.1 烯酮

烯酮分子中含有 $\overset{\diagup}{\diagdown}C{=}C{=}O$ 结构,其中羰基碳为 sp 杂化状态,以 sp 杂化轨道分别与 C 和 O 形成两个 σ 键。并有剩余的两个相互垂直的 p 轨道分别与 C 和 O 形成两个 π 键,所以分子中的 $C{=}C$ 所在平面与 $C{=}O$ 所在平面相互垂直,类同于丙二烯型结构,这种成键形式非常不稳定,因而表现出很强的反应活性。例如,乙烯酮非常容易与带活泼氢的化合物加成,所有这些反应的产物都是在活泼氢的位置上引入乙酰基,因而乙烯酮是很好的乙酰化试剂:

$$H_2C{=}C{=}O + HOH \longrightarrow CH_3COOH$$
$$H_2C{=}C{=}O + HNH_2 \longrightarrow CH_3CONH_2$$
$$H_2C{=}C{=}O + ROH \longrightarrow CH_3COOR$$
$$H_2C{=}C{=}O + CH_3COOH \longrightarrow CH_3COOCOCH_3$$
$$H_2C{=}C{=}O + HCl \longrightarrow CH_3COCl$$

上述反应的机理可表示如下:

$$CH_2=C=O + H-A \longrightarrow CH_2=\underset{\underset{H}{|}}{\overset{\overset{|}{A}}{C}}-O \longrightarrow CH_3-\overset{\overset{O}{\|}}{C}-A$$

$$A=OH, OC_2H_5, OCOCH_3, Cl, NH_2$$

乙烯酮还可与 Grignard 试剂进行加成,生成甲基酮:

$$H_2C=C=O + RMgX \longrightarrow H_2C=\overset{\overset{R}{|}}{C}-OMgX \xrightarrow{H_2O} \left[H_2C=\overset{\overset{R}{|}}{C}-OH \right]$$

$$\xrightarrow[\text{重排}]{} CH_3\overset{\overset{|}{C}}{\underset{\underset{O}{\|}}{}}-R$$

乙烯酮非常容易形成二聚体,称为二乙烯酮或双烯酮:

$$2H_2C=C=O \longrightarrow \begin{matrix} H_2C=C & O \\ | & | \\ CH_2-C & =O \end{matrix}$$

二乙烯酮是一种无色液体,沸点 127 ℃。二乙烯酮也易与含活泼氢的化合物作用,生成乙酰乙酸的衍生物。例如:

$$\begin{matrix} H_2C=C & O \\ | & | \\ CH_2-C & =O \end{matrix} \begin{cases} \xrightarrow{H_2O} CH_3COCH_2COOH \\ \xrightarrow{NH_3} CH_3COCH_2CONH_2 \\ \xrightarrow{CH_3CH_2OH} CH_3COCH_2COOCH_2CH_3 \end{cases}$$

乙酰乙酸乙酯

二乙烯酮与乙醇反应所生成的乙酰乙酸乙酯是有机合成中合成各种甲基酮及取代乙酸的重要原料。

其它烯酮在性质上与乙烯酮相似,由于制备上困难,实际意义不大。

乙烯酮可通过高温下热解乙酸或丙酮得到:

$$CH_3COOH \xrightarrow[\text{AlPO}_4]{700\,℃} CH_2=C=O + H_2O$$

$$CH_3COCH_3 \xrightarrow[700-850\,℃]{\text{钢管}} H_2C=C=O + CH_4$$

工业上已实现用合成气($CO+H_2$)在高温加压和催化剂存在下合成乙烯酮:

$$3CO + H_2 \xrightarrow[T,p]{ZnO} CH_2=C=O$$

乙烯酮在常温下是具有难闻气味,毒性很大的气体,沸点 -56 ℃,在合成和使用中都需要特别加以注意。

11.5.2 α,β-不饱和醛、酮

这类化合物分子中碳碳双键和碳氧双键是共轭的,因此不仅具有两种官能团各自的性

质,而且还具有独特的性质。

1. 1,4-亲电加成

在 α,β-不饱和醛、酮分子中,由于碳碳双键与碳氧双键共轭,因此使碳碳双键具有极性。其共振式可表示如下:

$$CH_2=CH-\overset{\displaystyle O}{\overset{\|}{CH}} \longleftrightarrow CH_2=CH-\overset{\displaystyle O^-}{\underset{+}{CH}} \longleftrightarrow \underset{+}{CH_2}-CH=\overset{\displaystyle O^-}{CH}$$

羰基的存在降低了碳碳双键对亲电加成的活性。一般情况下,亲电试剂对 α,β-不饱和羰基化合物的加成反应是正性基团加到 α-碳上,负性基团加到 β-碳上。例如:

$$CH_2=CH-\overset{\displaystyle H}{\underset{\|}{C}}=O + HCl \longrightarrow \overset{\displaystyle Cl}{\underset{\|}{CH_2}}-CH_2-\overset{\displaystyle H}{\underset{\|}{C}}=O$$

$$CH_3CH=CHCH_3 + HOH \xrightarrow{H^+} CH_3-\overset{\displaystyle OH}{\underset{\|}{CH}}-CH_2-\overset{\displaystyle O}{\underset{\|}{C}}-CH_3$$

加成反应和共轭二烯类同,可有 1,2-加成和 1,4-加成两种方式。上述与亲电试剂的加成为1,4-加成。以丙烯醛与氯化氢加成为例,其反应机理如下:

$$CH_2=CH-\overset{\displaystyle O}{\underset{\|}{CH}} \underset{}{\overset{H^+}{\rightleftharpoons}} \left[CH_2=CH-\overset{\displaystyle \overset{+}{O}H}{\underset{\|}{CH}} \longleftrightarrow CH_2=CH-\overset{\displaystyle OH}{\underset{+}{CH}} \longleftrightarrow \underset{+}{CH_2}-CH=\overset{\displaystyle OH}{CH} \right]$$

$$\left[\underset{+}{CH_2}-CH=\overset{\displaystyle OH}{CH} \right] + Cl^- \longrightarrow \left[ClCH_2-CH=\overset{\displaystyle OH}{CH} \right] \rightleftharpoons ClCH_2CH_2-\overset{\displaystyle O}{\underset{\|}{CH}}$$

即首先进行 1,4-加成产生烯醇式结构,由于不稳定,重排生成稳定的酮式结构。

2. 1,2-和 1,4-亲核加成

α,β-不饱和醛、酮,受亲核试剂的进攻可能生成两种不同的加成产物——1,2-加成产物或 1,4-加成产物。例如:

$$CH_2=CH-\overset{\displaystyle O}{\underset{\|}{C}}-CH_3 + CN^- \xrightarrow{HCN} CH_2=CH-\underset{\displaystyle CN}{\overset{\displaystyle OH}{\underset{\|}{\overset{\|}{C}}}}-CH_3 \ 或 \ CH_2-CH_2-\overset{\displaystyle O}{\underset{\|}{C}}-CH_3$$

$$\hspace{7cm}（Ⅰ）\hspace{3cm}（Ⅱ）$$

上述反应产物（Ⅰ）是按照一般羰基上的亲核加成,即 1,2-加成方式进行的。而产物（Ⅱ）是亲核试剂 $^-$CN 进攻 β-碳原子,然后 H$^+$ 进攻羰基氧,即 1,4-加成方式,中间产物是烯醇结构,经过重排后得产物（Ⅱ）,从总结果看,亲核试剂加到了 C=C 双键上:

$$(\text{I})$$

α,β-不饱和醛、酮的结构和试剂的种类不同以及空间阻碍都影响亲核试剂的主要进攻位置。亲核试剂主要进攻空间阻碍小的位置。醛的羰基比酮的羰基空间阻碍小，因此醛基比酮基更容易被进攻。也就是说醛更易生成 1,2-加成产物。例如：

Nu主要进攻位置　　　　　　Nu主要进攻位置

试剂性质亦有影响，通常强碱性的亲核试剂（如 $RMgX$，$LiAlH_4$）主要进攻羰基，而弱碱性试剂（如 ^-CN，$R\overset{..}{N}H_2$）经常进攻碳碳双键。

1,2-位（ $\diagdown C{=}O$ 上）的加成：

1,4-位（ $\diagup C{=}C\diagdown$ 上）的加成：

3. Diels-Alder 反应

α,β-不饱和醛、酮还可作为双烯组分与亲双烯组分发生 Diels-Alder 反应,合成含氧六元环状化合物。例如:

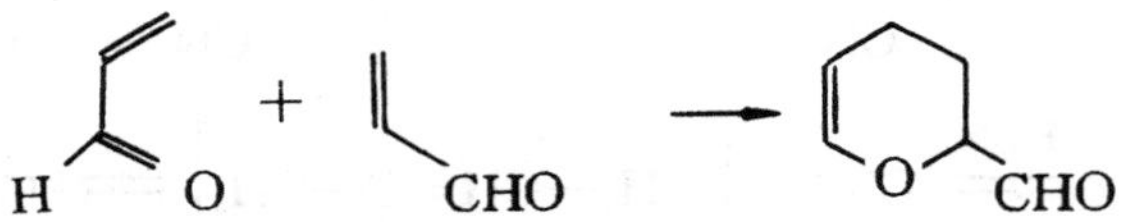

4. 插烯规律

在乙醛(CH_3CHO)分子中,CH_3 与 CHO 之间插入一个或一个以上的乙烯基(—CH=CH—),生成 $CH_3\!\!-\!\!(CH\!\!=\!\!CH)_n\!\!-\!\!CHO$,这时乙醛分子中 CH_3 与 CHO 之间的互相影响依然存在。这种现象已经得到实验的证明。这种在 A,B 基团之间插入一个或多个 —CH=CH— 生成 $A\!\!-\!\!(CH\!\!=\!\!CH)_n\!\!-\!\!B$ 型化合物后,A,B 之间相互影响依然存在的规律,称为插烯规律。例如,2-丁烯醛的甲基上的氢原子,仍具有活泼性,可以生成碳负离子,与 CH_3CHO 发生羟醛缩合:

$$CH_3CHO + CH_3CH\!\!=\!\!CHCHO \xrightarrow[\triangle]{OH^- \quad -H_2O} CH_3CH\!\!=\!\!CHCH\!\!=\!\!CHCHO$$
$$\text{2,4-己二烯醛}$$

2-丁烯醛也可以进行自身羟醛缩合反应:

$$CH_3CH\!\!=\!\!CHCHO + CH_3CH\!\!=\!\!CHCHO \xrightarrow[\triangle]{OH^- \quad -H_2O} CH_3CH\!\!=\!\!CHCH\!\!=\!\!CHCH\!\!=\!\!CHCHO$$
$$\text{2,4,6-辛三烯醛}$$

同样,CH_3— 上也能发生卤代反应。

从 2-丁烯醛结构分析,其甲基上的氢原子与乙醛分子中的 α-氢原子性质相似,它们都是活泼的:

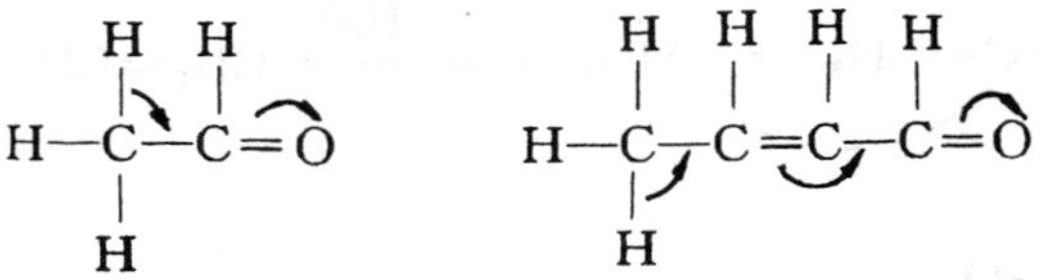

羰基的吸电子效应通过共轭链得以传递,这些现象都是插烯规律的具体例子。

11.5.3 醌

1. 醌的命名

醌是一类特殊的环状不饱和二酮,由于醌类化合物多是由相应的芳烃衍生物氧化而制得,所以醌类化合物的命名都与相应芳烃的命名相关。例如:

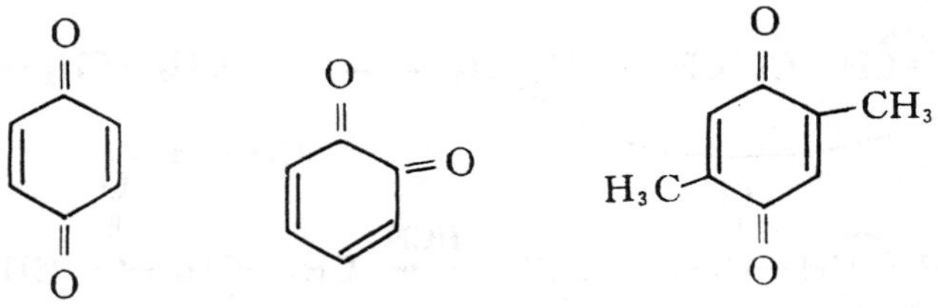

对苯醌
(1,4-苯醌)
mp: 112.9 ℃

邻苯醌
(1,2-苯醌)
mp: 60—70 ℃

2,5-二甲基-1,4-苯醌
mp: 72—73 ℃

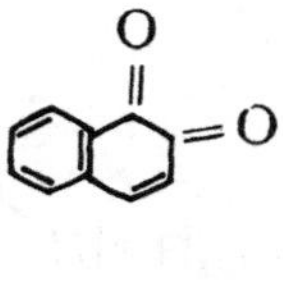

1,2-萘醌
(β-萘醌)

橙色结晶,mp 146℃

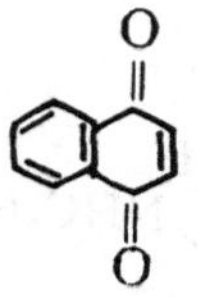

1,4-萘醌
(α-萘醌)

黄色结晶,mp 128.5℃

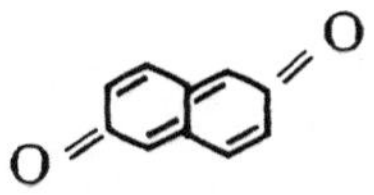

2,6-萘醌

橙色结晶,mp 135℃(分解)

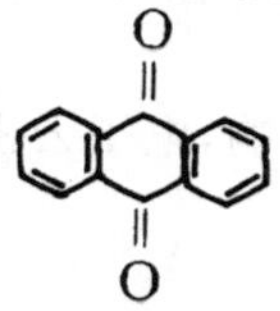

9,10-醌蒽

淡黄色结晶,mp 286℃

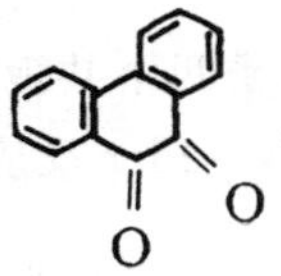

9,10 菲醌

橙红色结晶,mp 205℃

2. 醌的性质

醌是 α,β-不饱和酮,因而既可在羰基和碳碳双键上发生加成反应,也可与亲核试剂发生共轭加成反应。

羰基的加成反应:

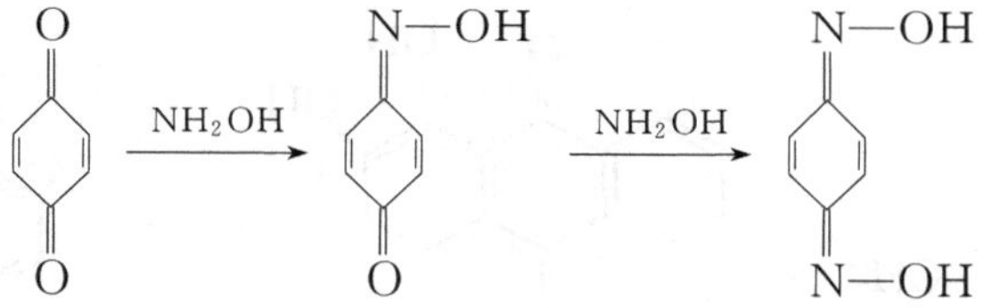

碳碳双键上的加成反应:

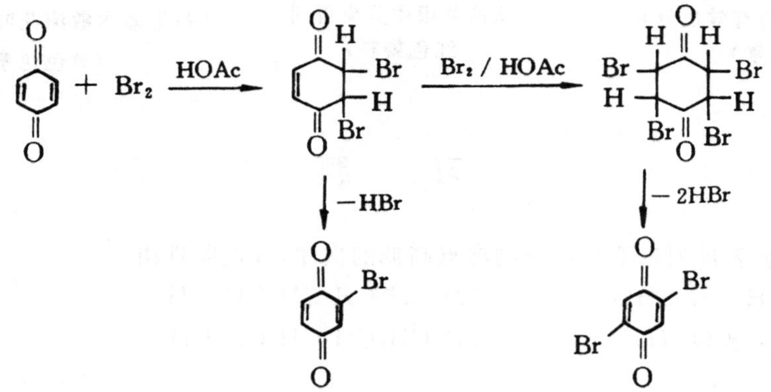

与亲核试剂发生共轭加成反应:

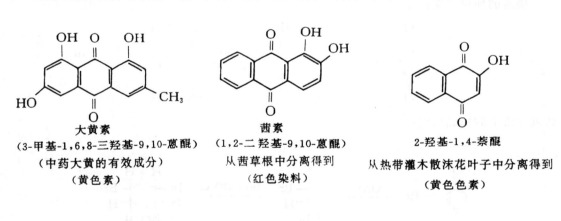

醌类化合物中的碳碳双键受两个共轭羰基的影响,电子云密度较低,因而可作为亲双烯组分与一些共轭二烯发生 Diels-Alder 反应。例如:

醌类化合物都有颜色,许多染料及重要生理活性的物质中都含有醌的结构。例如:

大黄素
(3-甲基-1,6,8-三羟基-9,10-蒽醌)
(中药大黄的有效成分)
(黄色素)

茜素
(1,2-二羟基-9,10-蒽醌)
从茜草根中分离得到
(红色染料)

2-羟基-1,4-萘醌
从热带灌木散沫花叶子中分离得到
(黄色色素)

习　题

11.1 不查表排列出下列化合物沸点高低的次序,并说明理由。
(1) $CH_3CH_2CH_2CHO$；　　　　　(2) $CH_3CH_2CH_2CH_2OH$；
(3) CH_3CH_2COOH；　　　　　　(4) $CH_3CH_2CH_3CH_3CH_3$。

11.2 $CH_3CH{=}CHCH_2\overset{O}{C}H$ (A)和 $CH_3\overset{O}{C}CH_2C{\equiv}CH$ (B)各有哪些特征红外吸收峰?

11.3 下列哪些化合物的[1]HNMR 谱图中只有两个信号,其峰面积比为 3:1:
(1) $CH_2{=}CHCH_3$；　(2) $CH_2{=}C(CH_3)_2$；　(3) $CH_3CH_2CH_2CH_3$；
(4) CH_3COOCH_3；　(5) $CH_3CH_2CH_3$。

11.4 利用图谱推测下列化合物的结构：

(1) 某化合物的分子式为 C_4H_8O，从 IR 谱图可见在 1720 cm^{-1} 处有强吸收峰，其 ^{1}HNMR 谱图，如图 11.6 所示，求出该化合物的构造式。

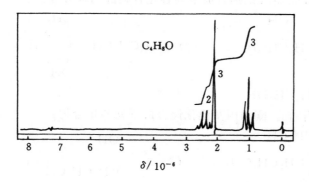

图 11.6 某化合物的 ^{1}HNMR 谱图

(2) 分子式为 C_2H_4O 的化合物，其 IR 谱图在 1730 cm^{-1} 及 2720cm^{-1} 处有吸收峰，并有图 11-7 所示的 ^{1}HNMR 谱图，试推测该化合物的构造式。

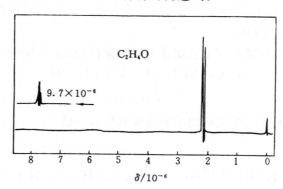

图 11.7 某化合物的 ^{1}HNMR 谱图

11.5 按照与 HCN 发生亲核加成反应从易到难的顺序排列下列化合物，并简要说明理由。

（1） CH_3CH_2CHO；（2） CH_3COCH_3；（3） C_6H_5CHO；（4） $HCHO$；（5） $C_6H_5COC_6H_5$。

11.6 指出下列化合物中哪些可与 $NaHSO_3$ 反应，若有反应写出反应式：

(1) 苯基—CO—CH_3 ；   (2) $CH_3\overset{O}{\overset{\|}{C}}CH_3$ ；   (3) $CH_3CH_2CH_2OH$；

(4) 苯基—CHO ；   (5) CH_3—$\overset{O}{\overset{\|}{C}}$—$CH_2CH_2CH_3$ ；   (6) 环己酮 ；

$$\text{(7)} \quad CH_3CH_2\overset{\displaystyle O}{\overset{\|}{C}}CH_2CH_3 \; ; \qquad \text{(8)} \quad CH_3CH_2\overset{\displaystyle O}{\overset{\|}{C}}OCH_3 \; 。$$

11.7 写出用 Grignard 试剂合成下列各化合物的两种方法：

(1) $CH_3CH_2CH_2\overset{\displaystyle OH}{\overset{|}{C}HCH_3}$; （2） $CH_3CH_2CH_2\overset{\displaystyle CH_3}{\underset{\displaystyle OH}{\overset{|}{\underset{|}{C}}}}CH_3$;

(3) $CH_3CH_2CH_2CH_2OH$。

11.8 利用适当的醛、酮和丙基溴化镁合成下列各化合物：

(1) $CH_3CH_2\overset{\displaystyle CH_2CH_3}{\underset{\displaystyle OH}{\overset{|}{\underset{|}{C}}}}CH_2CH_2CH_3$; （2）

(3) $CH_3CH_2CH_2\overset{\displaystyle }{\underset{\displaystyle OH}{\overset{|}{\underset{|}{C}}H}}CH_2CH_2CH_3$; （4） $CH_3O\text{—}\overset{\displaystyle OH}{\underset{\displaystyle CH_2CH_2CH_3}{\overset{|}{\underset{|}{C}}}}CH_3$;

(5) $CH_3CH_2CH_2CH_2OH$。

11.9 用 1-溴丙烷、丙醛和环氧乙烷作为有机原料，通过 Grignard 反应，合成下列醇：

$$CH_3CH_2CH_2\underset{\displaystyle CH_2CH_3}{\overset{|}{C}H}\text{—}CH_2CH_2OH$$

11.10 写出下列每个反应生成的半缩醛或缩醛的构造式；

(1) ![cyclohexenone] $+CH_3CH_2OH \xrightarrow{\text{干 HCl}}$; （2） $CH_3CH_2CH_2CHO+CH_3OH \xrightarrow{\text{干 HCl}}$;

(3) ![cyclohexane diol] $+ \ CH_3\overset{\displaystyle O}{\overset{\|}{C}}CH_3 \xrightarrow{\text{干 HCl}}$;

(4) $HCH \overset{\displaystyle O}{\|} +$![dihydroxybenzene] $\xrightarrow{\text{干 HCl}}$; （5） $CH_3CHO+HOCH_2CH_2OH \xrightarrow{\text{干 HCl}}$ 。

11.11 写出下列缩醛和缩酮水解产物的构造式：

(1) ![cyclohexane with CH3O and OCH3]

（2） $CH_3CH_2\underset{\underset{\displaystyle CH_2\text{—}CH_2}{O \quad\quad O}}{\overset{|}{C}}CH_2CH_3$

(3) [structure: benzene fused dioxole with CH₂] (4) CH_3CH_2CH with OCH_2CH_3 and OCH_2CH_3 。

11.12 5-羟基己醛可形成六元环半缩醛,有如下平衡:

$$CH_3\underset{OH}{CH}CH_2CH_2CH_2\underset{O}{C}-H \longrightarrow$$ [六元环状半缩醛结构,环上 CH₃、O、OH、H]

(1) 画出这个环状半缩醛的椅式构型;

(2) 5-羟基己醛有几个可能的立体异构体;

(3) 环状半缩醛有几个立体异构体;

(4) 用平面六边形代表半缩醛,写出对映异构体;

(5) 写出上述各立体异构体较稳定的椅式构象。

11.13 写出下列反应的产物,以及反应物和产物的名称:

(1) [苯环]—$CH_2CHO + H_2N—NH_2 \longrightarrow$;

(2) [环戊酮]$=O + H_2N—NH—\underset{O}{C}—NH_2 \longrightarrow$;

(3) $[苯基]\underset{O}{C}—CH_3 + H_2N—NH—[2,4-二硝基苯基]\longrightarrow$;

(4) $CH_3\underset{O}{C}CH_2CH_2CH_3 + H_2N—OH \longrightarrow$。

11.14 用有机锂化合物及其它必要的原料合成下列各化合物:

(1) 三异丙基甲醇; (2) [环己烷结构: HO CH₂COOC₂H₅] ; (3) RCH_2CH_2OLi。

11.15 回答下列问题:

(1) 为什么醛、酮与氨的衍生物进行反应时,在微酸性(pH≒3.5)反应速度最大?而碱性或较高酸性条件则使反应速度降低?

(2) 氨基脲($H_2NCONHNH_2$)中有两个伯氨基,为什么其中只有一个—NH_2 和 $C=O$ 反应?

11.16 利用 wittig 试剂和必要的原料合成下列化合物:

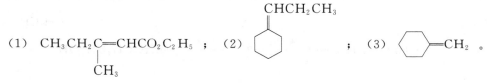

(1) $CH_3CH_2\underset{CH_3}{C}=CHCO_2C_2H_5$; (2) [环己烷 =CHCH₂CH₃] ; (3) [环己烷 =CH₂] 。

11.17 （1）写出下列每个化合物的两种烯醇式结构：

1) $CH_3-\underset{\underset{CH_3}{|}}{CH}-\overset{\overset{O}{\|}}{C}-CH_3$ ； 2) $CH_3CH_2-\overset{\overset{O}{\|}}{C}CH_2-C_6H_5$ ； 3) （见图：2-甲基环己酮）。

（2）写出下列各个烯醇式相应的酮式结构：

1) （环己酮-2-亚甲基CHOH）； 2) （环己烯-1,2-二醇）； 3) （环己烯酮-3-醇）； 4) $\overset{H}{\underset{H}{C}}=\overset{OH}{\underset{H}{C}}$ ；

5) $\underset{CH_3}{\overset{HO}{C}}=\underset{H}{\overset{CH_3}{C}}$ ； 6) $CH_3-\overset{\overset{O}{\|}}{C}-CH=\overset{OH}{C}-CH_3$ 。

11.18 正丁醛和苯乙酮与下列试剂有无反应，如有请写出反应方程式。
（1）H_2/Pt； （2）$LiAlH_4$，然后水解； （3）$NaBH_4$，在 CH_3OH 中； （4）$Zn-Hg+HCl$；
（5）$Ag(NH_3)_2^+$； （6）$(C_6H_5)_3P{=}CHCH_3$； （7）饱和 $NaHSO_3$； （8）H_2N-OH；
（9）HNO_3，H_2SO_4； （10）I_2+NaOH。

11.19 试以乙醛为原料制备下列各化合物，所需无机试剂和必要的有机试剂任选。

（1）$CH_2{=}CH-CH{=}CH_2$ ； （2）$CH_3CH\underset{\diagdown O \diagup}{-}CHCH\underset{\diagup OC_2H_5}{\overset{\diagdown OC_2H_5}{}}$ ；

（3）2,4,6-辛三烯醛； （4）（见结构式）； （5）$(HOCH_2)_3CCH\underset{\diagup OC_2H_5}{\overset{\diagdown OC_2H_5}{}}$ 。

11.20 以 4 个碳以下的有机物为原料，合成下述化合物：

（见结构式）

11.21 完成下列反应：

（1）$CH_3CHO \xrightarrow{\ ?\ } CH_3CH_2CH_2CHO$； （2）$CH_3CHO \xrightarrow{\ ?\ } CH_3CH{=}CHCOOH$；

（3）$F_3C\overset{\overset{O}{\|}}{C}H \xrightarrow{H_2O} ?$； （4）$CH_3CH_2CH_2CHO \xrightarrow{\ ?\ } CH_3CH_2CH_2CH_2\underset{\underset{CH_2CH_3}{|}}{CH}CH_2OH$；

（5）（苯基）$-CHO + CH_3CHO \xrightarrow{稀\ OH^-} ? \longrightarrow$ （苯基）$-CH_2CH_2CH_2OH$

$(6)\ (CH_3)_3CCHO \xrightarrow{\text{浓 } OH^-} ?;\qquad (7)\ (CH_3)_3CCHO + \underset{\ \ }{HCH} \overset{\displaystyle O}{} \xrightarrow{\text{浓 } OH^-} ?;$

$(8)\ (CH_3)_2CH-CHO + CH_3CH_2MgBr \xrightarrow{\text{干醚}} ? \xrightarrow{H_2O} ?.$

11.22 写出下列反应的产物：

$(1)\ CH_3CH=CH-CHO + HCN \xrightarrow{OH^-};$

(2) 苯甲醛 $+$ 苯乙酮 $\xrightarrow{OH^-} \xrightarrow[\triangle]{-H_2O} ? \xrightarrow{HCl} ?;$

$(3)\ CH_2=C=O + $ 苯基NHCH$_3$ $\longrightarrow$; (4) $\longrightarrow$ 。

11.23 用化学方法区别下列各组化合物

(1) 甲醛、乙醛、丙酮；　　(2) 丁酮、2-丁醇、2-氯丁烷；

(3) 2-戊酮、3-戊酮、环己酮；　　(4) 正庚醛、苯甲醛、苯乙酮。

11.24 用化学方法分离、提纯下列化合物：

(1) 分离环己醇、环己酮和 3-己酮的混合物；　　(2) 除去异丙醇中所含少量丙酮。

11.25 化合物 A 的分子式为 $C_5H_{12}O$，有旋光性，当它用碱性 $KMnO_4$ 氧化时变成没有旋光性的 $B(C_5H_{10}O)$；化合物 B 与正丙基溴化镁作用后水解生成 C，然后能拆分出两个对映体。写出化合物 A，B，C 的结构。

11.26 分子式为 $C_5H_{10}O$ 的化合物，可通过 Clemmenson 还原为正戊烷，可以与苯肼作用生成腙，但没有碘仿和 Tollens 反应。推测该化合物的构造式及有关反应式。

11.27 有一化合物（A）分子式为 $C_8H_{14}O$，A 可以使溴褪色，可以和苯肼反应。A 氧化生成一分子丙酮及另一分子 B，B 具有酸性，和次碘酸钠反应生成碘仿和一分子丁二酸。试写出 A 和 B 的可能构造式及各步反应式。

11.28 某化合物分子式为 $C_6H_{12}O$，能与羟氨作用生成肟，但不起银镜反应，在铂的催化下加氢，得到一种醇，此醇经过脱水、臭氧化、水解等反应后得到两种液体，其中之一能起银镜反应，但不起碘仿反应；另一种能起碘仿反应，而不能使 Fehling 试剂还原。试写出该化合物的构造式及各步反应式。

11.29 化合物 A 分子式为 $C_7H_{12}O$，可与 2,4-二硝基苯肼作用生成沉淀物；与苯基溴化镁作用，然后水解生成 B，B 的分子式为 $C_{13}H_{18}O$。B 脱水生成烯 C，分子式为 $C_{13}H_{16}$，该烯脱氢生成 4-甲基联苯。推测 A，B，C 的构造式，并写出各步反应式。

11.30 化合物 $A(C_9H_{10}O)$，其红外光谱在 1690 cm^{-1} 处有强吸收峰；^1H 核磁共振谱为 $\delta=1.2(3H)$，三重峰；$\delta=3.0(2H)$，四重峰；$\delta=7.7(5H)$，多重峰。该化合物有一个同分异构体 B，B 的红外光谱在 1705 cm^{-1} 有强吸收峰，其 ^1H 核磁共振谱为：$\delta=2.0(3H)$，单峰；$\delta=3.5(2H)$，单峰；$\delta=7.1(5H)$，多重峰。A 和 B 的区别还在于：B 与 NaOI 反应生成碘仿，

而 A 不能。试推测 A 与 B 的构造式。

11.31 化合物 A 的分子式为 $C_6H_{12}O_3$，在 1710 cm^{-1} 处有强吸收峰。A 和碘的氢氧化钠溶液作用得黄色沉淀，与 Tollens 试剂作用无银镜生成，但 A 用稀 H_2SO_4 处理后，所生成的化合物 $B(C_4H_6O_2)$ 与 Tollens 试剂作用有银镜产生。A 的 ^{1}HNMR 数据如下：(1) $\delta=2.1$ (3H) 单峰； (2) $\delta=2.6$ (2H) 双峰； (3) $\delta=3.2$ (6H) 单峰； (4) $\delta=4.7$ (1H) 三重峰，写出 A 的结构式及各步反应式。

第 12 章　羧酸及其衍生物

羧酸分子结构的特点是含有羧基（ $-\overset{\displaystyle O}{\underset{\displaystyle }{C}}-OH$ ），其通式为 $R-\overset{\displaystyle }{\underset{\displaystyle O}{C}}-OH$ 或 $Ar\overset{\displaystyle }{\underset{\displaystyle O}{C}}-OH$ ，羧基是羧酸的官能团。

羧酸分子中去掉羧基中的羟基（—OH）剩下的部分（ $R-\overset{\displaystyle }{\underset{\displaystyle O}{C}}-$ ）叫做酰基，酰基与其它原子或基团相连接而成的化合物叫羧酸衍生物。例如：

$R-\overset{\displaystyle }{\underset{\displaystyle O}{C}}-Cl$（酰氯），$R-\overset{\displaystyle }{\underset{\displaystyle O}{C}}-O-\overset{\displaystyle }{\underset{\displaystyle O}{C}}-R$ （酸酐），$R-\overset{\displaystyle }{\underset{\displaystyle O}{C}}-OR'$（酯），$R-\overset{\displaystyle }{\underset{\displaystyle O}{C}}-NH_2$（酰胺）

羧酸及其衍生物广泛存在于自然界中。许多化合物往往根据其来源而有俗名。例如，甲酸存在于蚂蚁中，称为蚁酸；乙酸存在于醋中，称为醋酸；丁酸存在于奶油中，称为酪酸；十八酸存在于油脂中，称为硬脂酸等。近代发现某些羧酸衍生物是许多昆虫幼虫的激素，能控制昆虫发育。由于它们对昆虫的种属具有高度的专属性，可用于杀灭害虫而对农作物无害，是一类新兴的农药杀虫剂。例如：

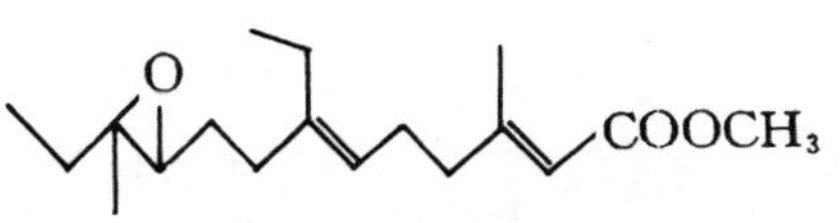

3,11-二甲基-7-乙基-10,11-环氧十三碳-2,6-二烯酸甲酯（幼虫激素）

12.1　羧酸的结构

羧酸的特征结构是羧基，羧酸中最简单的成员——甲酸的分子模型如图 12-1(*a*)和(*b*)

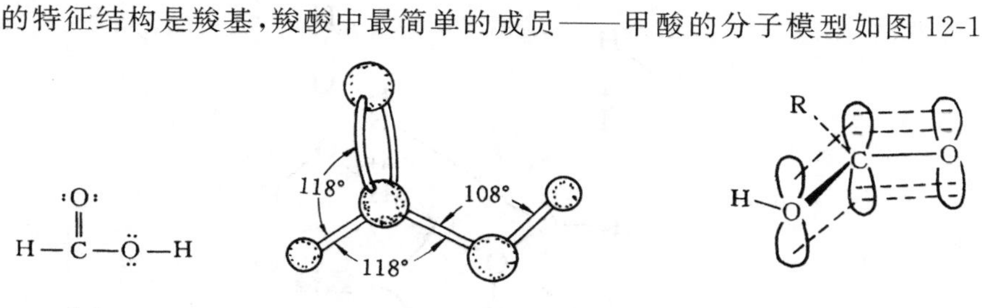

图 12-1　羧酸的结构

所示。其中羰基碳为 sp^2 杂化，它的 3 个 sp^2 杂化轨道分别与氢原子（或烷基）、羟基氧和羰基氧的轨道交盖，形成 3 个 σ 键，处于同一平面内，夹角接近 120°，碳原子上剩余的 p 轨道和氧原子的 p 轨道平行重叠形成 π 键。羟基氧原子上的 p 轨道与碳氧双键的 π 轨道平行，形成了 p-π 共轭。如图 12-1(*c*)所示。

12.2 羧酸的物理性质

在常温下,甲酸至壬酸为液体,高级脂肪酸为蜡状固体。甲酸、乙酸、丙酸具有刺激性气味,丁酸至壬酸有腐败气味,纯净的固体羧酸没有气味。羧酸是极性化合物,并可通过 $\diagdown$C=O 和—OH 形成分子间强的氢键,如图 12-2 所示。

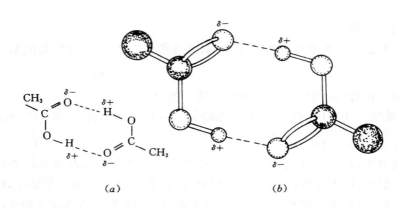

图 12-2 乙酸分子间的氢键

由于羧酸分子间的氢键比醇分子间氢键更强,所以羧酸的沸点比分子量相同的醇高。例如:

化合物	分子量	沸点/℃	化合物	分子量	沸点/℃
乙酸 CH_3COOH	60	118	丙酸 CH_3CH_2COOH	74	141
丙醇 $CH_3CH_2CH_2OH$	60	97.2	1-丁醇 $CH_3CH_2CH_2CH_2OH$	74	117

羧酸也能通过羰基和羟基与水形成氢键:

因此羧酸比分子量相当的链状烃、醇、醛、酮更易溶于水。例如丙酸与水混溶,而分子量相同

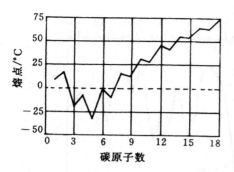

图 12-3 直链饱和一元羧酸的熔点

的 1-丁醇在水中的溶解度只有 8g/100g 水。

羧酸是由有极性的亲水性羧基和非极性的疏水性烃基组成。随疏水基团烃基体积增大，羧酸在水中溶解度减小，甲酸至丁酸混溶于水，随分子量增大，在水中溶解度降低，癸酸以上基本不溶于水。

羧酸的熔点表现出一种特殊的规律性变化。具有偶数碳原子的直链饱和一元羧酸比它前后相邻的两个同系物的熔点高。如图 12-3 所示。

常见的一些羧酸的物理常数如表 12-1 所列。

表 12-1　直链饱和一元羧酸的物理常数

化合物	熔点/℃	沸点/℃	相对密度（20℃）/g/cm³	溶解度/g/100g 水
甲酸（蚁酸）	8.4	100.5	1.220	∞
乙酸（醋酸）	16.6	118	1.049	∞
丙酸	−22	141	0.992	∞
正丁酸（酪酸）	−7.9	162.5	0.959	∞
正戊酸	−59	187	0.939	3.7
正己酸	−9.5	205	0.8751	0.968
正辛酸	16.5	239.7	0.8615	0.068
正癸酸	31.3	269	0.8531	0.015
十二酸（月桂酸）	43.6	298.9	0.8477	0.0055
十四酸（豆蔻酸）	54.4	202.4 (2133Pa)	0.8439	0.0020
十六酸（软脂酸）	62.9	221.5 (2133Pa)	0.8414	0.0007
十八酸（硬脂酸）	69.9	240.0 (2133Pa)	0.8390	0.00029
二十酸（花生酸）	75.4	203.5 (133.3Pa)		

12.3　羧酸的光谱性质

（1）红外光谱

羧酸的红外特征吸收是 C=O 的伸缩振动，发生在 1710—1760cm⁻¹ 区域。吸收峰的精确位置和形状取决于测定时的物理状态。在纯液体或固态时，C=O 伸缩振动约在 1700cm⁻¹ 出现一个宽峰。羧酸由于氢键作用常以二聚体形式存在，只有气态样品或在非极性溶剂的稀溶液中，才能在约 3550cm⁻¹ 处看到 O—H 伸缩振动吸收峰。其二聚体在 2500—3300cm⁻¹ 出现一宽的的吸收峰。丁酸的红外光谱如图 12-4 所示。

（2）核磁共振谱

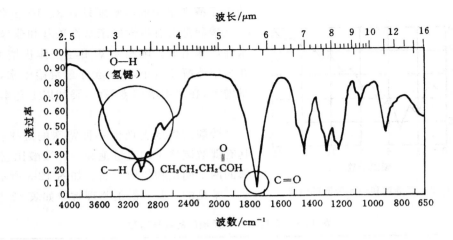

图 12-4　正丁酸的红外光谱

羧酸的核磁共振谱中，其 α-碳上的氢化学位移和醛、酮中相应的氢在大体相同位置，如—CH_2—COOH　$\delta=2.36$；$\diagup$CHCOOH　$\delta=2.52$。羧基质子的化学位移出现在低场，$\delta=9.5$—13 处。这是由于双分子氢键缔合的缘故。异丁酸的核磁共振谱如图 12-5 所示。

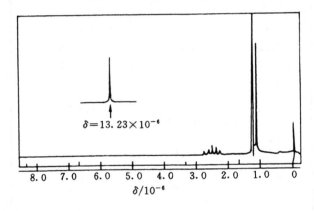

$\delta=13.23\times10^{-6}$

图 12-5　异丁酸的核磁共振谱

12. 4　羧酸的化学性质

羧酸的主要化学性质表现在羧基上，羧基虽由—OH 和 $\diagup$C=O 直接相连而成的，由于两者在分子中的相互影响，羧基的性质并不是—OH 和 $\diagup$C=O 性质的简单加合，而是作为一个整体具有羧基特有的性质。根据羧酸结构中键的断裂方式不同，发生不同的反应。

12.4.1 酸性

羧酸呈弱酸性,在水溶液中可离解出质子,与水结合成为水合质子:

$$RCOOH + H_2O \Longrightarrow RCOO^- + H_3^+O$$

羧酸的酸性强度,可用离解常数 K_a 表示(水的浓度作为常数):

$$K_a = \frac{[H_3^+O][RCOO^-]}{[RCOOH]}$$

$$pK_a = -\lg K_a$$

K_a 愈大,则 pK_a 愈小,酸性愈强。

一般羧酸的 pK_a 为 3.5—5,比无机酸($pK_a \approx 1$—3)弱,但比碳酸($pK_a \doteq 6.38$)和苯酚($pK_a \doteq 10$)强,所以羧酸可以与弱碱,例如碳酸氢钠和碳酸钠反应,生成羧酸钠和碳酸,碳酸分解生成 CO_2 和 H_2O:

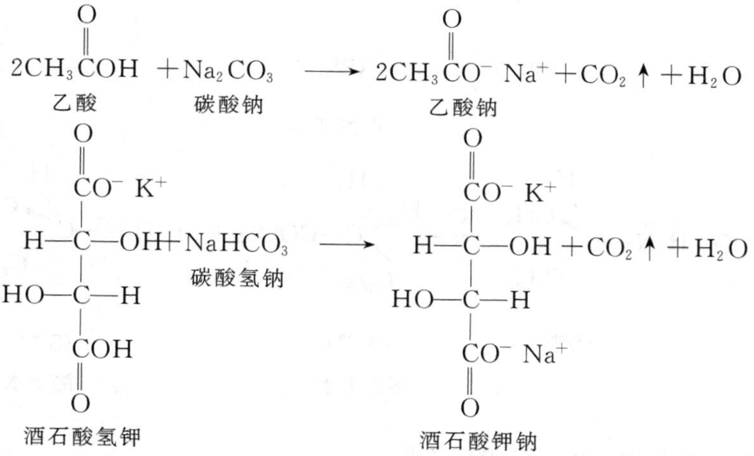

后一个反应就是发酵粉使生面团发酵的化学反应。发酵粉是碳酸氢钠与酒石酸氢钾的混合物,当加入水时,发酵粉中酸和碱发生反应,放出二氧化碳,达到发酵的目的。

低级羧酸的钠盐易溶于水,不溶于有机溶剂。羧酸盐与强的无机酸作用重新游离出羧酸。羧酸的这个性质常用于分离和精制:

$$RCOONa + HCl \longrightarrow RCOOH + NaCl$$

羧酸亦可与有机胺生成盐:

$$RCOOH + R'NH_2 \longrightarrow RCOO^- \overset{+}{N}H_3R'$$

有机铵盐容易水解成原来的羧酸和胺:

$$RCOO^- \overset{+}{N}H_3R' \xrightarrow{NaOH} RCOO^- + R'NH_2$$
$$\downarrow H^+$$
$$RCOOH$$

因此,用旋光活性的胺,可将一对有机酸的外消旋体拆分为(＋)-酸和(－)-酸。例如:

$$CH_3 \overset{\displaystyle H}{\underset{\displaystyle C_6H_5}{C}} - COOH + H_2N - \overset{\displaystyle H}{\underset{\displaystyle C_6H_5}{C}} CH_3 \longrightarrow (R^{(-)}S^{(+)})$$

(R)   (S)

$$H \overset{\displaystyle CH_3}{\underset{\displaystyle C_6H_5}{C}} - COOH + H_2N - \overset{\displaystyle H}{\underset{\displaystyle C_6H_5}{C}} CH_3 \longrightarrow (S^{(-)}S^{(+)})$$

(S)   (S)

非对映体 $\xrightarrow{\text{分离}}$ $(R^{(-)}S^{(+)})$ + $(S^{(-)}S^{(+)})$

$$CH_3 \overset{\displaystyle H}{\underset{\displaystyle C_6H_5}{C}} - COO^- \cdot H_3N^+ - \overset{\displaystyle H}{\underset{\displaystyle C_6H_5}{C}} CH_3 \xrightarrow{HCl} CH_3 \overset{\displaystyle H}{\underset{\displaystyle C_6H_5}{C}} - COOH + Cl^- H_3N^+ - \overset{\displaystyle H}{\underset{\displaystyle C_6H_5}{C}} CH_3$$

$(R^{(-)})$ $(S^{(+)})$ $(R^{(-)})$ $(S^{(+)})$

不溶于水   溶于水

$$H \overset{\displaystyle CH_3}{\underset{\displaystyle C_6H_5}{C}} - COO^- \cdot H_3N^+ - \overset{\displaystyle H}{\underset{\displaystyle C_6H_5}{C}} CH_3 \xrightarrow{HCl} H \overset{\displaystyle CH_3}{\underset{\displaystyle C_6H_5}{C}} - COOH + Cl^- H_3N^+ - \overset{\displaystyle H}{\underset{\displaystyle C_6H_5}{C}} CH_3$$

$(S^{(-)})$ $(S^{(+)})$ $(S^{(-)})$ $(S^{(+)})$

不溶于水   溶于水

同理，也可用旋光性的酸来拆分外消旋的胺。

不同结构的羧酸其酸性强弱各不相同。表 12-2 列出了几种羧酸和卤代羧酸的 pK_a 值。

表 12-2   某些羧酸和卤代羧酸的离解常数

羧酸	结　构　式	pK_a	氯代乙酸	结　构　式	pK_a
甲酸	HCOOH	3.77	氯乙酸	$ClCH_2COOH$	2.86
乙酸	CH_3COOH	4.74	二氯乙酸	$ClCHCOOH$ 下接 Cl	1.26
丙酸	CH_3CH_2COOH	4.87	三氯乙酸	$Cl-\overset{\displaystyle Cl}{\underset{\displaystyle Cl}{C}}-COOH$	0.64
丁酸	$CH_3CH_2CH_2COOH$	4.82			

羧酸	结 构 式	pK_a	氯代乙酸	结 构 式	pK_a
α-氯代丁酸	$CH_3CH_2CHCOOH$ | Cl	2.84	氟乙酸	FCH_2COOH	2.66
β-氯代丁酸	CH_3CHCH_2COOH | Cl	4.06	氯乙酸	$ClCH_2COOH$	2.86
γ-氯代丁酸	$CH_2CH_2CH_2COOH$ | Cl	4.52	溴乙酸	$BrCH_2COOH$	2.90
			碘乙酸	ICH_2COOH	3.12

从表中可见,乙酸的酸性比甲酸弱。若乙酸分子中的 α-氢原子被氯原子取代后,则酸性增强。羧酸分子中引入的氯原子数目愈多,酸性愈强;氯原子距羧基愈近,酸性愈强。这种由于烷基不同或引入的取代基不同而导致羧酸酸性强弱的变化,主要是由于原子或基团的电子效应不同引起的。

与氢比较,烷基具有微弱的给电子作用,这种给电子诱导效应使羧酸离解后形成的羧酸根负离子稳定性降低,因而酸性减弱,所以在饱和一元羧酸中,甲酸的酸性最强。

相反,如果羧酸中烃基上的氢被氯原子取代,由于氯原子的强吸电子诱导效应,使羧酸根负离子的负电荷得到分散而稳定性增大,因而酸性增强。显然,引入的氯原子愈多,酸性愈强,三氯乙酸是一个很强的酸。

通过这种方式,以不同的原子或取代基取代乙酸中 α-碳上的氢后各取代乙酸酸性的变化,可以对各种原子或基团诱导效应的方向及强弱排出相应的顺序。通常是以氢原子作为标准来比较不同基团的诱导效应的大小。在有机化合物中常见基团的诱导效应强弱次序为:

吸电子诱导效应$(-I)$:$\overset{+}{N}H_4>NO_2>SO_2R>CN>SO_2Ar>COOH>F>Cl>Br>I>OAr>COOR>OR>COR>SH>OH>C\equiv CR>C_6H_5>HC=CR_2>H$

给电子诱导效应$(+I)$:$O^->COO^->(CH_3)_3C>(CH_3)_2CH>CH_3CH_2>CH_3>H$

诱导效应沿着分子链传递,随着传递距离的增加而迅速下降,一般不超过 3 个碳原子。从表 12-2 所列不同位置氯代后所得的氯代丁酸的酸性可看到这一点,其中 γ-氯丁酸的酸性已接近于丁酸了。

共轭效应也可影响羧酸的酸性。例如:

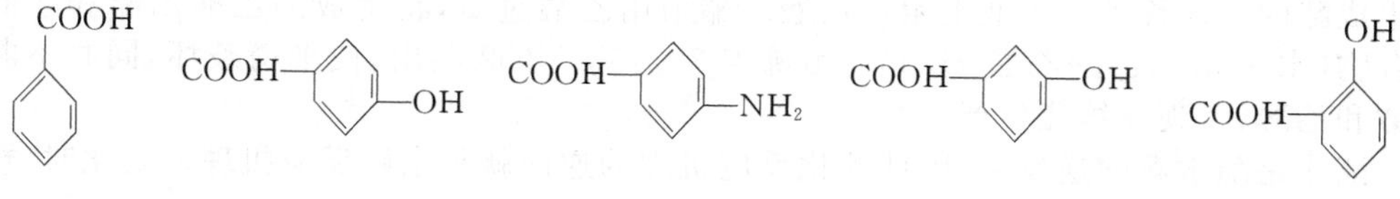

pK_a 4.20	4.57	4.36	4.08	2.98

苯环上羧基的对位引入羟基或氨基以后,由于—OH 和—NH₂ 中氧和氮的电负性都大于碳,吸电子诱导效应的结果本应使其酸性比苯甲酸强,而事实上对羟基苯甲酸和对氨基苯甲酸的酸性都比苯甲酸弱。可见羟基和氨基对芳环给电子的共轭效应起了主要作用。羟基和氨基在苯环的对位取代有利于给电子共轭效应的传递。若取代在间位,则不利于共轭效应

的传递,这时吸电子的诱导效应为主,故间羟基苯甲酸的酸性比苯甲酸强。邻位取代羟基苯甲酸,由于形成分子内氢键,使羧酸根负离子稳定,因而酸性增强。

12.4.2 羧酸衍生物的生成

羧酸分子中的羟基被卤素、氨基、酰氧基和烷氧基取代后的产物,分别称为酰卤、酰胺、

酸酐和酯,统称为羧酸衍生物。因为羧酸分子中除去羟基后剩余的部分($R{-}C{-}$ 带有 $\overset{O}{\overset{\|}{}}$)称为酰基,所以上述 4 种化合物都是羧酸的酰基衍生物。

1. 酰卤的生成

常见的酰卤是酰氯,可以由羧酸和无机酸的酰氯作用得到:

$$3RCOOH + PCl_3 \longrightarrow 3RCOCl + H_3PO_3$$
$$RCOOH + PCl_5 \longrightarrow RCOCl + HCl + POCl_3$$
$$RCOOH + SOCl_2 \longrightarrow RCOCl + HCl + SO_2$$

由于酰氯很容易水解,因此不能用水洗的方法除去反应中的无机物,通常用蒸馏法分离。在制备酰氯时采用哪种试剂,主要决定于原料,产物和副产物之间的沸点差。亚磷酸 H_3PO_3 在 $200℃$ 分解,因此 PCl_3 适合于制备沸点低的酰氯。磷酰氯($POCl_3$)的沸点为 $107℃$,可以蒸馏除去,因此 PCl_5 适用于制备沸点较高的酰氯。亚硫酰氯($SOCl_2$)沸点 $76℃$,它与羧酸作用制备酰氯时,生成的副产物氯化氢和二氧化硫都是气体,易于分离,酰氯产率高。它是实验室制备最方便的方法。

2. 酯的生成

羧酸和醇在酸的催化下共热生成酯和水,这个反应称为酯化反应。

$$R{-}\overset{O}{\overset{\|}{C}}{-}OH + R'OH \underset{\triangle}{\overset{H^+}{\rightleftharpoons}} RC\overset{O}{\overset{\|}{}}{-}OR' + H_2O$$

酯化反应是可逆的,在平衡时,只有一部分的羧酸和醇转变为酯。例如:

$$CH_3{-}\overset{O}{\overset{\|}{C}}{-}OH + CH_3CH_2OH \underset{\triangle}{\overset{H^+}{\rightleftharpoons}} CH_3C\overset{O}{\overset{\|}{}}{-}OCH_2CH_3 + H_2O$$

根据平衡常数的计算,1mol 乙酸和 1mol 乙醇反应,达到平衡时,反应混合物为 2/3mol 乙酸乙酯、2/3mol 水、1/3mol 乙酸和 1/3mol 乙醇的混合物。生产中可采用反应物过量,使平衡向生成酯的方向移动。工业上生产乙酸乙酯采用乙酸过量,将生成的乙酸乙酯和水的恒沸混合物(水 8.6% ,乙酸乙酯 91.4% ,恒沸点 $70.45℃$)不断蒸出,使平衡破坏,同时不断加入乙酸和乙醇,实现连续化生产。

酯化是酯水解的逆反应,因此酯化反应机理的逆向就是水解反应机理。酯化时,羧酸和醇之间脱水可以有两种不同的方式:

$$(1) \quad R{-}\overset{O}{\overset{\|}{C}}{+}OH + H{+}O{-}R' \longrightarrow R{-}\overset{O}{\overset{\|}{C}}{-}OR' + H_2O$$

$$(2) \quad R{-}\overset{O}{\overset{\|}{C}}{-}O{+}H + HO{+}R' \longrightarrow R{-}\overset{O}{\overset{\|}{C}}{-}OR' + H_2O$$

（1）是由羧酸分子中的羟基与醇羟基的氢结合脱水生成酯。由于羧酸分子去掉羟基后剩余部分叫酰基，故方式（1）称为酰氧键断裂。（2）是由羧酸中的氢和醇中的羟基结合脱水生成酯。由于醇去掉羟基后剩下烷基，故方式（2）称为烷氧键断裂。当用含有标记氧原子的醇（$R'^{18}OH$）在酸催化下与羧酸进行酯化反应时，发现形成的水分子不含^{18}O，标记的氧原子保留在酯中。这说明酯化反应是按方式（1），即酰氧键断裂方式进行的。具体机理如下：

$$
\underset{\overset{\|}{O}}{R-C}-OH \xrightleftharpoons{H^+} \underset{\overset{\|}{^+OH}}{R-C}-OH \longleftarrow \underset{\overset{|}{OH}}{\overset{}{R-\underset{+}{C}}}-OH \xrightleftharpoons{HOR'} R-\underset{\overset{|}{OH}}{\underset{\underset{R'}{|}}{\overset{|}{C}}}-\overset{|}{\underset{+OH}{OH}} \rightleftharpoons
$$

$$
R-\underset{\overset{|}{OR'}}{\overset{\overset{OH}{|}}{C}}-\overset{+}{O}H_2 \xrightarrow{-H_2O,\,-H^+} \underset{\overset{\|}{O}}{R-C}-OR'
$$

3. 酸酐的生成

饱和一元羧酸在脱水剂存在下加热，分子间脱水生成酐：

$$
\underset{\overset{\|}{O}}{R-C}-OH + HO-\underset{\overset{\|}{O}}{C}-R \longrightarrow \underset{\overset{\|}{O}}{R-C}-O-\underset{\overset{\|}{O}}{C}-R + H_2O
$$

甲酸与脱水剂共热，分解为水和一氧化碳：

$$
\underset{\overset{\|}{O}}{H-C}-OH \xrightarrow[60-80℃]{H_2SO_4} CO + H_2O
$$

这是制备纯净一氧化碳的一种方法。

由于乙酐便宜，所以常以乙酐为脱水剂和其它羧酸作用制备相应的酐：

$$
2R-\underset{\overset{\|}{O}}{C}-OH + (CH_3CO)_2O \rightleftharpoons (RCO)_2O + 2CH_3\underset{\overset{\|}{O}}{C}-OH
$$

上述反应可逆，在反应过程中，将生成的乙酸不断蒸出，使反应向右移动，收率较高。羧酸酐还可以由酰卤和无水羧酸盐加热得到：

$$
R-\underset{\overset{\|}{O}}{C}-Cl + Na-O-\underset{\overset{\|}{O}}{C}-R' \longrightarrow R-\underset{\overset{\|}{O}}{C}-O-\underset{\overset{\|}{O}}{C}-R' + NaCl
$$

应用这个方法，可以制备混合酸酐。

某些二元酸，如丁二酸、戊二酸、邻苯二甲酸等只需加热，便可脱水生成五元或六元环状酸酐：

$$
\begin{array}{c} CH_2-\underset{\overset{\|}{O}}{C}-OH \\ | \\ CH_2 \\ | \\ CH_2-\underset{\overset{\|}{O}}{C}-OH \end{array} \xrightarrow{\triangle} \begin{array}{c} CH_2-\overset{\overset{O}{\|}}{C} \\ | \qquad\quad O \\ CH_2 \\ | \\ CH_2-\underset{\overset{\|}{O}}{C} \end{array} + H_2O
$$

$$\underset{\text{(邻苯二甲酸)}}{\text{C}_6\text{H}_4(\text{COOH})_2} \xrightarrow{\triangle} \text{(邻苯二甲酸酐)} + \text{H}_2\text{O}$$

4. 酰胺的生成

羧酸与氨(或胺)反应首先生成铵盐,铵盐经加热后脱水得到酰胺。例如:

$$\text{CH}_3\text{CH}_2\text{CH}_2\text{COOH} + \text{NH}_3 \xrightarrow{25\text{℃}} \text{CH}_3\text{CH}_2\text{CH}_2\text{COONH}_4$$

$$\text{CH}_3\text{CH}_2\text{CH}_2\text{COONH}_4 \xrightarrow{180\text{℃}} \text{CH}_3\text{CH}_2\text{CH}_2\text{CONH}_2 + \text{H}_2\text{O}$$

12.4.3 羧基中羰基的还原反应

醛、酮中的羰基容易被还原为相应的醇,但羧基在一般条件下不易被化学还原剂还原,只能被强还原剂如氢化铝锂(LiAlH_4)还原为伯醇:

$$\text{RCOOH} \xrightarrow[\text{干醚}]{\text{LiAlH}_4} \xrightarrow[\text{H}_2\text{O}]{\text{H}^+} \text{RCH}_2\text{OH}$$

$$(\text{CH}_3)_3\text{CCOOH} \xrightarrow[\text{②H}_2\text{O,H}^+]{\text{①LiAlH}_4,\text{干醚}} \underset{92\%}{(\text{CH}_3)_3\text{CCH}_2\text{OH}}$$

氢化铝锂还原羧酸制伯醇,不仅产率高,而且在还原非共轭的不饱和酸时,对双键不会有影响。例如:

$$\text{CH}_3\text{CH}\!=\!\text{CHCH}_2\text{COOH} \xrightarrow[\text{②H}^+,\text{H}_2\text{O}]{\text{①LiAlH}_4,\text{干醚}} \text{CH}_3\text{CH}\!=\!\text{CHCH}_2\text{CH}_2\text{OH}$$

氢化铝锂价格昂贵。

12.4.4 脱羧反应

脱羧反应是指在适当的条件下从羧酸中脱去羧基(失去 CO_2)的反应。例如:

$$\underset{\text{(CaO)}}{\overset{\overset{\text{O}}{\|}}{\text{CH}_3\text{CONa}}} + \text{NaOH} \xrightarrow{\text{热熔}} \text{CH}_4 \uparrow + \text{Na}_2\text{CO}_3$$

这是实验室制备 CH_4 的方法之一。含碳数多的羧酸脱羧时往往要在高温下进行,由于副产物多,产率很低,在制备上没有价值。当一元羧酸的 α-碳原子上连有强的吸电子基团时,羧基较不稳定,加热时容易发生脱羧反应。例如:

$$\text{Cl}_3\text{CCOOH} \xrightarrow{100-150\text{℃}} \text{CHCl}_3 + \text{CO}_2$$

$$\underset{\text{NO}_2}{\overset{}{\text{CH}_2\text{CCOH}}} \xrightarrow{100-150\text{℃}} \text{CH}_3\text{NO}_2 + \text{CO}_2$$

$$\overset{\overset{\text{O}}{\|}}{\text{CH}_3\text{CCH}_2\text{COOH}} \xrightarrow{\triangle} \overset{\overset{\text{O}}{\|}}{\text{CH}_3\text{CCH}_3} + \text{CO}_2$$

芳香羧酸脱羧较脂肪酸容易,因为苯基也是一个吸电子基团。例如:

$$O_2N-\!\!\!\!\!\bigcirc\!\!\!\!\!-COOH \xrightarrow[\triangle]{NaOH(CaO)} O_2N-\!\!\!\!\!\bigcirc\!\!\!\!\!- +CO_2$$

一些二元羧酸如草酸、丙二酸等在受热时容易发生脱羧反应：

$$\begin{array}{c} COOH \\ | \\ COOH \end{array} \xrightarrow{\triangle} HCOOH + CO_2$$

$$HOOC\,CH_2\,COOH \xrightarrow{\triangle} CH_3COOH + CO_2$$

丁二酸、戊二酸在高温下脱水生成环状酸酐。己二酸和庚二酸加热至高温时也发生脱羧反应，同时脱水生成环状酮：

$$\begin{array}{c} CH_2CH_2COOH \\ | \\ CH_2CH_2COOH \end{array} \xrightarrow{300℃} \begin{array}{c} CH_2\!-\!CH_2 \\ | \qquad\quad \backslash \\ \qquad\quad C=O + CO_2 + H_2O \\ | \qquad\quad / \\ CH_2\!-\!CH_2 \end{array}$$

$$\begin{array}{c} CH_2CH_2COOH \\ CH_2 \\ CH_2CH_2COOH \end{array} \xrightarrow{300℃} \begin{array}{c} CH_2\!-\!CH_2 \\ CH_2 \qquad\quad C=O + CO_2 + H_2O \\ CH_2\!-\!CH_2 \end{array}$$

含 7 个碳原子以上的二元羧酸在受热时，一般只发生分子间脱水生成链状酸酐，而不脱羧。

12.4.5 α-氢的卤代反应

饱和一元羧酸 α-碳上的氢原子有一定的活泼性，可被卤素取代，生成 α-卤代羧酸。但是，羧酸中 α-H 的活性比醛酮中 α-H 的活性小，反应一般在少量红磷的催化下才比较顺利地进行。例如：

$$CH_3COOH \xrightarrow[红磷]{Br_2} CH_2BrCOOH \xrightarrow[红磷]{Br_2} CHBr_2COOH \xrightarrow[红磷]{Br_2} CBr_3COOH$$

卤代酸中卤素的性质与卤代烃中卤素的性质相似，可以进行亲核取代和消除反应，所以在有机合成上是一类重要的反应。例如：

$$\begin{array}{c} CH_3CH\,COOH \\ | \\ Br \end{array} \left\{ \begin{array}{l} \xrightarrow{NaOH-H_2O} CH_3CH\,COOH \\ \qquad\qquad\qquad\quad | \\ \qquad\qquad\qquad\quad OH \\ \xrightarrow{NH_3} CH_3CH\,COOH \\ \qquad\qquad\quad | \\ \qquad\qquad\quad NH_2 \\ \xrightarrow{NaCN} CH_3CH\,COOH \\ \qquad\qquad\quad | \\ \qquad\qquad\quad CN \\ \xrightarrow{KOH-醇溶液} CH_2\!=\!CHCOOH \end{array} \right.$$

12.5 羟 基 酸

在羧酸分子中烃基上的氢原子被其它原子或原子团取代后所生成的化合物称为取代酸，包括卤代酸、羟基酸、氨基酸和羰基酸等。这里只简单介绍羟基酸。羰基酸和氨基酸分别在 13 章和 17 章中讨论。

分子中同时含有羟基和羧基的化合物称为羟基酸，也叫醇酸。由于羟基与羧基的相对位置不同,可分为 α-、β-、γ-等羟基酸,通常把羟基连在碳链末端的称为 ω-羟基酸。有许多羟基酸根据其天然来源常用俗名。例如:

$$CH_3CHCOOH$$
$$|$$
$$OH$$

2-羟基丙酸或 α-羟基丙酸(乳酸)

$$CH_2CH_2CH_2COOH$$
$$|$$
$$OH$$

4-羟基丁酸或 γ-羟基丁酸

$$HOOCCH_2CHCOOH$$
$$|$$
$$OH$$

2-羟基丁二酸或 α-羟基丁二酸(苹果酸)

$$HOOCCH—CHCOOH$$
$$|\quad\quad|$$
$$OH\quad OH$$

2,3-二羟基丁二酸或 α,α′-二羟基丁二酸(酒石酸)

$$CH_2COOH$$
$$|$$
$$HO—C—COOH$$
$$|$$
$$CH_2COOH$$

3-羟基-3-羧基戊二酸
或 β-羟基-β-羧基戊二酸(柠檬酸)

3,4,5-三羟基苯甲酸(没食子酸)

制备羟基酸,除采用前面介绍过的卤代酸水解(12.4.5 小节)和羟基腈的水解(11.4.1 小节)外,β-羟基酸常用 Reformatsky 反应制备,即将锌加到 α-溴代酸酯与醛或酮的乙醚(或芳烃)溶液中,可制得 β-羟基酸酯,这种酯水解可得 β-羟基酸:

$$Zn + BrCH_2COOC_2H_5 \longrightarrow BrZnCH_2COOC_2H_5 \xrightarrow{R_2C=O}$$

$$R_2CCH_2COOC_2H_5 \xrightarrow{H_2O} R_2CCH_2COOC_2H_5 \xrightarrow[H^+,\triangle]{H_2O} R_2CCH_2COOH$$
$$|\qquad\qquad\qquad\qquad\qquad |\qquad\qquad\qquad\qquad\qquad\qquad |$$
$$OZnBr\qquad\qquad\qquad\qquad OH\qquad\qquad\qquad\qquad\qquad\qquad OH$$

$$+ BrCH_2COOC_2H_5 \xrightarrow[②H_2O]{①Zn,甲苯}$$

1-羟环己基乙酸乙酯

有机锌化合物与 Grignard 试剂在反应活性上有区别,在这里用锌代替镁,是因为 Grignard 试剂生成后立即与另一个分子的酯发生反应,而有机锌化合物不易与酯反应。

羟基酸的主要性质是容易脱水和水解。在脱水反应中,随羟基和羧基的相对位置不同得到不同的产物。α-羟基酸受热易发生两分子间相互酯化,生成六元环的交酯。例如:

α-羟基丙酸

丙交酯

β-羟基酸受热易发生分子内脱水,生成 α,β-不饱和酸。例如:

$$\underset{\underset{\beta\text{-羟基丙酸}}{}}{\overset{}{\underset{OH\ H}{CH_2CHCOOH}}} \longrightarrow CH_2=CHCOOH+H_2O$$
$$\underset{\text{丙烯酸}}{}$$

γ-和 δ-羟基酸受热很快生成五元环和六元环的内酯。例如：

$$\underset{\underset{\gamma\text{-羟基丁酸}}{CH_2CH_2CH_2CO}}{\overset{O}{|}\ \boxed{H\qquad HO}} \longrightarrow \underset{\gamma\text{-丁内酯}}{\overset{O}{CH_2CH_2CH_2CO}} + H_2O$$

$$\underset{\underset{\delta\text{-羟基戊酸}}{CH_2CH_2CH_2CH_2CO}}{\overset{O}{|}\ \boxed{H\qquad HO}} \longrightarrow \underset{\delta\text{-戊内酯}}{\overset{O}{CH_2CH_2CH_2CH_2CO}} + H_2O$$

γ-和 δ-内脂很容易从相应的羟基酸自动脱水而生成,所以 γ-和 δ-羟基酸难于游离存在,它们的盐是稳定的。例如：

$$\overset{O}{\underset{CH_2-CH_2}{\overset{|}{CH_2}\underset{}{\overset{}{C}}}} O + NaOH \xrightarrow[\triangle]{回流} \underset{OH}{CH_2CH_2CH_2COONa}$$

有的内酯还容易与氰化钾作用,生成氰基酸,进一步水解得二元羧酸。例如：

$$\underset{CH_2-C}{\overset{CH_2-CH_2}{\underset{\overset{\|}{O}}{|}}} O \xrightarrow{KCN} \underset{}{\overset{CN}{CH_2CH_2CH_2COOK}} \xrightarrow{浓\ HCl} HOOC(CH_2)_3COOH$$

当羟基与羧基相距更远时,受热后发生多分子间的酯化脱水,生成大分子链状结构的聚酯：

$$m\underset{n\geqslant5}{HO(CH_2)_nCOOH} \longrightarrow H\{O(CH_2)_nCO\}_mOH + (m-1)H_2O$$

α-羟基酸与稀硫酸或稀高锰酸钾溶液共热,均易分解为醛和酮：

$$\underset{OH}{\overset{}{RCHCOOH}} \overset{H_2SO_4}{\underset{KMnO_4}{\Big\uparrow}} \begin{array}{l} RCHO+HCOOH \\ RCHO+CO_2+H_2O \\ \quad\downarrow[O] \\ RCOOH \end{array}$$

$$\underset{OH}{\overset{}{R_2C-COOH}} \overset{H_2SO_4}{\underset{KMnO_4}{\Big\uparrow}} \begin{array}{l} R_2CO+HCOOH \\ R_2CO+CO_2+H_2O \end{array}$$

12.6 羧酸衍生物

从广义来说,凡是经过简单水解能生成羧酸的化合物都属于羧酸衍生物。习惯上主要是指羧酸中羟基被其它原子或基团取代后生成的化合物。

12.6.1 羧酸衍生物的命名

酰卤和酰胺常根据相应的酰基来命名。例如:

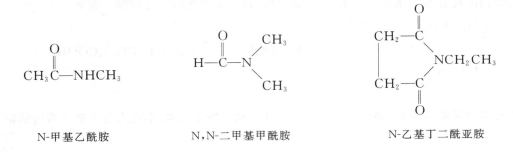

当酰胺分子中氮上有取代基时,称为 N-某烃基某酰胺。例如:

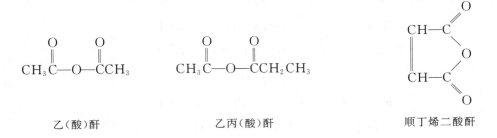

酸酐是由相应的羧酸来命名的,有时可将酸字省略。例如:

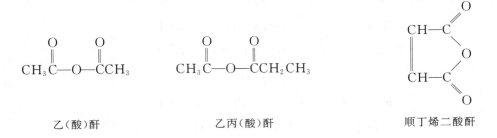

酯的命名是由相应的羧酸和醇而来的。例如:

$$CH_3COCH_2CH_3$$

乙酸乙酯

$$CH_3CH_2C-O-\bigcirc$$

丙酸苯酯

$$CH_3C-OCH=CH_2$$

乙酸乙烯酯

$$CH_3OC-C-OCH_2CH_3$$

乙二酸甲乙酯

邻苯二甲酸单仲丁酯

12.6.2　羧酸衍生物的物理性质

低级的酰氯和酸酐是有刺激性气味的液体,高级的为固体。低级酯具有芳香气味,存在于水果中,可用作香料。如乙酸异戊酯具有香焦香味。高级羧酸酯是蜡状固体。酰胺中除甲酰胺外,其余均为固体。

酰氯和酸酐不溶于水(低级酰氯和酸酐遇水分解)。酯微溶或难溶于水,易溶于有机溶剂。低级酯能溶解很多有机化合物,是良好的有机溶剂。低级酰胺由于可与水分子形成氢键而易溶于水。N,N-二甲基甲酰胺和N,N-二甲基乙酰胺可与水以任何比例混溶,所以是良好的非质子极性溶剂。

分子间能否形成氢键,对其物理性质有重要的影响。当分子量相同或相近时,酰胺的沸点最高,羧酸比酰氯、酸酐、酯的沸点高,在酰胺和取代酰胺中,氢键的影响更为突出。例如:

化合物	分子量	沸点/℃	熔点/℃
CH_3CONH_2	59	221	82
$CH_3CONHCH_3$	73	204	28
$CH_3CON(CH_3)_2$	87	165	−28

在这3个化合物中,沸点和熔点都随分子量增大而降低,其原因是在乙酰胺分子中,氮上有两个氢原子,在液相和固相都有很强的氢键存在。N-甲基乙酰胺氮上只有一个氢原子,氢键的存在没有乙酰胺广泛,而N,N-二甲基乙酰胺氮上没有氢,不存在分子间氢键,故出现了分子量增加而沸点、熔点降低的现象。

常见羧酸衍生物的物理常数如表12-3所示。

表 12-3　羧酸衍生物的沸点和熔点

化　合　物	沸　点/℃	熔　点/℃	化　合　物	沸　点/℃	熔　点/℃
乙酰氯	51	−112	甲酸乙酯	54	−80
乙酰溴	76.7		乙酸乙酯	77	−83
丙酰氯	80	−94	乙酸异戊酯	142	−78
正丁酰氯	102	−89	甲基丙烯酸甲酯	100	−50

化 合 物	沸 点/℃	熔 点/℃	化 合 物	沸 点/℃	熔 点/℃
乙酸酐	140	−73	甲酰胺	200(分解)	2.5
丙酸酐	169	−45	乙酰胺	221	82
丁二酸酐	261	119.6	丙酰胺	213	79
丁烯二酸酐	202	53	N,N-二甲基丙酰胺	153	
甲酸甲酯	32	−100	丁二酰亚胺	288	126

12.6.3 羧酸衍生物的光谱性质

羧酸衍生物中羰基的红外光谱吸收峰和 α-碳原子上质子的核磁共振吸收峰的化学位移分别列于表 12-4 和表 12-5 中。

表 12-4 羧酸衍生物中羰基伸缩振动的红外吸收谱

化合物类别	$\underset{R-C-OH}{O}$	$\underset{R-C-O^-}{O}$	$\underset{R-C-Cl}{O}$	$\underset{Ar-C-Cl}{O}$	$\underset{R-C-O-C-R'}{O\quad O}$
C=O 的伸缩振动频率/cm^{-1}	1710-1780	1550—1630	1800	1765—1785	1800—1850 1740—1790
化合物类别	$\underset{Ar-C-O-C-Ar}{O\quad O}$		$\underset{R-C-O-R}{O}$	$\underset{Ar-C-OR}{O}$	$\underset{R-C-NH_2}{O}$
C=O 的伸缩振动频率/cm^{-1}	1780-1830 和 1730-1770 两个强吸收峰		1735-1750	1755-1730	1650-1690

表 12-5 羧酸衍生物中 α-C 上质子的化学位移

质子类别	化学位移 $\delta/\times10^{-6}$	质子类别	化学位移 $\delta/\times10^{-6}$
$\underset{-C-C-Cl}{H\ \ O}$	2.67	$\underset{-C-N-H}{O}$	5—8
$\underset{-C-C-OR}{H\ O}$	2.03	$\underset{R-C-COCH_3}{H\ O}$	2.13
$\underset{-C-C-NH_2}{H\ O}$	2.08	$\underset{R-C-C-NH_2}{H\ O}$	2.23
$\underset{-C-O-C-}{O\qquad H}$	3.7—4.1		

羧酸衍生物的红外光谱与核磁共振谱实例如图 12-6,12-7,12-8 所示。

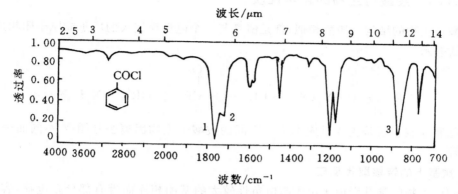

图 12-6 苯甲酰氯的红外光谱
1:C=O 的伸缩振动峰 1765cm^{-1}；
2:2×871cm^{-1} 的倍频峰；
3：C—C 键伸缩振动峰。

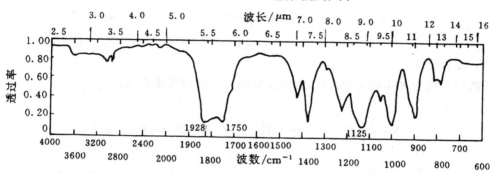

图 12-7 乙酸酐的红外光谱(羰基的伸缩振动吸收峰在 1828 和 1750cm^{-1} 为两个峰，1125cm^{-1} 为 C—O 键的伸缩振动吸收峰)

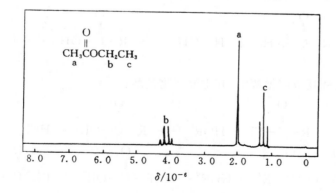

图 12-8 乙酸乙酯的核磁共振谱(CH_2 表现为一个单峰 2.0ppm,相互邻近的甲基—CH_3 和亚甲基—CH_2 发生偶合,分别出现三重峰和四重峰)

12.6.4 羧酸衍生物的化学性质

羧酸衍生物的结构与羧酸相似,都是酰基与一个电负性较大的原子或原子团相连,可用下列通式表示:

$$R-\overset{\underset{|}{H}}{\underset{|}{C}}-\overset{\overset{O}{\|}}{C}-Y \quad (Y=-Cl,\ -O-\overset{\overset{O}{\|}}{C}R\ ,\ -OR',\ -NH_2\ 等)$$

其中羰基和 α-碳上氢是主要反应部位。不同的羧酸衍生物因离去基团 Y 不同而表现出不同的活性。

1. 羰基上的亲核取代反应

羧酸衍生物的羰基碳原子由于与电负性较大的基团相连而带有部分正电荷,容易受到亲核试剂的进攻,首先发生加成反应,又因加成产物不稳定,随着发生消除反应,其结果是基团 Y 被另一个基团 Nu⁻ 所取代。通式为:

$$R-\overset{\overset{O}{\|}}{C}-Y + Nu^- \longrightarrow \left[R-\overset{\overset{O^-}{|}}{\underset{\underset{Nu}{|}}{C}}-Y \right] \longrightarrow R-\overset{\overset{O}{\|}}{C}-Nu + Y^-$$

（1）水解反应

羧酸衍生物与水作用叫做水解,水解反应的主要产物都是羧酸:

$$R-\overset{\overset{O}{\|}}{C}-Cl + H-OH \longrightarrow R-\overset{\overset{O}{\|}}{C}-OH + HCl$$

$$R-\overset{\overset{O}{\|}}{C}-O-\overset{\overset{O}{\|}}{C}-R' + H-OH \longrightarrow R-\overset{\overset{O}{\|}}{C}-OH + R'\overset{\overset{O}{\|}}{C}-OH$$

$$R-\overset{\overset{O}{\|}}{C}-OR' + H-OH \longrightarrow R-\overset{\overset{O}{\|}}{C}-OH + R'OH$$

$$R-\overset{\overset{O}{\|}}{C}-NH_2 + H-OH \longrightarrow R-\overset{\overset{O}{\|}}{C}-OH + NH_3$$

（2）醇解反应

羧酸衍生物与醇反应叫做醇解,其主要产物是酯:

$$R-\overset{\overset{O}{\|}}{C}-Cl + HOR'' \longrightarrow R-\overset{\overset{O}{\|}}{C}-OR'' + HCl$$

$$R-\overset{\overset{O}{\|}}{C}-O-\overset{\overset{O}{\|}}{C}-R' + HOR'' \longrightarrow R-\overset{\overset{O}{\|}}{C}-OR'' + R'-\overset{\overset{O}{\|}}{C}-OH$$

$$R-\overset{\overset{O}{\|}}{C}-OR' + HOR'' \longrightarrow R-\overset{\overset{O}{\|}}{C}-OR'' + R'OH$$

酯与醇的反应叫酯交换反应。酰胺难进行醇解反应。

（3）氨解反应

羧酸衍生物与氨(或胺)的反应叫做氨解(胺解),其主要产物是酰胺:

$$R-\overset{\overset{O}{\|}}{C}-Cl + HNH_2 \longrightarrow R-\overset{\overset{O}{\|}}{C}-NH_2 + HCl$$

$$R-\overset{\overset{O}{\|}}{C}-O-\overset{\overset{O}{\|}}{C}-R' + HNH_2 \longrightarrow R-\overset{\overset{O}{\|}}{C}-NH_2 + R'-\overset{\overset{O}{\|}}{C}-OH$$

$$R-\overset{\overset{O}{\|}}{C}-OR' + HNH_2 \longrightarrow R-\overset{\overset{O}{\|}}{C}-NH_2 + R'OH$$

酰胺的氨解一般比较困难。

上述 3 类取代反应,都是在试剂的分子中引入了一个酰基,所以叫做酰基化反应。羧酸衍生物是酰基化试剂,常用的酰基化试剂为酰氯、酸酐和酯。实验事实表明,酰基化试剂的活性次序为:

$$R-\overset{\overset{O}{\|}}{C}-Cl > R-\overset{\overset{O}{\|}}{C}-O-\overset{\overset{O}{\|}}{C}-R' > R-\overset{\overset{O}{\|}}{C}-O-R' > R-\overset{\overset{O}{\|}}{C}-NH_2 \quad 。 当 R 相同$$

时,酰基化试剂的活性与 $R-\overset{\overset{O}{\|}}{C}-Y$ 中离去基团 Y 的碱性和电子效应有关。

Y 的碱性由小到大的次序为:

$$Cl^- < RCOO^- < RO^- < H_2N^-$$

其共轭酸的酸性大小(由大到小)为:

$$HCl > RCOOH > ROH > RNH_2$$

显然,Y 的碱性越弱,越容易离去。可见 Cl^- 是最好的离去基团,也就是说,酰氯是活性最强的酰基化试剂;H_2N^- 是最强的碱,也就是说酰胺是最弱的酰基化剂。

从电子效应来看,在 $R-\overset{\overset{O}{\|}}{C}\overset{\curvearrowright}{-}\ddot{Y}$ 中有基团 Y 的吸电子诱导效应和与酰基碳原子直接相连的原子上的未共用电子对与羰基 π 电子之间的 p-π 共轭效应。Y 基团的吸电子诱导效应大小顺序为:

$$Cl-> RCOO-> RO-> H_2N-$$

吸电子能力越大,羰基碳原子上的正电荷就越多,亲核试剂就越容易加上去,p-π 共轭效应,也可用共振杂化体表示:

$$R-\overset{\overset{O}{\|}}{\underset{\underset{\ddot{Y}}{|}}{C}} \longleftrightarrow R-\overset{\overset{O^-}{|}}{\underset{\underset{Y^+}{\|}}{C}}$$

$$(Ⅰ) \qquad\qquad (Ⅱ)$$

这种共振效应稳定了整个分子,也加强了羰基碳原子与离去基团之间的键。这个效应的强弱取决于某些轨道的交盖(电子离域)。在上述 4 类酰基化合物中,酰氯受这种共振影响最少,因为这种共振是由碳的 $2p$ 轨道与氯的 $3p$ 轨道交盖,这两种轨道能量相差大,轨道的大小不同,它们之间的交盖不大,所以,当 Y 为 Cl 时,结构(Ⅱ)的贡献不大:

$$R-\overset{\overset{\displaystyle O}{\|}}{C}-Cl \quad \longleftrightarrow \quad R-\overset{\overset{\displaystyle O^-}{\|}}{C}=Cl^+$$

$$\qquad\qquad（Ⅰ）\qquad\qquad\qquad（Ⅱ）$$

也就是说,酰氯由于共振影响而受到的稳定作用最小,因此酰氯是最活泼的酰化剂。

对于酯和酰胺,是碳的 $2p$ 轨道与氧或氮的 $2p$ 轨道交盖。这种交盖比与氯的 $3p$ 轨道交盖有利,结构（Ⅱ）的贡献就较大,酯和酰胺就较稳定,所以酰化活性就不如酰氯。由于 RO— 的吸电子诱导效比 H_2N— 大,所以酯的酰化活性比酰胺大。

由于 RCOO— 比 RO— 具有更强的吸电子诱导效应,从而也说明了酸酐的酰化活性比酯大。

2. 还原反应

和羧酸类似,羧酸衍生物分子中的羰基也可被还原。由于与羰基相连的基团不同,通常发生还原反应由易到难的顺序为:

$$酰氯＞酸酐＞酯＞羧酸$$

与羧酸相似,酰氯、酸酐、酯和酰胺均可被 $LiAlH_4$ 还原,除酰胺（N 原子上至少有一个氢原子时）生成胺外,其它都生成伯醇:

$$
\left.
\begin{array}{l}
R-\overset{\overset{\displaystyle O}{\|}}{C}-Cl \\[2mm]
R-\overset{\overset{\displaystyle O}{\|}}{C}-O-\overset{\overset{\displaystyle O}{\|}}{C}-R' \\[2mm]
R-\overset{\overset{\displaystyle O}{\|}}{C}-OR' \\[2mm]
R-\overset{\overset{\displaystyle O}{\|}}{C}-NH_2
\end{array}
\right\}
\xrightarrow[\text{②}H_2O]{\text{①}LiAlH_4}
\begin{array}{l}
RCH_2OH \\[3mm]
RCH_2OH + R'CH_2OH \\[3mm]
RCH_2OH + R'OH \\[3mm]
RCH_2NH_2
\end{array}
$$

酰氯若用喹啉-硫部分毒化了的 $Pd\text{-}BaSO_4$ 催化下加氢或用三叔丁氧基氢化铝锂在 $-78℃$ 还原,则生成醛:

$$R-\overset{\overset{\displaystyle O}{\|}}{C}-Cl \xrightarrow[\text{或 }LiAlH[OC(CH_3)_3],\,-78℃]{H_2,\,Pd\text{-}BaSO_4\text{-}喹啉\text{-}硫} R-\overset{\overset{\displaystyle O}{\|}}{C}-H$$

这个反应称为 Rosenmand 还原反应,是制备醛的一种好方法。

酯还可被醇加钠还原成伯醇。常用此法将羧酸还原成伯醇:

$$R-\overset{\overset{\displaystyle O}{\|}}{C}-OH \xrightarrow[H^+,\,\triangle]{R'OH} R-\overset{\overset{\displaystyle O}{\|}}{C}-O-R' \xrightarrow{C_2H_5OH+Na} RCH_2OH + R'OH$$

3. 羧酸衍生物与 Grignard 试剂反应

与羧酸不同,羧酸衍生物可与 Grignard 试剂发生加成反应。酰氯与 Grignard 试剂作用可生成酮:

$$R-\overset{\displaystyle O}{\overset{\|}{C}}-Cl \ +R'MgCl \longrightarrow R-\overset{\displaystyle OMgCl}{\overset{|}{\underset{|}{C}}}-Cl \longrightarrow R-\overset{\displaystyle O}{\overset{\|}{C}}-R' \ +MgCl_2$$

这个反应最好在低温下进行。例如：

$$CH_3\overset{\displaystyle O}{\overset{\|}{C}}-Cl \ +CH_3CH_2CH_2CH_2MgCl \xrightarrow[FeCl_3,\ -70℃]{干醚} CH_3-\overset{\displaystyle O}{\overset{\|}{C}}-CH_2CH_2CH_2CH_3$$

如有过量的 Grignard 试剂存在,在室温下,该试剂又可与生成的酮继续作用,最终生成叔醇。

酸酐、酯或酰胺与 Grignard 试剂作用,再经水解均可得叔醇:

$$R-\overset{\displaystyle O}{\overset{\|}{C}}-Z \ +R'MgX \longrightarrow R-\overset{\displaystyle O}{\overset{\|}{C}}-R' \ + \ Mg\overset{\textstyle X}{\underset{\textstyle Z}{<}} \qquad (Z=OCOR'',OR'',NR''_2)$$

$$R-\overset{\displaystyle O}{\overset{\|}{C}}-R' \ +R'MgX \longrightarrow R-\overset{\textstyle R'}{\underset{\textstyle R'}{\overset{|}{\underset{|}{C}}}}-OMgX \xrightarrow{H_2O} R-\overset{\textstyle R'}{\underset{\textstyle R'}{\overset{|}{\underset{|}{C}}}}-OH \ + \ Mg\overset{\textstyle X}{\underset{\textstyle OH}{<}}$$

该反应不易停留在酮的阶段,因为酮的羰基相对比较活泼,Grignard 试剂与酮的作用要比与酸酐、酯或酰胺的作用更快。

4. 酰胺的脱水反应和 Hofmann 降级反应

（1）酰胺脱水

酰胺与脱水剂如五氧化二磷共热,可以发生分子内脱水,生成腈:

$$R-\overset{\displaystyle O}{\overset{\|}{C}}-NH_2 \xrightarrow[\triangle]{P_2O_5} RC\equiv N \ +H_2O$$

（2）Hofmann 酰胺降级反应

酰胺与溴和氢氧化钠作用,脱去羰基生成伯胺。例如:

$$R-\overset{\displaystyle O}{\overset{\|}{C}}-NH_2 \ +Br_2+4NaOH \longrightarrow RNH_2+2NaBr+Na_2CO_3+H_2O$$

在反应中,使碳链减少了一个碳原子,所以通常把这个反应叫做 Hofmann 降级反应。该反应可用于由羧酸制备少一个碳原子的伯胺,产率较高。其反应机理首先是酰胺氮上发生碱催化溴化,得到 N-溴代酰胺:

$$R-\overset{\displaystyle O}{\overset{\|}{C}}-NH_2 \ +OH^-+Br_2 \longrightarrow R-\overset{\displaystyle O}{\overset{\|}{C}}-\overset{\textstyle}{\underset{\textstyle H}{N}}-Br \ +Br^-+H_2O$$

然后在碱的作用下,从氮上消除溴和氢得到另一中间体酰基氮烯。在氮烯中,氮原子外层只有 6 个电子:

$$\underset{\overset{|}{H}}{\overset{\overset{O}{\parallel}}{R-C-N-Br}} + OH^- \longrightarrow \overset{\overset{O}{\parallel}}{R-C-\overset{..}{N}:} + Br^- + H_2O$$

酰基氮烯很不稳定,容易发生重排,得到异氰酸酯:

$$\overset{\overset{O}{\parallel}}{R-C}{\overset{\frown}{\underset{\,}{\ddot{N}}}:} \xrightarrow{\text{重排}} O=C=\ddot{N}-R$$

异氰酸酯很容易与水发生加成反应,加成产物在碱溶液中很快脱去二氧化碳得到伯胺:

$$R-N=C=O + H_2O \longrightarrow R-NH-\overset{\overset{O}{\parallel}}{C}-OH \longrightarrow RNH_2 + CO_2$$

12.7 油脂、蜡和磷脂

12.7.1 油脂

油脂是油和脂肪的简称,存在于动植物体内。动物的脂肪组织和油料作物的籽、核是油脂的主要来源。习惯上把在常温下是固体或半固体的叫脂肪,例如牛油、猪油等。常温下是液体的叫做油,例如花生油、豆油、桐油等。

油脂的主要成分是多种直链高级脂肪酸的甘油脂。可用下列构造式表示:

$$\begin{array}{l} CH_2-O-\overset{\overset{O}{\parallel}}{C}R \\ CH-O-\overset{\overset{O}{\parallel}}{C}R' \\ CH_2-O-\overset{\overset{O}{\parallel}}{C}R'' \end{array}$$

式中 R,R′、R″代表脂肪烃基,可以相同也可以不同;可以是饱和的,也可以是不饱和的。含3 个相同脂肪酸的甘油脂为单纯甘油脂,含两个或 3 个不同的高级脂肪酸的甘油脂为混合甘油脂。天然油脂组成中的高级脂肪酸主要是含偶数碳原子的直链羧酸。常见的饱和羧酸有:

十二酸(月桂酸)　　　$CH_3(CH_2)_{10}COOH$

十四酸(豆蔻酸)　　　$CH_3(CH_2)_{12}COOH$

十六酸(软脂酸)　　　$CH_3(CH_2)_{14}COOH$

十八酸(硬脂酸)　　　$CH_3(CH_2)_{16}COOH$

常见的不饱和酸有:

顺-9-十八碳烯酸(油酸)　　　$CH_3(CH_2)_7CH=CH(CH_2)_7COOH$

顺,顺-9,12-十八碳二烯酸(亚油酸)　　　$CH_3(CH_2)_4CH=CHCH_2CH=CH(CH_2)_7COOH$

顺,顺,顺-9,12,15-十八碳三烯酸　　　$CH_3CH_2CH=CHCH_2CH=CHCH_2CH=CH$
(亚麻酸)　　　$(CH_2)_7COOH$

一般,脂肪中含饱和酸的甘油酯较多,油中含不饱和酸的甘油酯较多。天然油脂是多种不同的脂肪酸混合甘油酯的混合物。例如,组成牛油的脂肪酸有丁酸,己酸、辛酸、癸酸、月桂酸、豆蔻酸、软脂酸、硬脂酸以及油酸等。

油脂的相对密度为 0.9—0.95g/cm³,不溶于水,溶于烃类、氯仿、四氯化碳等有机溶剂中。由于天然油脂都是混合物,所以没有恒定的沸点和熔点。在化学性质上兼有一般酯和 $C{=}C$ 双键的化学性质。

1. 皂化

将油脂和氢氧化钠溶液共热,水解为甘油和高级脂肪酸钠:

$$
\begin{array}{l}
CH_2\text{—}O\text{—}\overset{\displaystyle O}{\overset{\|}{C}}\text{—}R \\[4pt]
CH\text{—}O\text{—}\overset{\displaystyle O}{\overset{\|}{C}}\text{—}R \quad +3NaOH \xrightarrow{\ \triangle\ } \quad
\begin{array}{l}CH_2\text{—}OH\\ CH\text{—}OH \\ CH_2\text{—}OH\end{array} \quad +3RCOONa \\[4pt]
CH_2\text{—}O\text{—}\overset{\displaystyle O}{\overset{\|}{C}}\text{—}R
\end{array}
$$

生成的高级脂肪酸钠加工成型后就是肥皂。因此把油脂在碱性溶液中的水解叫做皂化,后来推广到把酯的碱性水解都叫做皂化。

由于各种油脂的成分不同,组成它们的脂肪酸的分子量也不相同,因此不同油脂皂化时所需要的碱量也各不相同。使 1g 油脂完全皂化所需要的氢氧化钾的毫克数,叫做皂化值。测定油脂的皂化值可以大致知道油脂的平均分子量。皂化值越大,油脂的平均分子量越小。

2. 加成

含有不饱和脂肪酸的油脂,分子中的碳碳双键可以和氢、碘等进行加成。

在 200℃ 左右,一定压力下把氢气通入含有 Raney 镍的油中,油中的 $C{=}C$ 双键即发生加氢反应,油的不饱和程度减少,液体的油就转变成为半固体状的脂肪。这个反应叫做油脂的加氢或硬化。利用这个反应可以把植物油转变成人造脂肪,也叫硬化油,可供食用。且硬化油因其不饱和性较小,不易被空气氧化而变质。

油脂和卤素也可发生加成反应。利用和卤素的加成可以测定油脂的不饱和程度。在工业上用 100g 油脂所能吸收碘的克数叫做碘值。碘值越大,表示油脂的不饱和程度越高。应该指出的是,碘与 $C{=}C$ 的加成是很困难的,因此在实际测定碘值时常用 ICl 或 IBr 代替碘,其中的氯原子或溴原子能使碘活化。

3. 干性

某些油在空气中放置,能生成一层干燥而有韧性的薄膜,这种现象叫做干化,具有这种性质的油叫干性油。在干性油中加入颜料等物质,就可制成油添等涂料。干性的好坏是以形成干燥薄膜的速度与薄膜的韧性来衡量的。桐油是最好的干性油,桐油中含桐油酸79%,它不但干化快,而且形成的薄膜韧性好,并能耐冷、热、潮湿。我国的桐油在世界上占有相当重要的地位。

油的干化是一个复杂的过程,至今尚未完全了解清楚,但是已经知道油的干化与油中所含脂肪酸的构造有关。含有不饱和脂肪酸是必要条件,含共轭双键的不饱和脂肪酸油的干性最好。例如,桐油的干性非常好,就是因为桐油酸分子中的 3 个双键是共轭的:

$$CH_3(CH_2)_3 CH=CH-CH=CH-CH=CH(CH_2)_7COOH$$

干化过程与氧化和聚合很有关系。双键旁的亚甲基容易和空气的氧发生自动氧化,形成一个自由基,自由基可以自行结合为高分子化合物。共轭双键两边的亚甲基因同时受两个或 3 个双键的影响,更为活泼,因此更容易氧化和聚合。

根据油的干性不同,可以把它们分为干性油、半干性油和不干性油。

4. 酸值

酸值是油脂中游离脂肪酸的量度。在新鲜的油脂中游离脂肪酸极少,但长期贮存或处理不当的油脂,游离脂肪酸的含量增加。在工业上,把中和 1g 油脂所需要的氢氧化钾的毫克数叫做酸值。

油脂的用途很广,为食物中的三大营养物(油脂、蛋白质、碳水化合物)之一,也是重要的工业原料。

12.7.2 蜡

蜡是存在于自然界动植物体内的蜡状物质。它的主要成分是十六碳以上的偶数碳原子的羧酸和高级一元醇所形成的酯,此外,蜡中尚存在一些分子量较高的游离的羧酸、醇以及高级的碳氢化合物和酮。

蜡多为固体,重要的有表 12-6 中所列的几种。

表 12-6　几种重要的蜡

分子式	名称	熔点/℃	存在
$C_{15}H_{31}COOC_{30}H_{61}$	峰蜡	62—65	密峰腹部
$C_{15}H_{31}COOC_{16}H_{33}$	鲸蜡	41—46	鲸鱼头部
$C_{25}H_{51}COOC_{30}H_{61}$	巴西蜡	83—90	巴西棕榈叶
$C_{25}H_{51}COOC_{26}H_{53}$	虫蜡	81.3—84	我国四川女贞树上白蜡虫的分泌物

蜡水解可得到相应的醇和酸。蜡可用于制造蜡纸、防水剂、光泽剂香脂和软膏等。

12.7.3 磷脂

磷脂是一类含磷的类脂化合物,存在于一切细胞的细胞膜中,是生物体的基本结构要素,并广泛存在于动物的脑、肝、蛋黄,植物的种子以及微生物中。重要的有卵磷脂、脑磷脂、神经鞘磷脂等。

卵磷脂和脑磷脂的母体结构都是磷酸酯,即甘油分子中的 3 个羟基有两个与高级脂肪酸形成酯,另一个与磷酸形成酯,它们是二酰基甘油磷酸酯。可用下式表示:

R 可以是 —CH₂CH₂NH₂ ， —CH₂—CH—COOH ，CH₂CH₂Ṅ(CH₃)₃OH⁻ 等。
                                                |
                                               NH₂

由于磷脂分子中磷酸部分还有一个可以离解的氢，而且 R 中带有碱性基团，所以这些磷脂以偶极离子的形式存在。例如：

    O   O
    ‖   ‖
R′—C—OCH₂   R′—C—OCH₂

R″—C—OCH   R″—C—OCH

O CH₂O—P—OCH₂CH₂Ṅ H₃ O CH₂O—P—OCH₂CH₂Ṅ(CH₃)₃
     O⁻   O⁻

磷酯酰乙醇胺   磷酯酰胆碱
（α-脑磷脂）   （α-卵磷脂）

上述磷脂类在结构上都有一个共同点：分子中同时具有疏水基与亲水基。分子中羧酸部分的长碳链为疏水基，而偶极离子部分为亲水基。正是由于这种结构上的特点，使得磷脂类化合物在细胞膜中起着重要的生理作用。

12.8　肥皂及合成表面活性剂

12.8.1　肥皂的组成和乳化作用

日常使用的肥皂含有约 70% 的高级脂肪酸钠，30% 左右的水分以及为增加泡沫而加入的松香酸钠。

高级脂肪酸的钾盐不能凝成硬块，叫做软皂。软皂多作用洗发水或医药上的乳化剂。

肥皂所以能除去油垢，是由高级脂肪酸钠的分子结构决定的。高级脂肪酸钠分子中一

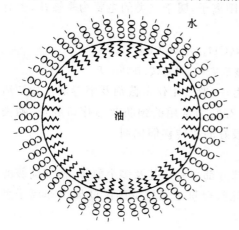

头羧基部分 —COO⁻ Na⁺ 是易溶于水的基团，叫做亲水基，它使肥皂具有水溶性；另一头是链状的烃基，是不易溶于水而易溶于非极性物质的基团，叫做疏水基。在水溶液中，这些链状的烃基由于范德华引力互相接近，聚成一团，形似球状，在球状物的表面为有极性的羧酸离子所占据，这样形成的球状物称为胶束，如图 12-9 所示。如果遇到一滴油，肥皂分子的烃基就溶入油中，而羧基部分溶入水中，这样每一个细小的油珠外面都被许多肥皂的亲水基包围着而悬浮于水中，这种现象叫做乳化。具有这种作用的物质叫做乳化剂，为表面活性剂中的一类。

图 12-9　肥皂的乳化作用

肥皂是弱酸盐，遇强酸后便游离出高级脂肪酸而失去乳化剂的效能，因而肥皂不能在酸性溶液中使用。肥皂也不能在硬水中使用，因为在

含有 Ca^{2+}，Mg^{2+} 的硬水中，肥皂便转化为不溶性的高级脂肪酸钙盐或镁盐，而不能再起乳化剂的作用。因此肥皂的应用有一定的限制，而且制造肥皂消耗一定数量的天然油脂，所以近年来，根据肥皂分子结构的特点，合成了许多具有表面活性作用的物质，这些物质叫做合成表面活性剂。

12.8.2 合成表面活性剂

表面活性剂是能降低液体表面张力的物质，从结构的角度来看，表面活性剂分子中必须含有亲水基团和疏水基团。就其用途可分为乳化剂、润湿剂、起泡剂、洗涤剂、分散剂等。

根据结构特点，合成表面活性剂分为离子型表面活性剂及非离子型表面活性剂。离子型表面活性剂又有阳离子型和阴离子型两类。

（1）阴离子型表面活性剂

阴离子型表面活性剂在水中生成带有疏水基的阴离子，肥皂就属于这一类，它的疏水基 R 包含在阴离子 $RCOO^-$ 中。此外，阴离子型合成洗涤剂还有烷基磺酸钠、烷基苯磺酸钠、烷基硫酸酯的钠盐（俗称烷基硫酸钠）等：

$$CH_3(CH_2)_{10}CH_2OSO_3^- Na^+ \quad RSO_3^- Na^+ (R:C_{12}—C_{20}) \qquad R—\!\!\!\bigcirc\!\!\!—SO_3^- Na^+ (R:C_{10}—C_{12})$$

十二烷基硫酸钠 　　　　　　　　烷基磺酸钠 　　　　　　　　烷基苯磺酸钠

它们在水中都能电离成 RSO_3^-，$ROSO_3^-$ 等带有疏水基的阴离子。

这类合成表面活性剂可用作起泡剂、润湿剂、洗涤剂等，如十二烷基硫酸钠是牙膏中的起泡剂。目前我国生产的洗衣粉主要是烷基苯磺酸钠。

这一类化合物都是强酸强碱盐，而且它们的钙、镁盐一般在水中溶解度较大，所以可在酸性溶液或硬水中使用，它们的水溶液呈中性。

（2）阳离子型表面活性剂

阳离子型表面活性剂在水中电离成带疏水基的阳离子，属于这类的主要为季铵盐，也有某些含硫或含磷的化合物：

$$[PhOCH_2CH_2N(CH_3)_2C_{12}H_{25}]^+ Br^- \qquad [C_{12}H_{25}N(CH_3)_2CH_2Ph]^+ Br^-$$

溴化二甲基苯氧乙基十二烷基铵（杜灭芬） 　　溴化二甲基苄基十二烷基铵（新洁尔灭）

上述化合物除有乳化作用外，还有较强的杀菌力，一般多用作杀菌剂及消毒剂。如新洁尔灭主要用于外科手术时的皮肤及器械消毒。杜灭芬则为常用的预防及治疗口腔炎、咽炎的药物。另外有些季铵盐，如溴化四正丁基铵等是极好的相转移催化剂。

（3）非离子型表面活性剂

这一类表面活性剂在水中不形成离子，其亲水部分都含有羟基及多个醚键，例如高级醇或烷基酚与多个环氧乙烷的聚合产物烷基聚乙二醇醚、聚氧乙烯烷基酚醚就属于非离子型表面活性剂：

$$C_{12}H_{25}O\!\!\leftarrow\!\!CH_2—CH_2—O\!\!\rightarrow\!\!_n H \qquad\qquad C_8H_{17}—\!\!\!\bigcirc\!\!\!—O\!\!\leftarrow\!\!CH_2—CH_2—O\!\!\rightarrow\!\!_n H$$

十二烷基聚氧乙烯醚（平平加）（$n=2—20$） 　　　辛基苯基聚氧乙烯醚（OP）（$n=2—20$）

这一类化合物是粘稠液体，与水极易混溶，洗涤效果也很好，是目前使用较多的洗净剂。

12.9 碳酸衍生物

碳酸是二氧化碳溶于水后所形成的不稳定化合物:

$$CO_2 + H_2O \Longrightarrow HO-\overset{\overset{\displaystyle O}{\|}}{C}-OH$$

也可看成是两个羟基共有一个羰基的二元羧酸,它本身不能游离存在,但它的二元衍生物,即中性碳酸衍生物是稳定的,而酸性碳酸衍生物如酸性碳酰氯、酸性碳酰胺和酸性碳酸酯都不稳定,不能游离存在。

12.9.1 碳酰氯

碳酰氯($Cl-\overset{\overset{\displaystyle O}{\|}}{C}-Cl$)俗称光气,在室温时为有甜味的无色气体,沸点 8.3℃,剧毒。工业上是用活性炭作催化剂,由一氧化碳和氯合成:

$$CO + Cl_2 \xrightarrow[\text{活性炭}]{200℃} Cl-\overset{\overset{\displaystyle O}{\|}}{C}-Cl$$

碳酰氯具有酰氯的典型化学性质,它容易发生水解、醇解和氨解反应:

$$Cl-\overset{\overset{\displaystyle O}{\|}}{C}-Cl + H_2O \longrightarrow Cl-\overset{\overset{\displaystyle O}{\|}}{C}-OH \longrightarrow CO_2 + HCl$$

$$Cl-\overset{\overset{\displaystyle O}{\|}}{C}-Cl + C_2H_5OH \xrightarrow{-HCl} Cl-\overset{\overset{\displaystyle O}{\|}}{C}-OC_2H_5 \xrightarrow[-HCl]{C_2H_5OH} C_2H_5O-\overset{\overset{\displaystyle O}{\|}}{C}-OC_2H_5$$

氯甲酸乙酯   碳酸二乙酯

$$Cl-\overset{\overset{\displaystyle O}{\|}}{C}-Cl + NH_3 \xrightarrow{-HCl} Cl-\overset{\overset{\displaystyle O}{\|}}{C}-NH_2 \xrightarrow[-HCl]{NH_3} H_2N-\overset{\overset{\displaystyle O}{\|}}{C}-NH_2$$

氨基甲酰氯   脲

$$Cl-\overset{\overset{\displaystyle O}{\|}}{C}-Cl + CH_3NH_2 \longrightarrow CH_3NH-\overset{\overset{\displaystyle O}{\|}}{C}-Cl \xrightarrow[\triangle]{-HCl} CH_3N=C=O$$

异氰酸甲酯

12.9.2 碳酰胺

碳酰胺($H_2N-\overset{\overset{\displaystyle O}{\|}}{C}-NH_2$)也称脲,俗称尿素。它存在于人和哺乳动物的尿中,是最重要的氮肥,也是有机合成的重要原料。工业上是以二氧化碳和过量的氨在加热、加压下直接合成:

$$CO_2 + 2NH_3 \underset{180℃}{\overset{20MPa}{\Longleftrightarrow}} H_2NCONH_4 \underset{180℃}{\overset{20MPa}{\Longleftrightarrow}} H_2N-\overset{\overset{\displaystyle O}{\|}}{C}-NH_2 + H_2O$$

· 313 ·

脲是结晶固体,熔点 132℃,能溶于水和乙醇,不溶于乙醚。它具有一般酰胺的化学性质,但因脲分子中一个羰基上连有两个氨基,所以它又有一些特性。

（1）成盐

由于脲分子中含有两个氨基,故呈微弱的碱性,与强酸作用生成盐。例如：

$$H_2N\overset{\overset{\displaystyle O}{\|}}{-C}-NH_2 \ + HNO_3 \longrightarrow CO(NH_2)_2 \cdot HNO_3$$
硝酸脲

$$2CO(NH_2)_2 + \ HOOC-COOH \longrightarrow [CO(NH_2)_2] \cdot (COOH)_2$$
草酸脲

这些盐都是良好的结晶,不易溶于水和浓酸中。利用这种性质,可以从尿中分离出脲。即先将尿液浓缩,然后用硝酸处理,冷却后硝酸脲即从溶液中结晶析出。

（2）水解

脲在酸或碱溶液中加热,或在尿素酶的作用下,发生水解反应：

$$H_2N\overset{\overset{\displaystyle O}{\|}}{C}NH_2 \xrightarrow{\ H_2O\ } \begin{cases} \xrightarrow{H^+} NH_4^+ + CO_2 \\ \xrightarrow{OH^-} NH_3 + CO_3^{2-} \\ \xrightarrow{酶} NH_3 + CO_2 \end{cases}$$

（3）降级反应

脲和一般酰胺一样,也可以发生 Hofmann 降级反应,生成肼,这是一种制备肼的新方法：

$$H_2NCONH_2 + NaOCl + 2NaOH \longrightarrow H_2N-NH_2 + NaCl + Na_2CO_3 + H_2O$$

但次卤酸钠过量时,使肼分解,放出氮气。

（4）酰基化

脲与酰氯或酸酐作用,生成酰脲。例如：

$$H_2N\overset{\overset{\displaystyle O}{\|}}{C}NH_2 \xrightarrow{CH_3COCl} CH_3\overset{\overset{\displaystyle O}{\|}}{C}NH\overset{\overset{\displaystyle O}{\|}}{C}NH_2 \xrightarrow{CH_3COCl} CH_3\overset{\overset{\displaystyle O}{\|}}{C}NH\overset{\overset{\displaystyle O}{\|}}{C}NH\overset{\overset{\displaystyle O}{\|}}{C}CH_3$$
乙酰脲　　　　　　　二乙酰脲

在乙醇钠存在下,脲与丙二酸酯反应,生成环状的丙二酰脲：

丙二酰脲

丙二酰脲具有酸性,所以又叫巴比土酸(barbituricacid)。它的衍生物,例如,5,5-二乙基丙二酰脲(药名巴比妥,barbitul)和 5-乙基-5-苯基丙二酰脲(药名苯巴比妥,又称鲁米那,luminal)都是常用的安眠药。

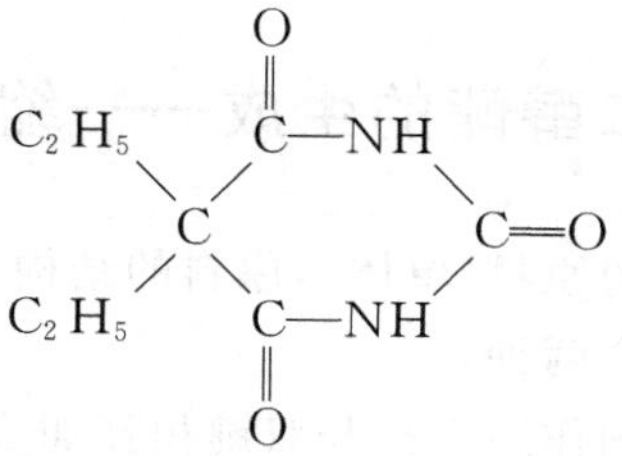

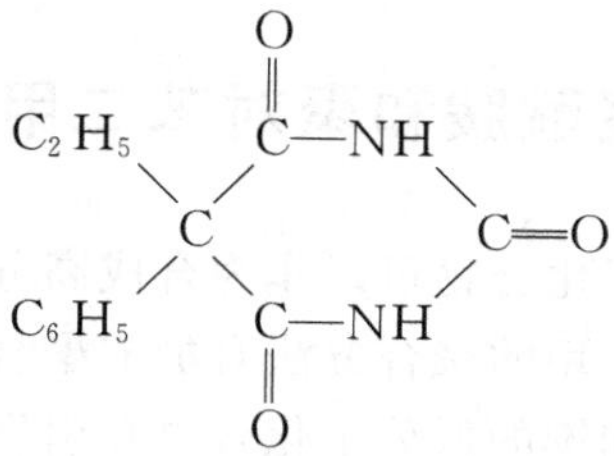

（5）受热后的反应

将脲缓慢加热到熔点以上，两分子间脱去一分子氨，生成缩二脲：

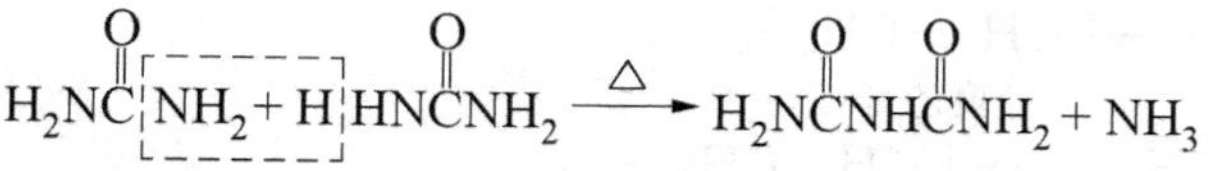

缩二脲和硫酸铜的碱性溶液反应产物呈紫色。这个反应称为缩二脲反应。凡是分子中含有两上或两个以上酰胺链段（ —C—NH— ）的化合物都有这个反应，因而这个反应可用来鉴别蛋白质。

脲在高温、高压下，生成三聚氰胺：

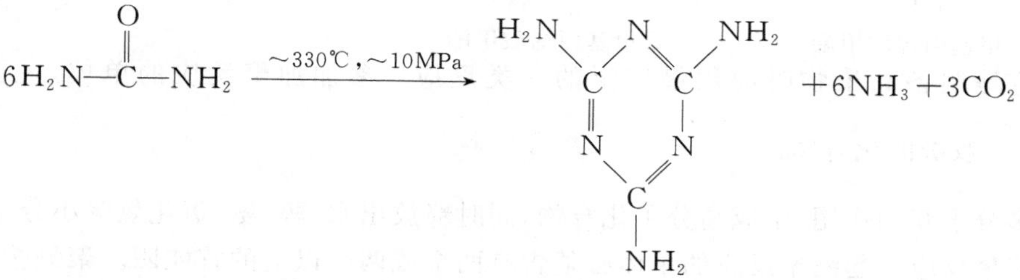

三聚氰胺和甲醛缩合制造三聚氰胺-甲醛树酯。这种树酯具有较高的耐水性和对电弧的稳定性。

（6）与醛作用

脲与醛，例如和甲醛反应可生成高分子的脲醛树酯：

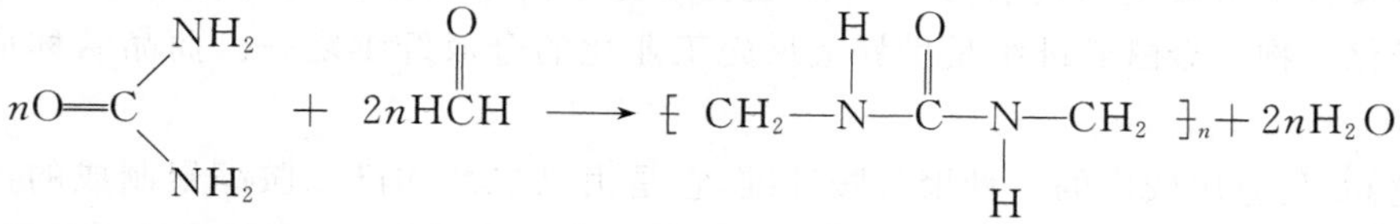

脲醛树脂具有较好的强度和电绝缘性，常用于制造各种电气产品。

　　脲还有一特殊性质，脲的饱和甲醇溶液可与 C_6 以上的直链烃、醇等形成结晶而沉淀出来，而与 C_6 以下及带支链的烃、醇等则不能。研究这类化合物的结晶，证明尿素形成筒状的螺旋体，中间有一个直径 0.5nm 的通道，直链化合物可以安置在这个通道里，形成包合化合物，但支链化合物不合适，不能彼此作用。如正辛烷和 1-溴辛烷可形成包合物，而 2-溴辛烷、2-甲基庚烷、2-甲基辛烷则不能。利用这种性质可以从汽油中把直链烃分离出来，提高汽油的质量。形成的结晶固体可加热使脲熔融或用水溶解，破坏其晶格，或用醚提取有机物。这样就可以获得正构化合物。这个方法还可用于分离某些很难分离的异构体。

12.10 聚酰胺和聚对苯二甲酸二乙二醇酯的生成——缩聚反应

许多低分子化合物可以作为合成高分子化合物的原料(单体),原料的结构不同,聚合方式也不一样。常用的聚合方法有加成聚合和缩合聚合两种。

具有不饱和键的低分子化合物在引发剂或催化剂作用下打开双键相互加成生成高分子化合物,或由环状化合物(如己内酰胺)开环相互连接成大分子化合物的反应叫做加成聚合,简称加聚反应。例如:

$$n\mathrm{CH_2{=}CH_2} \longrightarrow \overbrace{\mathrm{CH_2{-}CH_2}}^{}{}_n$$
乙烯　　　　　　　聚乙烯

$$n\mathrm{CH_3{-}CH{=}CH_2} \longrightarrow \overbrace{\mathrm{CH{-}CH_2}}^{}{}_n$$
$$\mathrm{CH_2}$$
丙烯　　　　　　聚丙烯

$$n\mathrm{CH_2{=}C{-}COOCH_3} \longrightarrow \overbrace{\mathrm{CH_2{-}C}}^{\mathrm{COOCH_3}}{}_n$$
$$\mathrm{CH_3} \qquad\qquad\qquad \mathrm{CH_3}$$
甲基丙烯酸甲酯　　　　聚甲基丙烯酸甲酯

加聚反应是制备高聚物时应用最广泛的一类反应。参加加聚反应的单体,主要是包含

$$\mathrm{C{=}C}$$ 双键的化合物。

许多分子互相作用,生成高分子化合物,同时释放出水、醇、氨、氯化氢等小分子,这种反应叫做缩聚反应。起缩聚反应的单体必须含有两个或两个以上的官能团。聚酰胺和聚对苯二甲酸二乙二醇酯的生成是典型的缩聚反应。

12.10.1 聚酰胺

聚酰胺就是由羧基和氨基相互作用,脱去水分子而形成含有酰胺结构($\mathrm{{-}\overset{\mathrm{O}}{\overset{\|}{C}}{-}NH{-}}$)的高分子化合物。聚酰胺纤维是世界上最先工业化的合成纤维之一。商品名称尼龙,也叫锦纶。

尼龙 66 是应用较广的一种聚酰胺纤维,它是由己二酸和己二胺缩聚制成的,所以也叫聚己二酰己二胺。在缩聚过程中,必须严格控制它们的当量比,才能制成适当分子量的高聚物,因此,反应的第一步是先将等摩尔的己二酸和己二胺制成己二酸己二胺盐(称为 66 盐)。提纯后再在 200—250℃下,氮气中进行缩聚:

$$\mathrm{HOOC(CH_2)_4COOH + H_2N(CH_2)_6NH} \xrightarrow{60℃\,以下} {}^-\mathrm{OOC(CH_2)_4COO\overset{-}{N}H_3(CH_2)_6\overset{+}{N}H_3}$$
尼龙66盐

$$n\,{}^-\mathrm{OOC(CH_2)_4COO^-}\,\overset{+}{\mathrm{N}}\mathrm{H_3(CH_3)_6\overset{+}{N}H_3} \xrightleftharpoons{200—250℃}$$

$$\mathrm{HO}\overbrace{\overset{\mathrm{O}}{\overset{\|}{C}}{-}(CH_2)_4{-}\overset{\mathrm{O}}{\overset{\|}{C}}{-}\overset{\mathrm{H}}{\overset{\|}{N}}{-}(CH_2)_6{-}\overset{\mathrm{H}}{\overset{\|}{N}}}^{}{}_n\mathrm{H} + (n-1)\mathrm{H_2O}$$

尼龙 66 具有耐磨、耐碱、抗有机溶剂等优点,用以制成牢固的线及织物如网、降落伞、轮胎帘

子线、衣袜等。另外如尼龙410(聚癸二酰丁二胺),尼龙1010(聚癸二酰癸二胺)等,都是由二元胺与二元酸缩聚制成的。尼龙后面的数字是指二元胺和二元酸的碳原子数,胺的碳原子数在前,酸的碳原子数在后。例如尼龙410是由丁二胺和癸二酸缩聚制成的,4代表胺的碳原子数,10代表酸的碳原子数。

目前市面上常见的尼龙还有尼龙6(聚己内酰胺)、尼龙9(聚壬酰胺)和尼龙11(聚十一酰胺),其中,尼龙6是由己内酰胺开环聚合而制得的:

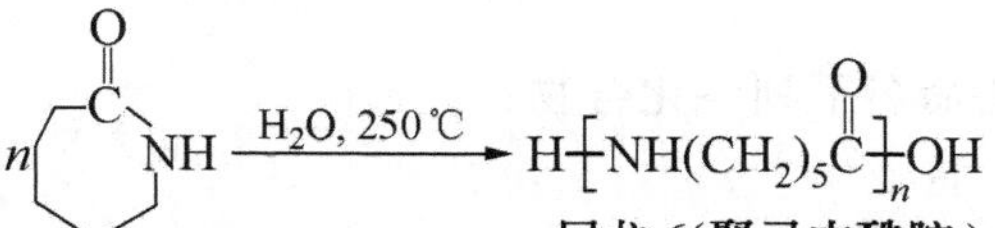

尼龙6(聚己内酰胺)

己内酰胺

尼龙9和尼龙11是由ω-氨基酸分子中的羧基与另一分子中的氨基作用生成酰胺键。例如尼龙9:

$$nH_2N(CH_2)_8COOH \longrightarrow H\!\left[NH(CH_2)_8\!-\!\overset{\overset{\displaystyle O}{\|}}{C}\right]_n OH + (n-1)H_2O$$

这3种聚酰胺尼龙后面的数字是指反应物分子中的碳原子数。

12.10.2 聚对苯二甲酸二乙二醇酯

由多元醇与多元酸或酸酐缩合得到的高分子化合物叫聚酯。聚对苯二甲酸二乙二醇酯为一种聚酯,称为涤纶,商品名为的确凉,它是合成纤维中应用较广泛的一个品种,合成过程如下:

(1) 酯化

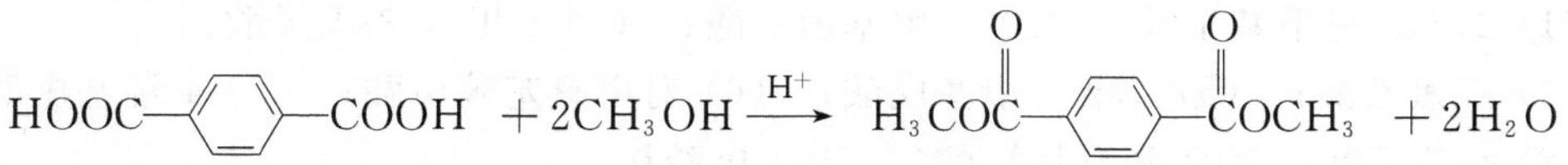

(2) 酯交换

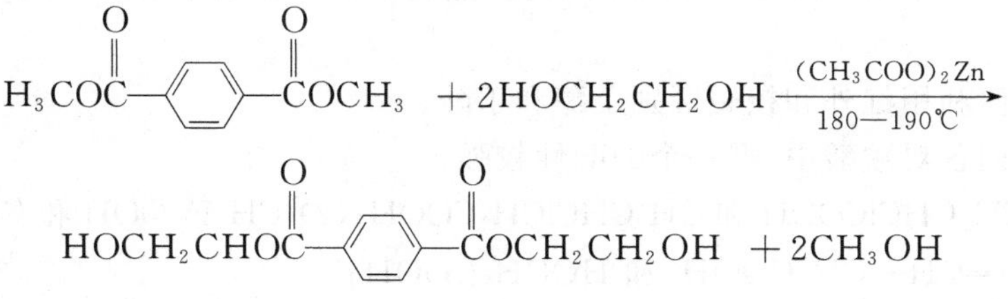

(3) 缩聚

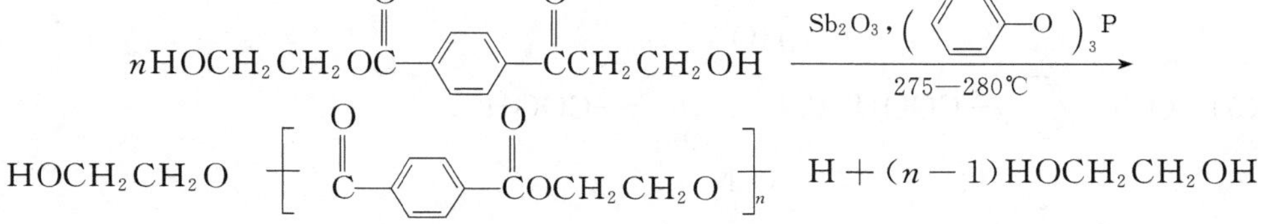

上述缩聚反应在减压和搅拌下进行,以利于除去在反应过程中生成的乙二醇,促使反应向形成高聚物的方向进行。聚对苯二甲酸二乙二醇酯也可以用对苯二甲酸与乙二醇直接酯化再缩聚来制备,这样省去了甲醇酯化和酯交换两步反应,但是,生产上很长时间未曾采用直接

酯化法,主要问题在于对苯二甲酸难熔化,又几乎不溶于溶剂中,难以提纯,而原料的纯度直接影响高聚物的质量,因此采用先将对苯二甲酸转变成易于提纯的甲酯。由于生产的需要,促进了对苯二甲酸精制提纯的研究工作。并已获得成功。目前对苯二甲酸与乙二醇直接酯化,缩聚生产涤纶已正式投入生产,并占有重要地位。

习　题

12.1　用系统命名法命名下列各化合物:

(1) $\underset{H}{\overset{HOOC}{\diagdown}}C=C\underset{COOH}{\overset{H}{\diagup}}$; (2) $HC\equiv C-CH_2COOH$;

(3) $CH_3CH_2\underset{C_2H_5}{\overset{|}{CH}}COOH$; (4) 苯环-CH_2CH_2COOH ;

(5) $HO-\!\!\!\!\bigcirc\!\!\!\!-COOH$; (6) $CH_3(CH_2)_8CH=CHCOOH$;

(7) $HOOC-\underset{CH_3}{\overset{|}{CH}}COOH$; (8) $HOOC-\underset{CH_2COOH}{\overset{CH_2COOH}{\overset{|}{\underset{|}{C}}}}-OH$ 。

12.2　写出下列各化合物的结构式:

(1) 2,2,3-三甲基丁酸; (2) 二甲基丙二酸; (3) 4-甲基-3-戊烯酸;

(4) 三氯乙酸; (5) α,γ-二甲基戊酸; (6) 对甲氧基苯甲酸; (7) 4-羟基戊酸;

(8) γ-苯丁酸; (9) 环戊烷甲酸; (10) 戊酸铵。

12.3　试分析丁烷、乙醚、丁醇、丁酸的沸点高低以及在水中溶解度的大小。简要说明原因。

12.4　如何利用红外和核磁区别丁醇和丁酸。

12.5　下列各对羧酸中,哪一个的酸性较强:

(1) $CH_3CH_2CHClCOOH$ 和 $CH_3CHClCH_2COOH$;(2) CH_2FCOOH 和 $CH_2ClCOOH$;

(3) $CH_2=CH-CH_2COOH$ 和 $HOCH_2COOH$;

(4) $HO-\!\!\!\!\bigcirc\!\!\!\!-COOH$ 和 $\underset{HO}{\bigcirc}-COOH$;

(5) $O_2N-\!\!\!\!\bigcirc\!\!\!\!-COOH$ 和 $\underset{O_2N}{\bigcirc}-COOH$;

(6) $H-\overset{O}{\overset{\|}{C}}-\!\!\!\!\bigcirc\!\!\!\!-COOH$ 和 $O_2N-\!\!\!\!\bigcirc\!\!\!\!-COOH$;

(7) $(CH_3)_2CHCOOH$ 和 CH_3COOH。

12.6 分离下列混合物：

(1) $CH_3CH_2CH_2CH_2CH_2OH$，$CH_3CH_2CH_2CH_2CHO$，$CH_3CH_2COCH_2CH_3$，$CH_3CH_2CH_2CH_2COOH$；

(2) 正丁酸、苯酚、环己酮、丁醚。

12.7 提纯下列各组化合物：

(1) 异戊醇中含有少量异戊酸和异戊醛； (2) 苯甲醛中含有少量苯甲酸。

12.8 用化学方法区别下列各组化合物：

(1) 甲酸、乙酸、丙二酸； (2) 乙醛、乙醇、乙酸。

12.9 完成下列反应：

(1) $ClCH_2CH\!=\!CH\!-\!COOH \xrightarrow{H_2/Ni}$

(2) $O\!=\!\bigcirc\!-\!COOH \xrightarrow{LiAlH_4}$

(3) $\bigcirc\!-\!COOH \xrightarrow{LiAlH_4}$

(4) $\bigcirc\!-\!\overset{O}{\underset{\|}{C}}CH_2CH_2COOH \xrightarrow{NaBH_4}$

(5) $CH_3C\!\equiv\!CCH_2COOH \xrightarrow[Pt\text{-}BaSO_4]{H_2,喹啉}$

(6) $CH_3\overset{O}{\underset{\|}{C}}CH_2CH_2CH_2COOH \xrightarrow{Zn\text{-}Hg/HCl}$

12.10 写出下列反应的产物：

(1) $CH_3\!-\!\overset{O}{\underset{\|}{C}}\!-\!\underset{\underset{CH_3}{|}}{CH}\!-\!COOH \xrightarrow{\triangle}$

(2) $CH_3CH(CH_2CH_2COOH)_2 \xrightarrow{\triangle}$

(3) $\bigcirc\!-\!COOH \xrightarrow[Fe]{Br_2}$

(4) $CH_3CH\!=\!CHCOOH \xrightarrow[P]{Cl_2}$

(5) $\bigcirc\!-\!CH_2CH_2COOH \xrightarrow[P]{Br_2} ? \xrightarrow{KOH\text{-}醇} ?$

12.11 写出下列各化合物转变成苯甲酸的化学方程式：

(1) 乙苯；(2) 苄醇；(3) 溴苯；(4) 苯乙酮；(5) 苯甲腈；(6) 苯三氯甲烷。

12.12 指出完成下列转变的较好方法，是（Ⅰ）用腈水解法？（Ⅱ）用 Grignard 试剂法？并写出反应方程式。

(1) $(CH_3)_3CCl \longrightarrow (CH_3)_3CCOOH$；

(2) $CH_3COCH_2CH_2CH_2Br \longrightarrow CH_3COCH_2CH_2CH_2COOH$；

(3) $(CH_3)_3CCH_2Br \longrightarrow (CH_3)_3CCH_2COOH$；

(4) $CH_3CH_2CH_2CH_2Br \longrightarrow CH_3CH_2CH_2CH_2COOH$；

(5) $HOCH_2CH_2CH_2CH_2Br \longrightarrow HOCH_2CH_2CH_2CH_2COOH$。

12.13 写出由丁醛生成下列化合物的转变过程：

(1) $CH_3CH_2CH_2COOH$；　（2）
$$CH_3CH_2CH_2CH = CCH_2CH_3$$
$$| \atop COOH$$

(3) $CH_3CH_2CH_2CH_2COOH$；　（4）$CH_3CH_2CH_2COO(CH_2)_3CH_3$。

12.14 按下列指定原料合成指定化合物：

(1) 由丙酮合成 α-甲基丙烯酸甲酯；

(2) 由甲醇和乙醛合成 2-甲基-2-羟基丙酸；

(3) 由乙醛合成 β-溴丁酸。

12.15 完成下列转变：

(1) $CH_3CH_2CH_2COOH \longrightarrow$
$$HOOCCHCOOH$$
$$| \atop CH_2CH_3$$
；　（2）1-丁醇$\longrightarrow$2-戊烯酸；

(3)
；　（4）
。

12.16 某化合物 A 的分子式为 $C_6H_{12}O$，氧化后得化合物 B，B 可溶于 NaOH 水溶液，与乙酸酐(脱水剂)一起加热蒸馏得到化合物 C。C 可以和羰基试剂加成，并可用 Zn-Hg/HCl 还原成化合物 D，D 的分子式为 C_5H_{10}。试写出 A，B，C 和 D 的结构式，并简要写出各步反应方程式。

12.17 有一化合物 A 的分子式为 $C_9H_{10}O_2$，能溶于 NaOH 水溶液，可以和羟胺等发生加成反应，但不和 Tollens 试剂反应。A 经 $NaBH_4$ 还原生成 B，B 的分子式为 $C_9H_{12}O_2$，A 和 B 均能发生和碘仿反应。用 Zn-Hg/HCl 还原 A 时生成 C，C 的分子式为 $C_9H_{12}O$，使 C 与 NaOH 溶液反应，再用碘甲烷煮沸，得化合物 D，D 的分子式为 $C_{10}H_{14}O$。用 $KMnO_4$ 氧化 D，生成对甲氧基苯甲酸。写出 A，B，C，D 的构造式及各步反应。

12.18 某化合物的分子式为 $C_7H_6O_3$，溶于 NaOH 及 $NaHCO_3$ 水溶液中，与 $FeCl_3$ 作用呈颜色反应，在碱性条件下与 $(CH_3CO)_2O$ 作用生成 $C_9H_8O_4$，与甲醇作用(在 H^+ 催化下)生成 $C_8H_8O_3$，硝化后主要得到两种一元硝化产物，试推测该化合物的构造式及各步反应式。

12.19 A，B 两种羧酸互为同分异构体，它们的中和当量为 $73\left(\text{中和当量} = \dfrac{\text{分子量}}{\text{分子中羧基的数目}}\right)$。A 脱水后生成 3-甲基戊二酸酐，B 受热后生成 C 和二氧化碳，C 的中和当量为 102，与碱石灰作用生成正丁烷和 CO_2。试写出 A，B，C 的构造式。

12.20 写出下列化合物的构造式：

(1) 异戊酰溴；　(2) 3-氯丙酸甲酯；　(3) 丁二酐；　(4) 乙酰脲；　(5) 己内酰胺；

(6) 丙烯酸乙烯酯；　(7) α-甲基丙酰氯；　(8) N-甲基丁二酰亚胺；

(9) N,N-二甲基甲酰胺；　(10) 巴比妥。

12.21 完成下列反应方程式：

(1) $CH_3CH_2CH_2COCl \xrightarrow{\text{?}} CH_3CH_2CH_2CHO$；

(2) $CH_3CH_2COOCH_3 \xrightarrow{Na+C_2H_5OH} ?$

(3) $CH_3CH_2CH_2CONH_2 \xrightarrow{?} CH_3CH_2CH_2CH_2NH_2$

(4)
$$CH_3 - \underset{\underset{CH_3}{|}}{\overset{\overset{CH_3}{|}}{C}} - \overset{O}{\overset{||}{C}}Cl \xrightarrow{CH_3MgI} \xrightarrow{H_3^+O} ?$$

(5) $H\overset{O}{\overset{||}{C}}OCH_2CH_3 \xrightarrow[(2)\ H_2O,H^+]{(1)\ CH_3CH_2CH_2CH_2MgBr} ?$

(6) 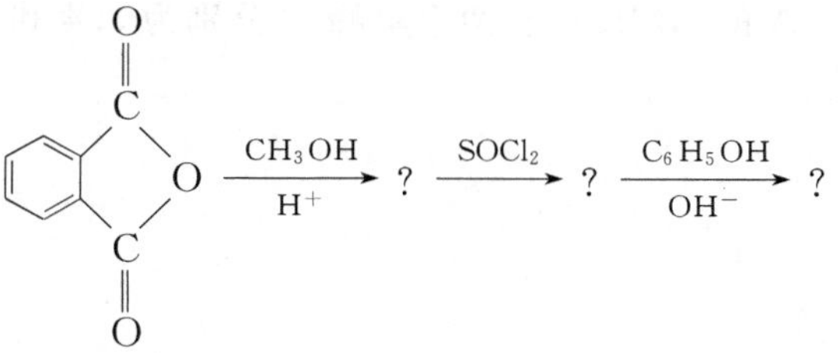 $\xrightarrow[H^+]{CH_3OH} ? \xrightarrow{SOCl_2} ? \xrightarrow[OH^-]{C_6H_5OH} ?$

(7) 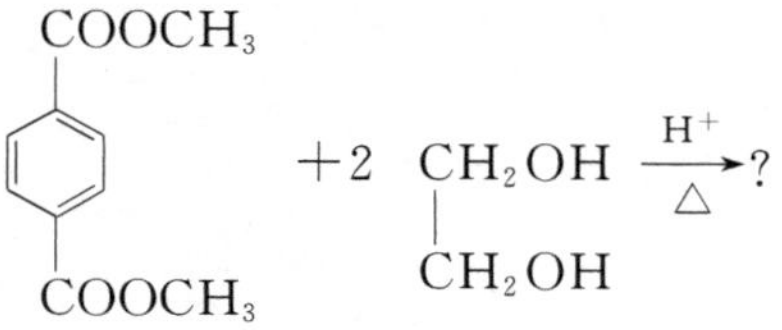 $+2\ \underset{\underset{CH_2OH}{|}}{CH_2OH} \xrightarrow[\triangle]{H^+} ?$

(8) $CH_3CH{=\!=}CH_2 \xrightarrow{HBr} ? \xrightarrow[?]{?} (CH_3)_2CHMgBr \xrightarrow{?} ? \xrightarrow[H_2O]{H^+}$

$(CH_3)_2CHCOOH \xrightarrow{PCl_3} ? \xrightarrow{NH_3} ? \xrightarrow[NaOH]{NaOBr} ?$

12.22 指出下列反应式中可能存在的错误:

（1） $CH_3COOH \xrightarrow[(A)]{CH_3CH_2OH} CH_3COOCH_2CH_3 \xrightarrow[(B)]{Br_2,P} BrCH_2COOC_2H_5 \xrightarrow[(C)]{LiAlH_4}$

$BrCH_2CH_2OH + CH_3CH_2OH$;

(2) $ClCH_2CH_2COOCH_3 \xrightarrow[(A)]{OH^-} ClCH_2CH_2COO^- \xrightarrow[(B)]{(CH_3)_3CCl} ClCH_2CH_2COOC(CH_3)_3$;

(3) $(CH_3)_2CHCOOH \xrightarrow[(A)]{HCl} (CH_3)_2CHCOCl \xrightarrow[(B)]{NH_3} (CH_3)_2CHCONH_2$;

(4) $CH_3COOH \xrightarrow[(A)]{H_2/Ni} CH_3CH_2OH \xrightarrow[(B)]{HCOOC_5H_{11}} HCOOCH_2CH_3 + CH_3(CH_2)_3CH_2OH$。

12.23 由指定原料合成下列化合物:

(1) 由丙酸合成丙酰氯和丙酐; （2）由乙醇合成丙酸丁酯; （3）由乙炔合成丙烯酸;

(4) 由甲苯和丁二酸酐合成 $CH_3\text{—}\langle\ \rangle\text{—}CH_2CH_2CH_2COOH$;

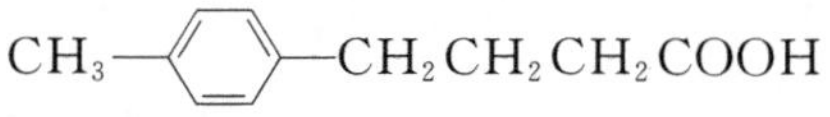

(5) 由 $CH_3CH_2COOCH_2CH_3$ 合成 CH_3CH_2CN。

12.24 化合物 A,B,C 的分子式都是 $C_3H_6O_2$,A 可与碳酸钠反应放出二氧化碳,B,C 均不与 Na_2CO_3 反应,但在 NaOH 水溶液中加热可水解,B 的水解反应产物中的液体蒸出后可发生碘仿反应。试推测 A,B,C 的结构。

12.25 化合物 A，分子式为 $C_5H_6O_3$，它和 1mol 乙醇作用可得到两个互为异构体的化合物 B 和 C，B 和 C 分别都与二氯亚砜作用后，再加入过量的乙醇则二者都生成同一种化合物 D。试推测 A，B，C 和 D 各为何种化合物。并写出所发生的反应方程式。

12.26 有一个中性化合物 $C_7H_{13}O_2Br$，与羟胺和苯肼均不反应。红外光谱在 2850—2950cm^{-1} 区域有吸收峰，而在 3000cm^{-1} 以上区域没有吸收峰，另外，一个强的吸收峰在 1740cm^{-1}。核磁共振谱在 $\delta=1.0(3H)$，三重峰；$\delta=1.3(6H)$，二重峰；$\delta=2.1(2H)$，多重峰；$\delta=4.2(1H)$，三重峰；$\delta=4.6(1H)$，多重峰。试推测此化合物的结构，并标明它们的吸收峰。

12.27 化合物 A 分子式为 $C_6H_{12}O_2$，其 IR 在 1740，1250 和 1060cm^{-1} 处皆有强吸收峰。而在 2950cm^{-1} 以上则无吸收峰。A 的 NMR 仅有两个单峰，δ 分别为 3.4 和 1.0，强度之比为 1∶3，试推测化合物 A 的结构。

第 13 章　β-二羰基化合物

13.1　β-二羰基化合物的互变异构和烯醇负离子的稳定性

分子中含有 $-\overset{\displaystyle O}{\underset{\displaystyle \|}{C}}-CH_2-\overset{\displaystyle O}{\underset{\displaystyle \|}{C}}-$ 结构的化合物是 β-二羰基化合物。

在第 11 章讨论醛酮的结构时,已经注意到在醛酮分子中,存在着互变异构现象。含有一个羰基的化合物,主要以酮式异构体〔Ⅰ〕的形式存在:

$$CH_3\overset{\displaystyle O}{\underset{\displaystyle \|}{C}}R \Longleftrightarrow CH_2=\overset{\displaystyle OH}{\underset{\displaystyle |}{C}}R$$
$$\text{〔Ⅰ〕} \qquad\qquad \text{〔Ⅱ〕}$$

β-二羰基化合物含有两个羰基,烯醇式异构体的含量大大增加:

$$CH_3\overset{\displaystyle O}{\underset{\displaystyle \|}{C}}CH_2\overset{\displaystyle O}{\underset{\displaystyle \|}{C}}OC_2H_5 \Longleftrightarrow CH_3\overset{\displaystyle OH}{\underset{\displaystyle |}{C}}=CH\overset{\displaystyle O}{\underset{\displaystyle \|}{C}}OC_2H_5$$
$$92\% \qquad\qquad\qquad 8\%$$

烯醇式异构体的含量还与其它因素有关。例如:羰基的 α-位不同的取代基对烯醇式异构体的含量有较大的影响:

$$70\% \qquad\qquad\qquad 30\%$$

$$11\% \qquad\qquad\qquad 89\%$$

从上面的例子可知,苯基乙酰乙酸乙酯的烯醇式含量为 30％,比乙酰乙酸乙酯的 8.0％高出近 3 倍。这显然是由于苯环与烯醇式双键发生了共轭效应,使烯醇式的能量降低。苯甲酰丙酮的烯醇式含量接近 90％,也是由于烯醇式中的双键既能与苯环,又能与另一个羰基发生共轭效应的结果。表 13-1 列出了一些常见羰基化合物的烯醇式异构体的含量。

表 13-1　某些羰基化合物的烯醇式异构体含量

化合物	酮式结构	烯醇式结构	烯醇式含量
乙酸乙酯	$CH_3\overset{O}{\overset{\|}{C}}OC_2H_5$	$CH_2=\overset{OH}{\overset{\|}{C}}OC_2H_5$	极少

化合物	酮式结构	烯醇式结构	烯醇式含量
乙醛	$\underset{\overset{\parallel}{O}}{CH_3CH}$	$\underset{\overset{\mid}{OH}}{CH_2{=}CH}$	6.8×10^{-7}
丙酮	$\underset{\overset{\parallel}{O}}{CH_3CCH_3}$	$\underset{\overset{\mid}{OH}}{CH_2{=}CCH_3}$	1.5×10^{-4}
丙二酸二乙酯	$CH_2(COOC_2H_5)_2$	$C_2H_5O\underset{\overset{\parallel}{O}}{C}{-}CH{=}\underset{\overset{\mid}{OH}}{C}OC_2H_5$	1.0×10^{-1}
乙酰乙酸乙酯	$CH_3\underset{\overset{\parallel}{O}}{C}CH_2\underset{\overset{\parallel}{O}}{C}OC_2H_5$	$CH_3\underset{\overset{\mid}{OH}}{C}{=}CH\underset{\overset{\parallel}{O}}{C}OC_2H_5$	7.7
苯基乙酰乙酸乙酯	$CH_3\underset{\overset{\parallel}{O}}{C}{-}CH\underset{\overset{\parallel}{O}}{C}OC_2H_5$ 下接苯环	$CH_3\underset{\overset{\mid}{OH}}{C}{=}C\underset{\overset{\parallel}{O}}{C}OC_2H_5$ 下接苯环	30.0
乙酰丙酮	$CH_3\underset{\overset{\parallel}{O}}{C}CH_2\underset{\overset{\parallel}{O}}{C}CH_3$	$CH_3\underset{\overset{\mid}{OH}}{C}{=}CH\underset{\overset{\parallel}{O}}{C}CH_3$	76.4
苯甲酰丙酮	⬡—$\underset{\overset{\parallel}{O}}{C}CH_2\underset{\overset{\parallel}{O}}{C}CH_3$	⬡—$\underset{\overset{\mid}{OH}}{C}{=}CH\underset{\overset{\parallel}{O}}{C}CH_3$	89.2

另一方面,醛酮失去一个质子后形成负离子:

$$CH_3\underset{\overset{\parallel}{O}}{C}R \xrightarrow[-BH]{B^-} {}^-CH_2\underset{\overset{\parallel}{O}}{C}R \rightleftharpoons CH_2{=}\underset{\overset{\mid}{O_-}}{C}R$$

$$〔Ⅲ〕 \qquad\qquad 〔Ⅳ〕$$

在所形成的负离子中,中心碳原子是 sp^2 杂化,氧原子上的孤对电子和双键发生共轭效应。由于氧原子的电负性大,负电荷主要集中在〔Ⅳ〕式所表示的氧原子上。这个负离子通常又称做烯醇负离子。醛、酮和适当的碱作用能形成烯醇负离子,这表明醛、酮有一定的酸性。对于简单的醛、酮和含有一个羰基的化合物,由于其酸性弱,使用一般的碱如氢氧化钠、醇钠等还不足以形成浓度较高的烯醇负离子。而 β-二羰基化合物中的亚甲基,由于受两个羰基的共同影响,酸性大大增强。表 13-2 列出了含有一个羰基的化合物和 β-二羰基化合物的酸性强度的数据。

表 13-2　羰基化合物的酸性

化合物	pK_a	化合物	pK_a
$\overset{O}{\underset{\|}{CH_3COC_2H_5}}$	24	$CH_2(COOC_2H_5)_2$	13.3
$\overset{O}{\underset{\|}{CH_3CCH_3}}$	20	$CH_3COCH_2COOC_2H_5$	10.7
$\bigcirc\!\!\!\!-\overset{O}{\underset{\|}{CCH_3}}$	18.3	$CH_3COCH_2COCH_3$	8.8
CH_3CHO	16.7		

从表 13-2 上的 pK_a 值可以看出,含有一个羰基的化合物的酸性较小,如丙酮的 pK_a 值是 20 左右,乙醛的 pK_a 值为 16.7,它们的酸性比水小。含有两个羰基的化合物的酸性大大增加,如丙二酸二乙酯的 pK_a 为 13.3,乙酰丙酮的 pK_a 为 8.8。和含有一个羰基的化合物相比,β-二羰基化合物的酸性强,容易形成烯醇负离子。烯醇负离子是一种好的亲核试剂,可以参加很多化学反应。这些化学反应能在活泼亚甲基上引入其它基团,在有机合成中是形成碳碳键的重要手段。

13. 2　乙酰乙酸乙酯

本章以应用最广泛的乙酰乙酸乙酯和丙二酸二乙酯为例说明 β-二羰基化合物的性质、结构以及在合成上的应用。

13. 2. 1　互变异构的证明

乙酰乙酸乙酯能与亚硫酸氢钠、氢氰酸加成,也能与羰基试剂如 2,4,-二硝基苯肼反应生成黄色沉淀。这些反应表明乙酰乙酸乙酯分子中含有羰基;另一方面,乙酰乙酸乙酯能使溴的四氯化碳溶液退色,表明分子中含有不饱和键。再者,乙酰乙酸乙酯能使 $FeCl_3$ 的溶液呈现紫色;乙酰乙酸乙酯与金属钠反应放出氢气。这些反应表明乙酰乙酸乙酯分子中含有 C=C—OH 的结构。乙酰乙酸乙酯的 NMR 和 IR 图谱显示乙酰乙酸乙酯分子中既有双键,也有羟基和羰基。物理的方法和化学的方法都证明:乙酰乙酸乙酯是一个酮式异构体和烯醇式异构体组成的混合物。在这个混合物中,酮式和烯醇式处于相互转变之中,常温下,酮式的含量占 92.3%,烯醇式的含量占 7.7%。

$$\overset{O\quad\ O}{\underset{\|\quad\ \|}{CH_3CCH_2COC_2H_5}} \Longleftrightarrow CH_3\underset{\underset{OH}{|}}{C}=CH-\overset{O}{\overset{\|}{C}}OC_2H_5$$

$$92.3\%\qquad\qquad\qquad 7.7\%$$

证明乙酰乙酸乙酯以酮式和烯醇式互变异构的形式存在的最有力的证明是通过实验得到了酮式异构体的晶体。将乙酰乙酸乙酯的乙醚溶液冷却到 −78 ℃,可析出一种晶体,这种晶

体化合物在 $-78\ ℃$ 以下，与三氯化铁溶液混合，1h 内无颜色反应，证明分子中无烯醇式异构体存在。这个晶体的熔点为 $-39\ ℃$。将这个晶体慢慢升至室温，再与 $FeCl_3$ 反应能显示紫红色。另外，在 $-78\ ℃$ 时，析出晶体后的母液，仍能使 $FeCl_3$ 溶液变色，这表明母液中含有烯醇式的异构体。这些实验事实，只能用酮式烯醇式互变异构来解释。烯醇式和酮式的异构体之间的互变与温度有关，温度低时互变速度变慢，在 $-78\ ℃$ 以下不再互变，此时可以分离出这两种异构体；在温度较高时，无论是酮式还是烯醇式都不能单独存在，而是以酮式和烯醇式的平衡混合物存在。

13.2.2　乙酰乙酸乙酯的制备

两分子乙酸乙酯在乙醇钠的作用下，发生缩合反应，脱去一分子乙醇，生成乙酰乙酸乙酯：

$$CH_3COC_2H_5 + CH_3COC_2H_5 \xrightarrow[\substack{C_2H_5OH}]{C_2H_5ONa} CH_3\overset{O}{\overset{\|}{C}}-CH_2COOC_2H_5 + C_2H_5OH$$

这一反应适用于很多种不同的酯。凡是 α-碳原子上有氢原子的酯，在适当碱性催化剂的作用下发生缩合反应生成 β-酮酸酯的反应叫做 Claisen 缩合反应。

Claisen 缩合反应有很多种形式，它们的反应机理是相同的。例如乙酸乙酯在醇钠作用下生成乙酰乙酸乙酯的反应机理，可以用下面的式子表示：

$$CH_3-\overset{O}{\overset{\|}{C}}OC_2H_5 + CH_3CH_2O^- \rightleftharpoons {}^-CH_2\overset{O}{\overset{\|}{C}}OCH_2CH_3 + C_2H_5OH$$

乙酸乙酯在乙氧基负离子的作用下，失去一个 α-H，生成乙酸乙酯的碳负离子。

$$CH_3-\overset{O}{\overset{\|}{\underset{\underset{OC_2H_5}{|}}{C}}} + {}^-CH_2COOC_2H_5 \rightleftharpoons CH_3-\overset{O^-}{\overset{|}{\underset{\underset{OC_2H_5}{|}}{C}}}-CH_2COOC_2H_5$$

$$\rightleftharpoons CH_3-\overset{O}{\overset{\|}{C}}-CH_2COOC_2H_5 + {}^-OC_2H_5$$

生成的碳负离子尽管浓度很低，但由于它是一个较强的亲核试剂，它进攻另一分子乙酸乙酯的羰基碳原子，发生亲核加成反应。加成产物通过消除乙氧基负离子生成乙酰乙酸乙酯。

$$CH_3\overset{O}{\overset{\|}{C}}CH_2\overset{O}{\overset{\|}{C}}-OC_2H_5 \xrightarrow{C_2H_5O^-N^+} CH_3\overset{O}{\overset{\|}{C}}\overset{O}{CHC}OC_2H_5 \rightleftharpoons CH_3\overset{O^-}{\overset{|}{C}}=\overset{O}{\overset{\|}{CHC}}OC_2H_5$$

$$\xrightarrow{H^+} CH_3\overset{O}{\overset{\|}{C}}CH_2\overset{O}{\overset{\|}{C}}-OC_2H_5$$

生成的乙酰乙酸乙酯在反应条件下并不存在，它一旦生成，立刻与醇钠反应生成钠盐，这个钠盐酸化后生成乙酰乙酸乙酯。

两个不同的酯也可以发生 Claisen 缩合反应，但反应产物因酯的不同而得到不同比例的反应混合物。例如两个都含有 α-H 的酯缩合，可能得到 4 个不同的产物：

$$R_1CH_2\overset{O}{\underset{\quad}{C}}+R_2CH_2\overset{O}{\underset{\quad}{C}}OC_2H_5 \xrightarrow{CH_3CH_2O^-}$$

$$R_1CH_2\overset{O}{\underset{\quad}{C}}-\underset{R_1}{\overset{}{CH}}-\overset{O}{\underset{\quad}{C}}OC_2H_5$$

$$R_2CH_2\overset{O}{\underset{\quad}{C}}-\underset{R_2}{\overset{}{CH}}-\overset{O}{\underset{\quad}{C}}-OC_2H_5$$

$$R_1-CH_2-\overset{O}{\underset{\quad}{C}}-\underset{R_2}{\overset{}{CH}}\overset{O}{\underset{\quad}{C}}-OC_2H_5$$

$$R_2CH_2-\overset{O}{\underset{\quad}{C}}-\underset{R_1}{\overset{}{CH}}-\overset{O}{\underset{\quad}{C}}OC_2H_5$$

有目的地选择一个含有 α-H 的酯和一个不含有 α-H 的酯进行缩合,在选择实验条件的情况下,可以生成主要的缩合产物:

$$\text{C}_6\text{H}_5\overset{O}{\underset{\quad}{C}}OC_2H_5+CH_3-\overset{O}{\underset{\quad}{C}}-OC_2H_5 \xrightarrow{C_2H_5ONa} \text{C}_6\text{H}_5\overset{O}{\underset{\quad}{C}}CH_2-\overset{O}{\underset{\quad}{C}}-OC_2H_5$$

产率 80%

如果一个分子中含有两个酯基,在碱作用下发生分子内缩合反应,生成环酯。这种缩合环化反应称为 Dieckmann 反应,这一反应可用于环状化合物的合成。合成五元环和六元环化合物时,用 Dieckmann 反应产率较高:

$$\xrightarrow{NaOC_2H_5}$$

13.2.3 乙酰乙酸乙酯在有机合成上的应用

由于乙酰乙酸乙酯比单酯和一般的醛和酮有较高的酸性,在金属钠或醇钠的作用下与活泼的卤代物发生亲核取代反应。根据卤代物的种类不同,主要介绍以下 3 种不同的反应。

1. 烷基化反应

$$CH_3\overset{}{\underset{O}{C}}CH_2COOC_2H_5 \xrightarrow{C_2H_5ONa} \left[CH_3-\overset{O^-}{\underset{\quad}{C}}=CHCOOC_2H_5\right]Na^+$$

$$\Longrightarrow \left[\underset{\displaystyle \overset{O}{\parallel}}{CH_3C}\bar{C}HCOOC_2H_5 \right] Na \xrightarrow{R-X} \underset{\displaystyle \overset{O}{\parallel}}{CH_3C}\underset{\displaystyle R}{\overset{\mid}{C}}HCOOC_2H_5$$

$$\xrightarrow{C_2H_5ONa} \left[\underset{\displaystyle \overset{O}{\parallel}}{CH_3C}\underset{\displaystyle R}{\overset{\mid}{\bar{C}}}COOC_2H_5 \right] Na \xrightarrow{R'X} \underset{\displaystyle \overset{OR'}{\mid}}{CH_3C}\underset{\displaystyle R}{\overset{\mid}{C}}COOC_2H_5$$

通过以上一系列反应，乙酰乙酸乙酯活泼亚甲基上的两个氢原子分别被两个烷基所取代。两个烷基可以相同，也可以不同。当两个烷基相同时，可以一次上两个烷基。

生成的烷基取代的乙酰乙酸乙酯在不同的条件下水解，得到不同的产物，这在有机合成上有重要的应用。按照水解时条件的不同，可以分为酮式分解和酸式分解。

（1）酮式分解

用氢氧化钠或氢氧化钾的稀溶液水解取代的乙酰乙酸乙酯，首先生成 β-酮酸，β-酮酸在加热时分解成甲基酮和二氧化碳。这是各类甲基酮的重要合成方法：

$$CH_3-\underset{\displaystyle \overset{\mid}{O}}{\overset{\displaystyle R}{\overset{\mid}{C}}}-CHCOOC_2H_5 \xrightarrow[\triangle]{5\%NaOH} \underset{\displaystyle \overset{O}{\parallel}}{CH_3C}CH_2R + CO_2 + C_2H_5OH$$

$$CH_3-\underset{\displaystyle \overset{\mid}{O}\ \underset{\displaystyle R'}{}}{\overset{\displaystyle R}{\overset{\mid}{C}}}-COOC_2H_5 \xrightarrow{5\%NaOH} \underset{\displaystyle \overset{O}{\parallel}}{CH_3C}\underset{\displaystyle R'}{\overset{\mid}{C}}H-R + CO_2 + C_2H_5OH$$

例如 2-庚酮用乙酰乙酸乙酯合成法合成的步骤如下式所示：

$$\underset{\displaystyle \overset{O}{\parallel}}{CH_3C}CH_2\underset{\displaystyle \overset{O}{\parallel}}{C}OC_2H_5 \xrightarrow{C_2H_5ONa} \left[\underset{\displaystyle \overset{O}{\parallel}}{CH_3C}\bar{C}H\underset{\displaystyle \overset{O}{\parallel}}{C}OC_2H_5 \right] Na^+$$

$$\xrightarrow{CH_3(CH_2)_3Br} \underset{\displaystyle CH_2(CH_2)_2CH_3}{CH_3COCHCOOC_2H_5} \xrightarrow[\text{酮式分解}]{5\%NaOH\ H_2O}$$

$$\underset{\displaystyle \overset{\mid}{O}}{CH_3CCH_2CH_2CH_2CH_2CH_3} + C_2H_5OH + CO_2$$

（2）酸式分解

如果使用较浓的碱如 40% 的 NaOH 水溶液来水解烷基取代的乙酰乙酸乙酯，则发生另外一种分解方式，结果生成 α 位烷基取代的乙酸，这种分解方式称为酸式分解：

$$\underset{\displaystyle \overset{\parallel}{O}\ \underset{\displaystyle R}{}\ \overset{\parallel}{O}}{CH_3C}-\underset{\displaystyle R}{\overset{\displaystyle R'}{\overset{\mid}{C}}}-C-OC_2H_5 \xrightarrow[H_2O]{40\%\ NaOH} R-\underset{\displaystyle R'}{\overset{\mid}{C}}HCOONa + \underset{\displaystyle \overset{O}{\parallel}}{CH_3C}-ONa$$

$$R-\overset{\overset{\displaystyle R'}{|}}{C}HCOONa \xrightarrow{H^+} R-\overset{\overset{\displaystyle R'}{|}}{C}HCOOH$$

乙酰乙酸乙酯烷基化后进行酸式分解。这是羧酸的合成方法之一。例如正己酸可以用这种方法合成,其步骤是:

$$CH_3\overset{\overset{\displaystyle O}{||}}{C}CH_2COOC_2H_5 \xrightarrow[C_2H_5OH]{CH_3CH_2ONa} \left[CH_3\overset{\overset{\displaystyle O}{||}}{C}\bar{C}HCOOC_2H_5 \right]^- \overset{+}{Na} \xrightarrow{nC_4H_9Br}$$

$$CH_3\overset{\overset{\displaystyle O}{||}}{C}-\overset{\overset{\displaystyle}{|}}{\underset{\underset{\displaystyle CH_2CH_2CH_3}{|}}{C}}HCOOC_2H_5 \xrightarrow[H_2O]{40\%\ NaOH} CH_3(CH_2)_4COONa + CH_3COONa + C_2H_5OH$$

$$\xrightarrow{H^+} CH_3(CH_2)_3CH_2COOH + CH_3COOH + C_2H_5OH$$

酸式分解和酮式分解是竞争反应,实验证明,碱越浓,越有利于酸式分解,反之,则有利于酮式分解。

2. 酰基化反应

在醇钠或其它强碱的作用下,乙酰乙酸乙酯与酰氯或酸酐发生反应,在活泼亚甲基上引入酰基。反应产物和烷基化反应的处理方法类似,经过碱性水解、酸化、脱羧后最终得到 β-二酮。这是 β-二酮的一种合成方法:

$$CH_3\underset{\underset{\displaystyle O}{||}}{C}CH_2\underset{\underset{\displaystyle O}{||}}{C}OC_2H_5 \xrightarrow[DMF]{NaH} \left[CH_3\underset{\underset{\displaystyle O}{||}}{C}\bar{C}H\underset{\underset{\displaystyle O}{||}}{C}OC_2H_5 \right] Na^+ \xrightarrow[-NaCl]{RCOCl} CH_3\underset{\underset{\displaystyle O}{||}}{C}-\overset{\overset{\displaystyle}{|}}{\underset{\underset{\displaystyle COR}{|}}{C}}H\overset{\overset{\displaystyle O}{||}}{C}-OC_2H_5$$

3. 与 α-卤代羰基化合物反应

在乙酰乙酸乙酯的烷基化反应中,如果以 α-卤代羰基化合物代替卤代烷,按照类似的步骤处理反应混合物,得到的产物是 γ-二羰基化合物。例如:

$$CH_3\overset{\overset{\displaystyle O}{||}}{C}CH_2COOC_2H_5 \xrightarrow[C_2H_5ONa]{CH_3COCH_2X} CH_3\underset{\underset{\displaystyle OCH_2COCH_3}{|}}{C}CHCOOC_2H_5 \xrightarrow[H_2O]{NaOH}$$

$$CH_3\underset{\underset{\displaystyle OCH_2COCH_3}{|}}{C}CHCOONa \xrightarrow[\triangle]{H^+} CH_3\overset{\overset{\displaystyle O}{||}}{C}CH_2CH_2\overset{\overset{\displaystyle O}{||}}{C}CH_3$$

$$CH_3\underset{\underset{\displaystyle O}{||}}{C}CH_2\underset{\underset{\displaystyle O}{||}}{C}OC_2H_5 \xrightarrow[②Br CH_2COC_2H_5]{①CH_3CH_2ONa} CH_3\underset{\underset{\displaystyle CH_2COOC_2H_5}{|}}{\underset{\underset{\displaystyle O}{||}}{C}}CHCOC_2H_5 \xrightarrow[H_2O]{NaOH}$$

$$CH_3\overset{\displaystyle O}{\overset{\|}{C}}\underset{\underset{\displaystyle CH_2COONa}{|}}{CH}COONa \xrightarrow[\triangle]{H^+} CH_3\overset{\displaystyle O}{\overset{\|}{C}}CH_2CH_2COOH$$

13.3　丙二酸二乙酯及其在有机合成上的应用

另一个典型的 β-二羰基化合物是丙二酸二乙酯,它是合成取代乙酸的常用试剂。在有机合成上,利用丙二酸二乙酯合成取代乙酸的方法叫丙二酸二乙酯合成法。用丙二酸二乙酯合成取代的乙酸比用乙酰乙酸乙酯更普遍。下面的式子所表示的羧酸,都可以用丙二酸二乙酯合成法来合成:

$$RCH_2COOH \qquad\qquad \underset{\underset{\displaystyle R'}{|}}{RCH}COOH$$

一取代乙酸　　　　　　二取代的乙酸

但是,丙二酸二乙酯合成法不能用来合成三取代的乙酸:

$$R\overset{\overset{\displaystyle R_1}{|}}{\underset{\underset{\displaystyle R_2}{|}}{C}}COOH$$

三取代乙酸

取代的丙二酸二乙酯的合成类似于取代的乙酰乙酸乙酯的合成:

$$CH_2(COOC_2H_5)_2 \xrightarrow[RX]{C_2H_5ONa} R—CH(COOC_2H_5)_2 \xrightarrow[R'X]{C_2H_5ONa}$$

$$R\underset{\underset{\displaystyle R'}{|}}{C}(COOC_2H_5)_2$$

生成的一取代的和二取代的丙二酸二乙酯再经过皂化、酸化、脱羧、便可以得到一取代和二取代的乙酸:

$$R\underset{\underset{\displaystyle R'}{|}}{C}(COOC_2H_5)_2 \xrightarrow{KOH,H_2O} R\underset{\underset{\displaystyle R'}{|}}{C}(COOK)_2 \xrightarrow{H^+} R\underset{\underset{\displaystyle R'}{|}}{C}(COOH)_2$$

$$\xrightarrow{\triangle} R\underset{\underset{\displaystyle R'}{|}}{CH}COOH \quad + \quad CO_2$$

例如某些氨基酸可以用丙二酸二乙酯合成法来制取:

$$CH_2(COOC_2H_5)_2 \xrightarrow[-C2H_5OH]{C_2H_5ONa} \left[{}^-CH(COOC_2H_5)_2\right]Na \xrightarrow{\overset{\displaystyle CH_3CHBr}{\underset{\displaystyle CH_3}{|}}}$$

$$CH_3CHCH(COOC_2H_5)_2 \xrightarrow[H_2O]{KOH} CH_3CHCH(COOK)_2 \xrightarrow{H^+}$$

$$\underset{CH_3}{|} \qquad\qquad\qquad \underset{CH_3}{|}$$

$$CH_3CHCH(COOH)_2 \xrightarrow{Br_2} CH_3CHC(COOH)_2 \xrightarrow{\triangle}$$

$$\underset{CH_3}{|} \qquad\qquad\qquad \underset{H_3C\ \ Br}{|\ \ \ |}$$

$$CH_3CHCHCOOH \xrightarrow{NH_3} CH_3CHCHCOOH$$

$$\underset{H_3C\ \ Br}{|\ \ \ |} \qquad\qquad \underset{H_3C\ \ NH_2}{|\ \ \ \ |}$$

缬 氨 酸

利用丙二酸二乙酯合成法可以合成二元酸。一分子的二卤代物与丙二酸二乙酯反应得到四元酸酯,同样经过水解、脱羧得到二元酸。其反应通式表示如下:

$$(CH_2)_n \begin{matrix} CH_2Br \\ \\ CH_2Br \end{matrix} \quad + \quad \begin{matrix} Na\overset{+-}{C}H(COOC_2H_5)_2 \\ \\ Na\overset{+-}{C}H(COOC_2H_5)_2 \end{matrix} \xrightarrow{-2NaBr}$$

$$(CH_2)_n \begin{matrix} CH_2CH(COOC_2H_5)_2 \\ \\ CH_2CH(COOC_2H_5)_2 \end{matrix} \xrightarrow[②\qquad\ H^+]{①\quad KOH,H_2O}$$

$$(CH_2)_n \begin{matrix} CH_2CH(COOH)_2 \\ \\ CH_2CH(COOH)_2 \end{matrix} \xrightarrow{\triangle} (CH_2)_n \begin{matrix} CH_2CH_2COOH \\ \\ CH_2CH_2COOH \end{matrix}$$

一个具体的例子是戊二酸的合成:

$$CH_2(COOC_2H_5)_2 \xrightarrow{NaOC_2H_5} Na\overset{+}{C}H(COOC_2H_5)_2 \xrightarrow{CH_2I_2}$$

$$(C_2H_5OOC)_2CHCH_2CH(COOC_2H_5)_2 \xrightarrow[②\qquad H^+]{①KOH,H_2O}$$

$$(HOOC)_2CHCH_2CH(COOH)_2 \xrightarrow{\triangle} HOOCCH_2CH_2CH_2COOH$$

用丙二酸二乙酯与某些二卤代物反应,反应物的摩尔比控制为1:1,反应结果生成环状的二元羧酸酯,再经水解、酸化、加热脱羧,最终得到脂环羧酸。这种方法适用于三元、四元、五元和六元脂环羧酸的合成。例如:

$$\begin{matrix} CH_2CH_2Br \\ | \\ CH_2CH_2Br \end{matrix} \quad + Na^+\ \overline{C}H(COOC_2H_5)_2 \xrightarrow{-NaBr}$$

$$\begin{matrix} CH_2CH_2CH(COOC_2H_5)_2 \\ | \\ CH_2CH_2Br \end{matrix} \xrightarrow{NaOC_2H_5} \begin{matrix} CH_2CH_2-\ C(COOC_2H_5)_2 \\ \qquad\qquad\quad Na^+ \\ | \\ CH_2CH_2Br \end{matrix}$$

$$\xrightarrow{-NaBr} \quad \underset{CH_2CH_2}{\overset{CH_2CH_2}{\diagdown}} C \overset{COOC_2H_5}{\underset{COOC_2H_5}{\diagup}} \quad \xrightarrow[②]{①KOH,H_2O \atop H^+}$$

$$\underset{CH_2CH_2}{\overset{CH_2CH_2}{\diagdown}} C \overset{COOH}{\underset{COOH}{\diagup}} \quad \xrightarrow{\triangle} \quad \underset{CH_2CH_2}{\overset{CH_2CH_2}{\diagdown}} CHCOOH$$

丙二酸二乙酯和乙酰乙酸乙酯的反应性很高,可以实现很多反应。下面是一些在合成中应用丙二酸二乙酯和乙酰乙酸乙酯的例子:

$$CH_3\overset{O}{\overset{\|}{C}}CH_2\overset{O}{\overset{\|}{C}}OC_2H_5 \xrightarrow{C_2H_5ONa} \left[CH_3\overset{O}{\overset{\|}{C}}CH\overset{O}{\overset{\|}{C}}OC_2H_5 \right]Na^+$$

$$\xrightarrow{BrCH_2\overset{O}{\overset{\|}{C}}OC_2H_5} \quad CH_3\overset{O}{\overset{\|}{C}}\underset{\underset{O}{\overset{|}{CH_2}\overset{\|}{C}OC_2H_5}}{CH}-OC_2H_5 \quad \xrightarrow[②]{①HO^-,H_2O \atop H^+}$$

$$CH_3\overset{O}{\overset{\|}{C}}\underset{\underset{O}{\overset{|}{CH_2}\overset{\|}{C}OH}}{CH}COH \quad \xrightarrow[-CO_2]{\triangle} \quad CH_3\overset{O}{\overset{\|}{C}}CH_2CH_2\overset{O}{\overset{\|}{C}}OH$$
$$\gamma\text{-}戊酮酸$$

通过以上步骤,合成 γ-戊酮酸。如果将上面反应中的卤代物 α-溴代乙酸乙酯换成 α-卤代酮,最终合成了 γ-二酮:

$$CH_3\overset{O}{\overset{\|}{C}}CH_2\overset{O}{\overset{\|}{C}}OC_2H_5 \xrightarrow{C_2H_5ONa} \left[CH_3\overset{O}{\overset{\|}{C}}{}^- \ CHCOC_2H_5 \right]Na^+$$

$$\xrightarrow{BrCH_2\overset{O}{\overset{\|}{C}}-R} \quad CH_3\overset{O}{\overset{\|}{C}}\underset{\underset{O}{\overset{|}{CH_2}\overset{\|}{C}-R}}{CH}COC_2H_5 \quad \xrightarrow[②]{①NaOH,H_2O \atop H^+}$$

$$CH_3\overset{O}{\overset{\|}{C}}-\underset{\underset{O}{\overset{|}{CH_2}\overset{\|}{C}-R}}{CH}C-OH \quad \xrightarrow[-CO_2]{\triangle} \quad CH_3\overset{O}{\overset{\|}{C}}-CH_2CH_2\overset{O}{\overset{\|}{C}}-R$$

在较强碱的作用下,乙酰乙酸乙酯的盐与酰氯发生反应生成酰基化产物,再经皂化、酸

化,加热脱羧,便得到 β 二酮。这是 β 二酮的一种合成方法:

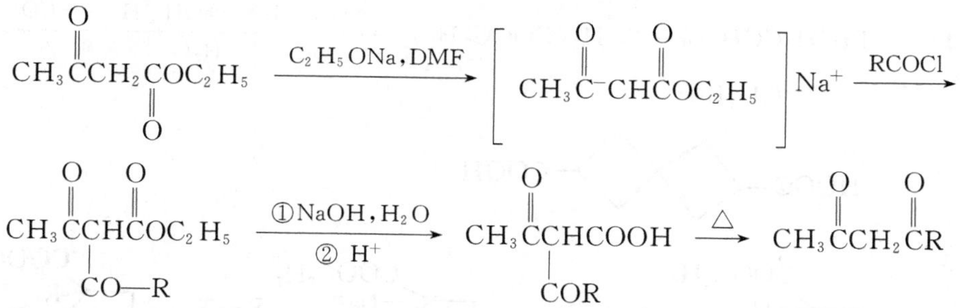

$$\underset{\underset{O}{\overset{\overset{O}{\parallel}}{CH_3\overset{}{C}CH_2\overset{}{C}OC_2H_5}}}{} \xrightarrow{C_2H_5ONa,DMF} \left[\underset{}{\overset{\overset{O}{\parallel}\ \ \ \ \overset{O}{\parallel}}{CH_3\overset{}{C}-\overset{-}{C}HCOC_2H_5}} \right]Na^+ \xrightarrow{RCOCl}$$

$$\underset{\underset{CO-R}{}}{\overset{\overset{O}{\parallel}\ \ \ \overset{O}{\parallel}}{CH_3\overset{}{C}CHCOC_2H_5}} \xrightarrow[\text{② } H^+]{①NaOH,H_2O} \underset{\underset{COR}{}}{\overset{\overset{O}{\parallel}}{CH_3\overset{}{C}CHCOOH}} \xrightarrow{\triangle} \overset{\overset{O}{\parallel}\ \ \ \ \overset{O}{\parallel}}{CH_3\overset{}{C}CH_2\overset{}{C}R}$$

丙二酸二乙酯也有类似的反应,反应的结果也是两个羰基相连的碳原子上的氢被其它基团取代:

$$CH_2(COOC_2H_5)_2 \xrightarrow{C_2H_5ONa} \left[^-CH(COOC_2H_5)_2 \right]Na^+$$

$$\xrightarrow{CH_3OCH_2Cl} CH_3OCH_2CH(COOC_2H_5)_2 \xrightarrow[\text{② } H^+]{①OH^-,H_2O} \xrightarrow[-CO_2]{\triangle}$$

$$CH_3OCH_2CH_2COOH$$

13.4 活泼亚甲基化合物

乙酰乙酸乙酯和丙二酸二乙酯有很高的反应性,这与它们的结构有密切的关系。其它一些化合物分子中,同一个亚甲基或次甲基上连接有两个吸电子基团时,如 $—NO_2$,

$$\overset{\overset{O}{\parallel}}{—CH},\ \overset{\overset{O}{\parallel}}{—C—R},\ —C\equiv N,\ \overset{\overset{O}{\parallel}}{—C—OR},\ \underset{\underset{O}{\parallel}}{—C—NR_2},\ —SO_2R\ \text{等,由于吸电子基团的影响,使得}$$

亚甲基或次甲基上的氢具有一定的酸性,在碱的作用下失去质子变成碳负离子,这个碳负离子表现出和乙酰乙酸乙酯和丙二酸二乙酯的碳负离子类似的反应性,在有机合成上有极其广泛的应用。下面几个例子说明活泼亚甲基化合物在合成中的应用:

例 1

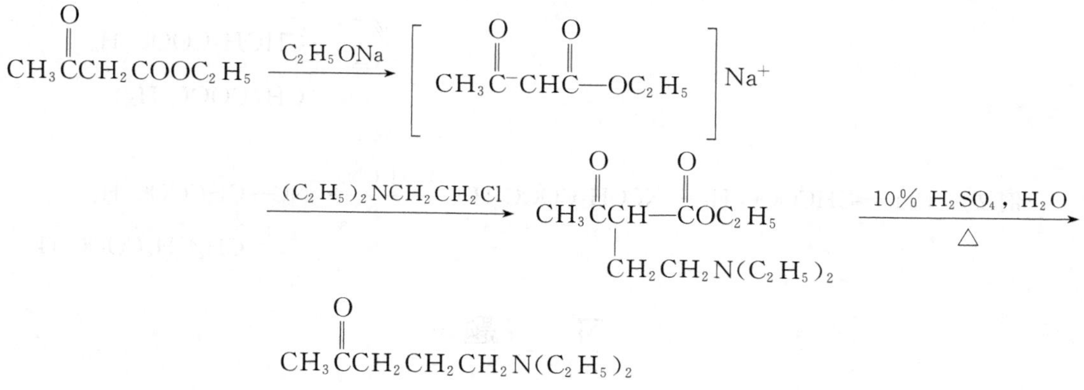

$$\overset{\overset{O}{\parallel}}{CH_3\overset{}{C}CH_2COOC_2H_5} \xrightarrow{C_2H_5ONa} \left[\overset{\overset{O}{\parallel}\ \ \ \ \overset{O}{\parallel}}{CH_3\overset{}{C}-\overset{-}{C}HC-OC_2H_5} \right]Na^+$$

$$\xrightarrow{(C_2H_5)_2NCH_2CH_2Cl} \underset{\underset{CH_2CH_2N(C_2H_5)_2}{}}{\overset{\overset{O}{\parallel}\ \ \ \ \overset{O}{\parallel}}{CH_3\overset{}{C}CH-C-OC_2H_5}} \xrightarrow[\triangle]{10\% \ H_2SO_4,\ H_2O}$$

$$\overset{\overset{O}{\parallel}}{CH_3\overset{}{C}CH_2CH_2CH_2N(C_2H_5)_2}$$

例 2

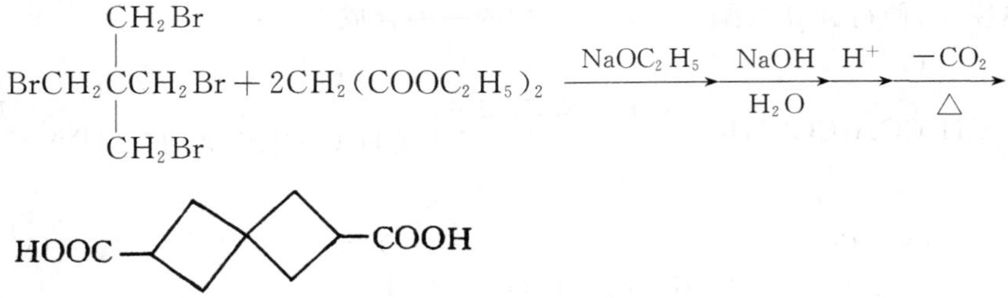

$$\begin{array}{c} CH_2Br \\ | \\ BrCH_2\!-\!CCH_2Br \\ | \\ CH_2Br \end{array} + 2CH_2(COOC_2H_5)_2 \xrightarrow[\quad H_2O \quad]{NaOC_2H_5 \quad NaOH \quad H^+ \quad -CO_2 \atop \triangle}$$

HOOC — ⬦⬦ — COOH

例 3

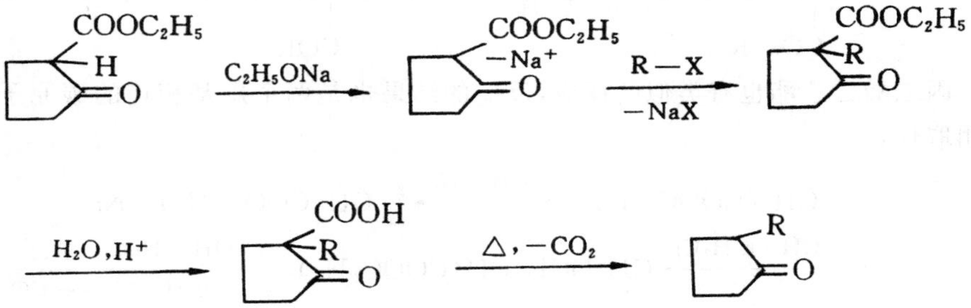

$$\xrightarrow{C_2H_5ONa}$$

$$\xrightarrow[-NaX]{R-X}$$

$$\xrightarrow{H_2O,H^+}$$

$$\xrightarrow{\triangle,\,-CO_2}$$

例 4

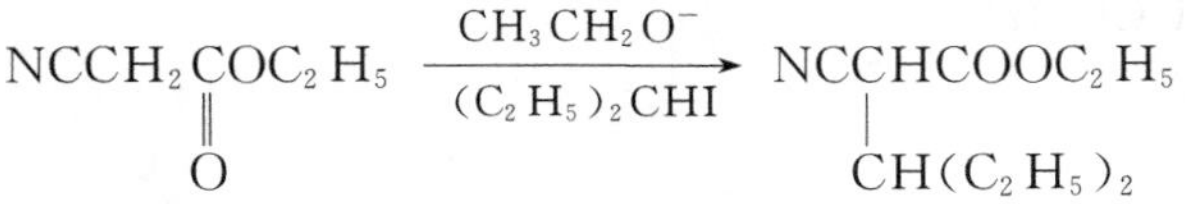

$$\begin{array}{c} NCCH_2CC_2H_5 \\ \parallel \\ O \end{array} \xrightarrow[(C_2H_5)_2CHI]{CH_3CH_2O^-} \begin{array}{c} NCCHCOOC_2H_5 \\ | \\ CH(C_2H_5)_2 \end{array}$$

例 5

$$\bigcirc\!\!-\!COCH_2SO_2CH_3 \xrightarrow[CH_3I]{NaH,DMSO} \bigcirc\!\!-\!\begin{array}{c} O \\ \parallel \\ C\!-\!CHSO_2CH_3 \\ | \\ CH_3 \end{array}$$

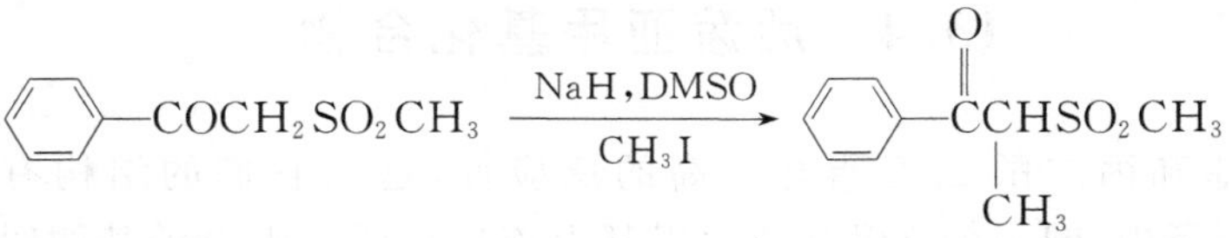

活泼亚甲基化合物与共轭体系的加成反应是形成新的碳碳键的重要合成方法。例如，如下结构的一些共轭体系：

$$-\overset{|}{C}\!\!=\!\!\overset{|}{C}\!\!-\!R \qquad （其中，R\!=\!-\overset{|}{C}\!\!=\!\!O, -NO_2, -C\!\equiv\!N \ 等）$$

能与乙酰乙酸乙酯、丙二酸二乙酯、氰乙酰乙酸乙酯等发生共轭加成。这种反应称为 Michael 加成。一些典型例子是：

例 1

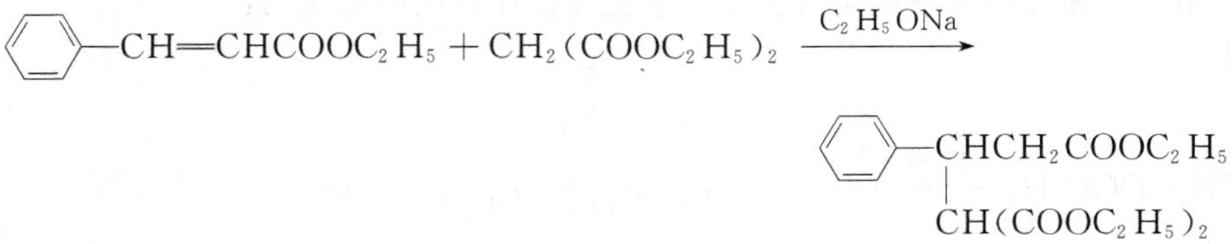

$$\bigcirc\!\!-\!CH\!=\!CHCOOC_2H_5 + CH_2(COOC_2H_5)_2 \xrightarrow{C_2H_5ONa}$$

$$\bigcirc\!\!-\!\begin{array}{c} CHCH_2COOC_2H_5 \\ | \\ CH(COOC_2H_5)_2 \end{array}$$

例 2

$$CH_2\!=\!CHCOOC_2H_5 + NCCH_2COOC_2H_5 \xrightarrow{C_2H_5ONa} \begin{array}{c} NC\!-\!CHCOOC_2H_5 \\ | \\ CH_2CH_2COOC_2H_5 \end{array}$$

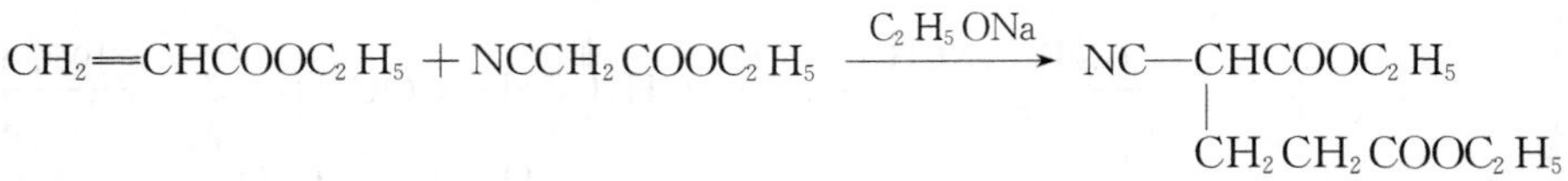

习　　题

13.1　下列各对化合物哪些是互变异构体，哪些是共振杂化体？

(1)
$$CH_3-\overset{\overset{\displaystyle OH}{|}}{C}=CH-\overset{\overset{\displaystyle O}{\|}}{C}-CH_3 \quad \text{和} \quad CH_3-\overset{\overset{\displaystyle O}{\|}}{C}-CH=\overset{\overset{\displaystyle OH}{|}}{C}-CH_3 \text{；}$$

(2)
$$CH_3-\overset{\overset{\displaystyle O}{\|}}{C}-O^- \quad \text{和} \quad CH_3-\overset{\displaystyle O^-}{C}\underset{\underset{\displaystyle O}{\|\!\!\!}}{} \text{；}$$

(3) $CH_2{=}CH{-}CH{=}CH_2$ 和 $\overset{-}{C}H_2{-}CH{=}CH{-}\overset{+}{C}H_2$ ；

(4)

13.2 CH_3COCH_3 中烯醇式含量极少,而在 $CH_3COCH_2COCH_3$ 中烯醇式含量显著增大,为什么?

13.3 下列羧酸酯中,哪些能进行 Claisen 酯缩合反应? 如能,写出反应式。

(1)甲酸乙酯;(2)乙酸正丁酯;(3)丙酸乙酯;(4)三甲基乙酸乙酯。

13.4 写出下列交叉 Claisen 酯缩合的产物:

(1)丙酸乙酯+草酸二乙酯 $\xrightarrow[\text{② } H^+]{\text{① } C_2H_5ONa}$? (2)乙酸乙酯+甲酸乙酯 $\xrightarrow[\text{② } H^+]{\text{① } C_2H_5ONa}$?

13.5 以甲醇、乙醇及无机试剂为原料,经乙酰乙酸乙酯合成下列化合物:

(1)3-甲基-2-丁酮;(2)2-己醇;(3)3-乙基-2-戊酮;(4)α,β-二甲基丁酸;(5)γ-戊酮酸;(6)2,5-己二酮。

13.6 应用乙酰乙酸乙酯合成时,用伯卤代烷作烷基化试剂通常给出最好产率,用仲卤代烷产率低,用叔卤代烷得不到烷基化产物。解释这一现象;如果用叔丁基溴进行烷基化,将得到什么产物?

13.7 二元酯及酮酯均可发生分子内的酯缩合——Dieckmann 缩合反应,生成五元和六元 β-酮酸酯或二羰基化合物,试写出下列反应的历程:

(1)

(2)
$$\underset{\underset{\displaystyle O}{\|}}{CH_3C}(CH_2)_3\underset{\underset{\displaystyle O}{\|}}{CCO_2H_5} \xrightarrow[\text{② } H^+]{\text{① } C_2H_5ONa}$$

13.8 利用 Dieckmann 缩合反应合成下列化合物:

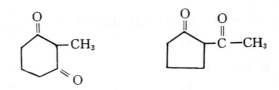

13.9　Claisen 酯缩合的产物是 β-酮酸酯,再经水解、脱羧可生成酮,这可以作为酮的一种合成方法。试利用这个方法合成 3-戊酮。

13.10　试用丙二酸二乙酯合成法制备下列化合物:

(1) 2,3-二甲基丁酸;

(2) 3-甲基戊二酸;

(3) 环丙烷羧酸;

(4) 辛二酸。

13.11　$2 \ Na^+ \left[CH(COOC_2H_5)_2 \right]^- + Br(CH_2)_3Br \longrightarrow A(C_{17}H_{28}O_8) \xrightarrow[\textcircled{2} \ H^+]{\textcircled{1}OH^-/H_2O}$

$C(C_9H_{12}O_8) \xrightarrow{\triangle} D$,推测 A,C,D 的结构。

13.12　完成下列反应式:

(1) $NCCH_2COOC_2H_5 + C_2H_5Br \xrightarrow[C_2H_5OH]{C_2H_5ONa} ? \xrightarrow[C_2H_5Br]{C_2H_5ONa} ?$

(2) $CH_3CH{=}CHCOOC_2H_5 + CH_2(COOC_2H_5)_2 \xrightarrow{\text{碱}} ? \xrightarrow[\textcircled{2} \ H^+, \triangle]{\textcircled{1}OH^-/H_2O} ?$

(3) $CH_2{=}CHCOCH_3 + CH_2(COOC_2H_5)_2 \xrightarrow{\text{碱}} ?$

(4) $CH_2{=}CHCN + CH_2{=}CH{-}CH_2CN \xrightarrow{\text{碱}} ? \xrightarrow{H_3O^+} ?$

(5) $CH{\equiv}CCOOC_2H_5 + CH_3COCH_2COOC_2H_5 \xrightarrow[C_2H_5OH]{C_2H_5ONa} ?$

13.13　怎样合成 2,7-辛二酮? 这个酮会进一步反应生成 ![环状结构 CH₃ C-CH₃ O],试问这个反应是如何发生的? 它属于哪一大类反应?

13.14　写出下列反应的详细过程。

![反应式:环戊酮-COOEt + CH₂=CHCOCH₃ → EtONa/EtOH → 双环产物 COOEt]

13.15　由 3-丁烯-2-酮与丙二酸酯进行 Michael 加成反应,在生成 $CH_3COCH_2CH_2CH(COOC_2H_5)_2$ 的同时,还发现有一种环状产物,为什么? 写出这种环状产物的结构。

第 14 章　含氮化合物

分子中含有氮原子的有机化合物称为含氮化合物。常见的含氮化合物如表 14-1 所示。

表 14-1　常见含氮化合物

化合物	官能团	实　例
硝基化合物	—NO_2 硝基	⬡—NO_2 硝基苯
硝酸酯	—ONO_2 硝酸基	C_5H_{11}—ONO_2 硝酸戊酯
亚硝酸酯	—ONO 亚硝酸基	C_4H_9ONO 亚硝酸丁酯
亚硝基化合物	—NO 亚硝基	⬡—NO 亚硝基环己烷
胺	—NH_2 氨基	CH_3NH_2 甲胺
酰胺	$\overset{O}{\overset{\|}{—C}}$—$NH_2$ 酰胺基	$CH_3\overset{O}{\overset{\|}{C}}$—$NH_2$ 乙酰胺
肼	—$NHNH_2$ 肼基	CH_3NHNH_2 甲基肼
肟	=N—OH 肟基	⬡=N—OH 环己酮肟
腈	—C≡N 氰基	CH_3CH_2CN 丙腈
异腈	—$\overset{+}{N}$≡$\overset{-}{C}$— 异氰基	CH_3NC 甲肵
异氰酸酯	—N=C=O 异氰酸基	CH_3—N=C=O 异氰酸甲酯
偶氮化合物	—N=N— 偶氮基	⬡—N=N—⬡ 偶氮苯
芳胺	—NH_2 氨基	⬡—NH_2 苯胺
季铵盐,季铵碱	R_4N^+ 铵离子	$(CH_3)_4\overset{+}{N}Cl^-$ 氯化四甲基铵
重氮化合物	—N_2— 重氮基	$C_6H_5\overset{+}{N}$≡NCl^- 氯化重氮苯

动物驱体中的蛋白质,遗传物质 DNA,具有强烈生理作用的生物碱等都是含氮化合物,这些物质和本章要讨论的简单含氮化合物有着十分密切的联系。简单的含氮化合物是理解复杂的大分子含氮化合物的基础。

本章仅讨论胺、芳胺、重氮化合物、偶氮化合物、季铵盐和季铵碱、硝基化合物、腈、异腈等。其余的含氮化合物在其它章节中出现时简单介绍。

14.1 胺 的 结 构

氨分子(NH_3)中氢原子被烃基取代后的衍生物称为胺。

在氨分子中,氮原子和饱和烃中的碳原子一样,首先发生轨道杂化,形成 4 个 sp^3 杂化轨道,其中一个 sp^3 杂化轨道被孤对电子占据,其余 3 个 sp^3 杂化轨道分别与氢原子的 S 轨道形成 3 个 N—H σ 键,如图 14-1(a)所示。而胺具有与氨类似的结构,如图 14-1(b)(c)所示。

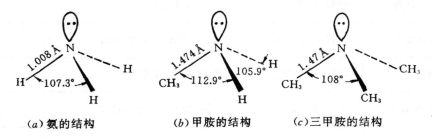

（a）氨的结构　　　　（b）甲胺的结构　　　　（c）三甲胺的结构

图 14-1　氨和胺的结构（$1Å=10^{-10}$ m）

胺分子是四面体结构。氮原子在四面体的中心,一对孤电子"好像"一个基团一样处于四面体的一个顶角上,其它 3 个顶角分别被烷基或氢原子占据。

芳香胺的结构有所不同,氮原子的孤对电子所在的轨道和苯环 π 电子轨道重叠,孤对电子离域,使整个体系的能量有所降低。苯胺分子的轨道结构如图 14-2 所示。

在二级胺和三级胺中,如果氮原子上连的 3个基团不同,这时氮原子在理论上也应是手性原子,应当存在着互为镜像的对映体,但是,由于这对对映体可以如图 14-3 所示的那样互相转化。这种转化的活化能较低,在常温下,不能分离得到其中某一个对映异构体。

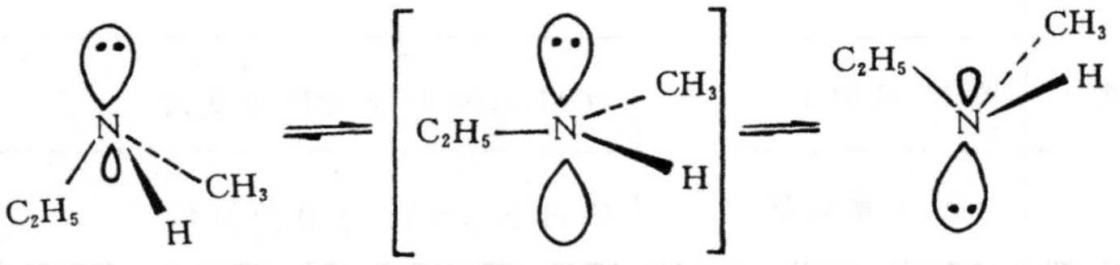

图 14-2　苯胺的轨道结构

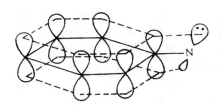

图 14-3　胺的对映体及其相互转化

在四级铵盐中,氮原子的 4 个 sp^3 杂化轨道都用以成键。如果氮原子上所连的 4 个基团不同,氮原子是手性原子。有一个手性原子的分子一定有一对旋光性的对映体。事实上,确实分离得到了这种异构体。图 14-4 所示的化合物可以得到纯的左旋体和右旋体。

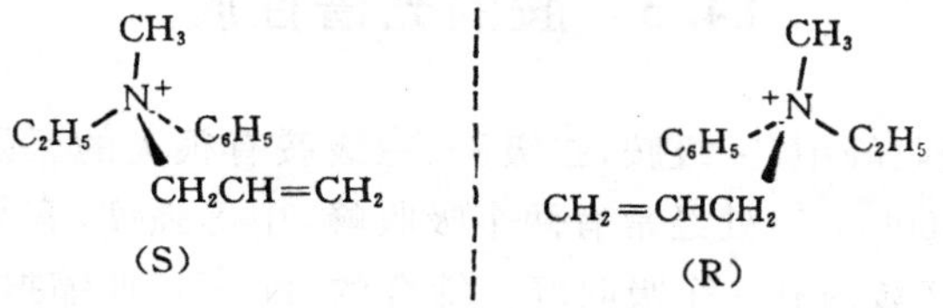

图 14-4 铵的对映异构体

氨基($-NH_2$，$-NHR$，$-NR_2$)是胺类化合物的官能团。

14.2 胺的物理性质

甲胺、二甲胺、三甲胺和乙胺在常温、常压下是气体，丙胺以上是液体，高级胺是固体。低级胺溶于水，气味类似氨，高级胺几乎没有气味。伯胺和仲胺能形成分子间氢键，所以它们的沸点比分子量相近的烷烃高。叔胺不能形成分子间氢键，沸点与分子量相近的烷烃接近。脂肪胺的密度小于水，芳香胺的密度与水相近。

芳香胺是无色液体或固体，有特殊的气味，毒性很大。苯胺可以通过吸入，食入或通过皮肤渗入使人中毒，食入 0.25mL 就会严重中毒。有多种芳香胺已经证明是致癌物质，如 β-萘胺、联苯胺等。使用这些物质时应在通风柜中进行，尽量避免与人体接触。表 14-2 列出了一些胺的物理常数。

表 14-2 一些胺的物理常数

名　　称	沸点/℃	熔点/℃	相对密度/g/cm³(20℃)	折光率 n_D^{20}
甲　　胺	−6.3	−93.5	0.6628	
二甲胺	7.4	−93	0.6804	
三甲胺	2.87	−117.2	0.6356	
乙　　胺	16.6	−81	0.6329	1.3663
二乙胺	56.3	−48		1.3864
三乙胺	89.3	−114.7	0.7275	1.4010
正丙胺	47.8	−83.0	0.7173	1.3870
异丙胺	32.4	−95.2	0.8889	1.3742
二正丙胺	109.4	−39.6	0.7400	1.4050
正丁胺	77.8	−49.1	0.7414	1.4031
正戊胺	104.4	55	0.7547	1.4118
乙二胺	116.5	8.5	0.8995	1.4568
己二胺	204—205	41—42		
苯　　胺	184.13	−6.3	1.0217	1.5863
N-甲基苯胺	196.25	−57	0.9891	1.5684
N,N-二甲基苯胺	194.15	2.45	0.9557	1.5582

14.3　胺的光谱性质

在胺的红外光谱吸收峰中，一级胺，二级胺、三级胺有很大的区别。游离的一级胺 N—H 伸缩振动在 3400—3600cm^{-1} 处经常有两个吸收峰，中等强度，容易识别。二级胺的稀溶液在 3300—3500cm^{-1} 区域内有一个吸收峰。缔合的 N—H 伸缩振动向低波数方向位移。氨基的 N—H 伸缩振动比碳氢的伸缩振动吸收峰出现的波数高，一般大于 3300cm^{-1}，故在大于该波数出现的吸收峰应当考虑是氨基或羟基化合物。三级胺因为没有N—H键，故没有N—H键振动吸收峰。

一级胺的 N—H 剪式振动吸收在 1560—1650cm^{-1} 处有中等或强的吸收峰，容易识别；一级胺的 N—H 面外摇摆振动吸收在 650—900cm^{-1} 处有宽的吸收峰，其中脂肪族一级胺在 750—850cm^{-1} 处的摇摆振动吸收峰非常特征。

二级胺的 N—H 剪式振动吸收峰很弱，不能用于鉴别，但二级胺的 N—H 面外摇摆振动在 700—750cm^{-1} 处有强的吸收峰。脂肪胺在 1030—1230cm^{-1} 区域内有弱的 C—N 伸缩振动吸收峰。芳香胺在 1180—1360cm^{-1} 区域内有强的 C—N 伸缩振动吸收峰。应当注意 C—N 的伸缩振动吸收峰与 C—C 伸缩振动吸收峰的位置差别不大，但 C—N 键极性大，所以强度较大。图 14-5 为异丁胺和 N-甲基苯胺的红外光谱图。

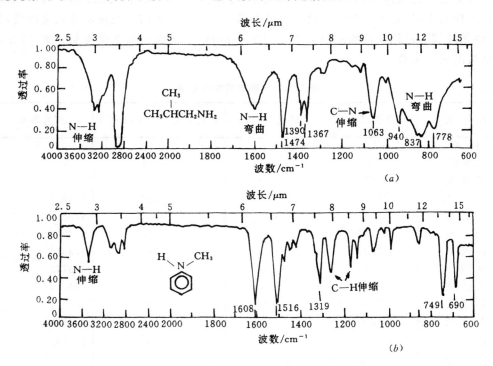

图 14-5　异丁胺(a)和 N-甲基苯胺的红外光谱(b)

胺的核磁共振谱图中 N—H 质子吸收峰变化范围较大，一般 $\delta=1-5$。α-碳上的质子受氮原子的影响，化学位移在 $\delta=2-3$，β-碳上的质子化学位移 $\delta=1.0—1.7$。图 14-6 为二乙胺的核磁共振谱。

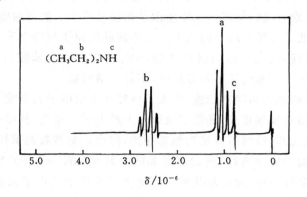

图 14-6 二乙胺的核磁共振谱

14.4 胺的化学性质

14.4.1 碱性

胺的氮原子上有孤对电子,能与质子结合,因此胺具有碱性。

$$RNH_2 + H^+ \rightleftharpoons R\overset{+}{N}H_3$$

胺溶于水,与水作用,发生下列反应:

$$RNH_2 + H_2O \rightleftharpoons R\overset{+}{N}H_3 + HO^-$$

这个反应进行的程度,可以反映胺与质子结合的能力。反应向右进行得越完全,胺的碱性越强。为了比较不同胺碱性的强弱,用 K_b 表示胺水溶液的离解常数:

$$K_b = \frac{[R\overset{+}{N}H_3][HO^-]}{[RNH_2]}$$

pK_b 是 K_b 对数的负值:

$$pK_b = -\lg K_b$$

在胺的很稀的水溶液中,水的浓度在离解过程中变化很小,可视为常数,因此,K_b 值越大或 pK_b 值越小,表明这个胺的碱性越强。从有关 pK_b 数据可知,甲胺、二甲胺和三甲胺以及氨在水溶液中碱性强弱的顺序是:

二甲胺>甲胺>三甲胺>氨

这 4 种胺与质子结合后分别生成 $(CH_3)_2\overset{+}{N}H_2$,$CH_3\overset{+}{N}H_3$,$(CH_3)_3\overset{+}{N}H$,$\overset{+}{N}H_4$。比较胺的碱性,可以分析它们与质子结合生成的铵离子的稳定性。形成的铵离子越稳定,说明这种胺与质子结合的能力越强,胺的碱性越强。甲基是给电子基,它可以使铵离子上的正电荷得以分散而稳定,所以甲胺的碱性比氨强,二甲胺的碱性比甲胺强。除了电子效应外,溶剂化效应和空间效应也影响胺的碱性。氮原子上所连的氢原子越多,越容易被水溶剂化。三甲胺的碱性比甲胺和二甲胺弱,其原因就是因为三级胺所形成的铵离子在水中不容易被溶剂化。空间效应对碱性也有影响。如果胺中烃基个数多且体积大,质子不易与氮原子接近,使胺的碱性变弱,所以,胺的碱性是电子效应、溶剂化效应、空间效应共同作用的结果。

芳香胺的碱性比脂肪胺弱得多。主要原因是氨基氮原子上的孤对电子与芳环上的π电子发生离域,因而降低了与质子结合的能力。二苯胺的氮原子与两个苯环相连,氮原子上的电子云密度进一步降低,故二苯胺的碱性更弱($pK_b = 13.8$),二苯胺虽然可以和强酸形成盐,但在水中完全水解。三苯胺几乎不显碱性,不能与酸成盐。

凡是能给出电子的基团与氨基相连,增大了氮原子上的电子云密度,其结果使胺的碱性增强;凡是吸电子基团与氨基相连,降低了氮原子上的电子云密度,其结果使胺的碱性减弱。

芳胺苯环上的取代基,虽然不直接与氨基相连,但也影响芳胺的碱性。当胺基的对位是给电子基时,取代苯胺的碱性增强,例如对甲苯胺的碱性($pK_b = 8.90$)比苯胺 $pK_b = 9.40$)大,其原因是甲基与苯环相连,通过超共轭效应增大了苯环上的电子云密度,氨基氮原子上电子云密度也随之增大。

当取代基在间位时,由于共轭效应对间位影响较小,诱导效应往往起了主要作用。例如间羟基苯胺、间甲氧基苯胺的碱性均比苯胺小。

当取代基在邻位时,情况比较复杂,由于氨基与取代基相距较近,有可能引起空间效应和形成氢键等,因此对碱性的影响要具体情况具体分析。

如果苯环上有吸电子基团如铵离子($-\overset{+}{N}H_3$)、硝基($-NO_2$)、卤素等,芳胺的碱性减弱。

利用胺的碱性,可以分离或精制胺,如一种胺中混有其它有机物时,可以用强酸的水溶液处理,胺形成盐溶于酸的水溶液,而其它有机物则不能:

$$RNH_2 + HCl \longrightarrow RNH_2 \cdot HCl \text{ 或 } R\overset{+}{N}H_3Cl^-$$

不溶于酸溶液的杂质分离后,再用碱中和酸,胺重新游离出来,达到分离的目的:

$$R\overset{+}{N}H_3Cl + NaOH \longrightarrow RNH_2 + NaCl + H_2O$$

14.4.2　烷基化

胺和氨一样,氮原子上有孤对电子,可以作为亲核试剂与卤代烷发生反应,反应按照 S_N2 反应机理进行:

$$NH_3 + RX \longrightarrow R\overset{+}{N}H_3 \cdot X^-$$

$$R\overset{+}{N}H_3 \cdot X^- + NH_3 \Longleftrightarrow RNH_2 + \overset{+}{N}H_4 \cdot X^-$$

先生成铵盐,铵盐与氨反应,质子发生转移,得到一定量的一级胺。一级胺的氮原子上仍有孤电子对,可以继续与卤代烷反应,生成二级胺的盐,二级胺的盐也能与氨发生质子转移得到部分二级胺,二级胺进一步烷基化得到三级胺,三级胺再与卤代烷反应,得到四级铵盐。整个反应得到一级胺、二级胺、三级胺和四级铵盐的混合物:

$$RNH_2 + RX \longrightarrow R_2\overset{+}{N}H_2X^-$$

$$R_2\overset{+}{N}H_2X^- + NH_3 \Longleftrightarrow R_2NH + \overset{+}{N}H_4X^-$$

$$R_2NH + RX \longrightarrow R_3\overset{+}{N}HX^-$$

$$R_3\overset{+}{N}HX^- + NH_3 \Longleftrightarrow R_3N + \overset{+}{N}H_4X^-$$

$$R_3N + RX \longrightarrow R_4\overset{+}{N}X^-$$

这个混合物中如果某个产物的沸点与其它产物有较大的差别,可以用分馏的方法得到它。但在一般情况下,一级胺、二级胺、三级胺的混合物不易分离,因此,这种合成胺的方法在实验室中的应用受到限制。工业生产上可以通过控制原料的摩尔比、反应温度、时间和其它条件,使某一种胺成为主要产物。

14.4.3 酰基化

伯胺和仲胺的氮原子上连有氢原子,可以和酰基化试剂如酰卤、酸酐、苯磺酰氯等反应,得到酰基化的产物,这种反应叫胺的酰基化反应:

$$RNH_2 + CH_3COCl \longrightarrow RNHCOCH_3 + HCl$$
$$R_2NH + CH_3COCl \longrightarrow R_2NCOCH_3 + HCl$$

叔胺的氮原子上没有可被取代的氢原子,所以不发生酰基化反应。

酰氯与胺发生酰基化反应,同时生成一分子的卤化氢,卤化氢生成后立即与胺生成胺盐,又消耗了一分子的胺。为了避免浪费原料,在胺中先加入适量的碱(NaOH 或吡啶),然后再把酰氯加到胺中去:

这种在碱存在的条件下,酰氯和胺作用得到酰胺的反应叫 Schotten-Baumann 反应。

胺的酰基化产物多为结晶固体,具有一定的熔点,根据熔点的测定可以推断或鉴定一级胺、二级胺。不能被酰基化的是三级胺。利用这些性质也可以把叔胺从伯、仲、叔胺的混合物中分离出来。例如,一个伯、仲、叔胺的混合物经乙酰化后,再加盐酸,由于伯、仲胺都酰基化生成酰胺,酰胺呈中性,不能与酸成盐,因此不溶于盐酸的溶液。盐酸的溶液中仅含有叔胺的盐,有机相中剩下伯胺和仲胺的酰基化产物,将它们分离后水解又可以得到原来的胺。

14.4.4 磺酰化

伯胺与仲胺和磺酰化试剂如苯磺酰氯或对甲苯磺酰氯反应,氨基上的氢原子可以被磺酰基所取代,生成相应的芳磺酰胺:

伯胺生成的芳磺酰胺,氮原子上仍有一个氢原子,这个氢原子因为磺酰基强的吸电子作用而呈酸性，能与碱如氢氧化钠反应生成盐，这个盐溶于氢氧化钠的水溶液。仲胺形成的芳磺酰胺氮上没有氢原子，不溶于氢氧化钠的水溶液。叔胺的氮原子上没有氢原子，不能发生磺酰化反应。磺酰胺容易水解，水解后又得到原来的胺：

$$RNHSO_2 \!-\!\!\left\langle\bigcirc\right\rangle + H_2O \xrightarrow[\triangle]{H^+} RNH_2 + \left\langle\bigcirc\right\rangle\!\!-\!SO_3H$$

$$R_2NSO_2 \!-\!\!\left\langle\bigcirc\right\rangle + H_2O \xrightarrow[\triangle]{H^+} R_2NH + \left\langle\bigcirc\right\rangle\!\!-\!SO_3H$$

利用伯、仲、叔胺与芳磺酰氯反应以及生成物性质的差别，可以分离和鉴别伯、仲、叔胺，这个反应叫 Hinsberg 反应。

14.4.5 与亚硝酸反应

不同的胺与亚硝酸反应生成不同的产物。脂肪族伯胺与亚硝酸反应先生成重氮盐，由于重氮盐不稳定，一旦生成立即分解成氮气和碳正离子 R^+，碳正离子或重排成更稳定的碳正离子，或与其它试剂作用生成复杂的反应混合物。

由于亚硝酸也不稳定，所以胺亚硝化时，先使胺与亚硝酸钠混合，然后滴加盐酸，亚硝酸生成后，立即与胺作用：

$$RNH_2 + NaNO_2 + HCl \longrightarrow N_2 + 醇 + 烯 + 卤代物等$$

例如正丁胺与亚硝酸钠和盐酸作用得到反应混合物的比例是：

$$CH_3CH_2CH_2CH_2NH_2 \xrightarrow[H_2O]{NaNO_2 + HCl}$$

$$\begin{cases} N_2 & 定量 \\ CH_3CH_2CH_2CH_2OH & 25\% \\ CH_3CH_2\underset{\underset{OH}{|}}{C}HCH_3 & 13\% \\ CH_3CH_2CH_2CH_2Cl & 5\% \\ CH_3CH_2\underset{\underset{Cl}{|}}{C}HCH_3 & 3\% \\ CH_3CH_2CH\!=\!CH_2 & 26\% \\ CH_3CH\!=\!CHCH_3 & 10\% \end{cases}$$

从反应产物可知，取代反应、消除反应与重排反应都发生了。其反应的过程是：

$$CH_3CH_2CH_2CH_2NH_2 \xrightarrow[H_2O]{NaNO_2 \cdot HCl} [CH_3CH_2CH_2CH_2\overset{+}{N}\!\equiv\!N]Cl^-$$

$$CH_3CH_2CH_2CH_2\overset{+}{N}\!\equiv\!N \xrightarrow{-N_2} CH_3CH_2CH_2\overset{+}{C}H_2$$

$$CH_3CH_2CH_2\overset{+}{C}H_2 \begin{cases} \xrightarrow{H_2O} CH_3CH_2CHCH_2OH \\ \xrightarrow{Cl^-} CH_3CH_2CH_2CH_2Cl \\ \xrightarrow{-H^+} CH_3CH_2CH\!=\!CH_2 \\ \xrightarrow{重排} CH_3CH_2\overset{+}{C}HCH_3 \end{cases}$$

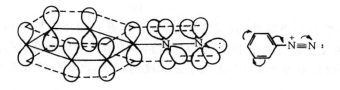

$$CH_3CH_2\overset{+}{C}HCH_3 \quad \begin{cases} \xrightarrow{H_2O} CH_3CH_2\underset{\underset{OH}{|}}{C}HCH_3 \\ \xrightarrow{Cl^-} CH_3CH_2\underset{\underset{Cl}{|}}{C}HCH_3 \\ \xrightarrow{-H^+} CH_3CH=CHCH_3 \end{cases}$$

由于以上反应发生的可能性都有,很难控制以哪一种反应为主,所以在有机合成上应用不多,但是由于放出的氮气是定量的,因此可以定量测定 $-NH_2$。

芳香族伯胺与亚硝酸在低温及强酸的水溶液中反应,生成重氮盐,这个反应叫重氮化反应:

$$\langle\!\langle\ \rangle\!\rangle-NH_2 + NaNO_2 + HCl \xrightarrow{\text{低于 5℃}} \langle\!\langle\ \rangle\!\rangle-\overset{+}{N}=NCl^-$$

芳香族重氮盐比脂肪族重氮盐稳定,在低温下可以稳定存在而不分解,但是在干燥和加热时分解,且爆炸性很强,因此,在反应中不把重氮盐分离出来。

芳基重氮离子结构如图 14-7 所示。

图 14-7 芳基重氮离子的结构

其中 C—N—N 是直线型结构,苯环的大 π 键与重氮离子的 π 键共轭,所以芳基重氮离子比脂肪族重氮离子稳定。芳基重氮盐在有机合成上有多方面的用途,将在 14.6 中介绍。

脂肪族仲胺和芳香族仲胺与亚硝酸反应生成 N-亚硝基胺:

$$(CH_3)_2NH + NaNO_2 \xrightarrow{HCl} (CH_3)_2N-N=O + H_2O$$

N-亚硝基二甲胺

$$\langle\!\langle\ \rangle\!\rangle-\underset{\underset{CH_3}{|}}{N}H + NaNO_2 \xrightarrow{HCl} \langle\!\langle\ \rangle\!\rangle-\underset{\underset{CH_3}{|}}{N}-N=O$$

N-亚硝基-N-甲基苯胺

N-亚硝基苯胺是黄色油状物或黄色固体,它与稀盐酸一起加热时,水解生成原来的胺,可以用这种方法提纯仲胺:

$$\langle\!\langle\ \rangle\!\rangle-\underset{\underset{CH_3}{|}}{N}-NO \xrightarrow[\triangle]{HCl, H_2O} \langle\!\langle\ \rangle\!\rangle-NHCH_3$$

脂肪族叔胺与亚硝酸不反应,在低温时形成不稳定的盐:

$$R_3N + HNO_2 \longrightarrow R_3\overset{+}{N}HNO_2^-$$

芳香族叔胺与亚硝酸作用,氮上没有氢,反应不能发生在氮上,由于 R_2N— 是强的活化基团,亚硝化发生在芳环上:

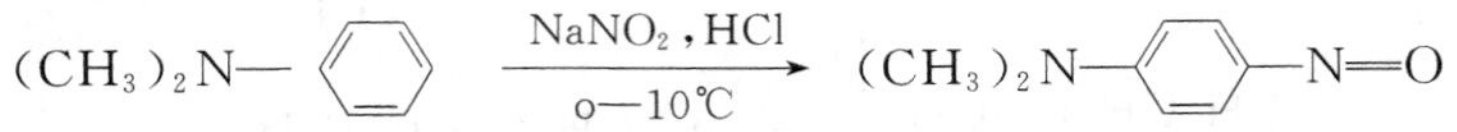

$$(CH_3)_2N— \underset{\text{苯环}}{\bigcirc} \xrightarrow[\text{o}-10℃]{NaNO_2, HCl} (CH_3)_2N— \underset{\text{苯环}}{\bigcirc} —N=O$$

对亚硝基-N,N-二甲基苯胺
绿色固体

亚硝酸与伯,仲,叔胺反应产物不同,可用来鉴别它们。

14.4.6 芳胺苯环上的取代反应

—NH_2,—NHR,—NR_2 与苯环相连,通过共轭给电子效应,使苯环上电子云密度增大,因此,在亲电取代反应中活性很高。

1. 卤化反应

苯胺和氯或溴发生亲电取代反应,邻位和对位上的氢被氯或溴取代:

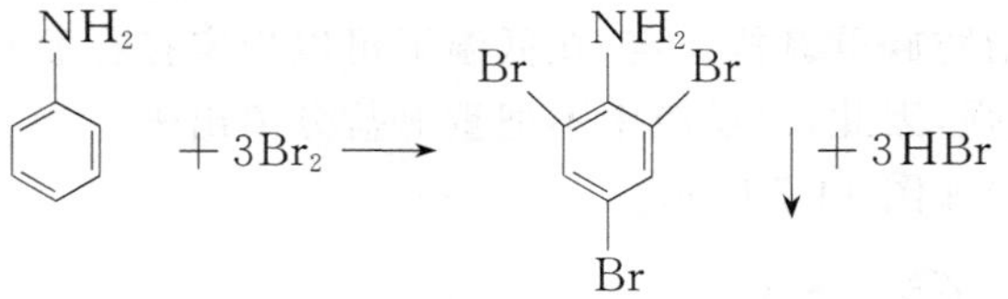

2,4,6-三溴苯胺是白色固体,且反应定量进行,因此可用于苯胺的定性鉴别和定量分析。其它的苯胺类化合物与溴作用时,也容易得到多溴取代的化合物。有机合成上,为了得到一元取代的化合物,采用降低胺基上电子云密度的办法,例如先把苯胺乙酰基化,生成乙酰苯胺,乙酰胺基 $\left[—\overset{O}{\overset{\|}{NHCCH_3}} \right]$ 虽然也是活化基团,但活化苯环亲电取代的能力比氨基弱得多,乙酰苯胺再进行溴代反应时,主要得到对溴乙酰苯胺,然后水解得到对溴苯胺。

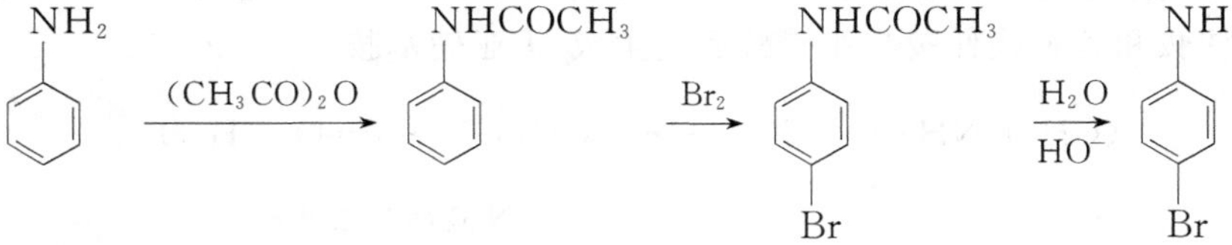

常用以上方法合成对位一元取代的产物。

2. 硝化反应

苯胺直接硝化时容易被氧化,先用乙酰化将氨基保护起来,再进行硝化,可以得到不同的硝化产物,下面是几个例子:

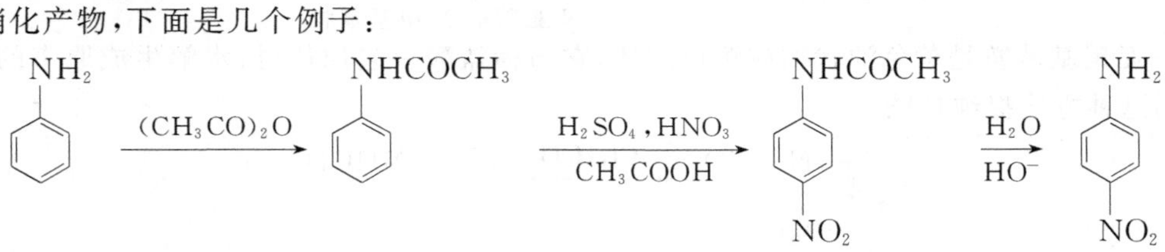

对硝基苯胺

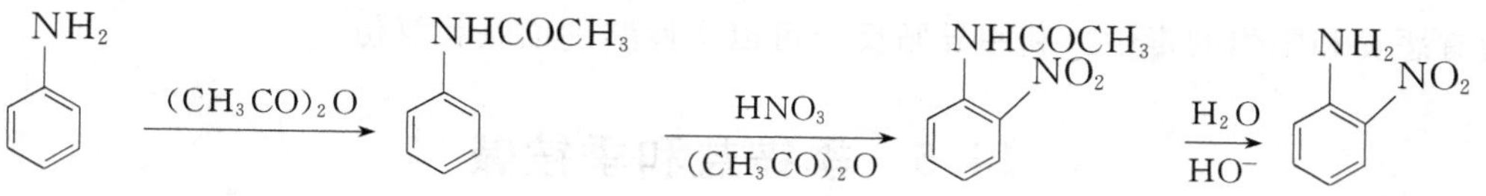

如果先将苯胺溶于硫酸中生成硫酸盐,生成的—$\overset{+}{N}H_3$ 是钝化基团和间位定位基,再硝化时,可得到间位一元硝化的产物,然后用碱中和反应混合物,得到间硝基苯胺:

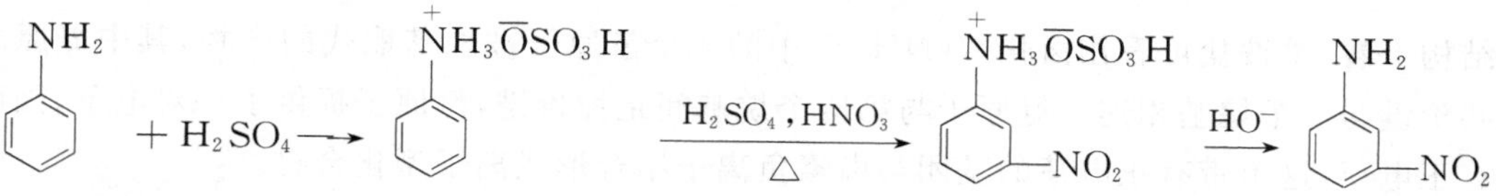

3. 磺化反应

苯胺与硫酸反应,先生成苯胺的硫酸盐。苯胺的硫酸盐在 180—190℃ 烘焙,得到对氨基苯磺酸:

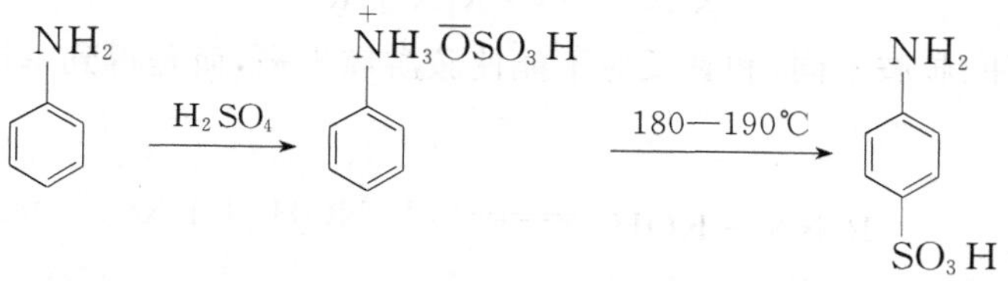

对氨基苯磺酸又称磺胺酸,分子内同时含有碱性的氨基和酸性的磺酸基,故分子内能形成盐,这种盐叫内盐:

磺胺酸能溶于氢氧化钠、碳酸钠溶液,是合成染料的中间体。

14.4.7　苯胺的氧化反应

苯胺是无色透明的液体,长时间放置逐渐变成黄色、浅棕色、棕色,最后变成黑色。这是因为苯胺极易氧化,因放置时间不同,条件不同而氧化成不同的产物,其中包括亚硝基苯,硝基苯,偶氮苯,氢化偶氮苯以及它们之间相互反应的产物。

苯胺用二氧化锰及硫酸氧化,主要得到苯醌:

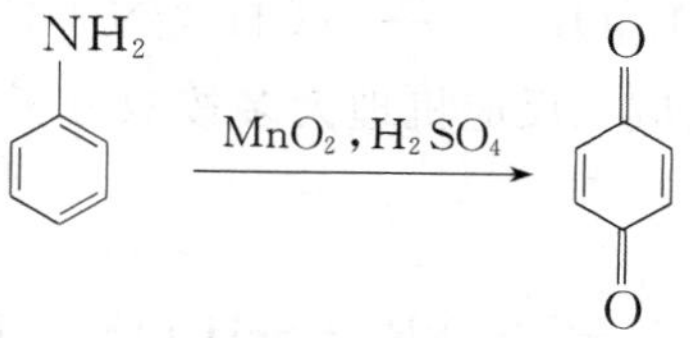

为了避免苯胺氧化,可以用不同的方法将氨基保护起来,在合成上最常用的方法是将氨基乙酰化。

14.4.8　伯胺的异腈反应

伯胺、氯仿和氢氧化钾的醇溶液共热可得到异腈,这一反应叫异腈反应:

$$RNH_2 + HCCl_3 + 3KOH \xrightarrow[异腈]{\triangle} RNC + 3KCl + 3H_2O$$

异腈有恶臭和剧烈的毒性。利用异腈反应可以定性鉴别伯胺和氯仿。

14.5 季铵盐和季铵碱

三级胺的氮原子上有孤对电子,可以与卤代烷反应生成季铵盐:

$$R_3N + RX \longrightarrow R_4\overset{+}{N}X^-$$

从结构上看,季铵盐可看作卤化铵(NH_4X)中的 4 个氢原子被烷基取代的产物,其中氮原子以共价键与 4 个烷基相连。氮原子与第四个烷基间是配价键,氮原子提供了一对电子,因而带有正电荷,这个带有正电荷的基团与卤素负离子结合形成离子型化合物。

四级铵盐与盐类性质类似,易溶于水而不溶于有机溶剂。熔点高,常常在熔化前分解,生成胺与卤代烷:

$$R_4\overset{+}{N}X^- \overset{\triangle}{\longrightarrow} R_3N + RX$$

季铵盐与伯、仲、叔胺不同,和碱反应不能使胺游离出来,而是得到季铵盐与季铵碱平衡的混合物:

$$R_4\overset{+}{N}X + KOH \rightleftharpoons R_4\overset{+}{N}OH^- + KX$$

季铵盐　　　　　　　　　　　季铵碱

季铵盐溶液用氧化银处理,由于卤化银不溶于水而沉淀出来,反应得以顺利进行,最终得到季铵碱:

$$2(CH_3)_4\overset{+}{N}I^- + Ag_2O + H_2O \longrightarrow 2(CH_3)_4N^+ OH^- + 2AgI\downarrow$$

碘化四甲基铵　　　　　　　　　　　氢氧化四甲基铵

季铵碱是强碱,其碱性与氢氧化钠和氢氧化钾相近。季铵碱受热分解,例如:

$$(CH_3)_4\overset{+}{N}OH^- \overset{\triangle}{\longrightarrow} (CH_3)_3N + CH_3OH$$

最简单的季铵碱——氢氧化四甲基铵受热分解生成三甲胺与甲醇。当季铵碱烃基上有 β-氢原子时,加热分解生成三级胺、烯烃和水:

$$[(CH_3)_3\overset{+}{N}CH_2CH_2CH_3]OH^- \overset{\triangle}{\longrightarrow} (CH_3)_3N + CH_3CH=CH_2 + H_2O$$

这个反应叫做 Hofmann 消除反应。反应机理大多按双分子消除反应(E2)进行,HO^- 作为碱进攻 β-碳原子上的氢:

$$HO^- \cdots H-\underset{|}{\overset{|}{C_\beta}}-\underset{|}{\overset{|}{C_\alpha}}-NR_3 \longrightarrow H_2O + \overset{}{C}=\overset{}{C} + NR_3$$

当季铵碱的 4 个烃基不同时,消除反应的产物是双键上烷基最少的烯烃,这个规则叫Hofmann 规则,例如:

$$\left[\begin{array}{c} \overset{\displaystyle CH_3}{|} \\ CH_3CH_2-CH \\ \underset{\displaystyle N^+(CH_3)_3}{|} \end{array} \right] HO^- \overset{\triangle}{\longrightarrow} (CH_3)_3N + CH_3CH_2CH=CH_2 + CH_3CH=CHCH_3$$

　　　　　　　　　　　　　　　　　　　　　　95%　　　　　　　　　　5%

季铵碱消除反应生成烯烃的规则正好与卤代烷消除反应的 Saytzeff 规则相反。

Hofmann 消除的方向主要取决于 β-氢的酸性,酸性强的氢容易消除。β-碳上连有较多的烷基取代基时,由于烷基的给电子效应,使 β-碳上氢酸性降低,因此不容易消除。比较氢氧化三甲基仲丁基铵上 β-氢酸性,显然 5 个 β-氢原子中甲基上的氢酸性较强,容易被消除。影响季铵碱消除方向的另一个因素是空间效应,亚甲基上的氢空间阻碍大,不容易被消除。这两种因素不矛盾,所以在上述反应中 1-丁烯是主要产物。

另有一些例子如氢氧化二甲基乙基苯乙基铵加热分解,主要生成苯乙烯,这不符合 Hofmann 规则,主要原因是苯基的存在,使与苯环相连的 β-氢酸性增强:

$$\left[\bigcirc\!\!-\!\!CH_2CH_2\!\!-\!\!\overset{CH_3}{\underset{CH_3}{\overset{|}{\underset{|}{N^+}}}}\!\!-\!\!CH_2CH_3 \right]OH^- \xrightarrow{\triangle} \bigcirc\!\!-\!\!CH\!\!=\!\!CH_2 + CH_2\!\!=\!\!CH_2 + \cdots$$
主

β-碳原子上有苯基、乙烯基、羰基等不饱和基团时,由于共轭效应使 β-氢的酸性增强,因而这个氢容易被消去。

伯、仲、叔胺都可以和卤代烷反应生成季铵盐。季铵盐可以与氢氧化银作用生成季铵碱。伯、仲、叔胺与过量的碘甲烷作用,其中每分子的伯胺用掉 3 分子碘甲烷;仲胺用掉 2 分子碘甲烷;叔胺用掉 1 分子碘甲烷;最终都得到季铵盐,这个过程叫彻底甲基化反应。生成的季铵盐用氢氧化银处理生成季铵碱,加热这个季铵碱得到烯烃和三级胺(如果得到甲醇和三甲胺,那末说明季铵碱是氢氧化四甲铵)。分析得到的烯烃和叔胺的结构,可以知道原来胺的结构,这对于确定未知胺的结构是很有用的。例如:某含氮化合物 A,分子式为 $C_6H_{13}N$,可溶于盐酸但不与苯磺酰氯反应,A 与过量的碘甲烷反应后用 AgOH 处理得到一碱性物质,加热这个碱性物质主要得到有机物 B。B 可溶于盐酸,也不与苯磺酰氯反应,把 B 同样用碘甲烷,氢氧化银依次处理后,再加热,所得的产物可与顺丁烯二酸酐作用得一环状化合物的结晶固体,试推断 A 的结构。

由 A 的分子式可知,这个化合物是含有双键的胺或含有环状结构的胺,由于它不与苯磺酰氯作用,所以是三级胺。由该三级胺两次用碘甲烷和氢氧化银作用再热分解后所得产物能与顺丁烯二酸酐作用得到环状化合物这一点推断,原有三级胺是环状的三级胺,结合分子式,A 可能的结构有以下 4 种:

（Ⅰ）　　　　（Ⅱ）　　　　（Ⅲ）　　　　（Ⅳ）

从能与顺丁烯二酸酐作用生成环状结晶固体这一点说明生成物是一个共轭烯烃。（Ⅰ）,（Ⅱ）,（Ⅲ）经上述处理后均不能生成共轭烯烃,故不合题意。只有化合物（Ⅳ）符合题目要求,具体反应过程可用以下简式表示:

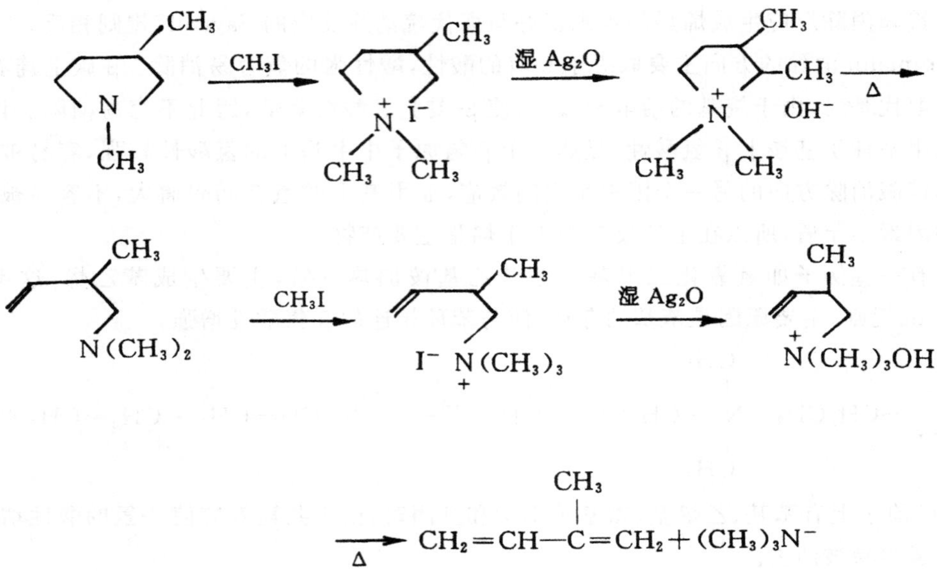

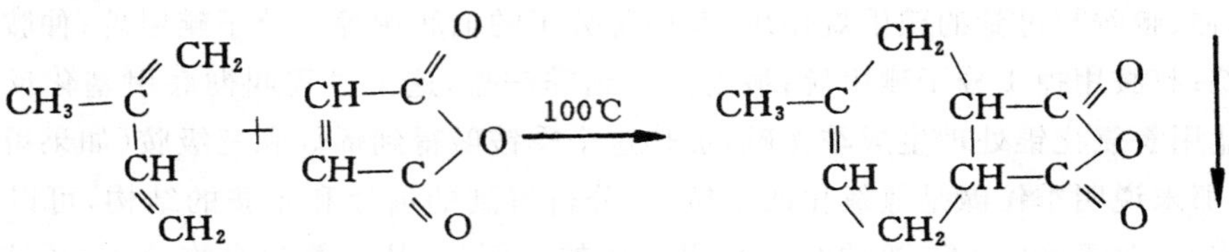

CH₃I ... 湿 Ag₂O ... Δ

$$CH_2=CH-\underset{\underset{}{|}}{\overset{CH_3}{\overset{|}{C}}}=CH_2 + (CH_3)_3N^-$$

$$CH_3-C \quad + \quad CH-C \quad \xrightarrow{100℃}$$

14.6　重氮和偶氮化合物

基团 —N=N— 叫偶氮基。这个基团两端都与碳原子相连的化合物叫偶氮化合物。例如：

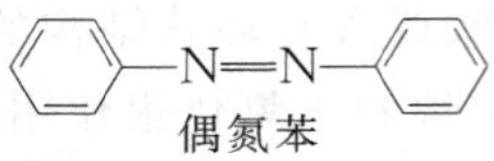

偶氮苯

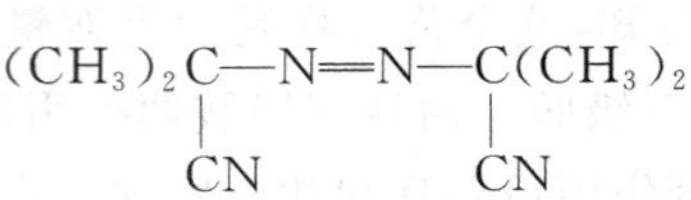

$$(CH_3)_2\underset{\underset{CN}{|}}{C}-N=N-\underset{\underset{CN}{|}}{C}(CH_3)_2$$

偶氮二异丁腈

当苯环上有其它基团时,命名时以偶氮苯为母体,苯环上其它基团的位置按编号——列出：

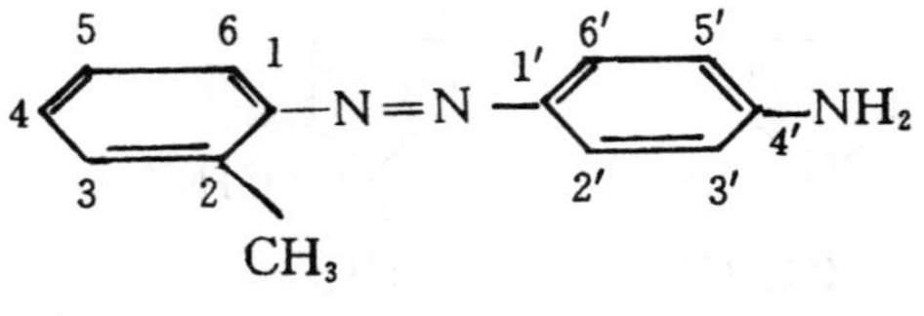

2-甲基-4′-氨基偶氮苯

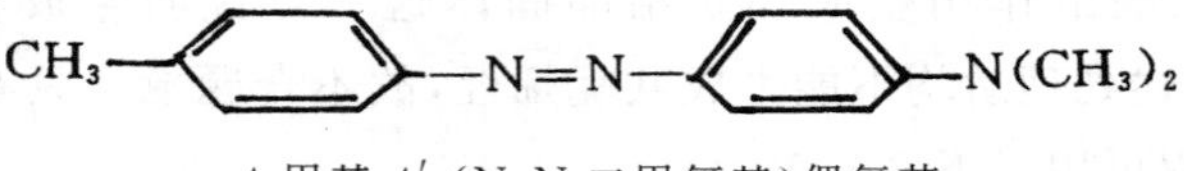

$$CH_3- -N=N- -N(CH_3)_2$$

4-甲基-4′-(N,N-二甲氨基)偶氮苯更复杂的偶氮化合物有俗名。

如果偶氮基只有一端与碳原子相连,另一端与其它原子相连,这样的化合物叫重氮化合物,例如:

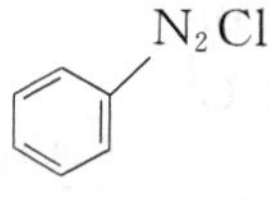

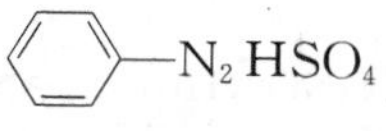

氯化重氮苯　　　　重氮苯硫酸盐

重氮化反应在有机合成上有重要应用,以芳香重氮正离子为中间体,可以合成用其它方法不易得到的芳香化合物。

14.6.1　芳香族重氮盐的性质及在合成上的应用

芳香族重氮盐可以发生多种化学反应。从氮原子是否保留在产物中这个角度分类,反应主要有两类:一类是氮以 N_2 的形式放出,氮原子在环上的位置被其它原子或原子团所取代的反应;另一类是保留氮原子的反应。

1. 取代反应

重氮基被其它基团取代,放出氮气。

（1）重氮基被卤素取代

芳香重氮盐的酸溶液与氯化亚铜或溴化亚铜反应,重氮基被氯或溴所取代,这个反应叫 Sandmeyer 反应:

$$Ar-NH_2 \xrightarrow{NaNO_2,HCl} Ar\overset{+}{N_2}\overset{-}{Cl} \xrightarrow[HCl]{CuCl} ArCl + N_2 \uparrow$$

$$Ar-NH_2 \xrightarrow{NaNO_2,HBr} Ar\overset{+}{N_2}\overset{-}{Br} \xrightarrow[HBr]{CuBr} ArBr + N_2 \uparrow$$

如果反应中使用铜粉代替氯化亚铜或溴化亚铜,反应也能进行,这时反应叫做 Gattermann 反应:

$$Ar\overset{+}{N_2}\overset{-}{Cl} \xrightarrow{Cu,HCl} ArCl + N_2 \uparrow$$

$$Ar\overset{+}{N_2}\overset{-}{Br} \xrightarrow{Cu,HBr} ArBr + N_2 \uparrow$$

因为卤原子是邻对位定位基,所以间二卤代苯不能用卤苯直接卤化制备。硝基是间位定位基,间二硝基苯容易制备,还原后再经过重氮化反应,可以制备间位二卤代物:

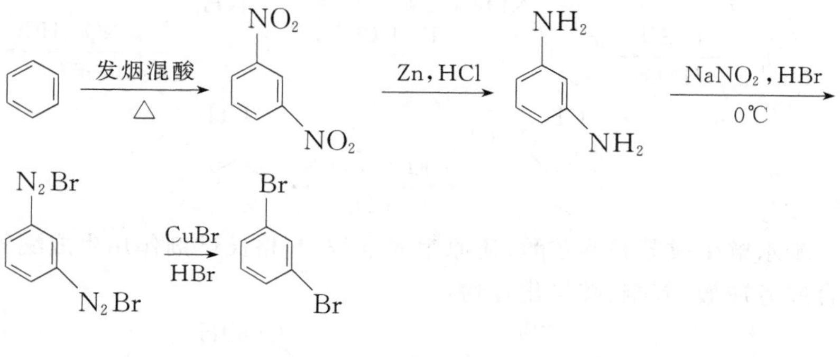

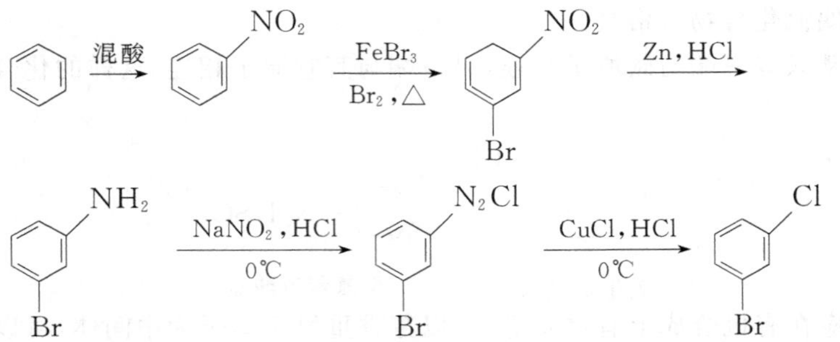

芳香族碘代物亦可由重氮盐制备。反应不需催化剂，将重氮盐与碘化钾混合在一起，反应得到碘代物，这是制备碘代芳香烃的好方法：

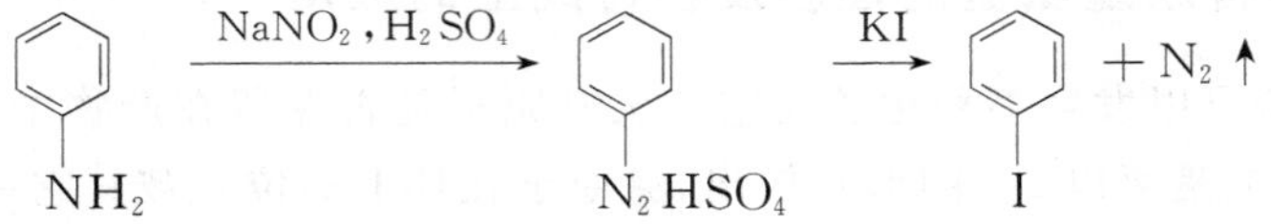

芳香族氟化物也可由重氮盐制备。把氟硼酸（HBF_4）加到重氮盐溶液中，生成氟硼酸重氮盐的沉淀（$Ar\overset{+}{N_2}BF_4^-$）。加热干燥的氟硼酸重氮盐，分解生成芳香族氟化物、三氟化硼和氮气，这一反应叫 Schieman 反应：

$$ArNH_2 \xrightarrow{NaNO_2,HCl} Ar\overset{+}{N_2}Cl^- \xrightarrow{HBF_4} Ar\overset{+}{N_2}BF_4^- \xrightarrow{\triangle} ArF + BF_3 + N_2 \uparrow$$

碘代芳烃和氟代芳烃不能通过直接卤化反应制备。用上述重氮盐的方法可以制备多种多样的这两类化合物。

（2）重氮基被氰基取代

芳香重氮盐中的重氮基在氰化亚铜的催化下与 KCN 反应，结果被氰基取代，这类反应也叫 Sandmeyer 反应。如果改用铜粉作为催化剂，则属于 Gattermann 反应。这类反应是制备芳腈的好方法，应用范围很广：

$$ArN_2Cl \xrightarrow[CuCN]{KCN} ArCN + N_2 \uparrow$$

$$ArN_2HSO_4 \xrightarrow[CuCN]{KCN} ArCN + N_2 \uparrow$$

一个实例是合成邻甲基苯甲腈：

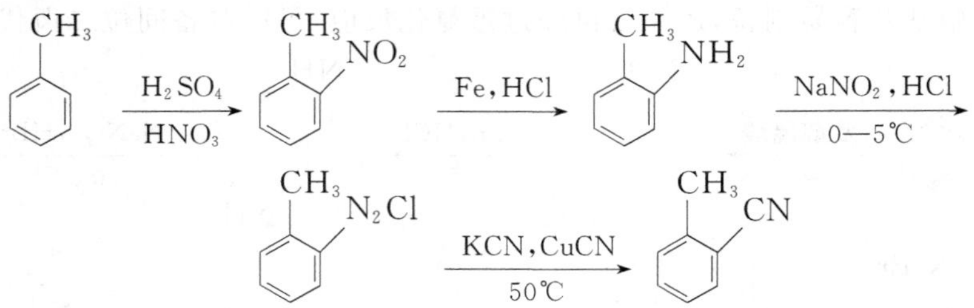

芳腈进一步水解生成芳香族羧酸，还原生成苄胺，与格氏试剂作用生成酮等，因此，通过重氮盐可以合成芳羧酸、芳酮、胺等化合物：

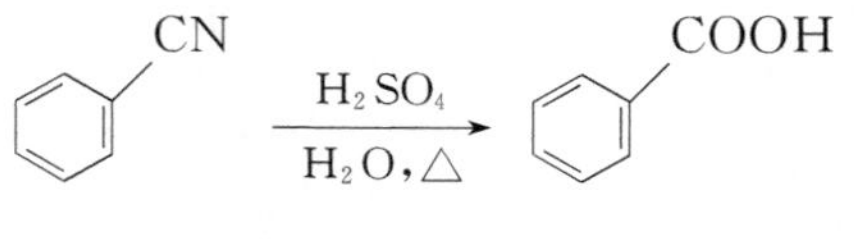

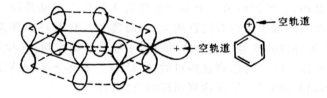

（3）重氮基被羟基取代

加热芳香族重氮盐的水溶液，重氮基被羟基取代生成酚类化合物：

重氮盐被羟基取代的反应，是按 S_N1 机理进行的，首先重氮离子失去一分子 N_2，生成苯基正离子：

$$ArN_2^+ \xrightarrow{\triangle} N_2 + Ar^+$$

这是获得芳基正离子的一种方法。芳基正离子的空轨道是 sp^2 杂化轨道（见图 14-9），空轨

道不能与苯环上的 π 轨道形成共轭体系，正电荷集中在一个碳原子上，故芳基正离子能量较高，很活泼，其活性类似于烷基正离子，是强的亲电试剂。它与水很快反应生成酚：

$$ArN_2^+ \xrightarrow{-N_2} Ar^+ \xrightarrow{H_2O} ArOH_2^+ \xrightarrow{-H^+} ArOH$$

芳基正离子不仅能与水反应，而且还能与其它的亲核试剂作用。如：

$$Ar^+ + Cl^- \longrightarrow ArCl, Ar^+ + Br^- \longrightarrow ArBr$$

正是由于上述原因，芳基重氮盐水解合成酚的反应不能用重氮苯的盐酸盐，以免发生芳基正离子与氯负离子的反应。硫酸根负离子和硫酸氢根负离子是很弱的亲核试剂，所以用重氮硫酸盐水解合成酚，不会发生上述副反应。

（4）重氮基被氢原子取代

重氮盐与还原剂次磷酸（H_3PO_2）作用，重氮基被氢原子取代：

$$ArN_2^+ X^- + H_3PO_2 + H_2O \longrightarrow ArH + N_2 + H_3PO_3 + HX$$

这个反应很容易进行。将胺先溶于次磷酸中，然后加入亚硝酸钠，芳香重氮次磷酸盐一旦生成，很快被还原：

$$ArNH_2 \xrightarrow[\quad H_2O \quad]{NaNO_2, \; H_3PO_2} Ar—H$$

重氮盐与乙醇作用，重氮基也能被氢原子取代。乙醇在此反应中被氧化成乙醛，但是，由于乙醇是亲核试剂，往往有副产物醚生成：

$$ArN_2HSO_4 + C_2H_5OH \longrightarrow \begin{cases} Ar—H + N_2 \uparrow + CH_3CHO + H_2SO_4 \\ Ar—OC_2H_5 + N_2 \uparrow + H_2SO_4 \end{cases}$$

用重氮基被氢原子取代这一反应可以除去环上的硝基和氨基。硝基是间位定位基和钝化亲电取代反应的基团，它可以使第二个基团主要进入间位。氨基是强的邻对位定位基和强的活化亲电取代反应的基团。在有机合成上，有时需要活化苯环以使亲电取代反应容易进行；有时需要钝化苯环以使亲电取代反应进行得平稳且容易控制；有时又需要在苯环上某一确定的位置发生取代反应。为达到这些目的，巧妙地在苯环上某个确定的位置引入硝基或氨基，然后再去掉硝基或氨基，最终达到预期的合成目的：

在上述 1,2,3-三溴苯的合成过程中，利用了氨基是邻对位定位基，硝基是间位定位基。

反应的第①步是保护氨基,以免在第②步硝化时被氧化。第②,③步硝化的目的是为了钝化苯环的亲电反应活性,以免溴化时得到多溴苯胺。第④步又利用了氨基是邻对位定位基,硝基是间位定位基。第⑥步实现了 3 个溴原子引入在 1,2,3 位。最后 3 步通过重氮化反应去掉了硝基。整个合成路线设计合理、巧妙,体现了有机合成的魅力。

（5）重氮基被硝基取代

重氮基可以被硝基所取代,这一反应用以制备其它方法不易制备的硝基化合物:

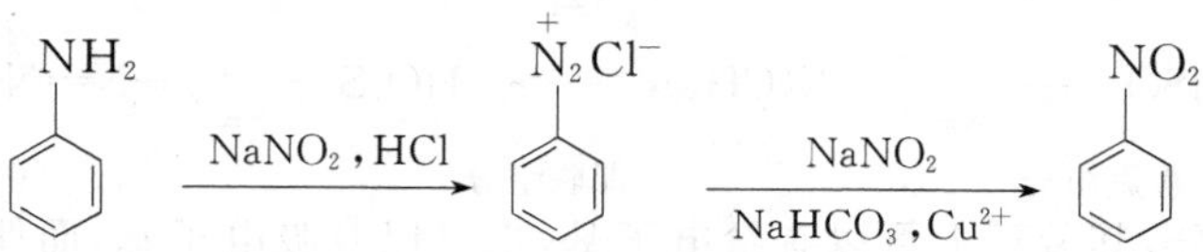

例如制备 NO_2—⟨⟩—NO_2 :

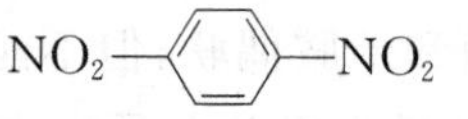

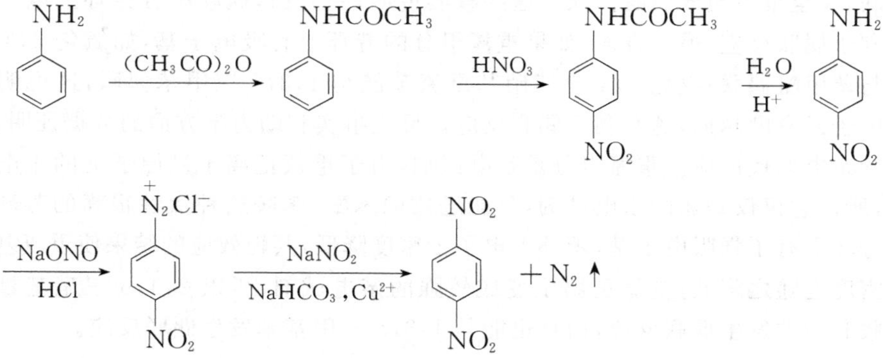

2. 还原反应

重氮苯的盐可以被亚硫酸钠还原成苯肼的盐,用碱处理后得到苯肼,这是苯肼的一种合成方法:

$$C_6H_5NH_2 \xrightarrow[HCl]{NaNO_2} C_6H_5\overset{+}{N_2}Cl^- \xrightarrow[HCl]{Na_2SO_3} C_6H_5NHN\overset{+}{H_3}Cl^- \xrightarrow{HO^-} C_6H_5NHNH_2$$

在低温条件下,芳香重氮盐也可以用氯化亚锡和盐酸还原得到苯肼的盐酸盐,用碱处理后得到芳肼:

$$Ar\overset{+}{N_2}Cl^- \xrightarrow{SnCl_2,HCl} ArNHN\overset{+}{H_3}Cl^- \xrightarrow{HO^-} ArNHNH_2$$

如果使用较强的还原剂,则直接得到苯胺:

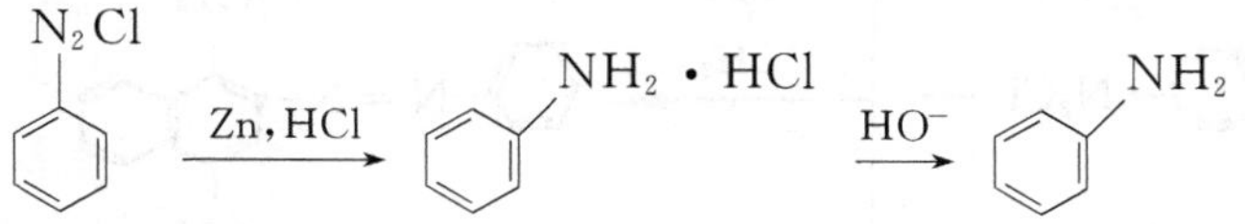

3. 偶合反应

在适当的酸或碱性条件下,重氮盐与芳胺或酚作用,生成偶氮化合物,这一反应叫偶合反应,也叫偶联反应(Coupling reactions),例如:

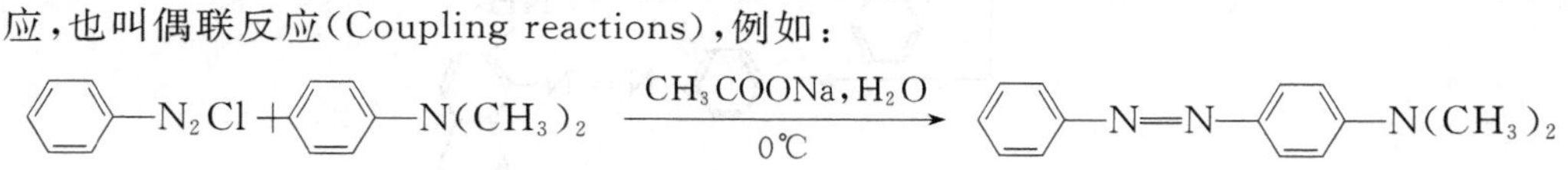

对(N,N-二甲胺基)偶氮苯

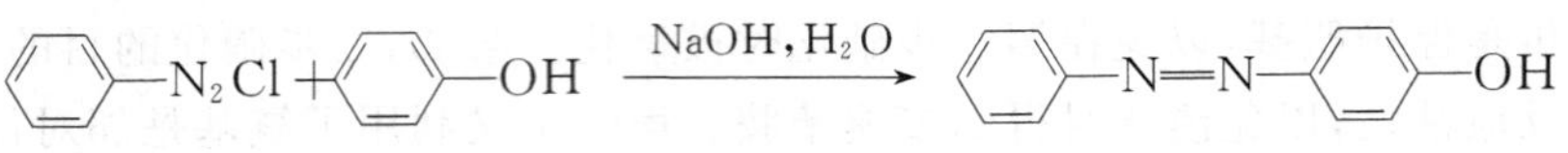

对羟基偶氮苯

在偶合反应中,参加偶合的重氮盐叫重氮组分,酚和芳胺叫偶合(偶联)组分。在合成一个偶氮化合物时,应当正确地选择重氮组分和偶联组分。例如合成甲基橙的步骤如下:

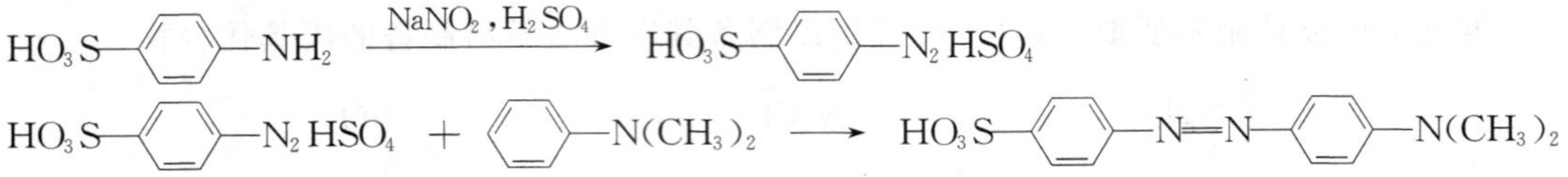

重氮组分　　　　　偶联组分　　　　　　甲基橙

选用的重氮组分,其芳环上可以有给电子基,也可以有吸电子基,而偶联组分,通常是芳胺或酚类,否则不易发生偶合反应。例如氯化重氮苯能与苯酚和苯胺偶联,但不能与硝基苯和甲苯偶联,甚至也不与苯甲醚偶联。这些事实说明,一方面,偶联组分芳环上电子云密度越高越有利于偶联反应;另一方面,如果重氮组分的芳环上有吸电子基,如氯化2,4-二硝基重氮苯能与苯甲醚偶联;氯化2,4,6-三硝基重氮苯能与1,3,5-三甲苯偶联,这说明重氮组分芳环上电子云密度越低,越有利于偶联反应。反应事实和动力学方面的数据证明,偶合反应是芳香族亲电取代反应。重氮组分是亲电试剂,由于重氮正离子氮原子上的正电荷分散到苯环上,所以它仅仅是弱的亲电试剂,只能进攻像苯酚、苯胺这种活性很高的芳环。如果重氮组分芳环上有了强吸电子基,苯环上电子云密度降低,共轭效应的结果使重氮基氮原子上电子云密度也随之降低,重氮正离子变成较强的亲电试剂,所以2,4,6-三硝基重氮苯不仅能与芳胺和酚类发生偶联反应,而且也能与1,3,5-三甲基苯发生偶联反应。

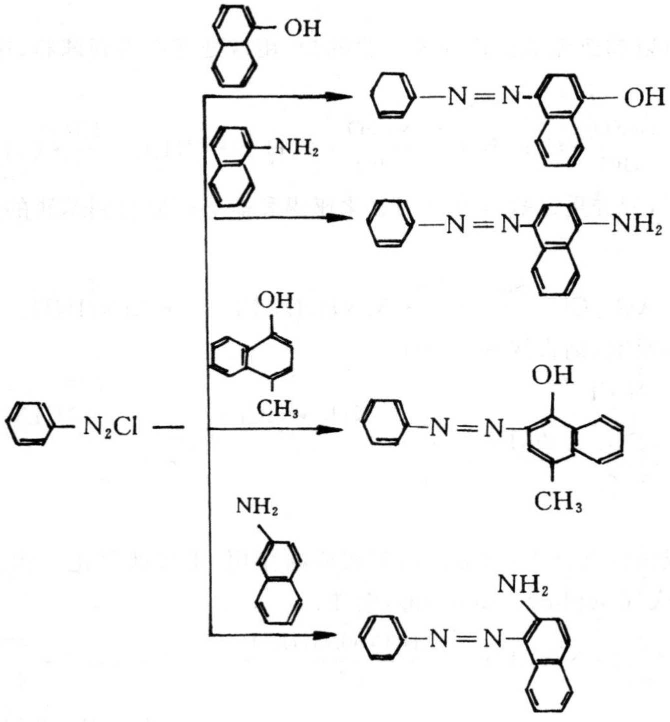

重氮盐与芳胺和酚类的偶联反应,由于 $\overset{+}{ArN_2}$ 体积较大,一般发生在酚羟基和芳胺的对位。如果对位被其它基团占据,则偶联也能发生在邻位,例如:

$$\text{C}_6\text{H}_5\text{—N}_2\text{Cl} + \text{CH}_3\text{—C}_6\text{H}_4\text{—OH} \longrightarrow \text{C}_6\text{H}_5\text{—N}=\text{N—(芳环)}$$

重氮盐与萘酚和萘胺也能发生偶联反应。因为羟基和胺基使所在的芳环活化,故偶联反应发生在同环上。α-萘酚或 α-萘胺的偶联反应发生在 4 位;如果 4 位被其它基团占据,则发生在 2 位上。重氮盐与 β-萘胺和 β-萘酚偶联,发生在 1 位;如果 1 位被其它基团占据,则不易发生偶联反应。如上页末反应式所示。

重氮盐和酚的偶联常在弱碱介质中进行,这时酚变成芳氧基负离子 ArO^-,氧负离子是一个比羟基更强的活化芳环亲电反应的基团,这有利于偶合反应的进行。如果介质碱性太强,则对反应不利,因为重氮离子在强碱溶液中存在着下述平衡:

$$\overset{+}{ArN_2} + OH^- \underset{H^+}{\overset{OH^-}{\rightleftharpoons}} Ar—N=N—OH \underset{H^+}{\overset{OH^-}{\rightleftharpoons}} Ar—N=N—O^- + H^+$$

　　　可偶联　　　　　　　不能偶联　　　　　　　　不能偶联

平衡混合物中的 $Ar—N=N—OH$ 和 $Ar—N=N—O^-$ 不能偶联。

酸性条件不利于重氮盐与酚偶联,因为在酸性条件下,不仅苯氧负离子的浓度变小,甚至酚还有可能质子化:

$$\text{C}_6\text{H}_5\text{OH} + H^+ \longrightarrow \text{C}_6\text{H}_5\overset{+}{O}H_2$$

不能偶联

质子化的苯酚不起偶联反应,所以重氮盐卤代要在强酸溶液中进行,这样可抑制反应生成的副产物苯酚与重氮盐偶联:

$$\overset{+}{N_2}Cl^- \xrightarrow[\text{H}_2\text{O}]{\text{CuCl}} \left\{ \begin{array}{l} \text{C}_6\text{H}_5\text{Cl} \quad \text{主要产物} \\ \text{C}_6\text{H}_5\text{OH} \quad \text{有可能与重氮盐偶联} \end{array} \right.$$

$$\overset{+}{N_2}Cl^- \xrightarrow[\text{HCl}]{\text{CuCl}} \left\{ \begin{array}{l} \text{C}_6\text{H}_5\text{Cl} \quad \text{主要产物} \\ \text{C}_6\text{H}_5\overset{+}{O}H_2 \quad \text{不能偶联} \end{array} \right.$$

重氮盐与芳胺的偶联反应在弱酸或中性条件下进行,不能在强酸条件下进行。在强酸条件下,胺变成铵盐,$—\overset{+}{N}H_3$ 是强的钝化亲电取代的基团,不利于偶联反应。

在脂肪族化合物的合成中,利用卤代物的亲核取代和有机金属卤化物等反应,可以方便地合成一大批其它脂肪化合物,但是,卤代芳烃难于进行亲核取代反应。在芳香族化合物的合成上能与卤代烷的亲核取代相提并论的是芳香族重氮盐的反应。有了芳香族重氮盐,结合以前学过的硝化、磺化、卤代,Friedel-Crafts 反应以及适当条件下的芳香族亲核取代反应,单环取代芳烃的合成似乎没有什么困难可言了。

例如合成 CH₃——〇——OH ,对甲苯酚氯化时,氯主要进入羟基的邻位。这是由于羟基是更强的邻对位定位基。改用对硝基甲苯氯化,再将硝基还原成氨基,最终将氨基通过重氮盐转变成羟基,这样,可得到预期的产物:

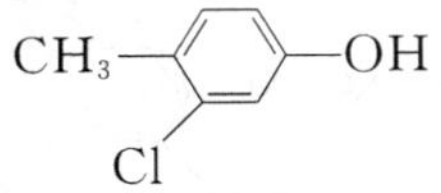

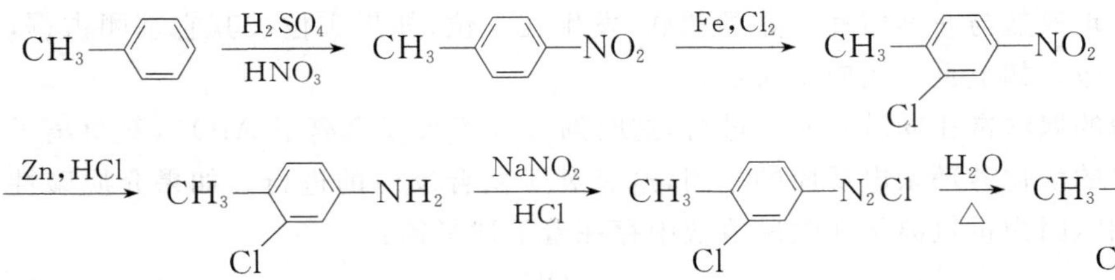

14.6.2 偶氮染料

芳胺、酚与重氮盐偶联,所得产物的通式是 Ar—N=N—Ar′,通常这些化合物带有颜色,分子内又都含有偶氮基,因此被称为偶氮染料。例如:

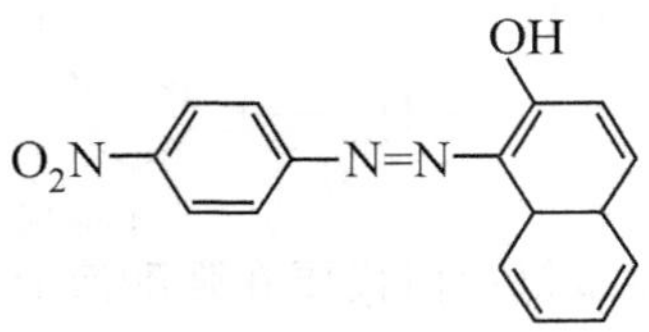

对位红(染料)

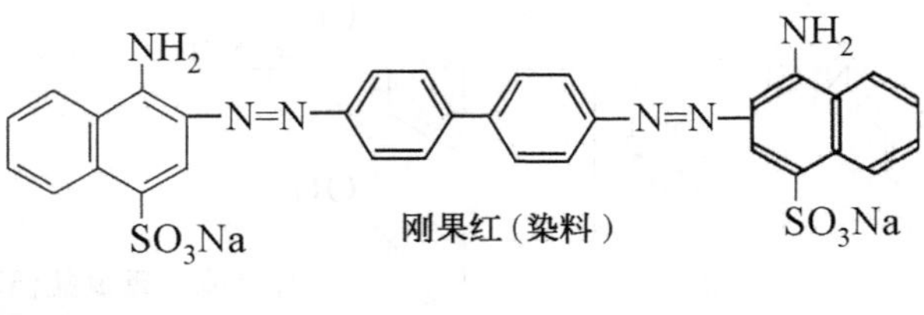

刚果红(染料)

染料的品种繁多,偶氮染料是其中种类最多,应用最广的一类,它的颜色多种多样,广泛应用于棉、毛、丝织品以及其它产品的染色过程中。

偶氮化合物的偶氮键可被氯化亚锡还原而断裂生成两分子胺:

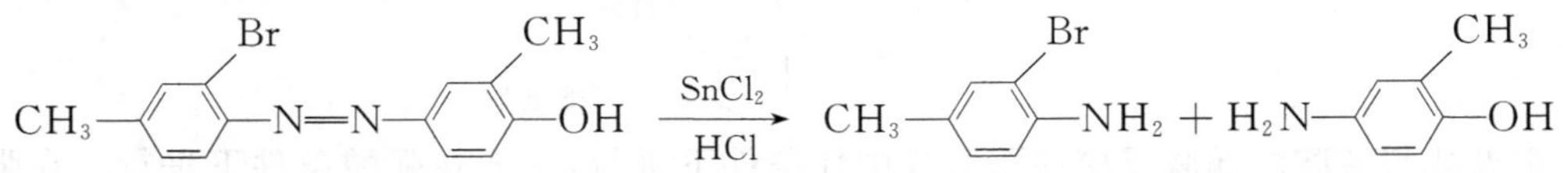

从生成胺的结构,能推知原偶氮化合物的结构,因此,可用这种方法剖析偶氮染料的结构。

14.7 其它重要的含氮化合物

14.7.1 硝基化合物

硝基化合物是烃分子中氢原子被硝基($—NO_2$)取代后生成的化合物。硝基化合物也分成两大类;硝基和烷基相连的是脂肪族硝基化合物;硝基直接和苯环相连的是芳香族硝基化合物。它们的结构可用图 14-10 表示。近代仪器分析的方法证明了两个氮氧键的键长完全相等,都是 0.122nm。这表明在硝基化合物中,两个氮氧键平均化了。硝基化合物的轨道结构比较合理的解释了仪器分析的结果。硝基是共轭的,两个氧原子各提供一个电子,一个氮原子提供两个电子形成一个三中心四电子的共轭体系。氮原子提供了两个电子,所以带有正电荷,两个氧原子分享氮原子提供的电子,带有部分负电荷。

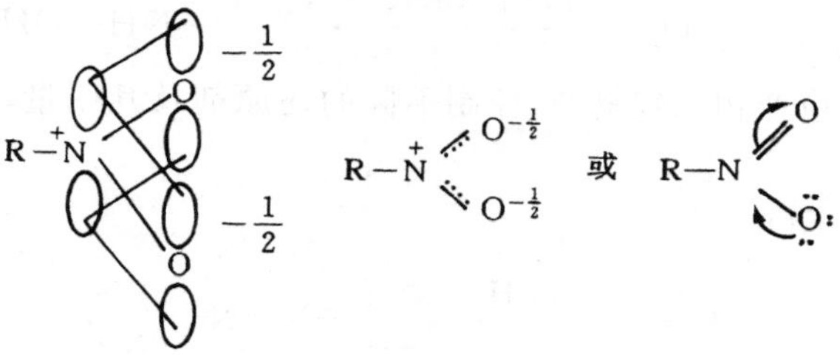

图 14-10 硝基化合物的结构

下面举例一些典型的硝基化合物及其命名。

脂肪族硝基化合物:

$CH_3CH_2NO_2$

硝基乙烷

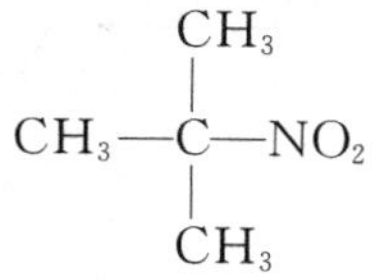

硝基叔丁烷

芳香族硝基化合物:

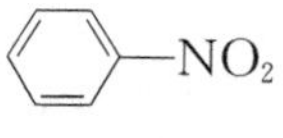

硝基苯

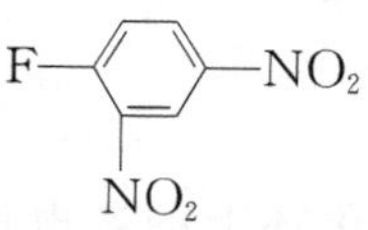

2,4-二硝基氟苯

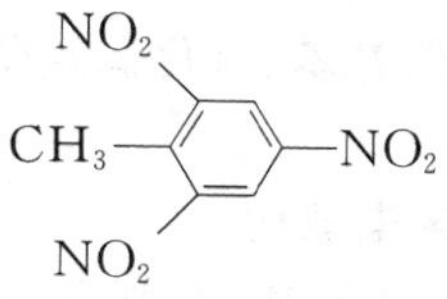

2,4,6-三硝基甲苯(TNT)

脂肪族硝基化合物是无色,沸点较高的液体,不溶于水,易溶于醇、醚等有机溶剂。脂肪族硝基化合物的主要用途是作为溶剂。

芳香族硝基化合物为无色或淡黄色的液体或固体,密度比水大,有苦杏仁味。芳香族硝基化合物有毒,既可以通过呼吸道,也能通过皮肤被人体吸收。芳香族硝基化合物,尤其是多硝基苯类化合物具有爆炸性,所以在使用和贮存硝基化合物时,不仅要注意它们的毒性,还要严格遵守操作规程,防止事故的发生。

硝基化合物中,以芳香族硝基化合物在合成上的应用较多。很多芳香族硝基化合物是合成药物、染料、香料、炸药的原料。由于硝基容易被还原,所以芳香族硝基化合物还是合成芳胺、酚等芳香族化合物的中间体。

1. 硝基的还原反应

芳香族硝基化合物的还原产物与其反应介质的酸碱性有密切的关系。

在酸性条件下,硝基被还原成氨基:

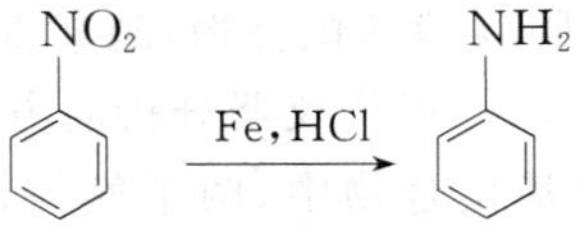

以上反应很容易进行,其它的还原剂有 Sn/HCl,Zn/HCl,Zn/CH_3COOH 等。催化氢化也能将硝基还原成氨基。

在中性或弱酸性条件下,硝基苯可以被还原成 N-羟基苯胺:

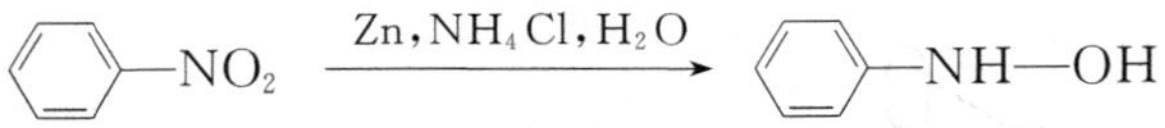

在碱性条件下,反应产物比较复杂,控制不同的还原剂及其用量,可得到不同的还原产物。例如:

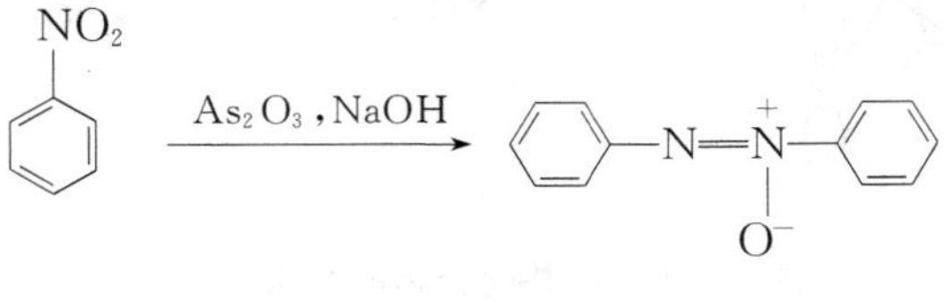

氧化偶氮苯

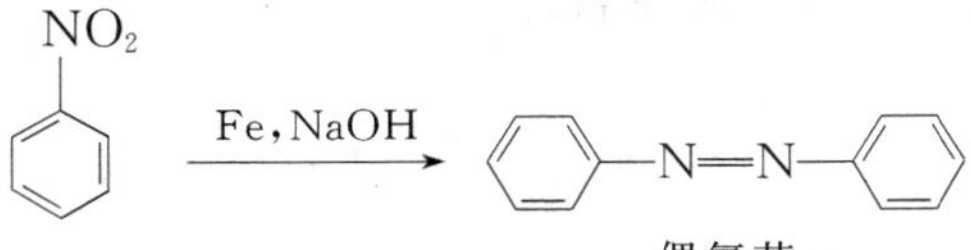

偶氮苯

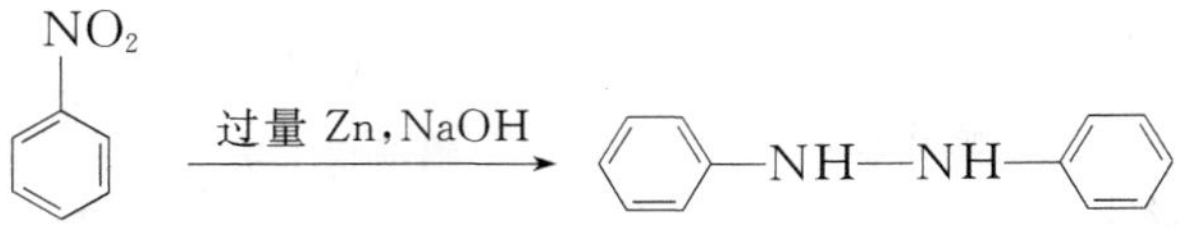

氢化偶氮苯

氧化偶氮苯,偶氮苯、氢化偶氮苯等这些不同的还原产物在酸性条件下都能被还原成苯胺。

2. 芳环上的亲电取代

硝基是强的吸电子基,它强烈地钝化环上的亲电取代反应,因此它不能发生 Friedel-Crafts 反应。在剧烈的条件下,硝基苯能发生硝化、磺化、卤化反应:

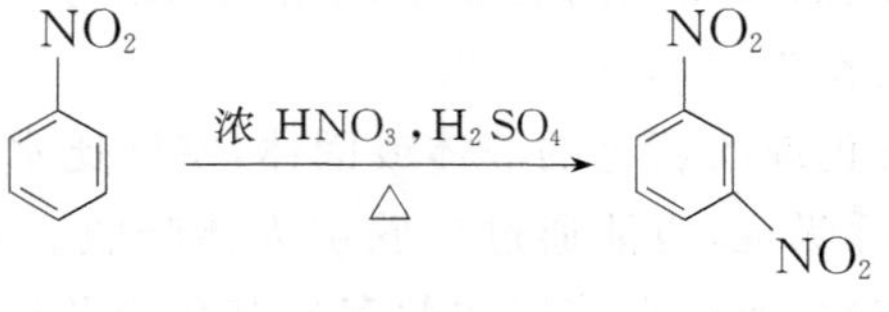

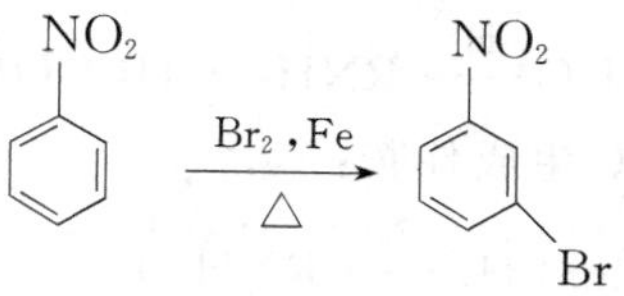

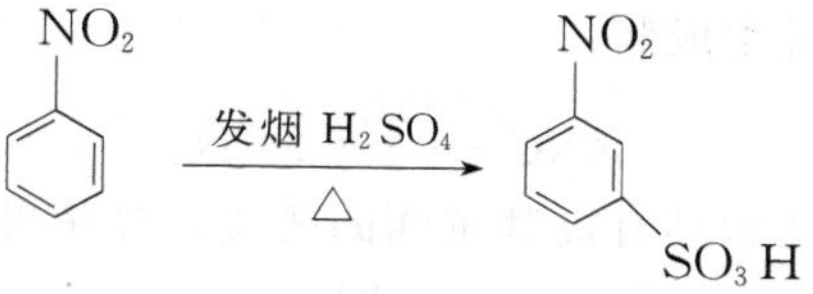

14.7.2 腈和异腈

腈可以看作是烃分子中的氢被氰基(—CN)取代后的生成物,腈的通式是 RCN。

腈的命名根据分子中含碳原子的个数称为某腈。值得特别注意的是,氰基中还有一个碳原子,引入一个氰基,相当于多了一个碳原子:

$$CH_3CN \qquad CH_3\!-\!\overset{\displaystyle |}{\underset{\displaystyle CH_3}{CH}}\!-\!CN \qquad \text{苯}\!-\!CH_2CN$$

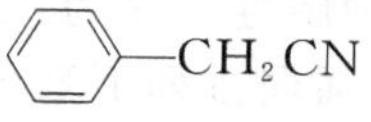

乙腈   异丁腈   苯乙腈

低级腈是无色液体,高级腈是固体。乙腈的偶极矩为 4.0D。它不仅可以和水混溶,而且可以溶解某些无机盐,也能与乙醚、氯仿、苯等混溶,所以乙腈是个很好的溶剂。随着分子量增大,腈在水中的溶解度降低。分子量较小的腈毒性较大。

氰基是一个比较活泼的官能团,在有机合成上用途很广。

1. 水解反应

腈在酸或碱存在下,在较高温度下水解生成羧酸,这是酸的合成方法之一:

$$R\!-\!C\!\equiv\!N \xrightarrow[\triangle]{H_2O,H^+} R\overset{\displaystyle O}{\overset{\displaystyle \|}{C}}\!-\!OH + NH_3$$

2. 与 Grignard 试剂反应

腈与格氏试剂反应,经水解生成酮,这是合成酮的方法之一:

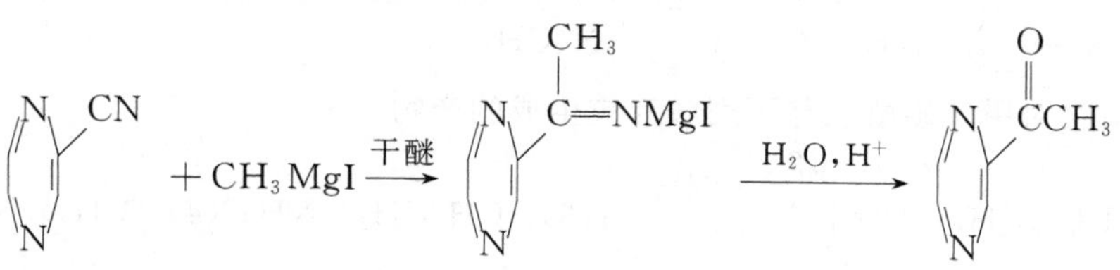

3. 腈的还原反应

腈可以还原成不同的产物,最终产物是胺。例如己二腈催化加氢生成己二胺:

$$CNCH_2CH_2CH_2CH_2CN \xrightarrow{Ni,H_2} NH_2CH_2CH_2CH_2CH_2CH_2CH_2NH_2$$

异腈又称为胩,通式为 RNC,异腈的结构简单表示如下:

$$R\!:\!\overset{\times\times}{\underset{\times\times}{N}}\!:\!C\!: \qquad\qquad \text{或} \qquad\qquad R\!-\!\overset{+}{N}\!\equiv\!C^-$$

异腈在碱性条件下相当稳定,但在酸性条件下容易水解:

$$RNC + 2H_2O \xrightarrow{H^+} RNH_2 + HCOOH$$

异腈经催化氢化或其它方法还原,生成仲胺:

$$RNC + 2H_2 \xrightarrow{Ni} RNHCH_3$$

异腈在较高的温度下重排生成腈:

$$RNC \xrightarrow{300℃} RCN$$

异腈类化合物都具有毒性和具有极其难闻的恶臭。异腈可以通过下述反应获得:

$$RNH_2 + CHCl_3 + KOH \xrightarrow{ROH} RNC + KCl + H_2O$$

习　题

14.1　在气态时,甲胺、二甲胺,三甲胺和氨的碱性强弱顺序是:三甲胺>二甲胺>甲胺>氨,而在水溶液中碱性顺序为:二甲胺>甲胺>三甲胺>氨,为什么?

14.2　按碱性强弱排列下列各组化合物:

(1) 氨、苯胺、二苯胺、对硝基二苯胺;

(2) 苄胺、对甲苯胺、对硝基苯胺;

(3) 三苯胺、三甲胺、对甲氧基苯胺;

(4) 乙酰胺、乙胺、氢氧化四甲铵、三乙胺。

14.3　胺有碱性,乙酰胺接近于中性,而二乙酰亚胺显酸性,怎样解释这些现象。

14.4　写出下列各化合物的结构:

(1) N-甲基-N-乙基对硝基苯胺;(2)乙酰苯胺;(3)N-环己基乙酰胺;(4)邻苯二甲酰亚胺;(5)对甲苯胺硫酸盐;(6)反-1.4-环己二胺;(7)α-萘胺;(8)乙二胺;(9)氯化四苄基铵;(10)氢氧化二甲基二乙基铵;(11)3-氨基戊烷;(12)己内酰胺。

14.5　写出下列化合物与亚硝酸钠的盐酸溶液反应生成的主要产物:

(1) $CH_3CH_2CH_2NH_2$;(2)$(CH_3CH_2)_2NH$;(3)$(CH_3CH_2)_3N$;(4)$(CH_3CH_2)_4\overset{+}{N}Cl^-$;

(5) $CH_3-\!\!\langle\ \rangle\!\!-NH_2$;(6)$\langle\ \rangle\!\!-NHCH_3$;(7)$\langle\ \rangle NH$;

(8) $H_2N-\!\!\langle\ \rangle\!\!-NH_2$　(9)$\langle\ \rangle\!\!-N(CH_3)_2$。

14.6　写出对甲苯磺酰氯与下列胺反应生成的产物:

(1) $CH_3\underset{\underset{NH_2}{|}}{C}HCH_3$;(2)$\langle\ \rangle\!\!-NH_2$;(3)$(CH_3CH_2)_2NH$;(4)$(CH_3)_3N$;

(5) $\langle\ \rangle\!\!-NH_2$;(6)$\langle\ \rangle\!\!-NHCH_3$;(7)$\langle\ \rangle\!\!-N(CH_3)_2$;(8)$\langle\ \rangle\!\!-CH_2NH_2$。

14.7　写出对硝基硫酸重氮苯转变成下列各化合物所需要的试剂。

(1) 对氟硝基苯;(2)对氯硝基苯;(3)对溴硝基苯;(4)对碘硝基苯;(5)对硝基苯肼;(6)对硝基对氨基偶氮苯;(7)硝基苯;(8)对硝基苯甲腈;(9)对硝基苯酚。

14.8　试写出下列各胺经彻底甲基化,再与湿的 $Ag_2O(AgOH)$反应后,经加热所生成的主要产物以及有关反应式。

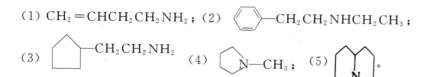

(1) $CH_2=CHCH_2CH_2NH_2$；(2) 苯环 $-CH_2CH_2NHCH_2CH_3$；

(3) 环戊基 $-CH_2CH_2NH_2$　(4) 哌啶环 $N-CH_3$；(5) 双环 N 结构。

14.9　写出由下列偶联组分与重氮组分相作用所生成产物的结构。

偶联组分　　　　　　　**重氮组分**

（1）二苯胺，　　　　　　2,4-二硝基苯胺；

（2）对甲苯酚，　　　　　间甲苯胺；

（3）N,N-二甲基苯胺，　　邻氨基苯甲酸；

（4）苯酚，　　　　　　　2-硝基-4-甲基苯胺。

14.10　用化学方法区别下列各组化合物。

（1）$ClCH_2CH_2NH_2$ 和 $CH_3CH_2\overset{+}{N}H_3Cl^-$；（2）丁酰胺、正丁胺、二乙胺和二甲乙胺；

（3）环己胺、苯胺、苯酚和环己醇；（4）邻甲基苯胺、N-甲基苯胺和 N,N-二甲基苯胺；

（5）$(CH_3CH_2)_2NCH_2CH_2OH$ 和 $(CH_3CH_2)_4\overset{+}{N}OH^-$。

14.11　如何分离下列各组化合物：

（1）苯胺，对甲苯酚，苯甲酸和甲苯；（2）间甲苯胺、N-甲基苯胺、N,N-二甲基苯胺；

（3）邻硝基甲苯 和 邻氨基甲苯 ；（4）CH_3CH_2-苯环$-NH_2$ 和 $CH_3CH_2\overset{O}{\overset{\|}{C}}NH-$苯基；

（5）正己醇、正己胺和 2-己酮。

14.12　如何提纯下列各化合物：

（1）苯胺中含有少量硝基苯；（2）乙胺中含有少量二乙胺；（3）三乙胺中含少量乙胺；

（4）乙酰苯胺中含少量苯胺。

14.13　完成下列各合成：

（1）正丁醇 ⟶ a 正丙胺，b 正丁胺，c 正戊胺；

（2）由乙醇 ⟶ 1,4-丁二胺；

（3）由 $(CH_3)_3CCH_2Br \longrightarrow (CH_3)_3CCH_2NH_2$；

（4）由 $CH_3CH=CH_2 \longrightarrow CH_3-\underset{CH_2COOH}{CHCOOH}$；

（5）由 苯 $\longrightarrow$ $(CH_3)_2CH-$苯环$-NH_2$。

14.14　以苯或甲苯为原料，通过重氮盐合成下列化合物：

（1）1,3,5-三溴苯 ；　（2）1,3-二氯苯 ；　（3）3,4,5-三溴苯酚 ；

$$
\text{(4)} \quad \underset{\underset{NO_2}{|}}{\overset{\overset{CH_3}{|}}{\bigcirc}} \quad ; \qquad
\text{(5)} \quad Br\overset{\overset{CH_3}{|}}{\underset{}{\bigcirc}}Br \quad ; \qquad
\text{(6)} \quad \overset{COOH}{\underset{\underset{I}{|}}{\bigcirc}} \quad ;
$$

$$
\text{(7)} \quad \overset{\overset{CH_3}{|}\,COOH}{\bigcirc} \quad ; \qquad
\text{(8)} \quad \overset{\overset{CH_3}{|}}{\underset{\underset{OH}{|}}{\bigcirc}} \quad ; \qquad
\text{(9)} \quad \overset{\overset{CH_3}{|}}{\underset{\underset{COOH}{|}}{\bigcirc}} \quad 。
$$

14.15 有两种化合物 A 和 B 其分子式分别为 $C_7H_{10}N_2$ 和 C_6H_9N,两者都能溶于盐酸。它们与苯磺酰氯作用都可得到水溶性的碱性盐。A 和 B 也都可氧化成 α-甲基-1,4-苯醌。试写出 A 和 B 的结构式,并用化学方程式表示该两种化合物的制备方法。

14.16 某化合物分子式为 $C_6H_5Br_2NO_3S$(A),与亚硝酸钠和硫酸作用生成重氮盐,该重氮盐与乙醇共热,生成 $C_6H_4Br_2O_3S$(B)。(B)在硫酸存在下,用过热水蒸气处理,生成间二溴苯。(A)能够从对氨基苯磺酸经一步反应得到。推测(A)的结构式。

14.17 化合物 A($C_6H_{13}N$)与苯磺酰氯作用生成一种不溶于 NaOH 溶液的磺酰胺。A 经彻底甲基化分解后得 $CH_3CH_2N(CH_3)_2$ 和另一化合物 B。1mol B 吸收 2 mol 氢后生成正丁烷。试写出 A,B 的结构式。

14.18 分子式为 $C_8H_{18}N_2$ 的化合物 A 与 HNO_2 作用后,经分析 1 mol A 可收集到 2 mol 的 N_2。A 经彻底甲基化后加热分解得到环辛二烯,经测定此产物不是共轭烯烃。试推测 A 的结构。

14.19 有一化合物 A 溶于水中,但不溶于乙醚和苯中。元素分析表明 A 含有 C,H,O,N。A 加热后失去 1 mol 水得到 B,B 与溴的氢氧化钠溶液作用得到比 B 少一个碳原子和一个氧原子的化合物 C。C 与亚硝酸作用得到的产物与次磷酸反应生成苯。试写出 A,B,C 的结构及有关的反应简式。

14.20 以 1,3-丁二烯为原料合成尼龙 66。

14.21 化合物 A(C_7H_9N)是一个胺,A 与对甲苯磺酰氯在 KOH 溶液中作用生成清亮的溶液,酸化后得到白色沉淀。当 A 用 $NaNO_2$、盐酸在 0—5℃时处理后,再与 α-萘酚作用生成一种深颜色的化合物。A 的 IR 谱表明,它在 $815cm^{-1}$ 处有一单的强吸收峰。试推测 A 的构造式及有关反应式。

14.22 化合物 A($C_7H_{15}N$)用碘甲烷处理,生成水溶性的盐 B($C_8H_{18}IN$)。将 B 和氧化银-水悬浮液共热,生成 C($C_8H_{17}N$)。C 用碘甲烷处理,随之同氧化银-水悬浮液共热,则生成三甲胺和 D(C_6H_{10})。D 获得 2 mol 氢生成 E(C_6H_{14})。E 的核磁共振谱显示出七重峰和二重峰(它们的相对强度 1∶6)。写出 A,B,C,D 和 E 的构造式。

第 15 章 杂环化合物

构成环状化合物的原子,除了碳原子外,还有其它原子,例如氧、硫、氮、磷等。这些非碳原子叫杂原子。由碳原子和杂原子构成的环叫杂环。具有杂环的化合物叫做杂环化合物。杂环化合物的种类很多,是有机化合物中数目最多的一类。我们在前面的章节中见到的一些化合物如四氢呋喃、二氧六环、邻苯二甲酸酐和内酰胺、内酯等,也是杂环化合物:

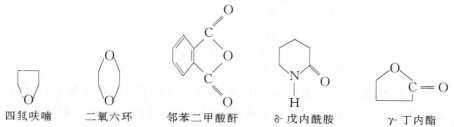

四氢呋喃　　　二氧六环　　　邻苯二甲酸酐　　δ-戊内酰胺　　　γ-丁内酯

四氢呋喃和二氧六环是典型的环状醚;邻苯二甲酸酐是一个分子中的两个羧基脱水形成的;内酰胺和内酯也是一个分子中的两个官能团反应生成的。以上这些化合物的性质与相应的开链脂肪族化合物相似,本章不再仔细讨论。

15.1　杂环化合物的分类

杂环化合物按照不同的方式分类。根据是否具有芳香性,杂环化合物可分为芳香杂环化合物和非芳香杂环化合物:

四氢噻吩　　　塞吩
非芳香化合物　　芳香化合物

根据杂环内原子的个数可分为三元、四元、五元……杂环化合物。

三元环　　　四元环　　　六元环

根据环的数目及其连接方式可分为单杂环和稠杂环:

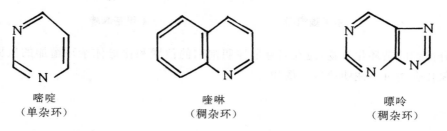

嘧啶　　　　　　喹啉　　　　　　　嘌呤
（单杂环）　　　（稠杂环）　　　　（稠杂环）

为了研究上的需要,还有其它分类方式。

15.2 杂环化合物的命名

中国化学会根据汉字的特点,规定了杂环化合物的命名原则。对于基本杂环母体的特定名称,原则上使用与杂环化合物的英文发音相近的汉字,在汉字左边加"口"旁作为杂环的标志。例如:

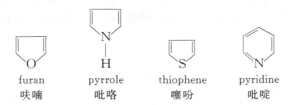

furan	pyrrole	thiophene	pyridine
呋喃	吡咯	噻吩	吡啶

当环上有取代基时,命名以杂环为母体,单杂环从杂原子开始依次编号,并使取代基的位次最小。如果不引起误会,也可以用希腊字母表示取代基在环上的位置。靠近杂原子的叫 α 位,隔一个原子的叫 β 位,再其次是 γ 位……依此类推。例如:

2-甲基呋喃

(α-甲基呋喃)

2,3-二甲基吡咯

(α,β-二甲基吡咯)

当环中含有两个或更多个不同的杂原子时,编号按照 O,S,N 的次序,排在前边的编号最小。如果环中含有的杂原子相同,则从带有氢原子或取代基的那个杂原子开始编号,并使各杂原子的位次之和最小。例如:

5-甲基噻唑

4-甲基咪唑

部分饱和的杂环化合物,应在名称前注明饱和的位置和比母体杂环增加的氢原子的数目。全氢化合物可不注明位次。例如:

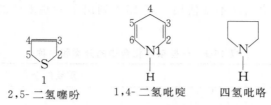

2,5-二氢噻吩　　　1,4-二氢吡啶　　　四氢吡咯

稠杂环也有特别规定的名称。例如几个常见的稠杂环化合物的名称和编号：

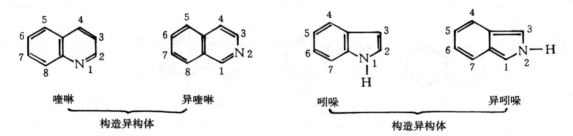

喹啉　　　　　　　苯并呋喃　　　　　　嘌呤

在稠杂环化合物上原子编号时，一般也从杂原子开始，编完杂原子所在的环，再编另一个环。

当杂原子在环上位置不同时，可视为构造异构体。例如喹啉和异喹啉，吲哚和异吲哚：

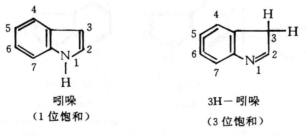

喹啉　　　　　异喹啉　　　　　吲哚　　　　　异吲哚
　　构造异构体　　　　　　　　　　　构造异构体

当环上氢位置不同时，应把氢及其位置的编号一起放在母体名称的前面。例如：

吲哚　　　　　　　　3H—吲哚
（1位饱和）　　　　（3位饱和）

对于那些无特定名称的杂环，可以看作是碳环母体中碳原子被杂原子置换后的衍生物。命名时，以相应的碳环为母体，在母体名称前加上某杂，并注明杂原子的位置。例如：

氮杂环丁烷　　　　　　　　1-硫-4-氮杂环己烷

杂环化合物的系统命名法不常使用。表 15-1 列出了一些重要的杂环化合物的分类和名称。

表 15-1　一些杂环化合物的分类和名称

杂环分类		碳环母核	重要的杂环
单杂环	五元杂环	环戊二烯	呋喃 furan　噻吩 thiophene　吡咯 pyrrole　噻唑 thiazole　咪唑 imidazole
	六元杂环	苯　环己二烯	吡啶 pyridine　吡喃 pyran　哒嗪 pyridazine　嘧啶 pyrimidine　吡嗪 pyrazine
稠杂环		萘	喹啉 quinoline　异喹啉 isoquinoline
		茚	吲哚 indole　苯并呋喃 benzofuran　嘌呤 purine
		蒽	吖啶 acridine

杂环化合物种类繁多,本书只讲述几个最典型的芳香杂环化合物。五元环中只介绍呋喃、吡咯、噻吩及其几个重要的衍生物;六元环只介绍吡啶。这几个简单杂环母体的衍生物广泛存在于自然界,对它们的结构和性质的研究是深入了解更复杂的杂环化合物的基础。

15.3 五元杂环化合物

15.3.1 呋喃、吡咯和噻吩的结构

最常见和最重要的五元杂环化合物是呋喃、吡咯和噻吩。它们的结构式是:

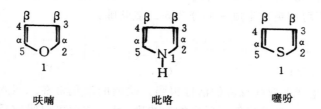

和苯的 Kekule 结构一样,这些结构式不能完满地表达呋喃、吡咯和噻吩的真实结构。物理方法测定它们分子中键长的数值见图 15-1。从图中的数据可以看出:在呋喃、吡咯和噻吩分子中,碳碳双键的键长比 1,3-丁二烯分子中的碳碳双键的长,碳碳单键比 1,3-丁二烯分子中的碳碳单键短。这说明双键和单键的键长与脂肪族共轭二烯相比进一步平均化了。通过物理方法确定,呋喃、吡咯和噻吩环上的 5 个原子都位于同一平面内。碳原子和杂原子均以 sp^2 杂化轨道与相邻的原子形成 σ 键,每个碳原子还有一个 p 电子在未杂化的 p 轨道上,杂原子还有两个 p 电子在未杂化的 p 轨道上。这 5 个 p 轨道均垂直于环所在的平面,形成了一个 5 原子 6 电子的多电子共轭体系,符合 Hückel 规则,具有芳香性。它们的轨道结构如图 15-2 所示。

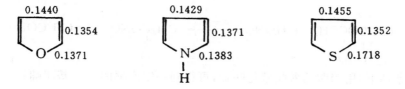

图 15-1　呋喃、吡咯、噻吩分子中的键长(nm)

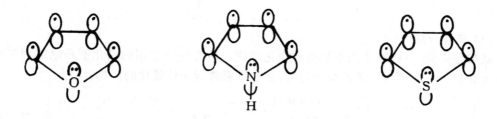

图 15-2　呋喃、吡咯、噻吩的轨道结构

呋喃、吡咯和噻吩的轨道结构能很好地解释它们的性质。

15.3.2 呋喃、吡咯和噻吩的性质

1. 呋喃

呋喃是无色液体,沸点 32℃,具有类似氯仿的气味,难溶于水,易溶于乙醇、乙醚等有机溶剂。呋喃的蒸气遇到被盐酸浸渍过的松木片时呈深绿色。利用这一颜色反应能检验呋喃的存在。

呋喃具有芳香性,能像苯那样发生环上的亲电取代反应。

（1）卤化反应

在常温下,呋喃不能用氯气直接氯化。在 $-40℃$ 的低温下用氯气直接氯化可得一定产率的 2-氯呋喃,但不可避免地生成一部分 2,5-二氯呋喃:

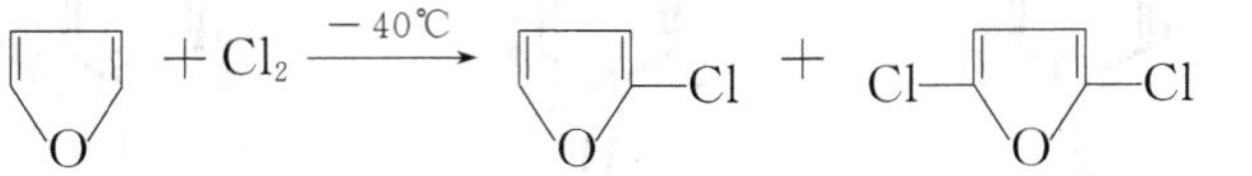

这表明呋喃发生亲电取代反应的活性很强。呋喃的溴化常在二氧六环的溶剂中进行。使用二氧六环为溶剂,一方面降低了反应物的浓度;另一方面可以吸收反应放出的热量,使反应不致过于剧烈而破坏呋喃环:

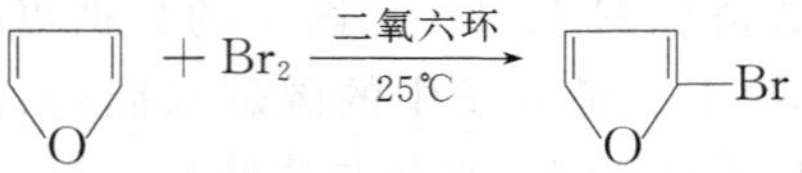

（2）硝化反应

呋喃在酸性条件下不稳定,所以不能用混酸或硝酸硝化。硝酸乙酰酯（ CH_3CONO_2 ）是比较温和的硝化试剂,可用来硝化活性较大的杂环化合物。硝酸乙酰酯是用乙酐和 100% 的硝酸在低温下反应制备的:

$$CH_3COCCH_3 + HONO_2 \xrightarrow{<-5℃} CH_3CONO_2 + CH_3COH$$

在低温条件下,用硝酸乙酰酯硝化呋喃,可得到一定产率的 2-硝基呋喃:

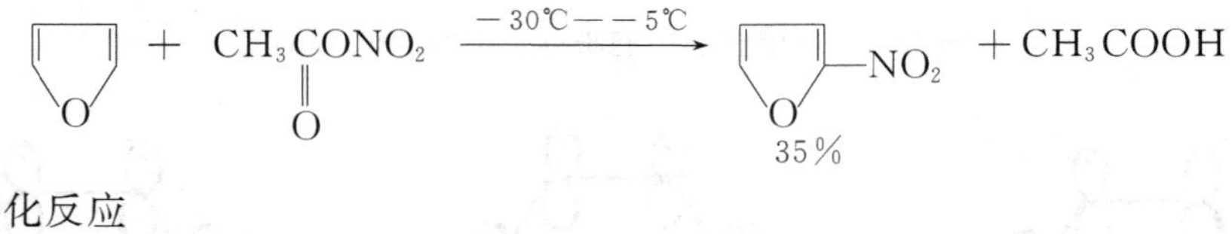

（3）磺化反应

硫酸是强酸,与呋喃作用不能得到磺化产物。磺化呋喃常用的磺化剂是吡啶和三氧化硫的配合物。反应可在二氯乙烷中进行,反应结果得到 α 位磺化的产物:

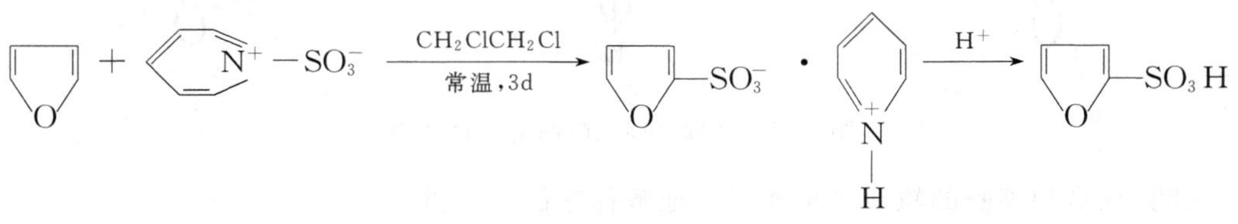

（4）Friedel-Crafts 反应

呋喃的 Friedel-Crafts 烷基化反应在有机合成上应用价值不大。

呋喃的 Friedel-Crafts 酰基化可以得到 2-乙酰基呋喃。乙酰基是吸电子基，它钝化亲电取代反应，从而降低了呋喃环进一步被乙酰基化。当用三氟化硼作催化剂，以乙酐为酰化剂时，得到产率较高的一元酰基化产物：

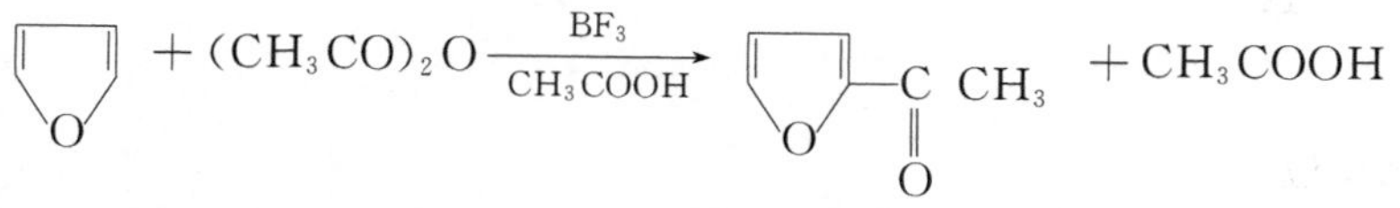

呋喃的卤化、硝化、磺化和 Friedel-Crafts 反应都是亲电取代。反应首先发生在 α 位，如果 α 位已有取代基，则发生在 β 位，不管是 α 位还是 β 位，反应的活性都比苯高。

（5）加成反应

呋喃是符合 Huckel 规则的杂环化合物。由于呋喃的共轭能（67kJ/mol）比苯的共轭能（146kJ/mol）小得多，在许多情况下，呋喃具有共轭二烯的性质。例如，呋喃与溴在低温下反应能生成少量的 1,2-加成和 1,4-加成的产物：

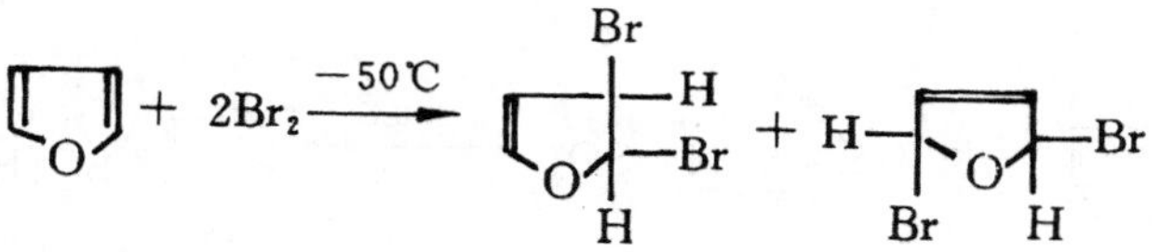

呋喃与顺丁烯二酸酐发生 Diels-Alder 反应，产率很高：

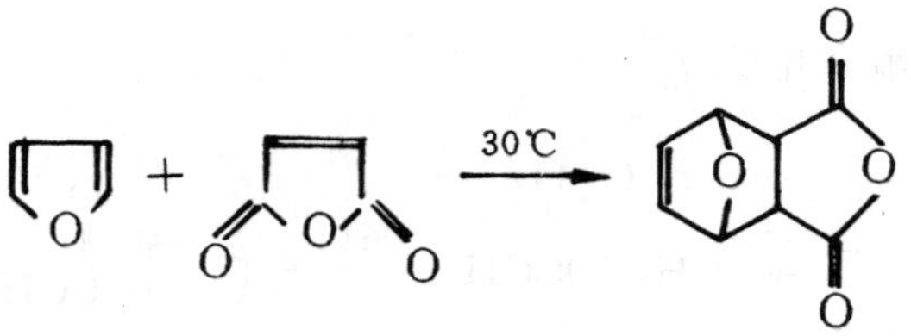

（＞90％）

呋喃可进行催化氢化反应，失去芳香性而生成饱和杂环化合物：

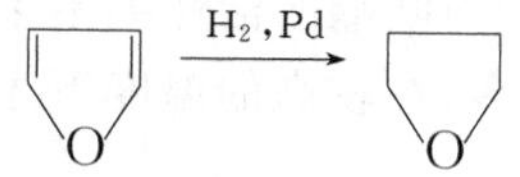

所得产物四氢呋喃是有机合成的重要溶剂。

2. 吡咯

纯净的吡咯是无色油状液体，沸点 130℃，难溶于水，易溶于乙醇、乙醚和苯等有机溶剂。吡咯在空气中会被氧化，颜色逐渐变深并变成树脂状物质。吡咯的蒸气或其醇溶液能使浸过浓盐酸的松木片显红色，这个反应可以用来检验吡咯及其低级同系物的存在。

吡咯具有芳香性，在亲电取代反应中，其活性比苯高得多，与卤素反应常常只能得到四卤化吡咯，与酸反应容易聚合，因此，吡咯的亲电取代反应要在较低的温度下和使用温和的试剂。

（1）卤化反应

$$\underset{\substack{\text{(pyrrole)}\\\text{H}}}{\boxed{\text{N}}} + 4I_2 + 4NaOH \longrightarrow \underset{\substack{I\ \ \ \ \ I\\ I\ \ N\ \ I}}{\boxed{}} + 4NaI + 4H_2O$$

（2）硝化反应

$$\underset{\substack{\text{H}}}{\boxed{\text{N}}} + CH_3CONO_2 \xrightarrow[-10℃]{\text{乙酸酐}} \underset{\substack{\text{H}}}{\boxed{\text{N}}}-NO_2$$

（3）磺化反应

$$\underset{\substack{\text{H}}}{\boxed{\text{N}}} + \boxed{\overset{+}{N}-SO_3^-} \xrightarrow{100℃} \underset{\substack{\text{H}}}{\boxed{\text{N}}}-SO_3H$$

（4）Friedel-Crafts 酰基化反应

$$\underset{\substack{\text{H}}}{\boxed{\text{N}}} + CH_3COCCH_3 \xrightarrow{SnCl_4} \underset{\substack{\text{N}\\\text{H}}}{\boxed{}}-\overset{O}{\overset{\|}{C}}CH_3$$

在以上几类反应中，吡咯的活性与呋喃的活性差不多。

吡咯的催化加氢比呋喃困难得多，在较高的温度下才发生加氢反应，生成四氢吡咯：

$$\underset{\substack{\text{H}}}{\boxed{\text{N}}} + 2H_2 \xrightarrow[200℃]{Pt} \underset{\substack{\text{N}\\\text{H}}}{\boxed{}}$$

吡咯分子中有 $-\overset{\cdot\cdot}{\underset{\text{H}}{N}}-$ 基团，但由于孤对电子参与共轭，因此吡咯的碱性比四氢吡咯弱得多。相反，吡咯氮原子上的氢有弱酸性，能与强碱反应生成盐：

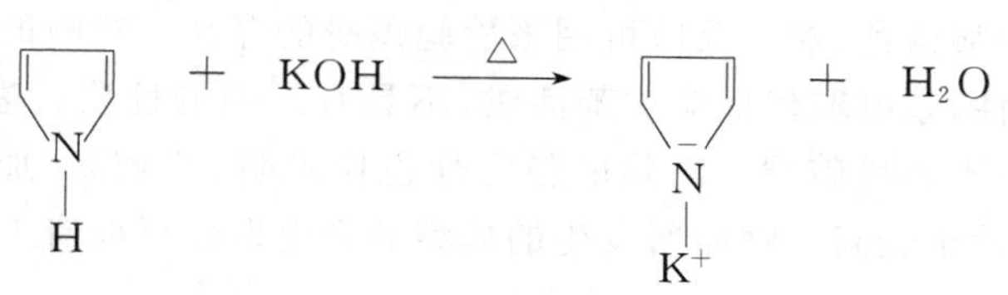

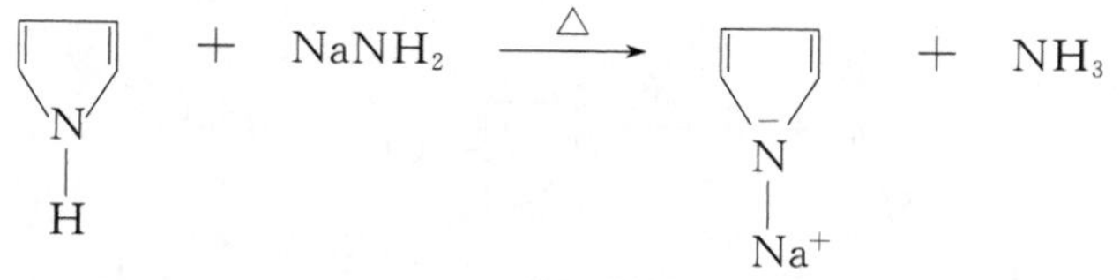

$$\text{吡咯} + KOH \xrightarrow{\triangle} \text{吡咯钾} + H_2O$$

$$\text{吡咯} + NaNH_2 \xrightarrow{\triangle} \text{吡咯钠} + NH_3$$

吡咯的衍生物在自然界中分布很广。叶绿素和血红素的基本结构是由 4 个吡咯环的 α 碳原子通过 4 个次甲基相连而成的共轭体系。这个共轭体系含有 16 个原子,18 个电子,符合 Huckel 规则,具有芳香性,一般称之为卟吩(Porphine)见图 15-3。卟吩在自然界中不存在,但可以人工合成。卟吩的衍生物称为卟啉,广泛存在于植物和动物体中,如血红素和叶绿素 a 中含有卟吩环。

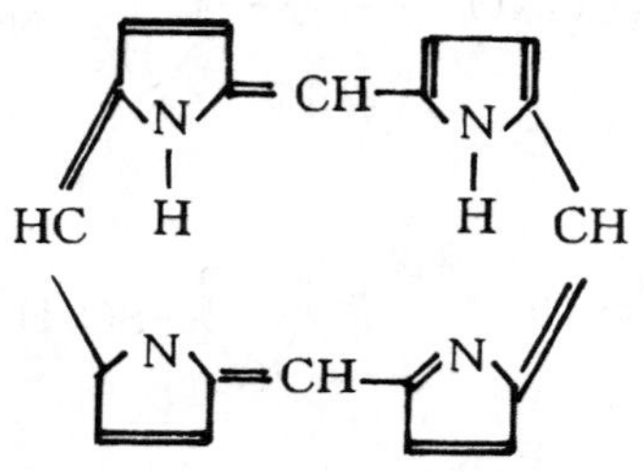

卟吩

图 15-3　卟吩

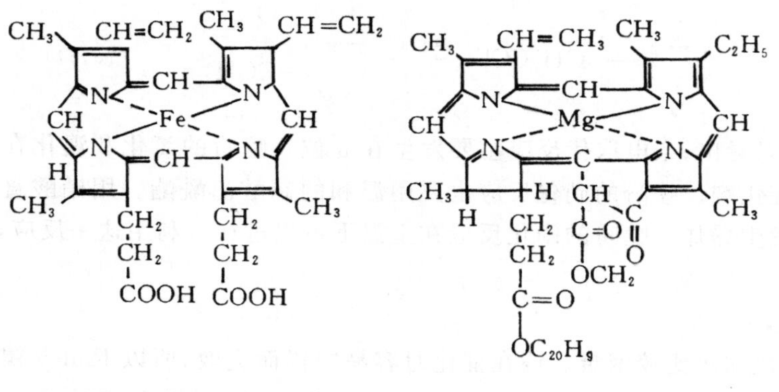

血红素　　　　　　　　叶绿素 a

图 15-4　血红素和叶绿素 a 的结构

3. 噻吩

噻吩是无色液体,沸点 84℃,不溶于水,溶于乙醇、乙醚、苯等有机溶剂。在浓硫酸作用下,噻吩与松木片作用显蓝色,这一反应可用来检验噻吩的存在。噻吩的许多物理性质和苯类似。噻吩具有芳香性,亲电取代反应比苯活泼,不具有二烯的性质。噻吩环比吡咯、呋喃环稳定,在酸性条件下不容易破裂。对热的稳定性也比吡咯、呋喃高,加热至 800℃ 仍不分解。对氧化剂的稳定性也较高。噻吩所发生的典型的亲电取代反应有下列几类:

（1）卤化反应

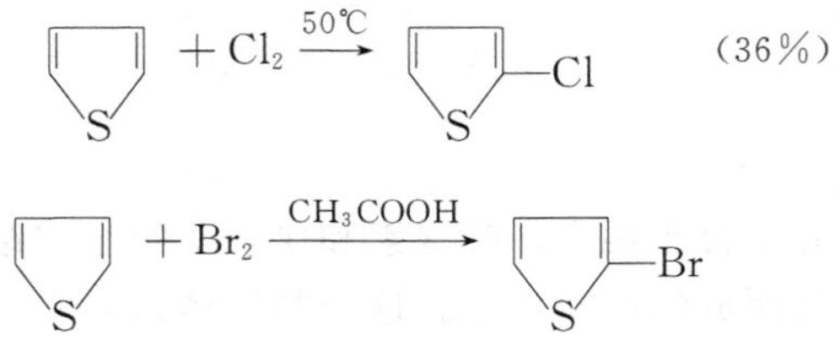

$$\text{噻吩} + Cl_2 \xrightarrow{50℃} \text{2-氯噻吩} \quad (36\%)$$

$$\text{噻吩} + Br_2 \xrightarrow{CH_3COOH} \text{2-溴噻吩}$$

（2）硝化反应

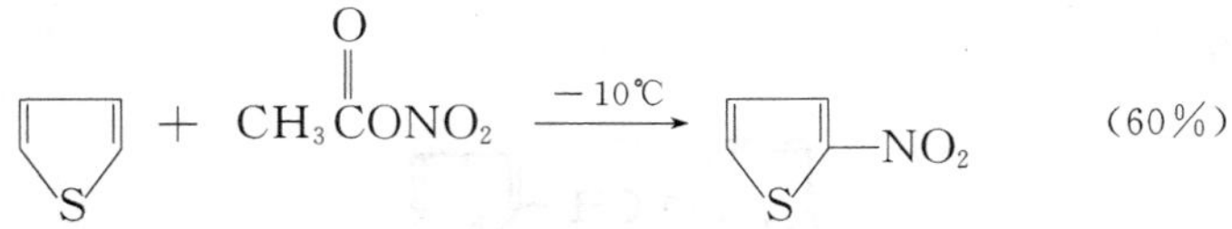

$$\text{噻吩} + CH_3\overset{O}{\underset{}{C}}ONO_2 \xrightarrow{-10℃} \text{2-硝基噻吩} \quad (60\%)$$

（3）磺化反应

$$\text{噻吩} + H_2SO_4 \xrightarrow{\text{常温}} \text{2-噻吩磺酸} \quad (70\%)$$

$$\text{噻吩} + \overset{+}{N}-SO_3^- \longrightarrow \text{2-噻吩磺酸}$$

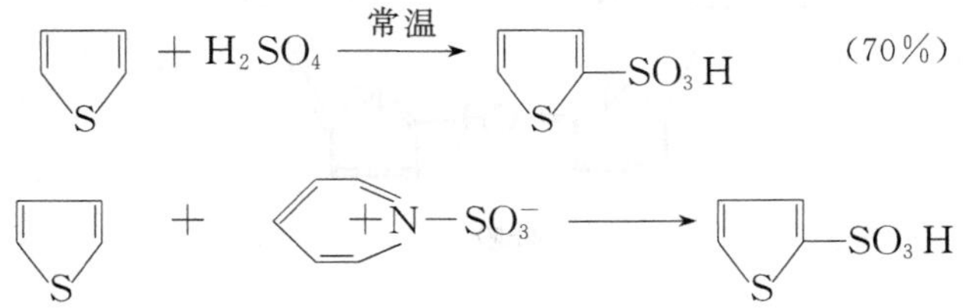

（4）Friedel-Crafts 反应

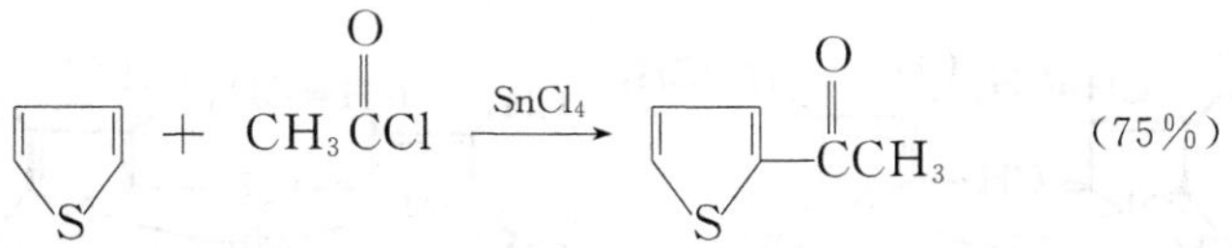

$$\text{噻吩} + CH_3\overset{O}{\underset{}{C}}Cl \xrightarrow{SnCl_4} \text{2-乙酰噻吩} \quad (75\%)$$

从以上例子可以看出,亲电取代反应主要发生在 α 位。噻吩的氯化和溴化在室温下即可进行,且不用加催化剂。噻吩的硝化反应也要用温和的硝酸乙酰酯。用硝酸直接硝化反应太剧烈,甚至会发生爆炸。噻吩的磺化反应在室温下可以进行。利用这一反应,可以从粗苯中除去噻吩。

（5）加成反应

噻吩的催化加氢比较困难。镍在催化时容易中毒而失效,所以 Raney 镍不是噻吩催化加氢的良好催化剂。在二硫化钼的存在下,噻吩才能被还原成四氢噻吩:

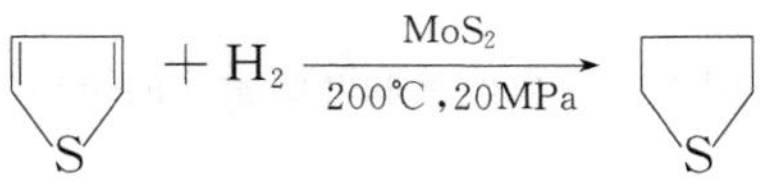

$$\text{噻吩} + H_2 \xrightarrow[200℃,20MPa]{MoS_2} \text{四氢噻吩}$$

噻吩可以被金属钠和醇还原,得到 2,3-二氢噻吩和 2,5-二氢噻吩:

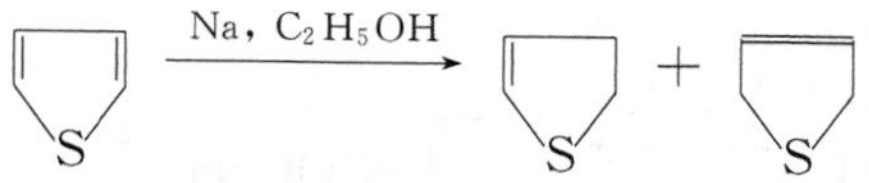

$$\text{(噻吩)} \xrightarrow{\text{Na, C}_2\text{H}_5\text{OH}} + $$

15.3.3 五元杂环的重要衍生物

1. 糠醛

糠醛是呋喃的衍生物。由于它最初是从米糠和稀酸共热得到的,所以叫糠醛,它的结构式是:

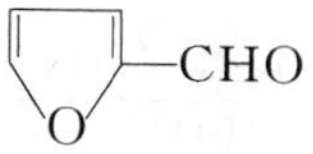

$$\text{(呋喃)—CHO}$$

纯净的糠醛是无色液体,沸点 $162\,℃$,熔点 $-36.5\,℃$。可溶于水,也能溶于许多有机溶剂如乙醇、乙醚、丙酮、苯、四氯化碳等,因此,糠醛是良好的溶剂。糠醛在醋酸存在下与苯胺作用显红色,用这一反应可检验糠醛的存在。

糠醛的主要化学性质如下:

(1) 氧化反应

糠醛在光、热的作用下与空气中的氧反应,产物的颜色逐渐变黄、变棕,最终变成黑色,成分相当复杂。为了防止这些反应的发生,糠醛应当避光,在低温下保存。

糠醛在碱性高锰酸钾中氧化,再酸化后变成糠酸:

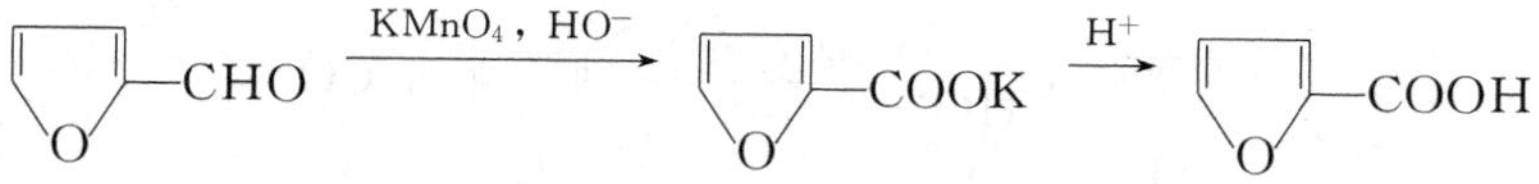

$$\text{—CHO} \xrightarrow{\text{KMnO}_4, \text{HO}^-} \text{—COOK} \xrightarrow{\text{H}^+} \text{—COOH}$$

糠酸可作为杀菌剂和防腐剂。

糠醛在 V_2O_5 等催化剂存在下,高温氧化成顺丁烯二酸酐,这是工业上制备顺丁烯二酸酐的一种方法:

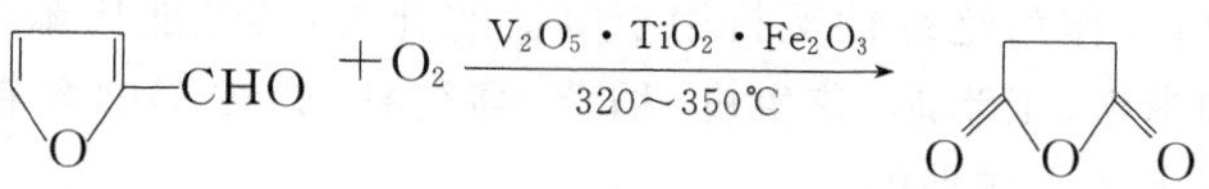

$$\text{—CHO} + O_2 \xrightarrow[320\sim350℃]{V_2O_5 \cdot TiO_2 \cdot Fe_2O_3} $$

(2) 还原反应

糠醛在氧化铜、氧化铬存在下加氢,醛基被还原,呋喃环保留:

$$\text{—CHO} + H_2 \xrightarrow[200℃, 10\text{MPa}]{\text{CuO, Cr}_2O_3} \text{—CH}_2\text{OH}$$

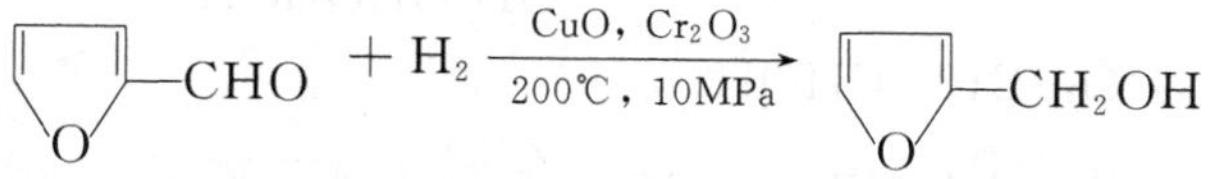

如果使用 Raney 镍为催化剂,呋喃环和醛基同时被还原,得到四氢糠醇:

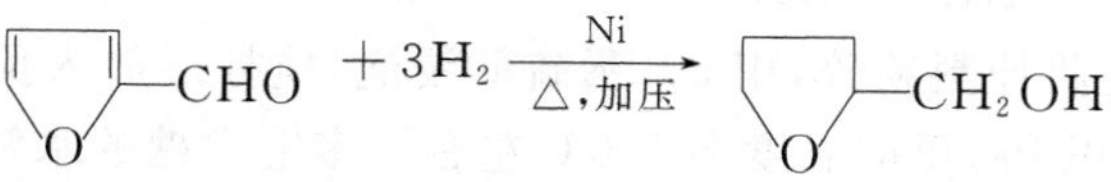

$$\text{—CHO} + 3H_2 \xrightarrow[\triangle, \text{加压}]{\text{Ni}} \text{—CH}_2\text{OH}$$

(3) Cannizzaro 反应

糠醛不含 α-H,与苯甲醛类似,能发生 Cannizzaro 反应,一部分糠醛被氧化成苯甲酸,另一部分被还原成糠醇：

$$2 \underset{O}{\boxed{}}\text{—CHO} \xrightarrow{\text{浓 NaOH}} \underset{O}{\boxed{}}\text{—COONa} + \underset{O}{\boxed{}}\text{—CH}_2\text{OH}$$

$$\xrightarrow{\text{H}^+} \underset{O}{\boxed{}}\text{—COOH}$$

（4）Perkin 反应

糠醛也能发生 Perkin 反应，生成 α,β-不饱和酸：

$$\underset{O}{\boxed{}}\text{—CHO} \xrightarrow[\text{②HCl, H}_2\text{O}]{\text{①(CH}_3\text{CO)}_2\text{O, CH}_3\text{COOK}} \underset{O}{\boxed{}}\text{—CH=CHCOOH}$$

$$\text{2-呋喃丙烯酸}$$

2-呋喃丙烯酸受热脱羧，生成 2-乙烯基呋喃：

$$\underset{O}{\boxed{}}\text{—CH=CHCOOH} \xrightarrow{250℃} \underset{O}{\boxed{}}\text{—CH=CH}_2 + \text{CO}_2$$

2-乙烯基呋喃聚合得到高分子化合物。

（5）氧化脱羰基反应

糠醛在氧化锌、氧化铬的催化作用下氧化，经过高温脱羰基生成呋喃：

$$\underset{O}{\boxed{}}\text{—CHO} \xrightarrow[400℃]{\text{ZnO, Cr}_2\text{O}_3} \underset{O}{\boxed{}} + \text{CO}$$

这是呋喃的一种制备方法。

糠醛比呋喃稳定，以它为原料可以制备许多呋喃的衍生物。糠醛价格低廉，既具有无 α-H 的醛的性质，又有呋喃的性质，因此广泛应用于有机合成上。例如以糠醛和苯酚缩合制备的苯酚糠醛树脂，可以作为绝缘性塑料用于电器的开关，其性能比苯酚甲醛树脂好。

很多农副产品如米糠、玉米芯、花生皮、稻草、高粱杆、麸皮等中含有多缩戊糖。多缩戊糖在酸性条件下加压水解生成糠醛：

$$[\text{C}_5\text{H}_8\text{O}_4]_n + n\text{H}_2\text{O} \xrightarrow{\text{H}^+} \underset{\substack{| \quad |\ |\ | \\ \text{OH OHOHOH}}}{\text{CH}_2\text{CHCHCHCHCHO}}$$

$$\underset{\substack{|\qquad\qquad\quad | \\ \text{HO}\qquad\quad\text{OH}}}{\underset{\substack{\text{H—CH} \quad \text{CH—CHO}}}{\overset{\substack{\text{HO—CH—CHOH} \\ |\qquad\qquad|}}{}}} \xrightarrow[-3\text{H}_2\text{O}]{\triangle,\ \text{H}^+} \underset{O}{\boxed{}}\text{—CHO}$$

制备糠醛的步骤是首先将原料粉碎，用 5％稀硫酸浸泡，搅拌后放入反应器内，通入水蒸气，保持蒸气压在 $300\sim500$ kPa，反应温度在 120℃左右。多缩戊糖的水解和环化脱水反应在同一反应器中进行，在反应过程中不断将生成的糠醛用水蒸气带出。蒸出液冷凝后下层得到粗糠醛，粗糠醛中含有甲醇、水及少量糠酸等杂质。加入 Na_2CO_3 中和后蒸馏得到糠醛。

2. 四氢呋喃

四氢呋喃为无色透明液体,沸点 66℃,密度 0.889g/cm³,偶极矩 1.70D。能与水、乙醇、酮、酯等多种有机溶剂混溶,是一种用途广泛的溶剂。许多反应,如 Grignard 反应,用氢化铝锂的还原反应等都使用四氢呋喃为溶剂。从结构上看,四氢呋喃是一种环醚,具有醚的性质,易被空气中的氧氧化生成过氧化物,因此在蒸馏时,要破坏生成的过氧化物以防发生爆炸。

四氢呋喃还是重要的有机合成原料,工业上可用来制备己二胺、己二酸、尼龙 66、丁内酯等重要的化工产品。例如:

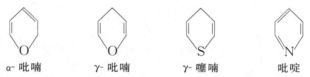

$$CN(CH_2)_4CN \xrightarrow[\triangle]{H_2O,\ H^+} HOOC(CH_2)_4COOH$$

$$CN(CH_2)_4CN \xrightarrow{H_2,\ Ni} H_2N(CH_2)_6NH_2$$

15.4　六元杂环化合物

含有一个杂原子的六元杂环化合物中,含氧的称为吡喃,含硫的称为噻喃,含氮的称为吡啶:

α- 吡喃　　　　γ- 吡喃　　　　γ- 噻喃　　　　吡啶

其中吡啶具有芳香性,是六元杂环中最重要的化合物,本节重点介绍吡啶。

15.4.1　吡啶的结构

吡啶的结构式是:

与苯的 KeKule 结构一样,吡啶的上述结构式不能完满的表达吡啶的结构。按照分子轨道理论,吡啶的 5 个碳原子和一个氮原子之间通过 sp^2 杂化轨道的重叠形成一个环。碳原子的另一个 sp^2 杂化轨道与氢的 s 轨道形成 σ 键。氮原子的另一个 sp^2 杂化轨道被孤对电子所占据。5 个碳原子和一个氮原子都还有一个未参与杂化的 p 轨道,每个原子的这个 p 轨道上还有一个电子。这 6 个 p 轨道互相平行形成 6 个 p 电子参与的环状共轭体系,符合 Hückel 规则,具有芳香性。吡啶的轨道结构如图 15-5 所示。

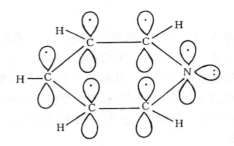

图 15-5 吡啶的轨道结构

15.4.2 吡啶的性质

吡啶是无色液体,有特殊的臭味,沸点 115℃,熔点 -42℃。吡啶既能与乙醇、乙醚、石油醚、苯等大多数有机溶剂混溶,又能与水形成氢键而混溶。有些无机盐如:氯化铜、硝酸银等也溶于吡啶,因此吡啶是良好的溶剂。

1. 碱性

吡啶是含氮的杂环化合物,氮原子上的孤对电子未参与共轭,因此吡啶的碱性($pK_b = 8.8$)比苯胺($pK_b = 9.3$)和吡咯($pK_b = 13.4$)的碱性强;另一方面,吡啶氮原子上的孤对电子在 sp^2 杂化轨道上,因此吡啶的碱性比脂肪胺($pK_b \doteq 3 - 5$)弱。

吡啶能与强酸形成盐。例如:

吡啶能与酸性氧化物形成配合物,例如:

吡啶与三氧化硫生成的配合物可用作缓和的磺化剂,用来磺化呋喃、吡咯、噻吩等活性较高的化合物。

吡啶与脂肪胺一样，也能与卤烷、酰卤等反应生成季铵盐。例如：

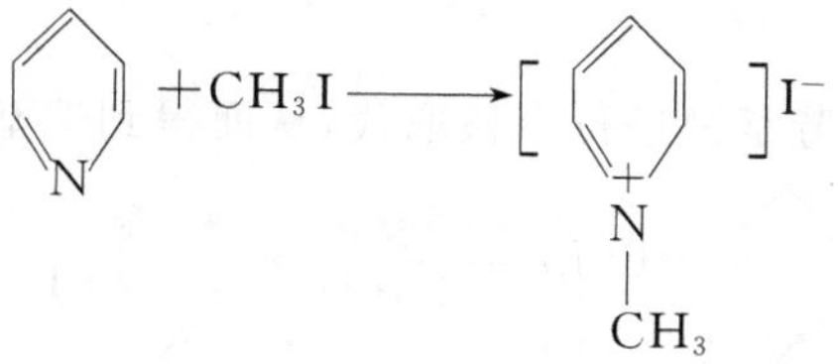

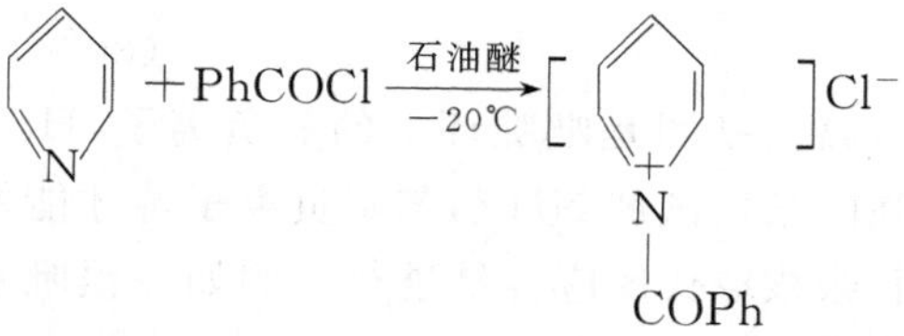

2. 吡啶环上的亲电取代反应

吡啶具有芳香性，能进行亲电取代反应。但是，吡啶环上的亲电取代反应较苯困难得多，这是由于氮的电负性大，降低了环上碳原子周围的电子云密度。只有在较高的温度，合适的条件下才能发生卤化、硝化和磺化反应。

吡啶的卤化反应在气相中进行：

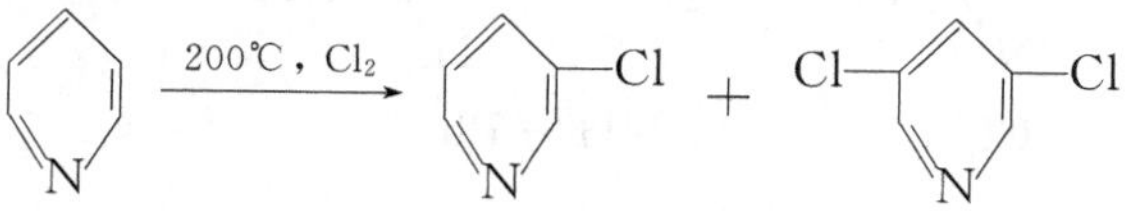

吡啶的硝化反应相当困难，环上有给电子基有利于反应的进行：

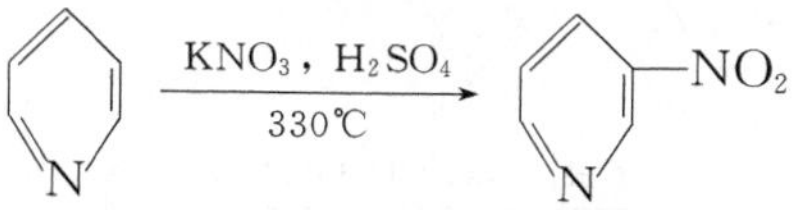

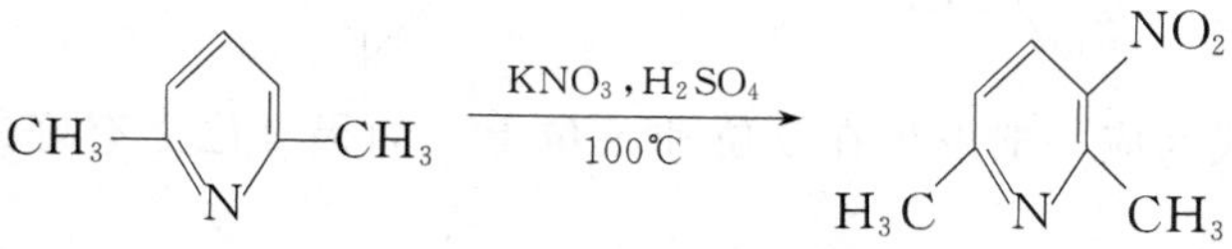

用发烟硫酸作为磺化剂，用硫酸汞作催化剂，在较高的温度下，可以从吡啶得到较高产率的 3-吡啶磺酸：

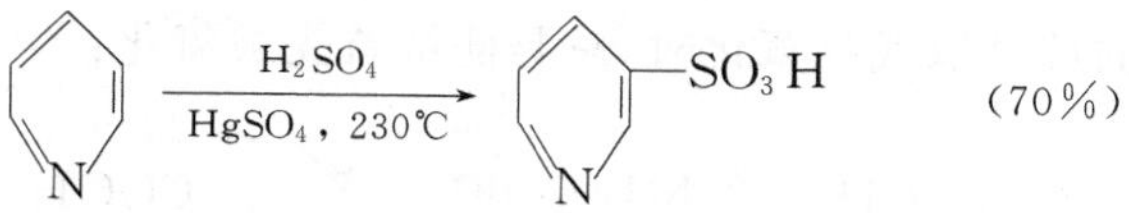

吡啶的亲电取代反应主要发生在 β-位上。由于吡啶环上的电子云密度较低，吡啶不能进行 Friedel-Crafts 烷基化和酰基化反应。

3. 吡啶环上的亲核取代反应

对于有芳香性的环状化合物，无论是苯还是芳杂环，如果环上电子云密度高，容易进行亲电取代反应；如果环上电子云密度低，容易进行亲核取代反应。吡啶环上能进行亲核取代反应，这一点有些像硝基苯。吡啶与氨基钠的反应是一个典型的例子：

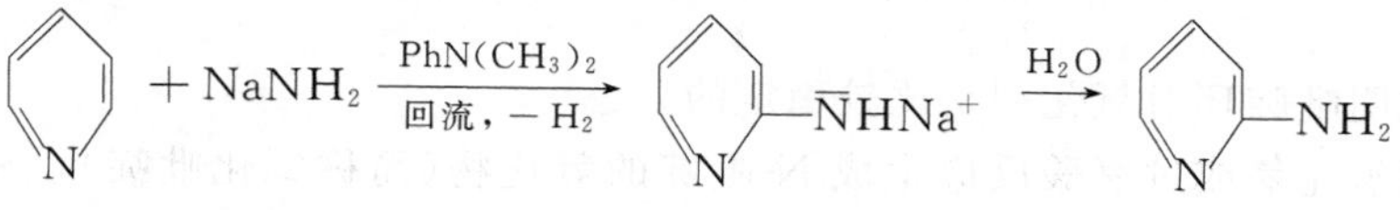

这个反应叫做 Chichibabin 反应,是在吡啶、喹啉及其衍生物的氮杂环上直接引入氨基的有效方法。

吡啶还可以与烷基锂和芳基锂进行亲核取代,从而得到烷基吡啶和芳基吡啶:

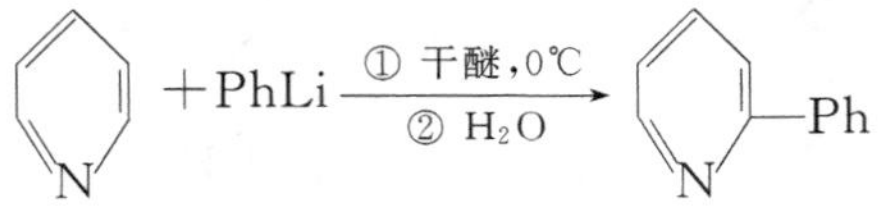

（80%）

在上述亲核取代反应中,离去基团是吡啶环上的氢负离子,H^- 是一个碱性很强的基团,不容易离去,所以要用很强的亲核试剂 NH_2^-,苯基负离子等才能发生亲核取代反应。如果吡啶环上有好的离去基团,亲核取代反应容易进行。例如 2-溴吡啶和 2-氯吡啶能与较弱的亲核试剂如 NH_3,HO^- 等反应:

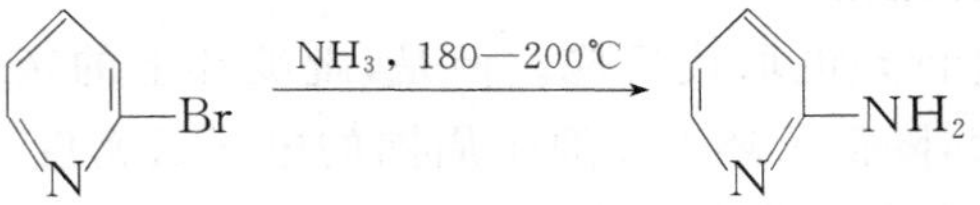

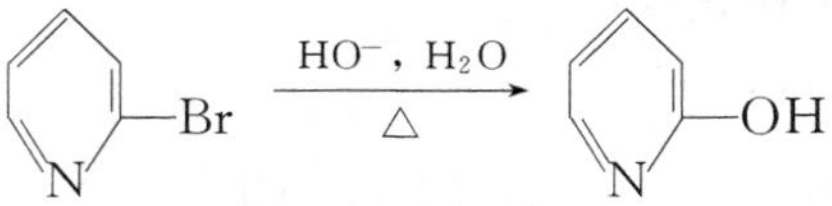

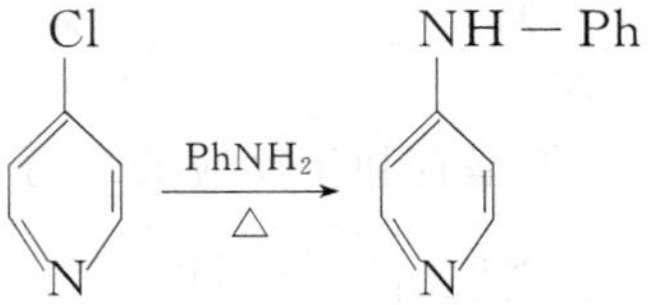

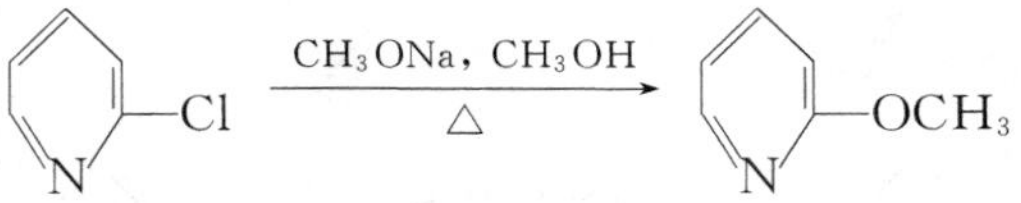

吡啶的亲核取代反应一般发生在 α 位和 γ 位上。如果 β 位上有好的离去基团,有时反应也能发生。

4. 吡啶的氧化反应

吡啶环上电子云密度低,所以不容易被氧化,如吡啶在硝酸、重铬酸钾、高锰酸钾的水溶液中是稳定的。吡啶的烷基取代物氧化时,总是侧链首先被氧化:

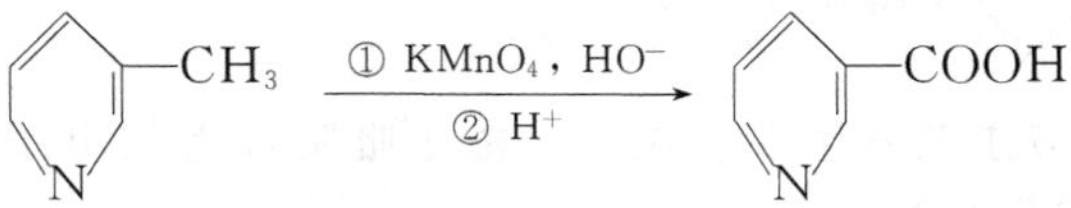

喹啉氧化时,吡啶环往往保持不变,苯环被破坏:

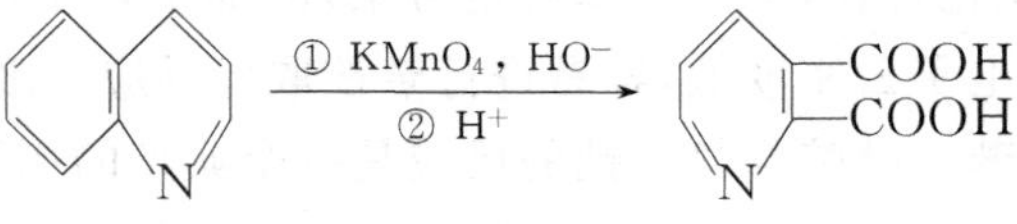

这些例子都说明吡啶环对氧化剂是比较稳定的。

吡啶与过氧化氢或过氧酸反应生成 N-吡啶的氧化物(简称氧化吡啶)。在这个反应中氮原子提供孤电子对形成配价键：

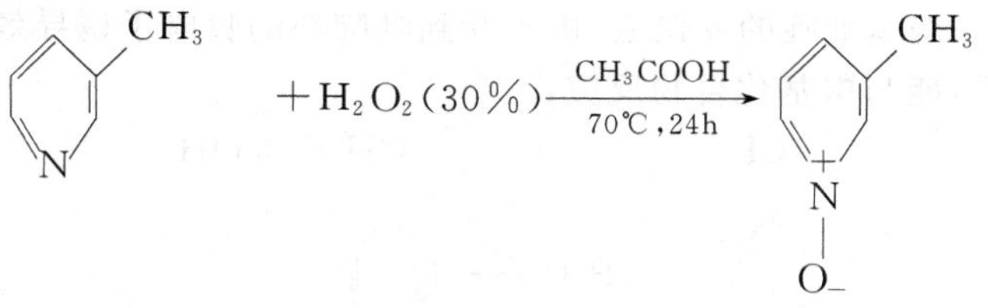

3-甲基吡啶   3-甲基氧化吡啶（75％）

氧化吡啶的亲电取代反应比吡啶容易进行：

亲电取代

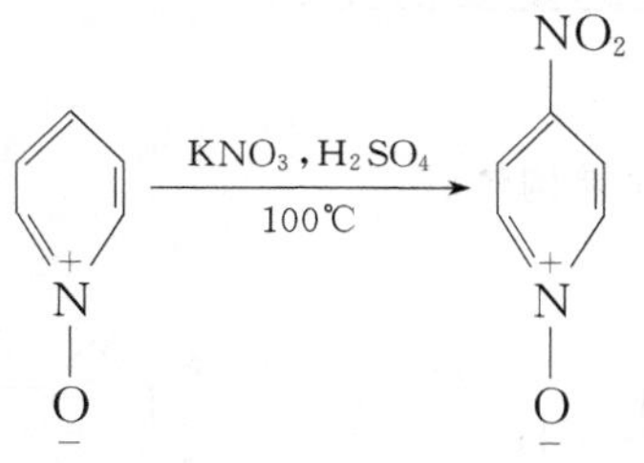

（90％）

氧化吡啶也能进行亲核取代反应。例如：

亲核取代

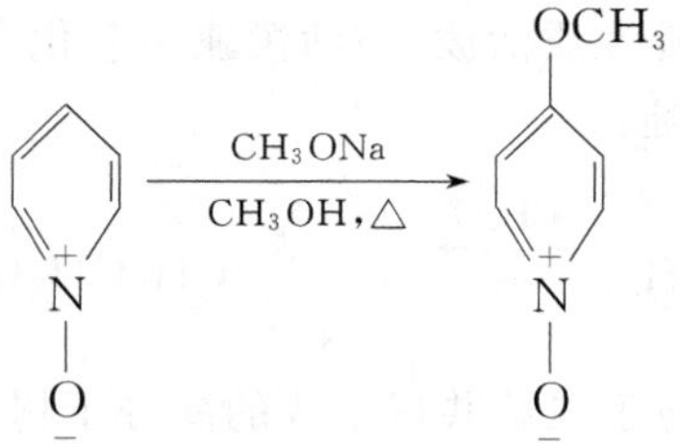

氧化吡啶用三氯化磷处理,可以得到吡啶：

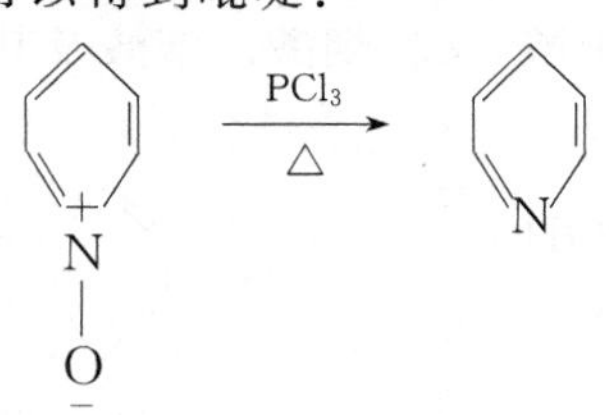

    氧化吡啶在有机合成上是良好的中间产物。利用其既较容易发生亲电取代反应,又较容易发生亲核取代反应,可以合成一些直接使用吡啶不能得到的取代产物。

5. 吡啶的还原反应

    吡啶比苯容易还原。吡啶在常温、常压下,用铂作为催化剂加氢生成六氢吡啶。六氢吡啶又称为哌啶：

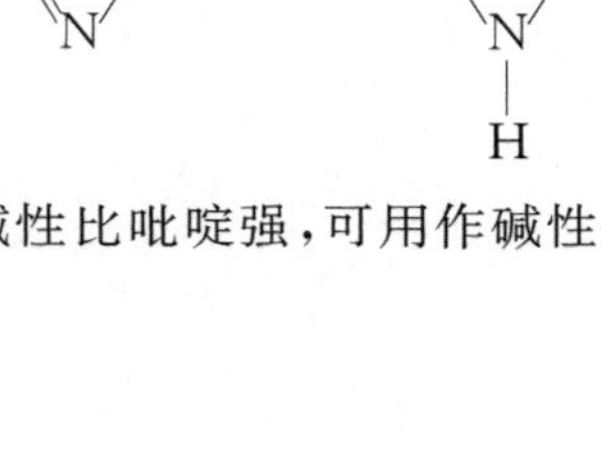

    六氢吡啶是环状的二级胺,碱性比吡啶强,可用作碱性催化剂、缚酸剂和溶剂。

6. 吡啶侧链的 α-H 反应

α-烷基吡啶和 γ-烷基吡啶的 α 位氢，由于受到吡啶环的吸电子诱导效应，显示出一定的酸性，在碱的作用下，能与羰基化合物反应：

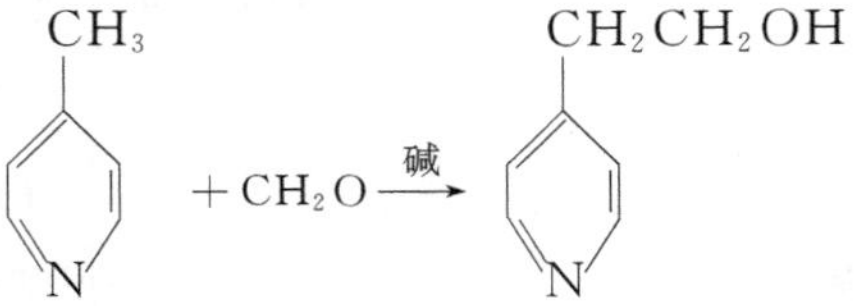

15.4.3 吡啶的重要衍生物

1. 甲基吡啶

甲基吡啶有 3 种异构体：

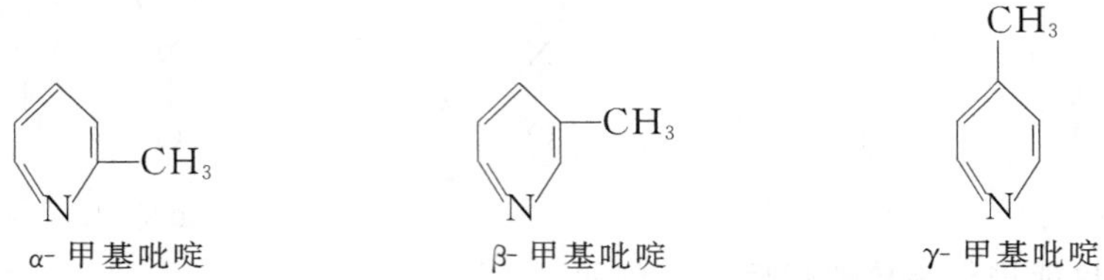

α- 甲基吡啶   β- 甲基吡啶   γ- 甲基吡啶

α-和 γ-甲基吡啶性质活泼，与活泼亚甲基化合物相似，例如 α-甲基吡啶与甲醛缩合脱水后生成 α-乙烯基吡啶：

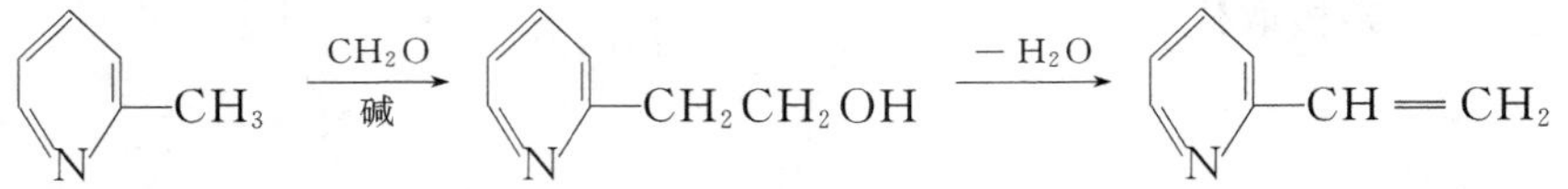

α-乙烯基吡啶与丁二烯共聚生成的高分子树脂是制造轮胎的材料。α-乙烯基吡啶与丙烯腈的共聚物，是一种易于染色的合成纤维。

β-甲基吡啶氧化生成 β-吡啶甲酸，又称烟酸。烟酸及其酰胺都是 B 族维生素，用于治疗糙皮病等：

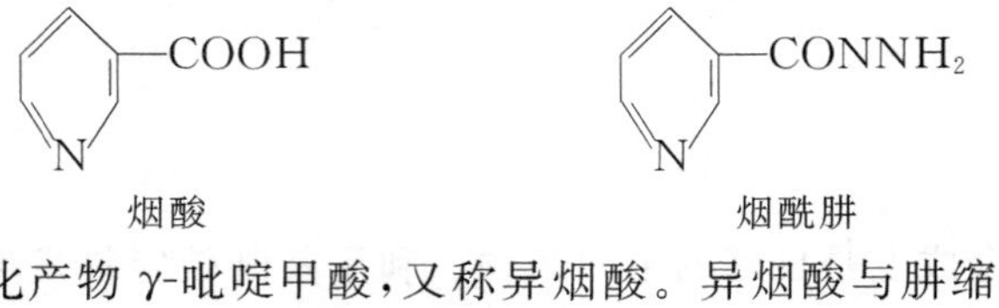

烟酸   烟酰肼

γ-甲基吡啶的氧化产物 γ-吡啶甲酸，又称异烟酸。异烟酸与肼缩合生成异烟肼。异烟肼的医用商品名称叫雷米封，是治疗肺结核的有效药物：

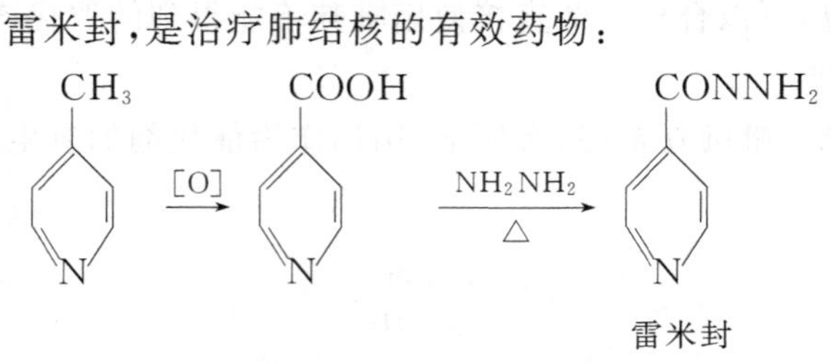

雷米封

2. 维生素 B_6

维生素 B_6 的结构式如下：

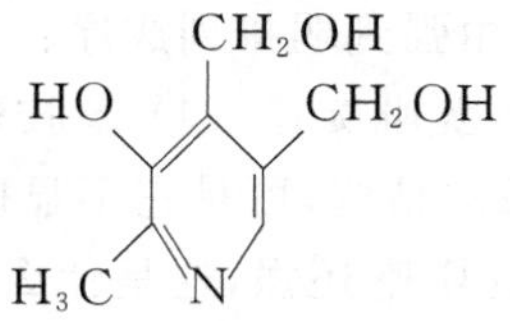

维生素 B₆

维生素 B_6 又称盐酸吡多素,白色晶体,无臭,味苦,遇光变色。易溶于水,水溶液显酸性反应,不溶于乙醚、氯仿等极性较小的有机溶剂。

维生素 B_6 在自然界中分布很广。酵母、肝脏、谷粒、蛋以及花生中都含有维生素 B_6。它是维持蛋白质正常代谢必要的维生素,也可用于治疗妊娠期的恶心与呕吐,有时亦可用作治疗癞皮病的辅助药物。

习　题

15.1　给出下列化合物的名称:

(1) 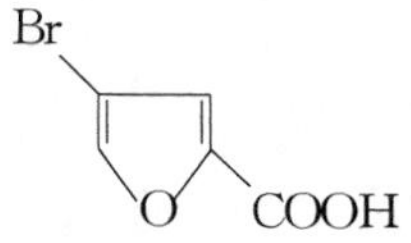 ；(2) 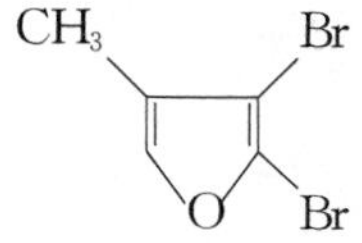 ；(3) 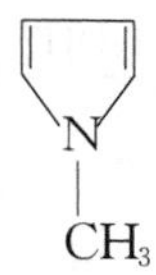 ；(4) 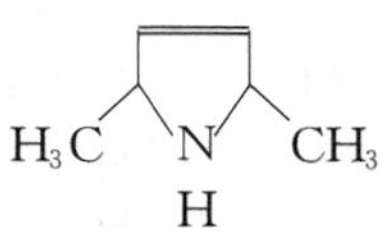 ；

(5) 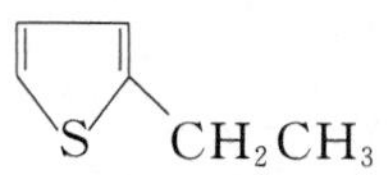 ；(6) 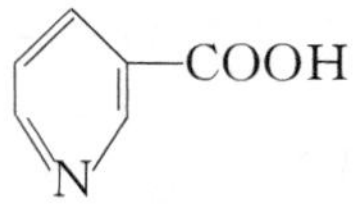 ；(7) 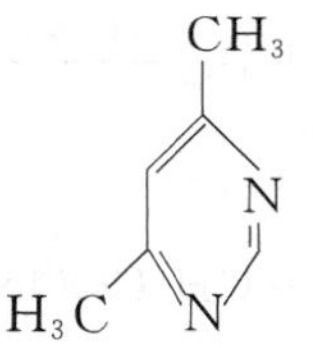 ；

(8) 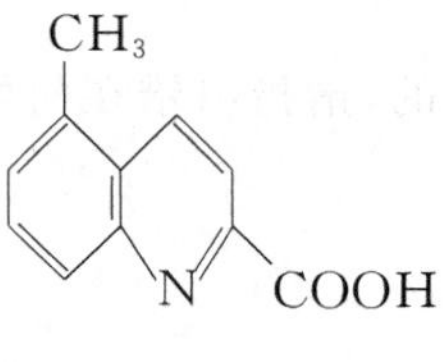 ；(9) 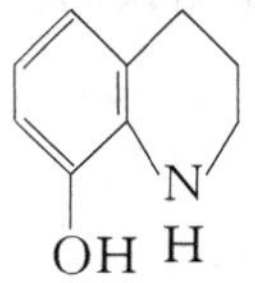 ；(10) 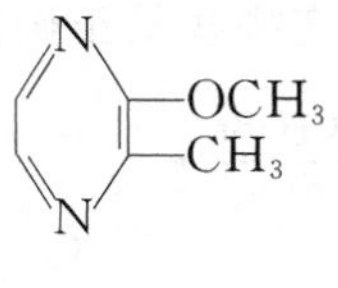 。

15.2　写出下列各化合物的构造式:

(1) 四氢呋喃；　　　　　　　(2) α-噻吩磺酸；　　　(3) β-吡啶甲酰胺；

(4) 碘化 N,N-二甲基四氢吡咯；　(5) 溴化 N-甲基吡啶；(6) α-呋喃甲醇；

(7) 糠醛；　　(8) 六氢吡啶；　　(9) 2-甲基-5-乙烯基吡啶；　　(10) 2,5-二氢噻吩。

15.3　用化学方法区别下列各组化合物:

(1) 苯、噻吩、苯酚；　　　　　(2) 苯甲醛与糠醛；　　(3) 吡咯与四氢吡咯。

15.4　纯化下列化合物:

(1) 除去混在苯中的少量噻吩；　(2) 除去混在甲苯中的少量吡啶；

(3) 除去混在吡啶中的少量六氢吡啶。

15.5　将下列化合物按亲电取代反应相对活性由强到弱排列成序:

(1) 呋喃；(2) 吡咯；(3) 噻吩；(4) 吡啶；(5) 苯。

15.6 将下列化合物按其碱性由强到弱排列成序：

(1) 吡咯；(2) 吡啶；(3) 六氢吡啶；(4) 苯胺；(5) 苄胺；(6) 氨。

15.7 吡咯分子中的 N 有仲胺的结构,可是它不显碱性,N 上的 H 反而具有一定的酸性。而咪唑分子中 N 上 H 的酸性比吡咯还强,这是什么原因?

15.8 写出下列各步反应产物的构造式和最终产物的名称：

(1) 呋喃 $\xrightarrow[\text{二噁烷}]{Br_2}$ (Ⅰ) $\xrightarrow{Mg}$ (Ⅱ) $\xrightarrow[\text{② } H^+, H_2O]{\text{① 环己酮}}$ (Ⅲ)；

(2) 呋喃 $+$ 苯甲酰氯 (C_6H_5—CO—Cl) $\xrightarrow{FeCl_3}$ (Ⅰ) $\xrightarrow{Br_2}$ (Ⅱ)；

(3) 2-呋喃甲醛 $+ CH_3CHO$ $\xrightarrow[\text{② } \triangle]{\text{① 稀 NaOH}}$ (Ⅰ) $\xrightarrow[80℃]{H_2/Ni}$ (Ⅱ)；

(4) 吡咯 $+ Br_2$ $\xrightarrow{C_2H_5OH}$ (Ⅰ)；

(5) 噻吩 $+ Br_2$ $\xrightarrow{HOAc}$ (Ⅰ) $\xrightarrow{HNO_3}$ (Ⅱ)；

(6) 噻吩 $+ CH_3COONO_2$ $\xrightarrow[0℃]{\text{乙酐}}$ (Ⅰ)。

15.9 下列反应哪些是正确的? 哪些是错误的? 若是错误的,请指出错在何处。

(1) 呋喃 $\xrightarrow[AlBr_3]{CH_3Br}$ 2-甲基呋喃

(2) 吡咯 $\xrightarrow{HNO_3, H_2SO_4}$ 2-硝基吡咯

(3) 2-甲基呋喃 $\xrightarrow[\triangle]{KMnO_4}$ 2-呋喃甲酸

(4) 2-溴吡啶 $\xrightarrow[\triangle]{NH_3}$ 2-氨基吡啶

（5）

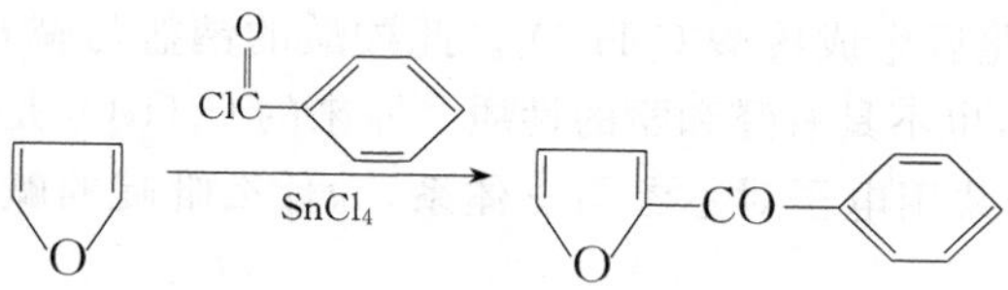

15.10 完成下列反应：

（1）

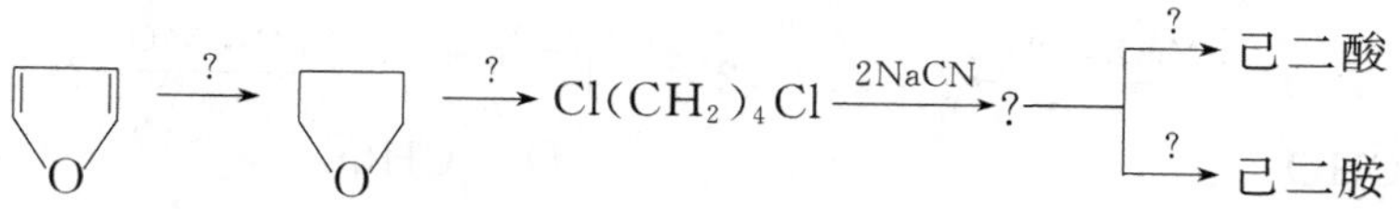

（2）

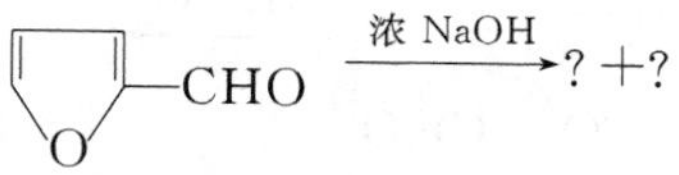

（3）

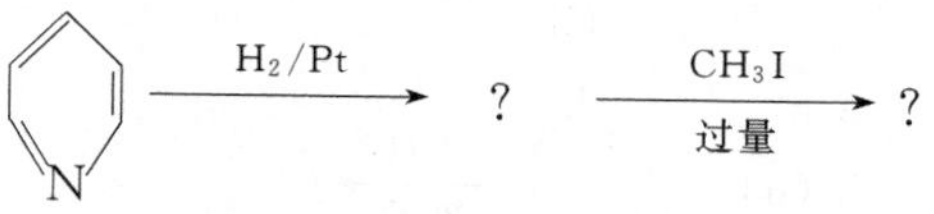

15.11 设计一合成路线，从呋喃出发，合成 5-硝基呋喃-2-甲酸。并简要加以说明。

15.12 合成下列化合物：

（1）由吡啶合成 2-羟基吡啶；（2）由呋喃合成 5-硝基糠酸。

15.13 下列各杂环化合物哪些具有芳香性？在具有芳香性的杂环化合物中，圈出参与 π 体系的未共用电子对。

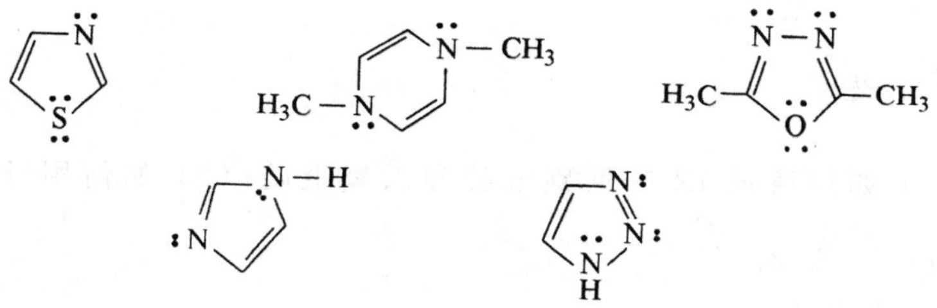

15.14 写出下列反应的主要产物

（1）

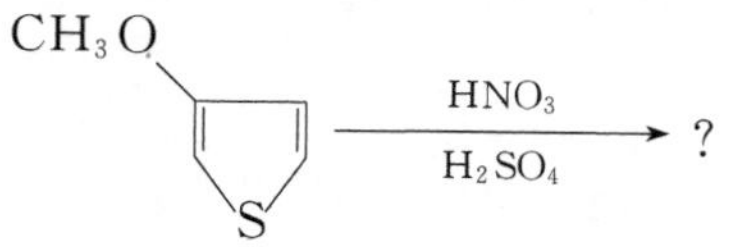

（2）

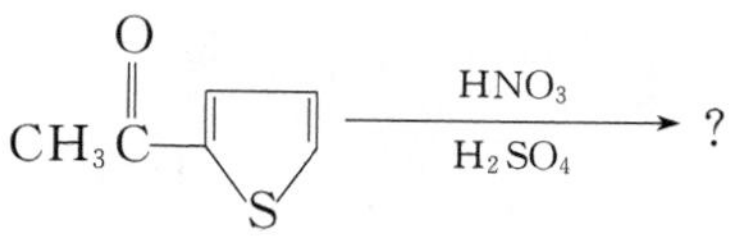

（3）

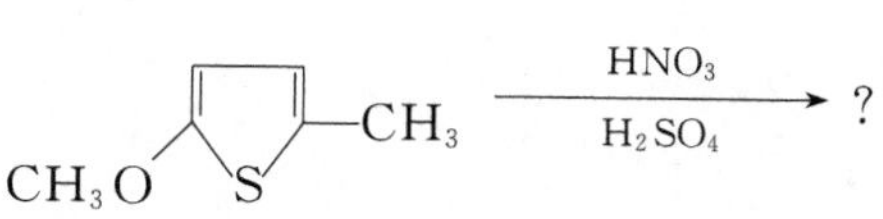

（4）

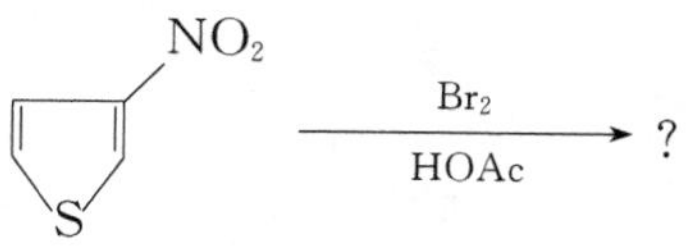

（5）

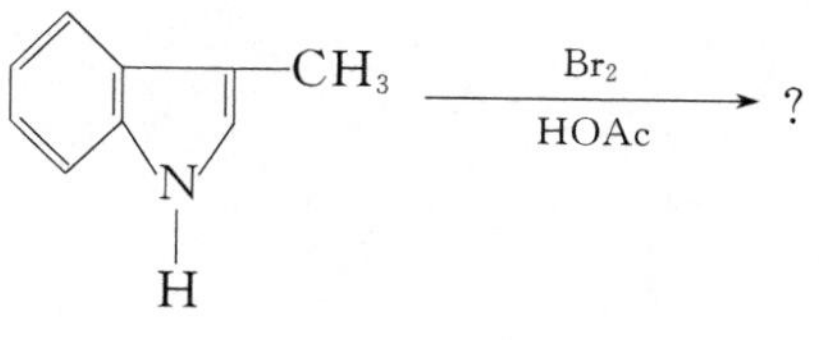

15.15 杂环化合物 $C_5H_4O_2$ 经氧化后生成羧酸 $C_5H_4O_3$。此羧酸的钠盐与碱石灰作用，转变为 C_4H_4O，后者与金属钠不起作用，也不具有醛和酮的性质。原来的 $C_5H_4O_2$ 是什么？

15.16 吡啶分子中氮原子上的未共用电子对不参与 π 体系，为什么吡啶的碱性比脂肪族胺小得多？

15.17 写出下列反应的最终产物：

(1)

$$\xrightarrow{\text{KMnO}_4, \text{OH}^-} ?$$

(2)

$$\xrightarrow[300℃]{\text{O}_2, \text{V}_2\text{O}_5} ?$$

(3)

$$\xrightarrow{3\text{H}_2, \text{Ni}} ?$$

(4)

$$\xrightarrow{1\text{H}_2, \text{Cu}} ?$$

(5)

$$\xrightarrow{\text{浓 NaOH}} ?$$

(6)

$$\xrightarrow[200℃]{\text{NH}_3} ?$$

(7)

$$\xrightarrow[\triangle]{\text{OH}^-} ?$$

(8)

$$\xrightarrow[\text{熔融}]{\text{NaCN}} ?$$

(9)

$$\xrightarrow{\text{LiAlH}_4} ?$$

15.18 （1）如何通过 IR 来区别吡啶和六氢吡啶；（2）如何用 ^{1}HNMR 来区别

和 和 。

第16章　碳水化合物

碳水化合物是一类与生命活动关系极为密切的天然化合物。这类化合物在自然界是由水和二氧化碳通过叶绿素的光合作用产生的,它们的分子式可以写成 $C_m(H_2O)_n$ 的形式,所以常把它们称为碳水化合物。碳水化合物又叫做糖。并非所有糖的分子式都符合 $C_m(H_2O)_n$ 的通式,例如鼠李糖的分子式 $C_6H_{12}O_5$。也并不是所有符合 $C_m(H_2O)_n$ 的化合物都是糖,例如乳酸的分子式可以写成 $C_3(H_2O)_3$,但乳酸不是糖,而是一种羟基酸:

$$CH_3CHCOOH$$
$$|$$
$$OH$$

乳酸

从分子结构上看,糖是多羟基醛或酮,或是通过水解能生成多羟基醛或多羟基酮的化合物。

为了研究上的方便,糖可以分为以下 3 大类:

1. 单糖

单糖是不能再水解成低分子量糖的多羟基醛和酮。重要的单糖有戊糖和己糖。葡萄糖和果糖是己糖,核糖是戊糖。它们在自然界中起着重要的作用。

2. 低聚糖

低聚糖是能水解成几个分子单糖的化合物。能分解成两分子单糖的低聚糖叫二糖,能水解成三分子单糖的低聚糖叫三糖等等。蔗糖和麦芽糖是二糖,它们水解后能生成两个分子单糖。

3. 多糖

每个多糖分子水解能生成多个单糖。如淀粉是多糖,它水解后能生成几百到几千个分子的单糖。纤维素也是多糖,它水解后能生成上万个分子的单糖。

16.1　单　　糖

16.1.1　单糖的命名和构型标记

单糖是多羟基醛或多羟基酮,它们不能再水解成分子量更小的糖。

根据分子中所含羰基是醛基还是酮基,单糖可分为醛糖和酮糖。含有醛基的糖叫醛糖,含有酮基的糖叫酮糖。

根据单糖分子中所含碳原子的个数,可分别称为丙糖、丁糖、戊糖、己糖等。例如:

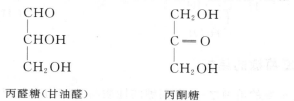

丙醛糖(甘油醛)　　　丙酮糖

$$\begin{array}{cccc}
\text{CHO} & \text{CH}_2\text{OH} & \text{CHO} & \text{CHO} \\
| & | & | & | \\
\text{CHOH} & \text{C}=\text{O} & \text{CHOH} & \text{C}=\text{O} \\
| & | & | & | \\
\text{CHOH} & \text{CHOH} & \text{CHOH} & \text{CHOH} \\
| & | & | & | \\
\text{CHOH} & \text{CHOH} & \text{CHOH} & \text{CHOH} \\
| & | & | & | \\
\text{CH}_2\text{OH} & \text{CH}_2\text{OH} & \text{CHOH} & \text{CHOH} \\
& & | & | \\
& & \text{CH}_2\text{OH} & \text{CH}_2\text{OH}
\end{array}$$

戊醛糖　　　　戊酮糖　　　　己醛糖　　　　己酮糖

从单糖的分子结构来看,糖分子中可能含有若干个手性碳原子。因此,要确切命名某种结构的糖,必须阐明每个手性碳的构型。

2,3-二羟基丙醛(甘油醛)$CH_2OHCHOHCHO$ 和二羟基丙酮 $CH_2OHCOCH_2OH$ 是最简单的单糖。其中甘油醛含有一个手性碳原子,它有一对对映异构体,它们的 Fischer 投影式如下:

$$\begin{array}{cc}
\text{CHO} & \text{CHO} \\
\text{H}\!-\!\!\!-\!\!\!-\!\text{OH} & \text{HO}\!-\!\!\!-\!\!\!-\!\text{H} \\
\text{CH}_2\text{OH} & \text{CH}_2\text{OH}
\end{array}$$

D-(+)- 甘油醛　　　　　L-(—)- 甘油醛

其它单糖,都有手性碳原子,含有 n 个不同手性碳原子的化合物的立体异构体数目是 2^n 个。丁醛糖有两个手性碳原子,因此有 4 个立体异构体。戊醛糖有 3 个手性碳原子,有 8 个立体异构体。同理己醛糖有 16 个立体异构体。在确定这些立体异构体的相对构型是 D 型还是 L 型时,只要看糖分子中离羰基最远的手性碳原子的构型,与 D-甘油醛构型一致的即为 D 型,与 L-甘油醛构型一致的即为 L 型。图 16-1 列出了 3 个碳到 6 个碳原子的所有 D-型醛糖的结构和名称。图 16-2 列出了 4 个碳原子到 6 个碳原子的 D-型酮糖的结构和名称。

单糖的立体构型也可用 R/S 法进行标记,按照 R/S 标记立体构型的规则,对糖分子中的每个手性碳逐个进行标记,才能把一个糖分子的构型完全表达出来。D-(+)-甘油醛的构型为 R 型,L-(—)-甘油醛的构型为 S 型。含有更多个手性碳的其它糖分子,例如下面的 Fischer 投影式所表示的糖的确切命名应为(2R,3R,4R,5R)-2,3,4,5,6-五羟基己醛:

$$\begin{array}{c}
\overset{1}{\text{CHO}} \\
\text{H}\!-\!\overset{2}{\text{C}}\!-\!\text{OH} \\
\text{H}\!-\!\overset{3}{\text{C}}\!-\!\text{OH} \\
\text{H}\!-\!\overset{4}{\text{C}}\!-\!\text{OH} \\
\text{H}\!-\!\overset{5}{\text{C}}\!-\!\text{OH} \\
\overset{6}{\text{CH}_2\text{OH}}
\end{array}
\qquad \text{或写成} \qquad
\begin{array}{c}
\text{CHO} \\
-\!\!\!-\text{OH} \\
-\!\!\!-\text{OH} \\
-\!\!\!-\text{OH} \\
-\!\!\!-\text{OH} \\
\text{CH}_2\text{OH}
\end{array}$$

16.1.2　葡萄糖的结构

葡萄糖是最重要的单糖之一,葡萄糖的性质与其结构有着密切的关系。现以它为例说

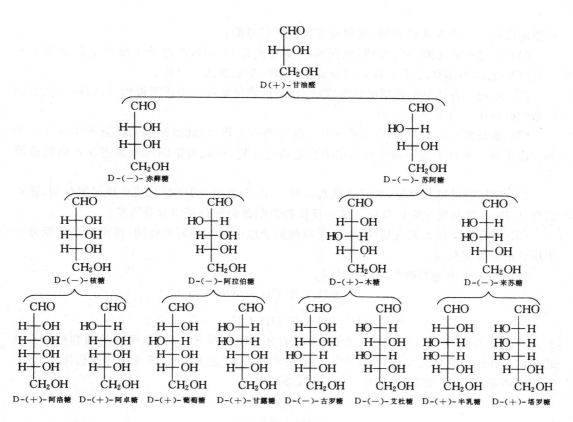

图 16-1 D-型醛糖

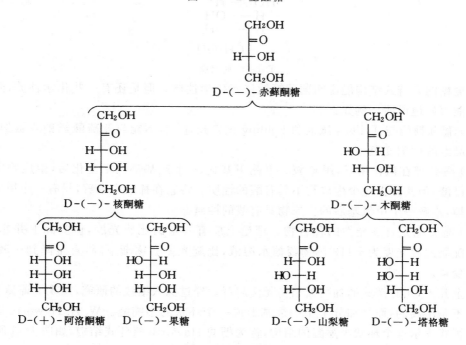

图 16-2 D-型酮糖

明糖的结构。一系列实验表明,葡萄糖是直链多羟基醛:

(1)经过碳氢元素分析表明,葡萄糖的实验式是 CH_2O,经过分子量测定其分子式是 $C_6H_{12}O_6$,它的不饱和度是1,这说明分子中只有一个双键或一个环。

(2)用钠汞齐还原葡萄糖可以生成己六醇;用碘化氢进一步还原得到正己烷,这说明葡萄糖的碳链中没有支链。

(3)葡萄糖与乙酸酐反应生成5个乙酰基的衍生物,因此推断葡萄糖分子中有5个羟基。由于同一个碳上连有两个羟基是不稳定的化合物,由此可推断羟基是连在不同的碳原子上。

(4)葡萄糖可以与羟氨、苯肼等羰基试剂作用,也可以与 HCN 加成生成羟氰化物,还可以与 Tollens 试剂发生银镜反应。这些反应都说明葡萄糖分子中含有羰基。

(5)葡萄糖被溴水氧化成羧酸,所得羧酸的碳原子数与葡萄糖相同,这说明葡萄糖分子中所含的羰基是醛基。

以上事实表明葡萄糖是五羟基己醛:

$$\underset{OH}{CH_2} \quad \underset{OH}{CH} \quad \underset{OH}{CH} \quad \underset{OH}{CH} \quad \underset{OH}{CH} \quad CHO$$

上式所表示的结构,分子中含有一个醛基,没有环状结构单元,这就是所谓的葡萄糖的直链式结构。在这种直链式结构中,含有4个手性碳原子,理论上应有16个立体异构体,其中一个异构体是 D-(＋)-葡萄糖,它的 Fischer 投影式是:

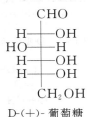

D-(＋)- 葡萄糖

葡萄糖的开链式结构能说明葡萄糖的许多化学性质。但是还有一些化学性质,开链式结构不能很好地说明。例如:

(1)葡萄糖能与 Tollens 试剂和 Fehling 试剂反应,但不能与亚硫酸氢钠或氨加成,也不能使品红醛试剂变色。

(2)葡萄糖在碱作用下,用硫酸二甲酯甲基化,5个羟基都被甲基化后,生成物应是五甲氧基己醛,但实际上这个生成物不具有醛的性质。将它在稀酸中水解,只有一个甲氧基容易水解掉,水解一个甲氧基后的生成物具有醛的性质。

(3)葡萄糖是有旋光性的化合物。理论上应有一定的比旋光度,但实际上并非如此。例如新配制的旋光度为＋112°的葡萄糖水溶液,比旋光度会逐渐下降,直至降到＋52.7°后才不再变化。

以上几点,用开链式的葡萄糖结构无法解释。经过深入细致的研究,发现葡萄糖分子中的醛基不是游离的,而是和分子中的羟基形成一个环状的半缩醛。W. N. Haworth 首先提出用透视式表示这个环状半缩醛的结构,称为糖的 Haworth 氧环式结构,如图 16-3 所示。

从开链式的 Fischer 投影式结构,写成环状的 Haworth 氧环式结构的步骤如图 16-4 所示。

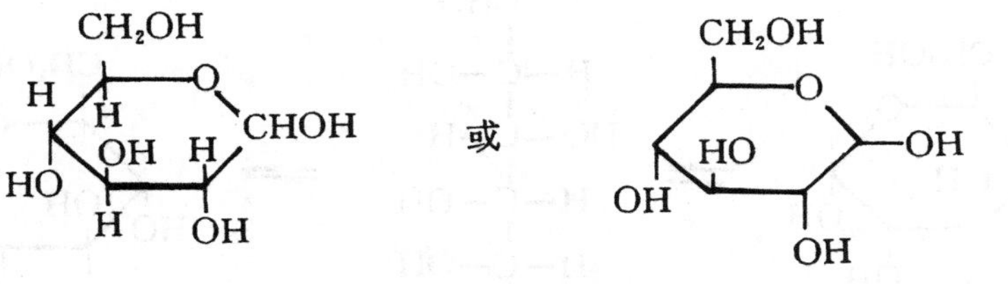

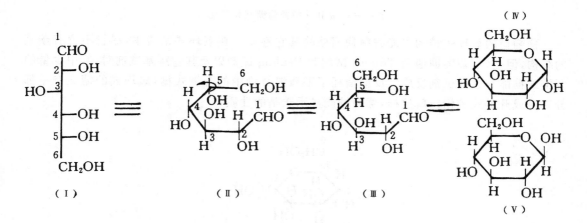

图 16-3　葡萄糖的环状结构

图 16-4　链式糖形成环式糖的示意图

　　（Ⅰ）是 D-葡萄糖的 Fischer 投影式,先将碳链放平,这时碳链上的氢原子和羟基分别处于碳链的上面或下面,然后将碳链折成六边形如（Ⅱ）所示。C_5 上的羟基和 C_1 上的醛基要形成半缩醛,必须扭转到合适的位置,单键的旋转不影响构型,式（Ⅲ）和式（Ⅱ）仅仅是构象不同。其中式（Ⅱ）中的 C_4—C_5 单键旋转 120°即得到式（Ⅲ）。C_1 上的醛基和 C_5（δ 碳原子）上的羟基形成半缩醛后,C_1 变成了一个新的手性碳原子,所以比直链的相应的糖多了两个构型异构体,其中式（Ⅳ）是 α-D-葡萄糖,式（Ⅴ）是 β-D-葡萄糖。α 型和 β 型异构体是非对映体,有时也称这两个异构体为异头物。

　　α-D-葡萄糖和 β-D-葡萄糖以及开链式的 D-葡萄糖在水溶液中互相转化,达到动态平衡时,α-D-葡萄糖约占 36％,β-D-葡萄糖约占 64％,开链式含量极少。由 α-D-葡萄糖转变成β-D-葡萄糖以及由 β-D-葡萄糖转变成 α-D-葡萄糖,要经过一个开链式的过程。其过程如图16-5所示。

　　纯净的 α-D-葡萄糖的新配制的水溶液比旋光度为＋112°,由于这时不是平衡状态,α-D-葡萄糖分子必然有一部分变成 β-D-葡萄糖,由于 β-D-葡萄糖水溶液的比旋光度为＋18.7°,所以随着 α-D-葡萄糖和 β-D-葡萄糖达到动态平衡的过程,比旋光度逐渐下降,最终不再变化。这时平衡混合物的比旋光度为＋52.7°。同样道理,新配制的 β-D-葡萄糖的比旋光度是＋18.7°,放置一定的时间后达到动态平衡,这时的比旋光度也是＋52.7°,这就解释了葡萄糖的变旋光现象。

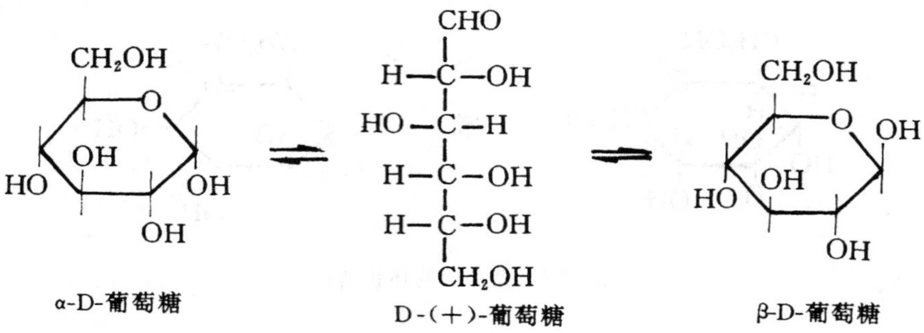

α-D-葡萄糖　　　　D-(+)-葡萄糖　　　　β-D-葡萄糖

图 16-5　α 和 β 型葡萄糖互相转化

　　葡萄糖的氧环式结构也能解释葡萄糖的其它性质。在氧环式结构中,尽管不含有羰基的结构,但是,当葡萄糖遇到 Tollens 试剂和 Fehling 试剂以及其它羰基试剂时,其中少量的开链式糖能与这些试剂反应。反应消耗了平衡混合物中的开链式糖,氧环式的糖又有一部分转变成开链式的糖。就这样,葡萄糖能显示羰基的性质:

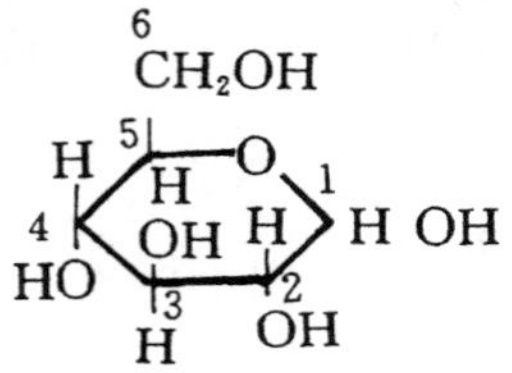

(IIb)

　　在上述葡萄糖的环状半缩醛结构中,一共有 5 个羟基,其中 4 个是醇羟基(C_2,C_3,C_4,C_6 上的羟基)。C_1 上的羟基比较特殊,它是 C_5 上的羟基和醛基形成半缩醛时形成的,这个羟基叫苷羟基。葡萄糖用硫酸二甲酯甲基化后,生成了 4 个羟基和一个苷羟基全部甲基化的衍生物——五甲基葡萄糖。4 个羟基生成的甲氧基,像醚一样,相当稳定,不容易水解。由苷羟基生成的甲氧基,像缩醛一样,很容易水解。葡萄糖用硫酸二甲酯甲基化后,不再具有醛基,所以不显示醛基的性质。而在酸性条件下,苷羟基形成的甲氧基容易水解,水解后形成半缩醛,这个半缩醛也和葡萄糖的环状结构一样,显示醛的性质。

　　多数葡萄糖分子形成 δ 氧环式结构,是六元环的半缩醛,具有吡喃的结构,这种骨架的糖叫吡喃糖。同理,具有五元环结构的糖是 γ-氧环式结构,具有呋喃的骨架,因此叫作呋喃糖。

16.1.3　果糖的结构

　　果糖是己酮糖,己酮糖分子内有 3 个手性碳原子,因此有 8 个立体异构体。其中 4 个 D 型的异构体列于图 16-2 中。D-(-)-果糖是其中最重要的一个。和葡萄糖一样,果糖也具有开链式和氧环式结构。具有 δ-氧环式结构的果糖称为 D-(-)-吡喃果糖,具有 γ-氧环式结构的果糖称为 D-(-)-呋喃果糖。由于成环形成半缩醛时,羟基可以在环的一面或另一面,所以也可形成 α 和 β 两种吡喃果糖以及 α 和 β 两种呋喃果糖。这 4 种环状果糖和开链式的果糖在水溶液中处于动态平衡,图 16-6 表示了它们之间的相互转换。

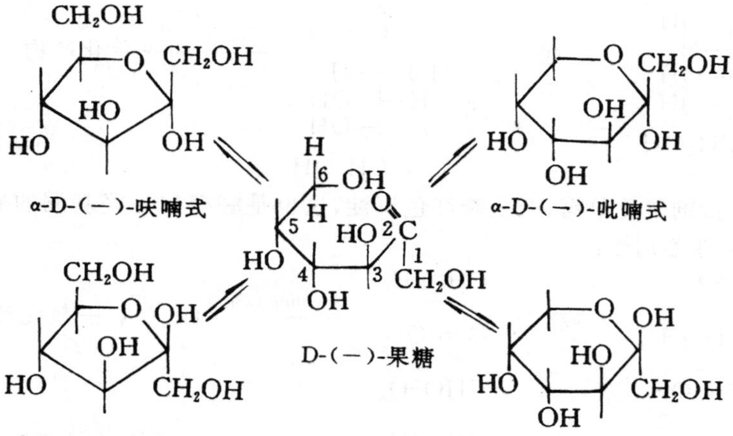

图 16-6　D-(—)-果糖

16.1.4　单糖的构象

吡喃糖环状半缩醛的六元环像环己烷那样也具有稳定的构象。X 光衍射证明 α-D-吡喃葡萄糖和 β-D-葡萄糖具有椅式构象。构象分析表明 β-D-葡萄糖中所有较大的基团都占据平伏键。α-D-吡喃葡萄糖中不可能所有的较大基团都占据平伏键,其中 C_1 上的羟基占据直立键。从以上分析可知,β-D-葡萄糖比 α-D-葡萄糖更稳定些。因此,当 β-D-葡萄糖、α-D-葡萄糖以及开链的 D-葡萄糖在水溶液中互相转化并最终达到平衡时,β-D-葡萄糖占有较大的百分比。图 16-7 是 α-D-葡萄糖和 β-D-葡萄糖的优势构象。

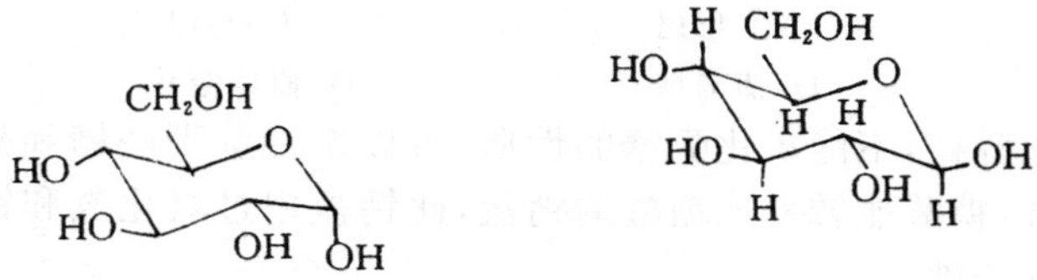

图 16-7　α-D-葡萄糖的优势构象(a)和 β-D-葡萄糖的优势对象(b)

16.1.5　单糖的化学性质

1. 单糖的氧化

单糖能被很多氧化剂氧化。所用的氧化剂不同,单糖被氧化后生成的产物也不同。

(1) Tollens 试剂和 Fehling 试剂作为氧化剂

葡萄糖是醛糖,果糖是酮糖。Tollens 试剂和 Fehling 试剂能氧化醛和 α-羟基酮。所以,这两种氧化剂能氧化葡萄糖和果糖。用 Tollens 试剂氧化葡萄糖或果糖时,生成的银可以附着在经过处理的玻璃上形成银镜。这一反应不仅可以用于工业上在玻璃器皿上镀银,在实验室中也是定性鉴别糖的方法之一。在这一反应中,糖被氧化成复杂的混合物。

$$
\begin{array}{c}
\text{CHO} \\
\text{H}-\!\!-\text{OH} \\
\text{HO}-\!\!-\text{H} \\
\text{H}-\!\!-\text{OH} \\
\text{H}-\!\!-\text{OH} \\
\text{CH}_2\text{OH}
\end{array}
\quad\text{或}\quad
\begin{array}{c}
\text{CH}_2\text{OH} \\
\text{C}=\text{O} \\
\text{HO}-\!\!-\text{H} \\
\text{H}-\!\!-\text{OH} \\
\text{H}-\!\!-\text{OH} \\
\text{CH}_2\text{OH}
\end{array}
\xrightarrow{\ \text{Ag(NH}_3)_2^+\ }
\text{氧化产物}+\text{Ag}\downarrow
$$

用 Fehling 试剂氧化单糖,产生砖红色沉淀,这也是醛糖和 α-羟基酮的典型性质,用这一反应也可以定性鉴别糖:

$$
\begin{array}{c}
\text{CHO} \\
| \\
(\text{CHOH})_n \\
| \\
\text{CH}_2\text{OH}
\end{array}
\quad\text{或}\quad
\begin{array}{c}
\text{CH}_2\text{OH} \\
| \\
\text{C}=\text{O} \\
| \\
(\text{CHOH})_n \\
| \\
\text{CH}_2\text{OH}
\end{array}
\xrightarrow{\ \text{Fehling 试剂}\ }
\text{Cu}_2\text{O}\downarrow+\text{氧化产物}
$$

在碳水化合物中,能还原 Tollens 试剂和 Fehling 试剂的糖叫还原糖;不能还原 Tollens 试剂和 Fehling 试剂的糖叫非还原糖。具有半缩醛和半缩酮结构的糖都是还原糖;具有缩醛和缩酮结构的糖是非还原糖。换句话说,分子中有游离的苷羟基的糖是还原糖;分子中没有苷羟基的糖是非还原糖。

(2) 溴水作为氧化剂

溴水只能氧化醛糖,不能氧化酮糖。醛糖被溴水氧化后生成糖酸。例如,D-葡萄糖用溴水氧化后生成 D-葡萄糖酸:

$$
\begin{array}{c}
\text{CHO} \\
\text{H}-\!\!-\text{OH} \\
\text{HO}-\!\!-\text{H} \\
\text{H}-\!\!-\text{OH} \\
\text{H}-\!\!-\text{OH} \\
\text{CH}_2\text{OH}
\end{array}
\xrightarrow{\ \text{Br}_2,\text{H}_2\text{O}\ }
\begin{array}{c}
\text{COOH} \\
\text{H}-\!\!-\text{OH} \\
\text{HO}-\!\!-\text{H} \\
\text{H}-\!\!-\text{OH} \\
\text{H}-\!\!-\text{OH} \\
\text{CH}_2\text{OH}
\end{array}
$$

D-葡萄糖 　　　　　　　　D-葡萄糖酸

应用溴水能氧化醛糖,不能氧化酮糖的性质,可以定性鉴别醛糖和酮糖。更重要的是,醛糖氧化后生成糖酸,糖酸能转变成糖酸的钙盐,此钙盐用过氧化氢和铁盐处理,生成了少一个碳原子的同系列醛糖。

$$
\begin{array}{c}
\text{CHO} \\
\text{H}-\!\!-\text{OH} \\
\text{HO}-\!\!-\text{H} \\
\text{H}-\!\!-\text{OH} \\
\text{H}-\!\!-\text{OH} \\
\text{CH}_2\text{OH}
\end{array}
\xrightarrow{\ \text{Br}_2,\text{H}_2\text{O}\ }
\begin{array}{c}
\text{COOH} \\
\text{H}-\!\!-\text{OH} \\
\text{HO}-\!\!-\text{H} \\
\text{H}-\!\!-\text{OH} \\
\text{H}-\!\!-\text{OH} \\
\text{CH}_2\text{OH}
\end{array}
\xrightarrow{\ \text{CaCO}_3\ }
\begin{array}{c}
\text{COO}^-\left(\tfrac{1}{2}\text{Ca}^{2+}\right) \\
\text{H}-\!\!-\text{OH} \\
\text{HO}-\!\!-\text{H} \\
\text{H}-\!\!-\text{OH} \\
\text{H}-\!\!-\text{OH} \\
\text{CH}_2\text{OH}
\end{array}
$$

$$
\xrightarrow{\ \text{H}_2\text{O}_2,\text{Fe}^{3+}\ }
\begin{array}{c}
\text{CHO} \\
\text{HO}-\!\!-\text{H} \\
\text{H}-\!\!-\text{OH} \\
\text{H}-\!\!-\text{OH} \\
\text{CH}_2\text{OH}
\end{array}
$$

（3）硝酸作为氧化剂

硝酸的氧化性比溴水强。用稀硝酸氧化醛糖时，醛基和另一端的一个羟甲基（CH_2OH）都被氧化成羧基：

$$
\begin{array}{c}
CHO \\
H\!-\!\!-\!OH \\
HO\!-\!\!-\!H \\
H\!-\!\!-\!OH \\
H\!-\!\!-\!OH \\
CH_2OH
\end{array}
\quad\xrightarrow[100℃]{\text{稀 }HNO_3}\quad
\begin{array}{c}
COOH \\
H\!-\!\!-\!OH \\
HO\!-\!\!-\!H \\
H\!-\!\!-\!OH \\
H\!-\!\!-\!OH \\
COOH
\end{array}
$$

D- 葡萄糖   D- 葡萄糖二酸

用硝酸氧化酮糖时，酮糖分子中 C_1 和 C_2 之间发生断裂，生成少一个碳原子的糖二酸，例如：

$$
\begin{array}{c}
CH_2OH \\
C\!=\!O \\
HO\!-\!\!-\!H \\
H\!-\!\!-\!OH \\
H\!-\!\!-\!OH \\
CH_2OH
\end{array}
\quad\xrightarrow{HNO_3}\quad
\begin{array}{c}
COOH \\
HO\!-\!\!-\!H \\
H\!-\!\!-\!OH \\
H\!-\!\!-\!OH \\
COOH
\end{array}
$$

（4）高碘酸作为氧化剂

单糖分子中有 α-二醇、α-羟基醛和 α-羟基酮的结构，因此能被高碘酸氧化。氧化产物因糖的结构不同而不同，例如：

$$
\begin{array}{c}
CHO \\
|\\
CHOH \\
|\\
CH_2OH
\end{array}
\quad +2HIO_4\longrightarrow\quad
\begin{array}{c}
HCOOH \\
+ \\
HCOOH \\
+ \\
HCHO
\end{array}
$$

这个反应定量进行，每断裂一个碳碳键需要等摩尔的高碘酸。例如 1 mol 葡萄糖与 5 mol 高碘酸反应生成 5 mol 甲酸和 1 mol 甲醛：

$$
\begin{array}{c}
CHO \\
|\\
CHOH \\
|\\
CHOH \\
|\\
CHOH \\
|\\
CHOH \\
|\\
CH_2OH
\end{array}
\quad\xrightarrow{5HIO_4}\quad 5HCOOH + HCHO
$$

用高碘酸分解反应研究碳水化合物的结构，是应用较早的研究方法之一。

2. 单糖的还原

单糖分子中的羰基，和醛酮分子中的羰基一样，可以被许多还原剂还原。常用的还原剂有 $LiAlH_4$、$NaBH_4$ 和 Ni 等。还原的产物是多元醇：

根据单糖还原产物的结构和旋光性等性质,也可以推断单糖的结构。

3. 糖脒的生成

单糖分子中有羰基,所以单糖能与羰基试剂反应。例如与羟氨反应生成肟,与苯肼反应生成腙:

反应生成的腙再与两分子苯肼反应生成两个苯腙基团相连的化合物,这个化合物叫脒:

酮糖与 3 mol 的苯肼反应,也生成糖脒:

糖脒是不溶于水的黄色晶体,不同的糖脒晶形不同,熔点不同,因此可以根据生成脒的性质和熔点来鉴别糖和糖的结构。例如:

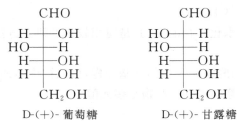

D-(＋)- 葡萄糖   D-(＋)- 甘露糖

D-(＋)-葡萄糖和 D-(＋)-甘露糖和苯肼反应都生成相同的脒,这个事实说明 D-(＋)-葡萄糖和 D-（＋）-甘露糖分子的结构只有醛基 α-位的构型不同,其余部分的构型完全相同。这样,搞清了 D-（＋）-葡萄糖的构型和结构,也就搞清楚了 D-（＋）-甘露糖的构型和结构。

4. 糖苷的生成

单糖的氧环式结构中,有一个羟基比较特殊,这个羟基就是半缩醛的羟基。在氯化氢的催化作用下,这个羟基与醇缩合生成缩醛（图 16-8）。

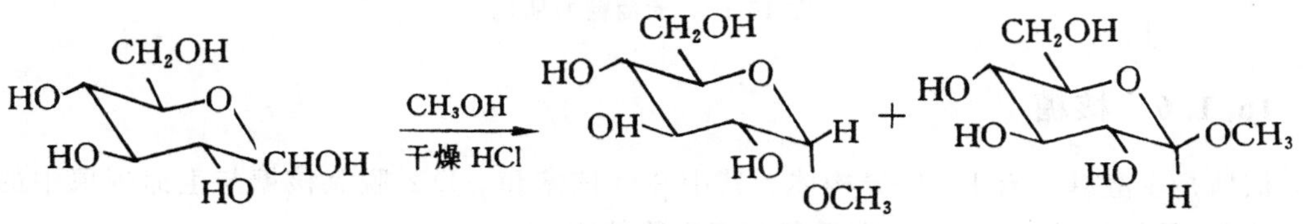

甲基-α-D-吡喃葡萄糖苷   甲基-β-D-吡喃葡萄糖苷

图 16-8　糖苷的生成

很显然,只有苷羟基才能发生上述反应,生成缩醛。其它羟基在这种条件下,不与醇反应生成缩醛。

碳水化合物与具有羟基的化合物反应生成的缩醛叫苷。例如由 α-D-葡萄糖与甲醇生成的缩醛叫甲基-α-D-葡萄糖苷,由 β-D-葡萄糖与甲醇生成的缩醛叫甲基-β-D-葡萄糖苷。

苷在中性及碱性条件下是稳定的,没有变旋光现象,也不与 Tollens 试剂和 Fehling 试剂反应。在酸性条件下,苷和缩醛类似,很容易水解,水解后生成糖和醇,生成的糖有了苷羟基,于是通过开链式与环状半缩醛的相互转变,引起糖的变旋光现象。例如,甲基-α-D-葡萄糖苷在酸性条件下水解后,生成 α-D-葡萄糖,生成的 α-D-葡萄糖通过开链式转变成 β-D-葡萄糖,最终达到平衡时,β-D-葡萄糖所占比例仍然是 64％。

5. 醚和酯的生成

糖分子中有羟基,这些羟基和醇分子中的羟基有类似的反应,可以烷基化生成醚。用硫酸二甲酯在碱性条件下处理 D-葡萄糖,葡萄糖氧环式结构中所有的羟基,包括苷羟基都被甲基化,生成五甲基葡萄糖,见图 16-9。

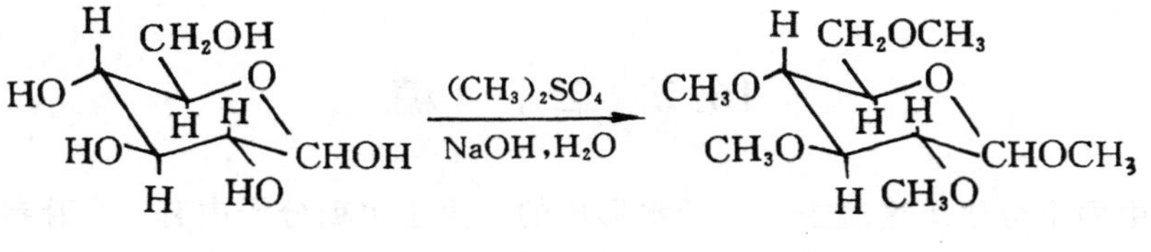

图 16-9　葡萄糖的甲基化

葡萄糖也能发生酯化反应。例如葡萄糖与乙酸酐作用,发生酯化反应,生成五乙酸葡萄糖酯,见图 16-10。

葡萄糖的醚和酯在生命活动中有特殊的重要性。

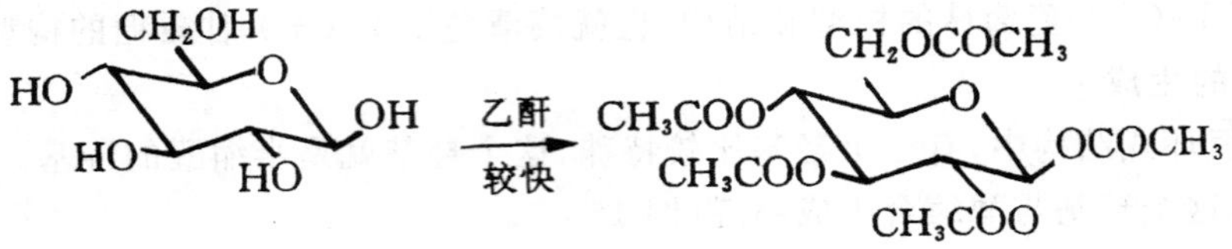

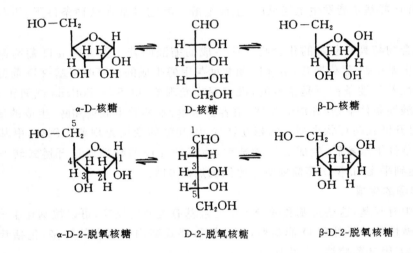

图 16-10 葡萄糖的酯化

16.1.6 核糖

核糖是戊醛糖。有 D-,L-异构体。其中 β-D-核糖和 β-D-2-脱氧核糖与生命现象中的遗传有关系,是核酸的组成部分,广泛存在于生物体中。

β-D-核糖和 β-D-2-脱氧核糖也有氧环式和开链式的互变异构现象,见图 16-11,并通过这种互变异构和相应的 α-型异构体互相转变,达到平衡状态。

图 16-11 核糖的氧环式和开链式

16.2 二 糖

二糖是由两个分子单糖脱去一分子水形成的。由于单糖分子中有一个苷羟基和几个醇羟基,所以,根据两个单糖分子的结合方式的不同,二糖可以分为还原性二糖和非还原性二糖。

1. 还原性二糖

由一个单糖的苷羟基和另一个单糖的醇羟基失去一分子水形成的二糖,其分子中还有一个苷羟基,在水溶液中能转变成开链式结构,从而显示还原性和变旋光现象,能与 Tollens 试剂和 Fehling 试剂反应,能与苯肼生成脎,所以称为还原性二糖。重要的还原性二糖有麦芽糖和纤维二糖。

麦芽糖是由一分子 D-葡萄糖的 α-苷羟基与另一分子 D-葡萄糖 C_4 上的醇羟基脱水形成的醚键连接起来的,一般把这种形式的键叫 α-1,4-苷键。图 16-12 是 β-(＋)-麦芽糖的结构,它有一个苷羟基,通过这个苷羟基,β-(＋)-麦芽糖和另一个 α-(＋)-麦芽糖处于动态平衡中。

纤维二糖是由 D-葡萄糖的 β-苷羟基与另一分子 D-葡萄糖 C_4 上的醇羟基脱水,通过 β-1,4-苷键连接而成的,图 16-13 是 β-(＋)-纤维二糖的结构。

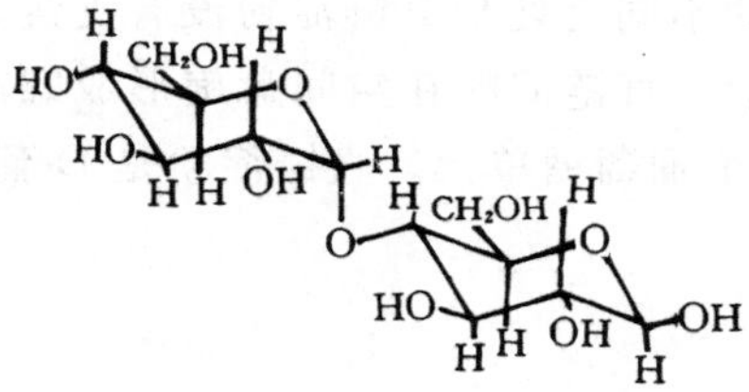

图 16-12　β-(＋)-麦芽糖 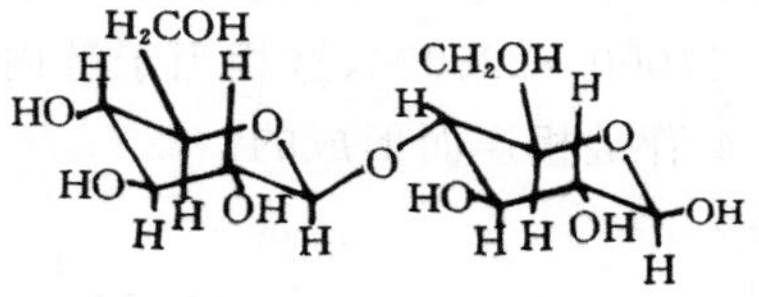　　　　　　图 16-13　β-(＋)-纤维二糖

麦芽糖是 α-葡萄糖苷。纤维二糖是 β-葡萄糖苷。它们都是还原糖,分子中都还有一个苷羟基,通过这个苷羟基环状结构与开链式结构互变,因此麦芽糖和纤维二糖具有一般单糖的性质。

2. 非还原性二糖

两个单糖分子通过苷羟基脱水形成的二糖是非还原性二糖。由于这样的二糖没有苷羟基,因此没有变旋光现象和还原性,也不与苯肼反应。蔗糖是最重要的非还原二糖,其结构如图 16-14 所示。

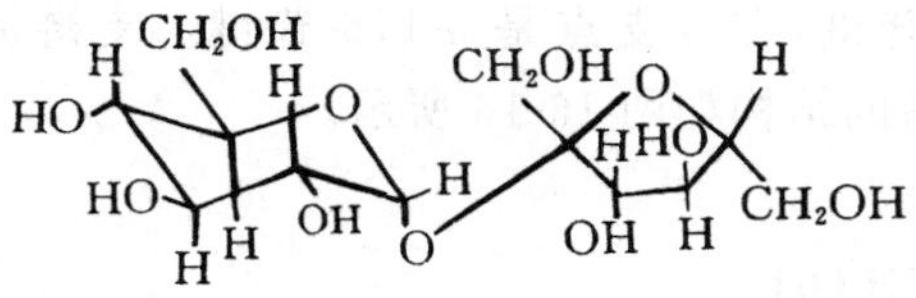

葡萄糖单体　　　　　　　　**果糖单体**

图 16-14　蔗糖的结构

蔗糖是由 α-D-葡萄糖的 C_1 上的苷羟基与 β-D-果糖上 C_2 上苷羟基脱水形成的二糖。

蔗糖在自然界中分布很广。甘蔗、甜菜以及很多水果中都含有蔗糖。纯的蔗糖是无色晶体,易溶于水,蔗糖的甜味大于葡萄糖,但不如果糖。

16.3　多　　　糖

多糖是由很多单糖分子通过苷键相连而形成的天然高分子化合物,它在自然界中分布极广且含量巨大。植物的种子、树木以及许多植物的茎中都含有大量的多糖。

多糖是无色、无味的物质,一般不溶于水和有机溶剂,没有还原性。下面介绍几种重要的多糖。

16.3.1 淀粉

淀粉是绿色植物光合作用的产物。它主要存在于植物的种子和一些植物的块茎中。淀粉是人类的主要食物之一,是最常见和最重要的多糖之一。

普通淀粉的颗粒是由支链淀粉作为外层,直链淀粉作为内部组成的。其中支链淀粉约占 80%,直链淀粉约占 20%。这两种多糖在结构上的不同之处是直链淀粉没有支链,而支链淀粉有很多支链。直链淀粉的结构如图 16-15 所示。直链淀粉在空间盘旋形成螺旋,分子量为 17000—225000,这相当于链内有 100—1400 个葡萄糖单元。直链淀粉是 D-葡萄糖以 α-1,4-苷链相连而形成的。

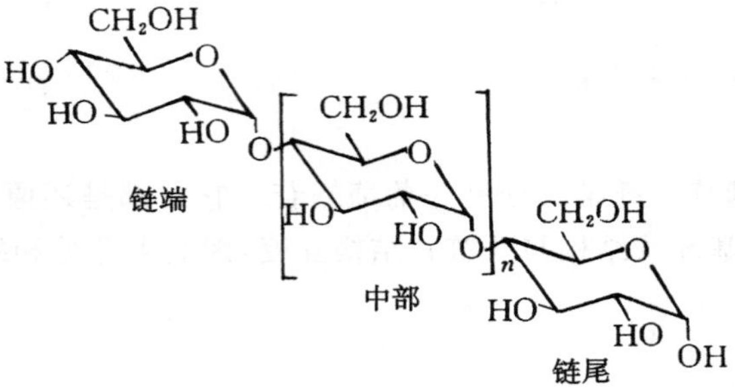

图 16-15　直链淀粉的结构

支链淀粉是普通淀粉颗粒的主要成分,它与直链淀粉一样也是由 D-葡萄糖单元组成的。不同的是,它有很多支链,每一个支链含有不同数目的葡萄糖单元。每个支链内葡萄糖单元之间的结合是 α-1,4-苷键,在分支点是 α-1,6-苷键。支链淀粉的分子量为 200000—1000000 或更高。支链淀粉的结构如图 16-16 所示。

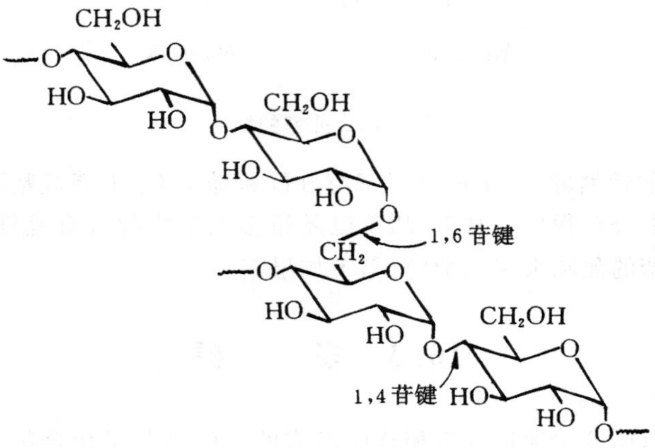

图 16-16　支链淀粉

淀粉是白色的无定型粉末,不溶于冷水。直链淀粉在热水中有一定的溶解度,支链淀粉不溶于热水。

16.3.2 纤维素

纤维素是存在最广的碳水化合物。棉花中含有 95% 以上的纤维素。亚麻、木材、竹子、芦苇、稻草等植物也含有大量的纤维素。

纤维素彻底水解后的产物也是 D-葡萄糖,但与淀粉不同的是,在纤维素中葡萄糖分子之间以 β-1,4-苷键相连,分子中没有支链,纤维素的结构如图 16-17 所示。

图 16-17　纤维素的结构式

纤维素不溶于水,也不溶于大部分有机溶剂。纤维素在碱中比较稳定,在高浓度的盐酸中能水解成低分子产物。

习　　题

16.1　写出 D-(+)-葡萄糖的对映体。α 和 β 的 δ-氧环式 D-(+)-葡萄糖是否是对映体?为什么?

16.2　写出下列各化合物的立体异构体的投影式(开链式):

(1) 丁醛糖;　(2) 戊醛糖;　(3) 丁酮糖。

16.3　下列两个异构体分别与过量苯肼作用,结果有什么不同?

(1)　CHO
　　　|
　　　CH$_2$
　　　|
　　　CHOH
　　　|
　　　CHOH
　　　|
　　　CH$_2$OH

(2)　CHO
　　　|
　　　CHOH
　　　|
　　　CH$_2$
　　　|
　　　CHOH
　　　|
　　　CH$_2$OH

16.4　丁醛糖的立体异构体和过量苯肼作用后生成什么产物?

16.5　试用 R-S 标记法标出所有 D-型戊醛糖的手性碳原子的构型。

16.6　(1) D-葡萄糖和 L-葡萄糖的开链式结构是否是对映体?

(2) α-D-吡喃葡萄糖与 β-D-吡喃葡萄糖是否为对映体?

16.7　解释下列各名词:

(1) 变旋光现象；（2）糖脎；（3）苷和苷羟基；（4）还原糖和非还原糖。

16.8　如何用化学方法区别下列各组化合物：

（1）葡萄糖与果糖；（2）葡萄糖与蔗糖；（3）麦芽糖与蔗糖。

16.9　写出以下所示核糖的手性碳：

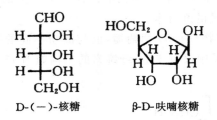

D-(—)-核糖　　　　β-D-呋喃核糖

并写出它们与下列试剂反应所生成的产物：

（1）甲醇；（2）苯肼；（3）溴水；（4）稀硝酸。

16.10　为什么蔗糖是葡萄糖苷，同时又是果糖苷。

16.11　有两个具有旋光性的丁醛糖Ⅰ和Ⅱ与苯肼作用，生成相同的脎。用硝酸氧化，Ⅰ和Ⅱ都生成含有 4 个碳原子的二元酸，但前者有旋光性，后者无旋光性。试推测化合物Ⅰ和Ⅱ的结构式。

16.12　D-戊醛糖 A 氧化后生成具有旋光性的糖二酸 B。A 通过碳链缩短反应得到丁醛糖 C。C 氧化后生成没有旋光性的糖二酸 D。试推测 A，B，C，D 的结构。

16.13　化合物 A（$C_5H_{10}O_5$）与乙酐作用，给出四乙酸酯。A 用溴水氧化得到酸 $C_5H_{10}O_6$，A 用碘化氢还原给出异戊烷。写出 A 可能的结构式。（提示：碘化氢能还原羟基或羰基成为烃基）。

16.14　写出 β-D-吡喃阿拉伯糖的两种椅式构象，并估计其中哪一种较稳定。

第 17 章　氨基酸、蛋白质和核酸

构成动物躯体并起支撑作用的骨骼,起保护作用的皮肤、毛发,通过伸缩使动物运动的肌肉以及被称为生物催化剂的酶,它们的主要成分都是蛋白质。蛋白质水解形成氨基酸,多种氨基酸按一定顺序通过酰胺键形成蛋白质。氨基酸是构成蛋白质的基石。

17.1　氨　基　酸

氨基酸是分子中既含有氨基($-NH_2$),又含有羧基的化合物。根据氨基和羧基在分子中的相对位置不同,氨基酸可分为 α-、β-、γ-、$\cdots$、ω-氨基酸:

$$\underset{\underset{NH_2}{|}}{R-\overset{\alpha}{C}HCOOH} \qquad \underset{\underset{NH_2}{|}}{R\overset{\beta}{C}H\overset{\alpha}{C}H_2COOH} \qquad \underset{\underset{NH_2}{|}}{\overset{\omega}{C}H_2(CH_2)_n\overset{\alpha}{C}H_2COOH}$$

α-氨基酸　　　　　　β-氨基酸　　　　　　　　ω-氨基酸

蛋白质的水解只生成 α-氨基酸,本章主要讨论 α-氨基酸。

17.1.1　α-氨基酸的结构、命名和分类

α-氨基酸的结构,可用下面的 Fischer 投影式表示:

$$\underset{R}{\overset{COOH}{H-\!\!-\!\!-NH_2}} \qquad \underset{R}{\overset{COOH}{H_2N-\!\!-\!\!-H}}$$

D-α-氨基酸　　　　　　　L-α-氨基酸

在涉及氨基酸和蛋白质的化学中,习惯上用 D,L 表示它们的构型。在上面 Fischer 投影式中,氨基在右边的是 D 型氨基酸,在左边的是 L 型氨基酸。含两个或多个手性碳原子的氨基酸的构型也取决于 α-碳原子的构型。例如苏氨酸:

$$\overset{COOH}{\underset{CH_3}{\overset{H_2N-\!\!-\!\!-H}{H-\!\!-\!\!-OH}}} \qquad \overset{COOH}{\underset{CH_3}{\overset{H_2N-\!\!-\!\!-H}{HO-\!\!-\!\!-H}}}$$

L-苏氨酸　　　　　　　　L-苏氨酸

以上两个苏氨酸的 α-碳构型相同,β-碳构型不同,这两个苏氨酸都是 L-苏氨酸。

氨基酸可用不同的方法分类。

按照分子中氨基和羧基的个数可分为中性氨基酸、酸性氨基酸和碱性氨基酸。分子中有一个氨基和一个羧基的是中性氨基酸,分子中羧基数目多于氨基数目的是酸性氨基酸,氨基数目多于羧基数目的是碱性氨基酸。

按照分子的结构特点,氨基酸可分为脂肪族氨基酸、芳香族氨基酸及杂环氨基酸。

氨基酸可按系统命名法命名,即以氨基为取代基,按照羧酸的命名法命名。由蛋白质水解得到的氨基酸除了系统命名法外,还都有俗名,俗名比系统命名更常用。例如:

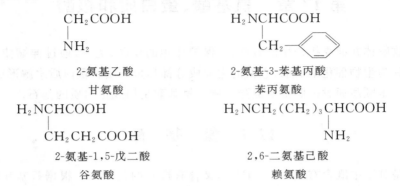

2-氨基乙酸   2-氨基-3-苯基丙酸

甘氨酸   苯丙氨酸

2-氨基-1,5-戊二酸   2,6-二氨基己酸

谷氨酸   赖氨酸

由蛋白质水解得到的 α-氨基酸的俗名及简写见表 17-1。

表 17-1　蛋白质中的 α-氨基酸

氨　基　酸	符　号	字母代号	汉文代号	结　　构　　式	等电点
1. 甘氨酸	Gly	G	甘	H—CH—COOH 　　| 　　NH₂	5.97
2. 丙氨酸	Ala	A	丙	CH₃—CH—COOH 　　　| 　　　NH₂	6.00
3. 缬氨酸	Val	V	缬	CH₃ 　＼CH—CH—COOH CH₃　　　| 　　　　NH₂	5.96
4. 亮氨酸	Leu	L	亮	CH₃ 　＼CH—CH₂—CH—COOH CH₃　　　　　| 　　　　　　NH₂	6.02
5. 异亮氨酸	Ile	I	异	CH₃—CH₂—CH—CH—COOH 　　　　　|　　| 　　　　CH₃　NH₂	5.98
6. 苯丙氨酸	Phe	F	苯	⬡—CH₂—CH—COOH 　　　　　| 　　　　NH₂	5.48
7. 丝氨酸	Ser	S	丝	HO—CH₂—CH—COOH 　　　　　| 　　　　NH₂	5.68
8. 苏氨酸	Thr	T	苏	HO—CH—CH—COOH 　　　|　　| 　　CH₃　NH₂	5.68
9. 酪氨酸	Tyr	Y	酪	HO—⬡—CH₂—CH—COOH 　　　　　　　| 　　　　　　NH₂	5.68

氨　基　酸	符　号	字母代号	汉文代号	结　构　式	等电点
10. 半胱氨酸	Cys	C	半	H—S—CH₂—CH—COOH 　　　　　　| 　　　　　　NH₂	5.05
11. 蛋氨酸	Met	M	蛋	CH₃—S—CH₂—CH₂—CH—COOH 　　　　　　　　　　| 　　　　　　　　　　NH₂	5.74
12. 色氨酸	Trp	W	色	CH₂—CH—COOH （吲哚环）　| 　　　　　NH₂	5.89
13. 赖氨酸	Lys	K	赖	H₂N—CH₂—(CH₂)₃—CH—COOH 　　　　　　　　　| 　　　　　　　　　NH₂	9.74
14. 精氨酸	Arg	R	精	NH 　　　‖ H₂N—C—NH—(CH₂)₃—CH—COOH 　　　　　　　　　| 　　　　　　　　　NH₂	10.76
15. 组氨酸	His	H	组	HC=C—CH₂—CH—COOH （咪唑环）　　　| 　　　　　　　NH₂	7.59
16. 门冬氨酸	Asp	D	门	HOOC—CH₂—CH—COOH 　　　　　　| 　　　　　　NH₂	2.77
17. 谷氨酸	Glu	E	谷	HOOC—CH₂—CH₂—CH—COOH 　　　　　　　　| 　　　　　　　　NH₂	3.22
18. 门冬酰胺	Asn		门-NH₂	NH₂—CO—CH₂—CH—COOH 　　　　　　　| 　　　　　　　NH₂	
19. 谷氨酰胺	Gln	Q	谷-NH₂	NH₂—CO—CH₂—CH₂—CH—COOH 　　　　　　　　　| 　　　　　　　　　NH₂	5.65
20. 脯氨酸	Pro	P	脯	CH₂—CH—COOH |　　| CH₂　NH 　\ 　CH₂	6.30

α-氨基酸（R- C HCOOH）分子中，去掉— C HCOOH 后剩余部分叫残基。例如，亮氨酸

的残基是 $(CH_3)_2CHCH_2—$，丝氨酸的残基是 $HOCH_2—$，确定了残基就等于知道了是哪一种氨基酸。

17.1.2　氨基酸的性质

氨基酸都是难挥发的晶型固体，具有较高的熔点，并常常在熔融时分解，不溶于乙醚、苯

等非极性溶剂。在水中有不同的溶解度,其中精氨酸、赖氨酸易溶于水,胱氨酸和酪氨酸溶解度很小。氨基酸在盐酸溶液中都有一定的溶解度。除甘氨酸外,其它天然氨基酸都有旋光性。

氨基酸分子中含有氨基和羧基,故氨基酸具有一般胺和羧酸的性质。另外,氨基酸还有一些特殊的性质。

(1) 氨基酸中氨基的反应

1) 与亚硝酸反应

氨基酸与亚硝酸反应放出氮气,并得到相应的羟基酸:

$$\underset{\underset{NH_2}{|}}{R\,C\,HCOOH} + HONO \longrightarrow \underset{\underset{OH}{|}}{R\,CHCOOH} + N_2\uparrow + H_2O$$

和脂肪族伯胺一样,反应定量地放出氮,根据生成氮气的体积,可以计算出氨基酸中的含氮量,这种方法叫 Van Slyke 氨基测定法。

脯氨酸分子中含有的是亚氨基,亚氨基不能与亚硝酸反应放出氮气。

2) 与甲醛反应

甲醛与氨基酸中的氨基反应,先进行亲核加成,然后脱水生成碳氮双键:

$$\underset{\underset{NH_2}{|}}{RCHCOOH} + HCHO \longrightarrow \underset{\underset{NHCH_2OH}{|}}{RCHCOOH} \overset{-H_2O}{\longrightarrow} \underset{\underset{N=CH_2}{|}}{RCHCOOH}$$

在一般条件下氨基酸的酸不能用碱来滴定,这是由于氨基酸分子中含有碱性的氨基。氨基酸与甲醛反应后,其氨基的碱性不再显示出来,其羧基和普通的脂肪酸的羧基一样,就可用碱来滴定了。

3) 酰基化和烃基化反应

氨基酸中的氨基可发生酰基化反应:

$$\underset{\underset{R}{|}}{H_2N\,CHCOOH} + \left\langle\!\!\bigcirc\!\!\right\rangle\!\!-\!\!\underset{\underset{O}{\|}}{CH_2OCCl} \longrightarrow \left\langle\!\!\bigcirc\!\!\right\rangle\!\!-\!\!\underset{\underset{O}{\|}}{CH_2OC}\,\underset{\underset{R}{|}}{NHCHCOOH}$$

苄氧甲酰氯   苄氧甲酰基氨基酸

这一类反应可用来保护氨基。在上述反应中,苄氧甲酰氯很容易与氨基酸的氨基反应,生成苄氧甲酰基氨基酸。其中 $\left\langle\!\!\bigcirc\!\!\right\rangle\!\!-\!\!\underset{\underset{O}{\|}}{CH_2OC}-$ 叫做苄氧甲酰基,英文名是 Benzoxy-Carbonyl,简写为 Z,在很多文献中,氨基被苄氧甲酰基保护起来的氨基酸写做 Z-NHCHCOOH。Z 可以用催化氢化法除去。
$\quad\quad\quad\quad\quad\underset{\underset{R}{|}}{}$

叔丁氧酰氯也能使氨基酸酰基化。

$$\underset{\underset{O}{\|}}{(CH_3)_3COCCl} + \underset{\underset{R}{|}}{NH_2CHCOOH} \longrightarrow \underset{\underset{O}{\|}}{(CH_3)_3COC}\,\underset{\underset{R}{|}}{NHCHCOOH}$$

叔丁氧酰氯   叔丁氧酰基氨基酸

$(CH_3)_3COC-$ 叫叔丁氧酰基,简写为 BOC—,是由英文名 t-Butoxycarbonyl 而来的。叔
$\quad\quad\quad\;\, \overset{\|}{\underset{O}{}}$

丁氧酰基氨基酸在酸性条件下可去酰基化。

不同的酰基化和去酰基化方法在人工合成多肽和蛋白质中得到广泛的应用。

氨基酸与卤代烃反应生成 N-烃基氨基酸。一个特别有用的例子是 2,4-二硝基氟苯 (DNFB,2,4-Dinitrofluorobenzene)与氨基酸发生烃基化反应生成氨基酸的 2,4-二硝基苯的衍生物:

$$F-\!\!\!\underset{NO_2}{\bigcirc}\!\!\!-NO_2 \;+\; HN_2-\underset{R}{CH}COOH \longrightarrow O_2N-\bigcirc-NH-\underset{R}{CH}COOH$$
$$\underset{NO_2}{}$$

这一反应在多肽的端基分析中特别有用。

（2）氨基酸中羧基的反应

氨基酸的羧基和其它有机羧酸一样,在一定条件下也能发生酯化反应,生成盐、酰氯和酰胺的反应以及脱羧反应等。

（3）两性与等电点

虽然氨基酸写成 $NH_2\underset{R}{CH}COOH$ 的形式,但实际上氨基和羧基不以游离的形式存在,而是形成内盐:

$$NH_2-\underset{R}{CH}COOH \;\rightleftharpoons\; \overset{+}{N}H_3\underset{R}{CH}COO^-$$

这种内盐同时具有两种离子的性质,所以又叫两性离子或偶极离子。氨基酸之所以具有较高的熔点,不溶于非极性的有机溶剂,就是因为它们有着内盐的结构。这种两性离子,既可以和 H^+ 作用,又可以和 HO^- 作用,在溶液中形成一个平衡体系:

$$NH_2\underset{R}{CH}COO^- \underset{HO^-}{\overset{H^+}{\rightleftharpoons}} \overset{+}{N}H_3\underset{R}{CH}COO^- \underset{HO^-}{\overset{H^+}{\rightleftharpoons}} \overset{+}{N}H_3\underset{R}{CH}COOH$$

在上面的平衡中,究竟以哪种形式存在,取决于溶液的 pH 值。pH 值减小,即酸性增强,平衡向右移动,$\overset{+}{N}H_3\underset{R}{CH}COOH$ 的浓度增大,在电场中,这个正离子向负极移动。pH 值增大,

平衡向左移动,$H_2N\underset{R}{CH}COO^-$ 浓度增大,在电场中这个负离子向正极移动。当 pH 值达到

某一确定的值时,$H_3\overset{+}{N}\underset{R}{CH}COOH$ 的浓度和 $H_2N\underset{R}{CH}COO^-$ 的浓度相等,这时在电场中不显

示离子的移动。在这种情况下,相应的 pH 值叫做该氨基酸的等离点或等电点,以 pI 表示。由于羧基的离解度比氨基的大,所以中性氨基酸的等电点不是中性点。在等电点偶极离子的浓度达到最大值。不同的氨基酸有不同的等电点。中性氨基酸的等电点为 6.2—6.8,碱

性氨基酸的等电点为 7.6—10.7,酸性氨基酸的等电点为 2.8—3.2。pI 的计算值等于羧基和氨基的 pK 值的算术平均值。根据等电点的不同,不同氨基酸的混合物在外电场作用下,pH 值大于其等电点时,氨基酸向正极移动,反之,向负极移动,经过一段时间后,不同的氨基酸彼此可以分离,这种分离方法叫电泳法。

（4）与水合茚三酮反应

α-氨基酸与茚三酮在水溶液中反应,能生成紫色物质,这一反应叫水合茚三酮反应,是鉴别 α-氨基酸最迅速、最简单的方法。值得注意的是,脯氨酸不能发生茚三酮反应。伯胺,氨,铵盐等能发生茚三酮反应,故鉴别一个 α-氨基酸时,要排除伯胺、氨和铵盐的干扰。α-氨基酸与茚三酮的反应如下：

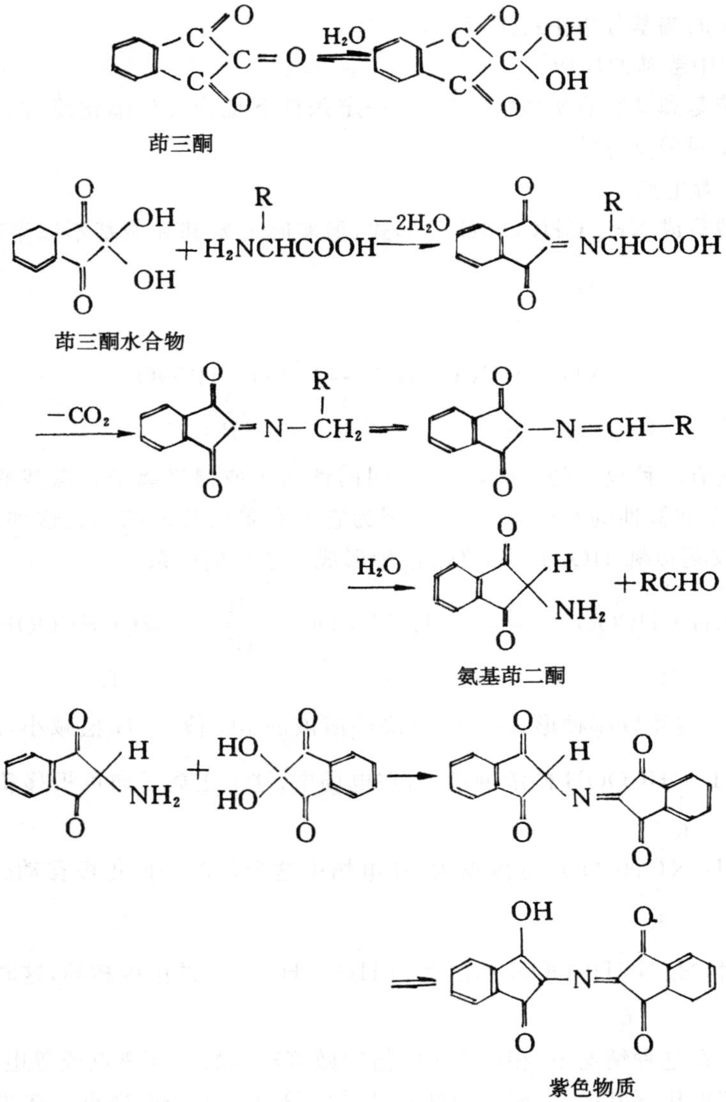

茚三酮

茚三酮水合物

氨基茚二酮

紫色物质

（5）受热脱水或脱氨的反应

氨基酸因受热而发生的反应一般比较复杂，所得产物因氨基和羧基的相对位置不同而异，α-氨基酸受热容易发生分子间脱水生成交酰胺：

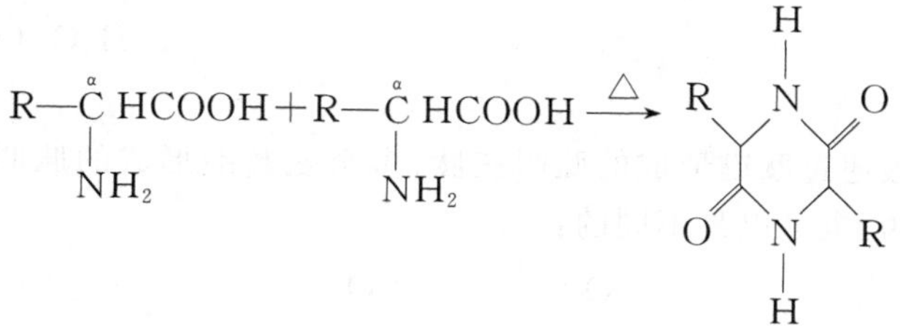

$$R-\overset{\alpha}{C}HCOOH + R-\overset{\alpha}{C}HCOOH \xrightarrow{\triangle}$$

（图：交酰胺环状结构）

交酰胺

β-氨基酸受热分子内脱去一分子氨生成 α-,β-不饱和酸：

$$CH_3CHCH_2COOH \xrightarrow{\triangle} CH_3CH=CHCOOH + NH_3$$
$$|$$
$$NH_2$$

γ-或 δ-氨基酸受热容易发生分子内脱水形成环状的内酰胺：

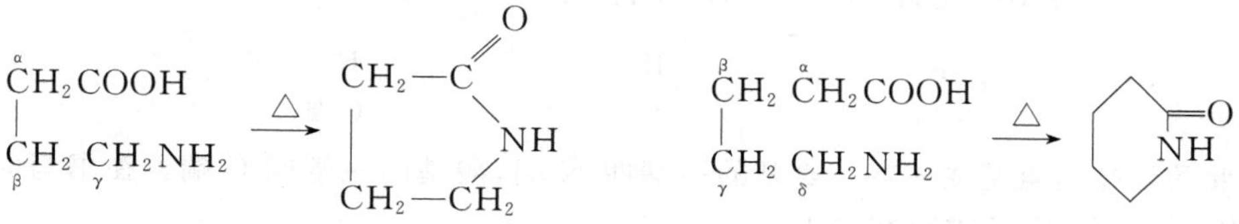

（图：γ-丁内酰胺和 δ-戊内酰胺结构）

γ-丁内酰胺　　　δ-戊内酰胺

分子内氨基和羧基之间相隔更多的碳原子时，氨基酸受热发生分子间脱水生成多聚酰胺：

$$nNH_2CH_2CH_2CH_2CH_2CH_2COOH \xrightarrow{\triangle} H\!\!-\!\!\left[NHCH_2CH_2CH_2CH_2CH_2\overset{O}{\overset{\|}{C}}\right]_n\!\!-\!\!OH$$

尼龙-6

在 17.2 节中将介绍如何控制反应条件，采取不同的方法保护氨基和羧基。α-氨基酸可以分子间脱水生成肽链，这是 α-氨基酸最重要的反应。

17.2　多　　肽

17.2.1　多肽

两个氨基酸分子失去 1 分子水，彼此用酰胺键结合形成的化合物叫二肽。例如：

$$H_2NCH_2\overset{O}{\overset{\|}{C}}-OH + H-NHCHCOOH \longrightarrow NH_2CH_2\overset{O}{\overset{\|}{C}}-NHCHCOOH$$
$$||$$
$$CH_3CH_3$$

二肽

所形成的酰胺键 —C—NH— 又称为肽键,上述反应生成的二肽叫做甘氨酰丙氨酸。丙氨
　　　　　　‖
　　　　　　O

酸的羧基和甘氨酸的氨基也能形成酰胺键,这时形成的二肽 $NH_2CHC\ NHCH_2COOH$ 叫
　　　　　　　　　　　　　　　　　　　　　　　　　　　　　　H₃C　O

做丙氨酰甘氨酸。

　　由 3 分子氨基酸通过肽键形成的肽叫三肽,多个氨基酸形成的肽叫多肽。组成多肽的
氨基酸可以是相同的,也可以是不同的:

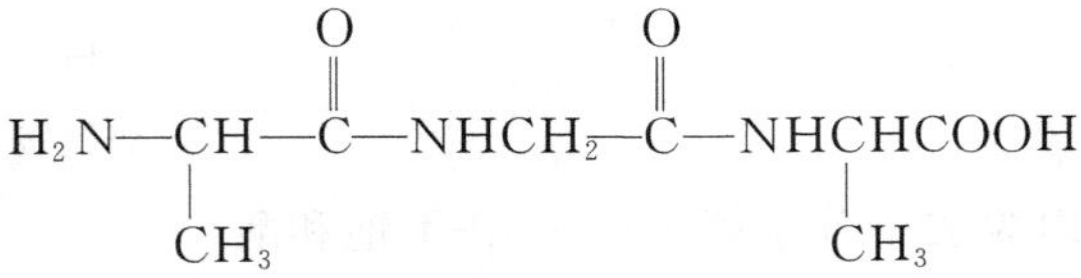

$$H_2N-CH-C-NHCH_2-C-NHCHCOOH$$

　　　　　丙氨酰甘氨酰丙氨酸(三肽)

　　多肽可以用一个链状的式子表示:

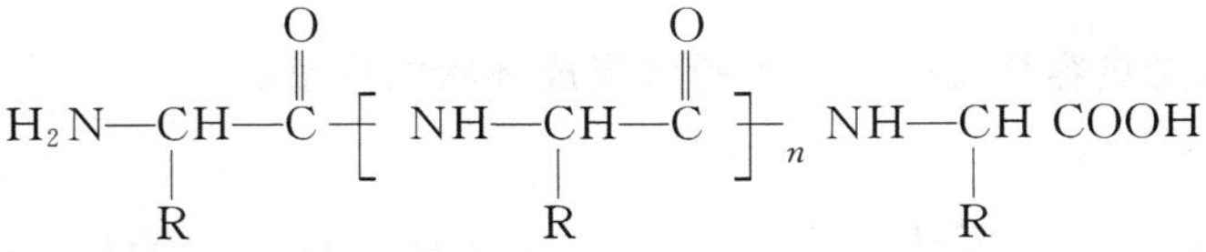

$$H_2N-CH-C\left[NH-CH-C\right]_n NH-CH\ COOH$$

　　　　N端　　　　　　　　　　　C端

　　多肽的两端是氨基或羧基。氨基的一端叫 N 端,羧基的一端叫 C 端。在书写时,通常
把 N 端写在左边,把 C 端写在右边。

　　多肽命名时,以含有完整羧基的氨基酸为母体,其它的氨基酸的羧基形成肽键,如同酰
基一样称为某氨酰,从多肽的 N 端开始,按顺序称为某氨酰某氨酰……某氨酸。例如:

$$NH_2CHCO-NHCHCO-NHCH_2COOH$$

丙氨酰苯丙氨酰甘氨酸
Ala・Phe・Gly
(丙-苯丙-甘)

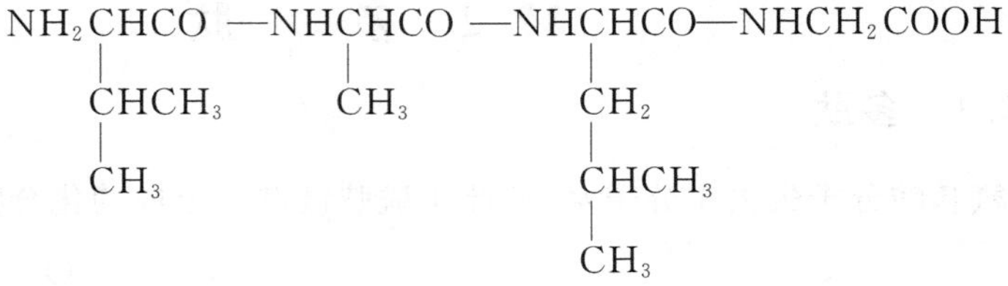

$$NH_2CHCO-NHCHCO-NHCHCO-NHCH_2COOH$$

缬氨酰丙氨酰亮氨酰甘氨酸
Val・Ala・Leu・Gly
(缬-丙-亮-甘)

　　多肽的命名也可以用较简单的缩写来表示,例如丙氨酰苯丙氨酰甘氨酸简称为丙-苯

丙-甘或用英文简称 ala · phe · gly。

17.2.2 多肽结构分析和端基分析

多肽是生命不可缺少的物质，确定多肽的结构，对揭示生命的秘密是非常重要的。测定多肽结构的一般程序是首先测定多肽的组成，然后确定肽链中氨基酸的排列顺序。至于多肽的空间结构，将在蛋白质一节叙述。

测定肽的组成比较容易。将多肽在 6mol/L 的盐酸中加热使其彻底水解，得到各种氨基酸的混合物，除去非氨基酸杂质后，用色层分离法把各种氨基酸分离后再进行分析以确定氨基酸的种类。确定氨基酸种类的分析方法很多，例如可以用纸上层析，用茚三酮显色，根据 R_f 值，配合比色的方法，就可以确定各种氨基酸及其相对含量。

测定多肽链中氨基酸的连接顺序是一项相当复杂的工作。以胰岛素的结构研究为例，前后共花费了 10 年的时间，才最后确定了胰岛素中 16 种不同的氨基酸，以及 51 个氨基酸分子在肽链中的相互连接顺序。在多肽中，氨基酸的排列顺序对肽的功能有着十分重要的作用。有时在数十个乃至更多个氨基酸构成的多肽中，只要有一种氨基酸改变或排列顺序发生变化，就会导致整个多肽失去其原有的功能。测定多肽中氨基酸的排列顺序的步骤和方法首先由 F. Sanger 完成。对于较小的肽，可直接测定肽链的末端氨基酸。辨别 N 端是哪一种氨基酸的分析方法叫 N 端分析。辨别 C 端是哪一种氨基酸的分析方法叫 C 端分析。端基分析有多种方法，这里只简单地加以介绍。

2,4-二硝基氟苯(DNFB,2,4-Dinitrofluorobenzene)中的氟原子在弱碱性溶液中容易和氨基发生亲核取代反应。多肽中 N 端的氨基是游离的，它和 2,4-二硝基氟苯反应生成 2,4-二硝基苯肽，然后彻底水解，生成的各种氨基酸中，只有 N 端的一个氨基酸生成了 2,4-二硝基苯的衍生物：

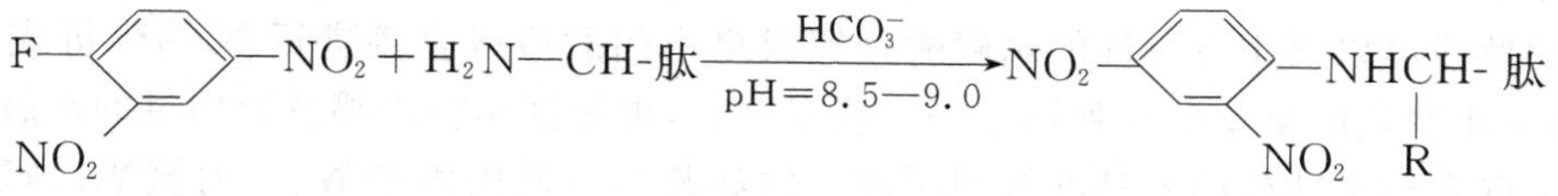

DNFB　　　　　　　　2,4-二硝基苯肽

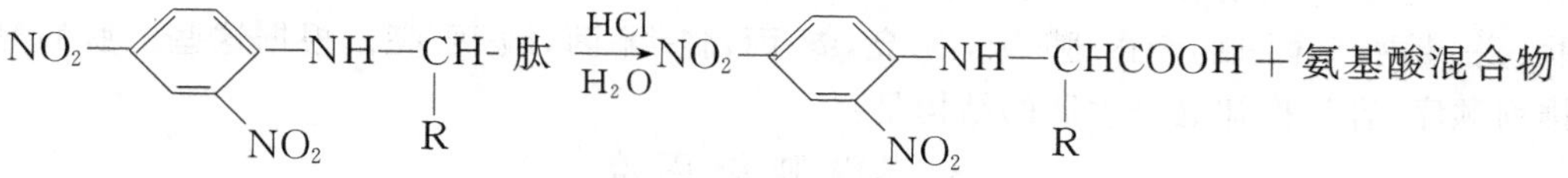

2,4-二硝基苯氨基酸

各种氨基酸的 2,4-二硝基苯的衍生物都是黄色的，并且各有自己的 R_f 值，用乙醚提取后，用层析法鉴定，便可辨别出 N 端是哪一种氨基酸。这种方法的缺点是水解 2,4-二硝基苯肽时，整个多肽链都水解了。

N 端分析的另一种方法是用异硫氰酸苯酯和 N 端的氨基反应，生成的衍生物再与无水氯化氢作用，生成一种环状化合物苯硫脲基乙内酰胺。鉴别这个环状化合物后可知 N 端是哪一种氨基酸：

$$C_6H_5N=C=S+NH_2\underset{\displaystyle R}{\underset{|}{C}}HCO\text{-肽}\xrightarrow{pH>7}C_6H_5NH\underset{\displaystyle S}{\underset{\|}{C}}-NH\underset{\displaystyle R}{\underset{|}{C}}HCO\text{-肽}$$

$$\xrightarrow{HCl} C_6H_5-N \underset{O=C\quad CHR}{\overset{S}{\overset{\Vert}{\underset{}{C}}}} NH \quad +\text{降解后的肽}$$

苯硫脲基乙内酰胺

以上这种方法能从肽链的 N 端将氨基酸一个接一个地鉴别出来。目前已经研制成功并得到应用的肽链氨基酸顺序分析仪,就是基于这种原理。

分析 C 端氨基酸用肼解法,将多肽与肼在无水情况下加热,C 端氨基酸即从肽链上降解下来,其余部分变成肼的衍生物。肼的衍生物与苯甲醛缩合生成非水溶性物质,溶在水中的是 C 端氨基酸:

$$H_2N-CHCO\!\!-\!\!NH-CH-CO\!\!-\!\!_n NH\,CHCOOH + NH_2NH_2 \longrightarrow$$
$$\underset{R_1}{} \quad \underset{R_n}{} \quad \underset{R_{n+1}}{}$$

$$NH_2-CH-CO\!\!-\!\!NH\,CHCO\!\!-\!\!_{n-1} NH\,CHCONHNH_2 + NH_2\,CHCOOH$$
$$\underset{R_1}{} \quad \underset{R_{n-1}}{} \quad \underset{R_n}{} \quad \underset{R_{n+1}}{}$$

$$\xrightarrow{C_6H_5CHO} H_2NCHCO\!\!-\!\!NH\,CHCO\!\!-\!\!_{n-1} NH\,CHCONHN=CHC_6H_5 + NH_2\,CHCOOH$$
$$\underset{R_1}{} \quad \underset{R_{n-1}}{} \quad \underset{R_n}{}\quad\text{不溶性物质} \quad \underset{R_{n+1}}{}$$

较大的肽链可以先用部分水解的方法分解成几段小肽。有多种多样的水解酶,某种酶只能分解某些氨基酸形成的肽键,不能分解其它肽键。使用不同的酶,可将一个较大的肽链有目的地水解成一系列小的肽段。根据酶水解的专一性知道水解是从何处断开的。对于每一个小的肽段可以再用专一性的水解酶分解成更小的肽段或直接进行 N 端分析或 C 端分析,把每个小肽段的氨基酸排列顺序一一确定之后,再根据实验步骤及使用过的水解酶的品种就可以确定整个肽链的氨基酸排列顺序。例如某个六肽由丙氨酸、苯丙氨酸、脯氨酸、亮氨酸、缬氨酸 5 种氨基酸组成,经部分水解后,除得到游离氨基酸外,还得到下列一些二肽和三肽:亮-苯丙,苯丙-脯,苯丙-脯-缬,丙-亮,缬-丙,脯-缬-丙,缬-丙-亮。根据这些二肽的氨基酸排列顺序,容易推知这个六肽的结构是:

亮-苯丙-脯-缬-丙-亮

以上方法,实际上仅仅确定了多肽的氨基酸排列顺序,对于多肽结构的最终确定,是按照测定的氨基酸顺序合成这个多肽,合成的多肽应当具有与要测定结构的多肽完全相同的结构和性质。

17.2.3 多肽的合成

理论上,一个氨基酸的羧基与另一个氨基酸的氨基脱去一分子水即生成肽,但实际上,按照一定的顺序合成一个多肽是很繁琐的工作。由于两种氨基酸都各有自己的氨基和羧基,如果将两种氨基酸进行反应,即使不发生交联反应,也应有 4 种二肽生成。例如:

$$\text{甘氨酸} + \text{丙氨酸} \begin{cases} \text{甘-甘} \\ \text{丙-丙} \\ \text{甘-丙} \\ \text{丙-甘} \end{cases}$$

可见,想得到一种较纯的二肽,用这种方法产率是不会高的,合成多肽实际上不能用这种方法。实际合成中,要想得到甘-丙,应当首先保护甘氨酸的氨基和活化它的羧基,保护丙氨酸的羧基和活化它的氨基。当它们结合生成二肽之后,再用适当的方法将保护基团去掉。某些氨基酸中还会有—SH 和 $-\text{NHC}-\text{NH}_2$ 等活泼的侧链,有时也要保护,以免在反应中

$$\overset{\|}{\underset{\text{NH}}{}}$$

破坏。多肽生成后再去保护基。合成步骤可归纳如下:

(1) 保护氨基

用氯甲酸苄酯($\text{C}_6\text{H}_5\text{CH}_2\text{OCCl}$)和二叔丁基碳酸酯 [$(\text{CH}_3)_3\text{COCOC}(\text{CH}_3)_3$] 等可

$$\overset{\|}{\text{O}} \qquad\qquad\qquad\qquad\qquad \overset{\|}{\text{O}}$$

将氨基保护起来,其作用是把氨基转化成低亲核性的基团,不再与酰基化试剂发生反应。反应结束后不需要保护时,再用酸解的方法除去:

$$\text{C}_6\text{H}_5\text{CH}_2\overset{\|}{\underset{\text{O}}{\text{OCCl}}} + \text{H}_2\text{N}-\underset{\text{R}_1}{\text{CHCOOH}} \xrightarrow[25℃]{\text{OH}^-} \text{C}_6\text{H}_5\text{CH}_2\overset{\|}{\underset{\text{O}}{\text{OCNH}}}\underset{\text{R}_1}{\text{CHCOOH}}$$

$$\xrightarrow{\text{同另一分子氨基酸反应}} \text{C}_6\text{H}_5\text{CH}_2\overset{\|}{\underset{\text{O}}{\text{OCNH}}}-\underset{\text{R}_1}{\text{CHCO}}-\text{NH}\underset{\text{R}_2}{\text{CCO}}\sim \xrightarrow[\text{HBr}]{\text{冷 HAc}}$$

$$\text{H}_2\text{N}\underset{\text{R}_1}{\text{CHCO}}-\text{NH}\underset{\text{R}_2}{\text{CHCO}}\sim + \text{C}_6\text{H}_5\text{CH}_3 + \text{CO}_2$$

$$(\text{CH}_3)_3\text{COCO}-\text{C}(\text{CH}_3)_3 + \text{H}_2\text{N}\underset{\text{R}}{\text{CHCOOH}} \xrightarrow{\text{OH}^-}$$

$$\overset{\|}{\underset{\text{O}}{}}$$

$$\overset{\text{O}}{\overset{\|}{}}$$
$$(\text{CH}_3)_3\text{COCNHCHCOOH} + (\text{CH}_3)_3\text{COH}$$
$$\underset{\text{R}}{}$$

其中 $(\text{CH}_3)_3\text{COC}-$ 叫叔丁氧羰基或 BOC 基,当氨基不需要保护时可以用酸解的方法除

$$\overset{\|}{\text{O}}$$

去:

$$\overset{\text{O}}{\overset{\|}{}}$$
$$(\text{CH}_3)_3\text{COC}-\text{NHCHCOOH} \xrightarrow{\text{HCl}} (\text{CH}_3)_2\text{C}=\text{CH}_2 + \text{CO}_2 + \text{H}_2\text{NCHCOOH}$$
$$\underset{\text{R}}{} \qquad\qquad\qquad\qquad\qquad\qquad\qquad \underset{\text{R}}{}$$

（2）保护羧基与活化氨基

可用酯化或皂化的方法，将羧基变成—$COOC_2H_5$ 或—$COONa$，这样同时也就活化了氨基。

（3）活化羧基

将保护了氨基的氨基酸和另一个保护了羧基的氨基酸放在一起，并不容易形成肽链，其原因是羧基的酰化能力不强。通常活化羧基有以下几种方法：

1）由于—Cl，—OR，$-\overset{O}{\overset{\|}{OCOR}}$ 都是比—OH 好的离去基团，因此可将羧基中的羟基变成—Cl，—OR，$-\overset{O}{\overset{\|}{OCOR}}$，这就可增强酰化能力，将氨基保护着的氨基酸与二氯亚砜或五氯化磷反应，得到相应的酰氯：

$$\text{Z-NHCHCOOH} + SOCl_2 \longrightarrow \text{Z-NHCHCOCl}$$
$$\underset{R}{|} \qquad\qquad\qquad\qquad \underset{R}{|}$$

其中 Z 表示 $C_6H_5CH_2O\overset{O}{\overset{\|}{C}}-$ 。但酰氯活性太强，往往引起复杂的副反应，较好的方法是用氯甲酸乙酯将被保护氨基的氨基酸转化成混合酸酐，这个混合酸酐可将另一个氨基酸酰化形成肽键：

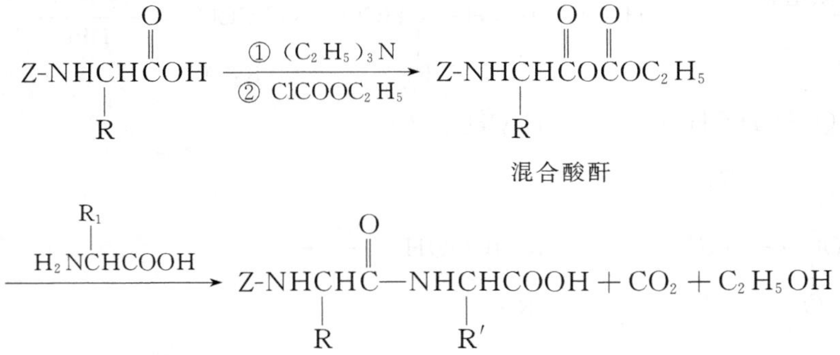

$$\text{Z-NHCHCOH} \xrightarrow[\text{② } ClCOOC_2H_5]{\text{① } (C_2H_5)_3N} \text{Z-NHCHCOCOC}_2\text{H}_5$$

混合酸酐

$$\xrightarrow{\underset{H_2NCHCOOH}{\overset{R_1}{|}}} \text{Z-NHCHC—NHCHCOOH} + CO_2 + C_2H_5OH$$
$$\qquad\qquad\qquad \underset{R}{|} \qquad \underset{R'}{|}$$

2）用 N，N′-二环己基碳化二亚胺活化羧基

N，N′-二环己基碳化二亚胺（DCC，N，N′-Dicyclohexylcarbodiimide）分子中有类似于烯酮的累积双键，中心碳很容易被亲核试剂进攻，与羧基反应时生成一个活泼的酰基化中间体，可迅速地与另一个氨基酸反应，形成肽键。例如：

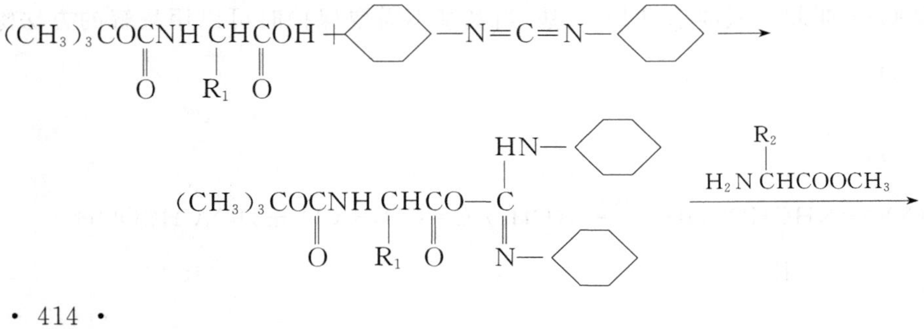

$$(CH_3)_3COCNH\ CHCOH + \langle\ \rangle-N=C=N-\langle\ \rangle \longrightarrow$$

$$(CH_3)_3COCNH\ CHCO-C \xrightarrow[H_2NCHCOOCH_3]{\overset{R_2}{|}}$$

414

$$\text{(CH}_3)_3\text{COC}-\underset{\underset{O}{|}}{NH}-\underset{\underset{R_1}{|}}{CH}-\underset{\underset{O^-}{|}}{C}-O-\underset{\underset{N}{||}}{C}-NH-\bigcirc \quad \xrightarrow[\text{② 消除}]{\text{① H}^+\text{迁移}}$$

（上方支链）$\overset{+}{N}H_2-\underset{\underset{R_2}{|}}{CH}COOCH_3$

$$\text{(CH}_3)_3\text{COC}\underset{\underset{O}{||}}{}NH\underset{\underset{R_1}{|}}{CH}C\underset{\underset{O}{||}}{}NH\underset{\underset{R_2}{|}}{CH}COOCH_3 + \bigcirc-NH-\underset{\underset{O}{||}}{C}-NH-\bigcirc$$

二肽　　　　　　　　　　　　　N，N′-二环己基脲

$$\xrightarrow[\triangle]{-H_2O}$$

$$\bigcirc-N=C=N-\bigcirc$$

DCC

生成的 N，N′-二环己基脲加热脱水，重新生成 DCC。这个反应的优点是中间体不需要分离出来，反应可以在常温下进行，产率很高。

（4）侧链基团的保护

不同的基团采用不同的保护方法，例如巯基很容易发生氧化还原反应。可用苯甲基将它保护起来，形成甲硫醚。

（5）去保护基得到多肽

以合成二肽甘氨酰丙氨酸为例：

$$H_2N\underset{\underset{H}{|}}{CH}COOH + C_6H_5CH_2O\underset{\underset{O}{||}}{CCl} \xrightarrow[25℃]{OH^-} C_6H_5CH_2O\underset{\underset{O}{||}}{CNHCH_2COOH} \xrightarrow[\text{② ClCOOC}_2H_5]{\text{① (C}_2H_5)_3N}$$

$$C_6H_5CH_2O\underset{\underset{O}{||}}{CNHCH_2}\underset{\underset{O}{||}}{COC}OOC_2H_5 \xrightarrow[-CO_2,-C_2H_5OH]{H_2N\underset{\underset{}{}}{CH}COOH \;(CH_3)}$$

$$C_6H_5CH_2O\underset{\underset{O}{||}}{CNHCH_2}\underset{\underset{O}{||}}{C}NH\underset{\underset{}{}}{CH}COOH \;(CH_3) \xrightarrow{H_2/Pt} H_2N\underset{\underset{}{}}{CH_2}\underset{\underset{O}{||}}{C}NH\underset{\underset{}{}}{CH}COOH \;(CH_3) + \bigcirc(CH_3) + CO_2$$

反复应用上述合成步骤，就可合成各种多肽。

上述合成肽的方法是在溶液中进行的，称为液相合成法。这种方法很费时费力，自 1962 年以来发展起来的固相合成法，改进了液相合成中重复的步骤。其基本原理与上述液相合成法基本相同，所不同的是反应在不溶性的高分子树脂表面进行。先将氨基酸一端接在高分子树脂的固体支持物上，再把设计的肽中的氨基酸，顺序地一个接一个地连上去，最后将合成的肽链从高分子支持物上解脱下来。合成过程可用下面的简式表示：

$$\text{+CH}_2\text{-CH+}_n + H_2N\text{-CHCOOH} \longrightarrow \text{+CH}_2\text{-CH+}_n \xrightarrow[\text{DCC}]{\overset{R_2}{\text{BOCNHCHCOOH}}}$$

（结构式：固体支持物 氯甲基代树脂，苯环上连 CH_2Cl；右侧 R_1，苯环上连 $H_2N\text{-CHCOCH}_2$，R_1、O）

固体支持物
氯甲基代树脂

$$\text{BOCNHCHCNHCHCOCH}_2 \xrightarrow{HCl,CH_3COOH} H_2NCHCNHCHCO\text{-}CH_2$$

（左侧 R_2、O、R_1、O，苯环连 $\text{+CH-CH}_2\text{+}_n$；右侧 R_2、O、R_1、O，苯环连 $\text{+CH-CH}_2\text{+}_n$）

$$\xrightarrow[\text{DCC}]{\overset{R_3}{\text{BOCNHCHCOOH}}} \text{BOCNHC HCNH C HCNH C HCOCH}_2$$

（R_3、O、R_2、O、R_1、O，苯环连 +CH-CH+_n，$\text{+CH-CH}_2\text{+}_n$）

$$\xrightarrow{HBr,CF_3COOH} H_2NC HCNH C HCNH C HC\text{-}OH +$$

（R_3、O、R_2、O、R_1、O；右侧苯环连 CH_2Br）

固体支持物氯甲基化树脂中苯氯甲基上的氯原子非常活泼,当它与氨基酸的水溶液混合时发生反应,生成氨基酸酰化树脂。第一个氨基酸被固定在树脂上,然后再和第二个氨基保护着的氨基酸在强的缩合剂 DCC 的溶液中反应,生成的氨基保护着的二肽固定在支持物上。脱去氨基的保护,再与第三个氨基保护着的氨基酸反应,可生成氨基保护着的三肽,周而复始,可合成所需要的多肽。最后用三氟醋酸和溴化氢处理,合成的肽从固体支持物上解脱下来。这种固相合成法较液相法简单易行,各步产物易于纯化。已用这一方法成功地合成了由 124 个氨基酸组成的核糖核酸酶,合成包括 369 个化学反应。11931 个自动步骤。全部过程均不要分离中间体,产物与天然酶的物理性质相同,并具有生理活性,总收率 17%,它意味着每步反应的平均收率高达 99%。

17. 3   蛋 白 质

17. 3. 1   蛋白质的分类、功能和组成

一般认为,分子量大于 10000 的多肽是蛋白质,但这种以分子量为唯一标准定义蛋白质

的方法并不完全合理,还应当考虑它们的功能和结构。

蛋白质有不同的分类方法。按溶解性可分为两大类:溶于水、酸、碱或盐溶液的球形蛋白质和不溶于水的纤维蛋白质。

按组成分为简单蛋白和结合蛋白。简单蛋白完全水解后只得到 α-氨基酸。结合蛋白由简单蛋白和非蛋白物质结合而成,例如糖蛋白由蛋白质与糖结合而成;脂蛋白由蛋白质与脂类结合而成;核蛋白由蛋白质与核酸结合而成;色蛋白由蛋白质与色素物质结合而成。

蛋白质是生命存在的物质基础之一,它在生物体内所起的作用是多种多样的,有很多功能还未被人类所认识,但总的说来,主要是两个方面,一方面起结构的作用,另一方面起调节作用,对于蛋白质的调节机理的研究还在不断深化之中。

蛋白质的化学组成元素是 C,H,O,N,S,有的还含有微量的 P,Fe 等元素。

17.3.2 蛋白质的结构

根据长期研究蛋白质的结果,证明蛋白质的结构非常复杂。不仅蛋白质的多肽链中氨基酸有一定的排列顺序,并且整个蛋白质分子在空间上也有一定的排布顺序。公认蛋白质存在着四级结构。

(1)一级结构

即多肽链中氨基酸组成和氨基酸排列顺序。例如1965年我国首先人工合成的具有生理活性的牛胰岛素,它的一级结构可表示为:

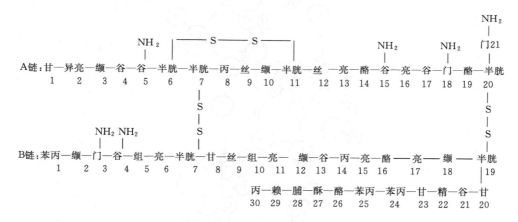

在一级结构中,肽键是主要连接键,多肽链是一级结构的主体。

(2)二级结构

指多肽链在空间的折叠方式。多肽链在空间的折叠方式不是任意的。由于氢键的存在,空间效应的影响,使多肽链在空间形成一定的排布形式。蛋白质的二级结构形式主要有:α-螺旋、β-折叠。其中氢键在维持二级结构中起着重要的作用。

1)α-螺旋结构

x-衍射法测定证明,蛋白质的多肽链中有一种右螺旋形构象,又叫 α-螺旋,和一般所谓正扣螺丝钉的旋转方向一样,如图17-1所示。

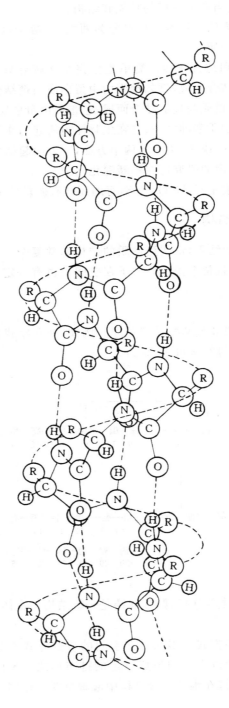

图 17-1　蛋白质的 α-螺旋结构

α-螺旋链的骨干结构为锯齿形肽链，链中的 C=O 和 NH 在同一平面内，但分布在锯齿链的两侧。链中多肽原子间的键长、键角都是一定的：

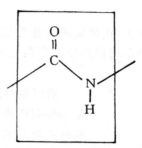

碳氮之间的键长（0.132nm）比一般的 C-N 单键的键长（0.147nm）短。羧基的 π 电子和氮原子的孤对电子发生一定程度的离域，因此碳与氮之间具有某种程度的双键性质。碳氮键不能自由旋转，但是与羧基碳和氮相连的其它基团可以旋转，因此，整个肽链可以绕成螺旋或锯齿形。其中大的基团伸向外面的空间。

在 α-螺旋结构中氨基酸残基以 100° 的角度围绕螺旋轴心盘旋上升，邻近两个氨基酸残基之间的轴心距为0.15nm，每隔 3.6 个氨基酸残基螺旋上升一圈，螺旋沿中心轴每上升一圈相当于向上平移约 0.54nm。相邻的螺圈之间形成链内氢键，氢键的取向几乎与中心轴平行。氢键是由肽键中氮原子上的氢和在它后面第四个氨基酸残基的羧基氧之间形成的。α-螺旋体的结构允许所有的肽键都能参与链内氢键的形成，因此，α-螺旋体的构象是稳定的构象。

2）β-折叠结构

并不是所有的蛋白质中的肽链都形成 α-螺旋，另一种构象是 β-折叠结构，如图 17-2 所示。β-折叠也是较稳定的构象。

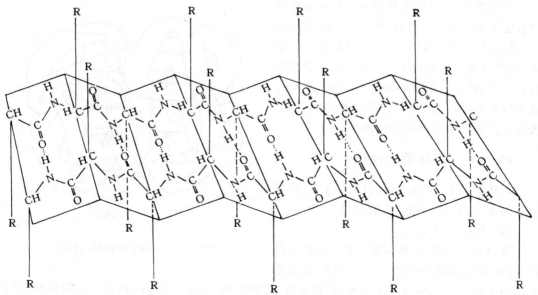

图 17-2　β-角蛋白的折叠结构

在 α-螺旋中，α-氨基酸中的残基由于肽链的盘旋而靠近了，当残基足够大时，空间阻碍有可能打乱规则的 α-螺旋结构而使肽链趋向伸直，邻近两条链或一条肽链内的两段之间，由于氢键而平行排列成片状的 β-折叠结构。

（3）三级结构

蛋白质在二级结构单元的基础上，由螺旋或折叠的肽链再按一定空间取向盘绕交联成一定的形状称为三级结构。有些简单的蛋白质具有典型的三级结构，如肌红蛋白的三级结构，见图 17-3。

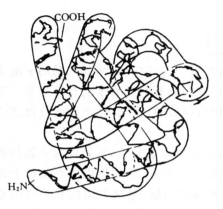

图 17-3　肌红蛋白的三级结构

肌红蛋白由 153 个氨基酸组成肽链，大部分是 α-螺旋构象，但有 8 处中断。这 8 处非螺旋区域有 4 处是由于存在着脯氨酸，其它 4 处中断的原因尚不清楚。在肽链中除了与血红素联系的两个组氨酸外，疏水性较强的侧链全在分子内部，有排斥水和极性分子进入的作用。亲水性强的侧链全部露在外边，因此肌红蛋白是亲水的。

多肽链经卷曲折叠成三级结构，使分子表面形成了某些具有生物功能的特定区域，如酶的活性中心等等。

（4）四级结构

许多蛋白质是由若干个简单的蛋白质分子或多肽链组成的。这些具有三级结构的简单蛋白质或多肽称为亚基，亚基间按一定方式缔合起来叫做蛋白质的四级结构。结合蛋白质的四级结构包括亚基与非蛋白部分的空间排布。例如马血红蛋白的四级结构是由 4 个亚基构成的，每一个亚基由一条螺旋链和一个血红素构成，如图 17-4 所示。

蛋白质的结构复杂而精密，其功能和结构有密切的关系。蛋白质的一、二级结构是三、四级结构的基础。一、二级结构一旦破坏，就像普通的有机分子一样，失去它原有的性质。三、四级结构对环境条件敏感，热、酸、碱溶液等条件都会引起三、四级结构的变化，因此也严重影响蛋白质的功能。

17.3.3　蛋白质的性质

虽然蛋白质多种多样，但由于它们都是由 α-氨基酸组成的，因此具有共性。

（1）两性和等电点

蛋白质与氨基酸和多肽一样，也具有两性，与酸和碱都能生成盐。在一定酸性强度

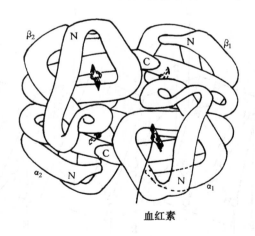

图 17-4　马血红蛋白的四级结

的溶液中蛋白质得到质子带正电荷；在碱性溶液中带负电荷。在 pH 值为一定数值时，蛋白质的净电荷为零，这时在电场中不移动。此时的 pH 值是该蛋白质的等电点（pI）。蛋白

在等电点时最容易沉淀。蛋白质分子的电离可以表示如下：

$$H_3\overset{+}{N}-\boxed{P}-COOH \underset{+H^+}{\overset{-H^+}{\rightleftharpoons}} H_3\overset{+}{N}-\boxed{P}-COO^- \underset{+H^+}{\overset{-H^+}{\rightleftharpoons}} H_2N-\boxed{P}-COO^-$$

正离子	偶极离子	负离子
pH<pI	pH=pI	pH>pI

式中 $\boxed{}$ 为不包括链端氨基与羧基在内的蛋白质分子。

利用蛋白质是两性物质和等电点不同，可以将不同的蛋白质彼此分离开。

（2）胶体性质

蛋白质的分子量一般在 10000 以上，是大分子有机物。蛋白质分子内含有大量的亲水基团如—NH_2，—COOH，—OH 等，所以多数蛋白质能溶于水形成胶体溶液，不能透过半透膜。

（3）变性作用

结构决定蛋白质的性质。蛋白质有一、二、三、四级结构。一、二级结构决定分子中各原子和基团之间的联接顺序。三、四级结构决定分子中各原子相对的空间排布。

蛋白质在加热、干燥、高压、激烈搅拌或振荡、光（x 射线、紫外线）等物理因素或酸、碱、有机溶剂、尿素、重金属盐、三氯乙酸等化学因素的影响下，分子内部原有的高度规则的结构因氢键和其它次级键破坏而变成不规则的排列方式，原有的性质也随之发生变化，这种作用叫变性作用。变性作用有两种，可逆变性和不可逆变性。如果变性不超过一定限度，蛋白质结构变化不大，一般只影响到四级结构或三级结构。在适当的条件下，蛋白质的三、四级结构还能自行恢复，同时恢复其功能，这种变性称为可逆变性。一般，变性的最初阶段是可逆的。一旦外界条件变化超过一定限度，蛋白质的二级结构，甚至蛋白质中化学键发生了变化，蛋白质的性质及其功能随之变化且不能恢复，这种变性叫不可逆变性。例如鸡蛋加热变熟后再也不能恢复成原来生鸡蛋的状态了，这种变性是不可逆的。

变性蛋白的特性是溶解度降低，粘度加大，生物活性丧失等。这些都可以通过变性理论得到解释。变性蛋白溶解度的降低是由于蛋白质二、三级结构的连接键，特别是氢键断裂，原来规整的空间构型被破坏，结构变得松散，使藏于内部的疏水基团暴露在外面，降低了蛋白质的水化作用，所以使蛋白质的水溶性减小。粘度增大是由于分子表面积增大。丧失生物活性是由于二级以上的空间结构被破坏，丧失了产生生物活性的物质基础。

蛋白质变性后所得的变性蛋白质分子互相凝聚或相互穿插缠结在一起的现象称为蛋白质的凝固。

了解蛋白质的变性和凝固机理对工业生产、科学实验以及医疗临床有重要的指导意义。活细胞的蛋白质如果变性和凝固，就意味着死亡。在提取具有生物活性的大分子如酶制剂，激素、抗血清及疫苗时就要选择防止变性的工艺条件（低温、合适的 pH 值和溶剂等），以保存其生物活性。相反，如果要从溶液中除去不需要的蛋白质，就可以利用变性的方法将其除去。临床上消毒常采用高温、紫外光照射和化学品消毒，这些方法都可以使病菌的蛋白质变性而死亡，起到消毒的作用。

（4）水解反应

蛋白质中氨基酸之间的肽键，和一般的酰胺键一样，可以在酸或碱性条件下水解而断裂，也可以在水解酶的作用下水解。根据不同的条件，蛋白质水解可经过一系列中间产物，

最后产生 α-氨基酸：

　　蛋白质→多肽→小肽→二肽→α-氨基酸

　　酸水解破坏其中的色氨酸，碱水解破坏其中的苏氨酸、半胱氨酸、丝氨酸和精氨酸。酶水解比较安全，且可在常温条件下进行。

　　（5）显色反应

　　蛋白质分子中含有酰胺键和不同的氨基酸残基，因此能与不同的试剂产生特有的显色反应。这些反应有的可用于蛋白质的定性鉴定和定量分析，例如，双缩脲反应，Millon 反应，黄色反应等。有的可作为蛋白质是否完全水解的检定实验，例如双缩脲反应等。表 17-2 列出其中最重要的几个反应。

表 17-2　蛋白质的颜色反应

反应名称	试　　剂	颜　　色	反应有关基团	有此反应的蛋白质或氨基酸
双缩脲反应	氢氧化钠及少量稀硫酸铜溶液	紫色或粉红色	2 个以上的肽键	所有蛋白质皆有此反应
Millon 反应	Millon 试剂（$HgNO_3$，$Hg(NO_3)_2$ 和 HNO_3 混合物）共热	红　色	酚　基	酪氨酸
黄色反应	浓硝酸和氨	黄色，橘色	苯　基	酪氨酸，苯丙氨酸
茚三酮反应	茚三酮	蓝　色	氨基及羧基	α-氨基酸

17.4　核　　酸

　　核酸是由戊糖（D-（－）-核糖或 D-（－）-2-脱氧核糖）与杂环碱及磷酸形成的大分子化合物，是生命中非常重要的生物大分子。

　　核酸和蛋白质以结合蛋白质的形式存在于细胞核之内。

　　核酸在适当酶或弱碱的作用下水解成核苷酸，进一步水解成核苷和磷酸。在无机酸作用下完全水解成戊糖、杂环碱和磷酸：

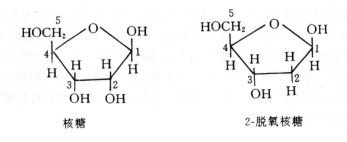

核糖　　　　　　　　　　2-脱氧核糖

戊糖：

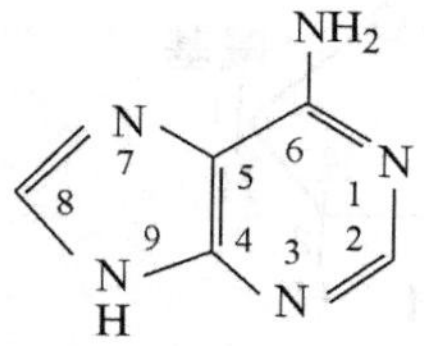

NH$_2$

腺嘌呤

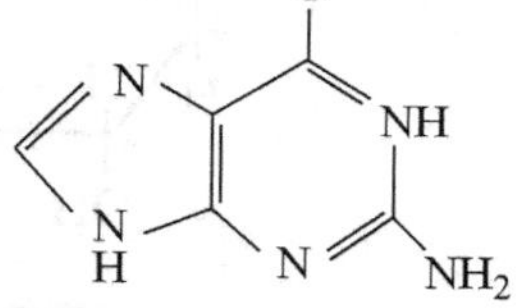

鸟嘌呤

杂环碱：

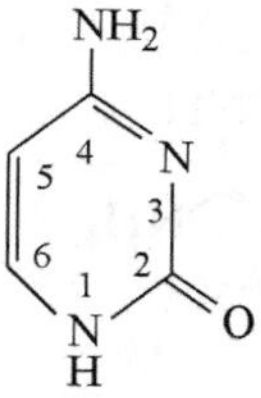

胞嘧啶

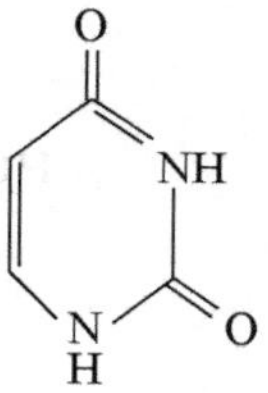

尿嘧啶

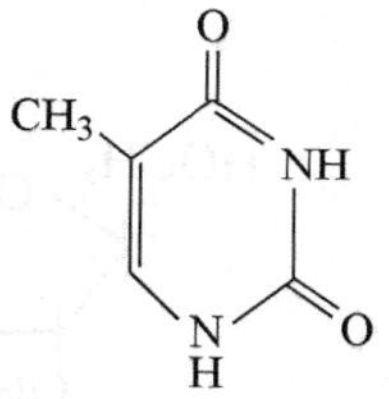

胸腺嘧啶

各种各样的核酸就是由磷酸、戊糖、杂环碱按一定的排列次序和一定的空间排布形成的。

按水解后得到的戊糖不同,核酸分为两类:核糖核酸(RNA)是水解后得到核糖的核酸;脱氧核糖核酸(DNA)是水解得到脱氧核糖的核酸。RNA 与 DNA 在组分上的区别见表17-3。

表 17-3　RNA 与 DNA 在组分上的区别

RNA	DNA
磷　酸	磷　酸
D-核糖	D-2-脱氧核糖
腺嘌呤	腺嘌呤
鸟嘌呤	鸟嘌呤
胞嘧啶	胞嘧啶
尿嘧啶	胸腺嘧啶

杂环碱与核糖或 2-脱氧核糖的 1 位以 β-苷键的形式结合形成苷。核苷也有两种,即核糖核苷和 2-脱氧核糖核苷：

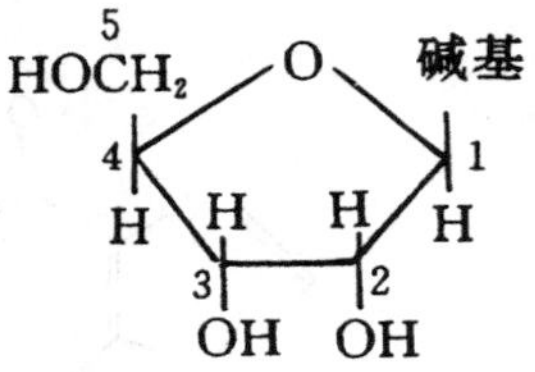

核糖核苷

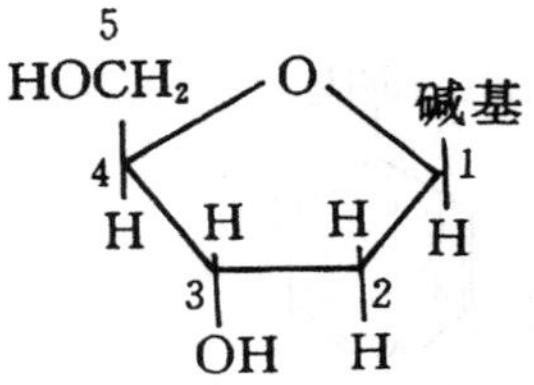

2-脱氧核糖核苷

RNA 水解只产生 4 种核苷，它们是：

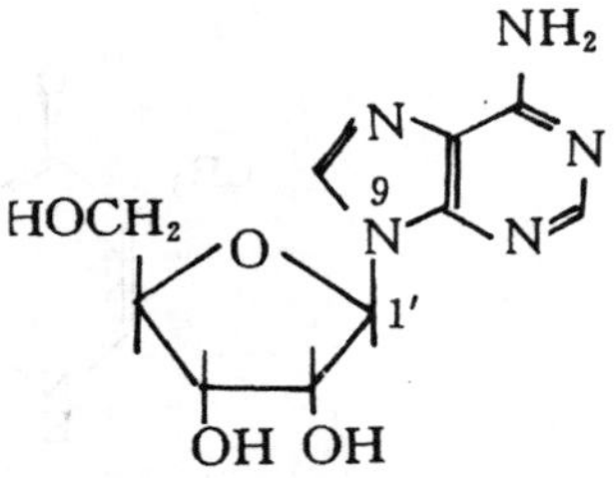

腺嘌呤核苷

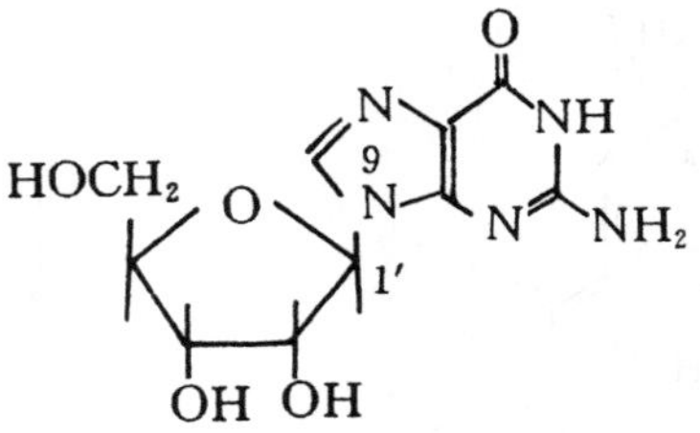

鸟嘌呤核苷

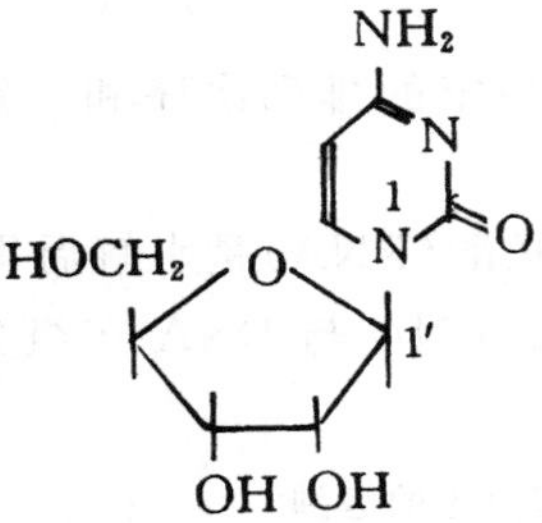

胞嘧啶核苷

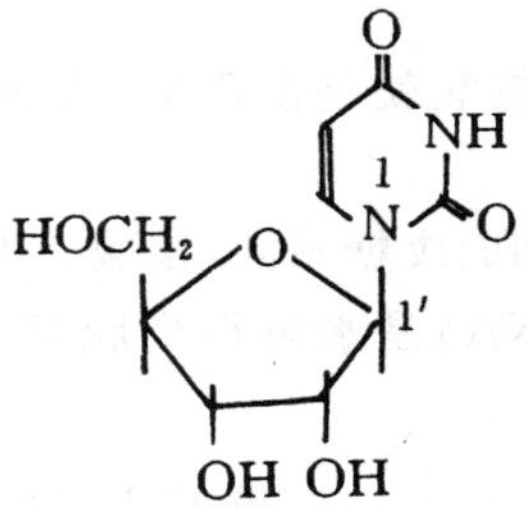

尿嘧啶核苷

DNA 水解产生另外 4 种核苷，它们是：

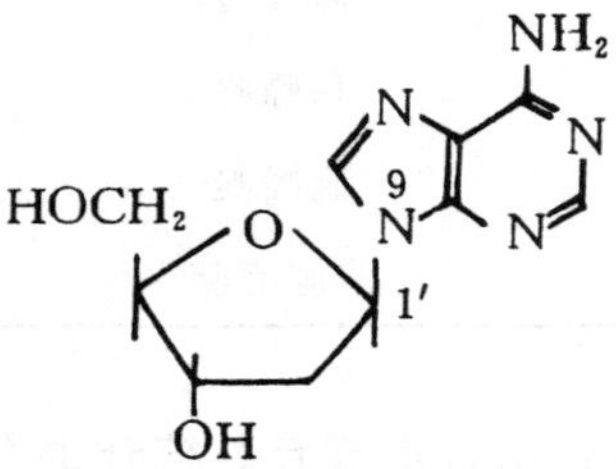

腺嘌呤脱氧核苷

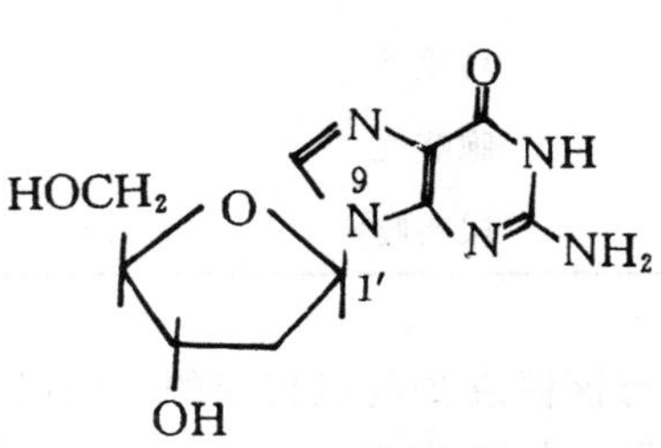

鸟嘌呤脱氧核苷

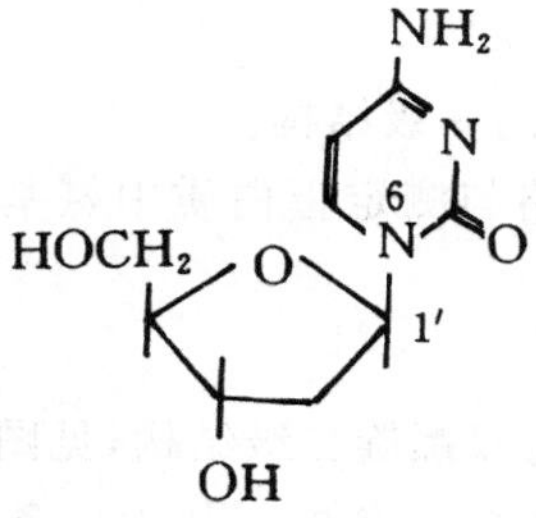

胞嘧啶脱氧核苷 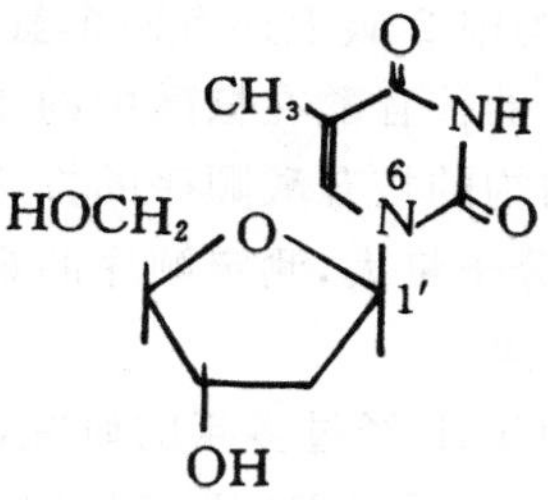　　　　　　　　　胸腺嘧啶脱氧核苷

核苷中糖的 5 位羟基与磷酸所形成的酯叫核苷酸。核苷酸有 8 种,其中两种是:

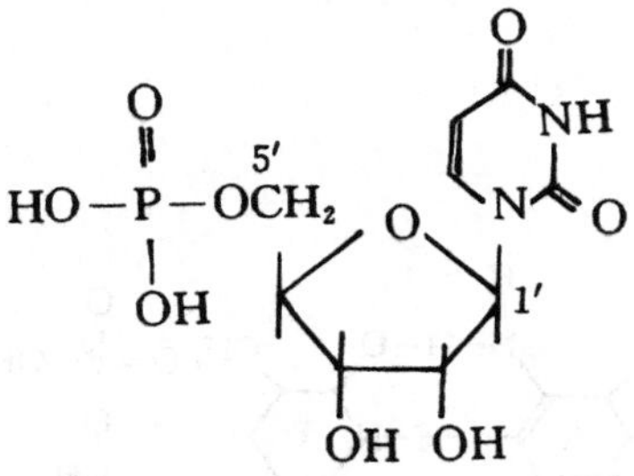

尿嘧啶核苷酸 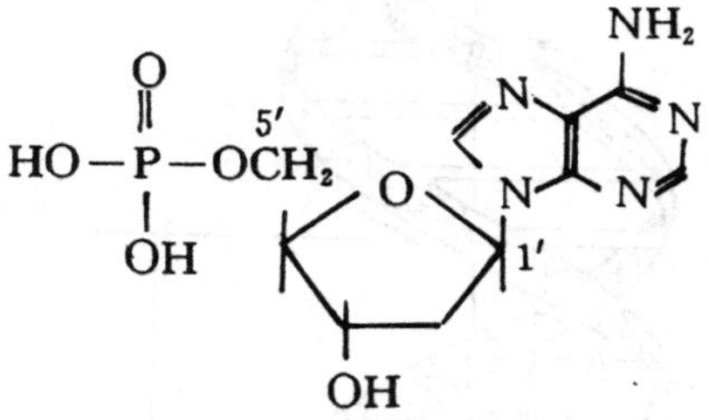　　　　　　　　　　腺嘌呤脱氧核苷酸

17.4.1　核酸的结构

（1）一级结构

多个核苷酸之间通过核苷酸的核糖（或脱氧核糖）5′位上的磷酸与另一个核苷酸的核糖（或脱氧核糖）的 3′ 位上的羟基形成磷酸二酯键的高分子化合物叫核酸。它们的结构如下:

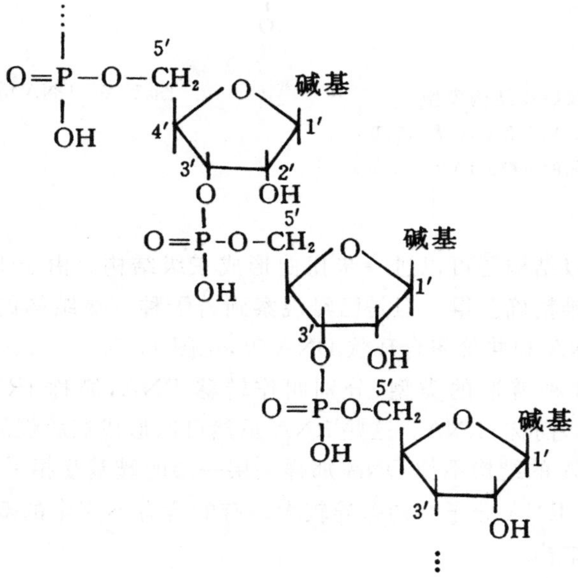

DNA 的结构中 2′ 碳上连有两个氢。

含不同碱基的核苷酸在核酸中的排布顺序是核酸的一级结构。

测定一级结构的核苷酸顺序的方法和步骤，其思路与测定蛋白质中氨基酸顺序大致相同，但由于核酸分子量大，测定顺序的难度要大得多。

（2）二级结构

Watson 和 Crick 经过多年的研究，提出了 DNA 的双螺旋二级结构，见图 17-5。这种双螺旋的二级结构中，两条 DNA 链反向平行沿着一个轴向右盘旋。其中一条脱氧核糖核酸链上的碱基与另一条链上的碱基之间，通过氢键相互连结。嘌呤碱和嘧啶碱两两成对；腺嘌呤（A）与胸腺嘧啶（T）配对形成氢键；鸟嘌呤（G）与胞嘧啶（C）配对形成氢键，见图 17-6。

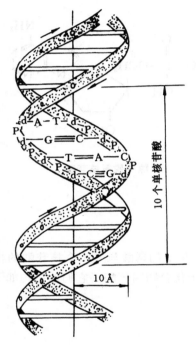

图 17-5　DNA 的双螺旋结构模型

（d 表示糖基；P 表示磷酸基；A,T 和 G,C 表示碱基，其间虚线表示对应的碱基之间的氢键。1Å＝10⁻¹⁰m）

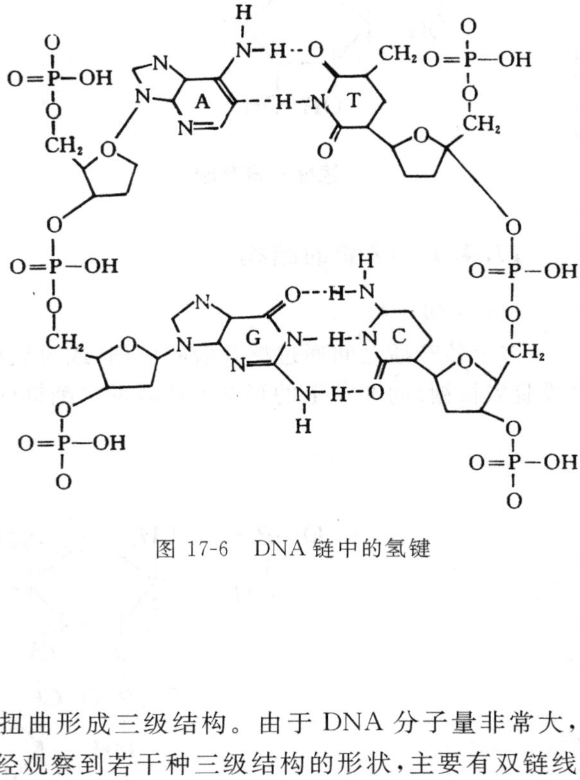

图 17-6　DNA 链中的氢键

这种双螺旋的二级结构还可以进一步扭曲形成三级结构。由于 DNA 分子量非常大，其结构的确切情况很难精确获得。但是已经观察到若干种三级结构的形状，主要有双链线状 DNA、双链环状 DNA 和共价闭合环状 DNA 等，见图 17-7。

RNA 实际上有 3 种普遍的类型，分别叫作转移 RNA，简称 tRNA；信使 RNA 简称 mRNA 和核糖体 RNA，简称 rRNA。这些 RNA 虽然可以形成双股螺旋，但由于核糖 2 位上羟基的原因，使得 RNA 的结构不像 DNA 那样一层一层的碱基互相平行，使碱基配对出现。X 射线分析证明，各种 RNA 分子结构差异较大。有的含有不完全的双股螺旋结构，有的仅仅是单链的螺旋盘绕结构。

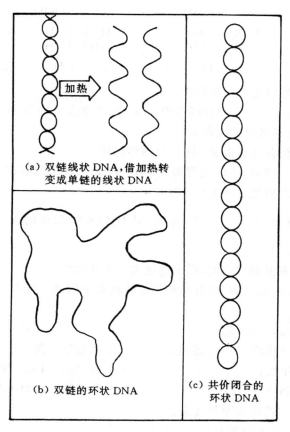

（a）双链线状 DNA,借加热转
变成单链的线状 DNA

（b）双链的环状 DNA

（c）共价闭合的
环状 DNA

图 17-7　各种可能有的 DNA 二级结构

17.4.2　核酸的生物功能

DNA 在有机体内控制着遗传,它的作用有两个方面:一方面,DNA 可以在细胞内合成和原来相同的 DNA,即新合成的 DNA 与原来细胞内的 DNA 中核苷酸种类和顺序完全相同,因此新的 DNA 与原来的 DNA 有相同的功能,并把这种功能再遗传给一代;另一方面是作为模板将遗传信息转录成 mRNA。tRNA 和 rRNA 也是从 DNA 转录下来的。

mRNA 实际上是 DNA 的某个部分的副本,它才是合成蛋白质的模板。当不需要合成蛋白质时,这个模板即分解。tRNA 的作用是识别氨基酸和遗传密码,并将氨基酸转运到合成蛋白质的"工厂"核糖体,按照 mRNA 的密码顺序将氨基酸依次排列成肽链。rRNA 是核糖体的主要部分,是翻译工作的场所。新的蛋白质在核糖体上诞生。

习　题

17.1　用 R-S 标记法给出下列两个 α-氨基酸的系统名称:

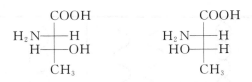

17.2 指出谷氨酸的主要存在形式：

(1)在强酸溶液中；(2)在强碱溶液中；(3)在等电点 $pI＝3.2$；(4)为什么谷氨酰胺的等电点($pI＝5.7$)比谷氨酸的大得多？

17.3 写出下列化合物在指定 pH 值时的结构式：

(1)缬氨酸在 pH＝8 时；(2)丝氨酸在 pH＝1 时；(3)赖氨酸在 pH＝10 时；(4)谷氨酸在 pH＝3 时；(5)色氨酸在 pH＝12 时。

17.4 试写出 O_2N—⟨苯环⟩—F 与 H_2NCH_2COOH 反应的机理,推测 2,4-二硝基苯和 2,4-二硝基氟苯与氨基酸反应时,哪个速度大？ 为什么？

17.5 试问脯氨酸、苏氨酸、色氨酸和羟基脯氨酸中哪些不能与亚硝酸和茚三酮反应,为什么？

17.6 写出下列反应的产物：

(1)天门冬氨酸＋热的 NaOH 溶液； (2)酪氨酸＋溴水；

(3)脯氨酸＋碘甲烷； (4)谷氨酸＋1mol NaOH；

(5)丙氨酸＋$NaNO_2$＋HCl； (6)甘氨酸＋C_2H_5OH＋H^+。

17.7 用丙二酸二乙酯为原料合成：

(1)异亮氨酸；(2)苯丙氨酸。

17.8 某十肽水解时生成：缬·半胱·甘;甘·苯丙·苯丙;谷·精·甘;酪·亮·缬;甘·谷·精。试写出其氨基酸顺序。

17.9 由甘氨酸与缬氨酸缩合,能够形成几种二肽？ 写出其结构式和名称,并用缩写符号表示其名称。

17.10 写出用 2,4-二硝基氟苯鉴定缬·丙·甘三肽 N-端的反应式。

17.11 用 BOC-作保护基合成甘·丙·苯丙。

17.12 合成含有赖氨酸的多肽时,需要对两个氨基进行保护,用 Z-作保护基,合成赖·异亮。

17.13 血管舒缓激肽是一个九肽,由下列氨基酸组成:2个精氨酸,1个甘氨酸,2个苯丙氨酸,3个脯氨酸和1个丝氨酸。应用 2,4-二硝基氟苯和羧肽酶水解,发现两个末端残基都是精氨酸;血管舒缓激肽部分酸性水解时,得到下列的二肽和三肽：

苯-丝＋脯-甘苯＋脯-脯＋丝-脯苯＋苯-精＋精-脯,

写出血管舒缓激肽中氨基酸的结合顺序。

部分习题的参考答案或提示

1.6 lewis 酸：Li^+，H_3O^+，$AlCl_3$，BF_3，NO_2^+；

    lewis 碱：$C_6H_5O^-$，$\overset{..}{N}H_3$，$C_2H_5\overset{..}{O}C_2H_5$；

    lewis 酸碱配合物（加合物）：CH_3COOH，CH_3OH。

1.8 (1) NO_2^+；(2) $^+SO_3H$；(3) Cl^+；(4) BF_3。

1.9 受色散力约束：$H_2C{=}CH_2$，CH_3CH_3；

    受偶极-偶极作用力：CH_3Cl，$H_2C{=}O$；

    受氢键力：CH_3OH，$HCOOH$，CH_3NH_2。

1.11 (1) $CH_3CH_2NH_2$，CH_3NHCH_3；

     (2) $CH_3CH_2CH_2CH_3$，$CH_3{-}\underset{\underset{CH_3}{|}}{CH}{-}CH_3$；

     (3) $CH_3CH_2CH_2Cl$，$CH_3\underset{\underset{Cl}{|}}{CH}CH_3$；

     (4) $CH_3\overset{\overset{O}{\|}}{CH}$。

1.12 实验式为：$C_6H_{14}O$。

1.13 (1) 百分组成：85.8%C，14.3%H；

     (2) 实验式：CH_2；

     (3) 分子式：C_6H_{12}。

1.14 甲基橙的实验式为：$C_{14}H_{14}O_3N_3SNa$。

2.4 各有两种较稳定构象，邻位交叉式和对位交叉式，对位交叉式含量最高。

2.5 (1)   (2)

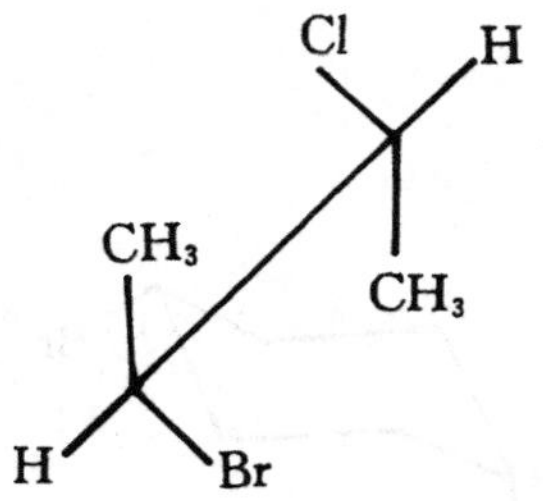

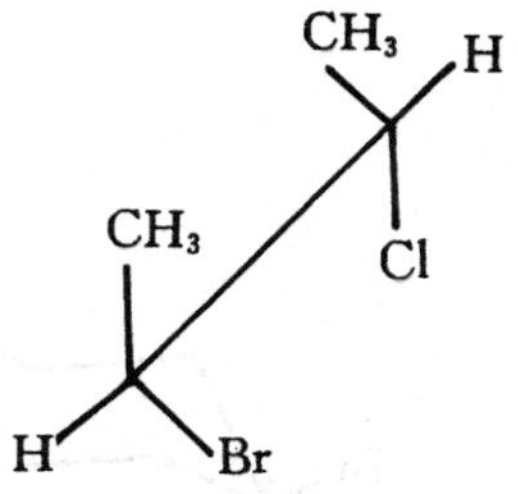

（3）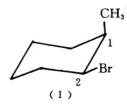　　（4）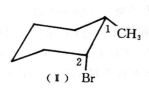

2.6　（1）顺式：

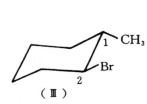

反式：

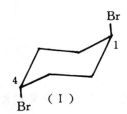 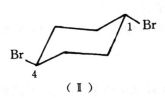

其中（Ⅲ）式最稳定

（2）反式：

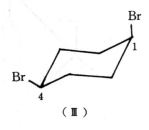 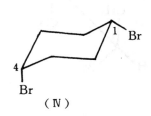

顺式：

其中(Ⅱ)式最稳定。

2.7 （1）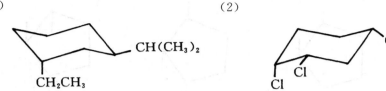 （2）

2.8 反式 1,2-二溴环己烷的 ee 型构象中虽然范德华力小,但存在偶极-偶极的排斥力,使 ee 构象稳定性减小。在极性溶剂中,溴原子间的偶极-偶极斥力减小,故 ee 构象增加。

2.10 （1）共 3 种；（2）共 5 种；（3）共 5 种；（4）1 种。

2.12 （1）

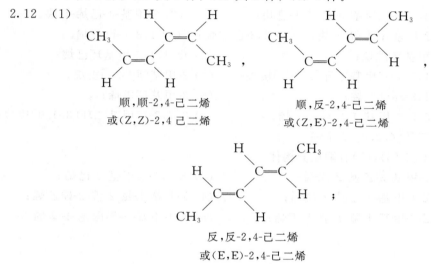

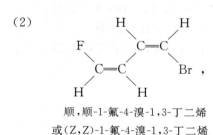

（2）

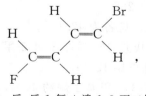

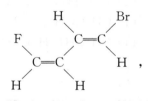

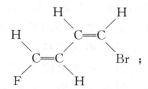

（3）

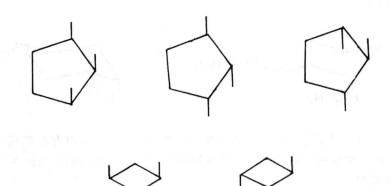

（4）

2.17 （1）3,5,5-三甲基-3-乙基-1-己炔；　　　　　（2）3-甲基-4-己烯-1-炔；

（3）2-甲基-1-戊烯-4-炔；　（4）2,3-己二烯；　（5）1,3,5-己三烯。

2.18 （1）甲基环戊烷；　　　　　　　　　（2）反-1,4-二甲基环己烷；

（3）1,7,7-三甲基二环[2.2.1]庚烷；　（4）2-甲基螺[3.5]壬烷；

（5）1,3-环己二烯；　　　　　　　　　（6）3-甲基环戊烯；

（7）5,5-二甲基-1,3-环戊二烯；　　　（8）3,7,7-三甲基二环[3.1.0]庚烷；

（9）二环[4.2.0]-2-辛烯。

2.20 （3），（4），（6），（7）有顺反异构体。

2.21 （1）2-甲基-3-乙基-2-戊烯；　　　　　　（2）E-3,4-二甲基-3-己烯；

（3）Z-4-甲基-3-乙基-2-戊烯；　　　　（4）Z-1-氟-1-氯-2-溴-2-碘乙烯；

（5）Z-2-甲基-1-氟-1-氯-1-丁烯；　　　（6）E-4-甲基-5-异丙基-4-辛烯。

3.4 （1）1个信号；　（2）2个信号；　（3）1个信号；　（4）3个信号。

3.5 （1）CH_3OCH_3；　（2）$CH_3CCl_2CH_3$；　（3）CH_3COCH_3。

3.7 （1）CH_3CHICH_3；　（2）CH_3CHBr_2；　（3）$ClCH_2CH_2CH_2Cl$。

4.2

$$\begin{array}{l} CH_4 \\ CH_3CH_3 \end{array} +Cl_2 \longrightarrow \begin{array}{ll} CH_3Cl & 1 \\ CH_3CH_2Cl & 400 \end{array}$$

甲烷中 H：乙烷中 H＝1/4：400/6＝1：267

4.4 （1）1-氯己烷为 15.8%,2-氯己烷和3-氯己烷各为 42.1%。

（2）1-氯-2-甲基戊烷 20%，2-氯-2-甲基戊烷 16.7%，3-氯-2-甲基戊烷 26.7%，

4-氯-2-甲基戊烷 26.7%,1-氯-4-甲基戊烷 10%；

（3）1-氯-3,3-二甲基丁烷约 15%,2-氯-3,3-二甲基丁烷约 40%,1-氯-2,2-二甲基

丁烷约 45%。

4.5 （1）因为 Cl—Cl 键能最低；

（2）因为 Cl·＋CH_4 ⟶CH_3Cl＋H·　　ΔH＝＋76.5kJ/mol 为吸热反应,活化

能也高。

4.6 因为 3°自由基稳定性＞2°自由基＞1°自由基。

4.7 (1) $ClCH_2CH_2CH_2Cl$；　　(2) 　；

(3) 没有反应；　　　　　(4) 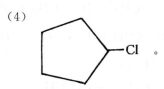　。

(5) $CH_3CH_2CH_2I$；　　　(6) $CH_3CH_2CH_2CH_3$；

(7) 没有反应；　　　　　(8) $HOOC(CH_2)_4COOH$。

4.8 (1) A→C 是放热反应；　(2) A→B 之间的过渡态是决定反应速度的；

(3) (2)是正确的；　　　　(4) C 是最稳定的化合物。

5.1 ① $C=C\overset{H}{}$ 的伸缩振动吸收峰；　② $-\overset{|}{\underset{|}{C}}-H$ 的伸缩振动吸收峰；

③ 共轭双键的伸缩振动吸收峰；　④ CH_2 弯曲振动吸收峰；

⑤ CH_3 弯曲振动吸收峰；　⑥ $C=C\overset{H}{\underset{H}{}}$ 面外弯曲振动吸收峰。

5.2 上图为顺式。① 为 $=C\overset{H}{}$ 伸缩振动；② 为 $C=C$ 伸缩振动；③ $=C\overset{H}{}$ 面外摇摆振动。下图为反式。① 为 $C=C-H$ 伸缩振动；② 为 $=C-H$ 面外摇摆振动。

5.3 图 5-16 为 2-甲基-2-戊烯；　图 5-17 为 2,3,4-三甲基-2-戊烯。

5.5 图 5-18 $R_2C=CH_2$ ；图 5-19 $\underset{H \quad\quad H}{R_1C=CR_2}$ 。

5.6 为 $(CH_3)_3CCH_2\underset{CH_3}{C}=CH_2$ 。

5.10 (1) 用 $Ag(NH_3)_2^+$, Br_2-CCl_4；　(2) 用 $Cu(NH_3)_2^+$, Br_2-CCl_4；

(3) 用顺丁烯二酸酐，$Ag(NH_3)_2^+$ 。

5.14 因为中间体 $CH_3-\overset{+}{\underset{|}{C}}-CH=CH_2$（$CH_3$） 比 $CH_2=\overset{+}{C}-\overset{+}{CH}-CH_3$（$CH_3$） 稳定。

5.18 因为体系中有大量水,而 Cl^- 的浓度很低。

5.21 甲：$CH_3CH_2≡CH$； 乙：$\underset{|}{CH_2}=CH$（$CH_2=CH$）； 丙：$CH_2=CH-CH=CH_2$ 。

5.23 A 为 $CH_3CH_2C≡CH$； B 为 $CH_2=CH-CH=CH_2$ 。

5.24 （1） $CH_3CH_2\overset{|}{\underset{|}{C}}=\overset{|}{\underset{|}{C}}CH_2CH_3$（$CH_3\ CH_3$）； （2） $CH_3-$$-CH_3$

（3） $(CH_3)_3C-\underset{\underset{CH_3}{|}}{CH}=CH-CH_2CH_3$ ；

（4）（a）为 $CH_3CH_2CH_2CH=CH_2$ ，（b）为 $CH_3CH=CHCH_2CH_2CH=CH_2$ ，

（c）为

5.25 该二烯烃为： $CH_3CH=CHCH=CHCH_3$ 。

5.26 该烃为

![structure](bicyclic alkene)

5.27 （1）C_7H_{12} 为： $CH_3\underset{\underset{CH_3}{|}}{CH}C≡CCH_2CH_3$； （2）$C_8H_{12}$ 为：

![cyclooctene structure]

（3）C_7H_{12} 为： $CH_3CH_2CH_2CH_2CH_2C≡CH$。

5.30 在 $CH_2=CHCH_2C≡CH$ 中亲电加成双键比叁键活泼，而在 $CH_2=CH-C≡CH$ 中发生了共轭加成。

6.5 （1） 反式 $=C-H$ 面外弯曲振动在 $970cm^{-1}$ 有吸收，顺式 $=C-H$ 面外弯曲振动在 $670cm^{-1}$ 有吸收；

（2）利用累积双键和孤立双键伸缩振动吸收峰的位置不同；

（3）利用末端炔氢特征吸收加以区别；

（4）饱和烃 $3000cm^{-1}$ 以上无吸收，$=C-H$ 在 $3085—3025cm^{-1}$ 处有吸收；

(5) 同(4)。

6.6　图 6-14 为 $CH_3-\langle\!\!\bigcirc\!\!\rangle-CH(CH_3)_2$ ；图 6-15 为 $\langle\!\!\bigcirc\!\!\rangle-C(CH_3)_3$ ；图6-16

为 $\langle\!\!\bigcirc\!\!\rangle-CH_2CH(CH_3)_2$ 。

6.7　A 为间-二乙苯,B 为对-二乙苯,C 为邻-二乙苯。

6.12　碳正离子有重排。

6.13　主要由于空间效应。

6.15　A：$\langle\!\!\bigcirc\!\!\rangle-C(CH_3)_2CH_2CH_3$　　　　B：$\langle\!\!\bigcirc\!\!\rangle-CH_2-\langle\!\!\bigcirc\!\!\rangle$

C：$O_2N-\langle\!\!\bigcirc\!\!\rangle-\langle\!\!\bigcirc\!\!\rangle-NO_2$　　D：$O_2N-\langle\!\!\bigcirc\!\!\rangle-\langle\!\!\bigcirc\!\!\rangle$

E：$\langle\!\!\bigcirc\!\!\rangle-\overset{\overset{\displaystyle O}{\|}}{C}-NH-\langle\!\!\bigcirc\!\!\rangle-CH_2Cl$　　F：$\langle\!\!\bigcirc\!\!\rangle-COOH$

G：$\langle\!\!\bigcirc\!\!\rangle-C(CH_3)_3$　　　　　　H：$CH_3CH_2-\langle\!\!\bigcirc\!\!\rangle-C(CH_3)_3$

I：$HOOC-\langle\!\!\bigcirc\!\!\rangle-C(CH_3)_3$　　　　J：$\langle\!\!\bigcirc\!\!\rangle-CHO$

K：$\langle\!\!\bigcirc\!\!\rangle$　　　　　　　　　L：$\langle\!\!\bigcirc\!\!\rangle\overset{-COOH}{\underset{-COOH}{}}$

M：$\langle\!\!\bigcirc\!\!\rangle-COCH_2CH_2COOH$

6.16　(I) 对,其余各步均错。

6.17　可先酰基化,再用 Clemmenson 还原。

6.19　(1) 苯乙酰化；　(2) 甲苯氧化,再溴化；　(3) 苯先磺化,再溴化；

(4) 苯先溴化,再磺化；　(5) 苯先溴化,再硝化；　(6) 甲苯先硝化,再溴化；

(7) (6)的产物氧化；　(8) 甲苯先溴化,再氧化,最后硝化；

(9) 对二甲苯先硝化,再氧化；　(10) 间二甲苯先硝化,再氧化；

(11) 间二甲苯先氧化,再硝化；　(12) 甲苯先 α-H 氯代,再与苯发生烷基化。

6.20　甲为正丙苯或异丙苯；乙为对甲乙苯；丙为均三甲苯。

6.21　A 为乙苯。

6.23　甲苯先酰基化,再硝化。

6.24　A 为 $C_6H_5CH_2CH=CHCH_2C_6H_5$ 。

6.25　A 为　　　　　　　B 为　　　　　　　　或

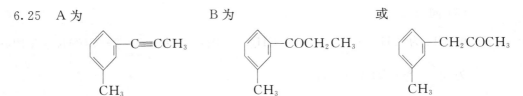

6.26　(1),(3),(5),(6)有芳香性；(2),(4)无芳香性。

7.2　醇有 4 种,醚有 3 种。

7.3　(2) E-2-壬烯-5-醇；　(3) E-1-氯-1-丁烯；　(4) Z-1-氯-2,4-二甲基-2-戊烯；

　　(7) 1-(对氯苯基)-2-丙醇；　(8) 4-甲基-1-萘甲醇。

7.4　有四种醛,3 种酮。

7.5　(6) 3-(邻羟苯基)丙醛；　(7) 3,4-二甲基环己酮；　(10) 2-溴-1-苯乙酮；

　　(11) 6-苯基-4-庚炔醛；　(12) 4-丙基-2-己烯二醛。

7.7　4 种 1°胺,3 种 2°胺,1 种 3°胺。

7.8　(12) 有 4 种。

7.9　(2) 乙二醇二甲醚；　　　　　(4) β,β'-二氯乙醚；

　　(5) 丁二酰亚胺；　　　　　　(7) 4-硝基邻苯二甲酸酐；

　　(9) 对硝基乙酰苯胺；　　　　(10) 三羟甲基乙醛；

　　(11) 对苯二甲酸单甲酯；　　　(12) 丙烯酰氯；

　　(16) 3-乙基-2-甲氨基-4-甲硫基丁酸异丙酯。

8.1　+65.96°。(1) +37.6°；　(2) +9.4°；　(3) 0.081g/ml。

8.2　+23.0°。

8.6　(1) 对映体；　(2) 对映体；　(3) 同一化合物；

　　(4) (a)与(b),(c)与(d)是同一化合物；　(5) 非对映体；

8.7　(1) S；　(2) S；　(3) R；　(4) R；　(5) R；　(6) S。

8.9　(1),(2),(3),(5),(7)有旋光性；　(1),(2),(7)分子中没有对称中心和对称面；

　　(3)和(5)有手性轴。

8.10　(1) 对；(2) 不对,等量左旋体和右旋体不显示旋光性。

8.11　(1) 赤型；　(2) 赤型；　(3) 苏型。

8.13　A：$\underset{\underset{OH}{|}}{\overset{\overset{CH_3}{|}}{CH_2=CH-C-CH_2CH_3}}$ ； B：$\underset{\underset{OH}{|}}{\overset{\overset{CH_3}{|}}{CH_3CH_2-C-CH_2CH_3}}$ 。

8.14

$$\begin{array}{ccc}
& \underset{\text{CH}_3 \text{---} \text{H}}{\overset{\text{C}_2\text{H}_5}{|}} & \underset{\text{H} \text{---} \text{CH}_3}{\overset{\text{C}_2\text{H}_5}{|}} \\
& \text{CH}_2\text{CH}_2\text{Cl} & \text{CH}_2\text{CH}_2\text{Cl} \\
& (R)\text{-} & (S)\text{-}
\end{array}$$

对映体

$$\begin{array}{ccc}
& \overset{\text{C}_2\text{H}_5}{\underset{\text{CH}_3}{\overset{|}{\text{H---CH}_3} \atop \text{H---Cl}}} & \overset{\text{C}_2\text{H}_5}{\underset{\text{CH}_3}{\overset{|}{\text{CH}_3\text{---H}} \atop \text{Cl---H}}} \\
& (2R,3S)\text{-} & (2S,3R)\text{-}
\end{array}$$

对映体

$$\begin{array}{cc}
\overset{\text{C}_2\text{H}_5}{\underset{\text{CH}_3}{\overset{|}{\text{H---CH}_3} \atop \text{Cl---H}}} & \overset{\text{C}_2\text{H}_5}{\underset{\text{CH}_3}{\overset{|}{\text{CH}_3\text{---H}} \atop \text{H---Cl}}} \\
(2S,3S)\text{-} & (2R,3R)\text{-}
\end{array}$$

对映体

$$\underset{\underset{\text{Cl}}{|}}{\text{CH}_3\text{CH}_2\text{---}\overset{\overset{\text{CH}_3}{|}}{\text{C}}\text{---CH}_2\text{CH}_3} \qquad \underset{\underset{\text{CH}_2\text{Cl}}{|}}{\text{CH}_3\text{CH}_2\text{---}\overset{\overset{\text{H}}{|}}{\text{C}}\text{---CH}_2\text{CH}_3}$$

3-甲基-3-氯戊烷   2-乙基-1-氯丁烷

8.15 (1) S；(2) S；(3) S；(4) R；(5) 2R,3R-。

8.16 反应的立体过程是反式加成。

8.17 R-(－)-2-溴辛烷占 25%，S-(＋)-2-溴辛烷占 75%。

8.18 A：B＝3：1。

8.19 提示：(1) 用(－)RNH$_2$ 做拆分剂；(2) (±)-仲丁醇先与邻苯二甲酸酐反应生成邻苯二甲酸单仲丁醇酯的外消旋体，然后用(－)RNH$_2$ 拆分。

9.1 (1) $\underset{\underset{\text{CH}_3}{|}}{\text{BrCH}_2\text{---}\overset{\overset{\text{CH}_3}{|}}{\text{C}}\text{---CH}_2\text{Br}}$ ； (2) $\text{CH}_3\text{CH}_2\text{CBr}_2\text{CH}_2\text{CH}_3$ ；

(3) $(\text{CH}_3)_2\text{CHCH}_2\text{CHBr}_2$ ； (4) $(\text{CH}_3)_3\text{CCHBr}_2$ ； (5) $(\text{CH}_3)_2\text{CHCHBrCH}_2\text{Br}$。

9.2 (1) $\text{CH}_3\text{CHBrCHBrCH}_3$ ； (2) $\text{CH}_3\text{CHBrCH}_2\text{CH}_2\text{Br}$。

9.3 (1) CH_3CCl_3 ； (2) $\text{Br}_2\text{CHCH}_2\text{Br}$ ； (3) $\underset{\underset{\text{CH}_2\text{Br}}{|}}{\text{CH}_3\text{CBrCH}_2\text{Br}}$。

9.4 (1) $\text{CH}_3\text{CHBrCH}_3 \xrightarrow[-\text{HBr}]{\text{KOH-醇}} \xrightarrow[\text{过氧化物}]{\text{HBr}}$ ；

(2) $\text{CH}_3\text{CHClCH}_3 \xrightarrow[-\text{HCl}]{\text{KOH-醇}} \xrightarrow[\text{过氧化物}]{\text{HBr}} \xrightarrow{\text{NaOH-H}_2\text{O}} \xrightarrow[\text{ZnCl}_2]{\text{HCl}}$ ；

(3) ⬡—Cl $\xrightarrow{\text{KOH-醇}} \xrightarrow{\text{Br}_2} \xrightarrow{\text{KOH-H}_2\text{O}}$ ；

(4) $\text{CH}_3\text{CHClCH}_3 \xrightarrow{\text{KOH-醇}} \xrightarrow[500℃]{\text{Cl}_2} \xrightarrow{\text{HOCl}} \xrightarrow{\text{Ca(OH)}_2}$ ；

(5) $\text{CH}_2\text{ClCH}_2\text{Cl} \xrightarrow{\text{KOH-醇}} \xrightarrow{\text{Cl}_2}$ ；

(6) $CH_2ClCH_2Cl \xrightarrow{\text{KOH-醇}} \xrightarrow{\text{HCl}}$。

9.8 (1) 先氰解,再水解;   (2) 与 $HC\equiv CNa$ 反应;

      (3) 先脱 HBr,再加 Br_2,再脱 2mol HBr;(4) 与 CH_3CH_2ONa 反应;

      (5) 先脱 HBr,再氧化;   (6) 还原。

9.9 (1) 第二步错;   (2),(3),错。

9.10 应先碱性水解,后还原

9.14 (1) 因为 1°碳正离子不容易生成,故 S_N1 慢;α-碳上空间阻碍大,故 S_N2 慢;

      (2) 因为是 S_N2。

9.15 6 倍。

9.17 (5) 有重排。

9.19 (1) 先用 Br_2-CCl_4,再用 $AgONO_2$-C_2H_5OH;   (2) 用 $AgONO_2$-C_2H_5OH。

9.20 (1) 先用 $CH_3CH\!=\!CH_2$ 烷基化,然后磺化,碱熔,酸化;

      (2) 烷基化,α-H 氯代,再氰解,水解。

9.21 (1) 用 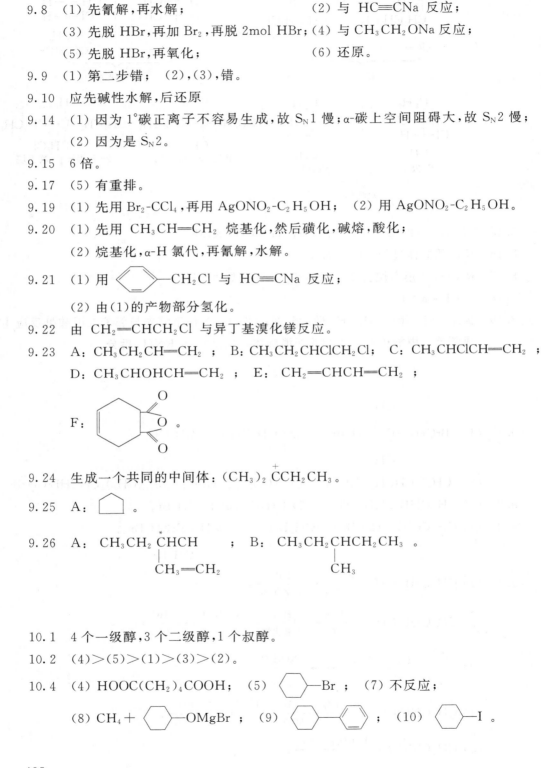—CH_2Cl 与 $HC\equiv CNa$ 反应;

      (2) 由(1)的产物部分氢化。

9.22 由 $CH_2\!=\!CHCH_2Cl$ 与异丁基溴化镁反应。

9.23 A:$CH_3CH_2CH\!=\!CH_2$;   B:$CH_3CH_2CHClCH_2Cl$;   C:$CH_3CHClCH\!=\!CH_2$;

    D:$CH_3CHOHCH\!=\!CH_2$;   E:$CH_2\!=\!CHCH\!=\!CH_2$;

F: 。

9.24 生成一个共同的中间体:$(CH_3)_2\overset{+}{C}CH_2CH_3$。

9.25 A: 。

9.26 A: $CH_3CH_2\overset{*}{C}HCH$;   B: $CH_3CH_2CHCH_2CH_3$ 。
              $CH_3\!=\!CH_2$ CH_3

10.1 4 个一级醇,3 个二级醇,1 个叔醇。

10.2 (4)>(5)>(1)>(3)>(2)。

10.4 (4) $HOOC(CH_2)_4COOH$;   (5) —Br ;   (7) 不反应;

      (8) CH_4+ —OMgBr ;   (9) ;   (10) —I 。

10.5

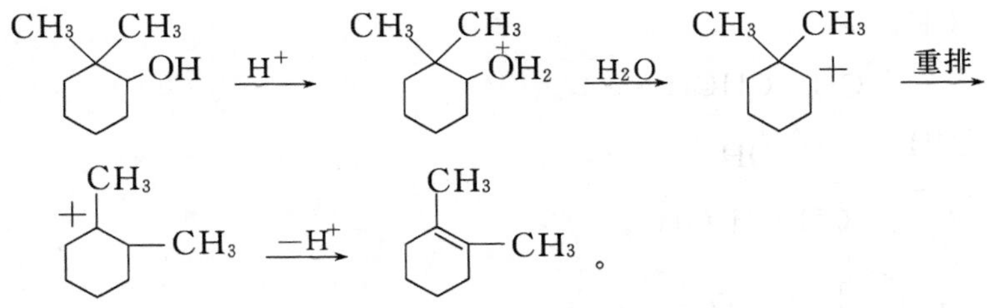

10.6　(1) HCl,H_2SO_4；　(2) PCl_3；　(3) $SOCl_2$。

10.8　(1) 发生重排，$CH_3\overset{\underset{|}{O}}{C}-\overset{\underset{|}{CH_3}}{CH}-CH_3$；　(2) 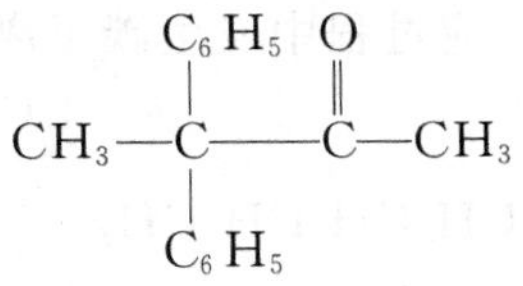 $CH_3-\overset{\underset{|}{C_6H_5}}{\overset{|}{C}}-\overset{\underset{|}{O}}{C}-CH_3$；

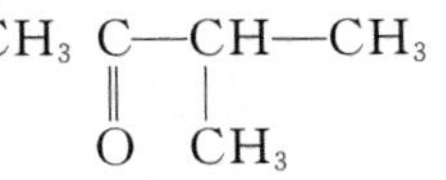

(3) $(C_6H_5)_3-\overset{\underset{|}{O}}{C}-CH_3$。

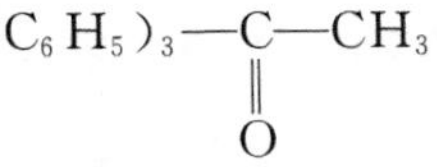

10.9　(1)

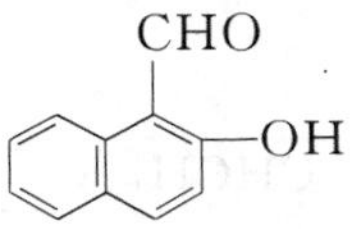

　；　(2)

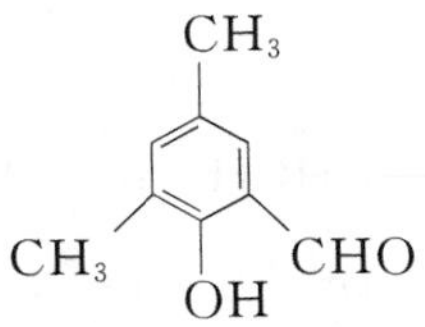

　；

(3)

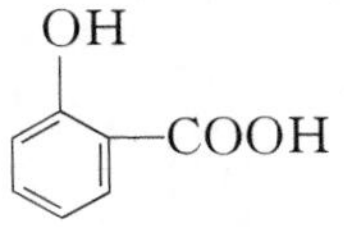

　；　(4)

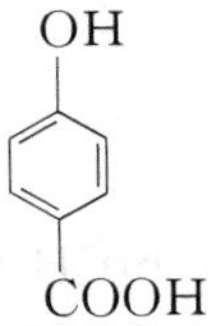

　。

10.15　

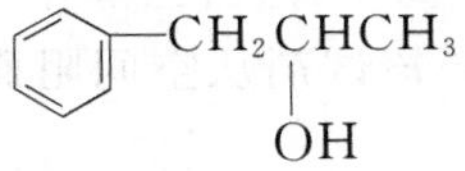

　。

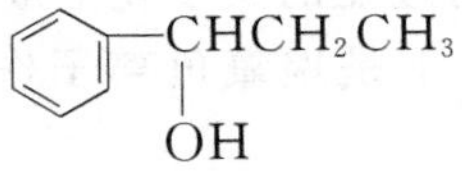

10.16　(6) $CH_3CH_2CH_2SCH_2CH_2CH_3$。

10.18　(1) D：

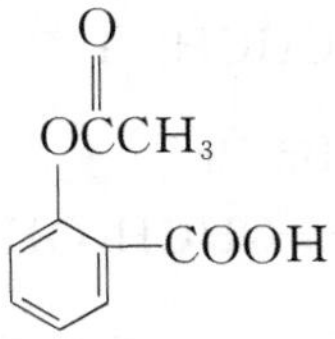

　；

(2) E：

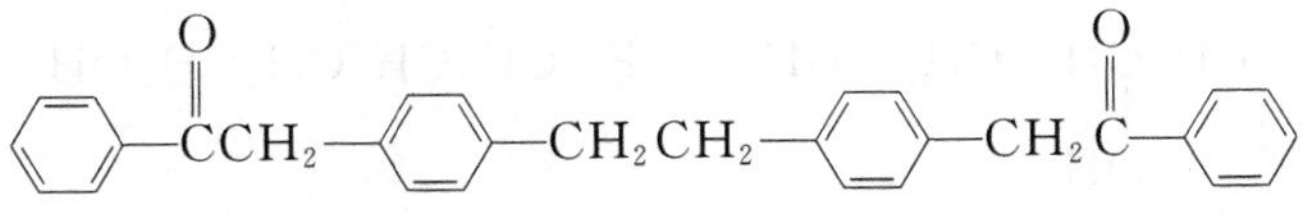

　；

(3) D：

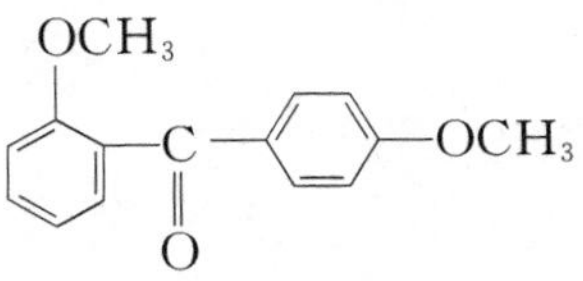

　；　(4) B：

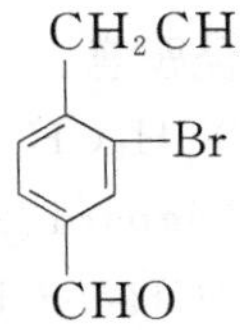

　。

10.19
$$(CH_3)_2CH-\underset{OH}{CH}CH_3 \ .$$

10.20
苯环—CH_2CH_2OH 。

10.21 A：
或
。

10.22 反应过程中发生碳正离子重排。

10.23
$$CH_3CH_2CH_2CH_2-\underset{OH}{\overset{CH_3}{C}}-CH_3 \ .$$

10.24
$$CH_3\underset{OH}{CH}CH_2CH_3 \ .$$

10.25 A：
$$\underset{CH_3}{\overset{CH_3}{C}H}-\underset{Br}{C}HCH_3 \ ; \quad B：\underset{CH_3}{\overset{CH_3}{C}H}-\underset{OH}{C}HCH_3 \ ;$$

C：
$$\underset{CH_3}{\overset{CH_3}{C}}=CHCH_3 \ .$$

10.26 ④ $Br(CH_2)_4Br$ ⑥ $BrCH_2CH_2Br$

10.28 提示：在酸性条件下通过醚的质子化形成碳正离子，然后乙醇作为亲核试剂进攻 2°碳正离子形成醚。在碱性条件下是烷氧负离子作为亲核试剂从空间阻碍小的方向进攻带部分正电荷的碳原子。

10.29 A：
—OCH_3 ； B：
—OH ； C：CH_3I。

10.30 A：$CH_3\underset{Br}{CH}CH=CH_2$ ； B：$CH_3\underset{Br}{CH}\underset{Br}{CH}\underset{Br}{CH}CH_2$ ；

C：$CH_3\underset{OH}{CH}CH=CH_2$ ； D：$CH_3CH=CHCH_2OH$ ；

E：$CH_3\underset{OH}{CH}-CH_2-CH_3$ ； F：$CH_3CH_2CH_2CH_2OH$ 。

11.3 (2)，(5)符合题意。

11.4 (1) $CH_3COCH_2CH_3$ ； (2) CH_3CHO。

11.9 通过两次 Grignard 反应。

11.14 (1) 3mol $(CH_3)_2CHLi$ 与 CO_2 反应制得；

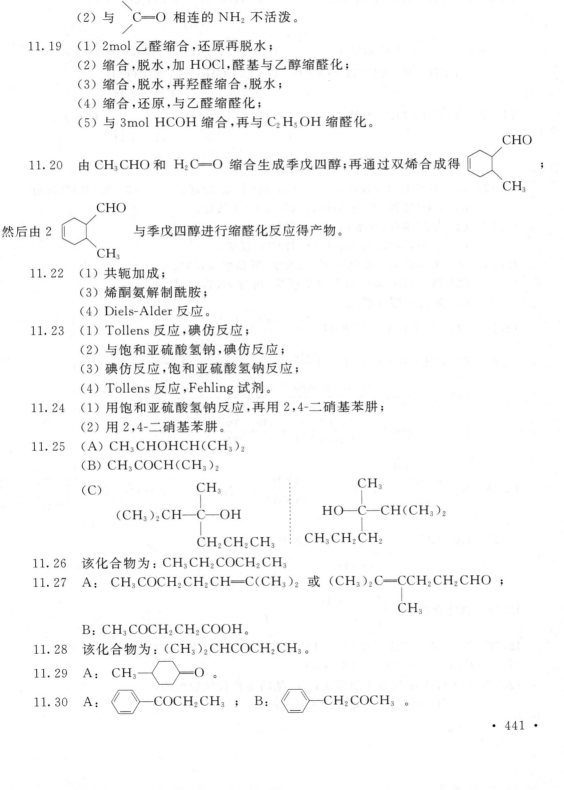

(2) $C_2H_5OCOCH_2Li$ 与 ⬡=O 反应制得；

(3) RLi 与环氧乙烷反应制得。

11.15　(1) 强酸性使N上质子化，失去亲核性；碱性条件不能使羰基活化；

(2) 与 ＼C=O 相连的 NH_2 不活泼。

11.19　(1) 2mol 乙醛缩合，还原再脱水；

(2) 缩合，脱水，加 HOCl，醛基与乙醇缩醛化；

(3) 缩合，脱水，再羟醛缩合，脱水；

(4) 缩合，还原，与乙醛缩醛化；

(5) 与 3mol HCOH 缩合，再与 C_2H_5OH 缩醛化。

11.20　由 CH_3CHO 和 $H_2C=O$ 缩合生成季戊四醇；再通过双烯合成得

然后由 2 　与季戊四醇进行缩醛化反应得产物。

11.22　(1) 共轭加成；

(3) 烯酮氨解制酰胺；

(4) Diels-Alder 反应。

11.23　(1) Tollens 反应，碘仿反应；

(2) 与饱和亚硫酸氢钠，碘仿反应；

(3) 碘仿反应，饱和亚硫酸氢钠反应；

(4) Tollens 反应，Fehling 试剂。

11.24　(1) 用饱和亚硫酸氢钠反应，再用 2,4-二硝基苯肼；

(2) 用 2,4-二硝基苯肼。

11.25　(A) $CH_3CHOHCH(CH_3)_2$

(B) $CH_3COCH(CH_3)_2$

(C)

11.26　该化合物为：$CH_3CH_2COCH_2CH_3$

11.27　A：$CH_3COCH_2CH_2CH=C(CH_3)_2$ 或 $(CH_3)_2C=CCH_2CH_2CHO$ ；

B：$CH_3COCH_2CH_2COOH$。

11.28　该化合物为：$(CH_3)_2CHCOCH_2CH_3$。

11.29　A：

11.30　A：　　　　　；　B：　　　　　。

441

11.31　A：$CH_3COCH_2CH(OCH_3)_2$。

12.9　(1) $CH_3CH_2CH_2COOH$；　　(2) HO—⬡—CH_2OH ；

(3) ⬡—CH_2OH ；　　(4) ⬡—$\overset{\underset{|}{OH}}{CH}CH_2CH_2COOH$ ；

(5) $CH_3CH\!=\!CHCH_2COOH$；　(6) $CH_3CH_2CH_2CH_2COOH$。

12.10　(1) $CH_3COCH_2CH_3$；　　(2) $CH_3\!-\!\underset{\underset{CH_2-CH_2}{\big|}}{\overset{\overset{CH_2-CH_2}{\big|}}{CH}}C\!=\!O$ ；

(4) $ClCH_2CH\!=\!CHCOOH$；　(5) ⬡—$CH\!=\!CHCOOH$ 。

12.12　(1) 用方法（Ⅱ）较好；　　(2) 用（Ⅰ）法较好；　　(3) 用（Ⅱ）法较好；

(4) （Ⅰ）法和（Ⅱ）法均可；　(5) （Ⅰ）法较好。

12.13　(2) 羟醛缩合，脱水，Tollens 氧化；

(3) 还原，溴代，与 Mg 反应，与 CO_2 反应。

12.14　(1) 由丙酮与氢氰酸加成，再脱水，酸性水解，酯化；

(2) 通过 Grignard 试剂合成丙酮，再与 HCN 加成；

(3) 通过乙醛羟醛缩合。

12.15　(1) $CH_3CH_2CH_2COOH \xrightarrow[P]{Br_2} \xrightarrow{NaCN} \xrightarrow[H_2O]{H^+}$ ；

(2) $CH_3CH_2CH_2CH_2OH \xrightarrow{PBr_3} \xrightarrow[干醚]{Mg} \xrightarrow{CO_2} \xrightarrow[H_2O]{H^+} \xrightarrow[P]{Br_2} \xrightarrow{KOH\text{-}C_2H_5OH}$ ；

(3) ⬡=O $\xrightarrow[2)\ H^+,H_2O]{1)\ CH_3CH_2MgBr} \xrightarrow{HBr} \xrightarrow[干醚]{Mg} \xrightarrow[干醚]{HCHO} \xrightarrow[H_2O]{H^+}$ ；

(4) ⬡=CH_2 $\xrightarrow[2)\ H_2O_2,OH^-]{1)\ (BH_3)_2} \xrightarrow{PBr_3} \xrightarrow[干醚]{Mg} \xrightarrow{CO_2} \xrightarrow[H_2O]{H^+}$ 。

12.16　A：⬡—OH ；　B：⬡$\overset{COOH}{\underset{COOH}{}}$ ；　C：▱=O ；　D：⬠ 。

12.17　A：HO—⬡—CH_2COCH_3 。

12.18　该化合物为：⬡$\overset{COOH}{\underset{OH}{}}$ 。

12.19　A：$CH_3\!-\!CH(CH_2COOH)_2$；　B：$CH_3CH_2CH_2CH(COOH)_2$；

C：$CH_3CH_2CH_2CH_2COOH$。

12.22　(1) （A）酯化需要酸催化，（B）酯的 α-卤代比较困难，

（C）$BrCH_2\text{-}$被还原为 $CH_3\text{-}$；

(2)（A）$ClCH_2$-亦被水解成 $HOCH_2$-,（B）叔卤代烷会发生消除；

(3)（A）$-COOH$ 不能与 HCl 反应生成 $-\overset{\overset{O}{\|}}{C}-Cl$ ；

(4)（A）$-COOH$ 不能被 H_2/Ni 还原为 $-CH_2OH$；

（B）酯交换需要 H^+ 或 OH^- 催化。

12.24 A：CH_3CH_2COOH；　B：$HCOOCH_2CH_3$；　C：CH_3COOCH_3。

12.25 A：

$$CH_3-\overset{}{\underset{}{CH}}-\overset{}{C}\overset{\displaystyle O}{\big\|} $$

12.26 化合物为：$CH_3CH_2\underset{\underset{Br}{|}}{CH}COOCH(CH_3)_2$ 。

12.27 化合物 A 为：$(CH_3)_3CCOOCH_3$ 。

13.1 (1)和(4)是互变异构；(2)和(3)是共振杂化体。

13.2 后者的烯醇式由于共轭效应及分子内氢键而稳定化。

13.3 (2),(3)能。

13.5 (1) 乙酰乙酸乙酯经两次甲基化,再进行酮式分解；

(2) 用 $CH_3CH_2CH_2Br$ 烷基化,酮式分解再还原；

(3) 两次乙基化,酮式分解；

(4) 甲基化,异丙基化,酸式分解；

(5) 用 CH_3COCH_2Br 进行烷基化,再酸式分解；

(6) 用 CH_3COCH_2Br 烷基化,再酮式分解。

13.6 叔卤代烷主要发生消除反应。

13.9 利用 $CH_3CH_2COOC_2H_5$ 进行 Claisen 酯缩合。

13.10 (1) 丙二酸二乙酯进行甲基化,异丙基化,再水解,脱羧；

(2) 用 2mol 丙二酸二乙酯与 1,1-二溴乙烷进行烷基化,再水解,脱羧；

(3) 丙二酸二乙酯用 $BrCH_2CH_2Br$ 烷基化,再水解,脱羧；

(4) 2mol 丙二酸二乙酯用 1 mol $Br(CH_2)_4Br$ 烷基化,再水解,脱羧。

13.12 (2),(3),(4),(5)为 Michael 加成。

13.13 由 2mol 乙酰乙酸乙酯与 1 mol 1,2-二溴乙烷进行烷基化后水解,脱羧,合成 2,7-辛二酮。再通过分子内羟醛(酮)缩合反应生成五元环化合物。

13.14 通过 Michael 加成,分子内羟酮缩合。

13.15 Michael 加成产物又发生分子内缩合反应,生成一个环状产物,结构为：

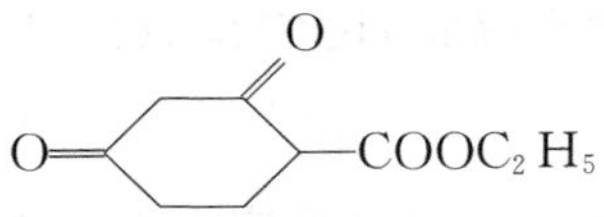

14.1 在水溶液中胺的碱性受到了电子效应、溶剂化效应和空间效应的共同影响。

14.3 由于羰基的—C效应。

14.8 （1） $CH_2{=}CH{-}CH{=}CH_2 + (CH_3)_3N$；

（2） 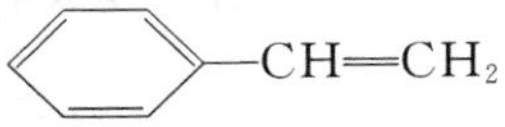 $-CH{=}CH_2 + CH_3CH_2N(CH_3)_2$；

（3） 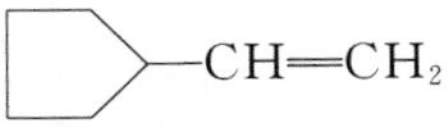 $-CH{=}CH_2 + (CH_3)_2N$；

（4） $CH_2{=}CHCH{=}CH_2 + (CH_3)_3N$；

（5） $CH_2{=}CHCH_2CH{=}CHCH_2CH_2CH{=}CH_2 + (CH_3)_3N$。

14.9 （1）

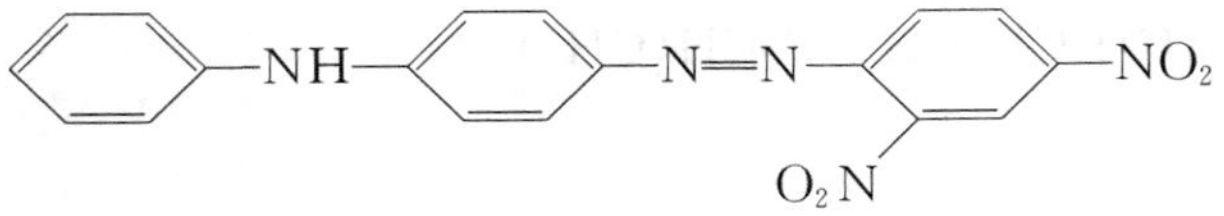

（2）

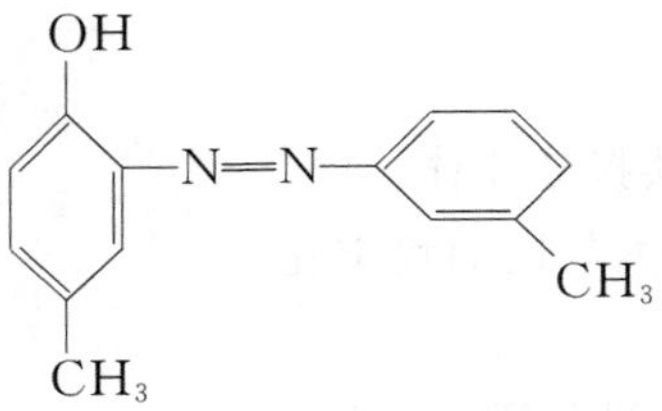

（3）

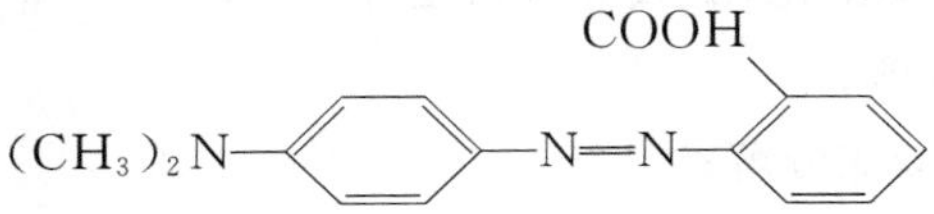

（4） 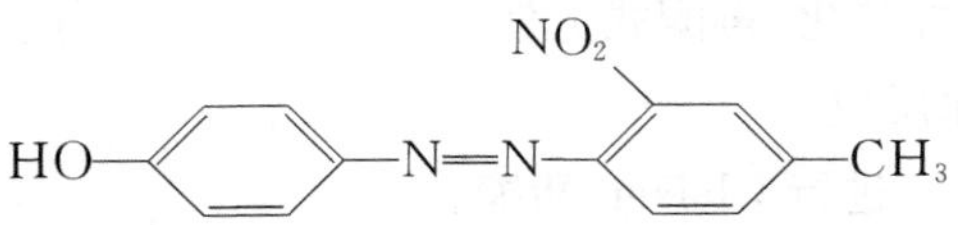 。

14.10 （1）用 $AgNO_3$；

（2）先用 $NaOH{-}H_2O$，加热鉴别出酰胺，再用 Hinsberg 反应鉴别 $1°,2°,3°$ 胺；

（3）先用亚硝酸鉴别出苯胺和环己胺，再用 $Br_2{-}H_2O$ 鉴别苯酚与环己醇；

（4）用亚硝酸反应鉴别；

（5）用 $Cr_2O_3 + H_2SO_4$ 反应，醇使紫色褪去。

14.11 （1）利用酸、碱性差别； （2）用 Hinsberg 反应；

（3）利用胺的碱性； （4）同（3）；

（5）先用稀盐酸抽提出正己胺，再用 2,4-二硝基苯肼或饱和亚硫酸氢钠分出 2-己酮。

14.12 （1）用稀盐酸抽提苯胺,弃去油层；

　　　（2）用 Hinsberg 反应；

　　　（3）用乙酐酰化后再用稀盐酸抽提,弃去油层；

　　　（4）用稀盐酸抽提苯胺,弃去酸层。

14.13 （1）（a）通过酰胺降级，（b）通过卤代烷氨解，（c）通过卤代烷氰解,还原；

　　　（2）通过 1,2-二溴乙烷氰解,还原；

　　　（3）通过 Gabriel 合成法；

　　　（4）通过,1,2-二溴丙烷氰解,酸性水解；

　　　（5）通过烷基化,硝化,还原。

14.14 （1）由苯经硝化,还原,溴化,重氮化,去重氮基；

　　　（2）由苯经二元硝化,还原,重氮化,氯化；

　　　（3）由苯经硝化,还原,酰化,硝化,水解,溴化,再将—NH_2 转变成溴,最后将硝基还原,重氮化,水解,转变为羟基；

　　　（4）由甲苯硝化,还原,酰化,硝化,水解,再重氮化去氨基；

　　　（5）由甲苯硝化,溴化,还原,重氮化,去重氮基；

　　　（6）由甲苯硝化,还原,重氮化,碘取代,氧化；

　　　（7）由甲苯硝化,还原,重氮化,氰解,酸性水解；

　　　（8）甲苯硝化,还原,重氮化,酸性水解成羟基；

　　　（9）甲苯硝化,还原,重氮化,重氮基氰解,酸性水解成羧基。

14.15 　A：　　　　　　　　B：

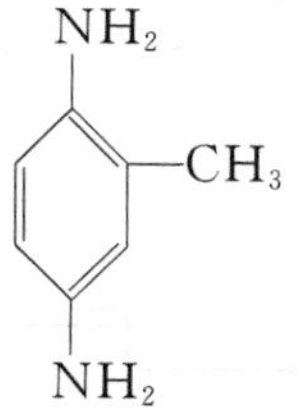

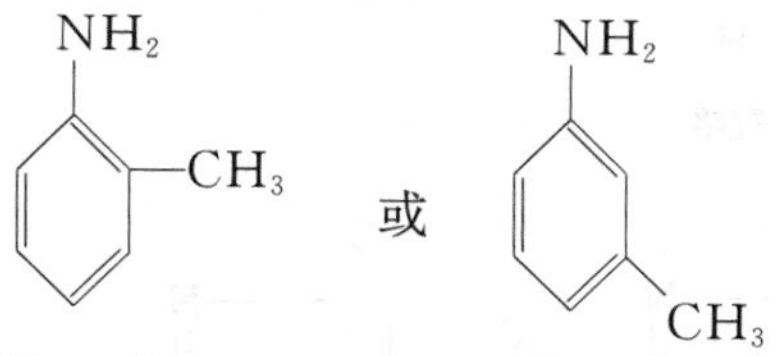

14.16 　I：

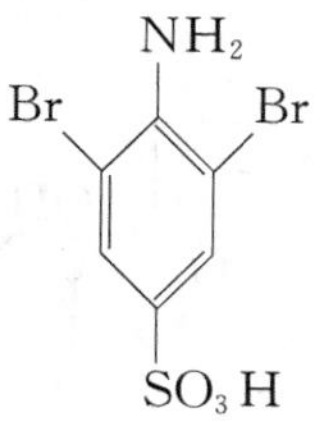

14.17 　A：$CH_2{=}CHCH_2CH_2NHCH_2CH_3$ ；　B：$CH_2{=}CHCH{=}CH_2$ 。

14.18 　A：

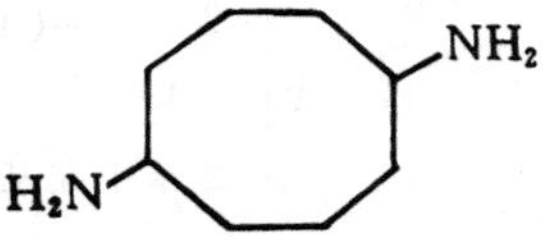

14.19 A：![苯甲酸铵结构] 苯环-COONH₄

14.19　A：C_6H_5—COONH$_4$（苯环上连 COONH$_4$）

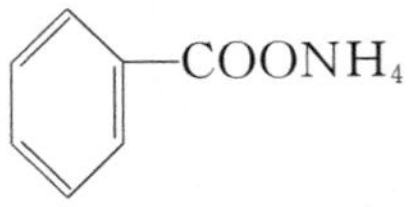

14.20　通过加 X_2（共轭加成），氰解再转变成己二胺与己二酸，经缩聚得产品。

14.21　A：CH_3—〈苯环〉—NH_2 。

14.22　A：

$$\text{3,4-二甲基-1-甲基吡咯烷}$$

（吡咯烷环，3,4 位各有 CH_3，N 上有 CH_3）

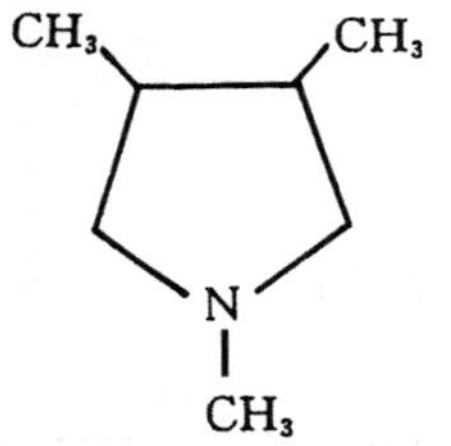

15.4　(1) 用浓硫酸洗，弃去酸层；
(2) 用水洗，弃去水层；
(3) 与苯磺酰氯反应，弃去固相。

15.5　吡咯＞呋喃＞噻吩＞苯＞吡啶。

15.6　六氢吡啶＞苄胺＞氨＞吡啶＞苯胺＞吡咯。

15.7　氮上的孤对电子参与了共轭，负离子较稳定，咪唑负离子更稳定：

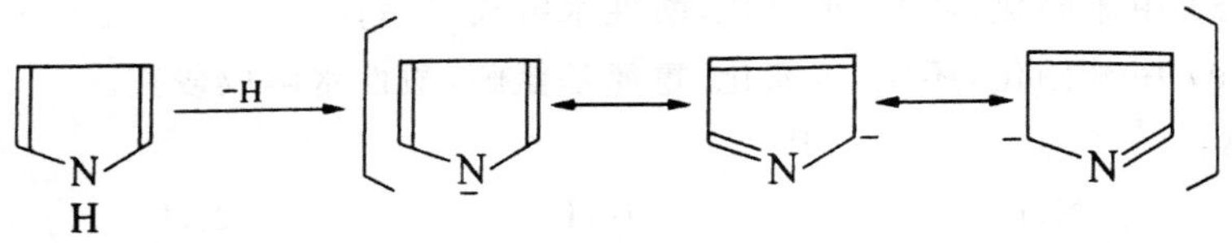

$$\text{吡咯} \xrightarrow{-H} [\text{共振结构式}]$$

$$\text{咪唑} \xrightarrow{-H^+} [\text{共振结构式}]$$

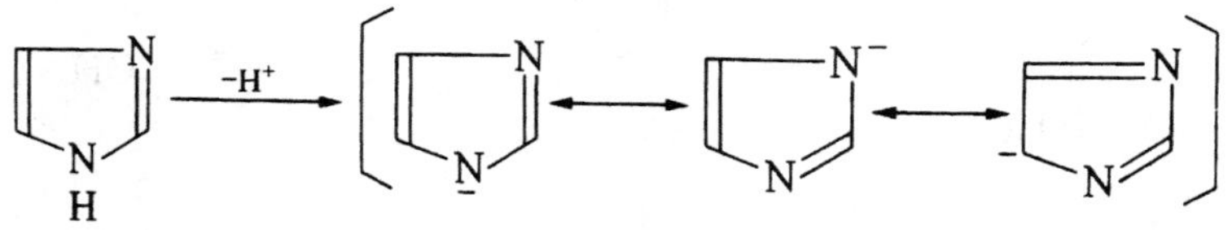

15.8　(1)（Ⅰ）2-溴呋喃　（Ⅱ）2-呋喃基溴化镁（—MgBr）　（Ⅲ）1-(α-呋喃基)环己醇

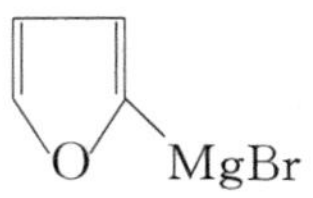

（Ⅲ）1-(α-呋喃基)环己醇

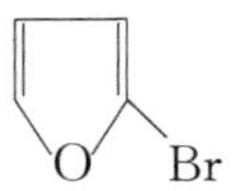

(2)（Ⅰ）2-苯甲酰基呋喃（呋喃—CO—苯基）　（Ⅱ）2-苯甲酰基-5-溴呋喃（Br—呋喃—CO—苯基）

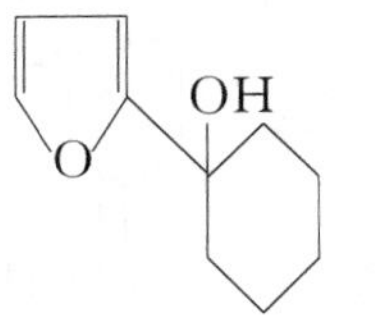

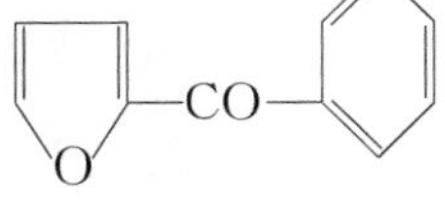

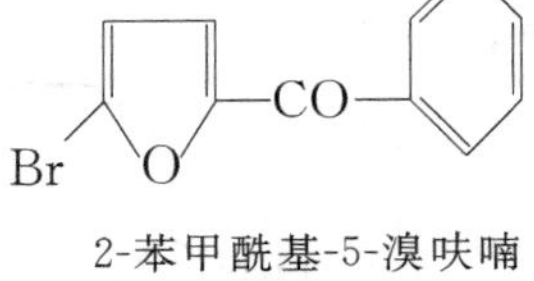

2-苯甲酰基-5-溴呋喃

(3) （Ⅰ） 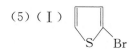 CH=CHCHO   （Ⅱ） CH₂CH₂CH₂OH

3-(α-呋喃基)丙醇

(4) （Ⅰ）

四溴吡咯

(5) （Ⅰ）

（Ⅱ） O₂N   Br

2-硝基-5-溴噻吩

(6) （Ⅰ）

2-硝基噻吩(60％)   3-硝基噻吩(10％)

15.9　(1),(2),(3)错。

15.11　由呋喃酰基化,硝化,最后采用卤仿反应。

15.12　(1) 吡啶 $\xrightarrow{NaNH_2}$ 2-氨基吡啶 $\xrightarrow{重氮化}$ $\xrightarrow{水解}$ 2-羟基吡啶;

(2) 呋喃先硝化,再溴化,制成 Grignard 试剂,与二氧化碳反应,酸性水解得产品。

15.13

 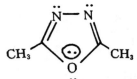 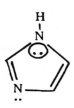

有芳香性,划圈的孤对电子参与共轭。

15.14　(1) O₂N   S

(2) CH₃CO   S   NO₂

(3) O₂N   CH₃O   S   CH₃

(4) 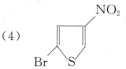 NO₂   Br   S

447

(5)

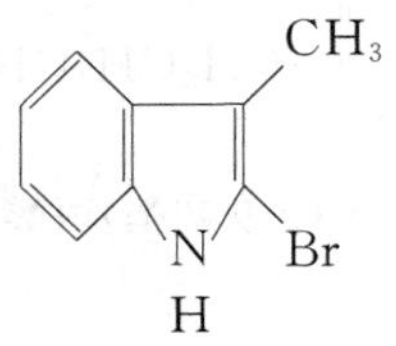

15.15

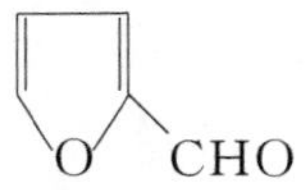

15.16 因为在吡啶分子中，氮原子的孤对电子处在 sp^2 杂化轨道中。

16.1 α 和 β 的氧环式 D-(＋)-葡萄糖互为非对映体。

16.3 两者不同，(1)生成脎，(2)生成腙。

16.4 生成两种脎。

16.6 (1) 是对映体；

(2) 不是对映体，是差向异构体，也称异头物。

16.8 (1) 能使溴水褪色者为葡萄糖；

(2) 能还原 Tollens 试剂和 Fehling 试剂者为葡萄糖；

(3) 能还原 Tollens 试剂和 Fehling 试剂，能与苯肼生成糖脎者为麦芽糖。

16.11 Ⅰ：

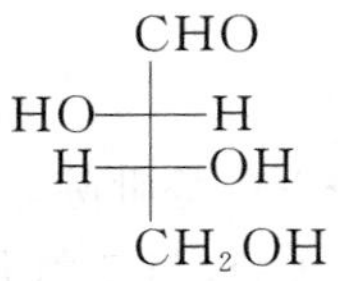

；　Ⅱ：

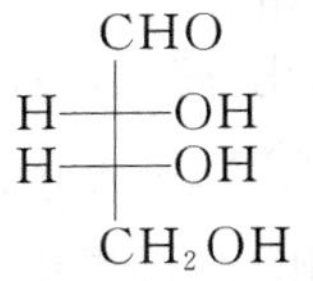

。

16.12 A：

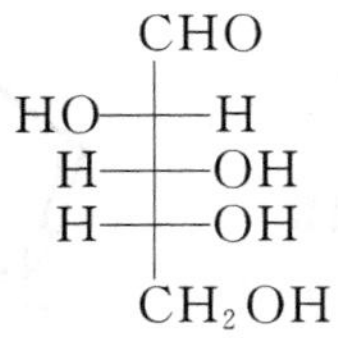

。

16.13 A 的可能结构为：

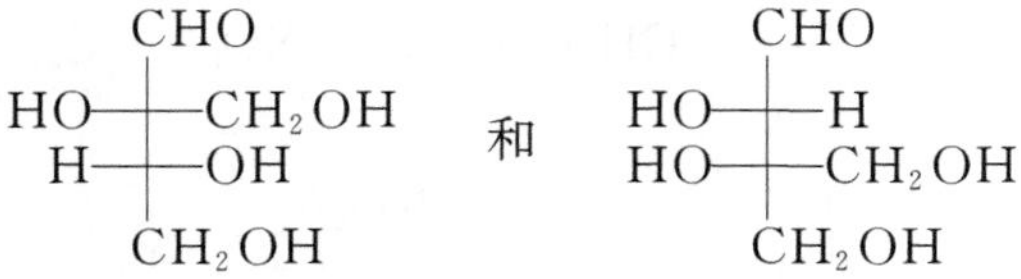

　和　

及其立体异构体

16.14

较稳定

17.1　(2S,3R)-苏氨酸。

　　　(2S,3S)-苏氨酸。

17.4　为芳环上的亲核取代机理;故 2,4-二硝基氟苯的反应速度快。

17.5　脯氨酸和羟基脯氨酸不能,因为分子中无游离氨基。

17.7　(1) $CH_2(COOC_2H_5)_2$ $\xrightarrow[\substack{2)\ CH_3CH_2CH-Br \\ \qquad\quad | \\ \qquad\quad CH_3}]{1)\ CH_3CH_2ONa}$ $\xrightarrow[H_2O,\triangle]{KOH}$ $\xrightarrow{H^+}$ $\xrightarrow{Br_2}$ $\xrightarrow[-CO_2]{\triangle}$ $\xrightarrow{NH_3,H_2O}$;

　　　(2) 采用与(1)同样的步骤,用苄氯代替仲丁基溴即可。

17.8　十肽中氨基酸顺序为:

　　　酪·亮·缬·半胱·甘·谷·精·甘·苯丙·苯丙。

17.9　可形成两种二肽:

　　　甘氨酰缬氨酸(Gly·Val)

$$\underset{\substack{| \\ CH(CH_3)_2}}{H_3^+NCH_2CONHCHCOO^-}$$

　　　缬氨酰甘氨酸(Val·Gly)

$$\underset{\substack{| \\ CH(CH_3)_2}}{H_3^+NCHCONHCH_2COO^-}$$

17.13　血管舒缓激肽中氨基酸的结合顺序为:

　　　精-脯-脯-甘-苯丙-丝-脯-苯丙-精